Elvidio Lupia Palmieri
Maurizio Parotto

S Il Globo terrestre e la sua evoluzione

EDIZIONE BLU

Seconda edizione

Tettonica delle placche • Storia della Terra
Atmosfera • Clima • Modellamento del rilievo

PER IL COMPUTER E PER IL TABLET

L'eBook multimediale

1 REGÌSTRATI

Vai su **my.zanichelli.it** e regìstrati come studente

2 ATTIVA IL TUO LIBRO

Una volta entrato in **myZanichelli**, inserisci la **chiave di attivazione** che trovi sul bollino argentato in questa pagina

3 CLICCA SULLA COPERTINA

Puoi:
- **scaricare l'eBook offline** sul tuo computer o sul tuo tablet
- **sfogliare un'anteprima** dell'eBook online

SCIENZE ZANICHELLI

Realizzazione editoriale:
- Redazione: Vittoria Balandi, Massimo Evangelisti
- Segreteria di redazione: Deborah Lorenzini e Rossella Frezzato
- Progetto grafico: Anna Huwyler
- Impaginazione: Mariadele Trande
- Disegni: Thomas Trojer, Claudia Saraceni
- Indice analitico: Il Nove, Bologna
- Disegni della seconda di copertina: Tomomot, Venezia

Contributi:
- Aggiornamento dati e contributi iconografici: Chiara Amadori e Renata Schivardi
- Collaborazione alla stesura degli esercizi: Renata Schivardi
- Mappe: Eleonora Ubertis Albano, Renata Schivardi
- Pagine *Earth Science in English*: Paola Fredi
- Rilettura delle pagine *Earth Science in English*: Jackie Leeder

Il capitolo in inglese *Plate Tectonics* (di Elvidio Lupia Palmieri e Maurizio Parotto) è disponibile soltanto nell'eBook.
Traduzione di Paola Fredi; rilettura di Jackie Leeder.

Copertina:
- Progetto grafico: Miguel Sal & C., Bologna
- Realizzazione: Roberto Marchetti e Francesca Ponti
- Immagine di copertina: Pablo Picasso, **Paesaggio a Mougins** (1962). Parigi, Museo Picasso. Bridgeman Images.
  © Pablo Picasso, by SIAE 2017

Prima edizione: febbraio 2017

Ristampa:
5 4 3 2 2018 2019 2020 2021

Zanichelli garantisce che le risorse digitali di questo volume sotto il suo controllo saranno accessibili, a partire dall'acquisto dell'esemplare nuovo, per tutta la durata della normale utilizzazione didattica dell'opera. Passato questo periodo, alcune o tutte le risorse potrebbero non essere più accessibili o disponibili: per maggiori informazioni, leggi my.zanichelli.it/fuoricatalogo

File per sintesi vocale
L'editore mette a disposizione degli studenti non vedenti, ipovedenti, disabili motori o con disturbi specifici di apprendimento i file pdf in cui sono memorizzate le pagine di questo libro. Il formato del file permette l'ingrandimento dei caratteri del testo e la lettura mediante software screen reader. Le informazioni su come ottenere i file sono sul sito http://www.zanichelli.it/scuola/bisogni-educativi-speciali

Grazie a chi ci segnala gli errori
Segnalate gli errori e le proposte di correzione su **www.zanichelli.it/correzioni.**
Controlleremo e inseriremo le eventuali correzioni nelle ristampe del libro.
Nello stesso sito troverete anche l'errata corrige, con l'elenco degli errori e delle correzioni.

Zanichelli editore S.p.A. opera con sistema qualità
certificato CertiCarGraf n. 477
secondo la norma UNI EN ISO 9001:2008

Questo libro è stampato su carta che rispetta le foreste.
www.zanichelli.it/chi-siamo/sostenibilita

Stampa: Grafica Ragno
Via Lombardia 25, 40064 Tolara di Sotto, Ozzano Emilia (Bologna)
per conto di Zanichelli editore S.p.A.
Via Irnerio 34, 40126 Bologna

Realizzazione eBook:

- Progettazione e sviluppo software: duDAT srl, Bologna

Video

- Coordinamento redazionale: Matteo Fornesi
- Progetto e sceneggiature: Mauro Mennuni
- Supervisione scientifica: Maurizio Parotto
- Regia e montaggio: Francesco Dafano
- Grafiche ed editing video: Gioia Riccioni
- Voce: Dodo Versino
- Traduzione in inglese: Jackie Leeder

Indice

nell'eBook

5

La Tettonica delle placche: un modello globale

6

La storia della Terra

7

L'atmosfera terrestre e i fenomeni meteorologici

8

Il clima e la biosfera

Il modellamento del rilievo terrestre

5 La Tettonica delle placche: un modello globale

Nei rilievi del Parco nazionale del Paine, in Patagonia, le cime di colore scuro sono formate da rocce di origine marina che ricoprono un ammasso di granito, nel quale sono state intagliate dall'erosione glaciale le pareti rocciose chiare. Quello che osserviamo è il risultato di un'intrusione di magma all'interno di rocce accumulatesi sul fondo di un antico mare. In seguito quel settore di crosta è stato sollevato e profondamente eroso: oggi le torri del Paine sono la testimonianza di un «momento» della lunga evoluzione delle Ande, la più antica «fabbrica di montagne» del mondo. (Shutterstock)

Test d'ingresso

A. Le eruzioni vulcaniche possono essere *effusive*, *esplosive* o *miste*.
Scegli l'alternativa corretta.
Il vulcanismo associato alle dorsali è di tipo **esplosivo/effusivo**, quello associato ai vulcani posti lungo gli archi insulari o lungo i margini continentali è di tipo **esplosivo/effusivo**.

B. L'analisi delle onde sismiche ha permesso di fare delle ipotesi sulla struttura interna della Terra.
La Terra è suddivisa in tre grandi involucri concentrici separati da superfici di discontinuità.
La superficie di Mohorovičić separa

- A il mantello dal nucleo esterno.
- B il nucleo esterno dal nucleo interno.
- C la crosta dal mantello.
- D la crosta oceanica dalla crosta continentale.

C. I terremoti non sono distribuiti uniformemente sulla superficie terrestre ma si concentrano in certe fasce.
I terremoti che avvengono lungo le fosse abissali sono caratterizzati da

- A ipocentri superficiali e bassa magnitudo.
- B ipocentri profondi e bassa magnitudo.
- C ipocentri da superficiali a profondi e bassa magnitudo.
- D ipocentri da superficiali a profondi e alta magnitudo.

D. La distinzione tra i vari tipi di magma si basa sul loro contenuto in silice.
Completa.
Le rocce che derivano da magmi ultrabasici (rocce ultrabasiche o *ultrafemiche*) hanno un .... contenuto di silice.

1 La dinamica interna della Terra

Il nostro viaggio di studio intorno alla Terra, per cercare di capire la natura del pianeta e i processi che ne sono all'origine, giunge, con questo capitolo, a una prima conclusione.

Siamo partiti dall'esame dei materiali della crosta terrestre e abbiamo ricostruito il *ciclo litogenetico*, attraverso il quale minerali e rocce si trasformano e si rinnovano continuamente da miliardi di anni. Siamo passati poi allo studio della giacitura delle rocce e siamo giunti al concetto di *ciclo geologico* (o *ciclo di Hutton*), che scandisce l'evoluzione della crosta terrestre attraverso lunghe fasi di formazione di rocce, deformazione ed erosione, che si ripetono nel tempo in una prospettiva apparentemente senza fine, mentre *vulcanismo* e *sismicità* segnano la continua attività del pianeta.

Queste trasformazioni, testimoniate per tempi lunghissimi, sono il segno di una **dinamica interna** attiva, cioè di «movimenti» che avvengono in profondità a spese dell'energia del pianeta e di cui le strutture della crosta sono il riflesso visibile in superficie.

La scoperta di una dinamica interna che da tempo interessa il nostro pianeta ci ha spinto a cercare testimonianze attuali di tali attività: tra i «segni» più vistosi abbiamo scelto il vulcanismo e la sismicità, di cui abbiamo parlato nei due capitoli precedenti.

Lo studio del *vulcanismo* ha mostrato il continuo trasferimento di materiale caldissimo dall'interno della Terra in superficie, con la formazione di nuove rocce e la liberazione di fluidi che vanno ad alimentare l'idrosfera e l'atmosfera.

La *sismicità* sottolinea invece la posizione di fasce di crosta «irrequiete».

Sia i vulcani sia i terremoti mostrano, con la loro presenza e la distribuzione geografica e con i diversi modi di manifestarsi, di essere il risultato di qualche meccanismo «globale», capace di «far muovere» l'intera parte più esterna del nostro pianeta, provocando litogenesi, vulcanismo, sismicità e imponenti deformazioni [Figura 1].

Numerosi erano stati i tentativi, già nell'Ottocento, di trovare spiegazioni e collegamenti tra i vari fenomeni, ma fu solo nella seconda metà del

1

Figura 1
Il Mare Egeo: catene di isole sparse in acque poco profonde tra la Grecia e l'Anatolia, mentre verso Sud, al di là dell'avamposto isolato di Creta, si passa al mare aperto della profonda fossa ellenica.
Cosa «nasconde» quello splendido angolo del nostro pianeta? Al suo interno, infatti, è attivo un arco di vulcani (di cui fa parte l'isola di Santorini) e tutta l'area è fortemente sismica. In realtà è un settore di grande attività. Da milioni di anni l'Africa si sta muovendo lentamente verso Nord e il fondo del mare che bagna le sue coste sta scendendo all'interno del pianeta lungo la fossa ellenica, provocando terremoti e alimentando l'arco vulcanico. La parte di crosta terrestre sopra la massa di materiale che sprofonda ha ceduto e si è formata la depressione del Mar Egeo, dal quale emergono come isole le sommità di antiche catene montuose. Gli splendidi paesaggi marini, testimoni di grandi civiltà, sono il risultato di movimenti interni del pianeta. (NASA)

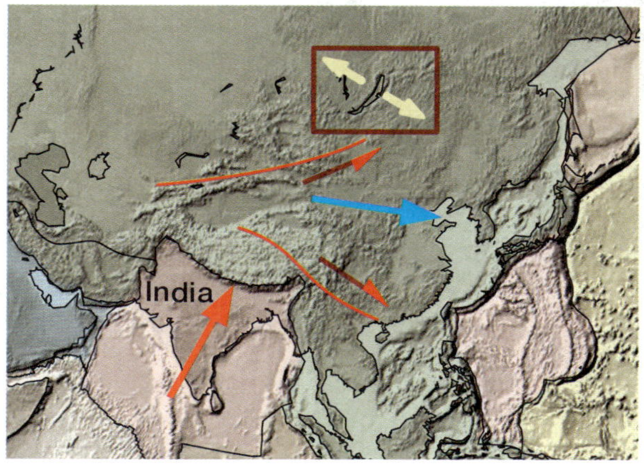

Figura 2
Il Lago Baikal, il più profondo del mondo, riempie una profonda «fossa tettonica» (graben) lungo una spaccatura della crosta terrestre.
Lo schema a lato (nel quale il riquadro rosso indica l'area dell'immagine) ricostruisce l'origine di quella fossa. L'India, premendo contro la gigantesca area euroasiatica (freccia rossa), costringe il settore Cina-Mongolia a muoversi verso est (freccia blu), lungo faglie che operano da «binari» (linee rosse). Come conseguenza il settore in movimento si stacca dal resto dell'Asia (frecce gialle) formando lunghissimi *graben*, come quello del Baikal. (NASA)

Novecento che si cominciò a intravedere una teoria valida per l'intero pianeta. Negli anni Sessanta del XX secolo la Geologia stava vivendo un «momento magico». I rapidi progressi nelle tecniche per raccogliere informazioni sul nostro pianeta, sia con analisi di laboratorio, sia operando sul terreno, avevano fornito, nei 15 anni dopo la Seconda guerra mondiale, numerosi nuovi dati a sostegno di idee e ipotesi che da tempo si agitavano tra gli studiosi delle Scienze della Terra. Alcune splendide intuizioni, troppo in anticipo sui loro tempi quando erano state espresse, trovarono finalmente conferma e questo consentì ai ricercatori di spingersi oltre, in un succedersi di scoperte che fecero parlare di una «riscoperta della Terra».

Nel giro di un decennio quella riscoperta si concretizzò in una teoria globale, nota come «Tettonica delle placche»: la formazione delle rocce, il sollevarsi di catene montuose, il vibrare sismico dell'intero pianeta, l'incessante affluire in superficie di magmi incandescenti, il modificarsi di forma dei continenti [**Figura 2**] e degli oceani (con la scoperta di eventi ciclici più ampi di quelli noti, il *ciclo del supercontinente* o *di Wilson*) trovarono nella nuova teoria un'interpretazione unificante, un modello che descrive il nostro pianeta come un insieme di sistemi tra loro interdipendenti, legati da processi chimici, fisici e biologici attivi da miliardi di anni. In pochi decenni la nuova teoria, attraverso continue verifiche ed elaborazioni, ha raggiunto una notevole maturità, aprendo nuove vie alla conoscenza del nostro pianeta.

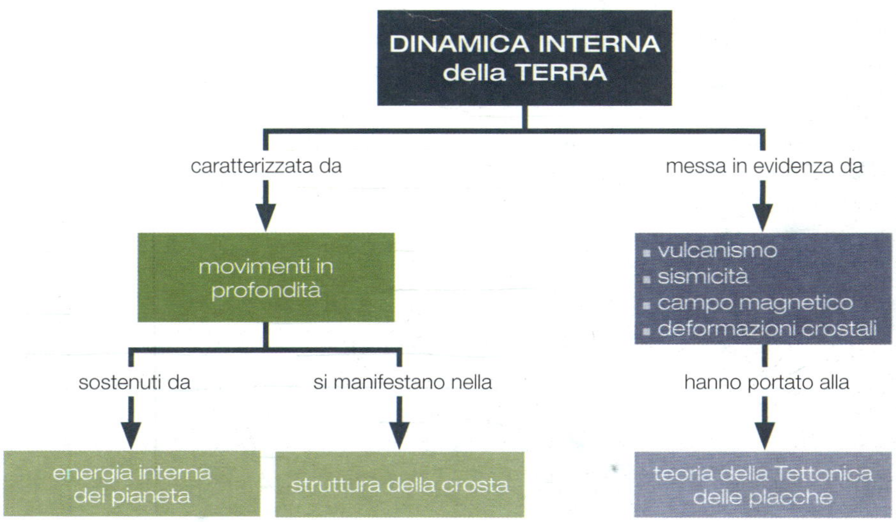

QUESITI

1. Quali sono i fenomeni che segnalano la presenza di un'attività interna del nostro pianeta?
   - **A** Perturbazioni atmosferiche, buco dell'ozonosfera ed effetto serra.
   - **B** Eruzioni vulcaniche, uragani e terremoti.
   - **C** Vulcanismo, sismicità e deformazioni crostali.
   - **D** Erosione, deposito e sedimentazione.
2. La teoria della Tettonica delle placche è stata introdotta
   - **A** nell'antichità.
   - **B** nell'800.
   - **C** dopo la Prima guerra mondiale.
   - **D** negli anni '70 del '900.

2 Alla ricerca di un «modello»

Abbiamo visto che la crosta terrestre è il prodotto di una lunga evoluzione attraverso continue trasformazioni, che coinvolgono giganteschi volumi di rocce nel *ciclo litogenetico*, e che si susseguono nel tempo secondo *cicli geologici* (vedi capitoli 1 e 2). Abbiamo osservato, inoltre (vedi capitoli 3 e 4), che la distribuzione geografica dei vulcani e degli eventi sismici – manifestazioni in superficie di processi attivi all'interno del pianeta – caratterizza settori ben definiti, per cui la parte esterna della Terra appare percorsa da una rete di fasce «attive», che delimitano aree più «tranquille». L'esame dei fenomeni sismici, infine, ci ha consentito di spingere le osservazioni fino al centro della Terra e di mettere in luce, nel nostro pianeta, una struttura globale fatta di «gusci» concentrici di materiali diversi.

La grande massa di dati e osservazioni che sta dietro alle conclusioni ora sintetizzate ha portato all'elaborazione di un «modello globale» dell'attività del pianeta, noto come *Tettonica delle placche*, che sembra spiegare il significato dei cicli geologici e l'origine dell'energia che li «tiene in moto». Cominciamo dal modello complessivo che descrive la struttura interna della Terra.

Figura 3
I principali involucri concentrici nella struttura interna della Terra. Sono evidenziati i relativi spessori.

3

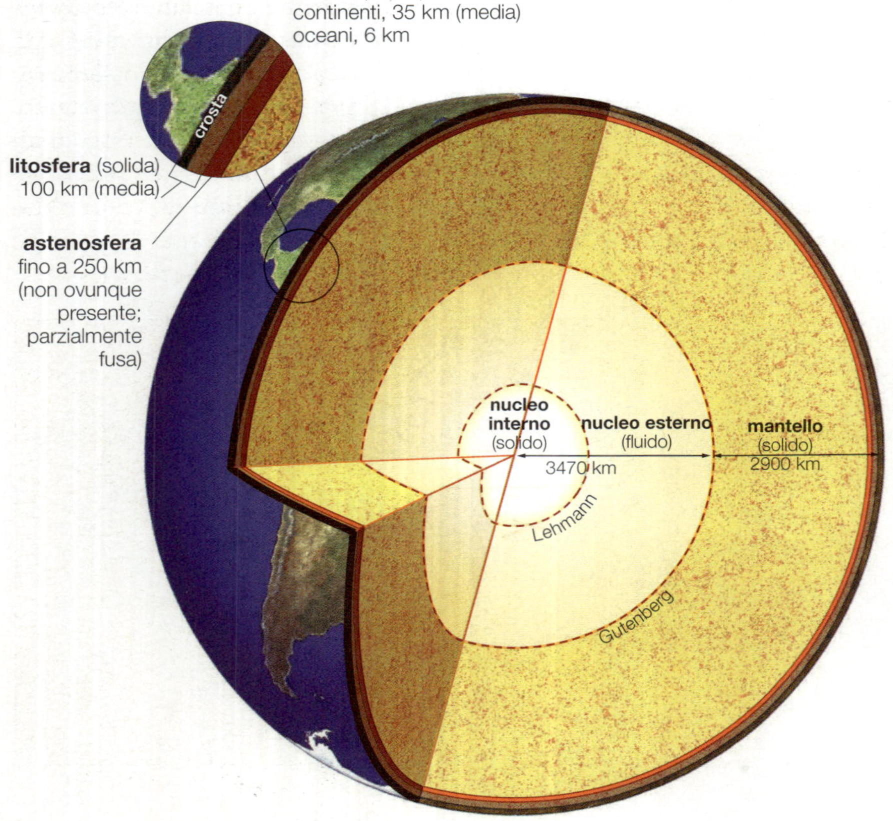

2.1 La struttura interna della Terra

L'esatta misura delle dimensioni del nostro pianeta ha permesso di calcolarne il *volume* (V), che è pari a $1{,}083 \times 10^{21}$ m³. Le leggi della Fisica sull'attrazione gravitazionale tra i corpi hanno permesso a loro volta di determinare la massa della Terra (M), che è di $5{,}976 \times 10^{24}$ kg. Dal rapporto tra massa e volume si ricava immediatamente la **densità media** della Terra:

$$D = \frac{M}{V} = 5{,}52 \text{ g/cm}^3$$

(oppure, $D = 5520$ kg/m³ nel *Sistema Internazionale*). Il risultato di questo calcolo consente di arrivare a una prima conclusione sull'interno della Terra. Poiché le rocce che costituiscono la crosta hanno densità media tra 2,7 e 3 g/cm³, l'interno del pianeta deve essere formato da materiali a densità molto elevata per raggiungere il valore medio calcolato. È, questo, solo un esempio delle numerose analisi indirette che hanno consentito di raccogliere dati sull'interno del nostro pianeta.

Per tale via, soprattutto attraverso lo studio dei terremoti, si è giunti a riconoscere che il nostro pianeta presenta una struttura a involucri concentrici di diversa natura e spessore [Figura 3].

Si riconoscono:

– una sottile *crosta*, relativamente leggera, che ricopre lo strato sottostante;
– uno spesso *mantello* roccioso, composto di silicati di ferro e magnesio e più denso della crosta, che avvolge a sua volta il guscio più interno;
– un grosso *nucleo* (distinto in *nucleo interno* e *nucleo esterno*), metallico, molto denso.

Vediamo ora in maggiore dettaglio le caratteristiche di questi tre involucri.

■ **Discontinuità sismica** (Seismic discontinuity) Superficie che separa due materiali diversi per le caratteristiche fisiche che influenzano la propagazione delle onde elastiche: densità, resistenza alla compressione e allo sforzo di taglio. Le onde sismiche, raggiungendo una superficie di questo tipo, subiscono una brusca variazione di velocità (aumento o diminuzione), cui corrisponde un brusco cambiamento di direzione della loro traiettoria. Se la superficie di discontinuità segna il passaggio a materiale liquido (come il magma), le onde di taglio smettono di propagarsi, mentre quelle di compressione proseguono, ma molto più lentamente.

■ **Kilobar (kbar)** (Kilobar) Un *kilobar* equivale a 1000 *bar* e corrisponde a circa 1000 volte la pressione atmosferica (1 bar = 10^5 pascal).

■ **Rigidezza** (Brittleness) La *rigidezza* è l'attitudine di materiali solidi a resistere a sollecitazioni esterne (compressione, torsione) con minime deformazioni, fino eventualmente a rompersi bruscamente. Per le rocce rigide (come il granito) si parla di *comportamento fragile*.

■ **Plasticità** (Ductility) La *plasticità* è l'attitudine di materiali solidi a subire deformazioni permanenti se sottoposti a sollecitazioni esterne. Quando ci si riferisce a sostanze che si possono allungare o ridurre in fili sottili senza rompersi (come molti metalli) si parla più precisamente di *duttilità*; per le rocce che reagiscono in modo plastico si dice *comportamento duttile*.

■ **Olivina** (Olivine) *Silicato* di ferro e magnesio, il cui reticolo cristallino è formato da tetraedri di silicio isolati. La densità dell'olivina ricca in magnesio (come dovrebbe essere quella del mantello) è di 3,2 g/cm³.

2.2 La crosta

La **crosta** è la parte più esterna del pianeta: un involucro rigido e sottile, il cui spessore varia da una media di 35 km sotto i continenti (ma con massimi di 60-70 km in corrispondenza delle grandi catene montuose) a una media di 6 km sotto i fondi oceanici. La natura complessiva della crosta è ben nota dallo studio degli affioramenti, che comprendono non solo materiali che si sono formati in superficie (come le rocce sedimentarie e quelle effusive), ma anche vaste porzioni di materiali formatisi a varie profondità nella crosta (come le rocce metamorfiche e quelle intrusive) e trasportati poi verso l'alto dai movimenti che caratterizzano il *ciclo geologico*, fino ad affiorare. La sua composizione è molto eterogenea, tanto che la densità crostale media varia da 2,7 g/cm³ per le rocce granitoidi (rocce magmatiche ricche di silice, come i graniti) tipiche dei continenti, a circa 3 g/cm³ per le rocce basiche (rocce magmatiche povere di silice e ricche di ferro, magnesio e calcio, come i basalti) che costituiscono i vasti fondi oceanici, al di sotto della modesta copertura di sedimenti marini. Queste differenze sono di fondamentale importanza, tanto che, come vedremo nel paragrafo 5, si distinguono una *crosta continentale* e una *crosta oceanica*.

La base della crosta è indicata da una brusca discontinuità sismica, la *superficie di Mohorovičić* o *Moho*.

2.3 Il mantello

Il **mantello** rappresenta l'82% in volume della Terra e si estende dalla Moho fino a circa 2900 km di profondità, dove è presente la *discontinuità sismica di Gutenberg*. La pressione aumenta, con la profondità, da 9 a circa 1400 kilobar e la densità dei materiali sale da 3,3 a 5,6 g/cm³.

Le rocce del mantello presentano nel complesso notevole *rigidezza*. I dati sismici, però, hanno messo in evidenza che in una fascia tra 70 e 250 km di profondità il materiale presente appare meno rigido: è stata, così, identificata l'**astenosfera** (sfera «debole»), interpretata come una zona in cui le rocce del mantello sono parzialmente fuse (forse per non più del 10%). Si tratta di una zona a maggiore *plasticità*, la cui presenza nel mantello è continua sotto le aree oceaniche, mentre sotto quelle continentali è incerta, o, forse, spostata più in profondità.

L'involucro formato dall'insieme della crosta e del mantello fino all'astenosfera viene definito **litosfera** (rivedi figura 3), per sottolinearne il comportamento complessivamente più rigido (cioè più «resistente» agli sforzi) nei confronti della sottostante astenosfera. Come vedremo, è questa la parte della Terra che, con i suoi movimenti, provoca profonde trasformazioni nella superficie del pianeta.

Dati diretti sulla composizione del mantello si ricavano solo in poche aree della superficie terrestre, nelle quali i giganteschi movimenti della litosfera hanno portato ad affiorare lembi di mantello superiore. Per risalire alla composizione media dei materiali del mantello si è dovuto ricorrere, perciò, a metodi di indagine indiretti, per esempio mettendo a confronto le velocità di propagazione entro il mantello di onde meccaniche (ricavate dall'analisi di onde sismiche generate dai terremoti) con le analoghe velocità determinate in laboratorio per tutta una serie di rocce. Si ricordi che la velocità delle onde sismiche dipende, tra l'altro, dalle caratteristiche meccaniche del mezzo attraversato. Il confronto [**Figura 4**] suggerisce che i materiali il cui comportamento più si avvicina a quello del mantello superiore sono le **peridotiti**, rocce ultrabasiche formate quasi esclusivamente da olivina e pirosseni (entrambi silicati di ferro e magnesio).

4

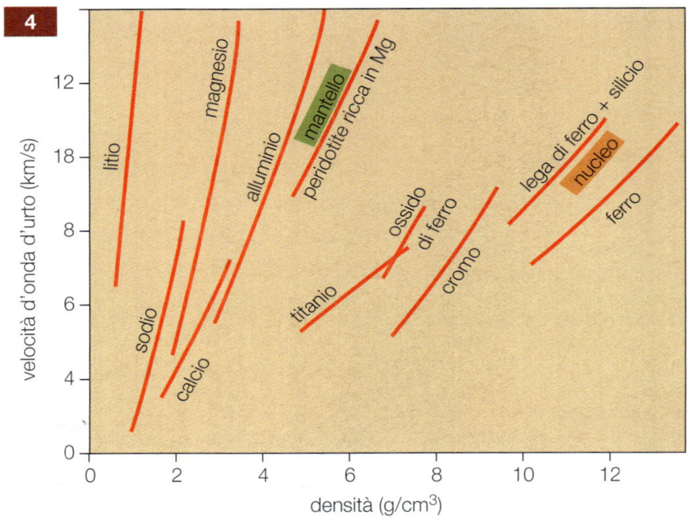

Figura 4
Curve che rappresentano la velocità di propagazione di onde meccaniche (come sono quelle sismiche) in alcuni tipi di materiali. Le velocità sono state determinate in laboratorio per diversi valori della pressione (in funzione della quale varia la densità dei singoli materiali). Le due aree in colore verde e arancio rappresentano il comportamento dei materiali del mantello e del nucleo, dedotto da analisi sismiche. Come si può osservare, nei confronti della caratteristica qui esaminata, la *peridotite* mostra proprietà molto simili a quelle del mantello e conclusioni analoghe si possono ricavare per una lega metallica (ferro-nichel)+silicio nei confronti del nucleo.

5

Figura 5
Esempio di xenolite proveniente dalla parte alta del mantello: un nodulo di peridotite (verde chiaro) avvolto da una crosta nera di basalto. Il nodulo è un frammento di roccia trascinato in superficie da lave che si originano, per fusione parziale, nel mantello superiore, della cui natura rappresentano una testimonianza diretta, anche se parziale. L'esemplare qui fotografato proviene dalle Isole Canarie ed è largo una decina di cm. (L. Spinozzi, Dipart. Scienze della Terra, Università «Sapienza» di Roma)

6

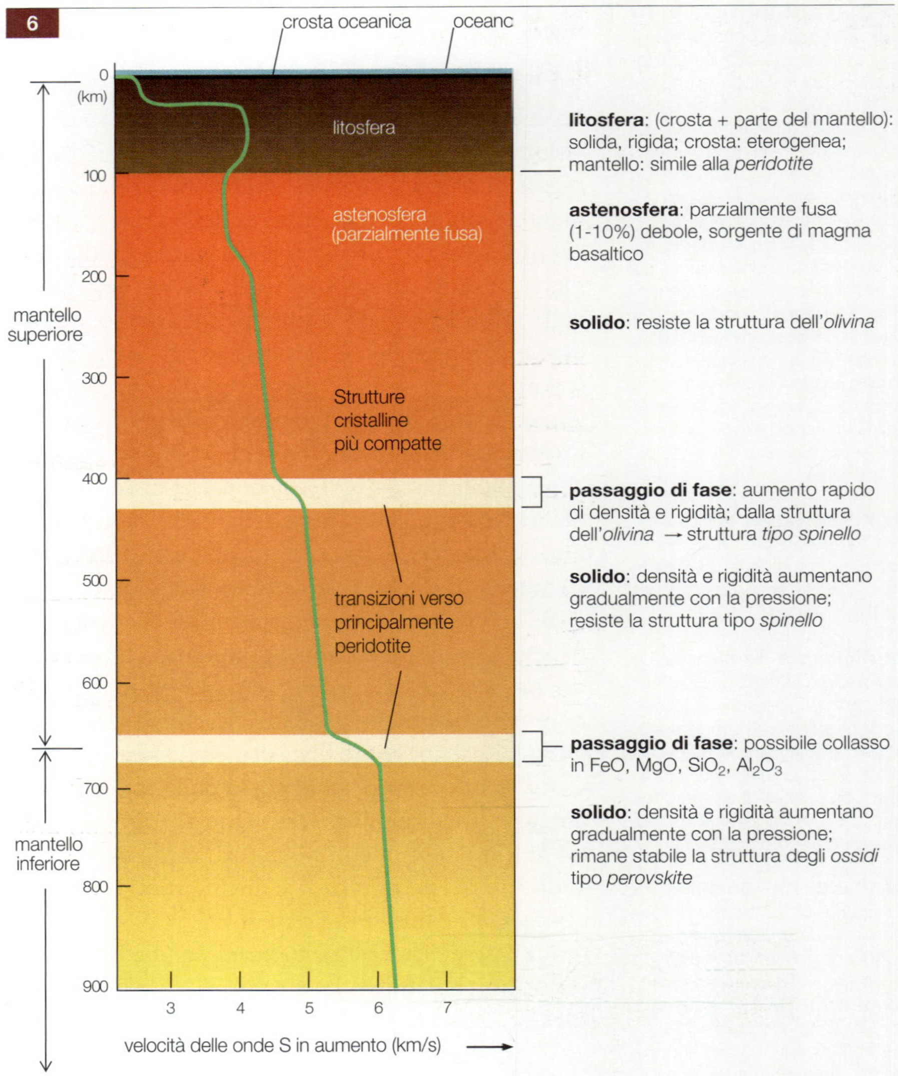

Figura 6
Modello attuale della struttura e composizione dei 900 km più esterni della Terra. L'intervallo esaminato comprende la crosta oceanica, il mantello superiore e parte del mantello inferiore. Si osservi che la crosta terrestre e la parte più alta del mantello vengono riunite insieme con la denominazione di litosfera.

■ **Xenoliti (o inclusi)** (**Xenoliths**) Dal greco *xénos*, straniero, e *líthos*, pietra. Brandelli di rocce inclusi in un ammasso magmatico (intrusivo o effusivo). Vengono strappati alle rocce circostanti dal magma in risalita e rimangono «inglobati» nelle rocce che si formano con la solidificazione.

■ **Spinello** (**Spinel**) Ossido di magnesio e alluminio. Il suo reticolo cristallino è formato da una struttura molto compatta di atomi di ossigeno (anioni), mentre gli atomi di magnesio e alluminio (cationi), molto più piccoli, occupano le minuscole lacune tra gli ossigeni. La sua densità è 3,55 g/cm^3.

■ **Perovskite** (**Perovskite**) Ossido di calcio e titanio. La sua struttura cristallina è così compatta che la densità di questo minerale è 4 g/cm^3.

Un dato interessante è che le lave di certi vulcani che si originano al di sotto della crosta, quindi nelle parti più alte del mantello, sono di natura basaltica e contengono frammenti solidi di rocce (detti *xenoliti*) strappati dalle pareti più profonde del condotto vulcanico durante la loro risalita: tali frammenti sono di natura *peridotitica* [Figura 5]. Anche le rocce dei frammenti della parte più alta del mantello, ritrovati all'interno di alcune catene montuose, sono essenzialmente peridotiti.

Più in profondità, il resto del mantello sembra composto dagli stessi elementi (in netta prevalenza silicio, ossigeno, ferro, magnesio), che però, come hanno dimostrato specialisti di Mineralogia e Petrografia, devono essere organizzati in reticoli cristallini diversi, via via più adatti, con l'aumentare della profondità, a resistere alle temperature e pressioni crescenti [Figura 6].

In prossimità di circa 400 kilometri di profondità, l'analisi sismica rivela un improvviso aumento della velocità delle onde S. Ebbene, comportamento analogo mostra l'olivina in laboratorio, quando venga portata a temperature e pressioni corrispondenti a quelle presenti nel mantello a circa 400 km di profondità: le analisi mostrano che la composizione chimica del minerale non cambia, ma la sua struttura cristallina «collassa», si fa più compatta («passaggio di fase») e diviene simile a quella del minerale *spinello* (che in realtà è un ossido).

Alla profondità di circa 700 km si osserva un altro rapido aumento della velocità delle onde S; esperimenti di laboratorio confermano che, in quelle condizioni di pressione e temperatura, la struttura compatta dell'olivina collassa ulteriormente e si trasforma in vari ossidi, come FeO, Al_2O_3, MgO e SiO_2, acquistando una struttura cristallina ancora più compatta, simile a quella di un altro ossido, il minerale *perovskite*.

A profondità maggiori la velocità delle onde nel mantello aumenta gradualmente, senza più segni di particolari variazioni fino alla prossimità del nucleo. Questa regione relativamente profonda, con spessori di oltre 2000 km, viene indicata come **mantello inferiore**.

Lega (Alloy) Soluzione solida di un metallo con altri metalli, con proprietà meccaniche diverse da quelle degli elementi che la costituiscono.

2.4 Il nucleo

La discontinuità sismica di Gutenberg segna il passaggio al **nucleo** della Terra che, con un raggio di circa 3470 km (più della metà di quello dell'intero pianeta), comprende il 16% del volume della Terra. La pressione aumenta con la profondità, da 1400 kbar fino a oltre 3600 kbar; la densità, che alla base del mantello, come si ricorderà, era di 5,6 g/cm^3, aumenta bruscamente in corrispondenza della discontinuità di Gutenberg, passando a 9,7 g/cm^3, e continua ad aumentare fino a raggiungere i 13 g/cm^3 al centro della Terra.

I dati sismici indicano che il materiale della parte più esterna del nucleo (fino alla *discontinuità di Lehmann*, a 5170 km di profondità) ha le caratteristiche di un fluido, mentre poi si passa a un nucleo solido, che rimane tale fino al centro della Terra.

Sulla natura del nucleo sono state fatte nel tempo varie ipotesi, come quella formulata da Emil Wichert che, alla fine del XIX secolo, suggerì una lega di ferro-nichel, analoga a quella di un tipo di meteoriti di elevata densità (8 g/cm^3) molto comuni nel Sistema solare e interpretate come frammenti del nucleo di uno o più pianeti, probabilmente «frantumatisi» per collisione con altri corpi. Attualmente, geofisici e geochimici sono sostanzialmente concordi sulla natura di lega metallica del nucleo esterno, che sarebbe composto in gran prevalenza di ferro (con il 5% di nichel), ma con qualche elemento meno denso, come il *silicio* o, più probabilmente, l'*ossigeno* e lo *zolfo*, che possono giustificarne la densità dedotta da dati sismici, che risulta di un 10% minore di quanto dovrebbe essere per una lega di ferro-nichel allo stato fuso. La composizione esatta, però, è ancora oggetto di ricerche e dibattiti.

Il nucleo interno, invece, è una sfera solida con un raggio di 1220 km (più di due terzi del raggio della Luna); il suo stato solido è dovuto alle fortissime pressioni che prevalgono sull'effetto delle temperature molto elevate che caratterizzano, come vedremo, il centro della Terra. La sua densità è maggiore di quella del nucleo esterno e corrisponde in pratica a quella che avrebbe in quelle condizioni una lega quasi pura di ferro-nichel.

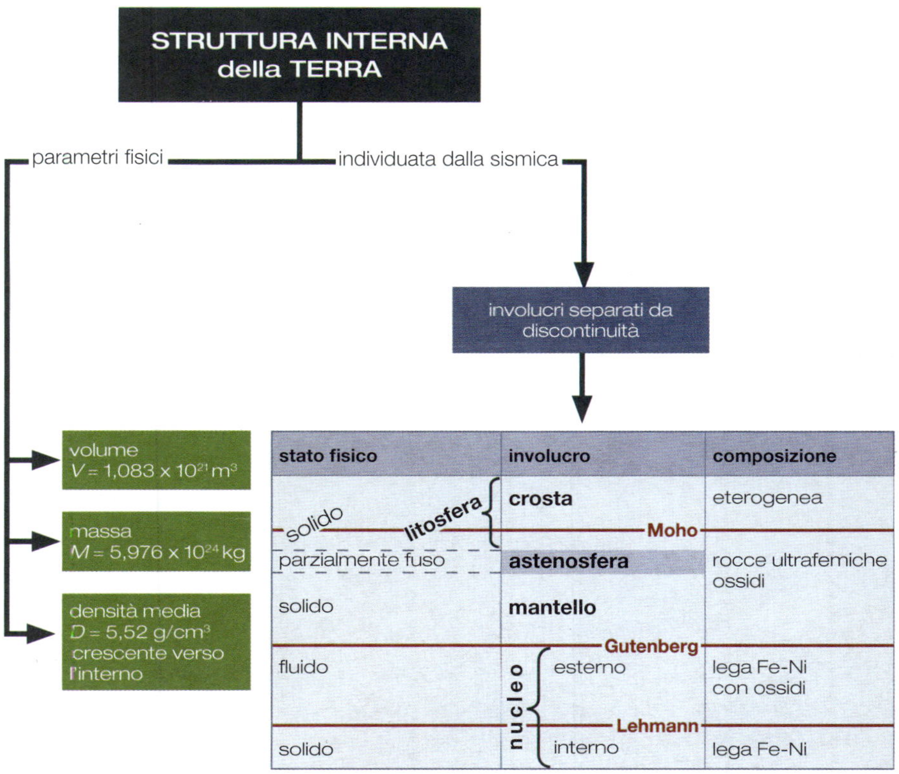

QUESITI

1. Scegli le alternative corrette.
Lo spessore medio della crosta varia da circa **35 km/60-70 km** sotto i continenti a circa **35 km/6-7 km** sotto gli oceani.

2. Vero o falso?
Il mantello è composto esclusivamente da rocce solide.
Motiva la risposta.

3. La litosfera è costituita
- **A** dalla crosta e dallo strato più superficiale del mantello.
- **B** dal mantello e dallo strato più profondo della crosta.
- **C** dal mantello e dalla parte più esterna del nucleo.

4. Completa.
Il nucleo interno è allo stato solido perché al suo interno prevale l'effetto della .... su quello della ....

5. Come si calcola il valore della densità media della Terra?

6. Che cosa si deduce dal confronto tra la densità media della Terra e la densità media delle rocce della crosta?

7. Quali rocce compongono il mantello?

8. Che cos'è l'astenosfera?

9. Qual è la probabile composizione del nucleo?

3 Un segno dell'energia interna della Terra: il flusso di calore

L'interno della Terra è molto caldo e, come conseguenza, il pianeta perde continuamente calore da tutta la sua superficie. Numerosi fatti, come l'attività dei vulcani, la fuoriuscita di acqua calda dalle sorgenti termali, o l'aumento di temperatura che si sperimenta scendendo in una miniera, ci dicono che l'interno della Terra è caldo, tanto più quanto più si scende in profondità. In effetti, anche se il calore che sentiamo in superficie è dovuto essenzialmente alla radiazione solare, la Terra perde continuamente calore da tutta la sua superficie.

3.1 Il flusso di calore

Il **flusso termico** terrestre (la quantità di calore emessa nell'unità di tempo per ogni unità di superficie) è molto basso: in media 0,06 W/m^2 (per confronto, il flusso di energia solare è, con il Sole allo Zenit, di 1000 W/m^2). Tuttavia, dal punto di vista energetico il flusso termico è il più imponente tra i fenomeni terrestri, poiché la quantità di energia liberata per tale via in un anno è 50 volte maggiore dell'energia liberata da tutti i terremoti e le eruzioni vulcaniche nello stesso periodo di tempo: anzi, questi fenomeni sono legati, direttamente o indirettamente, proprio al flusso di calore.

La Terra ci appare come un gigantesco motore termico: ma qual è l'origine del calore che lo mantiene attivo?

Un tempo si riteneva che il calore terrestre fosse unicamente il residuo dello stadio primordiale della Terra, in cui il pianeta doveva essere totalmente fuso, ma tale ipotesi è risultata ben presto inadeguata. Si è dovuti arrivare alla scoperta della radioattività per individuare la soluzione del problema. Tra i materiali che costituiscono la Terra, infatti, sono presenti vari **isotopi radioattivi**. L'energia cinetica delle particelle emesse dagli isotopi radioattivi si trasforma nel calore che fluisce continuamente dalla superficie della Terra. Il problema, però, non è così semplice. Esistono, infatti, sulla superficie terrestre zone con flusso termico molto più elevato della media, come le dorsali oceaniche [Figura 7]; si ritiene che tali situazioni siano dovute all'esistenza di *correnti convettive* nel mantello, cioè a reali spostamenti di materiale più caldo (quindi meno denso) che risale da zone profonde verso la superficie, dove parte del calore si libera e fa aumentare il flusso termico locale, mentre altro materiale, raffreddatosi in vicinanza della superficie (quindi divenuto più denso), ridiscende.

Per comprendere come nel mantello solido possano esistere correnti convettive (ipotizzate e sostenute da molti geofisici già a partire dagli anni

■ **Isotopi radioattivi** (**Radioactive isotopes**) Gli isotopi sono nuclei atomici di un elemento che differiscono per il numero di neutroni. Gli isotopi, eccetto quelli dell'idrogeno, hanno lo stesso nome dell'elemento cui si riferiscono, seguito dal *numero di massa* (numero dei protoni e neutroni nel nucleo); per esempio, uranio 238, il più abbondante in natura, indica l'isotopo dell'uranio con 92 protoni e 146 neutroni, mentre l'uranio 235 ha 143 neutroni. Gli isotopi di un elemento hanno lo stesso comportamento chimico. Sul totale di 92 elementi naturali, esistono circa 320 isotopi di cui 50 instabili, detti *radioattivi*. Questi elementi mutano spontaneamente («decadono») e si trasformano in isotopi di elementi diversi, liberando energia.

7

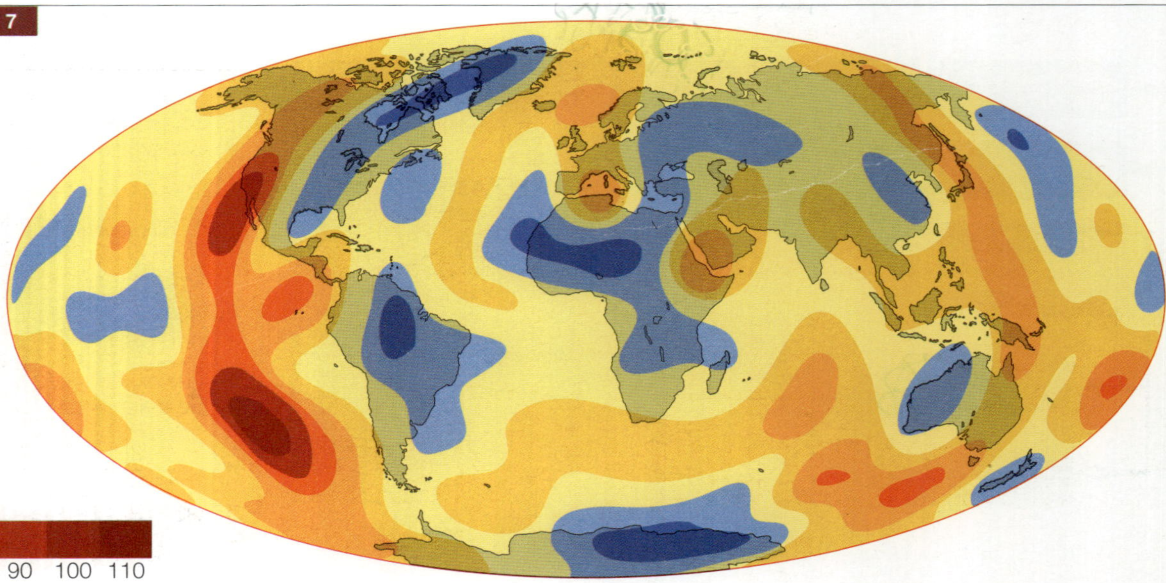

Figura 7
***Carta del flusso termico* della Terra, basata su oltre 5000 misure effettuate su tutta la superficie (terre emerse e fondi oceanici).** Le zone caratterizzate da un flusso termico più elevato corrispondono alle dorsali oceaniche; quelle con flusso termico molto basso corrispondono invece a parti interne dei continenti, geologicamente molto antiche, e ai settori dei bacini oceanici più lontani dalle dorsali. (*The Cambridge Encyclopedia of Earth Sciences*, 1981)

flusso termico in mW/m^2

30 40 50 60 70 80 90 100 110

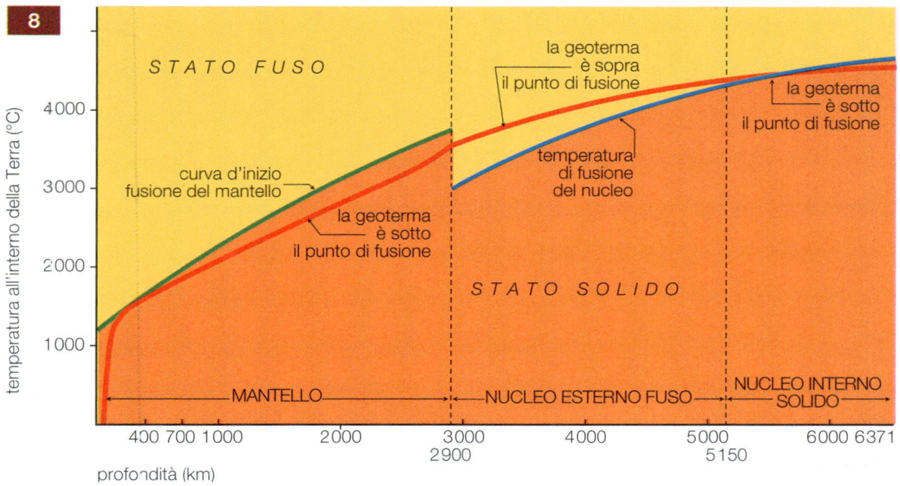

Figura 8
La *geoterma* (curva rossa) descrive l'aumento della temperatura con la profondità. Le altre due curve descrivono l'andamento, calcolato, del punto di fusione per i materiali del mantello (curva verde) e del nucleo (curva blu).

■ **Correnti convettive** (Convection) La convezione è una forma di propagazione del calore all'interno di un corpo che avviene mediante *trasferimento di materia* tra punti che siano a diverse temperature. I movimenti convettivi si possono manifestare nei fluidi: un tipico esempio è quello di un circuito di riscaldamento, in cui l'acqua calda sale verso l'alto mentre quella fredda scende a sostituirla. Tuttavia nei solidi come l'interno della Terra *correnti convettive* possono verificarsi in tempi molto lunghi, con velocità dell'ordine di qualche cm/anno.

Trenta del XX secolo), si tenga presente che, in determinate condizioni (come nel caso di forze che agiscono per tempi lunghissimi) anche i solidi possono «scorrere», comportandosi, quindi, come fluidi (in cui i fenomeni convettivi sono caratteristici). In definitiva, all'interno del mantello, masse di rocce profonde, divenute più calde del materiale circostante a causa del decadimento degli isotopi radioattivi, tendono a risalire verso la crosta, sia pure con movimenti lentissimi (qualche cm / anno), mentre masse di rocce vicine alla crosta, divenute più fredde, scendono verso il basso, dove tornano a riscaldarsi e possono risalire nuovamente verso la crosta. L'origine di questi giganteschi rimescolamenti di materiale va cercata, quindi, in una disomogeneità termica del mantello, a sua volta dovuta a una distribuzione originaria non omogenea degli elementi radioattivi (ma anche a influenze da parte del nucleo, che libera continuamente calore). In ogni caso, i movimenti convettivi nel mantello hanno profonde conseguenze sull'evoluzione della parte più esterna della Terra, la litosfera.

3.2 La temperatura interna della Terra

La temperatura all'interno della crosta terrestre aumenta in media di circa 30 °C ogni km di profondità (**gradiente geotermico**). Tale gradiente termico, però, non può rimanere costante con il crescere della profondità, altrimenti si dovrebbero estrapolare per l'interno della Terra valori della temperatura che sarebbero del tutto incompatibili con ogni dato conosciuto.

I geofisici, perciò, hanno costruito la curva dell'andamento della temperatura con la profondità, chiamata **geoterma**, basandosi sul modello della struttura interna della Terra [**Figura 8**].

I dati sismici indicano che il **mantello** è solido; poiché si ritiene che sia formato da silicati di ferro e magnesio e da ossidi, la sua temperatura deve essere inferiore alla temperatura di fusione di quei silicati e ossidi (determinata in laboratorio: curva verde). Solo nell'astenosfera, parzialmente fusa (tra 70 e 250 km), la temperatura deve essere vicina a quella a cui inizia la fusione di quei silicati.

Nel **nucleo esterno** la temperatura deve essere ovunque superiore al punto di fusione della lega metallica ipotizzata (curva blu), mentre più in profondità le altissime pressioni mantengono la lega sotto il punto di fusione, per cui il **nucleo interno** è solido. Al centro della Terra la temperatura non dovrebbe superare i 5000 °C.

Lo studio del flusso termico e della temperatura della crosta a deboli profondità è della massima importanza per lo sfruttamento dell'**energia geotermica**, trasformabile in energia elettrica (vedi paragrafo 5 del capitolo 3).

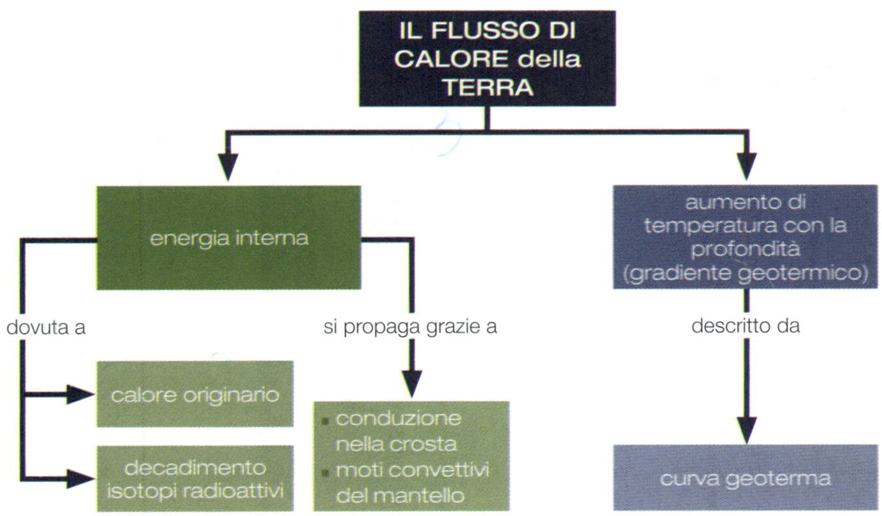

QUESITI

1. Scegli l'alternativa corretta.
   Le aree molto attive dal punto di vista geologico sono caratterizzate da un flusso termico **minore/maggiore** rispetto alla media della superficie terrestre.
2. Vero o falso?
   La concentrazione degli elementi radioattivi nel mantello è omogenea.
   Motiva la risposta.
3. Completa.
   L'andamento della temperatura con la ....
   è descritto da una curva detta ....
4. Definisci il flusso termico terrestre. Qual è il suo valore medio?
5. Qual è l'origine del calore emesso dalla Terra?
6. Che cosa sono le correnti convettive del mantello?

4 Il campo magnetico terrestre

Video
Paleomagnetismo e migrazione del Polo nord magnetico

■ **Dinamo ad autoeccitazione** (Self exciting dynamo)
Un disco di materiale buon conduttore di elettricità che, posto in rotazione, si muove attraverso le linee di flusso di un campo magnetico: in tali condizioni si genera, nel conduttore, una corrente elettrica indotta, che viene fatta fluire in un circuito. È proprio questa corrente che, attraversando un solenoide inserito nel circuito, genera e mantiene il campo magnetico attraverso cui ruota il disco conduttore. Per innescare la dinamo è necessaria, all'inizio, la presenza di un campo magnetico esterno (come quello di un magnete), la cui funzione viene assunta, dopo l'avvio, dal campo magnetico generato dalla corrente indotta: da quel momento il sistema continua a mantenere attivo il campo magnetico, finché il conduttore è mantenuto in movimento.

La Terra, come il Sole e altri pianeti, possiede un campo magnetico. La struttura del **campo geomagnetico** può essere descritta abbastanza bene supponendo di porre al centro del pianeta una barra magnetica, il cui asse formi un angolo di circa 11° con l'asse di rotazione terrestre, capace di generare una forza magnetica la cui intensità diminuisce con la distanza dal pianeta; un ago magnetico libero di oscillare sotto l'influenza di questa forza si allinea quasi secondo la direzione Nord-Sud (i poli magnetici sono un po' spostati rispetto ai poli geografici). Ma esiste veramente questa barra magnetica?

4.1 La «geodinamo»

Il campo geomagnetico, anche se simile, per la sua forma, a quello di una calamita rettilinea, non si può spiegare con la presenza all'interno della Terra di una gigantesca barra magnetica. In quest'ultimo caso, infatti, il campo è dipolare (presenta, cioè, due poli verso i quali confluiscono tutte le linee di forza [Figura 9A e 9B]), mentre il campo geomagnetico si può definire solo *prevalentemente dipolare*, poiché, rispetto all'andamento dipolare teorico, presenta alcuni evidenti scostamenti.

Inoltre, al di sopra di una certa temperatura critica, detta *punto di Curie* (vedi Approfondimento delle conoscenze, *Come si magnetizzano lave e sedimenti*) i materiali magnetici perdono il loro magnetismo permanente e tale temperatura è dell'ordine di 500 °C, molto più bassa, quindi, delle temperature presenti all'interno della Terra. Esclusa perciò la presenza di un qualcosa di analogo a un magnete permanente, le ipotesi sull'origine del campo geomagnetico si sono orientate verso un modello simile a quello delle dinamo ad autoeccitazione, come quelle in uso nelle centrali elettriche [Figura 9C].

Nelle centrali elettriche, l'energia per continuare a far funzionare il campo magnetico (e per la distribuzione agli utenti) proviene dal lavoro meccanico per tenere in rotazione la bobina, in genere fornito da vapore in pressione o da acqua in caduta. Nel caso della Terra, il materiale conduttore in movimento viene individuato nel nucleo esterno formato da una lega metallica fusa, «agitato» da movimenti convettivi come quelli del mantello, ma molto più veloci (vedi oltre, nel paragrafo 10).

Per l'innesco della «geodinamo» basta che il nostro pianeta abbia attraversato occasionalmente qualche campo magnetico sporadico, probabilmente di origine solare, mentre erano già in atto i moti convettivi. Da quel momento, finchè ci sarà una fonte di energia per mantenere in movimento il materiale fluido – analogo al disco tenuto in rotazione dalla dinamo –, il nucleo può continuare a mantenere attivo un campo magnetico.

In pratica il campo geomagnetico indica la regione di spazio intorno al pianeta nella quale sono presenti interazioni magnetiche prodotte dal mecca-

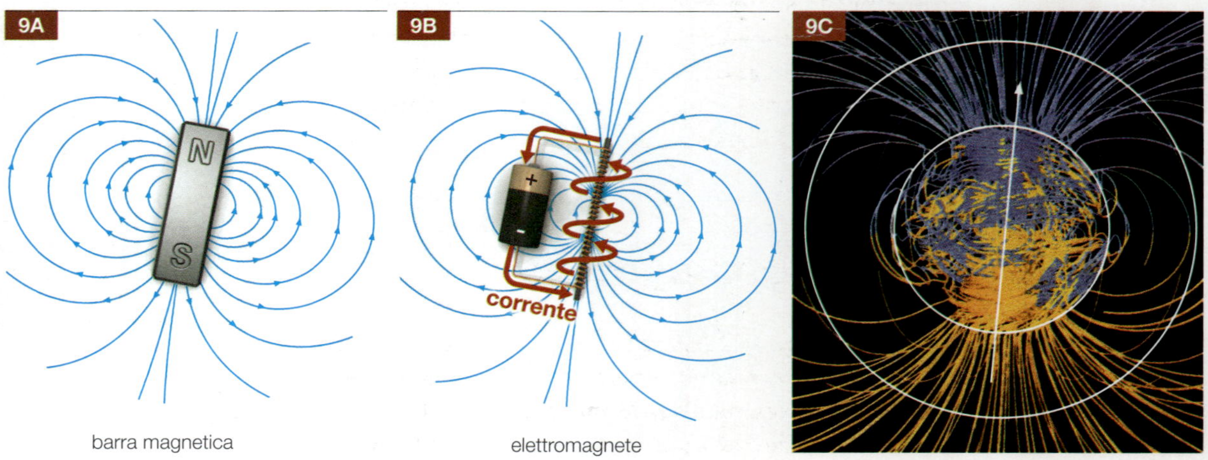

Figura 9
Modelli di campi magnetici.
A. Una barra magnetica genera un campo dipolare, con un polo sud e un polo nord.
B. Un campo magnetico dipolare può essere generato anche all'interno di una spira di filo metallico percorso da una corrente elettrica.
C. Simulazione al computer del campo magnetico terrestre nel modello della geodinamo. Le linee del campo nel nucleo esterno (delimitato dalla circonferenza minore) appaiono «aggrovigliate» a causa dei movimenti convettivi che danno origine all'effetto dinamo. Le linee che attraversano il mantello diventano più regolari e simili a quelle di un dipolo, fino ad emergere dalla superficie (circonferenza maggiore).

10

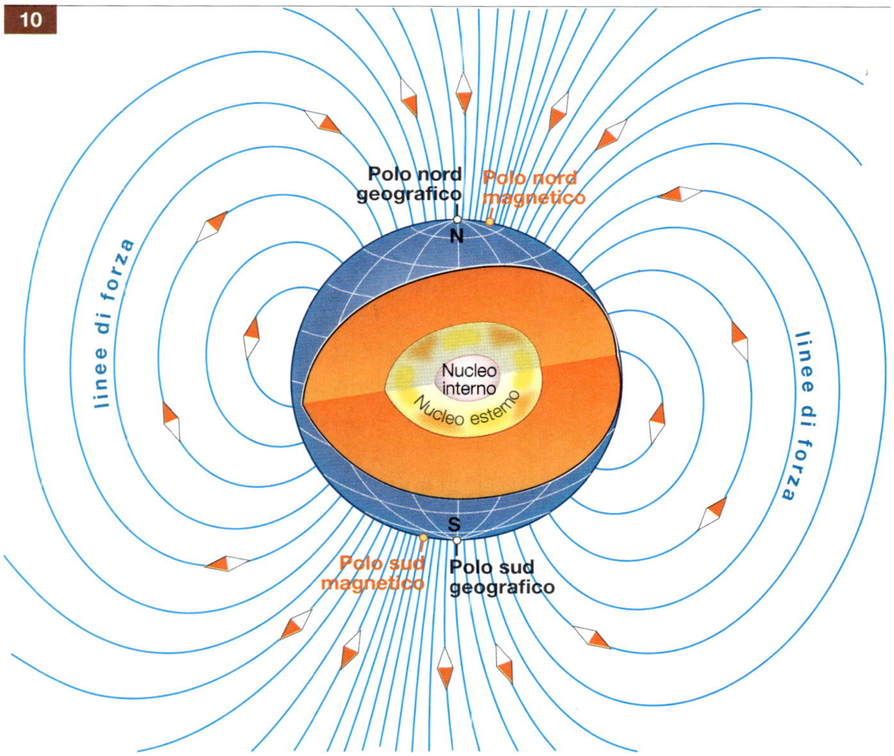

Figura 10
Linee di forza del *campo magnetico terrestre.* L'andamento complessivo è molto simile, anche se non completamente, a quello che verrebbe prodotto se al centro della Terra fosse posta una gigantesca barra magnetica, inclinata di 11° rispetto all'asse di rotazione. L'asse ideale di tale campo incontra la superficie terrestre in due punti, i *poli magnetici*, la cui posizione rimane molto vicina a quella dei poli geografici. Il disegno rappresenta una sezione del campo geomagnetico, la cui influenza è estesa, ovviamente, a tutto lo spazio circostante il pianeta, con intensità che decresce all'aumentare della distanza.

nismo prima descritto. Il campo è «disegnato» dalle linee di forza, rispetto alle quali un magnete, come un ago di bussola, libero di ruotare rispetto al suo centro di gravità si dispone tangenzialmente, con un estremo rivolto sempre verso un luogo prossimo al Polo nord geografico (punto che è chiamato *Polo nord magnetico*) e l'altro estremo verso un luogo (*Polo sud magnetico*) situato in vicinanza del Polo sud geografico [Figura 10].

L'intensità del campo magnetico diminuisce all'aumentare della distanza. Inoltre, varia regolarmente dal polo magnetico all'*equatore magnetico*: se il geocampo fosse solo dipolare, l'induzione nei poli magnetici dovrebbe essere 62×10^{-6} T (tesla), e all'equatore magnetico sarebbe 31×10^{-6} T. Ma in aggiunta al campo dipolare vi è anche un campo non dipolare, che è irregolare, i cui effetti si sommano a quelli del campo dipolare. Quello che si misura sul terreno, quindi, è il *campo magnetico totale*; sottraendo matematicamente dal campo totale quello dipolare teorico, si individua una serie di «irregolarità» locali che mostrano l'andamento del *campo non dipolare*.

■ **Tesla (T)** (Tesla) Il *tesla* (T), dal nome del fisico croato Nikola Tesla, è l'unità di misura dell'induzione del campo magnetico in un punto dello spazio (nel Sistema Internazionale di Unità).

■ **Magnetizzazione indotta** (**Induced magnetization**) Conferimento di proprietà magnetiche a un corpo, inducendo un orientamento dei dipoli magnetici nella sua struttura atomica tramite l'immersione in un campo magnetico esterno.

4.2 Il paleomagnetismo

La conoscenza del campo geomagnetico, qualunque ne sia l'origine, ha aperto prospettive inaspettate con la scoperta del **paleomagnetismo**, che consente lo studio del campo magnetico terrestre del passato. Molte rocce, infatti, conservano una propria magnetizzazione, indotta dal campo geomagnetico al momento della loro formazione (vedi Approfondimento *Come si magnetizzano lave e sedimenti*).

La datazione di rocce di varie età e la misura del loro magnetismo ha permesso di scoprire che il campo geomagnetico esiste da almeno 3,5 miliardi di anni.

La scoperta più interessante è stata che la direzione della magnetizzazione conservata in rocce antiche è in genere diversa da quella del campo geomagnetico attuale; anzi, tale direzione cambia a seconda dell'età della roccia esaminata, come se il Polo nord magnetico avesse occupato nel tempo posizioni differenti. Ma l'ipotesi che i poli magnetici della Terra siano «migrati» nel tempo si scontra con un'altra constatazione: per una stessa età, rocce di continenti diversi indicano una diversa posizione del polo magnetico.

Tale contraddizione si supera con un radicale mutamento di prospettiva. Non sono stati i poli magnetici a spostarsi, ma sono stati i continenti a muoversi, scivolando e ruotando lentamente sulla superficie terrestre, mentre i poli magnetici sono rimasti sempre all'incirca nella posizione attuale rispetto all'asse di rotazione della Terra [Figura 11]. Di conseguenza, le rocce hanno cambiato posizione e orientamento nel tempo e con esse si è spostato, quando era presente, anche il loro campo magnetico fossile.

11

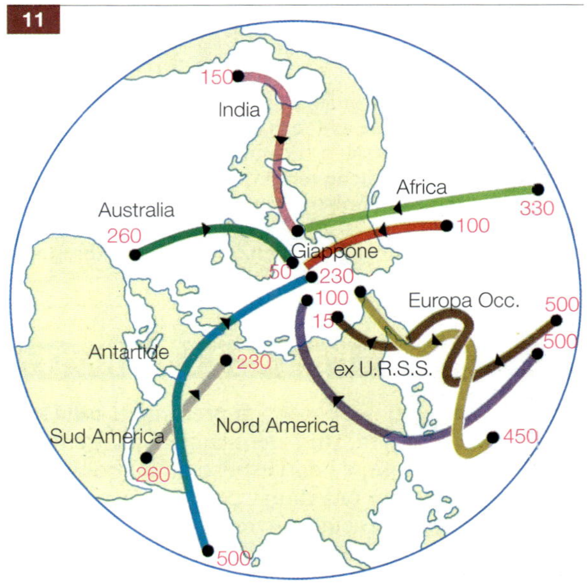

Figura 11
***Curve della «migrazione» apparente* del *Polo nord magnetico*, costruite in base all'analisi di rocce prelevate da diversi continenti.** Le cifre indicano l'età cui si riferisce la localizzazione paleomagnetica del polo; per esempio, la posizione del polo 260 milioni di anni fa risulta in corrispondenza dell'Arabia, in base ai dati misurati in Sudamerica, o dell'Atlantico, con i dati misurati in Australia. Queste e altre analoghe divergenze si superano se si ammette che i poli non abbiano mutato sostanzialmente la loro posizione, ma che si siano mossi invece, nel tempo, i continenti.

Figura 12
***Scala paleomagnetica*, costruita in base all'età delle inversioni magnetiche «registrate» in colate di lava degli ultimi 5 milioni di anni.** L'intera successione non è reperibile da nessuna parte, ma è stata ricostruita in base ad affioramenti di lava distribuiti in varie zone della superficie terrestre. Le lave sono state datate con metodi radiometrici. Sono state riconosciute, nell'ordine, quattro *epoche* magnetiche, caratterizzate, alternativamente, da polarità «normale» o «inversa»; all'interno delle lunghe epoche sono stati riscontrati alcuni brevi *eventi*, con polarità opposta a quella dell'epoca che li comprende. (I nomi delle epoche sono stati dedicati a noti studiosi del magnetismo.) La scala paleomagnetica è stata ormai estesa indietro nel tempo, fino a circa 170 Ma fa, ma facendo ricorso a dati diversi, le anomalie magnetiche dei fondi oceanici (come vedremo nel par. 7).

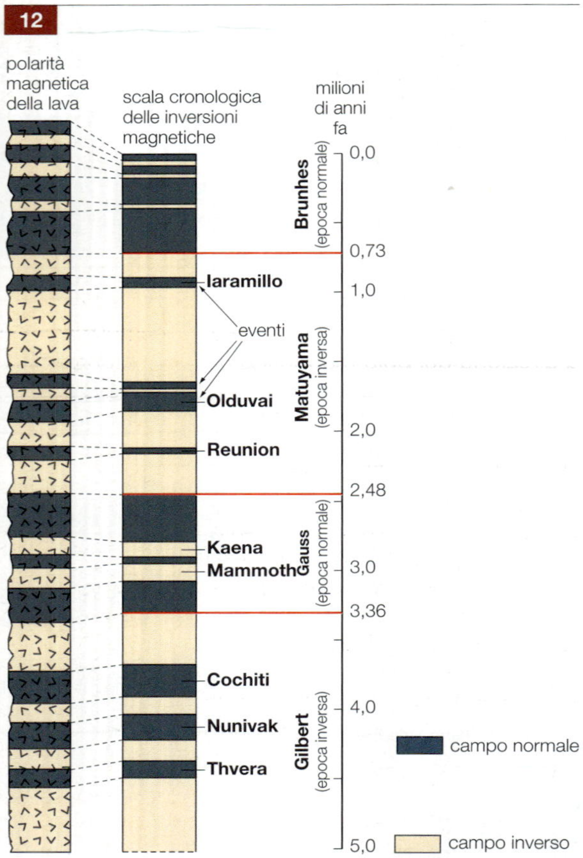

L'idea che i continenti possano muoversi era già stata proposta, su basi diverse, almeno 40 anni prima, ma le scoperte del paleomagnetismo hanno contribuito a riportarla alla ribalta.

Il paleomagnetismo ha portato anche a un'altra importante scoperta. In molte rocce di età recente (formatesi cioè quando i continenti avevano raggiunto le posizioni attuali) la direzione di magnetizzazione risulta esattamente opposta a quella del campo geomagnetico attuale, come se, al momento della formazione di quelle rocce, il Polo nord magnetico fosse al posto del Polo sud, e viceversa. Il fenomeno si osserva anche in rocce molto più antiche, il cui campo magnetico, oltre a indicare una direzione più o meno ruotata rispetto a quella attuale, rivela anche la presenza di ripetute **inversioni di polarità**. La conclusione che ne è stata tratta indica che il campo magnetico terrestre è passato alternativamente da **normale**, cioè orientato con il Polo nord come oggi, a **inverso**. È stato possibile ricostruire in dettaglio la successione dei periodi di tempo a polarità normale e inversa che si sono susseguiti negli ultimi 5 milioni di anni: si è stabilita, così, una **scala stratigrafica paleomagnetica** [Figura 12].

L'epoca magnetica in cui viviamo è durata 700 000 anni: potrebbe essere prossima una nuova inversione di polarità. Sappiamo ben poco su come avvenga tale fenomeno, ma è possibile che il campo magnetico si indebolisca per qualche tempo, lasciando la Terra priva del suo scudo naturale contro certe radiazioni cosmiche; secondo alcuni studiosi, le inversioni di polarità potrebbero perciò avere influenza sull'evoluzione biologica.

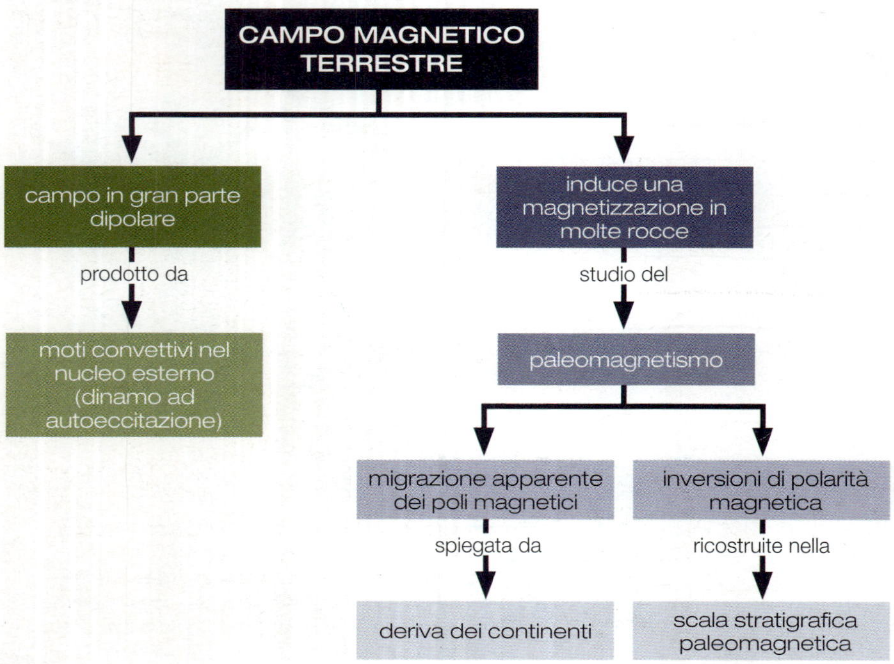

QUESITI

1. Il paleomagnetismo consente di
   - **A** studiare i fossili.
   - **B** ricostruire la migrazione dei continenti nel tempo.
   - **C** verificare la nascita delle montagne.
   - **D** raccogliere dati sul flusso di calore.
2. Completa con i termini mancanti scegliendoli tra i seguenti.
   della deposizione ■ magmatiche ■ del raffreddamento ■ sedimentarie
   Le rocce .... vengono magnetizzate dal campo magnetico terrestre al momento .... della lava che le ha prodotte.
   Le rocce .... conservano traccia del campo magnetico presente al momento .... sul fondo del mare.
3. Qual è la probabile origine del campo magnetico terrestre?
4. Rocce della stessa età ritrovate in continenti diversi indicano con il loro paleomagnetismo una posizione del polo magnetico al momento della loro formazione *diversa* a seconda del continente in cui sono state raccolte. Quale conclusione è stata tratta a seguito di questa osservazione?
5. In che cosa consistono le inversioni di polarità che hanno interessato nel tempo il campo magnetico terrestre?

approfondimento delle conoscenze

Come si magnetizzano lave e sedimenti

Quando una lava si raffredda, al suo interno si formano numerosi cristalli di minerali, alcuni dei quali (come la magnetite, un ossido di ferro) sono particolarmente sensibili alla presenza del campo magnetico terrestre che esiste al momento della loro formazione. Tali minerali vengono magnetizzati per induzione dal campo geomagnetico, ma all'inizio l'orientamento dei dipoli magnetici della struttura atomica è diretto in modo casuale, per l'agitazione dovuta all'elevata energia termica. Quando, però, la loro temperatura scende sotto il punto di Curie, i cristalli diventano minuscole calamite permanenti, con il loro piccolo ma sensibile campo magnetico orientato come quello terrestre che lo ha prodotto [Figura 13].

In seguito, se la lava non viene nuovamente fusa, la sua magnetizzazione rimane inalterata per milioni di anni e continua a indicare la direzione del polo magnetico al momento della sua solidificazione.

Qualcosa di analogo si verifica anche nelle rocce sedimentarie. Tra i granuli che i fiumi trasportano al mare, molti sono magnetizzati (possiedono, cioè, un piccolo campo magnetico); questi ultimi, mentre lentamente decantano e scendono sul fondo del mare, a causa dell'influenza del campo magnetico terrestre esistente in quel momento si comportano come minuscoli aghi di bussola e si orientano statisticamente secondo tale campo [Figura 14]. Quando i sedimenti si litificano, questi granuli isorientati conferiscono alla nuova roccia una propria magnetizzazione stabile (che è la somma dei piccoli ma numerosissimi campi magnetici associati ai singoli granuli).

In entrambi i casi esaminati, la roccia, effusiva o sedimentaria, registra fedelmente l'andamento del campo magnetico terrestre e questo magnetismo «fossile» può essere rivelato e misurato con opportuni strumenti.

■ **Punto di Curie (o Temperatura di Curie)** (**Curie point**) È il valore di temperatura al di sopra del quale un materiale magnetico perde la sua magnetizzazione; se lo stesso materiale è a temperatura superiore e viene raffreddato in presenza di un campo magnetico, viene magnetizzato stabilmente per induzione quando passa al di sotto del suo *punto di Curie* (per esempio, nella magnetite, un ossido di ferro, questo si verifica a 580 °C).

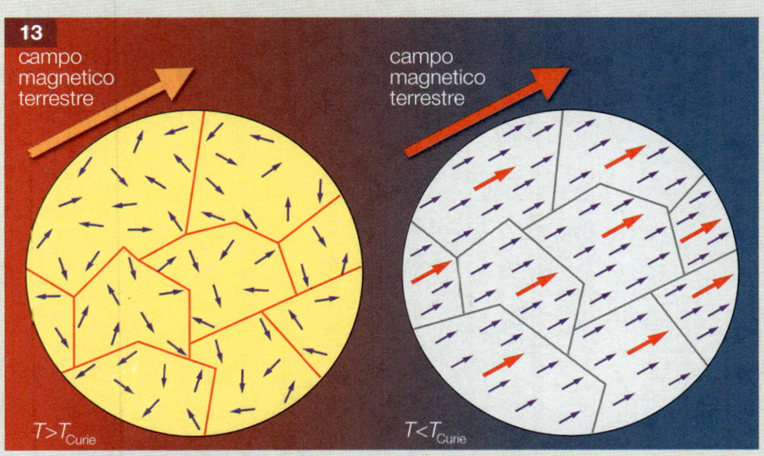

Figura 13
Magnetismo «termoresiduale» in rocce magmatiche.
A sinistra. Quando una lava comincia a raffreddarsi e a cristallizzare, ma è ancora molto calda (con temperature superiori al punto di Curie), l'agitazione termica irregolare degli atomi è maggiore dell'azione del campo magnetico terrestre, per cui i loro minuscoli campi magnetici (*frecce blu*) non si allineano, ma sono orientati a caso: la lava non viene magnetizzata.
A destra. A poco a poco la lava si raffredda e la sua temperatura scende sotto il punto di Curie. Da quel momento l'effetto dell'induzione del campo magnetico terrestre supera quello dell'agitazione termica (che è funzione della temperatura) e i piccoli campi magnetici si allineano tutti per induzione secondo il campo esterno. A questo punto, i cristalli che si sono formati dalla lava sono diventati piccoli magneti rigidamente connessi tra loro e contribuiscono con il loro campo, più o meno intenso (*frecce rosse*), a dare alla roccia una propria magnetizzazione permanente.

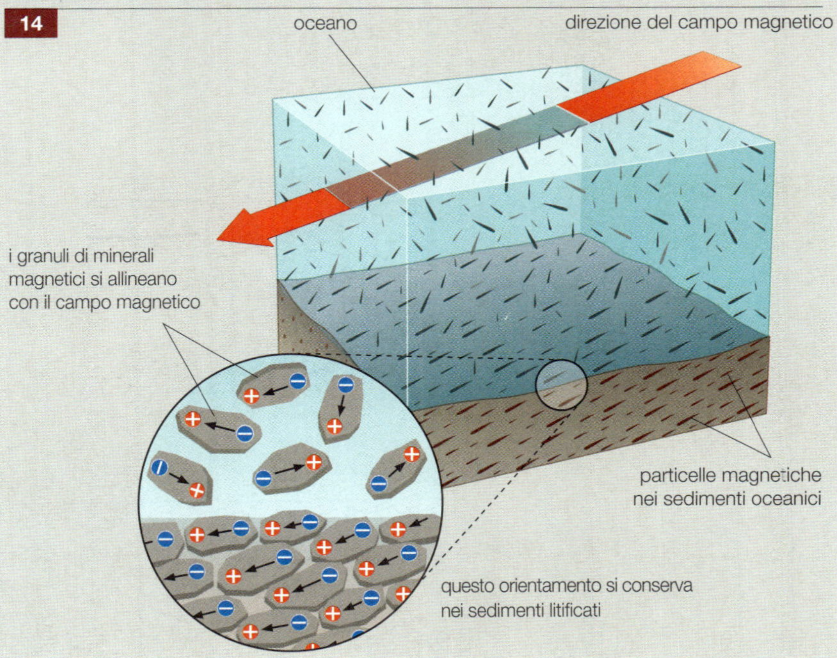

Figura 14
Magnetismo residuo in depositi sedimentari detritici.
I granuli di minerali magnetici, trasportati all'oceano con altri sedimenti, si allineano con il campo magnetico terrestre mentre decantano attraverso l'acqua e si depositano sul fondo. Questo orientamento si conserva nei sedimenti quando diventano rocce, che, in tal modo, registrano il campo che c'era al momento del deposito.

5 La struttura della crosta

Video
L'isostasia

Gli elementi raccolti sulla *struttura interna* della Terra, sul *paleomagnetismo* e sullo *stato termico* del pianeta, e i dati esposti sulla *litogenesi* nel capitolo 1, ci consentono ora di affrontare il problema dei meccanismi attraverso cui è avvenuta nel passato, e procede tuttora, l'evoluzione della Terra. Inizieremo con un'analisi un po' più approfondita della crosta [Figura 15].

15

Figura 15
La superficie solida della Terra appare articolata su due livelli: uno comprende le parti più elevate, cioè le aree continentali e le loro prosecuzioni sommerse come piattaforme continentali; l'altro comprende le parti più depresse, a partire dal margine delle piattaforme continentali fino alle piane abissali, coperte dai mari.
I due domini presentano aspetti morfologici diversi: essi sono il risultato di processi geologici che mettono in evidenza il ruolo profondamente diverso svolto da aree continentali e oceaniche nell'evoluzione del pianeta. Le aree continentali sono caratterizzate da vaste pianure, attraversate o bordate da lunghe e alte catene montuose. Le aree oceaniche appaiono invece «movimentate» da un ampio mosaico di strutture diverse e in pratica scoperte solo nella seconda metà del secolo scorso, tanto da aver fatto parlare di una «riscoperta della Terra».
Le *dorsali oceaniche* formano una lunga fascia rilevata del fondo marino che si sviluppa per circa 64000 km e si innalza anche per oltre 4000 m dai fondi oceanici (*piane abissali*), fino a emergere in alcuni punti con isole vulcaniche. Vi sono poi strette *fosse abissali*, lunghe migliaia di kilometri e profonde anche più di 10 000 metri. Esistono infine numerosi *monti sottomarini* (*seamount*), in genere di origine vulcanica, come i *guyot*, caratteristici rilievi a sommità pianeggiante.

16

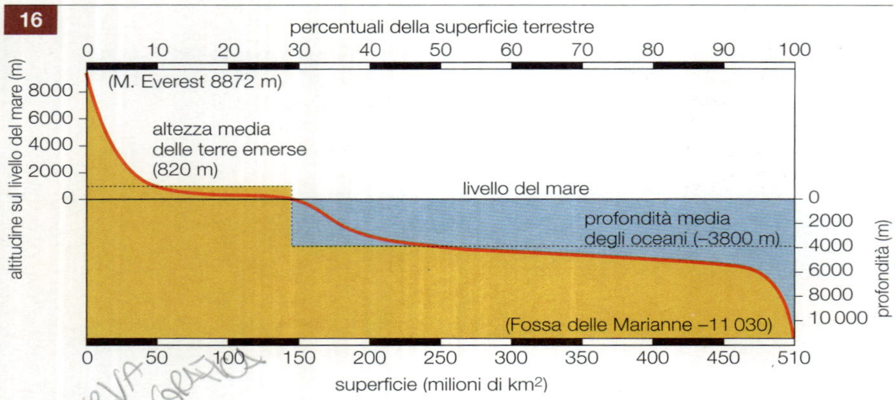

Figura 16
La distribuzione delle quote dell'intero pianeta, studiata in modo statistico, viene sintetizzata nella curva ipsografica della superficie terrestre. In ascissa sono riportate le aree, tanto in valori assoluti (in basso) che in percentuale rispetto all'estensione totale della superficie terrestre (in alto); in ordinata le altezze e le profondità, dalla vetta più elevata del rilievo emerso (a sinistra) alla massima depressione abissale finora conosciuta (a destra). Si deve osservare che la curva ipsografica è una «curva cumulativa»; per ogni suo punto, il valore dell'ascissa indica l'estensione di tutta la porzione di superficie che è compresa fra la corrispondente quota dell'ordinata e l'altitudine massima del rilievo terrestre. Si può notare che le terre emerse hanno il loro più grande sviluppo ad altezze inferiori ai 1000 m, mentre le zone molto elevate sono complessivamente poco estese; i fondi marini hanno invece in massima parte profondità comprese fra i 2000 e i 6000 m sotto il livello del mare, ma anche per essi i valori massimi sono limitati a una ristretta estensione.

Esistono due tipi di crosta:
– la **crosta oceanica**; costituisce il fondo degli oceani ed è interamente coperta dalle acque;
– la **crosta continentale** corrisponde ai continenti e alla loro prosecuzione sotto il livello del mare; comprende la piattaforma continentale e buona parte dell'adiacente scarpata continentale.

In seguito, i termini «oceanico» e «continentale» riferiti alla crosta andranno intesi nel senso appena precisato. I due tipi di crosta sono molto diversi tra loro per vari aspetti: *spessore*, *quote medie della superficie* (emersa o sommersa), *età delle rocce* che vi compaiono, *natura delle rocce* e *loro giacitura*.

5.1 Crosta oceanica e crosta continentale

Spessore.

Lo spessore della crosta è indicato dalla profondità della Moho, la discontinuità sismica che segna l'inizio del mantello. La crosta continentale è più spessa di quella oceanica: in media il suo spessore arriva quasi ovunque a 35 km, tranne in corrispondenza delle catene montuose, dove raggiunge i 60-70 km. La crosta oceanica ha invece uno spessore medio di soli 6 km sotto il fondo del mare e si assottiglia ancora più in corrispondenza del centro delle dorsali oceaniche.

Quote medie della superficie.

La distribuzione delle quote dell'intero pianeta è stata studiata in modo statistico e il risultato è sintetizzato dalla *curva ipsografica della superficie terrestre*. La differenza più immediatamente osservabile è che il livello medio della superficie della crosta continentale è di oltre 4000 metri maggiore di quello medio della crosta oceanica [Figura 16].

Tale situazione non è casuale: la crosta continentale sovrasta ovunque quella oceanica, ma avendo uno spessore medio molto maggiore significa anche che essa risulta «affondata» nel sottostante mantello più di quella oceanica.

Età delle rocce.

Nella crosta continentale compaiono rocce di ogni età, tra oggi e circa 4 miliardi di anni fa, mentre nessun punto dei fondi oceanici presenta rocce più antiche di 190 milioni di anni. La crosta oceanica attuale si è formata perciò in un periodo di tempo che è l'ultimo 4% dell'intera storia della Terra: tutti i bacini oceanici sono strutture giovani del pianeta, mentre le aree continentali sono strutture molto più persistenti.

Natura delle rocce e loro giacitura.

■ La **crosta oceanica** mostra una struttura a strati molto regolare [Figura 17].

A partire dall'alto si riconoscono:
– un modesto spessore di **sedimenti** poco o per niente litificati, cioè non ancora compattati e induriti (detto strato 1);
– un considerevole spessore di **basalto** (chiamato strato 2);
– uno strato di **gabbro**, la roccia magmatica che è il corrispondente intrusivo del basalto (chiamato strato 3).

La Moho segna il passaggio alle rocce ultrabasiche (peridotiti) del mantello, ma il suo significato verrà meglio definito nel paragrafo 8.2.

■ La **crosta continentale** presenta invece una composizione estremamente eterogenea, nella quale si affiancano in superficie rocce sedimentarie, magmatiche e metamorfiche (vedi ancora la figura 17).

La composizione media della crosta superiore è intermedia tra quelle della granodiorite e della diorite. Nella crosta inferiore compaiono le granuliti a granati, rocce metamorfiche di alta temperatura che si formano in assenza o scarsezza di acqua, come è presumibile che avvenga in un ambiente così profondo.

Nemmeno la crosta continentale, pur con le sue

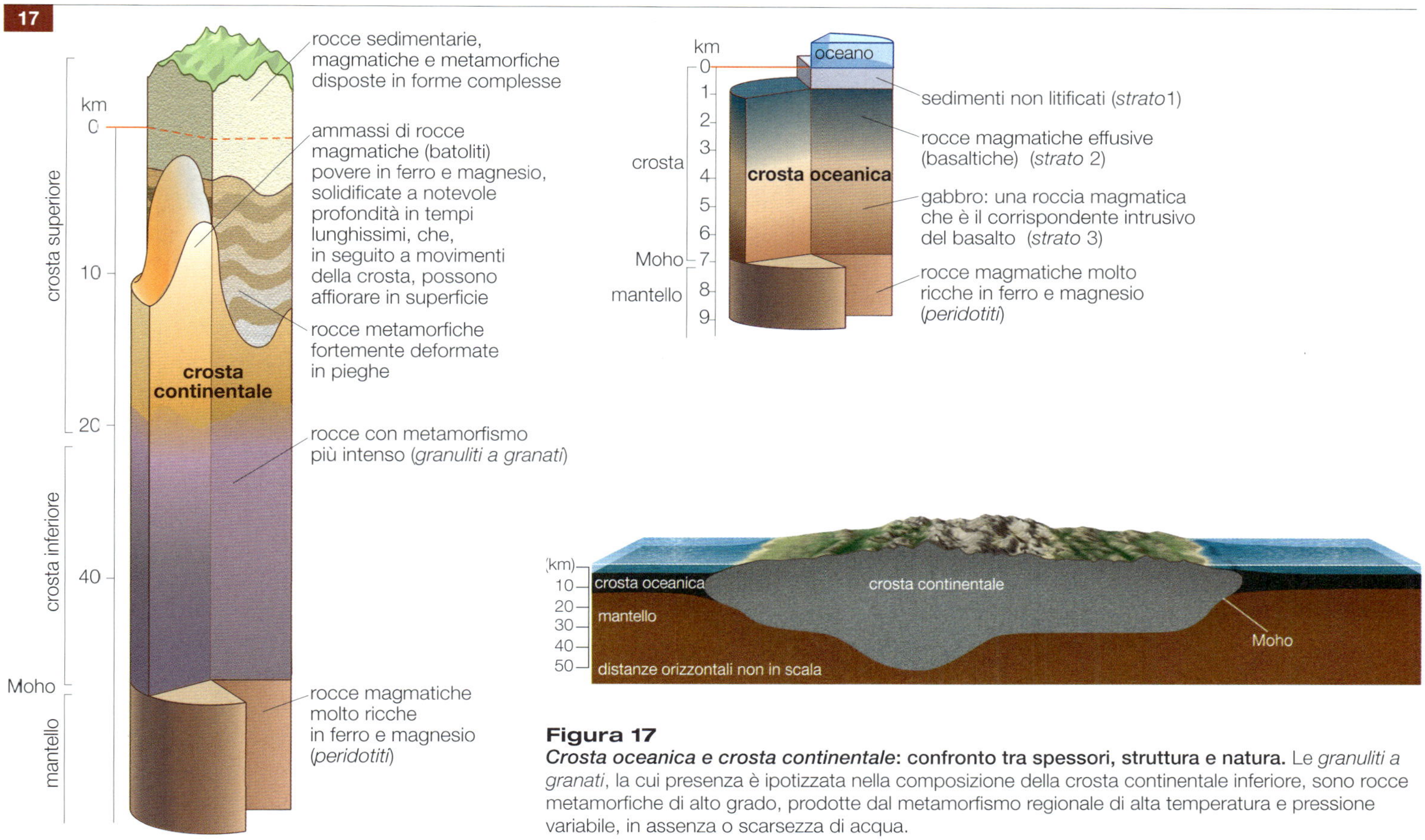

Figura 17
***Crosta oceanica e crosta continentale*: confronto tra spessori, struttura e natura.** Le *granuliti a granati*, la cui presenza è ipotizzata nella composizione della crosta continentale inferiore, sono rocce metamorfiche di alto grado, prodotte dal metamorfismo regionale di alta temperatura e pressione variabile, in assenza o scarsezza di acqua.

rocce antichissime, è una struttura permanente, presente fin dall'inizio della storia della Terra. Essa ha avuto, invece, una complessa evoluzione, dominata dal processo detto **orogenesi** («origine delle montagne»), quello che ha portato alla formazione di grandi catene montuose. La ricostruzione della storia della Terra mostra che, quando una fascia di crosta ha subìto un'orogenesi, con il tempo è diventata un lembo di crosta continentale stabile. Le vaste aree continentali ci appaiono oggi come un mosaico di *aree cratoniche* e di *fasce orogeniche* [Figura 18].

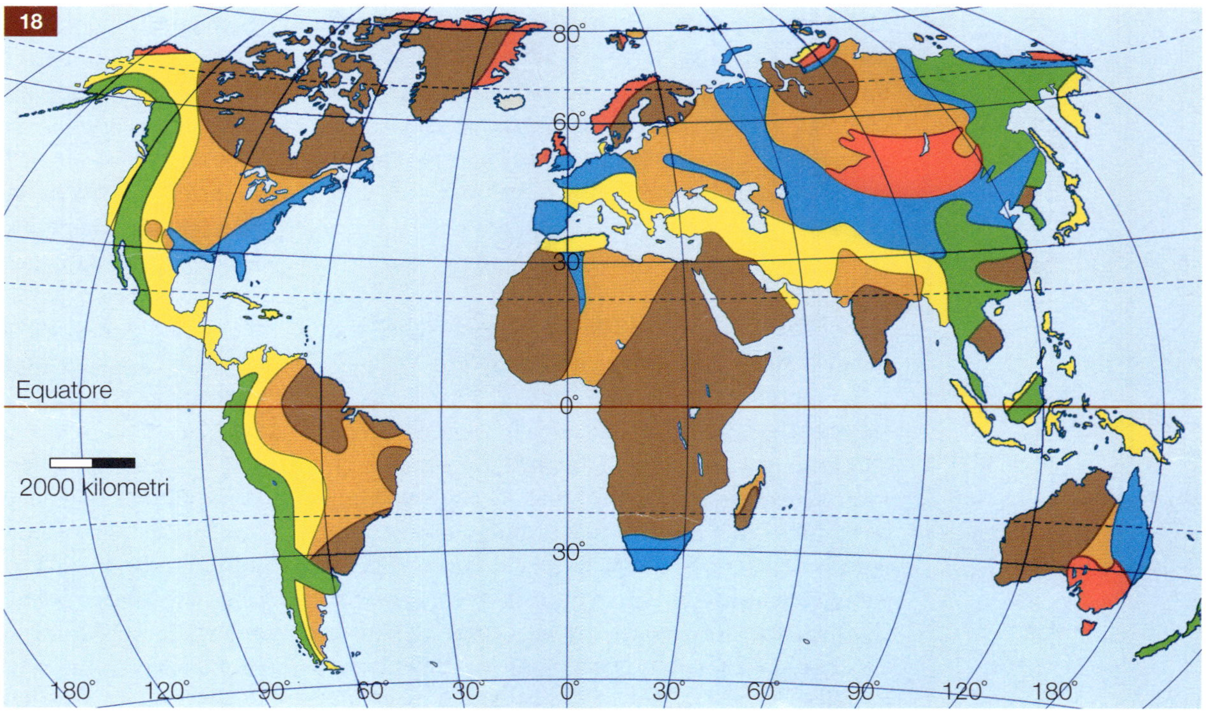

Figura 18
Schema semplificato della distribuzione degli scudi e relativi tavolati, e delle grandi fasce orogeniche. Gli orogeni rappresentati sono il prodotto dell'evoluzione de la crosta nel corso degli ultimi 500 milioni di anni e sono la testimonianza di grandi fasi di orogenesi, ciascuna delle quali ha portato alla formazione di imponenti catene montuose. La più antica, l'*orogenesi caledonica*, si è verificata tra 500 e 400 milioni di anni fa; la più recente, l'*orogenesi alpino-himalayana*, è iniziata circa 100 milioni di anni fa e non si è ancora esaurita.

cratoni
- scudi
- tavolati

orogeni
- alpino-himalayano
- mesozoico
- ercinico
- caledonico

■ **Cratone** (Craton) Dal greco *kràtos*, forza. Il termine si riferisce alla loro condizione di «aree di forza», cioè da molto tempo resistenti alle deformazioni, in contrapposizione alle aree soggette a orogenesi.

■ **Orogeno** (Orogene) Dal greco *òros*, montagna, e *gènesis*, origine. Fascia di crosta, lunga migliaia di kilometri, intensamente deformata (con pieghe, faglie, falde e diffusi prodotti di metamorfismo e magmatismo) a causa di estesi movimenti interni al pianeta.

■ **Principio di Archimede** (Archimedean principle) «Un corpo immerso in un fluido riceve una *spinta* dal basso verso l'alto pari al peso del fluido spostato».

Le **aree cratoniche** (o **cratoni**) sono le parti più antiche: appaiono come ampie pianure debolmente bombate verso l'alto e sono costituite da ammassi di rocce ignee e metamorfiche (*scudi*), in parte ricoperte da rocce sedimentarie di età più recente (*tavolati*). I cratoni sono formati dai resti di catene montuose molto antiche, spianate dall'erosione, e sono stabili, cioè non sono stati più deformati almeno nell'ultimo mezzo miliardo di anni.

Le **fasce orogeniche** (**orogeni**) sono quelle in cui l'orogenesi si è verificata in tempi meno antichi (in genere entro gli ultimi 500 milioni di anni): negli orogeni più recenti il processo non si è ancora concluso e la crosta in cui si è manifestato non ha ancora raggiunto la stabilità delle aree cratoniche; è il caso delle Ande e della catena alpino-himalayana, dove la crosta arriva a 70 km di profondità e che mostrano le tracce di un'intensa attività geologica, come vulcanismo, sismicità, rilievi accentuati e in forte erosione e così via.

Cratoni e orogeni sono strutture diverse, ma strettamente collegate: infatti, gli scudi presentano, come già descritto, tracce di orogenesi antichissime; inoltre, anche se sono stabili da lungo tempo, non sono inerti: prima o poi qualche loro settore viene «riattivato», come sta già avvenendo, per esempio, nel cratone africano.

Come vedremo più avanti, essi rappresentano il prodotto del continuo «riciclaggio» della crosta continentale.

5.2 L'isostasia

La constatazione, ricavata dall'andamento della Moho, che la crosta terrestre nel suo insieme affonda più o meno nel mantello a seconda del suo spessore, suggerisce che la crosta possa letteralmente galleggiare sul mantello a causa della sua minore densità media.

La densità media della crosta continentale è di circa 2,7 g/cm^3, quella della crosta oceanica è di circa 3 g/cm^3. In entrambi i casi si tratta di valori inferiori alla densità media del mantello che, in vicinanza della Moho, vale circa 3,3 g/cm^3.

La tendenza della crosta a raggiungere una posizione di equilibrio attraverso il fenomeno del galleggiamento è chiamata **isostasia**, un termine che indica una condizione di uguale equilibrio (quindi «statica») nei confronti della forza di gravità di settori della crosta terrestre posti a quote diverse. Vengono inoltre chiamati *aggiustamenti isostatici* i movimenti verticali (verso l'alto o verso il basso) con cui la crosta reagisce a ogni modifica di tale equilibrio.

Cerchiamo di chiarire un po' meglio questi concetti e le conclusioni cui ci portano.

Se si osservano i materiali che affiorano in un'area cratonica, si riconoscono ampie aree con rocce metamorfiche, che, per la loro natura, mostrano di essersi formate a seguito dello sprofondamento di rocce più antiche, entro la crosta. Questo si deduce dagli effetti prodotti su tali rocce dal metamorfismo regionale (rivedi il capitolo 1, paragrafo 8.2). Quelle rocce ci dicono, in realtà, che i materiali originali (di qualunque tipo fossero) sono sprofondati per molti kilometri, subendo il processo metamorfico, e poi sono risaliti verso l'alto fino ad affiorare in superficie.

A cosa è dovuto questo fenomeno?

Come vedremo meglio in seguito (paragrafo 8), quando un settore di crosta (in genere una fascia lunga molte migliaia di kilometri) si deforma a causa di movimenti profondi, finisce per inarcarsi e sollevarsi lentamente, fino a dare origine a una catena montuosa. Nel corso del processo di deformazione (che dura milioni di anni) quel settore aumenta di spessore, anche fino al doppio del valore medio, e diviene, perciò, sempre più pesante.

Come conseguenza, sprofonda via via nel sottostante mantello, finché la spinta di galleggiamento (del tutto analoga alla spinta prevista dal principio di Archimede) non ne compensa il maggior peso. In superficie, a quel settore di crosta ispessito corrisponde una catena montuosa, che, nonostante il suo grande peso, può restare sollevata, rispetto alla quota media della crosta continentale, proprio perché è sostenuta dal grosso ispessimento di materiale crostale relativamente leggero, che «sporge verso il basso» e costituisce le **radici** dell'orogeno [Figura 19].

A mano a mano che l'erosione demolisce («alleggerisce») la nuova catena montuosa, le radici si riducono di volume (in pratica, i loro materiali risalgono verso l'alto e il mantello riacquista la sua posizione originale), continuando a tenere sollevati rilievi sempre meno imponenti [Figura 20]. Quando la catena montuosa sarà totalmente spianata (nel giro di centinaia di milioni di anni), la «sporgenza» delle sue radici sarà sparita e lo spessore locale della crosta avrà raggiunto il valore medio che si osserva sotto gli scudi e i tavolati, che, come già visto, è di circa 35 km. Comportamento simile mostra, ovviamente, anche la crosta oceanica, che, però, è molto più omogenea per spessore, natura e struttura, per cui la sua superficie è meno articolata. Anch'essa, quindi, galleggia sul mantello, al di sopra del quale affiora ovunque regolarmente stratificata. La Moho, quindi, sta a indicare la posizione di equilibrio raggiunta dai due tipi di crosta nel loro «galleggiare» sul mantello.

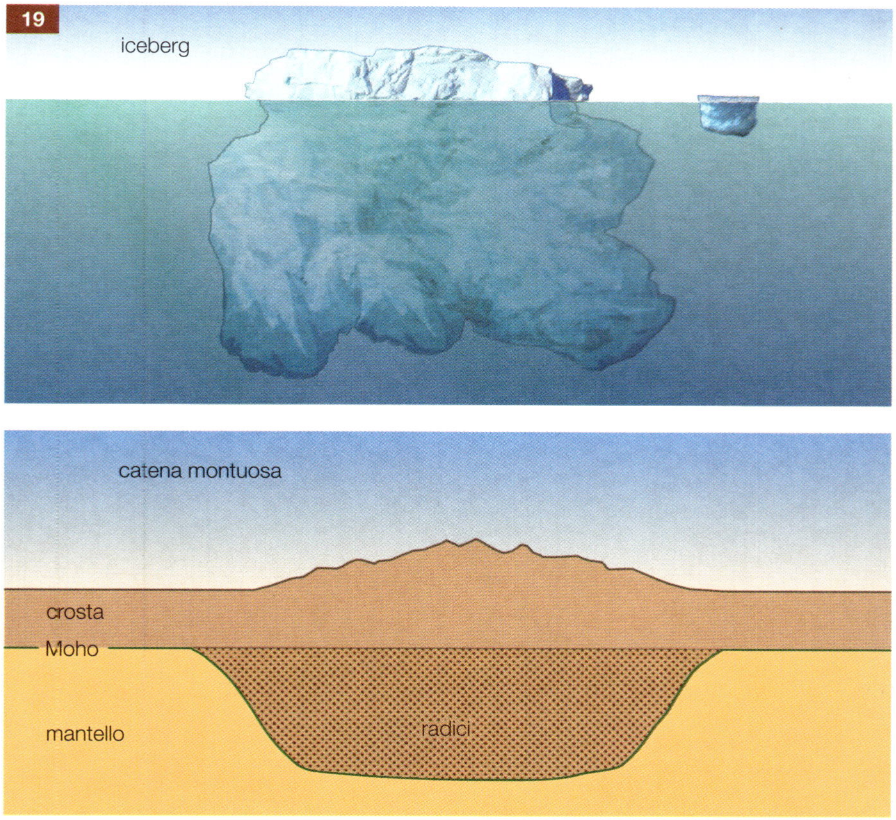

Figura 19
La spinta isostatica è paragonabile, concettualmente, a quella che consente il galleggiamento di un iceberg. La crosta continentale con il suo grosso spessore è confrontabile con un iceberg che «pesca» molto e che emerge sulla superficie. La crosta oceanica, più sottile, è confrontabile con un lastrone di ghiaccio, che pesca meno dell'iceberg e si alza poco sull'acqua. Questo spiega il forte dislivello tra le quote medie dei due tipi di crosta. (Si tenga presente che, a parità di spessore, sarebbe la crosta oceanica a «sprofondare» di più, per la sua densità media più elevata).

Ma in quale modo può il mantello, costituito di materiali rigidi, «fluire» per far posto alle radici?

Questo accade quando si esercita una forza su un solido per tempi lunghissimi, per cui un materiale che, sollecitato bruscamente da una forza, si comporta in modo rigido (per esempio si rompe), se viene sollecitato da una forza anche minore, ma applicata a lungo con continuità, risponde invece deformandosi come se fosse una sostanza estremamente viscosa.

Un classico esempio di tale modo di comportarsi è quello della ceralacca, quel materiale un tempo largamente usato, ma anche oggi spesso impiegato, per sigillare documenti o plichi, confezionato in bastoncini lunghi alcuni centimetri. Quando una barretta di ceralacca viene colpita con un martello va in frantumi come un solido fragile; appoggiata, invece, come un ponticello su due sostegni, in modo che su di essa agisca in continuità la forza di gravità, dopo qualche tempo appare incurvata sotto il proprio peso, come una sostanza plastica.

Nel caso del mantello, la sollecitazione dovuta a un terremoto è molto brusca e i suoi materiali «reagiscono» in modo rigido; ma lo sforzo esercitato dalla crosta ispessita (in pratica, una spinta verso il basso per il suo peso) si prolunga per milioni di anni e il mantello reagisce come un materiale molto viscoso e può «scorrere», sia pure con estrema lentezza.

Alcune aree continentali sono risultate, a questo proposito, veri laboratori naturali, che hanno permesso di misurare l'entità media dei movimenti verticali della crosta nel corso del tempo. Si tratta di vaste zone che, nel corso dell'ultima glaciazione, sono rimaste a lungo coperte da una coltre di ghiaccio spessa da 2 a 3 km, formatasi nel giro di poche migliaia di anni. L'immenso carico del ghiaccio ha fatto lentamente incurvare verso il basso la crosta continentale, che è sprofondata nel mantello, ma che, alla fine dell'evento glacia-

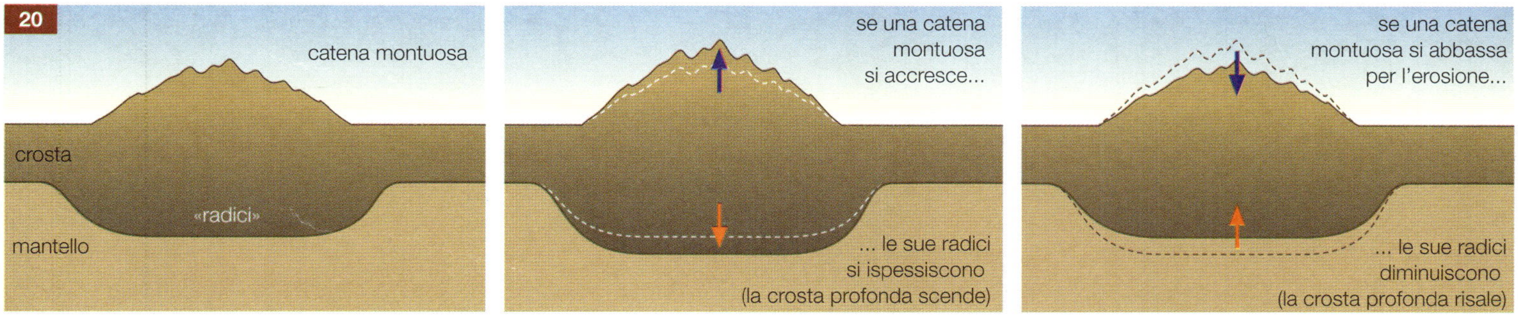

Figura 20
Aggiustamenti isostatici di una catena montuosa. In condizioni di equilibrio il peso della catena è controbilanciato dallo sprofondamento di una parte della crosta sottostante nel mantello, che forma le «radici». Se il peso della catena aumenta perché si accresce per i movimenti della crosta, le radici sprofondano nel mantello fino a ricevere una spinta che bilancia l'aumento di peso; le radici risultano aumentate di dimensioni. Se la catena «perde peso», la spinta di galleggiamento delle radici diviene eccessiva, per cui la crosta risale e le radici si riducono via via di volume.

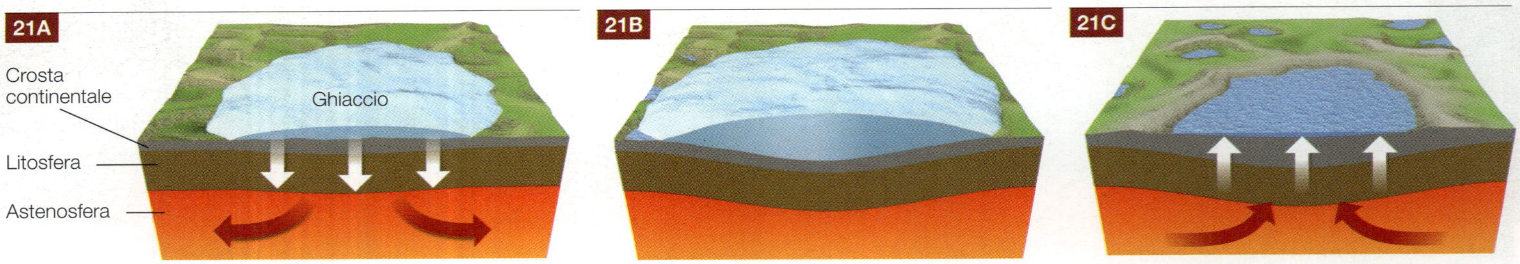

Figura 21
Esempio schematico di aggiustamento isostatico: il sollevamento crostale post-glaciale.
A. All'inizio di una glaciazione si forma un ghiacciaio continentale, che continua a ispessirsi per migliaia di anni.
B. La crosta continentale si curva verso il basso sotto il peso del ghiaccio e sprofonda nel mantello, fino a raggiungere la necessaria «spinta di galleggiamento».
C. Alla fine della glaciazione, il rapido riscaldamento scioglie la calotta di ghiaccio. La crosta sprofondata comincia a risalire.
D. Un caso reale: il sollevamento della penisola baltica. La figura riporta i valori (in metri s.l.m.) del sollevamento della Fennoscandia (la regione che comprende la Penisola scandinava e la Finlandia) negli ultimi 5000 anni, determinati misurando le quote raggiunte dalle tracce di antiche linee di costa, che si sono rinnovate via via che la terra emergeva. La crosta, fatta sprofondare dal peso di un'enorme coltre di ghiaccio, non ha ancora finito di risalire, dopo che il ghiacciaio è ormai sparito da oltre 10 000 anni; il movimento è lentissimo a causa dell'elevata viscosità del mantello. Nel Golfo di Botnia la costa, liberata dai ghiacciai circa 8000 anni fa, si solleva in media di circa 1 metro al secolo.

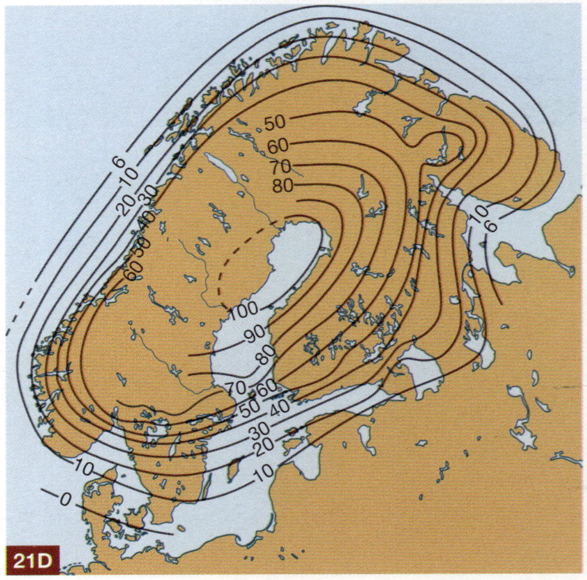

le, ha cominciato a sollevarsi, come è schematizzato nella Figura 21.

I due tipi di crosta sono mondi inconciliabili. Perché mostrano differenze così profonde nella loro natura? Lo vedremo partendo dalla crosta oceanica, il cui studio ha portato a risultati inaspettati.

STRUTTURA della CROSTA TERRESTRE	continentale	oceanica
spessore medio	35 km	6 km
densità media	2,7 g/cm³	3 g/cm³
quote medie	800 m	–3800 m
età max rocce	4000 Ma	190 Ma
natura rocce	eterogenea	omogenea
struttura	complessa: ▪ orogeni ▪ cratoni	regolare: ▪ sedimenti ▪ basalto ▪ gabbro

QUESITI

1. L'età delle rocce che formano la crosta continentale può arrivare fino a .... mentre l'età delle rocce della crosta oceanica non supera i ....
2. Scegli l'alternativa corretta.
   La Fennoscandia si sta attualmente **sollevando/abbassando** a causa dell'aggiustamento isostatico dovuto **allo scioglimento/all'ispessimento** di un ghiacciaio avvenuto 10 000 anni fa.
3. Vero o falso?
   Le radici della crosta continentale sono più spesse al di sotto dei cratoni che al di sotto delle catene montuose di recente formazione.
   Motiva la risposta.
4. Quali sono le principali differenze tra la crosta continentale e la crosta oceanica?
5. Quali sono gli strati che formano la crosta oceanica?
6. Descrivi la composizione della crosta continentale. È omogenea come quella della crosta oceanica?
7. Che cosa sono le aree cratoniche? E le fasce orogeniche?
8. In che cosa consiste l'isostasia?
9. Che cosa afferma il principio di Archimede? Se non lo ricordi, cercalo sul libro di fisica o su Internet.
10. Perché dopo un'orogenesi la crosta continentale, divenuta più spessa e pesante, affonda solo in parte nel mantello?

6 L'espansione dei fondi oceanici

Video
Le prove paleontologiche e paleoclimatiche della deriva dei continenti

L'idea che le grandi strutture della Terra, come i continenti e gli oceani, fossero forme stabili nel tempo geologico fu contrastata all'inizio del secolo scorso dalla comparsa di teorie «mobiliste», secondo le quali i continenti potrebbero invece muoversi lungo la superficie terrestre, creando spazi per nuovi oceani e facendone scomparire di vecchi.

La teoria più completa e geniale in proposito fu presentata nel 1912 e pubblicata in forma completa nel 1915 dal tedesco Alfred Wegener [Figura 22].

6.1 La deriva dei continenti

Secondo Wegener, circa 200 milioni di anni fa vari lembi di crosta continentale, oggi separati tra loro da ampi oceani, si trovavano uniti in un unico grande continente, cui egli diede il nome di **Pangèa** (dal greco, «tutto terra»), circondato da un unico grande oceano, chiamato **Pantàlassa** (dal greco, «tutto mare»); a partire da quell'epoca il Pangèa si sarebbe smembrato in più parti (destinate a diventare le Americhe, l'Africa, l'Eurasia, l'India, l'Australia, l'Antartide), che si sarebbero sempre più allontanate tra loro secondo un meccanismo noto come **deriva dei continenti** [Figura 23](vedi Approfondimento, *La «Terra mobile» di Wegener*, a pag. 208).

La teoria della deriva dei continenti partiva da premesse valide e i dati oggi disponibili, migliorati e, soprattutto, enormemente accresciuti e arricchiti dalle indicazioni del paleomagnetismo, non possono far altro che confermare la «diaspora» dei frammenti di Pangèa.

Dove invece la teoria di Wegener risultava poco sostenibile era nelle cause e nelle modalità della deriva, in quanto le forze invocate per spiegare questo fenomeno apparivano del tutto inadeguate. Come conseguenza, tutta la teoria venne contrastata, mentre la mobilità della crosta veniva ammessa solo per movimenti isostatici, sollevamenti e abbassamenti (cioè verso l'alto e verso il basso). Per affermarsi decisamente, l'idea di una «Terra mobile» aveva bisogno di nuovi dati, come supporto a brillanti intuizioni. Negli

22

23

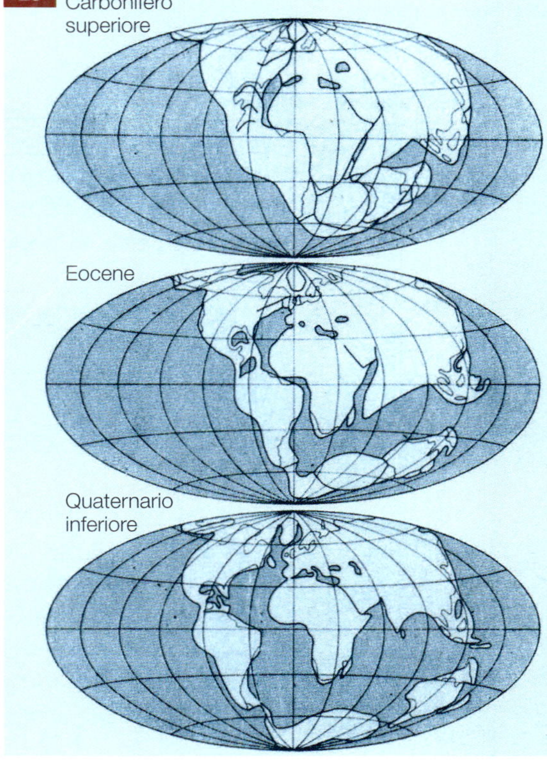

Figura 22
Alfred Wegener (a sinistra) in partenza per la spedizione in Groenlandia durante la quale perse la vita nel 1930.

Figura 23
Ricostruzione del Pangèa e del suo successivo smembramento secondo Wegener.
(Da A. Wegener, *Die Entstehung der Kontinente und Ozeane*, 1915)

24

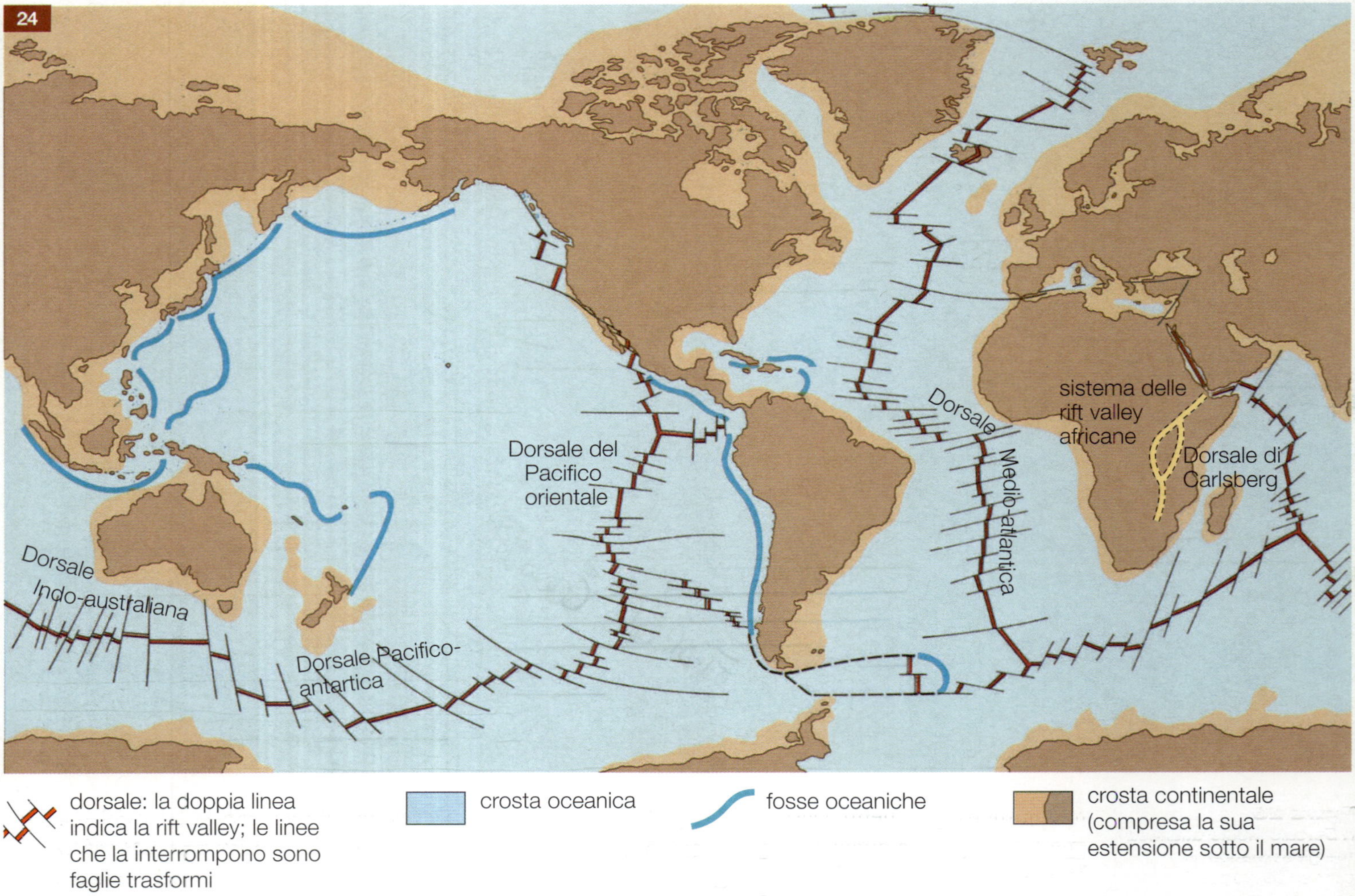

Figura 24
Schema semplificato del sistema globale di dorsali, fosse e faglie trasformi.

anni Sessanta del XX secolo l'impiego di mezzi adeguati e di tecniche d'avanguardia, come speciali navi oceanografiche in grado di perforare il fondo degli oceani, permise di scoprire che il «pavimento» degli oceani non è stabile, ma in continua evoluzione: la crosta oceanica si rinnova e si consuma incessantemente, con velocità di qualche cm/anno. Vediamo i punti essenziali del meccanismo che viene comunemente chiamato **espansione dei fondi oceanici**, partendo dall'esame di due gruppi di strutture oceaniche: le dorsali oceaniche e le fosse abissali.

6.2 Le dorsali oceaniche

Sul fondo degli oceani si snoda un sistema di dorsali sommerse, lungo complessivamente oltre 60 000 kilometri; esse sono state spesso paragonate a catene montuose sommerse, ma in realtà sono qualcosa di totalmente diverso. Le **dorsali oceaniche** corrispondono a una lunghissima fascia di crosta oceanica – ampia da 1000 a 4000 kilometri – inarcata verso l'alto tanto che la sua sommità è almeno 2-3000 metri più alta degli adiacenti fondi oceanici [Figura 24]. Si potrebbero paragonare le dorsali a una specie di gigantesca «cicatrice» in rilievo che dal Mar Glaciale Artico serpeggia attraverso l'Atlantico, l'Indiano e il Pacifico meridionale e orientale, con alcune diramazioni, come quella che dall'Oceano Indiano sale verso Nord e prosegue lungo il Mar Rosso.

La cresta del sistema di dorsali è quasi ovunque segnata da un solco longitudinale largo qualche decina di kilometri e profondo 1500-3000 metri, chiamato **rift valley** per la sua grande somiglianza con il sistema di fosse dell'Africa Orientale, noto come accade, per esempio, Great Rift Valley; in qualche punto la sommità di una dorsale arriva ad emergere dalla superficie del mare, come accade, per esempio, alle Isole Azzorre e in Islanda [Figura 25]. La grande depressione è limitata sui due lati da scalinate di ripide pareti tra loro quasi parallele che corrispondono a un sistema di faglie attraverso l'intera crosta, che qui risulta molto assottigliata.

Un diverso sistema di faglie, trasversali rispetto all'asse della rift valley, disarticola invece le dorsa-

Figura 25
La Dorsale Medio-atlantica emerge in Islanda. Si riconosce una zona di fessure (lungo la valle percorsa dal corso d'acqua) del tratto di rift valley che attraversa l'intera isola. Le rocce sono gli stessi tipi di basalti che, allontanandosi dall'isola, costituiscono il fondo dell'Oceano Atlantico. (Icelandic Photo/ZEFA)

Figura 26
Struttura della litosfera in corrispondenza di una *dorsale oceanica*. La grande valle lungo l'asse della dorsale corrisponde a una fascia di fessure entro la litosfera. Lungo tali fessure risale continuamente magma dalla sottostante astenosfera parzialmente fusa e viene così alimentata l'effusione di lave basaltiche sul fondo della *rift valley* (freccia rossa). La litosfera risulta perciò interrotta lungo le dorsali e i due settori contigui che ne risultano si allontanano reciprocamente (frecce grandi bianche divergenti e frecce piccole sul fondo del mare). Nel movimento si riaprono di continuo nuove fessure, che rinnovano la *rift valley* e aprono la via all'afflusso di altro magma.

li in numerosi segmenti, ciascuno dei quali risulta spostato rispetto a quelli contigui [Figura 26]. Tali lacerazioni sono state chiamate **faglie trasformi**. Si osservi che lungo il tratto di faglia compreso tra due segmenti successivi di rift valley il fondo oceanico si muove in due direzioni opposte, provocando violenti terremoti per il forte attrito. Un tipico esempio è la faglia di San Andreas, che collega due tratti di dorsale oceanica posti uno a Nord-Ovest della California, l'altro all'interno del Golfo di California (rivedi la figura 24). Lungo le faglie che delimitano la rift valley risale continuamente dal mantello magma che fuoriesce da innumerevoli punti sul fondo del mare e solidifica come roccia basal-

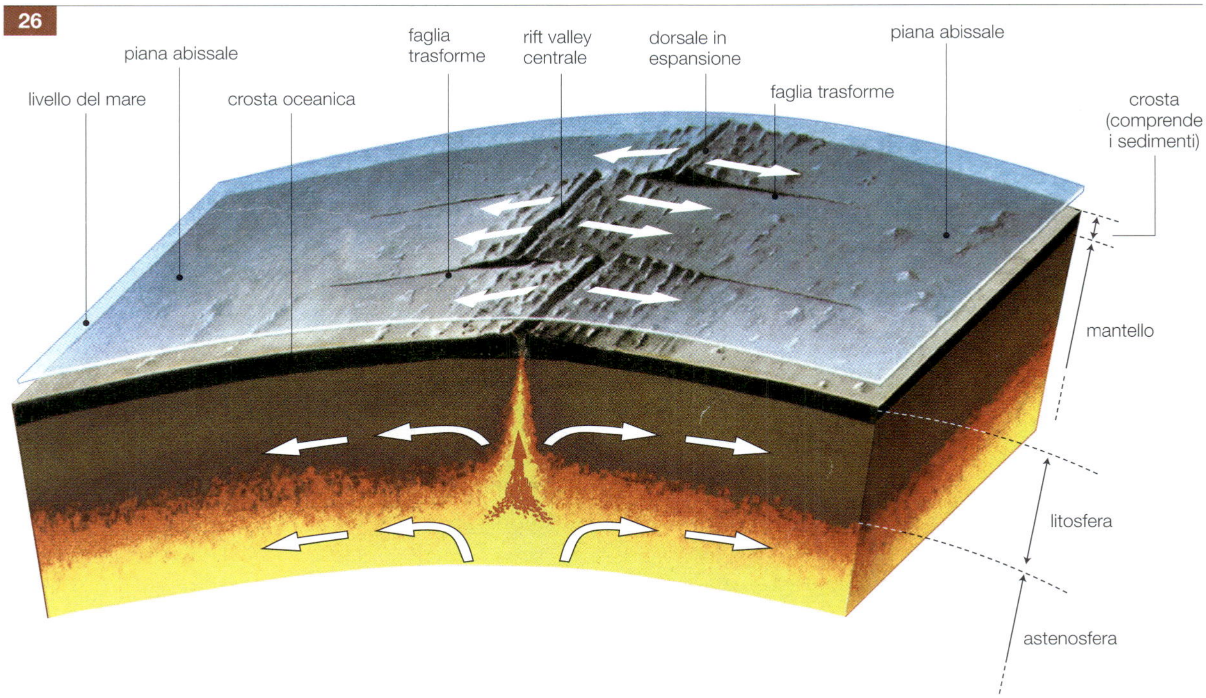

Figura 27
Il batiscafo Alvin campiona lave a cuscini sul fondo dell'Oceano Pacifico.
(R. White/Corbis.)

■ **Lava a cuscini** (**Pillow lava**) Se una colata di lava fuoriesce sul fondo del mare, a causa del brusco raffreddamento a contatto con l'acqua la sua superficie si riveste rapidamente di una crosta vetrosa, che la pressione dovuta all'afflusso di altra lava fa rompere in vari punti: dalle fessure escono fiotti di lava, che a loro volta si rivestono di un guscio vetroso. Alla fine la colata appare come una catasta di masse tondeggianti, che permettono di riconoscere facilmente l'origine sub-acquea della roccia.

tica con la caratteristica forma di «lava a cuscini» [Figura 27]. Infine, numerosi terremoti, con ipocentro tra la superficie e una decina di km, si verificano lungo tutta la rift valley e lungo le faglie trasformi.

Sul fondo delle rift valley sono state scoperte numerose sorgenti idrotermali. L'acqua fredda del mare penetra nelle fratture lungo le dorsali, scende per parecchi kilometri e si riscalda a contatto con i basalti. Divenuta meno densa, l'acqua risale fino a sgorgare con violenza dal fondo marino, con un «getto» caldissimo (fino a 380 °C), ricco di gas e di minerali portati via in soluzione dai basalti. Tali sorgenti sono chiamate *fumaioli neri* per il colore del getto, dovuto alla presenza di solfuri disciolti; a contatto con l'acqua fredda del mare, dalla soluzione calda precipitano chimicamente i minerali, che, con le loro incrostazioni, formano «ciminiere» alte alcuni metri [Figura 28].

Del tutto inaspettata è stata la scoperta intorno ai fumaioli di oasi di vita popolate da specie sconosciute di vermi, molluschi bivalvi, granchi e altri organismi. Alla base della loro catena alimentare vi sono dei solfobatteri che ricavano l'energia necessaria alla produzione di sostanze organiche dall'ossidazione dei solfuri. Alla profondità di 3000 metri, dove la luce non penetra, si sono così sviluppati ecosistemi complessi che non si basano sulla fotosintesi, ma su una forma di chemiosintesi.

Questa scoperta è alla base dell'ipotesi che su Europa, uno dei satelliti di Giove, si possa essere sviluppato qualcosa di simile sul fondo dell'oceano di acqua che avvolge l'intero satellite.

L'insieme delle caratteristiche osservate indica che, sotto la crosta oceanica, in corrispondenza delle dorsali, deve esistere un flusso ascendente continuo di materiale molto caldo, non fuso, o forse solo in minima parte. Il materiale risale da livelli profondi entro il mantello, dove, come già detto, forti squilibri termici attiverebbero ampi movimenti convettivi. In vicinanza della superficie, per la diminuita pressione litostatica, parte del materiale caldo passerebbe allo stato fuso e risalirebbe attraverso le fratture che delimitano la rift valley, fino a traboccare sul fondo del mare e a dare origine, per raffreddamento, ai grandi accumuli di lave a cuscini.

La quantità di lava che fuoriesce lungo tutte le dorsali è imponente, ma è pur sempre una piccola frazione dell'enorme massa di materiale caldo, ma solido, in risalita dal mantello. Arrivata in prossimità della superficie, ma fino a profondità di molti kilometri, tale massa si espande, dividendosi in due rami che si allontanano in direzioni opposte rispetto alla posizione della dorsale (vedi frecce bianche grandi in figura 26), e si muovono, sempre a velocità di qualche cm / anno, insieme alle piane abissali che ne costituiscono la sommità, continuando però a perdere calore. Come conseguenza di questi movimenti profondi, in superficie i due fianchi delle dorsali si allontanano l'uno dall'altro a partire dalla rift valley. Dalle numerose faglie che continuamen-

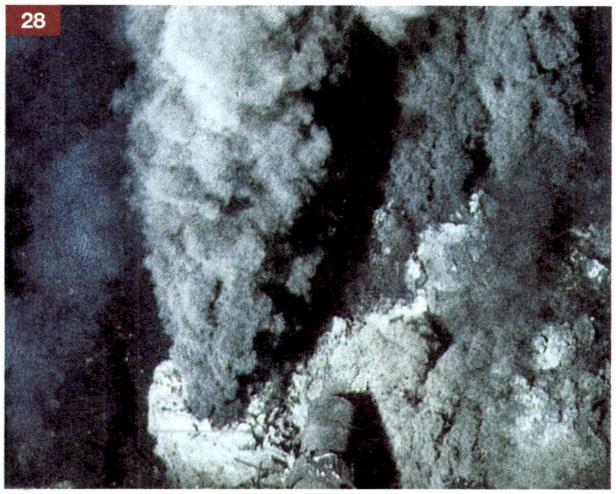

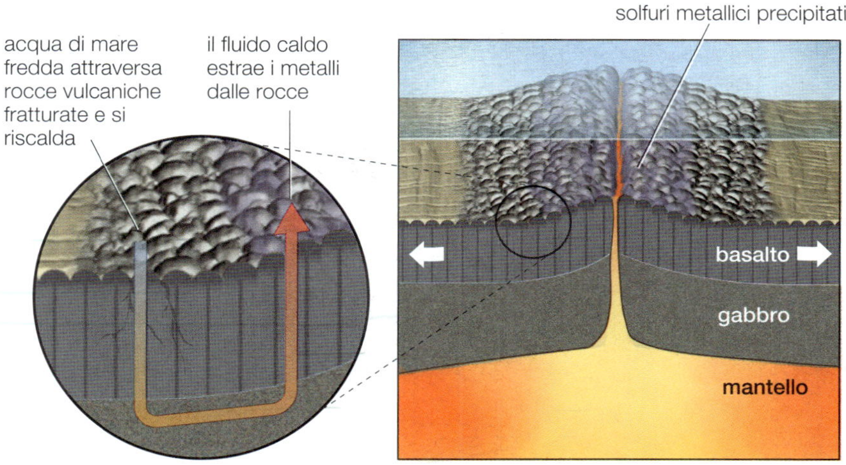

Figura 28
Un tipico esempio dei «fumaioli neri» che si formano sul fondo della rift valley, lungo la sommità delle dorsali oceaniche. Da alcune fessure sgorgano con violenza soluzioni idrotermali caldissime (fino ben oltre a 350 °C) e ricche di metalli, che danno origine a minuscole particelle nere di solfuri di rame, ferro e zinco: le «ciminiere», alte alcuni metri, sono formate da incrostazioni di quei minerali. (J. Edmond)

te si aprono risale immediatamente il magma che si libera per la decompressione, la quale provoca la fusione parziale del materiale risalito in prossimità della superficie. Con il raffreddamento, tale magma forma nuovi ammassi di rocce effusive (basalti) e intrusive (gabbri), per uno spessore di qualche kilometro e su tutta l'estensione della rift valley. Non appena consolidate, anche le nuove rocce vengono coinvolte nel meccanismo in atto: essendosi formate lungo il fondo dell'intera rift valley, una parte di esse risulterà saldata a un fianco della dorsale (di cui seguirà il movimento), l'altra parte all'altro fianco. Nuove faglie taglieranno anche queste rocce appena solidificate e altro magma continuerà ad affluire. In definitiva, i fondi oceanici si accrescono e si espandono a partire dalla rift valley con un movimento continuo e le dorsali sono, perciò, la «fucina» che genera nuova crosta oceanica.

Per comprendere meglio questi concetti è però necessario tener presente che l'accrescimento e il movimento non riguardano la sola crosta, ma l'intera litosfera e coinvolgono, perciò, anche la parte più alta del sottostante mantello. Come si vede nella figura 26, sotto le dorsali la litosfera si assottiglia (da 70 km fino a pochi kilometri) e l'astenosfera, la parte più plastica del mantello, risale in prossimità della superficie, con le rocce già prossime al punto di fusione. Dalla sommità della «colonna» di astenosfera in risalita si separano i magmi basaltici; il resto della colonna si divide in due parti, che non fondono ma si raffreddano e si saldano alla vecchia litosfera.

Oltre alla formazione di nuova litosfera, l'attività delle dorsali ha un importante riflesso, questa volta indiretto, nei confronti di un altro processo litogenetico molto importante, come conseguenza di quanto avviene lungo il contatto tra la crosta oceanica e quella dei continenti che si allontanano per la progressiva espansione. Man mano che, col passare del tempo, la litosfera oceanica si allontana dalla dorsale, si raffredda, quindi aumenta di densità e subisce un processo di subsidenza, cioè comincia a sprofondare sotto il livello del mare, verso un nuovo equilibrio isostatico rispetto al mantello sottostante. I fianchi delle dorsali oceaniche si fanno via via più profondi man mano che ci si allontana dalla rift valley, finché la litosfera, ormai fredda, entra in una condizione di stabilità e continua a espandersi senza subsidenza. Nascono così le vaste *piane abissali*, livellate intorno ai 4000 metri di profondità. In questo modo anche tutta la fascia lungo la quale sono saldate crosta oceanica e continentale scende sotto il livello del mare e comincia ad accogliere i sedimenti portati dai fiumi. Queste concavità allungate sono chiamate **bacini da subsidenza termica** e vengono colmate dai sedimenti fin quasi al livello del mare lungo tutto il margine del continente, dando origine, così, alla *piattaforma continentale* e alla contigua *scarpata continentale*, che scende verso le piane abissali.

Questi enormi volumi di sedimenti vengono chiamati **prismi sedimentari**: la forma di tali accumuli, infatti, è quella di un lungo prisma disteso parallelamente alle coste, con tre facce: una è la superficie su cui poggiano i sedimenti (formata da crosta continentale saldata a crosta oceanica), un'altra è la superficie della piattaforma continentale (modellata dal moto ondoso, che agisce solo fino a meno di 200 metri di profondità) e la terza è la scarpata continentale (che corrisponde alla superficie formata dai sedimenti sciolti, che si accumulano solo per gravità, senza modellamento di altri agenti).

I margini continentali lungo i quali avviene questa evoluzione sono distinti come **margini passivi**, per la loro stabilità, che si prolunga nel tempo per molti milioni di anni, mentre i prismi sedimentari arrivano a spessori di alcune migliaia di metri e si accrescono verso il largo per oltre 100 km, come lungo le coste atlantiche del Sudamerica. Tuttavia

29

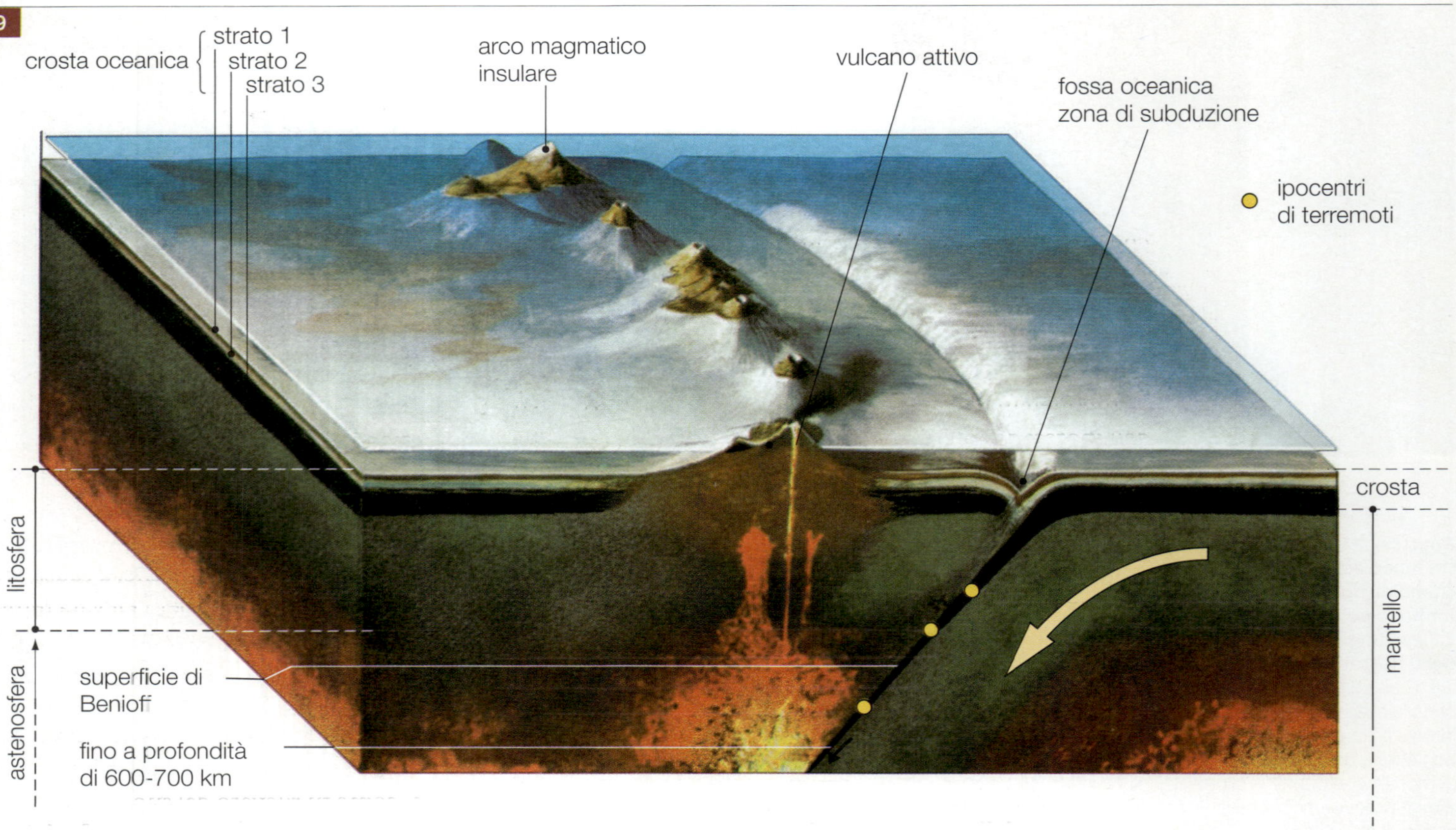

Figura 29
Struttura della litosfera in corrispondenza di una *fossa oceanica*, come lungo l'arcipelago delle Isole Marianne. La litosfera fredda e densa scende in profondità (*subduzione*) e comincia a fondere, alimentando un intenso vulcanismo, in gran parte di tipo esplosivo (*arco vulcanico o magmatico insulare*); contemporaneamente, i violenti attriti con le rocce circostanti provocano sforzi che si traducono in violenti terremoti lungo tutta la litosfera in discesa: sarebbe questa l'origine della superficie di Benioff.

i prismi sedimentari sono strutture di importanza fondamentale nell'evoluzione della crosta del pianeta, perché prima o poi quei sedimenti si trasformeranno in rocce e verranno coinvolti nel gigantesco processo di formazione delle catene montuose, l'orogenesi, come vedremo nel paragrafo 8.2.

6.3 Le fosse abissali

I fondi oceanici presentano un altro tipo di strutture caratterizzate da intensa attività: sono le **fosse abissali**, depressioni del fondo lunghe migliaia di kilometri e relativamente strette, molte delle quali scendono a più di 10 000 m di profondità. Un tipico allineamento di tali strutture è presente lungo il bordo occidentale del Pacifico, dove le fosse si susseguono dallo Stretto di Bering fino alla Nuova Zelanda, come pure al largo di Giava e Sumatra e lungo le coste del Sudamerica (vedi nuovamente la figura 24).

Rispetto alla sua quota media, che è quella delle vaste piane abissali, il fondo oceanico scende, in corrispondenza di una fossa, di oltre 5 km [Figura 29]. L'attività vulcanica è sistematicamente presente, ma è localizzata a una certa distanza dalla fossa, dove si individua un **arco vulcanico** o **arco magmatico**.

Se la fossa fiancheggia il margine di un continente, lungo quest'ultimo si innalza una catena di vulcani (come le Ande).

Se invece la fossa è in pieno oceano, parallelamente ad essa si osserva un arco di isole vulcaniche (come le Isole Marianne della figura 29).

A differenza di quanto avviene nelle dorsali, dove si verificano effusioni di lave fluide, il vulcanismo lungo le fosse è altamente esplosivo, alimentato da magmi molto ricchi di gas e vapori. Tutte le più violente esplosioni vulcaniche si verificano in prossimità di una fossa oceanica (come quella del vulcano Pinatubo lungo la fossa delle Filippine, avvenuta nel 1991; vedi capitolo 3, figura 21). Il magma che alimenta un tale tipo di vulcanismo è in genere andesitico, ma nella stessa zona risalgono anche magmi basaltici.

I sistemi arco-fossa, sono accompagnati anche da forte sismicità. La distribuzione complessiva degli ipocentri dei terremoti permette di individuare una superficie ideale, la **superficie** o **piano di Benioff** (o di Benioff-Wadati), che scende in profondità con un angolo, rispetto alla superficie terrestre, compreso in genere tra 30 e 70° (vedi capitolo 4, figura 10). Questo particolare allineamento di terremoti ha fatto pensare, fin dalla sua scoperta, alla presenza di grandi faglie che scendono in profondità; ma per quale meccanismo? E quale rapporto c'è tra le fosse abissali e gli archi vulcanici? Per trovare una risposta è necessario mettere insieme le caratteristiche delle dorsali oceaniche e quelle delle fosse abissali: vediamo il quadro che ne emerge.

6.4 Espansione e subduzione

Se l'interpretazione delle dorsali oceaniche come luogo di formazione ed espansione di nuova litosfera oceanica è corretta, allora deve esistere qualche forma di consunzione di litosfera in altri settori del globo, la cui superficie complessiva dovrebbe, altrimenti, aumentare di continuo (un fenomeno previsto in realtà da qualche studioso, ma finora non adeguatamente dimostrato).

Il collegamento tra dorsali e fosse è al centro dell'ipotesi dell'**espansione dei fondi oceanici**.

In questa ipotesi, le dorsali oceaniche, in rilievo rispetto alle piane abissali, sono sostenute dalla risalita di materiale caldo in movimento nel mantello. Tale materiale alimenta il vulcanismo della dorsale, i cui prodotti, una volta divenuti solidi, contribuiscono alla formazione di nuova crosta oceanica, mentre sotto la crosta si accresce nello stesso tempo nuovo mantello litosferico.

A sua volta la litosfera oceanica, trascinata dai movimenti profondi del mantello, si allontana da un lato e dall'altro della rift valley, formando così il pavimento delle vaste piane abissali.

Contemporaneamente, a una certa distanza dalle dorsali la litosfera, da tempo in movimento, ormai divenuta più fredda e pesante, comincia ad affondare, con un lento movimento, detto di **subduzione**: si inflette verso il basso (si formano così le fosse) e si immerge nel mantello. Nella sua discesa entro zone a temperature via via più elevate, la litosfera si riscalda e comincia a fondere, finché in profondità risulta ampiamente riassimilata dal mantello.

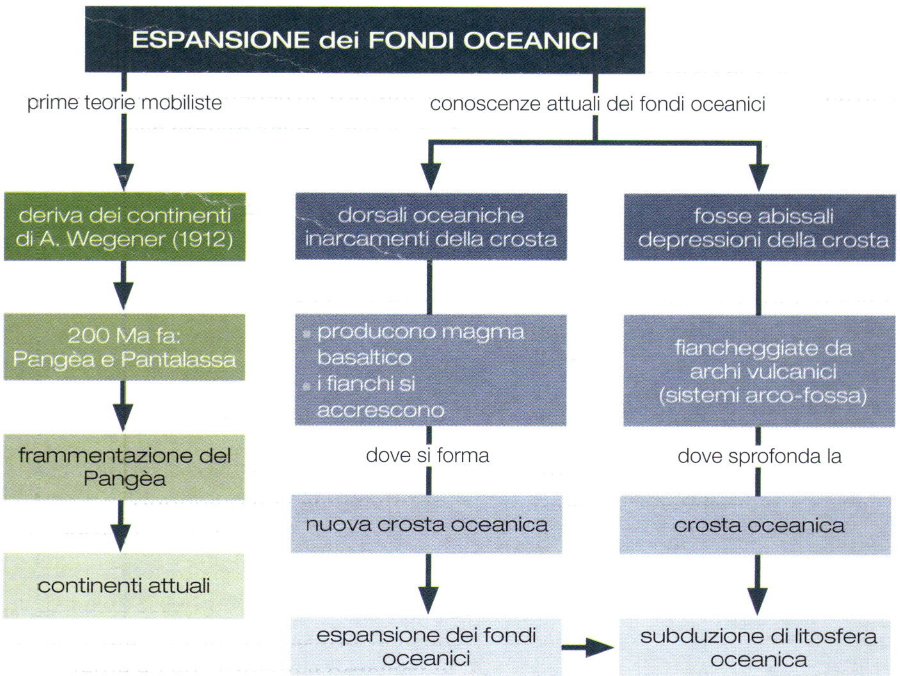

Non tutto il materiale della litosfera viene però «riciclato» nel mantello: la fusione graduale della crosta oceanica e dei sedimenti che la ricoprono, trascinati nel movimento di subduzione, produce grandi volumi di magma che, essendo meno denso del materiale del mantello circostante, risale verso la superficie e alimenta il vulcanismo degli archi vulcanici (siccome parte del magma si consolida anche a una certa profondità, dando origine a rocce intrusive, si parla più generalmente di *archi magmatici*).

Inoltre, la discesa della litosfera avviene con violenti attriti, che si manifestano come terremoti. La superficie di Benioff viene interpretata perciò come una «radiografia» che permette di intravvedere la litosfera che sprofonda. La mancanza di ipocentri più profondi di circa 700 km sarebbe un segno che, a quelle profondità, gran parte della litosfera è stata ormai riassimilata, oppure che, a causa della perdita di rigidità dei materiali per l'elevata temperatura, non si verificano più quei meccanismi che originano i terremoti a minori profondità.

L'ipotesi dell'espansione dei fondi oceanici, proposta nel 1960 dal geologo H. Hess, apparve estremamente promettente fin dalla sua prima formulazione, ma, come fu rilevato dal suo stesso autore, essa rimaneva «un saggio di geopoesia» finché non si fosse trovata una «prova indipendente» che ne confermasse l'attendibilità. Prove e conferme vennero nel giro di pochi anni da una serie di entusiasmanti scoperte.

QUESITI

1. Completa.
   La sommità delle dorsali è percorsa quasi ovunque da una depressione detta ....
2. Scegli l'alternativa corretta.
   Il vulcanismo associato alle fosse abissali è **effusivo/esplosivo**.
3. Vero o falso?
   Lungo le dorsali oceaniche si ha la subduzione della litosfera.
   Motiva la risposta.
4. Scegli l'alternativa corretta.
   Allontanandosi dalla dorsale la litosfera oceanica diventa più **fredda e pesante/calda e leggera**.
5. Che cos'è una dorsale oceanica?
6. Che cosa sono le faglie trasformi? Quali fenomeni geologici ritieni che si verifichino in corrispondenza di queste faglie?
7. Che cos'è la superficie di Benioff?
8. In che cosa consiste il meccanismo di espansione dei fondi oceanici?
9. Perché si ritiene indispensabile che sulla Terra siano contemporaneamente attive dorsali oceaniche e fosse abissali?

approfondimento delle conoscenze

La «Terra mobile» di Wegener

L'idea di una «Terra mobile», la cui superficie cambia aspetto nel tempo per il continuo reciproco spostarsi di settori della crosta, è nata all'inizio del secolo scorso ed ha avuto il suo principale teorico in Alfred Wegener, ben noto per aver proposto la *deriva dei continenti*.

Wegener considerava le aree continentali come zattere di *sial* galleggianti sul *sima*, indicando con **sial** (da ***si**licio* e ***al**luminio*) la crosta a composizione media granitica, meno densa, e con **sima** (da ***si**licio* e ***ma**gnesio*) il materiale sottostante, più denso, di composizione basaltica, che affiorava sul fondo degli oceani e costituiva, secondo l'autore, un involucro continuo.

Nella teoria, i grossi frammenti di crosta sialica, immersi nel sima molto viscoso «come *iceberg* nell'acqua», sarebbero andati pian piano alla *deriva verso Ovest* per essere rimasti in ritardo rispetto alla rotazione della Terra verso Est. L'inerzia dei lembi di sial, che tuttora slitterebbero lentamente sul sima, avrebbe portato le Americhe nella loro posizione attuale dando origine alle Montagne Rocciose e alle Ande.

Risulta fondamentale, nella teoria, il concetto di un sial rigido che galleggia sul sima ed è in grado di muoversi rispetto a quest'ultimo, che, in tempi molto lunghi, si comporterebbe in modo plastico.

Prove geografiche e geologiche della deriva dei continenti

Wegener (nato a Berlino nel 1880 e scomparso in una spedizione tra i ghiacci della Groenlandia nel 1930), studioso di meteorologia ma con ampi interessi in vari campi delle scienze, era rimasto fortemente colpito dalla notevole somiglianza delle linee di costa dell'Africa e dell'America del Sud (del resto già sottolineata da altri studiosi): lo ricorda lo stesso Wegener all'inizio del libro con il quale pubblicò la sua teoria: «*La prima idea di una deriva dei continenti mi si presentò già nel 1910. Nell'esaminare la carta geografica dei due emisferi, ebbi l'impressione immediata della concordanza delle coste atlantiche, ma ritenendola improbabile non la presi per allora in considerazione. Nell'autunno del 1911, essendomi capitata in mano una relazione su un antico collegamento continentale tra il Brasile e l'Africa, venni a conoscenza dei risultati paleontologici ottenuti, a me ignoti fino allora. (...) Le osservazioni fatte furono così notevoli che si radicò in me la convinzione dell'esattezza fondamentale di quell'idea. Idea che resi nota per la prima volta il 6 gennaio 1912*».

Egli pensò che questa somiglianza non fosse casuale, ma derivasse dal fatto che i due continenti fossero stati in precedenza uniti. Questa ipotesi, ovviamente, aveva bisogno di prove e Wegener cominciò dalla geologia. Come non basta riunire i frammenti di un foglio di giornale per essere sicuri di aver ricostruito la pagina di cui facevano parte, ma si deve controllare che le righe di stampa, nella ricostruzione, abbiano riacquistato la loro completezza, così Wegener ritenne che un'eventuale precedente contiguità tra Africa e Sudamerica dovesse risultare comprovata dalla corrispondenza tra gli elementi *geologici* e *paleontologici* messi in luce dallo studio delle rocce oggi affioranti lungo le coste dei due continenti. La necessità di ipotizzare l'esistenza di antichi «ponti continentali» che in seguito sarebbero sprofondati sotto gli oceani – postulata fino a quel tempo per spiegare le analogie tra le associazioni fossili – veniva in tal modo a cadere, mentre analogie simili venivano riscontrate in altre parti del mondo, come fra Australia e Sud America o fra Europa e Nord America.

Con un paziente lavoro, Wegener ricostruì la configurazione delle terre emerse così come dovevano presentarsi alla fine dell'Era paleozoica (circa 250 Ma fa), quando si era formato un «supercontinente» che egli chiamò *Pangèa* («tutto terra»), circondato da un unico oceano, il *Pantàlassa* («tutto mare»), e delineò anche le tappe della *deriva dei continenti* che, a partire dalla progressiva frammentazione del Pangèa, in meno di 200 milioni di anni ha portato la superficie del pianeta al suo aspetto attuale. Se si riuniscono i continenti come proposto da Wegener, grandi catene montuose, faglie lunghe kilometri, e perfino giacimenti minerari si trovano in perfetta continuità attraverso le giunzioni.

Prove paleontologiche

Negli strati sedimentari del Permiano (l'ultimo periodo dell'Era paleozoica, tra 290 e 250 Ma fa) del Brasile e del Sudafrica vengono rinvenuti gli identici resti di un piccolo rettile che viveva in acque dolci – *Mesosaurus* – e di una pianta – *Glossopteris* – la cui distribuzione geografica interessa due continenti oggi separati da un ampio oceano; anzi, i resti della pianta si trovano anche in India, Australia e Antartide, aree continentali separate da estese superfici marine. La diffusione in aree tra loro così lontane degli stessi organismi viventi tipici di ambienti continentali, incapaci perciò di superare gli oceani, si può spiegare ipotizzando che, a quel tempo, le terre avessero una diversa configurazione, e che aree oggi separate fossero contigue [Figura 30].

Fino a circa metà dell'Era mesozoica le faune fossili nei due continenti, Sud America e Africa, continuano a essere identiche. Gli ambienti dovevano far parte di una fascia costellata di laghi, nei quali vivevano rettili terrestri, anfibi e pesci d'acqua dolce, che non avrebbero potuto superare l'oceano oggi frapposto tra i due continenti. Dall'ultima parte dell'Era mesozoica, circa 100 Ma fa, i depositi e le faune fossili appaiono, invece, radicalmente diverse nei due continenti: da quel momento, l'evoluzione della fauna e della flora in Sud America deve aver seguito strade molto diverse da quelle seguite in Africa, a mano a mano che i due continenti si separavano e un nuovo oceano, in progressivo allargamento, creava un ostacolo alla libera comunicazione tra gli organismi continentali.

Prove paleoclimatiche

Wegener riportò su di un planisfero le antiche fasce climatiche dell'Era paleozoica. Rocce elaborate da ghiacciai continentali affiorano in Africa occidentale, in Brasile e in India, luoghi dove oggi il clima è tutt'altro che glaciale; viceversa, grandi giacimenti di carbone (resti di vaste foreste di tipo equatoriale) si trovano in Antartide e in Australia. Solo riunendo i continenti nel Pangèa e spostandoli più a Sud, le fasce paleoclimatiche riacquistano una disposizione coerente [Figura 31].

Attraverso queste e numerose altre prove Wegener aveva riconosciuto chiaramente la mobilità della crosta continentale (rivedi la figura 23); le sue idee, però, erano così in anticipo sui tempi, che incontrarono scetticismo e forti opposizioni. Solo pochi studiosi sostennero la deriva dei continenti e tra questi va ricordato il geologo sudafricano Alexander Du Toit, che a sua volta propose (nel 1937) una ricostruzione un po' diversa: due grandi continenti, che chiamò Gondwana (a Sud) e Laurasia (a Nord), separati da un oceano (Mare di Tetide) [Figura 32].

Quello che mancava alla teoria di Wegener era invece un «motore» abbastanza potente da far muovere i continenti, ma per questo i tempi non erano ancora maturi: altre grandi scoperte dovevano venire, soprattutto nel campo della Geofisica, prima che, cinquant'anni più tardi, la *Tettonica delle placche* fornisse un nuovo, concreto quadro di riferimento per un'antica idea.

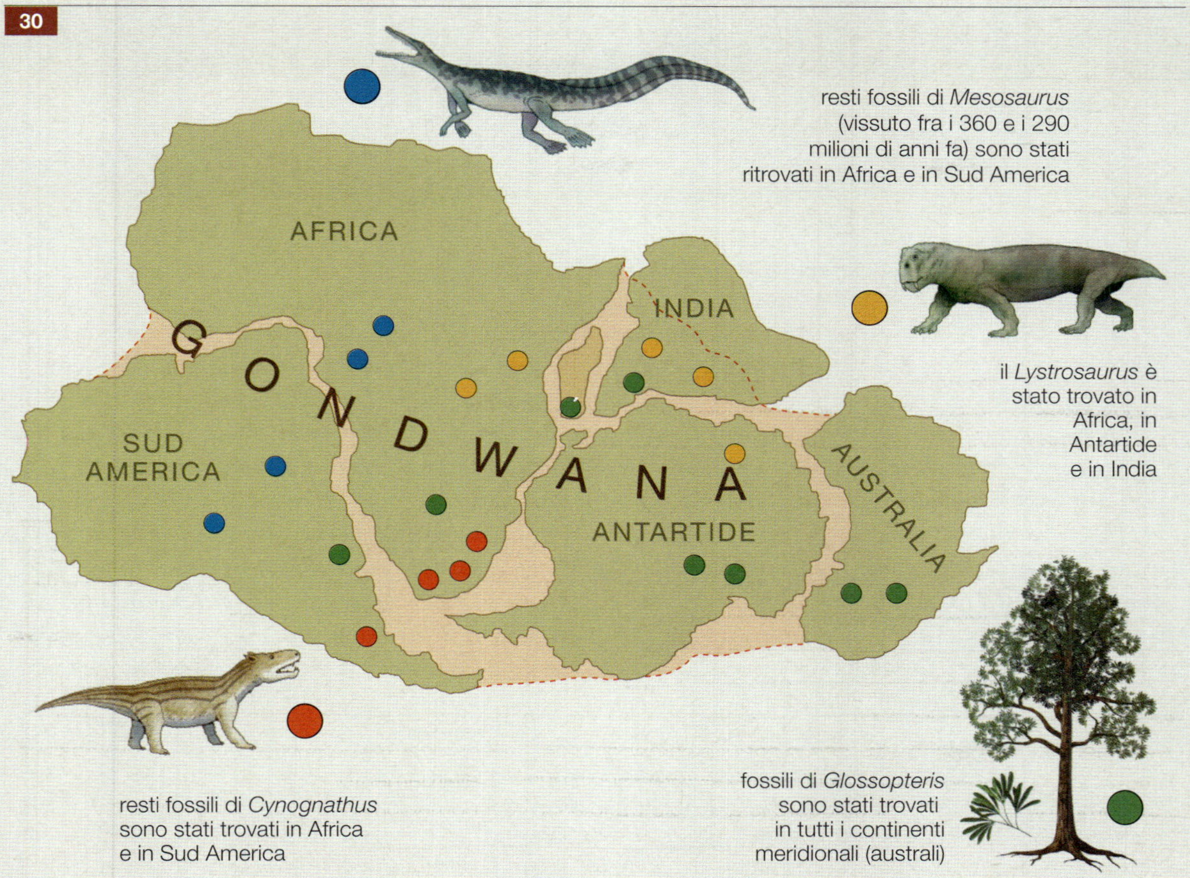

Figura 30
Prove paleontologiche della deriva dei continenti.
Distribuzione dei resti fossili della pianta *Glossopteris* e di tre diversi rettili di ambienti terrestri, vissuti alla fine dell'Era paleozoica. La presenza di resti di una stessa flora e di medesimi rettili su terre oggi separate da ampi oceani non è facilmente spiegabile (al tempo di Wegener si ipotizzavano «ponti continentali» di crosta che sarebbero poi sprofondati, ma non se ne è trovata traccia).
Unendo insieme i continenti in cui si trovano resti della flora a *Glossopteris*, si ricompone una grande terra emersa (che i geologi hanno chiamato *continente Gondwana*, dal nome di una provincia dell'India). In questo modo si spiegano bene le aree di distribuzione della flora e dei rettili.

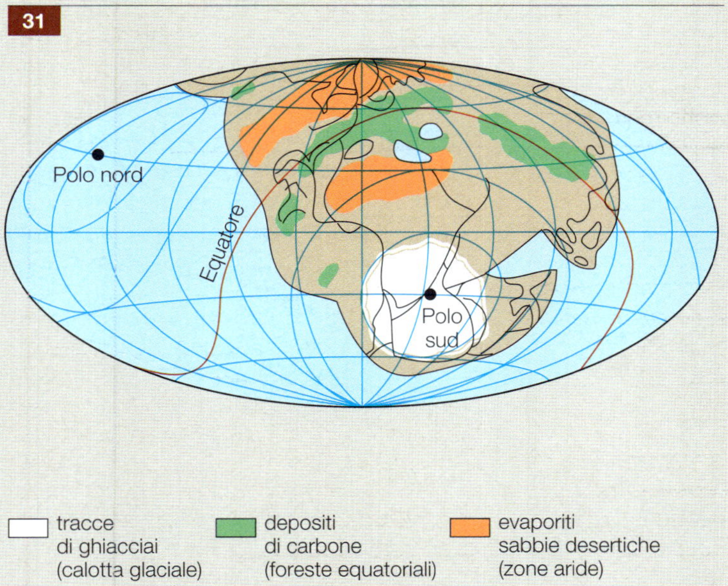

Figura 31
Ricostruzione del supercontinente Pangèa nel periodo Carbonifero, come proposto da Wegener. È messa in evidenza la posizione delle fasce climatiche, dedotta in base all'analisi delle rocce del Carbonifero e la posizione che dovevano avere, di conseguenza, l'Equatore e i poli. In realtà, non erano i poli ad essere «spostati», ma l'intera massa continentale, che a quel tempo occupava ampiamente l'emisfero meridionale, come si ottiene immaginando di spostare il Pangèa verso Sud, fino a far coincidere i poli individuati da Wegener con quelli attuali.

Figura 32
La ricostruzione di Du Toit, pubblicata nella sua opera *Our wandering continents* (1937). La ricostruzione si appoggiava sulle sue ricerche stratigrafiche in Sudamerica e Sudafrica, che gli avevano permesso di ricostruire un dettagliato quadro di correlazioni tra le terre meridionali e l'India. (da: Autori Vari, *La deriva dei continenti*, Time-Life e Mondadori, 1985)

7 Le anomalie magnetiche sui fondi oceanici

Video
L'espansione dei fondi oceanici

Un contributo decisivo all'ipotesi dell'espansione dei fondi oceanici venne dal paleomagnetismo. Le navi oceanografiche che percorrevano i mari agli inizi degli anni Sessanta erano provviste di sensibili *magnetometri*, strumenti in grado di misurare e registrare in modo continuo l'intensità totale del campo magnetico terrestre, e questo permise di riconoscere l'esistenza di numerose **anomalie magnetiche**.

Esse indicano lo scarto in più o in meno tra la misura dell'intensità totale del campo magnetico attuale di un luogo e il suo valore teorico, calcolato per la medesima latitudine. Tali scarti sono provocati dalla presenza, in superficie o a modesta profondità, di masse rocciose con una propria magnetizzazione (paleomagnetismo) che interferisce localmente con il campo geomagnetico attuale. Tale fenomeno era noto da tempo sulle terre emerse, ma la sorpresa nel caso dei fondi oceanici fu nello scoprire che le anomalie magnetiche risultavano distribuite secondo uno schema generale molto regolare. Nel 1963 due ricercatori inglesi, F. Vine e D.H. Matthews, diedero una spiegazione delle forme delle anomalie, mostrando che potevano essere considerate una «prova indipendente» dell'espansione dei fondi oceanici.

Le rocce della crosta oceanica, sotto la modesta copertura di sedimenti, sono basalti che, al momento della loro formazione, hanno acquisito una magnetizzazione conforme al campo geomagnetico allora esistente, che è rimasta «registrata» nelle rocce come paleomagnetismo. Quando un magnetometro viene trascinato a rimorchio sulla superficie del mare da una nave oceanografica, registra l'*intensità totale* del campo magnetico che sta attraversando, cioè percepisce sia l'effetto del campo geomagnetico attuale, sia quello del paleomagnetismo delle zone basaltiche che formano il tratto di fondo oceanico al di sopra del quale sta transitando. Di conseguenza, quando si iniziarono le prime misure ci si attendeva di trovare valori del campo magnetico localmente maggiori o minori di quelli previsti per il campo geomagnetico teorico.

Tutto questo era stato verificato puntualmente in misure effettuate sistematicamente sulla crosta continentale, dove si era riconosciuta una distribuzione irregolare di zone di intensità diversa dal previsto, a seconda della natura delle rocce vicine alla superficie. Ma via via che furono disponibili misure estese a settori sempre più ampi di crosta oceanica, si scoprì che le anomalie magnetiche in corrispondenza dei fondi oceanici mostravano invece ovunque un andamento generale regolare, formato da numerose fasce di valori alternativamente maggiori (*anomalie positive*) e minori (*anomalie negative*), parallele all'asse delle dorsali oceaniche; non solo: le fasce di anomalie hanno larghezze diverse una dall'altra, ma la successione della larghezza delle fasce si ripete specularmente ai due lati della dorsale.

Per comprendere il significato del gigantesco arabesco disegnato dalle anomalie magnetiche ai lati di tutte le dorsali, si tenga presente l'inversione periodica del campo geomagnetico. Partendo da tali presupposti, i due ricercatori inglesi interpretarono le zone di anomalie magnetiche positive dei fondi oceanici come risultato dell'interferenza positiva tra campo geomagnetico attuale e porzioni di crosta oceanica aventi *magnetismo residuo* con *orientazione uguale* a quella del campo attuale (per cui le intensità dei due campi magnetici si sommano tra loro). Le zone di anomalie negative risulterebbero dall'interferenza negativa tra campo geomagnetico attuale e porzioni di crosta oceanica aventi magnetismo residuo con *orientazione contraria* a quella del campo attuale (la cui intensità risulta, perciò, diminuita).

Ma come è possibile che fasce di crosta contigue abbiano acquistato magnetismo opposto in presenza del medesimo campo geomagnetico, e per di più con una ripetizione regolare e simmetrica? La conclusione dei due studiosi fu che la crosta oceanica non si è formata tutta insieme, ma in tempi diversi, e l'ipotesi dell'espansione dei fondi oceanici, a quel tempo appena formulata, forniva in tal caso la chiave di interpretazione.

I basalti che si solidificano sul fondo della rift valley si magnetizzano nella direzione del campo magnetico terrestre presente in quel momento; la nuova striscia di crosta che via via si forma viene a sua volta lacerata nel senso della lunghezza dal movimento di espansione e le due strisce che ne risultano vengono allontanate dal centro della rift valley, in direzioni opposte. Le nuove spaccature vengono invase da altro magma ma, se nel frattempo si è invertito il campo magnetico terrestre, le nuove rocce verranno magnetizzate in direzione opposta a quella delle rocce formatesi in precedenza. Il processo di espansione prosegue come prima descritto e così altra crosta si allontana dalla rift valley insieme a quella più antica, dalla quale si distingue per la direzione di magnetizzazione opposta. Questo meccanismo spiega la distribuzione a fasce parallele delle anomalie magnetiche, e ne giustifica anche la disposizione speculare rispetto alla rift valley, da cui ha origine l'espansione [**Figura 33**].

L'ipotesi dell'espansione dei fondi oceanici comporta anche altre conseguenze.

1) L'età del «pavimento» oceanico, cioè dello strato di basalto sotto i sedimenti, deve essere tanto più antica quanto più ci si allontana dalle dorsali.
2) Lo spessore dei sedimenti deve essere molto ridotto sulle dorsali, dove la crosta basaltica si è appena formata, e deve aumentare invece man mano che ci si allontana dalla rift valley e si passa a crosta sempre più antica.

Entrambe le previsioni sono state confermate grazie alle crociere della nave oceanografica Glomar Challenger, in grado di perforare e campionare i sedimenti marini e di penetrare nel sottostante strato di basalto anche su fondi abissali (vedi Approfondimento *Calcolare la velocità di espansione di un oceano*).

Le fasce di anomalie magnetiche più recenti, quindi più vicine alle dorsali, sono state correlate con le epoche a polarità normale o inversa della scala paleomagnetica. Stabilita in tal modo l'età di una determinata fascia di anomalie e misurata la distanza tra questa fascia e la dorsale da cui si è allontanata, è stato possibile risalire alla velocità di espansione di vari tratti delle dorsali, che è risultata di pochi centimetri all'anno (velocità = distanza / tempo). Una volta determinata la velocità di espansione delle varie dorsali, è stato possibile, con qualche opportuna

Figura 33
Un rilevamento oceanografico sulla Dorsale di Reykjanes, una parte della Dorsale Medio-Atlantica a Sudovest dell'Islanda.
La figura illustra come gli scienziati siano riusciti a spiegare la distribuzione dell'intensità del campo magnetico alla luce di due teorie: (1) la direzione del campo magnetico terrestre si inverte a intervalli di decine di migliaia di anni e (2) l'espansione del fondo oceanico allontana gradualmente dalla dorsale la nuova crosta appena magnetizzata.

33

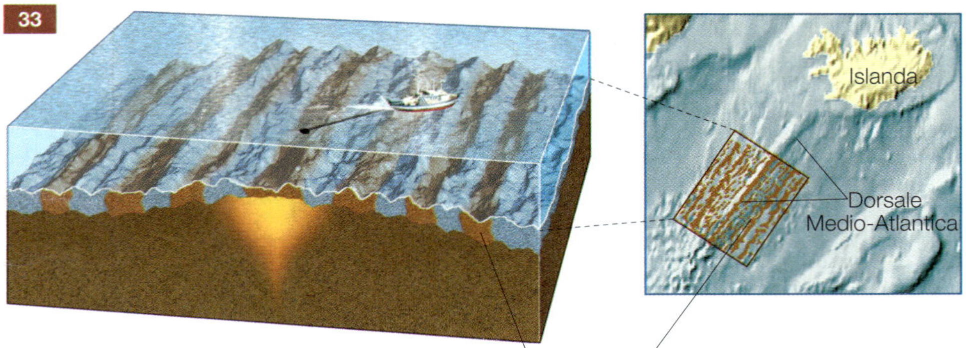

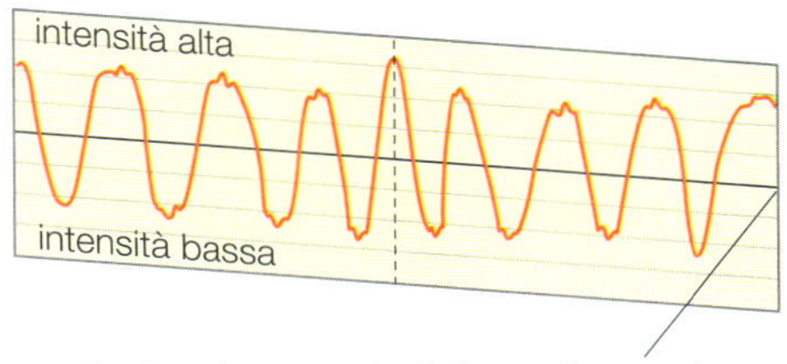

Le bande sono risultate praticamente simmetriche rispetto alla Dorsale Medio-Atlantica. Quale poteva essere il significato di queste anomalie? I vulcani hanno fornito una chiave interpretativa.

Una nave dotata di un magnetometro sensibile ha registrato anomalie magnetiche nelle quali si alternano bande con valori dell'intensità del campo magnetico più alti o più bassi.

Gli scienziati hanno osservato anomalie magnetiche nello studio di lave vulcaniche. Quando una lava ricca di ferro si raffredda, si magnetizza nella direzione del campo magnetico terrestre.

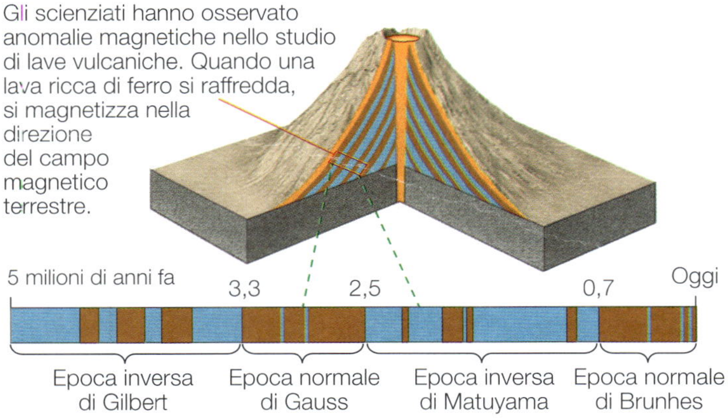

Da numerosi esempi di questo tipo, registrati da colate di lava, è stato possibile ricostruire la successione di inversioni magnetiche e creare una scala paleomagnetica.
I dati paleomagnetici ricavati dalle lave sono stati usati per datare le anomalie magnetiche delle rocce dei fondi oceanici.
Gli scienziati hanno concluso che le bande di anomalie magnetiche dei fondi oceanici rappresentano una registrazione dell'espansione dei fondi oceanici. Il fondo oceanico funziona dunque come una specie di registratore a nastro magnetico.

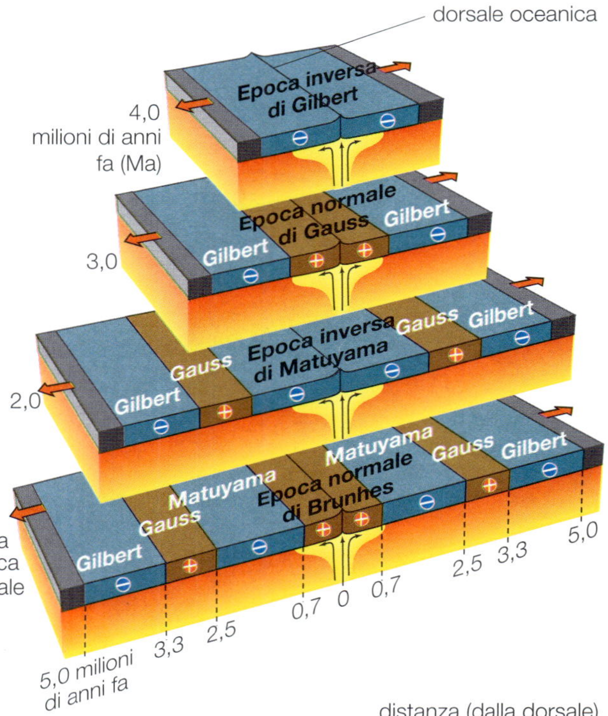

$$\text{velocità di espansione} = \frac{\text{distanza (dalla dorsale)}}{\text{tempo (età)}}$$

approfondimento delle conoscenze

Calcolare la velocità di espansione di un oceano

Tra la fine degli anni '60 e i primi anni '80 del secolo scorso la nave oceanografica Glomar Challenger effettuò un centinaio di crociere in tutti gli oceani, nel corso delle quali realizzò in totale oltre mille perforazioni sul fondo marino, anche a migliaia di metri di profondità [Figura 34], recuperando circa 100 km di «carote» (così vengono chiamati i campioni di roccia cilindrici che si estraggono dal sottosuolo con la perforazione).

Una delle prime crociere fu progettata per verificare l'ipotesi dell'espansione dei fondi oceanici, da poco enunciata, con una traversata dell'Oceano Atlantico meridionale. La rotta partì dall'asse della Dorsale Medio-atlantica (cioè dalla *rift valley*) per seguire all'incirca il parallelo 30° Sud; la nave si fermò in numerose stazioni, nelle quali effettuò perforazioni sul fondo del mare per recuperare campioni dell'intera coltre di sedimenti che, nel tempo, ha ricoperto il «pavimento» di basalto. La datazione, attraverso i fossili contenuti nei sedimenti a diretto contatto con il basalto (cioè quelli che si sono depositi subito dopo la solidificazione della lava), permise di stabilire l'età in cui si è formato il basalto raggiunto nelle singole stazioni.

Il diagramma di Figura 35 mostra il risultato: i sedimenti sono tanto più antichi quanto più ci si allontana dalla dorsale, in pieno accordo con quanto previsto dall'ipotesi dell'espansione. Ma il diagramma ottenuto consente anche di calcolare la velocità media di espansione, poiché pone in correlazione spazio e tempo.

Nel caso dell'Atlantico meridionale, prendiamo, per esempio, la stazione 6: a distanza di 1000 km dall'asse della dorsale, si trova basalto formatosi circa 50 Ma fa. Questo significa che il basalto formatosi lungo l'asse della dorsale si è spostato in seguito di 1000 km in 50 milioni di anni, quindi con una velocità media

v= 1000 km : 50 Ma = 0,00002 km/anno

cioè 2 cm/anno; velocità simili si ottengono anche per le altre stazioni. Poiché nell'espansione entrambi i fianchi della dorsale si allontanano simmetricamente dall'asse della dorsale, si può concludere che in quel settore di Atlantico le coste dell'Africa e dell'America meridionale si sono allontanate tra loro a velocità media di circa 4 cm/anno.

Figura 34
La Glomar Challenger era dotata di un'alta torre di perforazione, analoga a quella impiegata nelle ricerche petrolifere, e nelle soste per effettuare i sondaggi sul fondo del mare impiegava uno speciale sistema di posizionamento dinamico per rimanere ferma. L'elaboratore di bordo, in base agli impulsi trasmessi da un sonar posato sul fondo, calcolava l'eventuale deriva della nave e comandava le manovre necessarie a mantenerla ferma sulla verticale della perforazione. Nel riquadro è mostrato, ingrandito, lo speciale imbuto, largo 5 metri e dotato di sonar, che guidava il reinserimento della colonna di perforazione nel foro, ogni volta che questa era stata sollevata a bordo per estrarre le «carote» prelevate dalla testa perforante (lunga 10 m) nel suo avanzamento.

Figura 35
Età dei sedimenti marini più antichi trovati a contatto con il basalto in diverse stazioni, a confronto con la loro distanza dall'asse della Dorsale Medio-atlantica, lungo la traversata effettuata dalla Glomar Challenger a circa 30° Sud. Poiché è un diagramma spazio/tempo, i dati permettono di calcolare la velocità media di espansione del fondo oceanico.

34

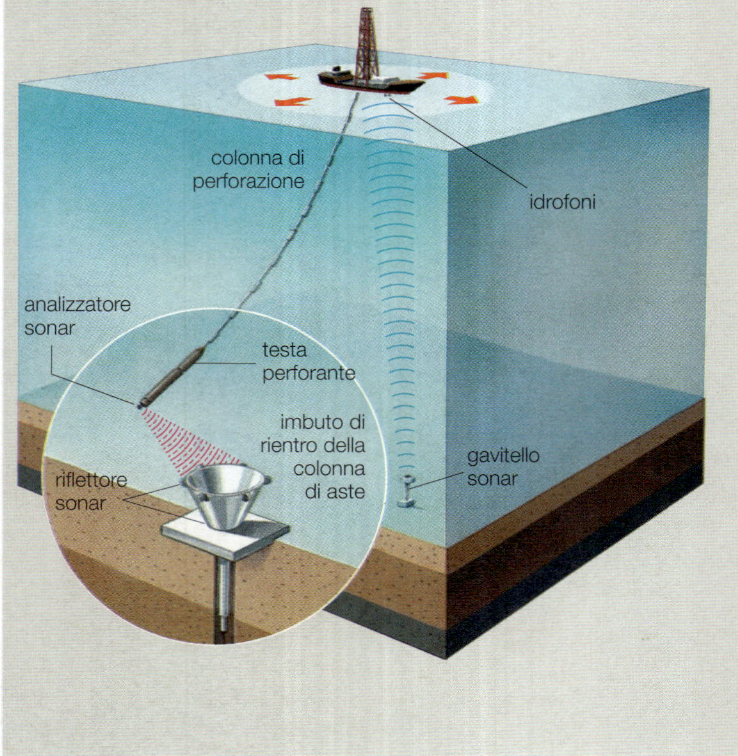

35

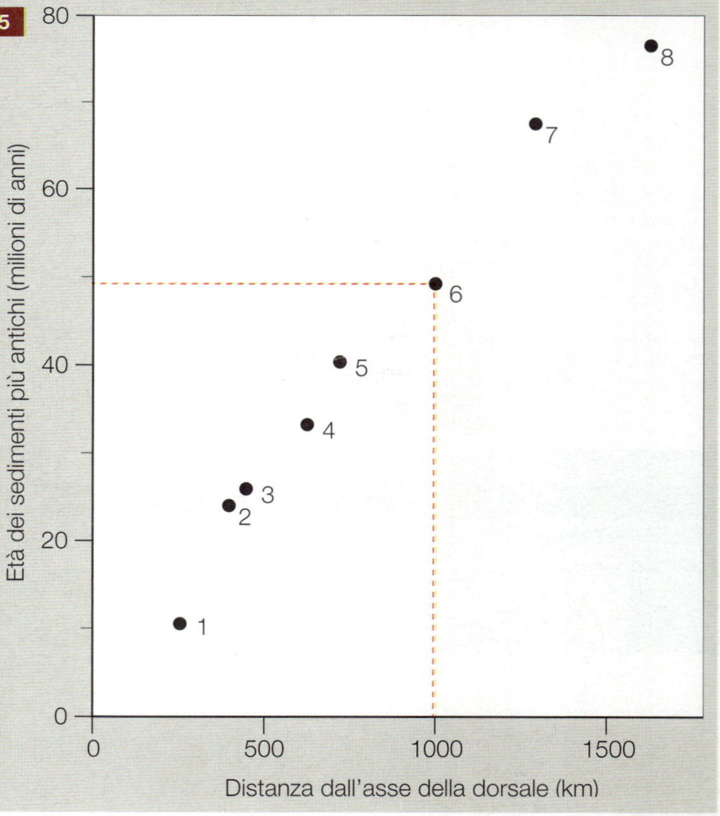

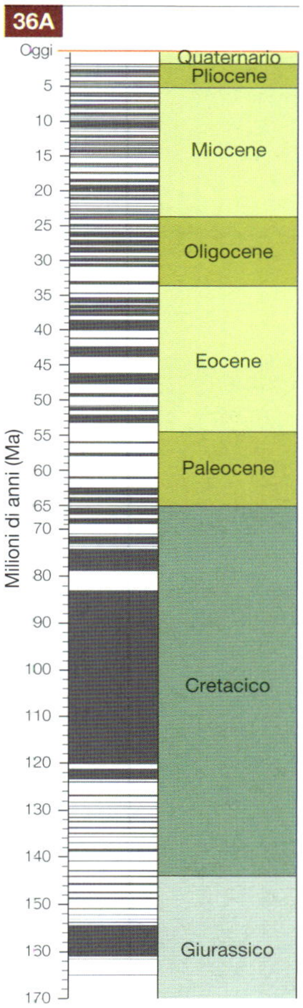

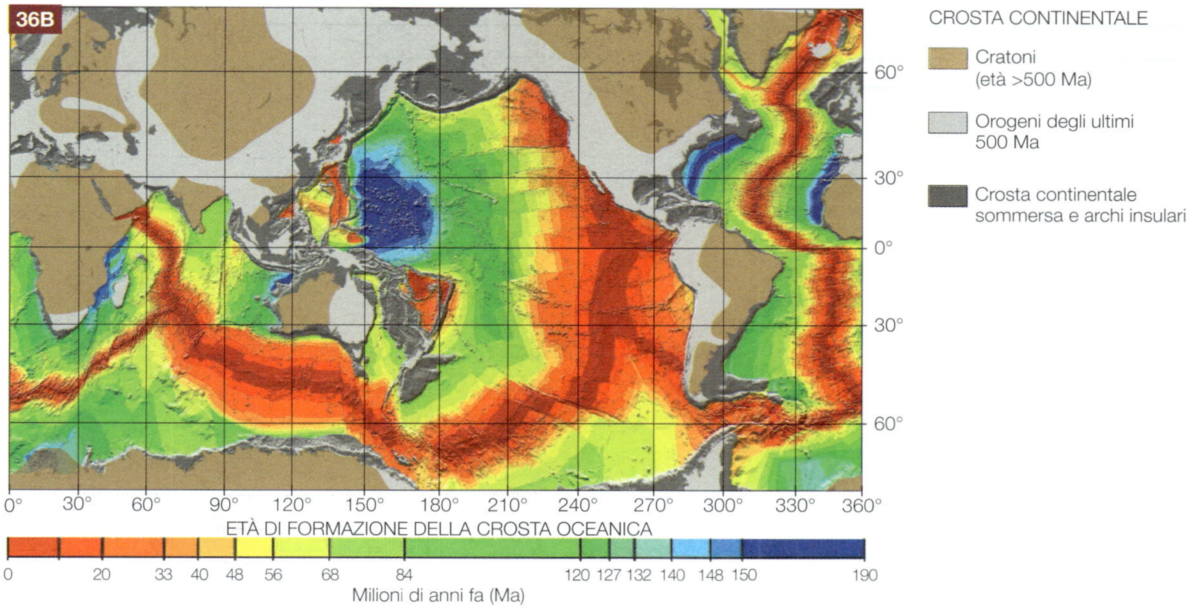

Figura 36
Datazione dei fondi oceanici per mezzo delle anomalie magnetiche.
A. *Scala paleomagnetica* estesa a 170 Ma. Le sottili fasce nere indicano periodi nei quali il Nord magnetico coincideva con il Nord geografico. La fascia nera molto più grande delle altre (nel Cretacico) sembra corrispondere a un lungo periodo di «tranquillità magnetica», cioè senza inversioni di polarità.
B. *Schema mondiale dell'espansione dei fondi oceanici*, messo in evidenza dall'età dello strato 2 della crosta oceanica (le lave basaltiche sotto i sedimenti; rivedi figura 17); tale età è stata determinata in base alle anomalie magnetiche e controllata in più punti con sondaggi. Per esempio, la fascia di colore rosso più scuro, che segue l'andamento delle dorsali oceaniche, comprende tutte le zone di anomalie magnetiche (positive e negative) formatesi tra oggi e 20 Ma fa, e così via. Le dorsali oceaniche, da cui fuoriesce di continuo nuovo materiale, coincidono con il fondo marino più giovane e l'età di formazione del fondo marino è via via più antica allontanandosi dalle dorsali, mentre nessuna parte dei fondi oceanici è più antica di 190 milioni di anni. La struttura dell'Oceano Atlantico è simmetrica, mentre quella del Pacifico lo è molto meno, in quanto parte del fondo viene continuamente distrutta nelle fosse di subduzione che circondano quell'oceano.

assunzione, risalire all'età di tutte le singole fasce di anomalie magnetiche individuate, dato che quanto più una fascia di anomalie risulta lontana dalla dorsale cui è parallela, tanto più deve essere antica. La scala paleomagnetica, inizialmente limitata ai più recenti 5 Ma (rivedi figura 12) è stata via via estesa fino a comprendere l'intera successione di fasce di anomalie, fino a stabilire l'età della crosta oceanica (in pratica, dello strato 2, quello di lave basaltiche) sotto tutti gli oceani [**Figura 36A**]. Si è scoperto, così, che i fondi oceanici conservano la registrazione delle inversioni del campo magnetico solo degli ultimi 190 milioni di anni, e questa è anche l'età massima di tutta la crosta oceanica [**Figura 36B**]: crosta più antica è certamente esistita, ma è ormai persa, inghiottita nelle zone di subduzione.

QUESITI

1. Le anomalie del campo magnetico terrestre rilevate dai magnetometri sono dovute a
   - **A** la distribuzione eterogenea di rocce magnetizzate nella crosta continentale.
   - **B** l'instabilità del campo magnetico generato nel nucleo esterno.
   - **C** la forma non perfettamente sferica della Terra.
2. In che cosa consistono le anomalie magnetiche registrate sui fondi oceanici?
3. Come sono distribuite le anomalie magnetiche rispetto alle dorsali?
4. Che cosa comporta l'esistenza dei due tipi di anomalie magnetiche?
5. Come si può calcolare l'età di una fascia di anomalie magnetiche?

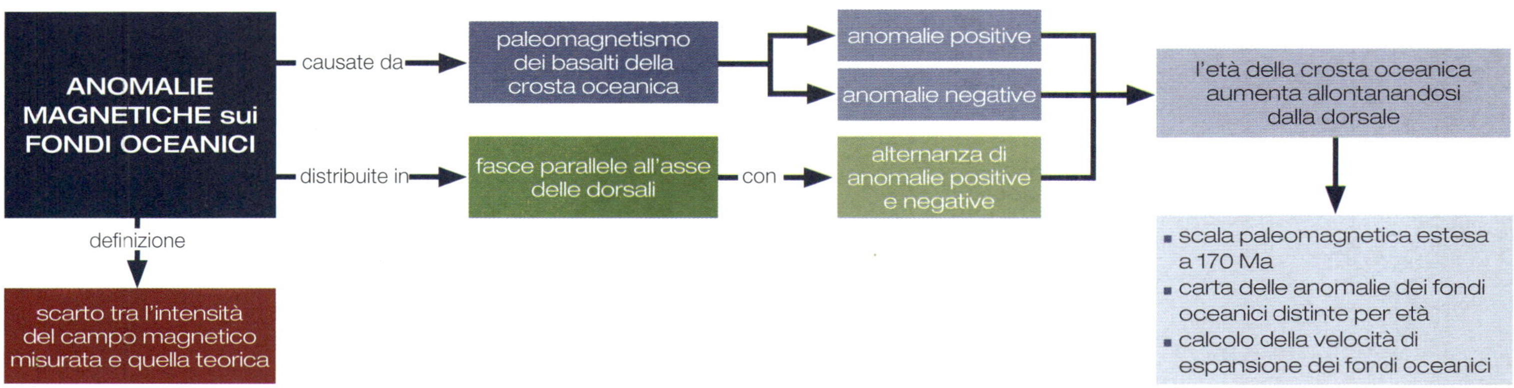

8 La Tettonica delle placche

Video
Margini fra le placche

Abbiamo visto che la crosta terrestre è il prodotto di una lunga evoluzione attraverso continue trasformazioni, che coinvolgono giganteschi volumi di rocce e che si susseguono nel tempo secondo cicli geologici.

Abbiamo osservato, inoltre, che la distribuzione dei vulcani e degli eventi sismici non è casuale ma caratterizza settori ben definiti, per cui la parte esterna della Terra appare percorsa da una rete di fasce particolarmente attive, che delimitano aree più «tranquille».

La grande massa di dati e osservazioni che sta dietro queste conclusioni, insieme all'ipotesi dell'espansione dei fondi oceanici, ha portato all'elaborazione di un **modello globale** dell'attività del pianeta, chiamato **Tettonica delle placche**. Questa teoria, formulata nel corso degli anni Sessanta del XX secolo, prende in esame il comportamento della litosfera, cioè dell'involucro rigido più esterno della Terra, che poggia sull'astenosfera, meno rigida, rispetto alla quale la litosfera può muoversi. La teoria sembra spiegare in modo soddisfacente il significato dei cicli geologici e l'origine dell'energia che li «tiene in moto».

8.1 Le placche litosferiche

La litosfera è intersecata per tutto il suo spessore da fasce molto attive, caratterizzate da sismicità e vulcanismo, lunghe migliaia di kilometri e relativamente strette:
– le dorsali di espansione,
– le fosse di subduzione,
– le grandi faglie trasformi.

Nel loro insieme esse formano un'immensa rete che si dirama su tutta la litosfera, suddividendola in una ventina di maglie dette **placche**. Di queste maglie irregolari sei sono molto vaste, le altre assai minori [Figura 37].

Le placche possono essere formate da sola litosfera oceanica (come la placca del Pacifico), o da sola litosfera continentale (come la placca euroasiatica), o da porzioni di litosfera dei due tipi (come la placca africana). I bordi delle singole placche,

■ **Placca** (**Plate**) È la traduzione del termine inglese *plate*, introdotto dai geologi che hanno elaborato la teoria nota come *Plate Tectonics*, «Tettonica (caratterizzata dal movimento) delle placche». Il termine *zolla*, usato a volte in alternativa, non rende l'idea, in quanto in italiano indica solo un blocco compatto di suolo (che si stacca dal terreno quando si lavora con strumenti agricoli), ma non certo di forma piatta e con spessore modesto rispetto alle altre dimensioni, come avviene, invece, nelle placche della litosfera.

37

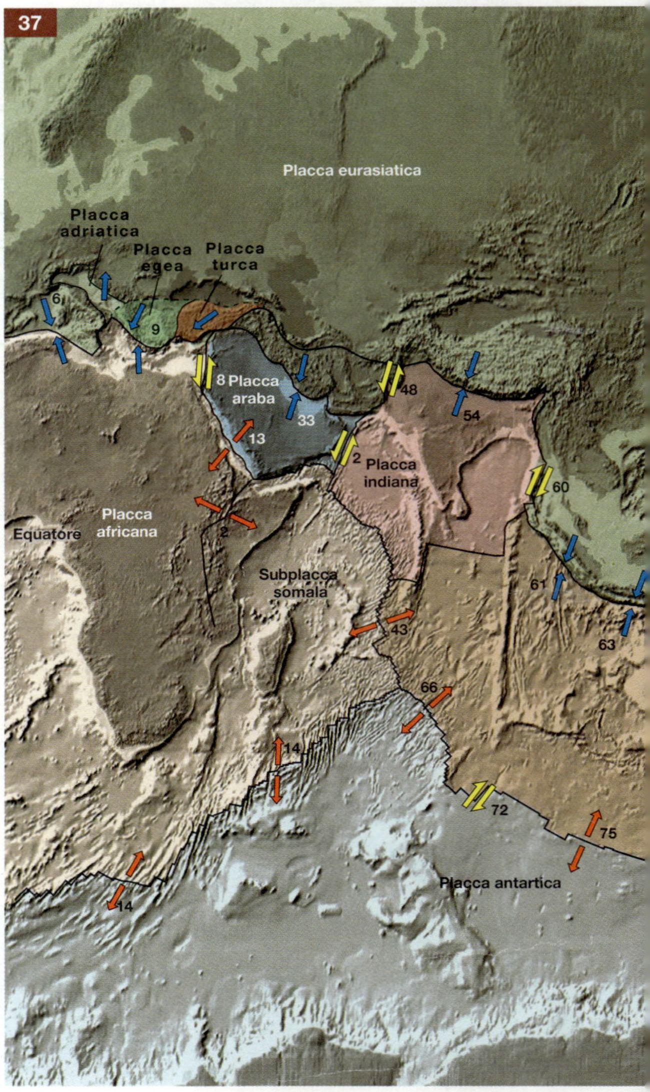

Legenda

movimento relativo delle placche
convergente
trasforme
divergente

margini divergenti (espansione)

margini convergenti (subduzione) e zone di collisione (orogeni all'interno di aree continentali) chiamati **margini**, vengono distinti, a seconda della loro funzione, in tre tipi.

- **Margini costruttivi** o **divergenti**: sono le dorsali oceaniche, lungo le quali si costruisce nuova litosfera oceanica che via via si allontana dalla dorsale.
- **Margini distruttivi** o **di convergenza**: sono le fosse oceaniche, lungo le quali la litosfera, divenuta col tempo fredda e densa, viene distrutta nel processo di subduzione.
- **Margini conservativi**: sono alcune grandi faglie trasformi, lungo le quali due placche scorrono l'una a fianco dell'altra in direzioni opposte (o con diverse velocità), con fenomeni di metamorfismo e forte attività sismica, ma senza variazioni nel volume della litosfera. (Si ricordi che numerose faglie con meccanismo analogo compaiono anche all'*interno* delle placche, a partire dalle dorsali: vedi paragrafo 6.2).

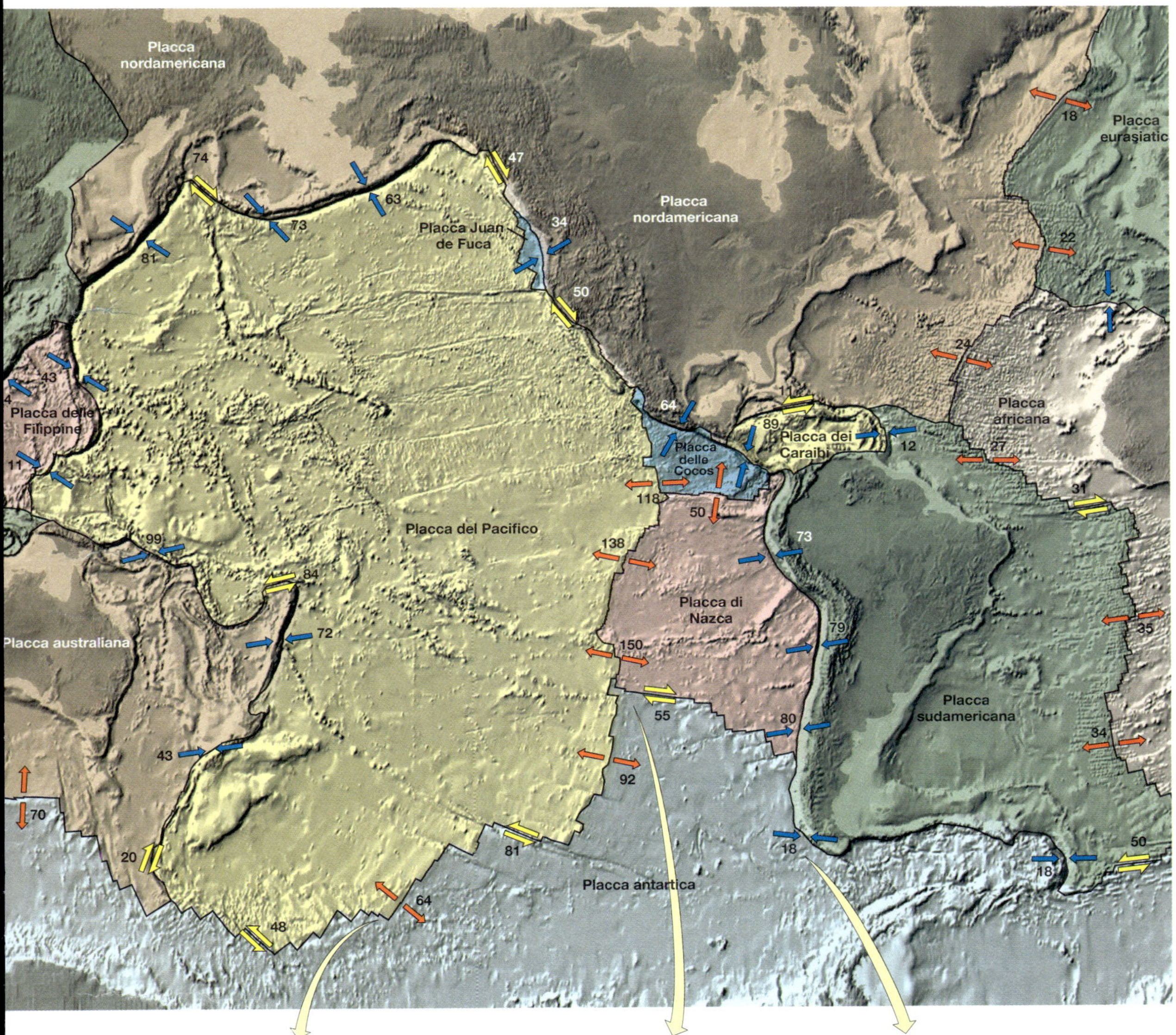

in corrispondenza dei margini divergenti le placche si separano e si forma nuova litosfera

in corrispondenza dei margini trasformi le placche scivolano orizzontalmente l'una rispetto all'altra

in corrispondenza dei margini convergenti le placche entrano in collisione e una delle due viene trascinata nel mantello e riciclata

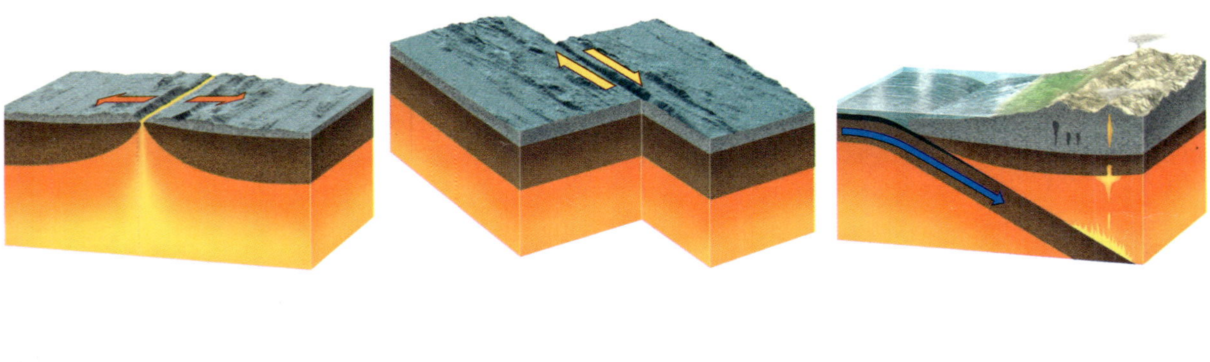

Figura 37
Il mosaico di *placche* in cui risulta suddivisa la litosfera. Ogni placca è delimitata da una combinazione di dorsali, fosse oceaniche e faglie trasformi. Le velocità di espansione lungo le dorsali e quelle di subduzione presso le fosse (in mm/anno) sono state ricavate in base all'età e all'estensione delle anomalie magnetiche sui fondi oceanici (rivedi la figura 36). Le *zone di collisione* corrispondono a settori lungo i quali i margini di antichi continenti, a causa dei movimenti delle placche, sono entrati in contatto e si sono saldati, come è avvenuto tra Placca indiana e Placca euroasiatica. (da *Capire la Terra*, Zanichelli, 2016, con modifiche)

38

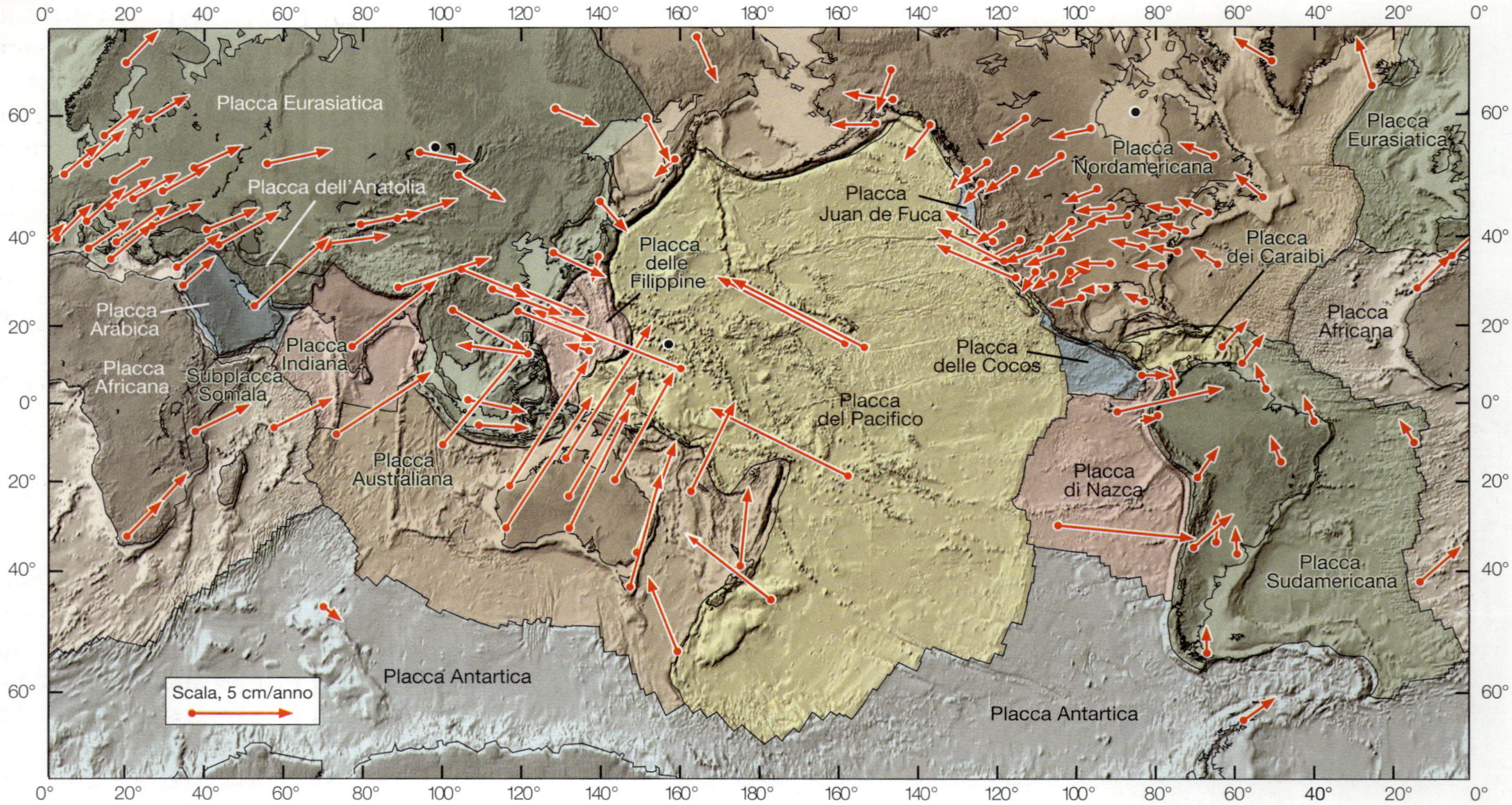

Figura 38
Rappresentazione del movimento delle placche determinato con il *Sistema di posizionamento globale*, attraverso misure delle distanze tra stazioni GPS poste su placche differenti. Il monitoraggio delle stazioni è stato continuo per diversi anni e le conclusioni sono state espresse come *vettori*: le frecce indicano direzione e verso del movimento, mentre la loro lunghezza è proporzionale all'entità del movimento, secondo la scala riportata nella figura. (JPL/Cal Tech, in: Press *e altri*, *Capire la Terra*, 2006)

■ **Cinematica** (Kinematics)
È la parte della meccanica che studia il moto dei corpi, indipendentemente dalle cause che lo producono e inteso come fenomeno spazio-temporale, con lo scopo di descrivere la traiettoria percorsa dal punto materiale o dal sistema rigido esaminato.

Poiché le placche sono a contatto reciproco, ogni margine è comune a due placche. Inoltre, le placche litosferiche occupano in ogni momento tutta la superficie della Terra, per cui non rimangono mai spazi vuoti tra le tessere di questo mosaico.

Alcune placche sono circondate in gran parte da margini costruttivi (come quella Africana e quella Antartica): in tal caso la loro superficie aumenta continuamente nel tempo.

Altre placche sono limitate sia da dorsali sia da fosse (come la Placca sudamericana) e in tal caso la loro superficie può rimanere stazionaria o modificarsi col tempo.

In definitiva, le dorsali sono luoghi in cui i movimenti convettivi in atto nel mantello si manifestano con inarcamenti della litosfera e fuoriuscita di magma: continua a formarsi, così, nuova litosfera oceanica, che via via si allontana dalla rift valley dando luogo all'espansione dei fondi oceanici.

Le fosse abissali sono invece i luoghi in cui la litosfera ritorna nel mantello e viene in gran parte riciclata nel processo di subduzione.

Nell'ipotesi, finora accettabile, che l'estensione totale della superficie della Terra non si modifichi nel tempo in modo significativo, il bilancio globale di produzione e consunzione di litosfera deve essere in equilibrio, e questo si realizza proprio attraverso l'accrescimento di certe placche e la contemporanea riduzione di altre.

Espansione dei fondi oceanici, subduzione, spostamenti lungo faglie trasformi: l'intero mosaico delle placche è in continuo movimento, anche se a velocità così modeste che il movimento non è direttamente percepibile.

Tuttavia, è ormai disponibile un quadro cinematico dei movimenti delle placche litosferiche grazie ai dati forniti dal *Sistema di posizionamento globale* (più noto con la sigla GPS), basato su una «costellazione» di satelliti artificiali che orbitano intorno alla Terra.

I ricevitori GPS basati a terra registrano onde radio ad alta frequenza, in connessione con precisi orologi atomici installati sugli stessi satelliti, e consentono di localizzare con estrema precisione la posizione del ricevitore. È così possibile scoprire variazione di distanza tra le posizioni di ricevitori GPS posti a terra, registrate durante diversi anni: se i ricevitori sono localizzati su placche diverse, si può misurare il movimento di tali placche sia come valore assoluto, sia come direzione e verso. Da più anni i geologi stanno dunque misurando il movimento delle placche su base annuale in diverse stazioni, disseminate opportunamente su tutto il pianeta.

La **Figura 38** mostra un esempio dei risultati ottenuti, che sono in accordo con le valutazioni ottenute in base all'analisi delle anomalie magnetiche dei fondali oceanici.

39

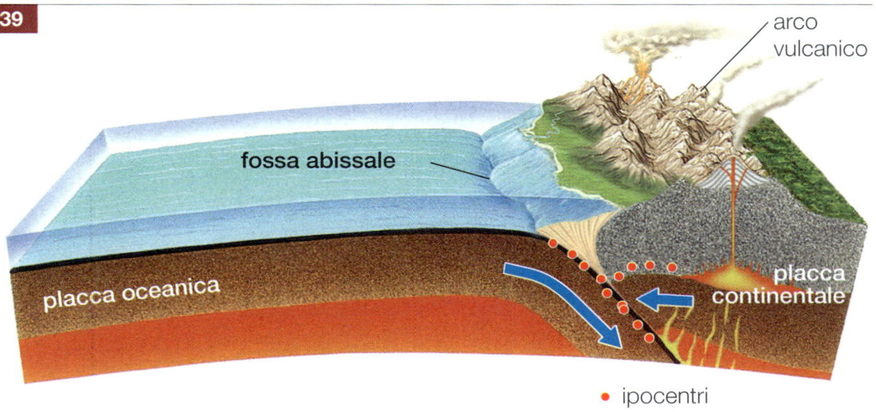

Figura 39
Orogenesi come conseguenza della subduzione di litosfera oceanica al di sotto di litosfera continentale. L'attività dei numerosi vulcani esplosivi e i violenti terremoti che spesso sconvolgono tali zone sono segni evidenti del processo in corso.

8.2 L'orogenesi

La forma volutamente schematica e semplificata con cui abbiamo presentato il modello della Tettonica delle placche può far pensare che fosse e dorsali siano forme stabili del pianeta e che tutta l'attività sia concentrata nel trasferimento di litosfera oceanica dalle dorsali alle fosse di subduzione. Ma non è così: proprio la scoperta dell'espansione dei fondi oceanici ha riportato l'attenzione sui continenti, la cui struttura geologica, conosciuta e studiata da più tempo, è molto complessa.

Si osservi la figura 37, a partire dall'Oceano Atlantico. All'interno dell'oceano è attiva una dorsale in espansione: di conseguenza, la distanza tra Nordamerica ed Europa e tra Sudamerica e Africa deve aumentare continuamente. D'altra parte, se il Sudamerica si muove verso occidente interferisce con la fossa di subduzione del Perù-Cile, lungo la quale la litosfera oceanica della Placca di Nazca (che si muove verso Est per l'espansione della dorsale del Pacifico orientale) si inflette al di sotto della Placca Sudamericana. Come conseguenza la fossa di subduzione si sposta verso Ovest; in pratica, si sposta la linea lungo cui la litosfera oceanica della Placca di Nazca è costretta a inflettersi e a scendere all'interno del pianeta.

In questo complesso «gioco ad incastro» il ruolo della crosta continentale appare ben poco attivo: i blocchi continentali vengono infatti trasportati «alla deriva» lungo la superficie terrestre dal movimento delle placche di cui fanno parte, un movimento che è guidato dall'accrescersi e dal consumarsi della litosfera oceanica.

Come si vede, ritorna il concetto di «deriva dei continenti» proposto da Wegener, ma con una differenza sostanziale. Per Wegener i continenti (*sial*) galleggiavano su un involucro continuo (*sima*) e si muovevano in esso come *iceberg* alla deriva nel mare; oggi sappiamo, invece, che i blocchi di crosta continentale sono solidali con la litosfera, di cui seguono i movimenti.

Ma questo comportamento «passivo» può avere conseguenze di grande portata se un lembo di crosta continentale finisce per interferire con una fossa di subduzione. Il risultato, infatti, può essere un'**orogenesi**, cioè un processo di intensa deformazione crostale che coinvolge grandi volumi di rocce, con fenomeni di metamorfismo e magmatismo, e che porta al sollevamento di una nuova catena montuosa.

Vediamo ora le diverse situazioni in cui può formarsi un **orogeno**, come viene chiamato nel suo insieme il prodotto di un'orogenesi:
– *litosfera oceanica in subduzione sotto litosfera continentale;*
– *collisione continentale;*
– *accrescimento crostale;*
– *litosfera oceanica sotto litosfera oceanica.*

Litosfera oceanica in subduzione sotto un margine di litosfera continentale. Se un continente con la litosfera cui è associato, a causa dei complessi movimenti delle placche, finisce per trovarsi a ridosso di una fossa oceanica, non entra in subduzione come farebbe la litosfera oceanica. La litosfera continentale, infatti, meno densa, non può sprofondare entro il mantello, ed è costretta a «galleggiare». In questo caso, è la litosfera oceanica della placca antistante, cioè quella che forma il «pavimento» della fossa, a infilarsi sotto il margine continentale [Figura 39], che viene deformato dal violento attrito che genera numerosi terremoti, la cui profondità ipocentrale segna il percorso della placca che scende (superficie di Benioff). Dalla crosta oceanica in subduzione vengono strappati i sedimenti oceanici insieme a lembi dei sottostanti basalti. Spinte da forze enormi, queste masse rocciose finiscono per saldarsi al margine del continente e per formare una nuova striscia di crosta continentale.

In un ambiente così «mobilizzato» la crosta continentale si accresce di spessore, anche per la risalita di grandi quantità di magmi: si verifica allora il processo di orogenesi, con il sollevamento di una nuova catena montuosa. Tale processo prosegue fino a che è attiva la subduzione, contrastato solo dai processi superficiali che demoliscono i rilievi.

È quello che sta accadendo, da alcune centinaia di milioni di anni, lungo il margine pacifico delle due Americhe. Il risultato è una lunga fascia montuosa, in lento sollevamento, costellata di alti vulcani e investita spesso da violenti terremoti. L'ampia Cordigliera lunga oltre 10 000 km che corre lungo il margine occidentale del Nordamerica, e che comprende anche le Montagne Rocciose, e la grande Cordigliera delle Ande, estesa lungo le coste del Sudamerica per oltre 10 000 km, sono strut-

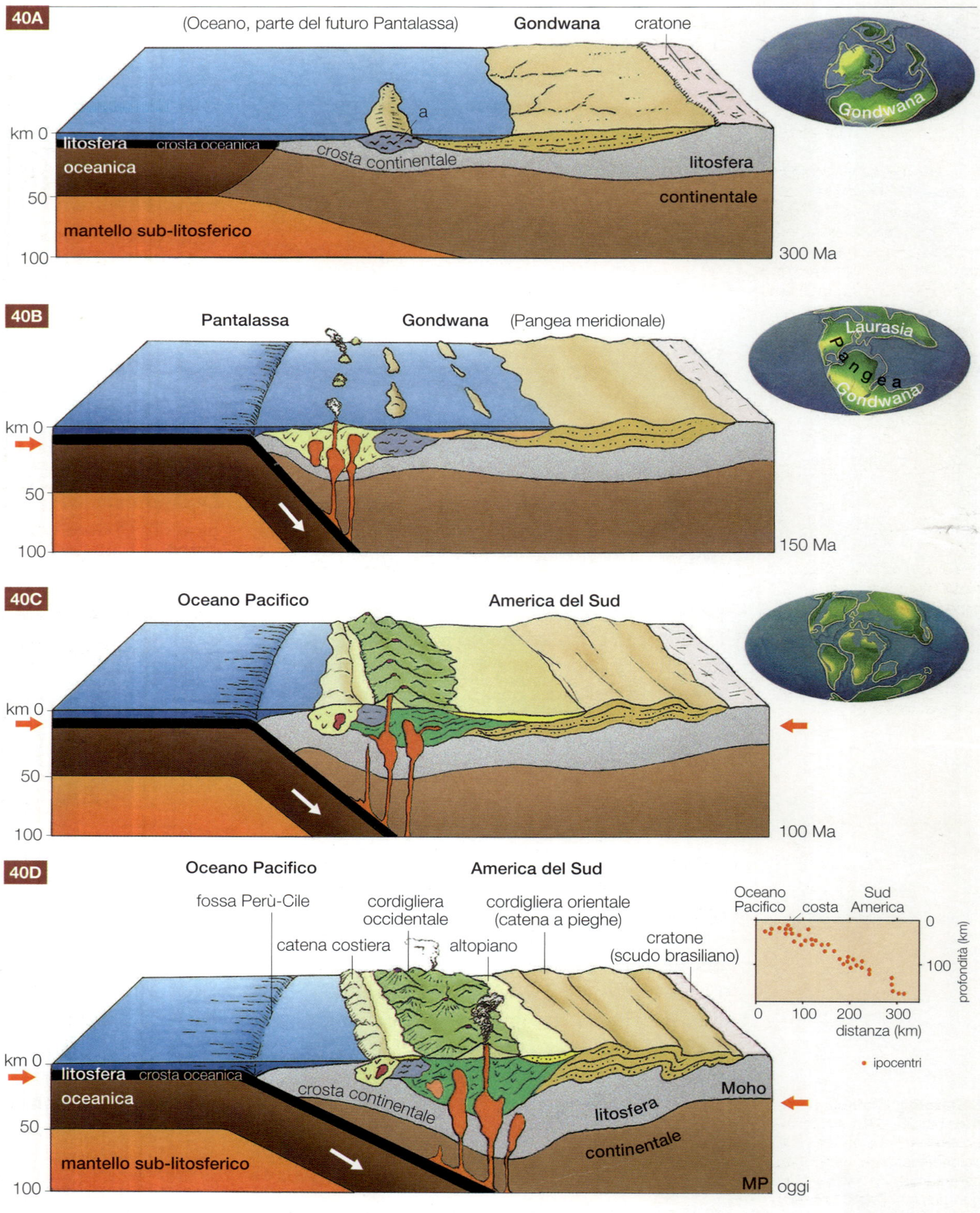

Figura 40
Alcune fasi della lunga evoluzione della Cordigliera delle Ande, un processo ancora molto attivo.
A. Nell'Era paleozoica un grande oceano confinava con il continente Gondwana, il cui margine sud-occidentale diventerà il «pavimento» della Cordigliera delle Ande. Il simbolo «**a**» indica i terreni di accrezione. *Nel planisfero*: incomincia a delinearsi il Pangea.
B. 200 Ma fa, già nell'Era mesozoica, una fossa di subduzione è attiva lungo il margine del Gondwana (che ormai fa parte del Pangea), con lo sviluppo di un nuovo arco magmatico, mentre lunghi bacini marini costieri raccolgono sedimenti. *Nel planisfero*: inizia la frammentazione del Pangea.
C. Verso la fine dell'Era mesozoica, con l'apertura dell'Oceano Atlantico meridionale, si identifica il Sudamerica e la litosfera si muove più rapidamente verso Ovest. Il vecchio arco magmatico si è estinto e viene eroso; un nuovo arco magmatico si attiva verso Est. Ancora più a Est si formano ampie deformazioni a pieghe. *Nel planisfero*: si riconoscono le forme dei continenti attuali.
D. Il processo dell'orogenesi andina è in piena attività: si riconoscono la *Catena costiera* (resti del più antico arco magmatico), la *Cordigliera occidentale*, con i resti del secondo arco e con l'imponente catena di vulcani attivi dell'arco magmatico attuale, e la *Cordigliera Orientale*, che continua a muoversi verso Est, sopra il cratone. Tra le due cordigliere da lungo tempo si è sviluppato un bacino in subsidenza che raccoglie i prodotti di un'intensa erosione e che si manifesta in superficie con un vasto *altopiano*. Il grafico mostra la distribuzione degli ipocentri dei terremoti prodotti dalla placca in subduzione, proiettati lungo una sezione che attraversa le Ande a Sud di Santiago. (*Elaborazione grafica S. Mora*)

ture imponenti per le dimensioni e con una storia geologica lunga e molto complessa, dominata dall'interazione tra la litosfera oceanica coperta dall'Oceano Pacifico e la litosfera continentale delle due Americhe. Proviamo a seguire, come esempio, l'evoluzione della Cordigliera andina attraverso quattro fasi principali, con l'aiuto di alcune sezioni geologiche rappresentate nella **Figura 40**.

■ I resti che testimoniano gli eventi più antichi risalgono al tempo in cui non si era ancora completato il Pangea, ma esisteva già un grande continente (chiamato *Gondwana*) bagnato da un antichissimo oceano, che diventerà il *Pantalassa* [**Figura 40A**]. Si riconoscono lembi di terreni dell'Era paleozoica e sono stati riconosciuti resti di terreni di *accrezione* (prodotti da un processo di cui parleremo più avanti).

■ Con l'inizio dell'Era mesozoica (250 Ma fa) il Pangea è ormai completo. Lungo le sue coste si attiva una fossa di subduzione, con la formazione di un arco magmatico [**Figura 40B**]. L'arco era più vicino alla fossa di quanto non sia l'arco vulcanico

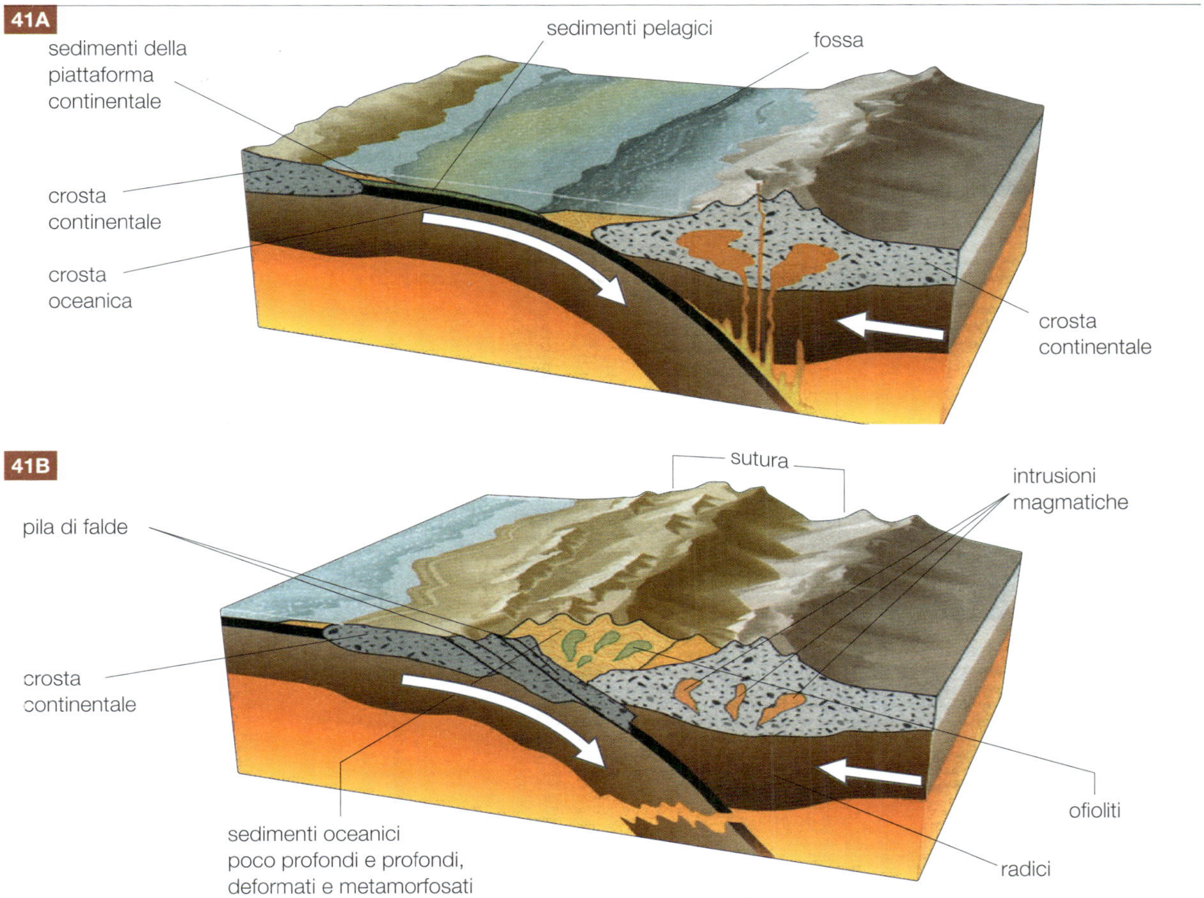

Figura 41
Collisione tra due continenti.
A. La parte oceanica di una placca che trasporta un continente entra in subduzione sotto una placca continentale.
B. I due continenti entrano in collisione. Il continente a sinistra si frammenta in falde che scivolano una sull'altra, impilandosi. La crosta continentale si ispessisce: in parte sprofonda nel mantello litosferico (radici), mentre in parte risulta sollevata in un'alta catena montuosa. Nella zona di collisione vengono sollevate anche altre rocce tipicamente associate alla convergenza tra placche: intrusioni magmatiche, sedimenti della piattaforma continentale e di acque profonde, deformati e metamorfosati, e frammenti di ofioliti. In profondità le due litosfere continentali si saldano, mentre la litosfera oceanica si stacca e sprofonda nel mantello, dove si può «rintracciare» fino a qualche centinaio di kilometri perché continua a generare terremoti profondi.

di oggi: la litosfera in subduzione doveva scendere con un angolo più accentuato di quello odierno, per cui le sue rocce raggiungevano con un minore cammino la profondità a cui cominciavano a fondere (circa 100 km). I resti di quell'arco affiorano oggi lungo la Catena Costiera.

■ Circa 150 Ma fa, nel corso del Mesozoico, il Pangea comincia a frammentarsi, con l'apertura del futuro Oceano Atalantico. Tra 100 e 60 Ma fa, per il movimento verso Ovest del futuro Sudamerica, si intensifica il processo di subduzione e si sviluppa un secondo arco magmatico: nella crosta si formano grandi batoliti.

Il nuovo arco è spostato a Est rispetto al precedente, che, non più alimentato, si estingue e viene eroso [**Figura 40C**]. Gli sforzi in atto nel processo di subduzione si propagano verso l'interno del continente e provocano deformazioni (catena a pieghe).

■ Dalla fine dell'Era mesozoica il processo di subduzione continua ed è tutt'oggi molto attivo. L'arco si è spostato ancora più a Est e nello stesso modo si è propagata la deformazione delle strutture più antiche [**Figura 40D**].

Collisione continentale. Immaginiamo un lembo di litosfera continentale il cui margine corra lungo una fossa di subduzione, mentre la crosta oceanica della placca antistante si immerge sotto di esso. Se la placca che sta sprofondando comprende anche un continente [**Figura 41A**], questo, una volta che si è consumata tutta la litosfera oceanica, arriva alla fossa e la «collisione continentale» è inevitabile. I due margini continentali entrano in contatto e vengono deformati, finché si saldano facendo aumentare lo spessore della crosta. Nasce così una catena montuosa, che rimane come una vistosa cicatrice all'interno di un unico grande continente [**Figura 41B**]. È quanto è accaduto, per esempio, tra il margine meridionale dell'Eurasia e il continente India, andato alla deriva da Sud verso Nord dopo la frammentazione del Pangèa, del quale faceva parte. Dalla collisione è sorta la gigantesca catena himalayana.

Nel processo di collisione l'oceano che separa i due continenti viene progressivamente ridotto in ampiezza fino a estinguersi. I grandi accumuli di sedimenti (prismi sedimentari), presenti lungo le coste dei due continenti, vengono compressi nella gigantesca «morsa» e deformati in pieghe e falde, spinte ad accavallarsi una sull'altra per grandi spessori. Negli ammassi rocciosi coinvolti nella collisione si sviluppano forti pressioni, mentre la temperatura è relativamente bassa; in tali condizioni possono formarsi rocce metamorfiche particolari, chiamate *scisti blu*. Anche alcuni lembi del pavimento basaltico dell'oceano vengono coinvolti nel-

■ **Batolite** (Batholith) Il termine batolite, dal greco *bathýs*, profondo e *líthos*, roccia, indica i giganteschi ammassi di rocce magmatiche intrusive, lunghi anche migliaia di kilometri e larghi centinaia di kilometri, che si estendono a grandi profondità entro la crosta continentale.

■ **Scisti blu** (Blueschists) Roccia metamorfica derivata da rocce sedimentarie argillose o vulcaniche, formata in condizioni di alte pressioni e temperature moderate. Il tipico colore è dovuto alla presenza del minerale *glaucofane* (un anfibolo ricco in sodio), di colore blu.

Figura 42
Moho *petrografica* e Moho *sismica*. Nella camera magmatica, al di sotto della dorsale oceanica, i cristalli di olivina si separano dal magma e si accumulano, formando lo *strato peridotitico*, che rimane in continuità con il gabbro, quando il resto del magma cristallizza completamente; quindi la sua genesi è diversa da quella delle peridotiti del mantello, sulle quali si appoggia.

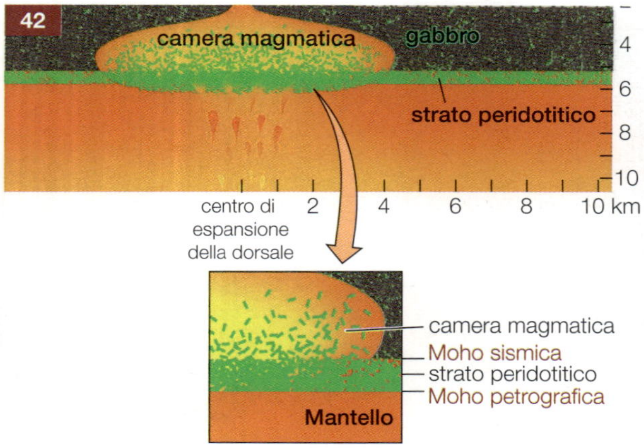

Figura 43
Un esempio spettacolare delle deformazioni provocate nelle rocce dalle collisioni tra frammenti di crosta nel corso di un'orogenesi per accrescimento crostale.
A. In questo caso, che si riferisce ad alcuni rilievi dell'Alaska, gli strati di rocce di varia natura – ben distinguibili per i diversi colori – in origine orizzontali, risultano raddrizzati, piegati e contorti. (*Le Scienze*, Quaderni, n. 13, 1984)
B. Schema di due momenti del processo di accrezione.

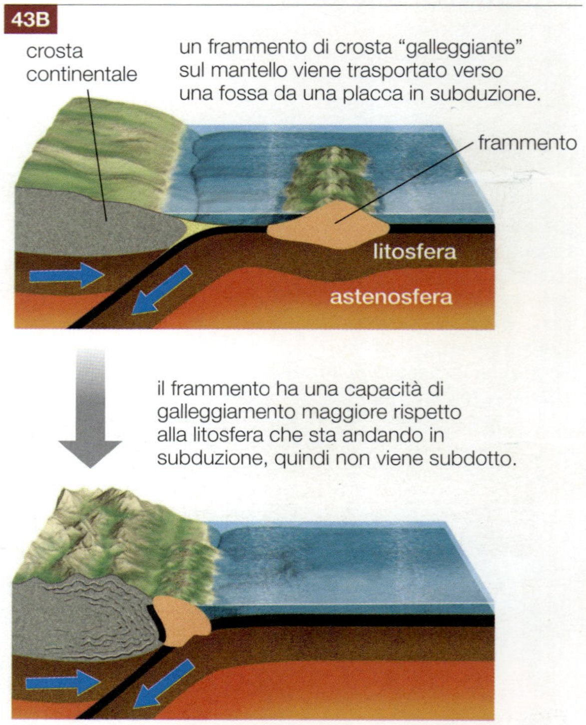

■ **Ofioliti** (Ophiolite) Dal greco *òphis*, serpente, e *lìthos*, roccia. Si riferisce al colore verde scuro di queste rocce, simile a quello di alcuni serpenti che si incontravano frequentemente nelle zone in cui vennero per la prima volta studiate.

la collisione e si ritrovano lungo l'asse della catena montuosa come ammassi di rocce chiamate **ofioliti** o «rocce verdi», per il loro colore prevalente. Le ofioliti mostrano in effetti una successione regolare di basalti con struttura a «cuscini», ricoperti da sedimenti oceanici, e di gabbri, a volte associati ad ammassi di peridotiti (rocce ultrabasiche). La **successione ofiolitifera** ricalca bene la struttura a strati della crosta oceanica attuale (rivedi la figura 17), più volte attraversata da sondaggi effettuati su fondi oceanici, mentre le peridotiti dovrebbero appartenere al sottostante mantello, mai raggiunto finora da perforazioni.

Come si ricorderà, il limite tra crosta e mantello è stato riconosciuto in origine in base all'analisi di onde sismiche, il cui percorso risultava modificato dal passaggio tra due materiali diversi, in seguito identificati come gabbri (crosta) e peridotiti (mantello). Il ritrovamento nelle catene montuose di successioni ofiolitifere ancora associate a lembi di peridotiti ha permesso di esaminare direttamente il passaggio crosta-mantello; ricordiamo tra le più complete e spettacolari successioni ofiolitifere quelle dell'Isola di Cipro, i cui rilievi, alti 2000 metri, sono formati da lembi della parte superiore di un'antica litosfera oceanica strappati da una zona di subduzione (collegata alla Fossa abissale Ellenica). Si è scoperto, così, che per un certo spessore le peridotiti a contatto con lo strato di gabbri sono legate, per la loro formazione, alla crosta oceanica; questo strato peridotitico è, infatti, una *cumulite*, cioè è ricchissimo di cristalli di olivina (minerale tipico delle peridotiti) che si sono accumulati sul fondo della camera magmatica quando il magma in risalita lungo una dorsale ha iniziato a cristallizzare (l'olivina si forma prima degli altri cristalli, quando molta parte del magma è ancora allo stato fuso). Le vere peridotiti del mantello, con caratteristiche sismiche analoghe, cominciano più in basso: per questo si distingue una *Moho petrografica* posta un po' più in profondità rispetto alla tradizionale *Moho sismica* [**Figura 42**].

Accrezione o accrescimento crostale. Il meccanismo delle placche può portare alla formazione di una catena montuosa anche seguendo un'altra via, con un processo che si può definire «orogenesi per accrezione crostale» e che, con il progredire degli studi, si sta rivelando più diffuso di quanto non sembrasse. Questo si verifica quando frammenti di crosta di varia natura (isole, vulcani sottomarini estinti, piccoli continenti), in origine in aree anche molto lontane fra loro, si trovano «incastonati» in una placca oceanica in progressivo movimento verso una fossa di subduzione (vedi figura 40A).

Man mano che arrivano nella fossa, questi frammenti verrebbero strappati via dalla placca che sprofonda e spinti ad accavallarsi contro il margine del continente lungo cui si trova la fossa. Si sarebbero formate per tale via le catene costiere dell'Alaska e degli Stati Uniti nordoccidentali [**Figura 43**], e si ritiene che un processo analogo sia

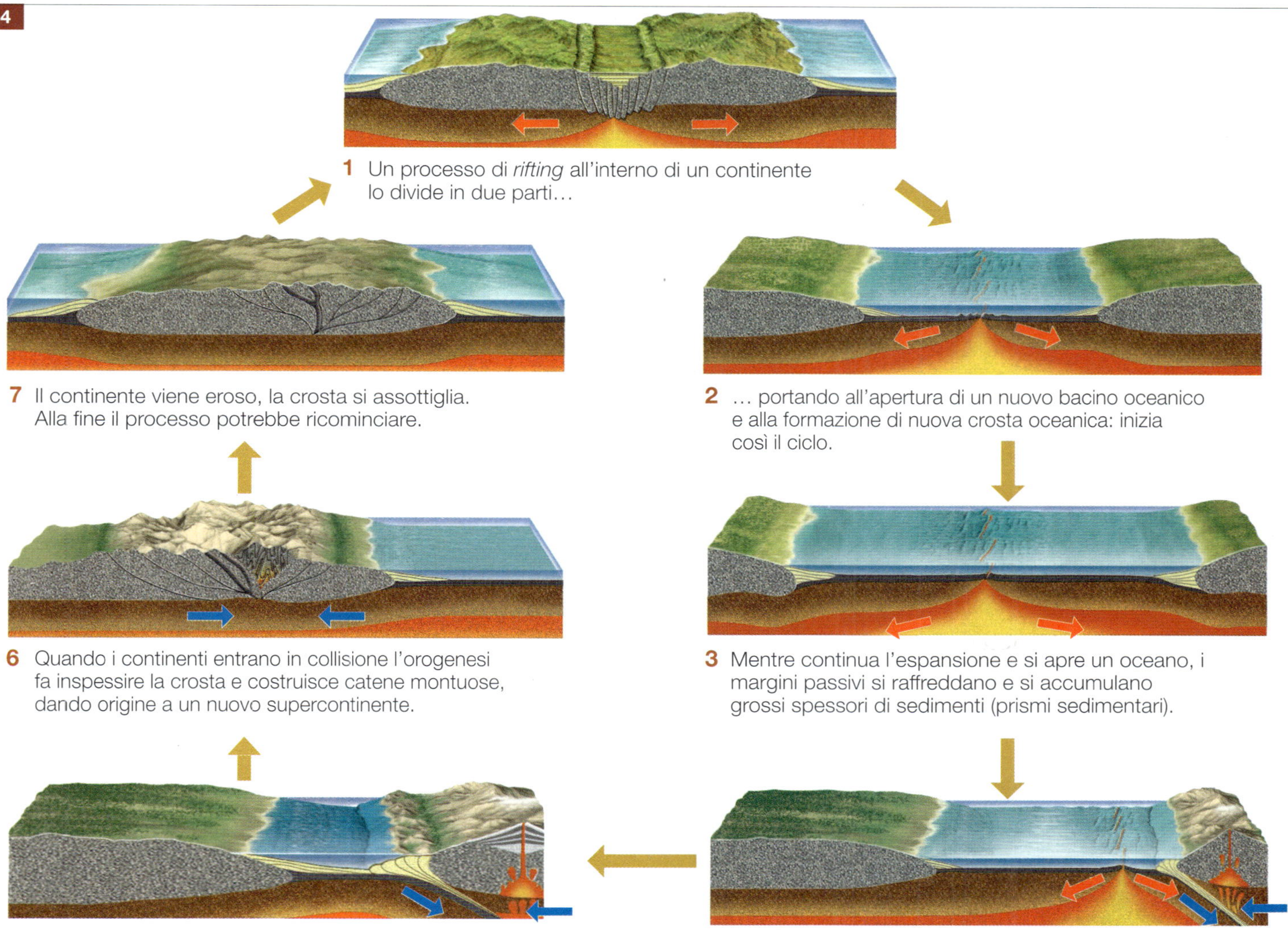

1 Un processo di *rifting* all'interno di un continente lo divide in due parti…

2 … portando all'apertura di un nuovo bacino oceanico e alla formazione di nuova crosta oceanica: inizia così il ciclo.

3 Mentre continua l'espansione e si apre un oceano, i margini passivi si raffreddano e si accumulano grossi spessori di sedimenti (prismi sedimentari).

4 Inizia la convergenza; la crosta oceanica viene subdotta sotto un continente, dando origine a una catena montuosa vulcanica lungo un margine attivo.

5 Terreni di accrezione – derivati dal cuneo di accrezione sedimentario o come frammenti trasportati dalla placca che va in subduzione – si saldano al continente.

6 Quando i continenti entrano in collisione l'orogenesi fa inspessire la crosta e costruisce catene montuose, dando origine a un nuovo supercontinente.

7 Il continente viene eroso, la crosta si assottiglia. Alla fine il processo potrebbe ricominciare.

Figura 44
Il ciclo di Wilson. I processi della Tettonica delle placche, con l'apertura e la chiusura dei bacini oceanici e l'assemblaggio e frammentazione della litosfera continentale, sono alla base del Ciclo di Wilson.

stato attivo lungo il margine occidentale del Gondwana e abbia formato le strutture precedenti alla costruzione della Cordigliera andina, oggi riconoscibili lungo le coste del Sudamerica.

Crosta oceanica sotto crosta oceanica. Se una placca oceanica si trova a convergere contro un'altra placca oceanica, è la placca più fredda e densa che si inabissa nel mantello ed entra in subduzione sotto quella più calda e meno densa.

I magmi che si formano per la fusione parziale della placca in subduzione e del mantello sovrastante risalgono fino a traboccare sul fondo dell'oceano, a lato della fossa abissale.

Si forma in questo modo una catena di vulcani sottomarini, che arrivano a emergere dalla superficie dell'oceano. Il continuo afflusso di magmi e l'accumulo di sedimenti prodotti dall'erosione dei vulcani allarga e consolida gli edifici e si origina un **arco insulare**. Tipico esempio è l'arco delle Isole Marianne, lungo la fossa omonima (vedi figura 29).

8.3 Il ciclo di Wilson

Fosse e dorsali non sono forme stabili: prima o poi le fosse vengono distrutte in un processo di collisione, mentre le dorsali, per il mutare dei moti convettivi nel mantello, diventano inattive.

Tuttavia, gli stessi mutamenti nei moti del mantello possono far nascere una nuova dorsale e un nuovo oceano con un processo in più stadi.

Si apre così la prospettiva di una successione di eventi che possono susseguirsi nel tempo lungo una specie di ciclo. Proviamo a seguire gli stadi di questo processo ciclico con l'aiuto dello schema rappresentato nella [Figura 44].

■ Quando grandi volumi di materiale caldo, in risalita nel mantello, arrivano al di sotto di un lembo di litosfera continentale stabile, questa si inarca e si frattura. Le lunghe spaccature provocano un allineamento di grandi fosse tettoniche, profonde centinaia di metri, delimitate da faglie [Figura 44.1].

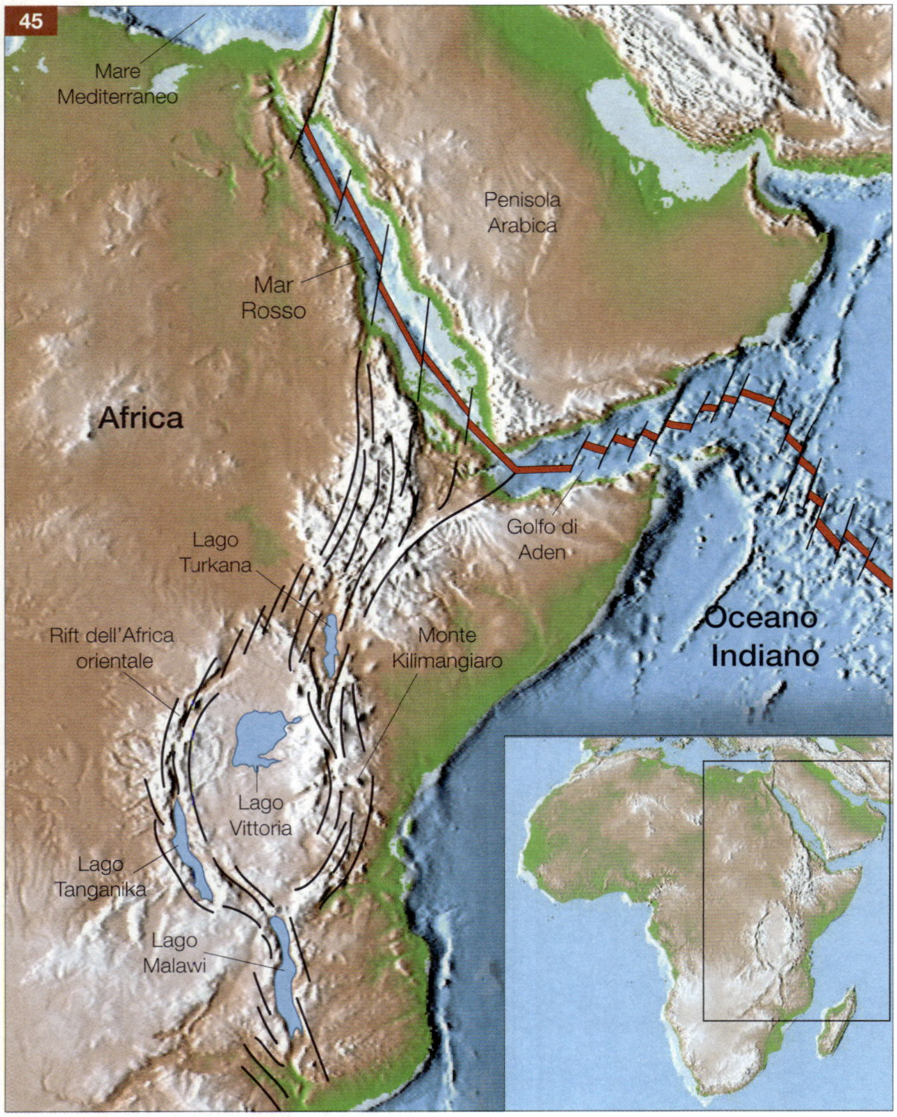

Figura 45
Un continente inizia a frammentarsi. Nello schema è stato messo in evidenza il sistema di fratture della Rift Valley (lineee nere): un'ampia fascia di intensa attività tettonica (con vulcanismo e sismicità) che parte dal Mar Rosso, un oceano giovanissimo in continua espansione. Se l'attività continuerà con le attuali caratteristiche, l'intero settore dalla Somalia al Mozambico diventerà una placca autonoma, insieme a un ampio settore dell'Oceano Indiano (*Placca somala*). Ma anche l'area intorno al Lago Vittoria sembra avviata a separarsi dal resto del continente: è già stato proposto di chiamarla *Placca Nubiana*.

Dalle spaccature fuoriesce il magma che ricopre il fondo delle fosse. È lo **stadio embrionale** della frammentazione di una litosfera continentale, come quella che si osserva nel sistema della Great Rift Valley. Quest'ultimo attraversa l'Africa orientale dall'Etiopia al Mozambico e viene considerato come un tentativo di formare un nuovo oceano [**Figura 45**]: se avrà séguito, un settore dell'Africa orientale si staccherà dal resto del continente e formerà una nuova placca, insieme a un ampio settore dell'Oceano indiano (già indicata come Subplacca somala, rivedi figura 37).

■ Se il processo di espansione continua, i due margini continentali si allontanano e le lave in risalita formano una prima striscia di nuova crosta oceanica, mentre le acque dei mari vicini cominciano a invadere la depressione che si sta allargando [**Figura 44.2**].

È lo **stadio giovanile**, in cui si trova il Mar Rosso. Esso si è formato per l'allargamento di una frattura tra Africa e Arabia, apertasi circa 20 milioni di anni fa e ampia oggi 300 km.

■ La fase successiva porta allo **stadio di maturità** [**Figura 44.3**]. L'oceano si è ampliato; la crosta oceanica, allontanandosi dalla dorsale, si raffredda, si contrae e diventa più densa, per cui sprofonda (*subsidenza termica*) e si formano le piane abissali, in continuo ampliamento con il tempo. Lungo i margini dei due continenti, nella fascia di passaggio tra le due litosfere, che viene coinvolta nello sprofondamento per subsidenza termica, l'accumulo dei detriti portati dai fiumi dà origine ai prismi sedimentari (rivedi il paragrafo 6.2). È questo lo stadio attuale dell'Oceano Atlantico, che cominciò ad aprirsi a partire da oltre 180 milioni di anni fa, quando il Pangèa si frammentò e si formarono le attuali Americhe, da un lato, e l'Europa e l'Africa dall'altro.

I margini di questo oceano, se riaccostati, combaciano molto bene, come già aveva osservato Wegener; l'incastro tra i due margini è quasi perfetto se si considerano non le linee di costa attuali, ma il limite della crosta continentale che arriva a circa metà della scarpata continentale ed è coperto dal prisma sedimentario.

■ Sul fondo dell'oceano in espansione le bande di anomalie magnetiche registrano lo scorrere del tempo. Un oceano, però, non può allargarsi all'infinito: gli equilibri sotto la litosfera finiscono per mutare e la dorsale diviene inattiva. Il fondo del vecchio oceano si restringerà e la litosfera oceanica si consumerà per l'attivarsi di qualche nuova fossa di subduzione [**Figura 44.4**].

■ I due continenti, separatisi in origine proprio per l'espansione di quell'oceano, entreranno in collisione e si salderanno in un unico continente, mentre i prismi sedimentari, deformati e sollevati, formeranno una catena montuosa. In profondità si salderanno le due litosfere [**Figura 44.5 e 44.6**].

■ Il nuovo blocco di litosfera continentale diviene stabile: lungo i margini del continente, ormai solo passivi, continuano ad accrescersi i prismi sedimentari, alimentati dai processi di smantellamento erosivo della vasta area emersa [**Figura 44.7**].

Ma la stabilità «definitiva» non è la regola del nostro pianeta, come ci dimostra la ricostruzione della sua lunga evoluzione, che vedremo nel prossimo capitolo. Nel tempo, i meccanismi profondi che agitano il mantello possono provocare la frantumazione del supercontinente e il processo descritto potrebbe ricominciare.

La successione di eventi appena sintetizzata, ripetutasi numerose volte nella storia della Terra, può portare a un'altra fase di trasformazione della litosfera di portata globale. Può accadere (in realtà è accaduto) che un settore di litosfera oceanica continui a espandersi, facendo allargare l'oceano che la ricopre; i blocchi di litosfera continentale ai suoi margini si allontaneranno sempre più, mentre altri oceani, che prima li separavano, si chiuderanno per subduzione (visto che la Terra conserva le sue dimensioni). Ma i movimenti che si svolgono su una superficie sferica porteranno inevitabilmente a entrare via via in collisione i lembi di litosfera continentale spinti/mossi dall'espansione del grande oceano. Alla fine, la litosfera continentale si troverà «aggregata» in un unico vasto blocco, un *supercontinente*.

È accaduto all'antenato dell'Oceano Pacifico, allargatosi fino a diventare, 250 milioni di anni fa, un unico oceano, il Pantàlassa di Wegener, di cui il Pacifico è un resto.

■ **Ciclo di Wilson** (**Wilson cycle**) Il ciclo è stato così chiamato in onore di J. Tuzo Wilson, uno studioso che ha dato un contributo fondamentale alla Tettonica delle placche.

Il meccanismo che governa la Tettonica delle placche si è rivelato un potente strumento di indagine. È possibile percorrere a ritroso le fasi della progressiva espansione degli oceani sottraendo via via le fasce di anomalie magnetiche dei fondi oceanici in una rappresentazione come quella di figura 32B, a partire dalle più recenti, per arrivare a ricostruire il Pangèa, il «supercontinente» che Wegener aveva già riconosciuto come l'unica vasta terra emersa esistente circa 250 milioni di anni fa, poi smembratasi in frammenti «andati alla deriva».

Ma il Pangèa, come lo stesso Wegener aveva riconosciuto, non è sempre esistito; si è formato a seguito di una serie di collisioni tra lembi continentali ancora più antichi, derivati a loro volta dallo smembramento di un altro supercontinente esistito circa 500 milioni di anni fa e chiamato Pannotia, a sua volta preceduto da altri supercontinenti.

L'incessante movimento delle placche costringe ciclicamente i lembi di crosta continentale a saldarsi via via, fino a formare un supercontinente che ben presto gli stessi movimenti frammentano in nuovi continenti in separazione e in movimento verso nuove collisioni. Il ciclo del supercontinente o **ciclo di Wilson** è la nuova unità di misura dell'evoluzione del nostro pianeta e ha una durata dell'ordine di circa 500 milioni di anni. È probabile che esso fosse attivo già oltre 2 miliardi di anni fa.

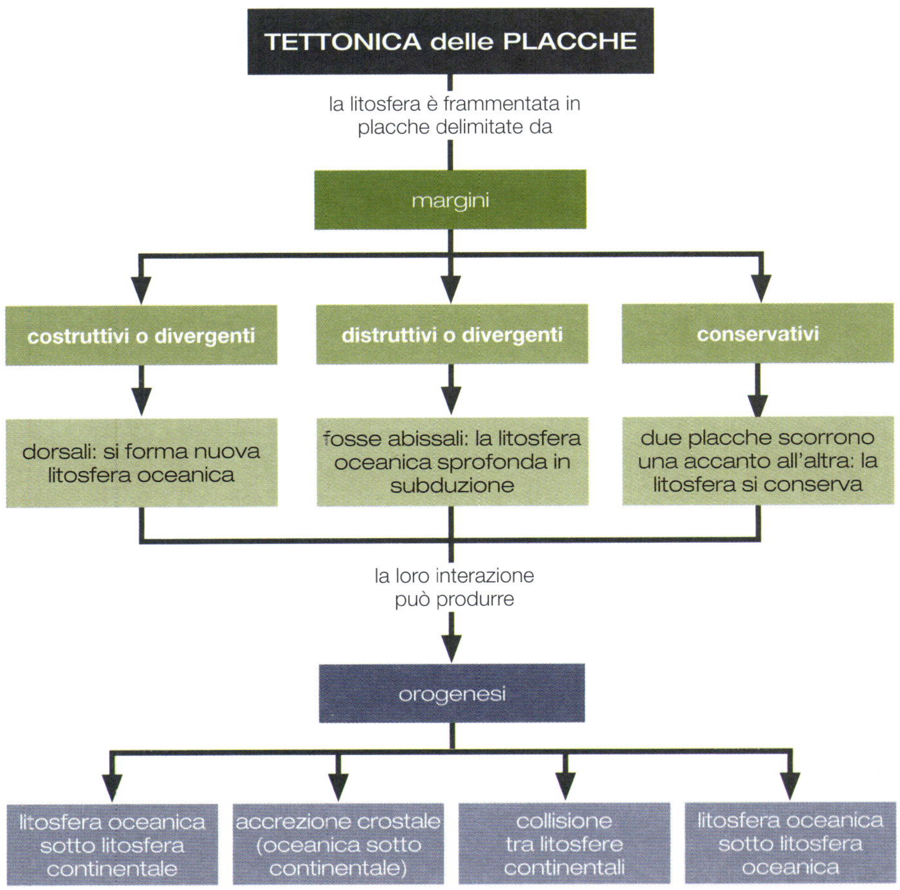

QUESITI

1. Lo spessore delle placche comprende
- A solo la crosta.
- B la crosta e una parte di mantello solido.
- C la crosta e l'astenosfera.

2. Completa.
I margini .... o divergenti sono le .... , dove si forma nuova litosfera e si svolge il processo di .... dei fondali oceanici.

3. Se due porzioni di crosta continentale collidono tra loro si ha la formazione di
- A una catena montuosa.
- B un arco vulcanico.
- C un arco di isole vulcaniche.
- D un nuovo oceano.

4. Si forma un arco di isole vulcaniche quando
- A si ha una collisione continentale.
- B si ha subduzione di crosta continentale sotto crosta continentale.
- C si ha subduzione di crosta oceanica sotto crosta continentale.
- D si ha subduzione di crosta oceanica sotto crosta oceanica.

5. L'Oceano Atlantico ha cominciato ad aprirsi circa
- A 20 milioni di anni fa.
- B 80 milioni di anni fa.
- C 180 milioni di anni fa.

6. Che cosa sono le placche litosferiche? Quante sono?

7. Quale tipo di litosfera forma le placche?

8. Quali tipi di margine tra le placche esistono?

9. Che cosa accade in corrispondenza dei margini costruttivi? E in corrispondenza dei margini distruttivi?

10. In quali situazioni può verificarsi un'orogenesi?

11. Come si è formata la catena dell'Himalaya?

12. Cos'è il «ciclo di Wilson»?

9 La verifica del modello

Il modello della Tettonica delle placche è indubbiamente affascinante e ha superato oltre 40 anni di verifiche e prove. Come insegna la storia delle scienze, nuovi dati potrebbero richiedere modifiche più o meno estese della teoria o addirittura potrebbero portare verso un nuovo modello, ma attualmente è quello che meglio spiega la maggior parte dei dati e delle osservazioni, in un quadro coerente di fenomeni e processi.

Mettiamolo alla prova per spiegare il vulcanismo e la sismicità, due fenomeni diffusi in tutto il pianeta ma fortemente «localizzati» in ben determinate zone del pianeta, come è messo in evidenza dalla loro distribuzione geografica.

9.1 Vulcani: ai margini delle placche o all'interno delle placche

Confrontiamo la distribuzione geografica dei vulcani con il mosaico delle placche [Figura 46]. Possiamo trarre alcune osservazioni.

Il **vulcanismo essenzialmente effusivo** lungo l'asse delle dorsali oceaniche è dovuto alla risalita dalle profondità del mantello di materiale solido, ma molto caldo, che fa inarcare la litosfera. Il magma

Figura 46
Il mosaico delle placche e la distribuzione dei vulcani e dei terremoti.

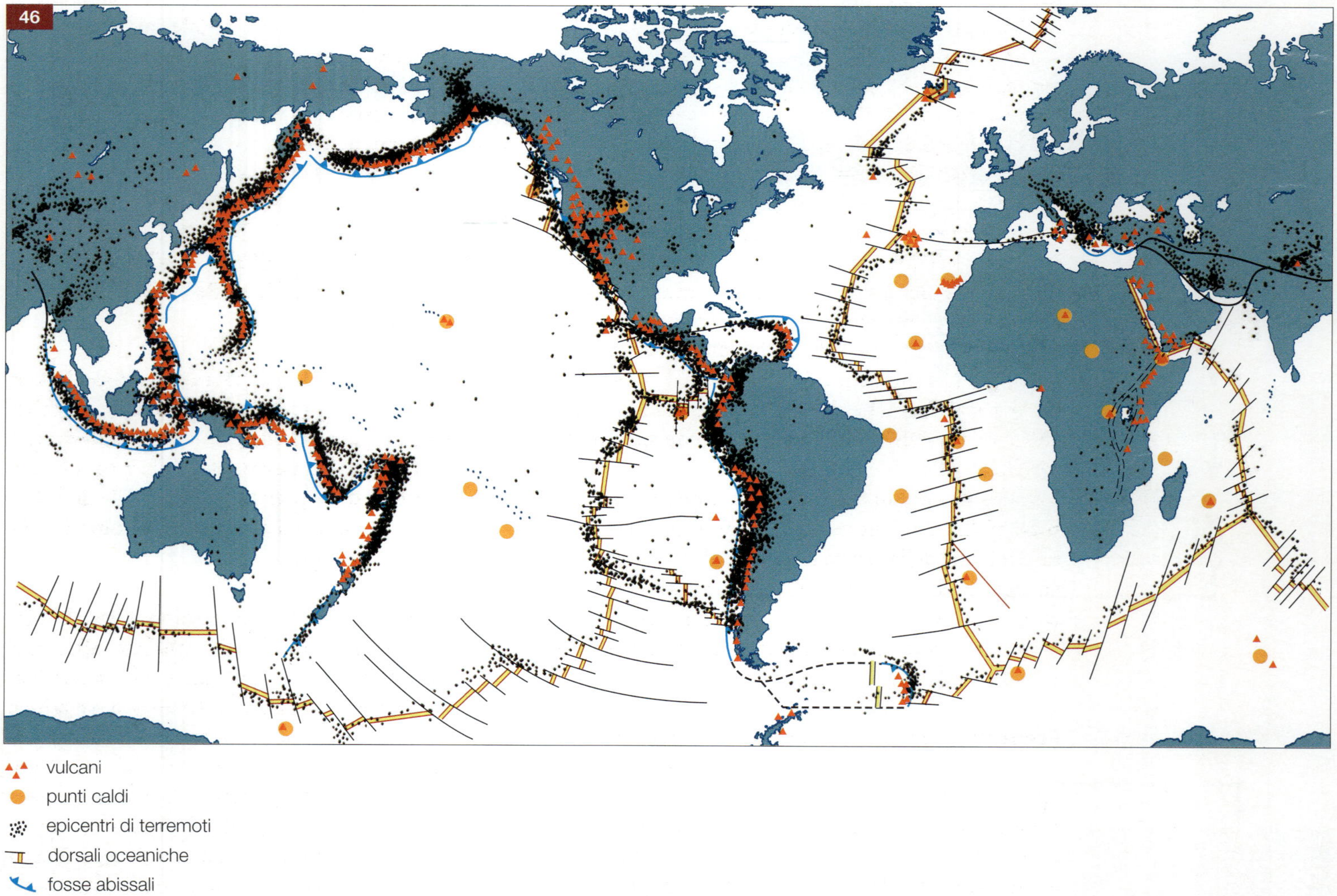

Figura 47
Schema dei rapporti tra vulcanismo e struttura della litosfera. Sono rappresentate situazioni in cui il vulcanismo è associato a margini di placche in costruzione (dorsale oceanica), in consunzione (zona di subduzione) o a punti caldi.

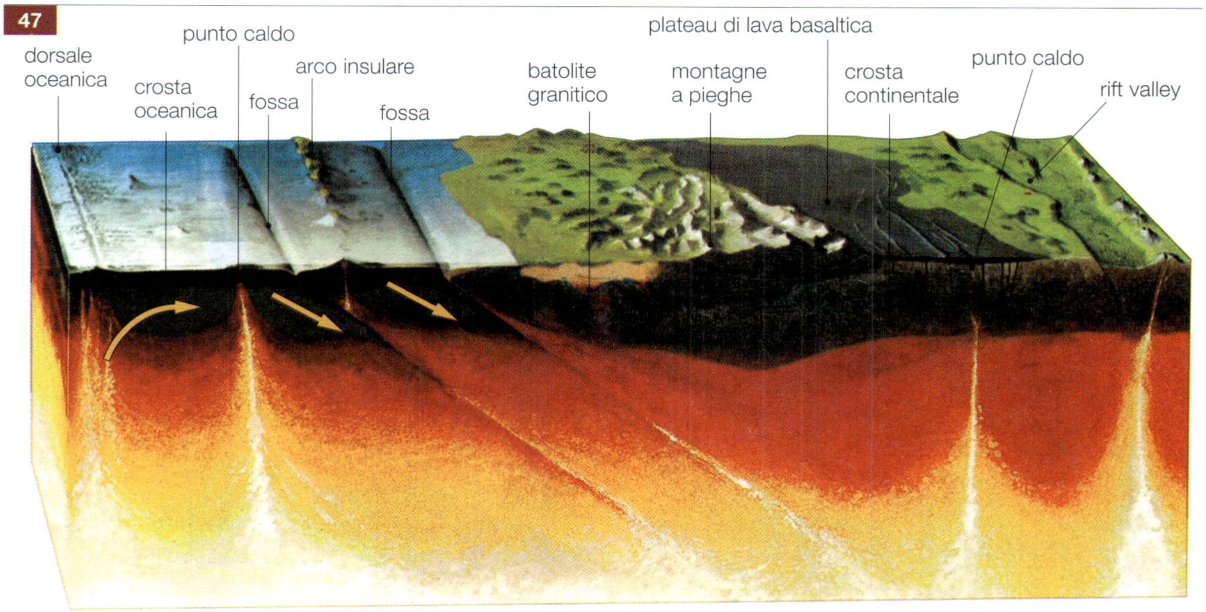

deriva dalla fusione parziale delle rocce della parte sommitale della litosfera (si riveda la figura 26) ed è, quindi, di natura basaltica e dà origine a lave fluide, che fuoriescono «tranquillamente».

Il **vulcanismo fortemente esplosivo** è localizzato lungo gli archi insulari vulcanici o lungo il margine dei continenti che fronteggiano le fosse abissali. Tale vulcanismo è collegato al processo di subduzione, nel corso del quale la placca che sprofonda viene in parte fusa (il resto entra via via a far parte del mantello). La presenza di notevoli spessori di sedimenti marini (argille, sabbie, calcàri), tutti imbevuti di acqua, fa sì che il magma prodotto dalla fusione sia ricco in silice (quindi viscoso) e in fluidi (vapore acqueo, anidride carbonica). Di conseguenza, il vulcanismo dà origine a manifestazioni altamente esplosive. Le lave sono in gran parte da intermedie (o neutre) a sialiche (andesiti e rioliti), ma non mancano lave basaltiche, per la fusione parziale anche della porzione del mantello che si trova al di sopra della placca che sprofonda [Figura 47].

La risalita di tali fluidi ad alta temperatura favorisce inoltre quel processo di intensa trasformazione e fusione della crosta continentale profonda che va sotto il nome di *anatessi* e che porta alla formazione dei giganteschi batoliti, messi in luce dall'erosione in molte catene montuose (rivedi le figure 39, 40 e 41).

I **centri vulcanici all'interno delle placche** sono localizzati sia in pieno oceano (Hawaii, Canarie, Réunion), sia sui continenti (Africa orientale, Europa). In qualche caso si tratta di vulcanismo associato a grandi fratture della crosta che preludono all'«apertura» di un continente, come nel caso della Great Rift Valley dell'Africa orientale. Nella maggior parte dei casi siamo invece di fronte alla manifestazione in superficie di un «**punto caldo**»: ristrette aree della crosta caratterizzate da elevato flusso termico e continua effusione di lave basaltiche (rivedi le figure 46 e 47). È nota circa una quarantina di punti caldi. Essi corrisponderebbero alla risalita localizzata di materiale caldo di origine molto profonda e non sembrano direttamente legati all'attività dei margini delle placche, anche se qualcuno di essi si trova sul percorso di una dorsale (come in Islanda).

9.2 Terremoti: ai margini delle placche o all'interno dei continenti

Se confrontiamo la distribuzione mondiale dei terremoti di figura 46 con il mosaico delle placche, appare chiaro come le due immagini siano strettamente correlate: l'allineamento degli ipocentri delinea i margini delle placche. In effetti, la distribuzione dell'attività sismica coincide per oltre il 95% con i margini delle placche.

Lungo le **dorsali**, le forze che tendono a far allontanare uno dall'altro i due fianchi della rift valley provocano continuamente l'attivazione (o la riattivazione) di numerose faglie, e tutto questo si traduce in sismi di modesta entità, compresi entro i primi 10 km di spessore della crosta. Anche le numerose faglie trasformi che interrompono le dorsali sono sorgenti di terremoti superficiali (in genere fino a 15 km). Come insegna la faglia trasforme di San Andreas, il loro movimento laterale avviene a scat-

Figura 48
Sismicità in catene montuose recenti. Il 25 aprile 2015 l'area centrale del Nepal è stata investita da un violento terremoto ($M_{Richter} = 7,8$), che ha provocato nella zona epicentrale gravissimi danni (corrispondenti a un valore dell'Intensità del IX-X grado) e 8000 morti, mentre gli effetti si sono risentiti dal Tibet all'India e fino al Bangladesh. L'ipocentro, a 15m km di profondità, era localizzato lungo una delle grandi faglie che disarticolano l'orogeno himalayano e che periodicamente vengono riattivate dal persistere dei movimenti legati alla subduzione dell'India sotto l'Asia. (N. Asfouri/AFP/Getty Images)

ti, intervallati da periodi più o meno lunghi, durante i quali la faglia si «ricarica».

La forte sismicità associata alle **fosse oceaniche** è legata alla subduzione di una placca sotto l'altra. Molti dei maggiori terremoti che si verificano in tale situazione sono compresi nei primi 50 km di profondità e sono in gran parte legati alle numerose faglie provocate nel margine della placca sovrastante dal fortissimo attrito con la placca in subduzione. A maggiori profondità, fino ad un massimo finora registrato di poco oltre 700 km, i terremoti sarebbero conseguenza delle forti compressioni subìte dalla placca di litosfera, fredda e relativamente fragile, che penetra nell'astenosfera e nel mantello superiore, mentre viene pian piano «consumata». La superficie di Benioff, con il suo allineamento di ipocentri, «segnala» la discesa della placca.

Nelle **catene montuose** di orogenesi recente, nate da collisioni continentali, non si sono ancora esaurite le gigantesche spinte che hanno deformato e fatto saldare tra loro i margini venuti a contatto. È questo il caso delle catene himalayane, in corrispondenza delle quali la placca indo-australiana continua a muoversi e a premere contro quella euroasiatica, con spinte i cui effetti si propagano fin nel cuore dell'Asia (rivedi la figura 2). In tali situazioni, grandi masse rocciose vengono continuamente coinvolte negli sforzi in atto nella crosta e finiscono per dare origine, con il solito meccanismo, a terremoti. Inoltre, il settore di crosta ispessito a seguito della collisione tende a riacquistare una posizione di equilibrio isostatico e si muove verso l'alto, provocando altre deformazioni, fonti a loro volta di terremoti [Figura 48]. Sono necessari molti milioni di anni perché quel nuovo settore di crosta divenga stabile e praticamente asismico.

Come abbiamo visto, l'interazione tra le placche spiega piuttosto bene la distribuzione, anche in profondità, dei terremoti, un «segnale» dei complessi movimenti della litosfera. Una piccola percentuale di terremoti, a volte anche violenti, cade però **lontano dai margini**. Si pensa che, occasionalmente, alcuni sforzi si possano propagare all'interno di una placca litosferica e possano crescere fino a superare localmente la resistenza delle rocce stesse, soprattutto in qualche punto di minor resistenza, provocando uno dei rari terremoti localizzati all'interno di una placca (per esempio lungo antiche faglie).

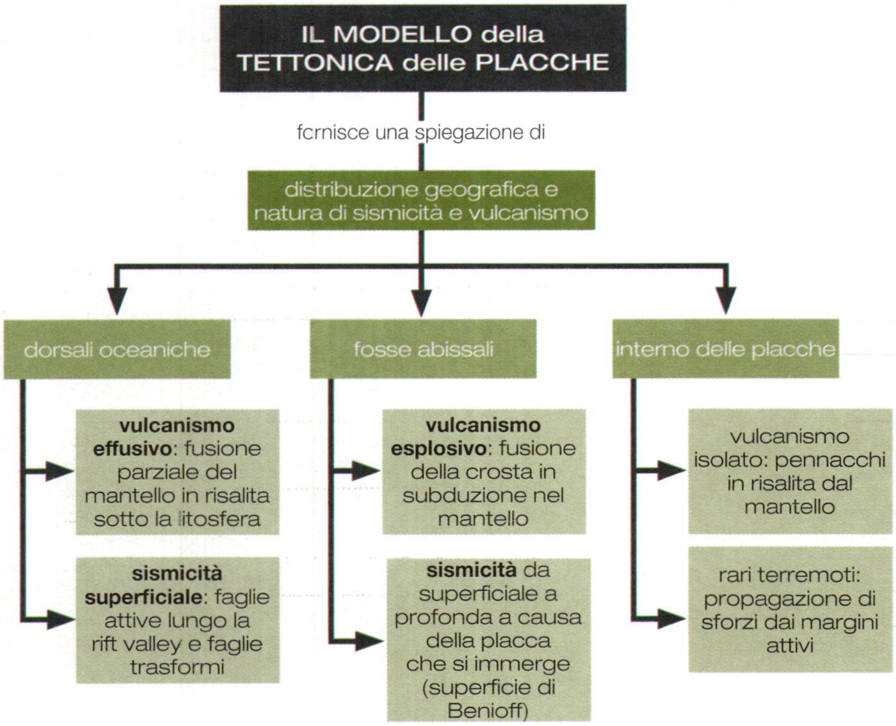

QUESITI

1. Scegli le due risposte corrette.
   Le dorsali oceaniche sono caratterizzate da
   - A vulcanismo effusivo.
   - B vulcanismo esplosivo.
   - C sismi superficiali.
   - D sismi profondi.
2. Che rapporto esiste tra vulcanismo, sismicità e dinamica delle placche?
3. Come può essere interpretato il vulcanismo esplosivo lungo il margine dei continenti, alla luce della Tettonica delle placche?
4. Che cosa sono i punti caldi?
5. Come può essere interpretata la forte sismicità associata alle fosse oceaniche, alla luce della Tettonica delle placche?

10 Moti convettivi e punti caldi

Vulcanismo, sismicità, sollevamento di catene montuose, apertura e scomparsa di oceani, deriva dei continenti, con tutta una serie di altri fenomeni connessi sembrano aver trovato un logico quadro di riferimento nella Tettonica delle placche. Ma cosa fa muovere il complesso meccanismo delle placche? Molti elementi fanno pensare a movimenti convettivi all'interno del mantello, provocati da locali squilibri termici, a loro volta causati dal calore liberato da processi radioattivi, ma il problema non è semplice e sembra coinvolgere anche il nucleo.

Un contributo decisivo per comprendere l'origine del movimento delle placche è venuto ancora una volta da studi sismici. Esperimenti di laboratorio su rocce indicano che, con un aumento di temperatura di 100 °C, la velocità delle onde S che attraversano le rocce del mantello (come le peridotiti) si riduce sensibilmente. Se il mantello è veramente in convezione, la velocità delle onde sismiche dovrebbe variare di diversi punti percentuale da un luogo all'altro.

Ebbene, i sismologi possono oggi costruire modelli tridimensionali di queste piccole variazioni nella velocità delle onde sismiche – ottenendo, quindi, anche un modello dei moti convettivi del mantello – con l'impiego delle nuove tecniche di *tomografia sismica*.

La **tomografia sismica** è l'adattamento di un metodo usato in medicina per studiare l'interno del corpo umano, chiamato «tomografia assiale computerizzata» (TAC). I sensori della TAC costruiscono delle immagini tridimensionali degli organi interni misurando piccole differenze nei percorsi dei raggi X che vengono fatti passare attraversano il corpo in varie direzioni.

Allo stesso modo, i sismologi utilizzano le registrazioni di onde sismiche effettuate da migliaia di sismografi in tutto il mondo per analizzare sistematicamente l'interno della Terra lungo molte direzioni diverse, in modo da costruire un modello tridimensionale della struttura profonda del pianeta. Questo metodo consente di individuare zone in cui le onde accelerano o rallentano: i sismologi hanno scelto come assunzione ragionevole, sostenuta dagli esperimenti in laboratorio prima citati, che le regioni nelle quali le onde accelerano sono composte di materiali densi e relativamente freddi (per esempio, placche oceaniche in subduzione), mentre le regioni in cui le onde rallentano indicano la presenza di materiali relativamente caldi e in grado di risalire per galleggiamento [Figura 49].

Il quadro fornito dalla tomografia sismica ha rivelato grandi strutture nel mantello collegate a moti convettivi.

49

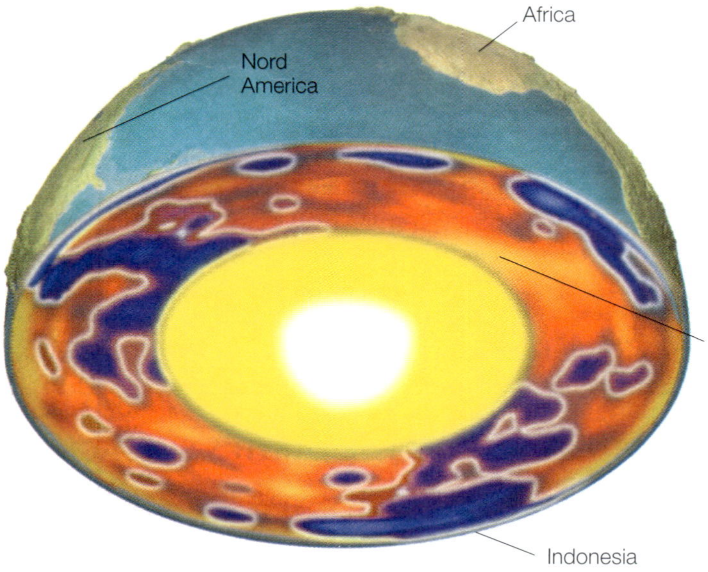

Figura 49
La tomografia sismica descrive la struttura tridimensionale del mantello. La sezione della Terra mostra le variazioni di velocità delle onde S ricavate dalla tomografia sismica. Regioni con onde S più veloci indicano rocce relativamente più fredde e più dense (colori blu e viola). Si pensa che le rocce dense che affondano obliquamente sotto il Nordamerica siano lembi di litosfera fredda provenienti da un'antica placca Farallon, ormai subdotta. Una struttura analoga si osserva sotto il Sudamerica, per la subduzione della litosfera della Placca del Pacifico, in atto da tempi lunghissimi (rivedi figura 40). Anche sotto l'Indonesia è visibile materiale freddo in subduzione. Le regioni con velocità delle onde S più lente (in rosso e giallo) indicano rocce relativamente più calde e meno dense. Un grande ammasso allungato giallo-arancio di roccia calda è stato identificato dai geologi come il «super-pennacchio» africano: misura 1200 km di larghezza e si innalza obliquamente per 1500 km al di sopra del limite nucleo-mantello. Si ritiene che la «spinta» verso l'alto della sua sommità sia la causa dell'inarcamento e del sollevamento della litosfera in corrispondenza dell'Africa meridionale.

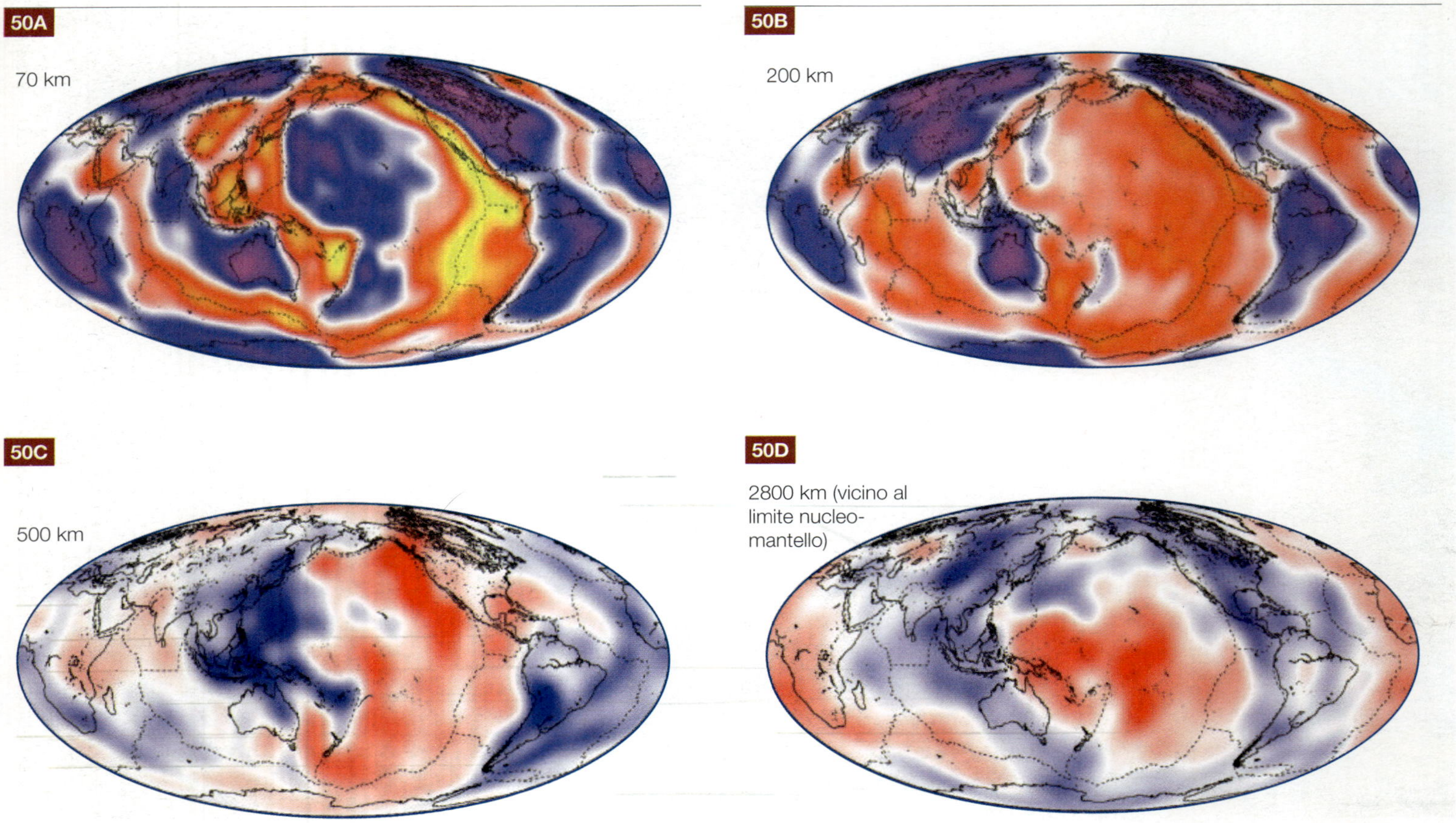

Figura 50
Andamento delle temperature a diverse profondità nel mantello, dedotte da variazioni della velocità delle onde S. Giallo e rosso indicano zone relativamente calde; blu e viola, zone relativamente fredde. Le figure rappresentano le proiezioni in piano di quattro involucri concentrici, ottenuti immaginando di «tagliare» delle superfici sferiche nel mantello a varie profondità. Su ogni superficie sono stati proiettati i profili dei continenti. (Si ricordi che, in realtà, le superfici diminuiscono di dimensioni scendendo in profondità.)

- Vicino alla superficie (a 70 km di profondità, Figura50A) si può chiaramente osservare la struttura associata alla Tettonica delle placche. Zone di bassa velocità delle onde S sono associate alla risalita di astenosfera calda lungo le dorsali oceaniche e alla risalita di magmi sotto gli archi vulcanici nelle zone di subduzione, mentre velocità relativamente elevate delle onde S si trovano nella litosfera fredda e nei fondali oceanici antichi o sotto i cratoni continentali.
- Più in profondità (200 km, Figura 50B) la distribuzione delle zone calde e fredde non sembra direttamente collegabile con dorsali e zone di subduzione. Si osservano ampie regioni di mantello «calde» sotto i grandi bacini oceanici, mentre appare «freddo» il mantello sotto i vasti cratoni continentali.
- A profondità ancora maggiori (500 km, Figura 50C) non si osserva più alcuna corrispondenza tra zone a diverse temperature e distribuzione dei continenti.
- In prossimità del limite tra mantello e nucleo (circa 2800 km, Figura 50D) compare una regione calda posta sotto il centro dell'Oceano Pacifico, circondata da un largo anello di materiale relativamente freddo. I sismologi hanno ipotizzato che le zone fredde rappresentino un «cimitero» di lembi di litosfera oceanica subdotti al di sotto degli archi vulcanici del Pacifico – la Cintura di Fuoco – e scesi fino a toccare il nucleo durante gli ultimi 100 milioni di anni circa.

Complessivamente, il modello mette in evidenza che lembi di litosfera fredda sprofondano attraverso l'intero mantello, dimostrando che il sistema della tettonica delle placche comprende moti convettivi che si estendono fin quasi al limite nucleo-mantello

Esaminiamo in dettaglio la figura 49. L'immagine mostra chiaramente materiali che provengono da antica litosfera oceanica del Pacifico che è stata quasi totalmente subdotta sotto il Nord America. Il blocco che affonda obliquamente sembra aver penetrato l'intero mantello. La figura indica anche un blocco di rocce fredde che sprofonda sotto l'Indonesia (lungo il margine inferiore della sezione). Inoltre si può vedere anche un grande ammasso di roccia più calda, ritenuto un «super-pennacchio» (vedi più sotto), che misura 1200 km di larghezza e si innalza obliquamente per 1500 km al di sopra del limite nucleo-mantello fino a sotto l'Africa

51

Figura 51
L'Africa meridionale è quasi interamente costituita da un grande altopiano, largo più di 1500 kilometri. Negli ultimi 100 milioni di anni la crosta terrestre di quest'area continentale ha continuato a sollevarsi raggiungendo in media i 2000 metri di quota sul livello del mare. Come conseguenza i fiumi stanno incidendo vigorosamente tutta l'area, rimodellando il paesaggio. Non si tratta del formarsi di una nuova catena montuosa, ma di un inarcamento ad ampia scala dell'intera litosfera, che i recenti studi sulla dinamica interna della Terra attribuiscono a una lenta, ma inesorabile risalita di una gigantesca colonna di materiale caldo all'interno del pianeta, proprio sotto il settore che comprende l'Africa meridionale.

meridionale. Questa massa calda galleggiante che spinge in alto materiali più freddi può forse spiegare il forte sollevamento, in atto da milioni di anni, degli altopiani del Sudafrica [Figura 51]. Questa morfologia è in contrasto con la struttura geologica dell'intera Africa, che, a parte il settore costiero settentrionale (con un orogeno recente) e l'estremità meridionale (resti di rilievi dell'Era paleozoica), corrisponde a un cratone. Questo significa che il grosso lembo continentale che corrisponde all'Africa non subisce orogenesi da oltre 500 milioni di anni, per cui l'erosione (anche a opera di vaste glaciazioni alla fine dell'Era paleozoica) ha demolito da tempo le numerose catene montuose formatesi in ere più antiche, facendo affiorare le loro radici. Ma la morfologia «coerente» con queste vicende geologiche, fatta di grandi pianure, con estesi reticoli fluviali, è presente solo nell'Africa centrale e settentrionale, mentre l'Africa meridionale, come già detto, si sta sollevando e questo fenomeno viene messo in grande evidenza dalla forte ripresa dell'attività erosiva dei fiumi, in particolare con la formazione di grandi cascate. I moti del mantello stanno facendo «ringiovanire» l'Africa...

Per completare il quadro dei moti convettivi all'interno del mantello è necessario prendere in esame i fenomeni che si verificano al passaggio tra nucleo e mantello. Infatti il fortissimo calore presente nel nucleo interno (allo stato solido per l'elevatissima pressione) si propaga verso l'esterno. Il nucleo esterno, che, per la minor pressione, è allo stato fuso, assorbe questo calore, che si aggiunge al calore prodotto «in loco» da materiali radioattivi e al calore che si libera man mano che porzioni della lega ferro-nichel solidificano e si aggregano al nucleo interno. Come conseguenza, il nucleo esterno è agitato da energici moti convettivi con velocità di parecchi kilometri all'anno, che con grande efficacia trasferiscono il calore alla base del mantello. Nel mantello inferiore, quindi, si localizzano regioni con diverse condizioni termiche, per cui vi si verificano moti convettivi, sia pure di appena qualche cm / anno (un milione di volte più lenti dei moti del nucleo). Dalle regioni più calde presenti alla base del mantello si innalzano colonne di materiale caldo, i **pennacchi**, ciascuno con diametro di un centinaio di kilometri, che arriverebbero fino in superficie, dove si manifesterebbero nei **punti caldi**

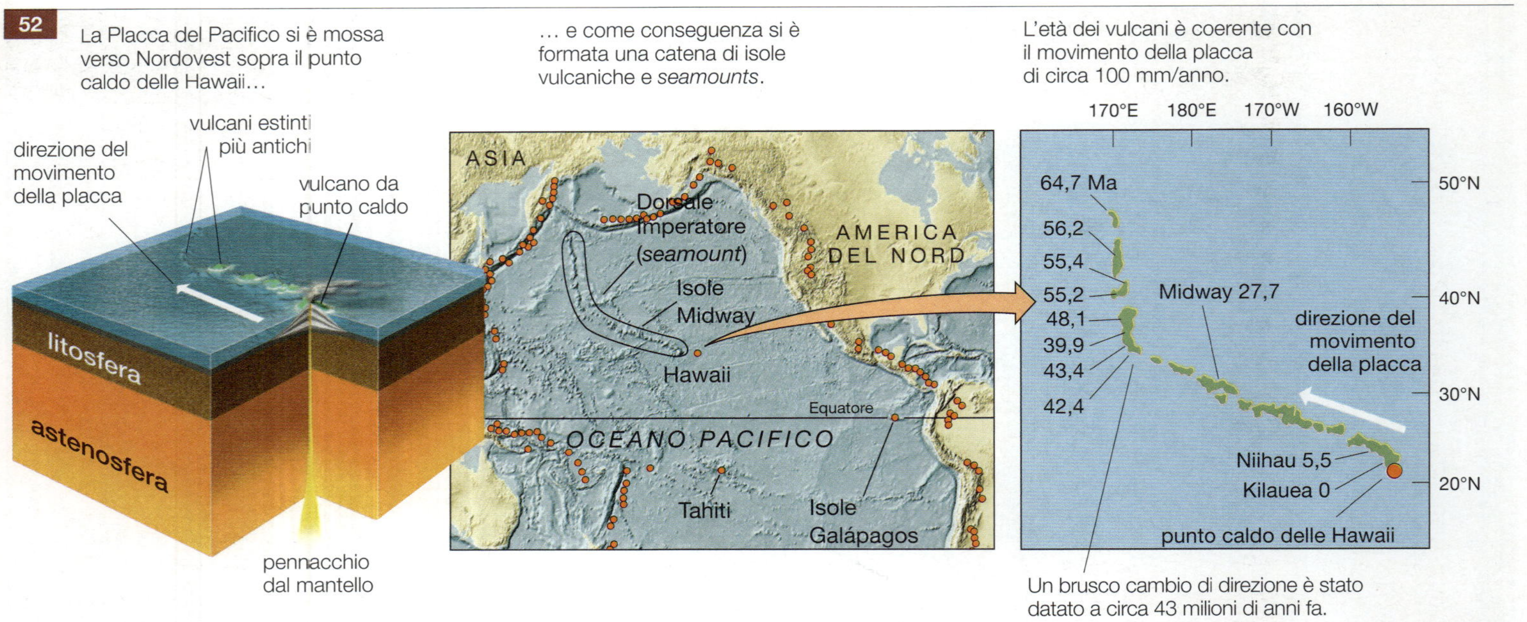

Figura 52
Vulcanismo da punto caldo. Il movimento delle placche al di sopra di punti caldi ha generato allineamenti di vulcani, la cui attività risulta via via più antica da un estremo all'altro della catena. L'arcipelago delle Isole Hawaii e la sua prosecuzione (monti sottomarini della Dorsale Imperatore) mostrano che l'età dell'attività dei vulcani cresce da Sudest (attivi nell'Isola Hawaii) verso Nordovest. (da *Capire la Terra*, Zanichelli, 2016)

(*hot spots*), caratterizzati da alto flusso termico e intenso vulcanismo. Tali punti sono attivi da milioni di anni e sembrano fissi rispetto al continuo movimento delle placche, come è stato ipotizzato per i vulcani delle Isole Hawaii-Imperatore [**Figura 52**].

I pennacchi caldi, quindi, «pomperebbero» calore direttamente dal nucleo alla superficie, attraverso l'intero mantello. In tale prospettiva, i movimenti delle placche sarebbero legati ai moti convettivi dell'intero mantello, ma con interferenze dovute alla risalita dei pennacchi, la cui azione prolungata è in grado di «forare» la litosfera e di riversare in superficie enormi volumi di magmi basaltici, per tempi lunghissimi.

La tomografia sismica ha profondamente modificato il precedente modello di movimenti nel mantello organizzati in semplici celle convettive, sostituendolo con un'immagine ben più complessa e articolata. Gran parte dei giganteschi volumi di litosfera oceanica fredda che scendono in subduzione arriva fino al nucleo, prima di riscaldarsi e di tornare in ciclo; contemporaneamente, da vari punti della base del mantello particolarmente riscaldati dal nucleo salgono anche colonne isolate di materiale divenuto più caldo e, quindi, meno denso di quello circostante. Moti lentissimi ma inesorabili, che da miliardi di anni agitano l'interno del pianeta e di cui i movimenti della litosfera e tutto ciò che avviene in superficie sono un lontano riflesso.

Siamo alla frontiera di ricerche che stanno aprendo orizzonti inaspettati ed entusiasmanti: forse è incominciato il viaggio al centro della Terra.

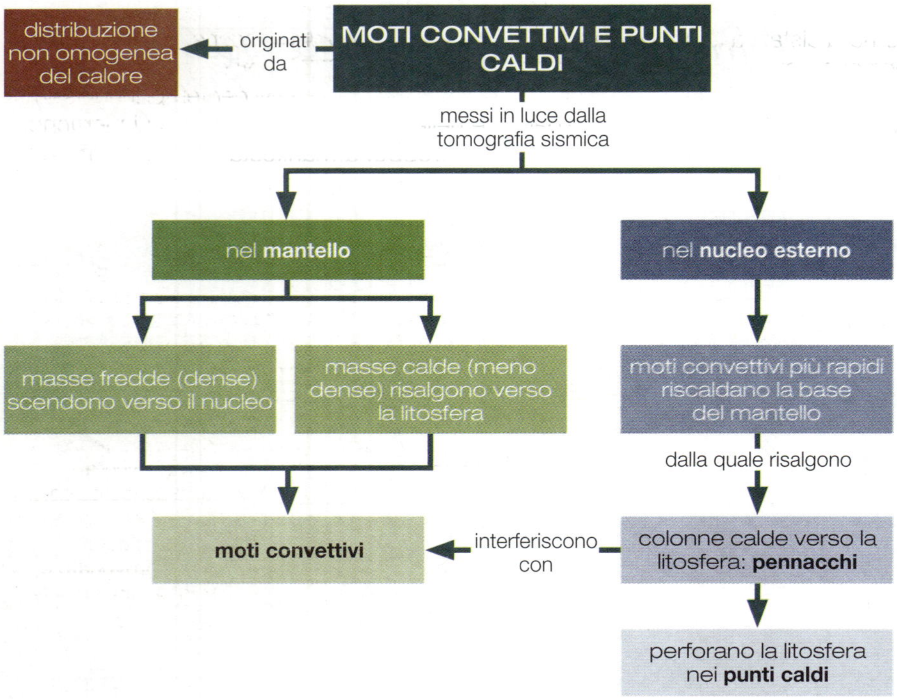

QUESITI

1. Scegli l'alternativa corretta.
   Nel mantello, il materiale più caldo e quindi **più denso**/**meno denso** tende a spostarsi **dal basso verso l'alto**/**dall'alto verso il basso**.
2. Le correnti convettive
   A interessano solo il nucleo esterno.
   B coinvolgono tutto il mantello.
3. In che cosa consiste la tomografia sismica? Quali informazioni ha fornito questa tecnica sull'interno della Terra?
4. Qual è la probabile origine dei moti convettivi nel mantello?
5. Qual è l'origine dei punti caldi?

ampliamento delle conoscenze

Dai moti convettivi nel mantello anche il terremoto di Sumatra del 2004

L'area sconvolta nel 2004 dal terremoto di Sumatra e dal conseguente maremoto fa parte di una delle fasce più attive della litosfera, lungo la quale la crosta dell'Oceano Indiano viene a contatto con la crosta continentale dell'Indonesia. Il contatto è segnato dalla fossa abissale di Giava, fiancheggiata da un arco insulare (che fa parte delle Isole della Sonda) con una catena di oltre 160 vulcani, di cui circa 70 attivi con manifestazioni altamente esplosive. È una tipica zona di convergenza: da un lato le due placche oceaniche indiana e australiana e dall'altro il «promontorio» sud-orientale della gigantesca placca continentale euroasiatica (rivedi figura 37). Il processo è in atto da decine di milioni di anni e la placca che sta andando in subduzione è stata individuata da indagini di tomografia sismica fin oltre i 600 km di profondità [Figura 53A]. Quest'area presenta, però, delle complicazioni. Il movimento della placca oceanica è in direzione SW-NE: poiché la fossa ha una forma arcuata in pianta, nel settore di Sumatra la subduzione avviene in direzione molto obliqua rispetto all'asse della fossa. Come conseguenza gli sforzi in atto hanno lacerato la litosfera continentale per tutto il suo spessore e l'isola è tagliata in due da una faglia trascorrente, parallela alla fossa, che continua a riattivarsi; ad ogni terremoto il settore verso mare di Sumatra risulta mosso verso NW rispetto al settore opposto [Figura 53B]. Inoltre, sul fondo dell'Oceano Indiano sono stati riconosciuti i resti di una dorsale oceanica estinta circa 40 Ma fa, visibile come rilievo sommerso (dorsale di Warthon, riconoscibile nella carta di figura 15, a NE del Bacino di Warthon), cui corrisponde un grosso ispessimento della crosta oceanica. Questa vecchia dorsale viene pian piano «risucchiata» in profondità sotto Sumatra, ma, con il suo grosso spessore, sta ostacolando il movimento di discesa e richiede ogni volta grande accumulo di energia elastica, prima di rompersi, con maggior rilascio di energia sismica.

In questo contesto geodinamico, eventi come quello del 2004 si sono manifestati in passato ripetutamente e saranno inevitabili nel futuro. Questa previsione è oggi ben più di un'ipotesi, perché può basarsi sulla conoscenza di come si muovono le placche: come abbiamo visto nel paragrafo 8.1, è ormai possibile il monitoraggio continuo dei movimenti crostali. Wegener sperò di poter confermare la deriva dei continenti facendo ricorso al posizionamento astronomico, che determina la posizione di punti della superficie facendo riferimento alla posizione di una stella, ma oggi sappiamo che le velocità di espansione degli oceani sono circa mille volte minori di quelle che si potevano misurare con le tecniche allora disponibili. Ma a partire dagli anni Settanta si è andato sviluppando un nuovo metodo di posizionamento astronomico, che utilizza i segnali provenienti da «radio-sorgenti quasi stellari» (quasar) raccolti da enormi antenne paraboliche. Con questo metodo è possibile misurare distanze intercontinentali con la precisione del millimetro. Nel 1986, si dimostrò come la distanza tra Europa e America settentrionale sia aumentata di 19 mm/anno nel corso di 5 anni, un dato, questo, che si avvicina molto alle previsioni fatte dai geologi in base al modello della Tettonica delle placche.

Infine, dalla metà degli anni Ottanta, i geologi hanno potuto avvalersi di una tecnica meno costosa, basata su una nuova «costellazione» di 24 satelliti orbitanti intorno alla Terra, cioè il Sistema di Posizionamento Globale (GPS), che costituiscono il riferimento esterno al pianeta, esattamente come fanno le stelle fisse e i quasar nel posizionamento astronomico. Tale sistema permette di determinare con grande precisione la posizione di numerosi punti sulla superficie terrestre e di ripetere periodicamente tale operazione per ogni punto. Se la posizione di un punto cambia nel tempo, si può calcolare lo spostamento e in quale direzione è avvenuto.

Il quadro generale dei movimenti delle placche è stato presentato nella figura 38; proviamo ora a esaminarla fissando l'attenzione sull'area del terremoto di Sumatra.

Le variazioni di distanza tra i ricevitori GPS posizionati a terra su placche differenti, registrate nel corso degli anni, sono in accordo sia per grandezza che per direzione con quelle ricostruite sulla base delle anomalie magnetiche dei fondali oceanici.

Come si vede, nel movimento di subduzione la placca australiana si muove verso NE con velocità di circa 7 cm/anno, tra le più elevate oggi rilevabili. Nello stesso tempo, il settore sud-orientale della placca eurasiatica si muove verso Est di 2-3 cm/anno, e questo rende ancora più complessa l'interazione tra le due placche. Questi meccanismi, azionati dai moti convettivi del mantello, rimarranno attivi per tempi lunghissimi e nelle isole lungo la fossa continueranno, purtroppo, a manifestarsi periodicamente forti terremoti.

53A

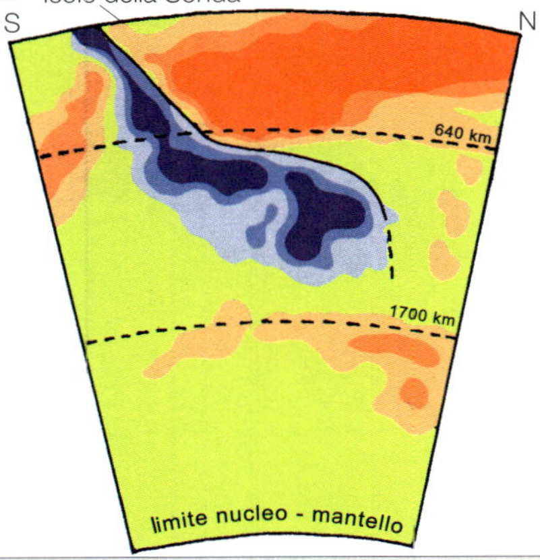

53B

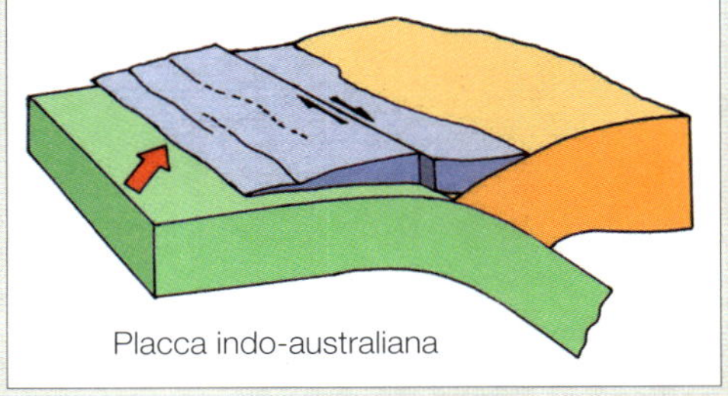

Figura 53
A. La placca oceanica in subduzione nel mantello sotto l'Isola di Giava, così come viene mostrata dalla tomografia sismica. I colori in toni di rosso indicano settori con velocità delle onde sismiche minori della media e corrispondono a zone meno dense e più calde; i toni di blu indicano, invece, velocità maggiori della media e corrispondono a zone più dense e più fredde, dovute alla presenza della placca in discesa. Superati i 600 km di profondità, la pendenza della placca è molto diminuita, ma la discesa continua.
B. La direzione obliqua con cui la placca oceanica entra in subduzione ha provocato e mantiene attiva una grande faglia trascorrente nella litosfera sovrastante.

11 Risorse: la Tettonica delle placche e i giacimenti minerari

Il modello della Tettonica delle placche ha fornito una chiave di interpretazione sull'origine e sulla distribuzione geografica dei giacimenti minerari associati ad attività magmatica [Figura 54].

Nell'area della dorsale, lungo il cui asse è diffusa un'intensa attività effusiva, i processi idrotermali sottraggono, sciogliendoli, i minerali dispersi nelle rocce magmatiche (basalti) in via di raffreddamento e li fanno concentrare per precipitazione nella parte superiore della nuova crosta oceanica, nelle zone dei «fumaioli neri» (rivedi figura 28), che si arricchiscono in solfuri di rame, zinco, ferro e altri metalli.

I basalti della crosta oceanica così arricchiti, anzi, rivestiti di composti metallici, si spostano verso una fossa abissale, dove entrano in subduzione sotto il margine di un continente; in quella condizione, secondo il modello, l'attrito strappa alla placca in subduzione lembi di crosta oceanica, che si saldano stabilmente alle strutture continentali.

Lembi di antica crosta oceanica si trovano in effetti «incastrati» entro molte catene montuose e sono noti come *ofioliti* o, meglio, *successioni ofiolitifere*, formate da basalti e gabbri, a volte metamorfosati, associati a sedimenti marini, proprio come nella struttura della crosta oceanica attuale raffigurata nella figura 17 e nello schema di figura 42. Nell'isola di Cipro [Figura 55], come lungo la catena dei Monti Urali e molte altre catene montuose (in misura molto modesta anche nell'Appennino ligure-toscano), proprio alle ofioliti sono associati ricchi depositi di minerali di rame, i quali, in tale interpretazione, si sarebbero originati per circolazione idrotermale lungo antiche dorsali oceaniche, secondo il meccanismo dei «fumaioli neri», illustato nella figura 28.

Ma il rapporto tra Tettonica delle placche e giacimenti non si limita alle mineralizzazioni delle ofioliti, che d'altra parte rappresentano solo una piccola parte della placca oceanica in subduzione.

Figura 54
Tettonica delle placche e giacimenti minerari. Sezione schematica attraverso un ampio settore della crosta terrestre nella quale compaiono due tipici ambienti legati alla dinamica delle placche: una zona di espansione (dorsale oceanica) e una zona di subduzione (fossa oceanica e arco magmatico). In corrispondenza della dorsale, i processi di tipo idrotermale arricchiscono la crosta oceanica di minerali metallici (tra cui rame, ferro, zinco, manganese); nella zona di subduzione, la progressiva fusione della placca in discesa nel mantello porta alla risalita di magmi arricchiti in vari elementi chimici, per cui nell'arco magmatico sovrastante si formano dei giacimenti con associazioni di minerali diversi, mano a mano che ci si allontana dalla fossa.

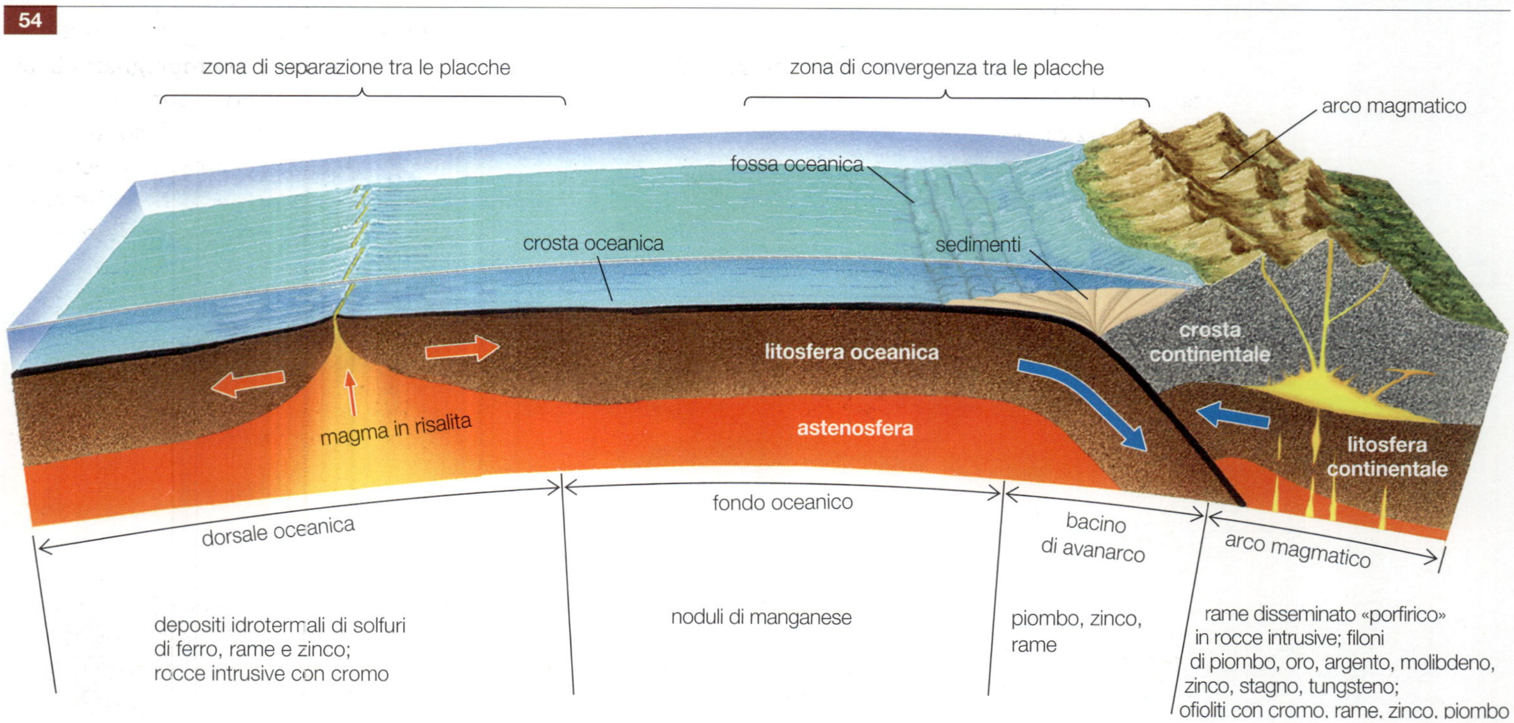

Figura 55
Settore centrale dell'isola di Cipro, nel Mediterraneo orientale.
A. L'isola è attraversata dal Massiccio di Troodos, una catena di rilievi che in questa immagine da satellite si distingue per il suo colore scuro. Le rocce di questi rilievi, di origine magmatica, sono lembi di un'antica crosta oceanica sollevati fino agli attuali 2000 m dal progressivo incunearsi del margine settentrionale, sommerso, dell'Africa al di sotto dell'Eurasia. Il rame (in latino *cuprum*, dall'isola di Cipro) si trova in ammassi di solfuri alla sommità di lave basaltiche «a cuscini», che rappresentano effusioni vulcaniche sottomarine lungo un'antica dorsale oceanica. (NASA)
B. Immagine di un versante del massiccio di Troodos con i segni evidenti degli scavi e degli accumuli di scorie per l'estrazione di minerali di rame entro un affioramento di ofioliti. (Idea Studio/Shutterstock)

Il resto della placca, che continua a scendere in profondità, inizia a fondere, a cominciare dalla sottile crosta oceanica basaltica: i minerali in essa concentratisi fondono anch'essi e i prodotti risalgono con i magmi entro la sovrastante crosta continentale, dove si accresce l'arco magmatico.

Secondo questa interpretazione, i ricchi giacimenti di ferro, rame, oro, argento, piombo, zinco e stagno e altri metalli, disseminati lungo tutta la catena delle Ande, sarebbero il risultato di una lunga «distillazione» avvenuta in due fasi:

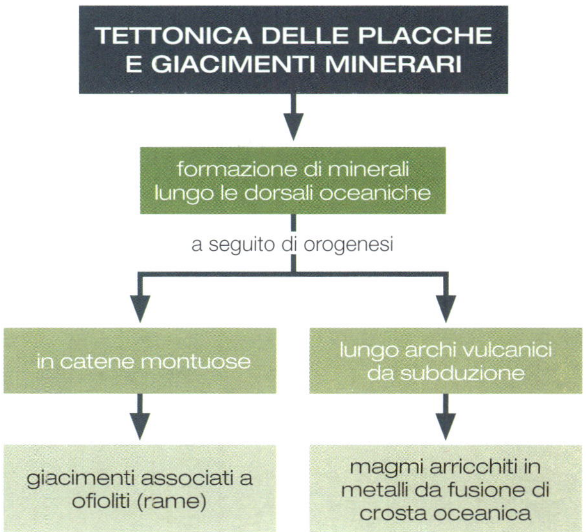

a) risalita, lungo le dorsali del Pacifico orientale, di magmi basaltici, derivati dalla fusione parziale del mantello, e formazione di depositi idrotermali nei fumaioli neri lungo le rift valley (al largo della costa sudamericana);
b) in seguito, a causa dell'espansione del fondo oceanico, quando la crosta oceanica è entrata in subduzione e si è fusa, risalita di magmi arricchiti di metalli; questi ultimi avrebbero «impregnato» in tal modo la crosta continentale posta sopra la zona di subduzione, formando ampie fasce di solfuri.

Lungo il margine del continente sudamericano si sarebbero così concentrati elementi chimici un tempo dispersi nella massa del mantello sotto le dorsali del Pacifico orientale.

Alla luce di queste idee suggerite dai meccanismi della tettonica delle placche, la prospezione in catene montuose e negli scudi per scoprire ammassi di ofioliti o di resti di antichi archi vulcanici, formati in una zona di subduzione, è ormai diventata un obiettivo strategico della ricerca mineraria.

QUESITI

1. Qual è l'origine delle successioni ofiolitifere che si trovano in molte catene montuose?
2. Qual è l'origine dei giacimenti di metalli presenti lungo tutta la catena andina?

IN SINTESI

termini e concetti fondamentali

La Terra: struttura, campo magnetico e flusso di calore

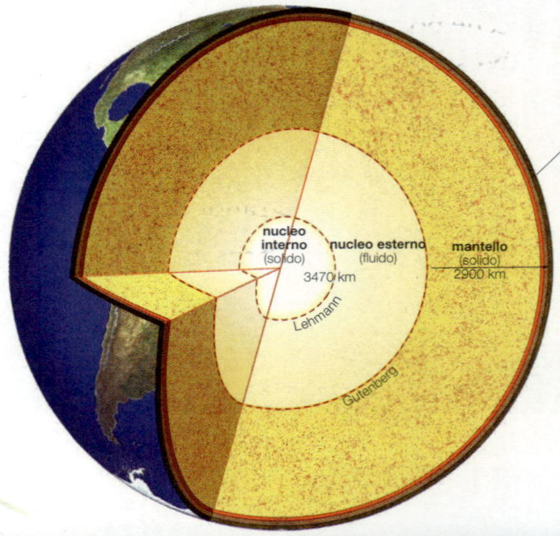

- La Terra è formata da una serie di involucri concentrici:
  - la **crosta**, con spessore di poche decine di km, relativamente leggera e con composizione eterogenea;
  - il **mantello**, con uno spessore di circa 2900 km, costituito nella parte superiore da rocce ultrabasiche (peridotiti che in profondità, per le forti temperature e pressioni, si trasformano in ossidi);
  - il **nucleo**, con un raggio di 3470 km, costituito da una lega metallica di ferro e nichel con qualche elemento meno denso (come silicio e zolfo).
- Esistono due tipi di crosta: **crosta continentale** e **crosta oceanica**.

	crosta continentale	crosta oceanica
spessore medio	35 km (60-70 km sotto le catene montuose)	6 km
quota media	800 m	–3800 m
età delle rocce più antiche	4 miliardi di anni	190 milioni di anni
struttura	eterogenea (cratoni e orogeni)	omogenea (strato 1: sedimenti; strato 2: basalto; strato 3: gabbro)

- L'origine del campo magnetico terrestre è probabilmente legata alla presenza di materiali metallici allo stato fuso (lega ferro-nichel) in movimento nel nucleo esterno (modello dinamo ad autoeccitazione).
- Molte rocce possono essere magnetizzate al momento della loro formazione e conservano tracce del campo magnetico terrestre che le ha influenzate (**paleomagnetismo**). In base alla magnetizzazione delle rocce è possibile ricostruire l'apparente *migrazione del Polo nord magnetico* nel passato. L'analisi dei dati suggerisce che nel tempo i continenti abbiano cambiato posizione. Si è scoperto che i due poli magnetici si invertono periodicamente di posizione; si verificano cioè delle **inversioni di polarità** del campo magnetico terrestre.
- Il **flusso di calore** emesso dalla Terra deriva dal decadimento degli isotopi radioattivi nel mantello e dal calore residuo dello stato di fusione iniziale della Terra.
- Il **flusso termico**, cioè la quantità di calore emessa nell'unità di tempo per ogni unità di superficie, vale 0,06 W / m^2.
- Il flusso termico è disomogeneo e riflette la presenza di **correnti convettive**: materiale più caldo risale nel mantello mentre materiale più freddo sprofonda alla velocità di qualche cm / anno.
- La **temperatura** all'interno della crosta aumenta in media di circa 30 °C / km (circa 5000 °C al centro del pianeta).

L'espansione dei fondi oceanici

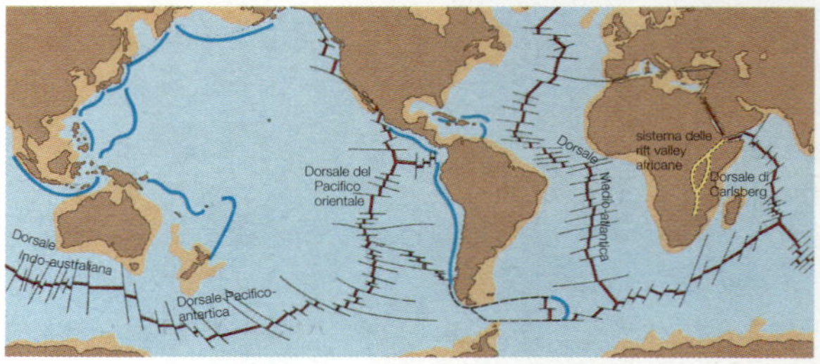

- Sul fondo degli oceani sono presenti:
  - un sistema di **dorsali oceaniche**, lungo complessivamente 60 000 km;
  - numerose **fosse oceaniche**.
- Le **dorsali oceaniche** sono inarcamenti della crosta oceanica percorse da un profondo solco, detto ***rift valley***, dal quale fuoriesce continuamente magma basaltico in risalita dal mantello, che solidifica e forma nuova crosta. Un sistema di fratture trasversali (**faglie trasformi**) rispetto all'asse della *rift valley* disarticola le dorsali in segmenti.
- Le **fosse oceaniche** sono depressioni del fondo oceanico lunghe migliaia di km che raggiungono la profondità di 10 000 m.
- L'ipotesi dell'**espansione dei fondi oceanici** prevede che lungo la *rift valley* delle dorsali si formi continuamente nuova litosfera e che i due fianchi delle dorsali si allontanino reciprocamente. Contemporaneamente, nelle fosse oceaniche altra litosfera, ormai fredda e densa, sprofonda nel mantello (con un meccanismo detto **subduzione**) e viene riciclata. Questo sprofondamento provoca terremoti (i cui ipocentri sono distribuiti su una superficie inclinata detta **superficie Benioff o di Benioff-Wadati**), mentre la progressiva fusione del materiale che affonda produce magmi che risalgono in superficie dove alimentano numerosi vulcani (**arco vulcanico**). Globalmente la nuova litosfera che viene prodotta in corrispondenza delle dorsali bilancia quella vecchia che viene riciclata nelle fosse.
- Una conferma dell'espansione dei fondi oceanici è rappresentata dalla distribuzione simmetrica e parallela all'asse delle dorsali delle **anomalie magnetiche positive e negative** registrate sui fondi oceanici. Tali anomalie sono dovute al paleomagnetismo dei basalti della crosta oceanica che si sono formati in epoche a diversa polarità magnetica.

La Tettonica delle placche

■ La litosfera è suddivisa in una ventina di **placche** di varie dimensioni: 6 molto vaste, le altre minori.

■ I margini tra le placche possono essere di tre tipi:

– **margini costruttivi** sono le dorsali oceaniche lungo le quali si costruisce nuova litosfera oceanica;
– **margini distruttivi** sono le fosse oceaniche lungo le quali la litosfera viene distrutta nel processo di subduzione;
– **margini conservativi** sono alcune grandi faglie trasformi lungo le quali due placche scorrono l'una a fianco dell'altra in direzioni opposte.

■ Le placche possono essere formate da sola litosfera oceanica, da sola litosfera continentale o da entrambe.

■ Il movimento delle placche provoca la profonda deformazione di interi settori di crosta con formazione di catene montuose (**orogeni**).

■ L'**orogenesi** può avvenire secondo vari meccanismi:

– per **consunzione di litosfera oceanica** in subduzione sotto un margine di litosfera continentale;
– per **collisione continentale** dopo la consunzione di litosfera oceanica interposta tra due placche in convergenza tra loro;
– per **accrescimento crostale** a seguito di collisioni di frammenti di crosta di varia natura trascinati a saldarsi lungo un margine di litosfera continentale;
– per **consuzione di litosfera oceanica** in subduzione sotto litosfera oceanica (arco insulare).

■ Il movimento delle placche porta alla periodica aggregazione di un **supercontinente** destinato ogni volta a smembrarsi. Questo ciclo di eventi è chiamato **ciclo di Wilson**.

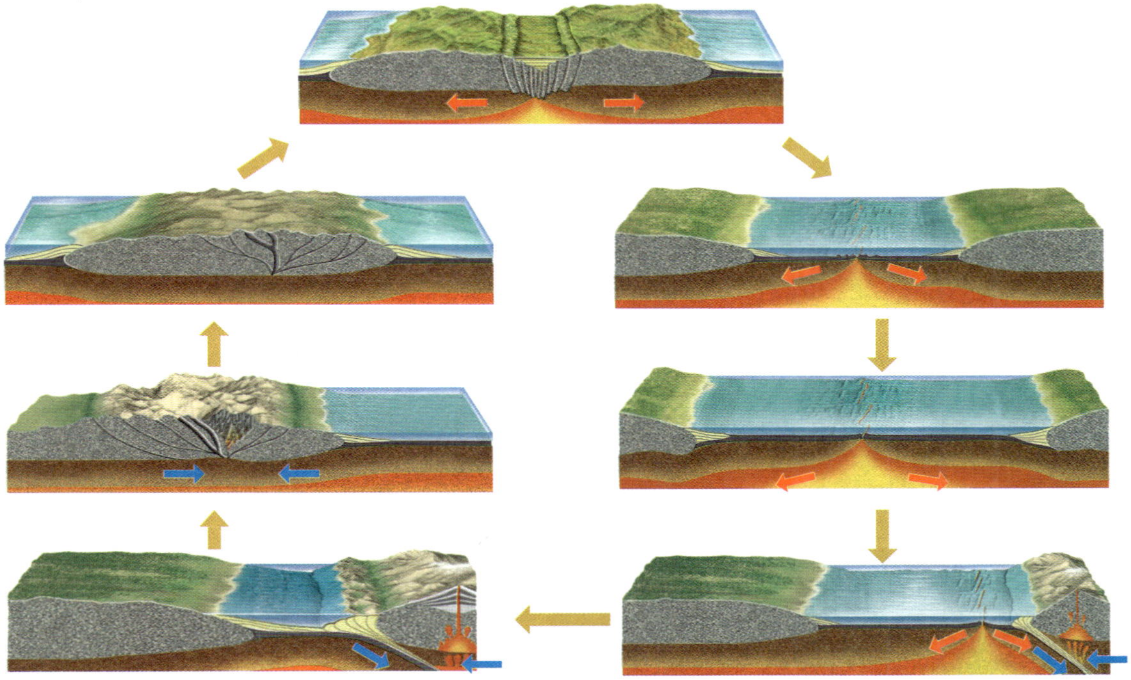

■ I fenomeni vulcanici e quelli sismici sono strettamente connessi alla Tettonica delle placche.

■ **Vulcanismo effusivo e terremoti superficiali** sono associati alle dorsali oceaniche, dove si verificano la fusione parziale del mantello in risalita e l'attivazione di faglie lungo la *rift valley*.

■ **Vulcanismo esplosivo** e **terremoti profondi** sono collegati alla superficie di subduzione nelle fosse abissali. Qui si verifica la fusione della litosfera che discende verso l'interno della Terra e l'attivazione di faglie nella placca che affonda.

■ Il **vulcanismo isolato** all'interno delle placche è dovuto alla risalita nel mantello di colonne di materiale caldo, i **pennacchi** (*plume*), che si manifestano in superficie come **punti caldi** (*hot spot*).

■ Si ritiene che il «motore» della Tettonica delle placche consista in **movimenti convettivi** all'interno del mantello, innescati da locali squilibri termici, a loro volta causati dal calore liberato da processi radioattivi; ma nel processo interviene anche la produzione di calore dal nucleo.

■ La **tomografia sismica** fornisce una specie di «radiografia» della struttura interna del pianeta, distinguendo regioni relativamente più calde (e quindi meno dense) e più fredde (e quindi più dense).

■ Si riconoscono grandi volumi di litosfera fredda e densa in sprofondamento dalle fosse di subduzione, alcuni scesi ormai attraverso l'intero mantello fino alla periferia del nucleo. Altri volumi di rocce più calde risalgono invece come pennacchi che arrivano a «perforare» la litosfera e alimentano in superficie i punti caldi.

ESERCIZI per il ripasso

ALTRI ESERCIZI SU ZTE ONLINE

1. Completa la mappa con i termini proposti.

distruttivi ■ dorsali oceaniche ■ faglie trasformi ■ costruttivi ■ conservativi ■ espansione dei fondali ■ fosse oceaniche ■ margini ■ moti convettivi

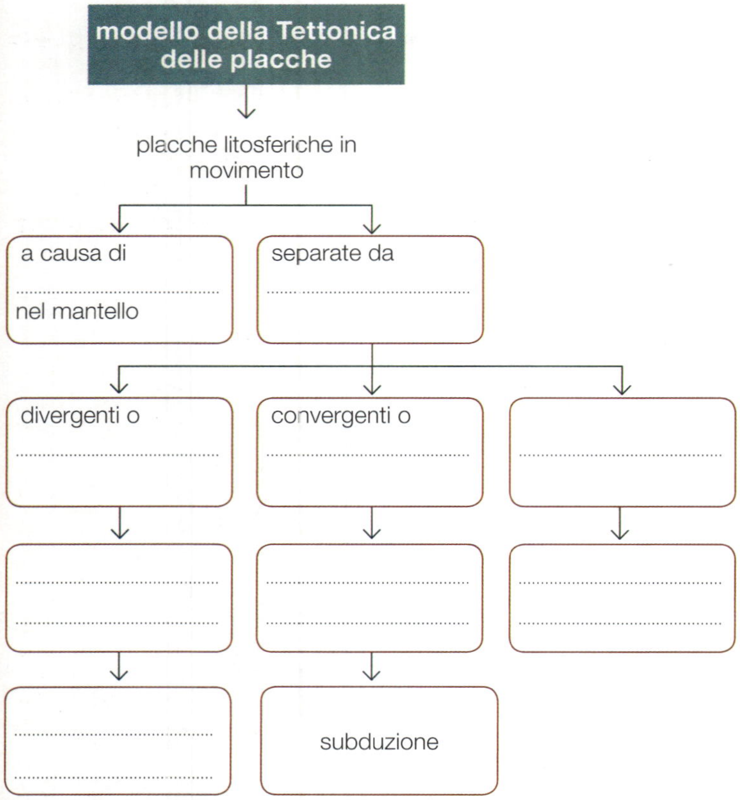

2. La densità media delle rocce che costituiscono la crosta terrestre al di sotto della copertura sedimentaria vale

A 1,5-2,3 g/cm³
B 2,7-3 g/cm³
C 3,3-5,6 g/cm³
D 9,7-13 g/cm³

3. Quando una catena montuosa si solleva le sue «radici»

A si abbassano nel mantello.
B si alzano.
C rimangono alla stessa profondità.

4. Tra i 70 e i 250 km di profondità si trova

A la litosfera.
B l'astenosfera.
C il nucleo esterno.
D il nucleo interno.

5. Le aree della crosta continentale in cui l'orogenesi si è verificata in tempi meno antichi, e generalmente negli ultimi 500 milioni di anni, prendono il nome di

A cratoni.
B orogeni.
C scudi.
D tavolati.

6. Scegli le alternative corrette.

La distribuzione di **punti caldi/vulcani** e terremoti è stata utile per individuare **i margini/lo spessore** delle placche.

7. Scegli l'alternativa corretta.

La velocità di movimento delle placche è di qualche **millimetro/centimetro/metro** l'anno.

8. La catena delle Ande si è formata per

A collisione continentale.
B accrescimento crostale.
C crosta oceanica sotto crosta oceanica.
D crosta oceanica in subduzione sotto un margine continentale.

9. Scegli l'alternativa corretta.

La crosta terrestre è un involucro rigido e sottile. Il suo spessore varia da una media di **6/35** km sotto i continenti a una media di **6/35** km sotto gli oceani. La sua densità minima si riscontra in corrispondenza delle rocce **basaltiche/granitoidi**, ossia rocce magmatiche **povere/ricche** di silice, tipiche dei **continenti/fondali oceanici**. Il limite inferiore della crosta terrestre è indicato dalla discontinuità di **Gutenberg/Moho**.

10. L'energia interna della Terra

A è dovuta solo ai decadimenti di isotopi radioattivi che avvengono nel nucleo.
B in parte è energia residua della formazione, in parte è energia dai decadimenti radioattivi.
C è dovuta alla rotazione del pianeta e del suo nucleo.
D arriva in superficie uniformemente.

11. Completa.

Le .... hanno permesso di datare i fondi oceanici. Dalla datazione è risultato che i fondi oceanici in prossimità delle .... sono più giovani, mentre l'età massima dei fondi marini più antichi è circa .... di anni.

12. La teoria proposta da Wegener sulla deriva dei continenti fu contrastata soprattutto perché

A forniva prove insufficienti a sostenere l'effettiva deriva dei continenti.
B le sue prove paleoclimatiche e paleontologiche si rivelarono subito errate.
C non chiariva le cause e le modalità del movimento.
D non spiegava come le aree continentali potessero «galleggiare» sul sima.

13. La migrazione apparente dei poli
■■□

- A è causata dalle inversioni di polarità.
- B è riportata nella scala paleomagnetica.
- C è spiegabile con il movimento dei continenti.
- D si è fermata 3,5 milioni di anni fa.

14. Dove possono formarsi i batoliti nell'interazione tra placche?
■■□

- A Lungo margini trasformi tra placche continentali.
- B Lungo margini trasformi tra placche oceaniche.
- C Nel processo di subduzione di una placca oceanica sotto una placca continentale.
- D Per la risalita di magmi lungo margini divergenti.

15. Come si formano gli archi di isole vulcaniche?
■□□

- A Nella subduzione tra due placche oceaniche.
- B Dalla subsidenza della crosta continentale.
- C Nella collisione tra due placche continentali.
- D Dalla fuoriuscita di magma dei punti caldi.

16. Mar Rosso e Oceano Atlantico sono due stadi della stessa fase del ciclo di Wilson. Quale?
■■□

- A Creazione di una fossa abissale per subduzione di una placca oceanica.
- B Scomparsa di una fossa abissale per uno scontro tra placche oceaniche.
- C Accumulo di sedimenti lungo una fossa abissale.
- D Apertura di un nuovo oceano per l'attivazione di una dorsale.

17. Le dorsali sono originate e alimentate da
■■□

- A pennacchi di materiale caldissimo.
- B correnti convettive nel mantello.
- C zone con materiale più freddo.
- D correnti convettive nel nucleo.

18. L'espansione di un fondo oceanico di solito si interrompe quando
■■□

- A la dorsale diventa inattiva.
- B la dorsale oceanica crea nuove catene montuose.
- C la placca oceanica non ha più spazio perché circondata da placche continentali.
- D si forma un supercontinente circondato da un'unica distesa d'acqua.

19. Completa il testo scegliendo tra le alternative proposte.
■■■

l'82% ■ il silicio ■ solido ■ Gutenberg ■ fluido ■ Lehmann ■ il 16% ■ ossigeno ■ nichel ■ zolfo

La discontinuità di .... segna il passaggio dal mantello al nucleo della Terra. Quest'ultimo costituisce circa .... del volume terrestre ed è diviso dalla discontinuità di .... in un nucleo esterno, con le caratteristiche di un .... e in un nucleo interno ....

Il nucleo sembrerebbe composto da una lega metallica di ferro e .... con elementi meno densi come .... e .... nel nucleo esterno.

20. Completa le due figure scegliendo tra i termini proposti.
■■■

Crosta continentale
peridotiti ■ rocce con metamorfismo più intenso (granuliti a granati) ■ rocce sedimentarie, magmatiche e metamorfiche ■ batoliti ■ rocce metamorfiche deformate in pieghe

Crosta oceanica
sedimenti non litificati ■ peridotiti ■ gabbri ■ rocce basaltiche

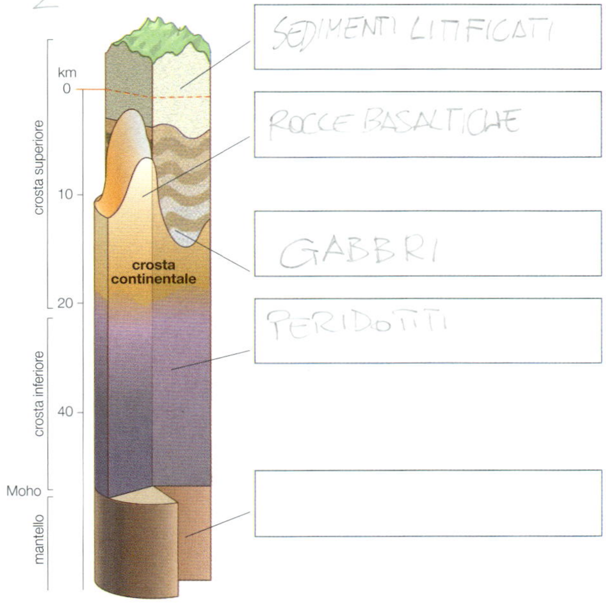

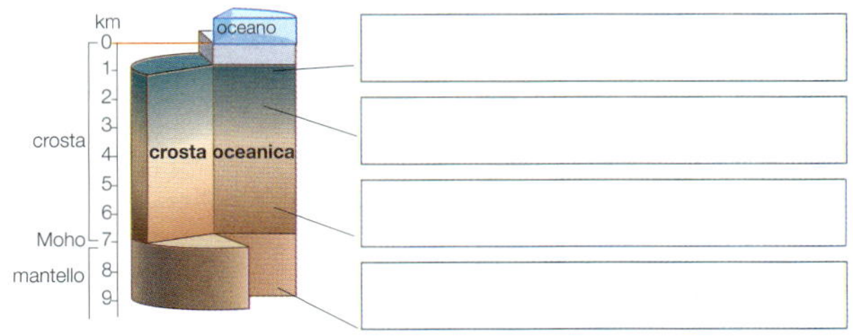

21. Scegli le alternative corrette.
■■■

Se una **dorsale oceanica/fossa abissale** fiancheggia il margine di un continente si forma una catena di vulcani. Il vulcanismo delle dorsali è di tipo **effusivo/esplosivo** mentre quello delle fosse, alimentato da magmi **poveri/ricchi** in gas e vapori, è di tipo **effusivo/esplosivo**. Inoltre in corrispondenza delle fosse si osserva una **debole/forte** sismicità con gli ipocentri dei terremoti distribuiti lungo una superficie ideale detta ***rift valley*/superficie di Benioff**.

CLIL: Earth Science Highlights

Glossary

Match each word or expression with its definition.

1. ☐ Constructive boundary
2. ☐ Continental collision
3. ☐ Convection cell
4. ☐ Crust
5. ☐ Destructive boundary
6. ☐ Earth's magnetic field
7. ☐ Geothermal gradient
8. ☐ Lithosphere
9. ☐ Magnetic anomaly
10. ☐ Magnetic polarity reversal
11. ☐ Mantle plume
12. ☐ Ocean trench
13. ☐ Orogeny
14. ☐ Plate Tectonics
15. ☐ Polar wandering
16. ☐ Seafloor spreading
17. ☐ Subduction
18. ☐ Transform fault
19. ☐ Volcanic arc
20. ☐ Wilson Cycle

a. A boundary between lithospheric plates where the plates move toward each other and one plate is recycled into the mantle.

b. The rate of increase in temperature of the Earth with depth. It differs from place to place depending on the heat flow in the region.

c. The opening and closing of ocean basins through Plate Tectonic processes.

d. A narrow, cylindrical jet of hot, solid material rising from deep within the mantle, thought to be responsible for intraplate volcanism.

e. Mountain building, particularly by the folding and thrusting of layers of rock, often with accompanying magmatic activity.

f. The thin outer layer of the Earth (about 6 km to 70 km thick), consisting of relatively light materials that melt at low temperatures. There are two types; continental crust, consisting mainly of granite and granodiorite, and oceanic crust made mostly of basalt.

g. The theory proposing that the lithosphere is broken into 20 plates that move over the Earth's surface. Each plate acts as a distinct rigid unit that rides on the asthenosphere. The theory attempts to explain seismicity, volcanism, mountain building, and evidence of palaeomagnetism.

h. Long-term, more or less systematic displacement of the Earth's poles, which may have occurred during geological times.

i. A pattern of movement of mantle material in which the central area rises up and the outer area flows down, due to thermal variations.

j. A plate boundary where the plates slide past each other and lithosphere is neither created nor destroyed.

k. A change in the Earth's magnetic field between normal polarity (magnetic north points roughly towards the geographic North pole) and reversed polarity (magnetic north points roughly towards the geographic South pole).

l. The strong, rigid outer shell of the Earth that encases the asthenosphere and contains the crust and the uppermost part of the mantle down to an average depth of 100 km.

m. A curved chain of volcanoes in the overriding tectonic plate of a subduction zone. Volcanic arcs form due to rising magma formed as the sinking plate melts.

n. Also known as the geomagnetic field; it is the magnetic field that extends from the Earth's interior out into space. The origin of the magnetic field is the circulation of electrical currents in the Earth's molten metallic core.

o. A boundary between lithospheric plates where two plates move apart and new lithosphere is created.

p. The sinking of an oceanic plate beneath an overriding plate at a convergent plate boundary.

q. A narrow, elongated depression of the deep-sea floor, with steep sides, parallel to the continents margin, between the continental margin and the abyssal plain.

r. The mechanism that creates new seafloor along the rift at the crest of an oceanic ridge as adjacent plates move apart. The crust separates along the rift, and new seafloor forms as new hot magma wells up into these cracks.

s. A phenomenon of Plate Tectonics that occurs at convergent boundaries as two continental plates run into each other. As both plates are of low density, subduction does not take place and the plates are broken and forced upward.

t. A pattern of long, narrow bands of high and low magnetic field on the seafloor that are parallel to and almost perfectly symmetrical to the crest of an ocean ridge.

Summing-up

Complete the following text with the right words from the Glossary.

The Earth: structure, magnetic field and surface heat flux

■ The Earth is made up of concentric layers:
- the .... i.e. the outermost relatively light shell;
- the mantle, about 2,900 km thick, made predominantly of ultrabasic rocks;
- the core, with a radius of 3,470 km, made mainly of a metallic alloy of iron and nickel.

■ There are two types of crust:
- the continental crust is heterogeneous in structure, 4 billion years old, on average 35 km thick and 800 m high;
- the oceanic crust is homogeneous in composition, 190 million years old, on average 6 km thick and –3,800 m deep.

■ The .... is probably due to electric currents flowing in the liquid iron-nickel outer core (self-exciting dynamo).

■ Many rocks can be magnetized at the time of their formation and preserve traces of the Earth's palaeomagnetic field that influenced them. Rock magnetization, therefore, allows us to reconstruct the apparent North magnetic .... in the geological past. Data suggest that continents changed their position with time and periodical .... , between normal polarity and reversed polarity, occurred.

■ The Earth's interior heat flow derives mainly from the decay of radioactive isotopes and subordinately from the core residual primordial heat.

■ The Earth's surface heat flux, the amount of heat emitted per unit time per unit area, is 0.06 W/m^2. It is uneven and reflects the presence of .... , where hotter material rises in the mantle whilst cooler material sinks at the rate of a few centimetres per year.

■ The .... , i.e. the rate temperature increases inside the crust with depth; is on average about 30 °C per kilometre; temperature at the centre of the planet reaches about 4,300 °C.

Seafloor spreading

■ A system of ocean ridges and ocean trenches are present on the ocean floor. Ocean ridges are elevated regions of the oceanic crust. Basaltic magma constantly rises from the mantle and solidifies to form new crust in rift valleys, which cross the ocean ridges. .... are depressions of the ocean floor that extend thousands of kilometres and reach a depth of 10,000 m.

■ According to the .... hypothesis, new lithosphere forms continuously along the rift valley, while the two sides of the ridges move away from each other. Meanwhile, cold, dense lithospheric slabs sink into the mantle by .... at the ocean trenches and are recycled.

■ Earthquakes with hypocentres along the Benioff zone reveal the descending slabs, whose progressive melting feeds the volcanism of ....

■ The symmetrical distribution of positive and negative .... on both sides of the ocean ridges is evidence of the magnetic polarity reversals recorded by the ocean basalts at the time of their formation, confirming the seafloor spreading hypothesis.

Plate Tectonics

■ The lithosphere is divided into twenty plates of various sizes and compositions, bounded by:
- .... : ocean ridges that new oceanic lithosphere is built onto;
- .... ocean trenches where the lithosphere is destroyed by subduction;
- conservative boundaries: .... where two plates slide along each other in opposite directions.

■ Plate movements are responsible for .... that may be accomplished by:
- consumption of oceanic crust, through subduction beneath the margin of a continent;
- .... , following consumption of oceanic lithosphere interposed between two convergent plates;
- crustal growth as a result of crustal fragments welding to a continental margin.

■ Movement of the tectonic plates leads to the aggregation of a supercontinent and its successive break up: this is the ....

■ Volcanism and seismicity are strictly dependent on Plate Tectonics: effusive volcanism and surface earthquakes are associated with ocean ridges; explosive volcanism and deep earthquakes are related to the process of subduction; intraplate volcanism at hot spots is due to the rise of columns of hot material from deep within the mantle.

■ Convective movements due to thermal imbalances within the mantle are thought to be the engine of Plate Tectonics.

■ Seismic tomography provides something similar to an X-ray of the Earth's interior, as it allows the distinction of hotter, less dense regions from the cooler, denser ones. This technique has revealed large volumes of cold, dense lithosphere that are sinking into the mantle and have almost reached the core. Volumes of hotter rocks migrate upward as .... , feeding the hot spots.

Now listen and check your answer.

Video «Paleontological evidence of continental drift»

Watch the video and answer the questions.

1. Which fossils provided the most important palaeontological evidence of continental drift?
2. How long ago did they live?
3. What was the first piece of evidence that brought Wegener to hypothesize continental drift?
4. Which present-day landmasses made up the ancient supercontinent Gondwana?

QUESITI
per l'applicazione delle conoscenze

1. Schematizzare un fenomeno
I margini trasformi
La figura qui a fianco illustra il modo in cui una faglia trasforme collega un margine costruttivo a uno distruttivo. Scrivi una didascalia di almeno 10 righe per spiegare il fenomeno e cerca nella figura 37 un esempio della situazione descritta.

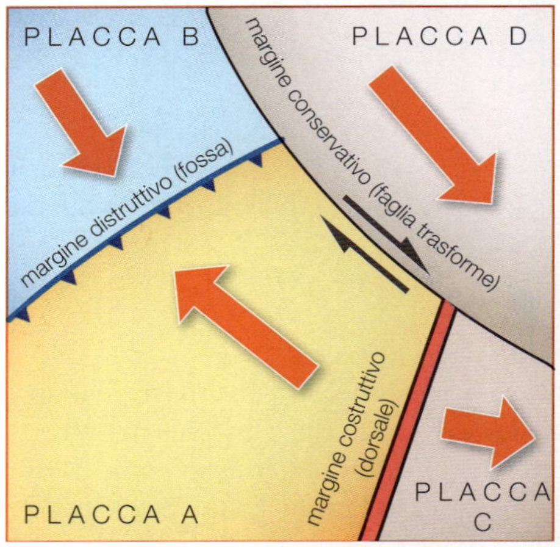

2. Leggere un'immagine
La formazione degli atolli corallini
La formazione di un atollo corallino può avvenire in corrispondenza delle linee di espansione di una dorsale, dove si verifica la formazione di vulcani sottomarini. La situazione è illustrata dalla figura qui a fianco.
I vulcani si accrescono mentre si spostano lateralmente, trascinati dal fondo oceanico in movimento, e a una certa distanza dalla dorsale si estinguono. Alcuni di questi vulcani riescono a emergere dall'acqua e sui loro fianchi si possono formare dei banchi di coralli.
Il movimento del fondo porta il vulcano a scendere sotto il pelo dell'acqua. Se questo inabissamento non è troppo rapido, i coralli, che possono vivere soltanto in acque basse, si accumulano in strati, crescendo sugli scheletri dei coralli sottostanti, e formano vere e proprie «torri» sottomarine.
Osserva il disegno e rispondi.
a. In corrispondenza di quale tipo di margine si formano gli atolli corallini?
b. Cosa succede al vulcano man mano che si allontana dalla dorsale?
c. Quali condizioni permettono alla colonia di coralli di crescere?
d. Nella «torre» di coralli dove si trovano i coralli vivi?

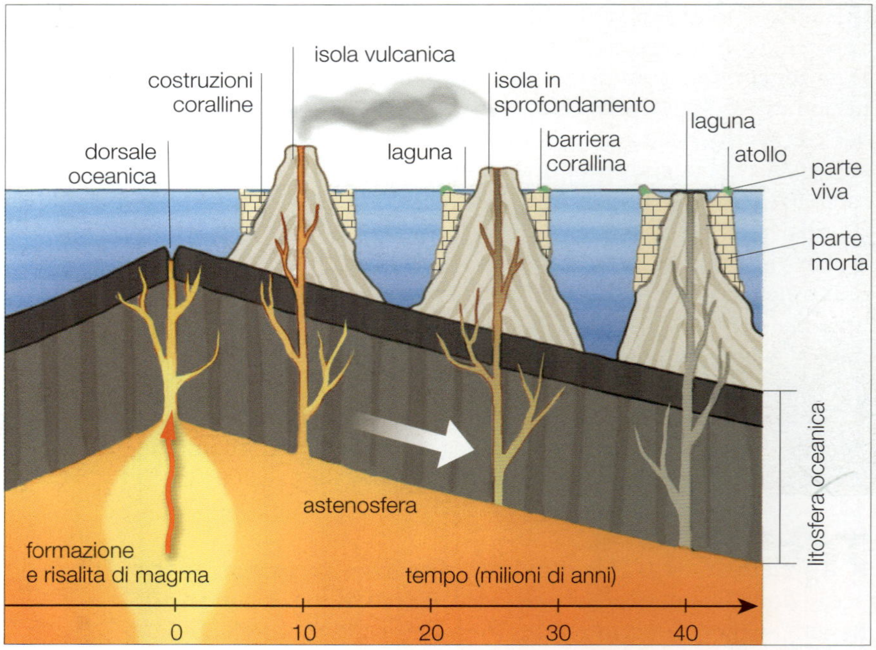

3. Lavorare in gruppo
I giacimenti minerari e la Tettonica delle placche
Dividete la classe in due gruppi. Un gruppo avrà il compito di fare una ricerca sui giacimenti minerari della zona della Ande e l'altro su quelli della zona degli Urali.
Scegliete quali aspetti approfondire (se dare più spazio alle dinamiche geologiche o alla prospettiva economica) e preparate una tesina con i risultati della vostra ricerca.
All'interno del gruppo dividetevi chiaramente i compiti e stabilite dei momenti in cui trovarvi per verificare che tutti stiano procedendo secondo i piani.
Documentatevi da diverse fonti (libri, enciclopedie, non soltanto Internet).
Date al vostro lavoro una struttura da tesi vera e propria con:
- un titolo;
- un indice;
- una introduzione;
- paragrafi dedicati ai diversi aspetti del tema;
- bibliografia e sitografia ragionate.

Mentre scrivete la tesina non concentratevi soltanto sui contenuti ma anche sulla loro esposizione: ponetevi l'obiettivo di essere chiari e di suscitare l'interesse del lettore. Alla fine rileggete tutto, controllando che non ci siano passaggi oscuri o ripetizioni.

6 La storia della Terra

Quattro miliardi e mezzo di anni: una lunghissima storia. Da una prima crosta rovente, ormai persa per sempre, la superficie del pianeta si è trasformata senza soste. Vaste distese di crosta oceanica si sono formate per essere riassimilate nel mantello, mentre lembi di crosta continentale si sono ripetutamente aggregati in super continenti per poi frammentarsi. Su questa scena è comparsa la vita, almeno 3500 milioni di anni fa, e da allora ha conosciuto una continua evoluzione. Nell'immagine, un «momento» di questa avventura: un fossile di pesce tropicale, proveniente dalle rocce sedimentarie di Bolca (Verona); è la prova che quelle rocce si sono formate a latitudini ben diverse da quelle in cui è stato trovato e che, dal tempo della deposizione, si sono mosse per migliaia di kilometri verso Nord.(Visuals Unlimited/ Corbis).

Test d'ingresso

A. Si ritiene che l'Universo abbia 13,8 miliardi di anni.
Quando si è formata la Terra?

- A 46 miliardi di anni fa.
- B 4,6 milioni di anni fa.
- C 460 000 anni fa.
- D 4,6 miliardi di anni fa.

B. I fossili che si trovano in antichi strati permettono di risalire all'età di formazione delle rocce che li contengono.
In che tipo di rocce è più facile trovare i resti di organismi fossilizzati?

- A Magmatiche.
- B Sedimentarie.
- C Metamorfiche.

C. Completa

L'antico supercontinente ipotizzato da Wegener, dal quale hanno avuto origine i continenti attuali, si chiama ....

D. I movimenti delle placche lungo i margini convergenti causano spesso il sollevamento di enormi catene montuose.
Dallo scontro di quali placche ha avuto origine la catena himalayana?

- A Placca Indiana e Placca Araba.
- B Placca Pacifica e Placca Indiana.
- C Placca Indiana e Placca Euroasiatica.
- D Placca Africana e Placca Euroasiatica.

1 La storia di un sistema integrato

Abbiamo percorso il nostro pianeta dalla superficie fino al suo interno e ne abbiamo riportato uno strumento di conoscenza, il modello della Tettonica delle placche, con il quale possiamo interpretare l'«irrequietezza» della Terra. Il nostro viaggio continua: non nello spazio, ma nel tempo, per ricostruire l'evoluzione della Terra, dalle origini al suo aspetto attuale.

1.1 Un sistema «integrato»

Ricostruire, sia pure a grandi linee, i quattro miliardi e mezzo di anni di evoluzione del nostro pianeta non è semplice. Le ricerche sulle rocce, vero archivio della storia della Terra, estese ormai a gran parte della superficie terrestre, hanno messo in luce un continuo intrecciarsi di vicende nel lento passaggio da una massa informe di polvere cosmica all'attuale corpo roccioso, coperto di acque e avvolto da un'atmosfera, sul quale è comparsa la vita, giunta, con l'uomo, a riflettere sul suo passato.

La Terra, infatti, non è un semplice aggregato di materiali solidi, liquidi e gassosi, ma si è rivelata come un *«sistema integrato»*, cioè un insieme di componenti, ciascuna con la propria individualità, che interagiscono tra loro attraverso una complessa serie di processi fisici, chimici e biologici. Le singole parti (o «sfere») sono come involucri a stretto contatto. Esaminiamole brevemente [Figura 1].

La **litosfera** (a volte indicata anche come «geosfera») corrisponde alla parte solida della Terra, formata da minerali e rocce. Si osserva nelle terre emerse, ma essa costituisce anche il fondo degli oceani e prosegue in profondità all'interno del pianeta per migliaia di kilometri. Si ricordi, però, che il termine litosfera ha assunto oggi anche un significato più ristretto, quando indica l'insieme di crosta terrestre e della porzione più superficiale del sottostante mantello, per uno spessore complessivo di 100 km (vedi capitolo 5, paragrafo 2.2.). La superficie di questa sfera è costantemente modellata dall'azione di grandi processi, legati a *forze interne* (eruzioni vulcaniche, formazioni di catene montuose, apertura di nuovi oceani) e a *forze esterne* (l'erosione operata dalle acque, dai ghiacci, dal vento).

1

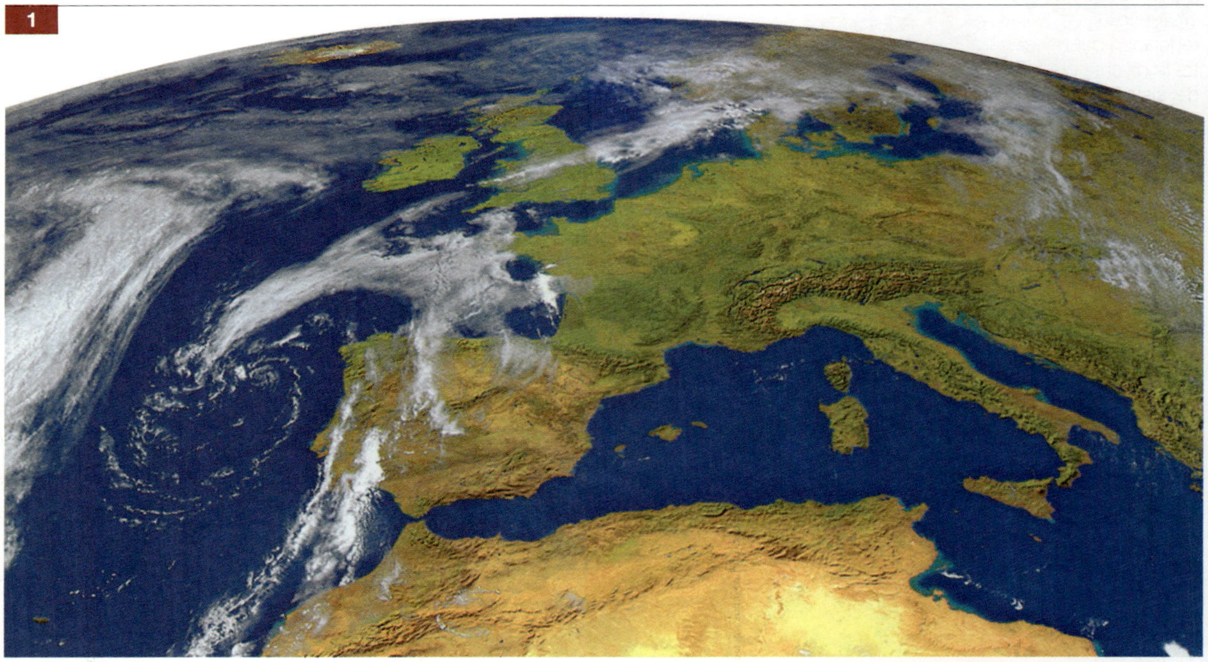

Figura 1
Un angolo del «sistema integrato Terra» visto dallo spazio. Nell'immagine la superficie del nostro pianeta appare dominata dal colore blu sfumato di azzurro dell'idrosfera marina e dal colore arancio-giallo della litosfera, con sfumature rossastre nelle zone desertiche. Sottili veli e vortici bianchi mostrano i sistemi di nuvole dell'atmosfera, mentre sfumature di verde rivelano la presenza della biosfera. (NASA)

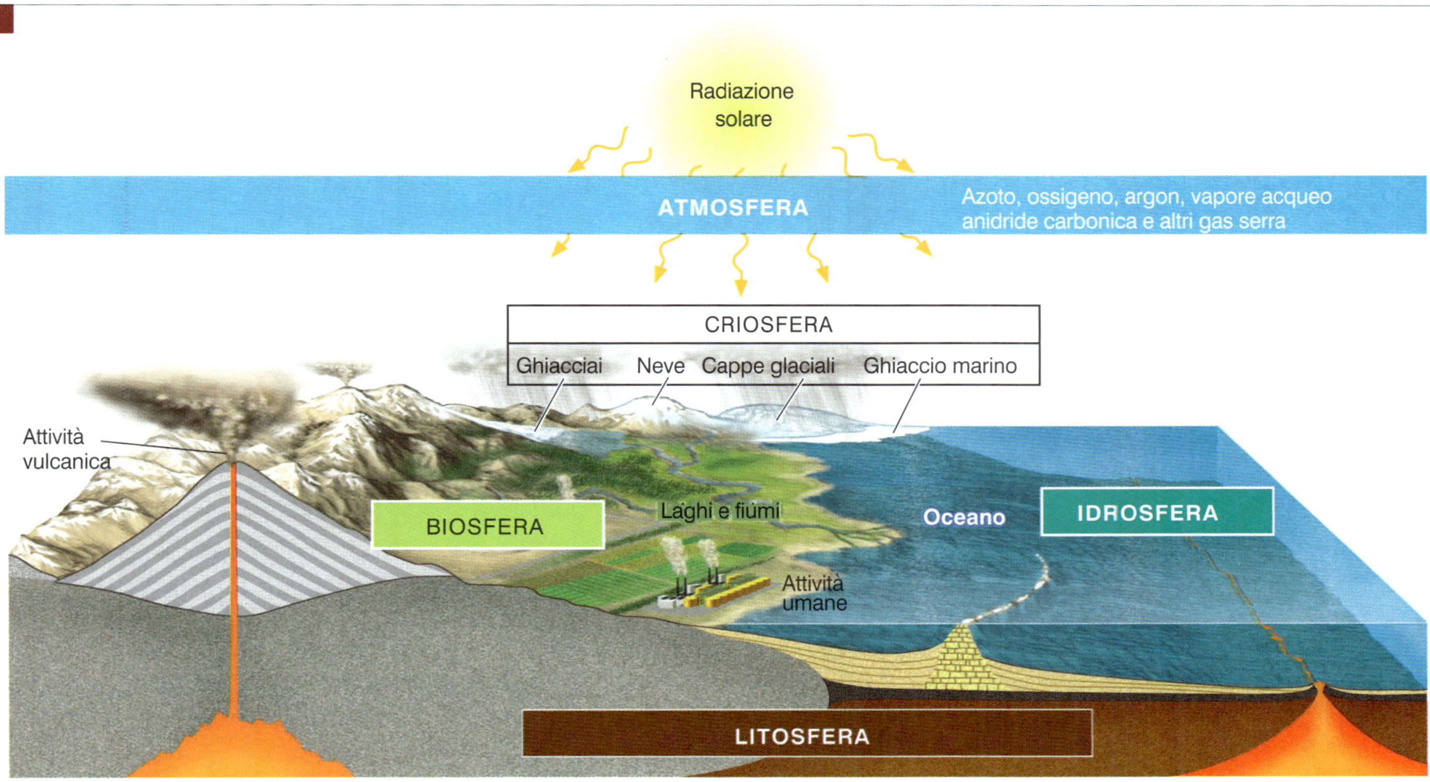

Figura 2
L'uomo nel sistema integrato Terra. Le comunità umane partecipano alla fitta rete di interazioni che caratterizza il sistema Terra, modificando l'ambiente in modo profondo: prelevano dal pianeta enormi quantità di materie prime, disperdono nell'ambiente rifiuti e scarti di lavorazione, modificano il paesaggio con i propri insediamenti. Spesso le attività antropiche modificano in modo irreversibile i processi che regolano i delicati equilibri tra le diverse componenti del sistema. È vero che tali equilibri sono dinamici, ma prima di provocarne la modifica bisognerebbe essere consapevoli delle conseguenze che ne possono derivare.

L'**idrosfera** è lo strato di acque che ricopre, con gli oceani e i mari, oltre il 70% della superficie del pianeta. Essa comprende anche le acque dolci dei fiumi e dei laghi, e quelle che si infiltrano nel sottosuolo. Dell'idrosfera fa parte anche la **criosfera** («sfera di ghiaccio»), cioè l'acqua allo stato solido presente nelle calotte glaciali, nei ghiacciai di montagna e nei mari polari. In realtà, la criosfera è spesso considerata una sfera a sé stante, per l'influenza specifica sulla superficie terrestre da parte delle calotte di ghiaccio, che, nelle periodiche epoche glaciali, rivestono gran parte del pianeta.

L'**atmosfera** è l'involucro gassoso che avvolge la Terra e che si manifesta in modo vistoso negli ammassi e nei vortici di nubi. La sua massa si concentra nei primi 30 km sopra la superficie, anche se i gas, via via più rarefatti, arrivano fino a 2000-2500 km di quota. In prossimità del suolo è composta da azoto (78%) e ossigeno (21%); la percentuale restante comprende altri gas, tra i quali vapore acqueo e anidride carbonica.

La **biosfera** comprende tutti gli organismi che vivono sulle terre emerse, in mare e nell'atmosfera. Tra gli organismi viventi e il resto del pianeta si verificano continui scambi di materia ed energia. Uno dei risultati più vistosi è la formazione di grandi accumuli di petrolio e carbone.

Le «sfere» si sono formate nel corso della storia della Terra e sono legate da complesse relazioni, per cui ogni modifica in una di esse comporta una risposta globale, che coinvolge le altre. L'assetto del nostro pianeta, perciò, è il risultato di un **equilibrio dinamico** che comprende continui scambi tra interno del pianeta, superficie terrestre, oceani e atmosfera. Così, per esempio, l'interazione tra *biosfera* e *litosfera* ha portato all'accumulo di imponenti masse rocciose, come i calcari prodotti dall'attività di organismi marini (coralli, gasteropodi, alghe), che sono capaci di realizzare i loro gusci sottraendo il carbonato di calcio all'acqua del mare in cui vivono e costruiscono, così, estese barriere coralline. Queste ultime, con il tempo, finiscono per costituire interi settori di catene montuose, come è stato per le Dolomiti o l'Appennino centrale.

I processi che operano nell'*idrosfera* contribuiscono al modellamento della litosfera, con l'erosione e il trasporto dei sedimenti. Effetti analoghi sono prodotti anche dall'*atmosfera* (erosione del vento, alterazione chimica). La presenza dell'atmosfera è di vitale importanza per la biosfera, limitando le escursioni termiche giornaliere entro una gamma di valori compatibili con la vita, mentre con la presenza dell'ozonosfera determina l'assorbimento delle radiazioni ultraviolette provenienti dal Sole, nocive per gli esseri viventi. A sua volta la biosfera modifica l'atmosfera: l'ossigeno nell'aria è prodotto dall'attività del mondo vegetale, senza il quale la composizione dell'atmosfera sarebbe molto diversa (come è stato nei primi tempi dell'evoluzione della Terra). Anche l'uomo, come parte della biosfera, interagisce con il resto del sistema [Figura 2], ma troppo spesso sembra non rendersene conto. Eppure conosciamo ormai una lunga storia di eventi che può aiutarci a operare evitando pesanti conseguenze, che vengono definite «imprevedibili» ma sono, molto spesso, solo frutto di ignoranza e superficialità.

Nel nostro «viaggio nel tempo» cercheremo, perciò, di seguire la storia della Terra seguendo il filo di un'evoluzione in cui ogni evento è strettamente condizionato da quanto lo ha preceduto, attraverso la continua interazione «integrata» di litosfera, atmosfera, idrosfera e biosfera.

1.2 Ricostruire la storia della Terra

Abbiamo potuto già renderci conto dell'importanza del *tempo* nei processi geologici: nella crosta terrestre sono state riconosciute tracce di movimenti anche di migliaia di kilometri, che sono avvenuti e avvengono alla velocità di qualche cm/anno. Non è facile accettare questa prospettiva, che va oltre la comune esperienza umana, ma l'evidenza dei dati ha avuto ragione ed è ai geologi che dobbiamo il concetto di «tempo profondo», che si misura in milioni e miliardi di anni.

■ *Ricostruire l'evoluzione della Terra* non è «raccontare una storia».

Lo studio delle rocce e dei loro ambienti di formazione è guidato dall'osservazione di quanto accade *oggi* sulla superficie terrestre, secondo un concetto sintetizzato nella frase «il presente è la chiave del passato». Tuttavia con il progredire delle conoscenze quel concetto è risultato insufficiente: non solo sono state scoperte tracce di processi che oggi, per le mutate condizioni ambientali, non sono più possibili, ma si è anche compreso che molti processi oggi in atto si sono verificati in passato in modo ciclico e, pertanto, solo lo studio di come si sono svolti ci può permettere di prevedere cosa dobbiamo aspettarci in futuro; si pensi alle variazioni climatiche: fenomeni analoghi si sono verificati più volte nel passato della Terra, con oscillazioni (dal caldo al freddo e viceversa) le cui tracce sono studiabili in dettaglio. Al vecchio concetto ricordato se ne è andato perciò affiancando un altro, che possiamo riassumere con la frase: «il passato è la chiave del presente».

■ *Ricostruire la storia della Terra* significa «provare» il modello che ne interpreta la dinamica interna. Possiamo seguire il *ciclo del supercontinente*, attraverso il movimento delle placche, per quasi 3000 Ma indietro nel tempo, ma la Terra ha avuto origine circa 4600 Ma fa: si può applicare lo stesso modello a tempi così lontani?

■ **Ma** (**m. y., million years**) È un'unità di misura che corrisponde a *un milione di anni*; la sigla è formata dal prefisso *M* (maiuscolo: nel Sistema Internazionale moltiplica l'unità cui si associa per 10^6) e dall'unità di tempo *a* = anno (simbolo e unità fuori del Sistema Internazionale di Unità, ma ancora impiegati per la loro praticità).

Resti di crosta oceanica e continentale risalgono a circa 3500 Ma fa e, a quanto pare, gran parte della crosta continentale attuale si era già formata circa 2000 Ma fa. Quali processi hanno portato a tale differenziazione?

Alcune testimonianze ci portano ancora più indietro nel tempo, a oltre 4000 Ma fa: fanno parte già di una crosta molto differenziata, di tipo continentale, ma come era fatta e come si è formata la prima crosta che ha rivestito il mantello?

Mancano finora tra le rocce rintracciate in superficie resti che risalgano alle prime fasi dell'evoluzione della Terra, ma ci sono venute in aiuto le scoperte fatte dalla missione *Apollo* sulla Luna. La genesi del nostro satellite risale, infatti, al tempo in cui la Terra si era appena formata e l'evoluzione dei due corpi fu all'inizio simile; tuttavia, per le sue minori dimensioni, sulla Luna l'attività interna si concluse circa 3000 Ma fa, per cui la superficie lunare è rimasta da allora praticamente immutata. La missione Apollo, effettuata dagli Stati Uniti negli anni Sessanta, riportò a terra una serie di campioni di rocce che, come vedremo, hanno consentito di ricostruire la parte mancante dell'evoluzione della Terra.

■ *La storia del nostro pianeta* comprende anche altri eventi importanti.

Alcune tracce mostrano che la composizione della sua atmosfera iniziale è cambiata nel tempo con la comparsa dell'ossigeno libero legata alla nascita della vita, le cui prime testimonianze fossili risalgono ad almeno 3500 Ma fa.

La biosfera non era presente all'origine, ma da quando, in seguito, ha iniziato il suo sviluppo, ha cominciato anche a interagire con gli altri «involucri» terrestri.

■ *La vita*, così come la conosciamo, ha potuto svilupparsi per la presenza stabile di acqua (liquida): questo, oltre alla temperatura in superficie che è dovuta alla particolare distanza dal Sole, ha reso il nostro pianeta «unico» tra i pianeti del Sistema solare [Figura 3].

Pur avendo avuto un'origine comune, nello stesso settore di nebulosa solare, questi pianeti hanno avuto evoluzioni diverse: i dati che arrivano dalle numerose missioni spaziali ci stanno aprendo prospettive inaspettate e affascinanti sull'evoluzione «globale» del Sistema solare.

Torniamo all'evoluzione della Terra: prima considereremo alcuni concetti per comprendere come si possa ricostruire la storia del pianeta (metodi di datazione, significato dei fossili); poi riassumeremo i più importanti avvenimenti che, in circa 5 miliardi di anni, hanno portato la Terra al suo aspetto attuale.

STORIA DI UN SISTEMA INTEGRATO

formato da

- litosfera
- atmosfera
- idrosfera
- criosfera
- biosfera

interagiscono attraverso → **scambi** tra **esterno** e **interno** del pianeta → per mezzo di → **processi**
- fisici
- chimici
- biologici

realizzano → **equilibri dinamici** → che cambiano continuamente nel tempo → e descrivono → l'**evoluzione** della **Terra** dalle origini ad oggi

Figura 3
Gran parte della biosfera è rappresentata dalle foreste che hanno cominciato a comparire circa 400 milioni di anni fa. Il loro aspetto è cambiato notevolmente nel tempo, con una continua evoluzione.
A. Ricostruzione di una tipica foresta equatoriale del Carbonifero (tra 300 e 360 Ma fa): dal suolo acquitrinoso si elevano, tra gli altri, i fusti delle equisetacee (a destra, simili all'attuale *coda di cavallo*, ma gigantesca) e delle sigillarie, simili a colonne con lunghe file di cicatrici lasciate dalle foglie che rivestivano tutto il tronco, ed erano molto diffuse le felci (nell'angolo in basso a destra). Tra i molti insetti, già diffusi, un vero «gigante»: la Meganeura, una libellula con un'apertura d'ali di 75 cm.
B. Una foresta nelle Isole Hawaii: le antiche forme sono quasi tutte estinte da lungo tempo, mentre quelle attuali sono caratterizzate da una grande conquista dell'evoluzione, i fiori.

QUESITI

1. La formazione delle Dolomiti è un esempio di interazione tra
- A biosfera e litosfera.
- B atmosfera e idrosfera.
- C idrosfera e biosfera.

2. Quali sono le parti che compongono il sistema Terra «integrato»?

3. Quali sono e come si dividono le forze che modellano la litosfera?

4. Quali sono gli effetti dell'atmosfera sulla biosfera?

5. Quanto tempo fa è comparsa la vita sul nostro pianeta?

6. Grazie alla presenza di quale composto chimico?

2 La datazione nelle Scienze della Terra

Video
Il processo di fossilizzazione

Il Sistema solare si è formato circa 4600 Ma (milioni di anni) fa e da allora la Terra, come gli altri pianeti che ne fanno parte, ha subìto continue trasformazioni, attraverso una lunghissima serie di eventi. Lo studio della storia della Terra nasce dal tentativo di ricostruire tali eventi nell'ordine in cui si sono verificati. Fondamentale, per questo, è poter datare gli eventi del passato geologico.

2.1 Geocronologia e geocronometria

La **Geocronologia** si limita a riconoscere che una roccia è più antica di altre e più recente di altre ancora. Quella che si ottiene è quindi una datazione relativa.

I princìpi di orizzontalità originaria, di sovrapposizione e di intersezione permettono di ricostruire, regione per regione, una precisa successione di formazioni rocciose (le *serie sedimentarie*). Attraverso innumerevoli confronti e correlazioni tra successioni di rocce affioranti in ogni parte del globo è stato possibile arrivare a una **scala cronostratigrafica** (o **scala dei tempi geologici**) generale [Figura 4]. Questa scala riassume, seguendo l'ordine in cui si sono susseguiti, i «capitoli» in cui è possibile suddividere l'evoluzione del pianeta.

In tal modo si può dire, per esempio, che una roccia è riferibile al «periodo Giurassico», perché è più antica delle rocce attribuibili al «periodo Cretacico» e più recente di quelle ascritte al «periodo Triassico», senza bisogno di conoscere l'età in anni di quella roccia.

È un po' come riferire un edificio, per le sue caratteristiche architettoniche, al Rinascimento: non se ne definisce la data di costruzione, ma si indica che è *più recente* degli edifici del periodo gotico e *più antico* di quelli del periodo barocco.

Nel caso della **Geocronometria**, invece, si procede a una misura in anni dell'età di una roccia con vari metodi. Il più potente di questi metodi è la datazione radiometrica, che arriva a coprire l'intero intervallo di tempo della storia della Terra. La **datazione radiometrica** (o **isotopica**) si basa sul processo fisico di disintegrazione degli *isotopi radioattivi* di certi elementi che entrano a far parte del reticolo cristallino di molti minerali all'atto della loro formazione.

Vengono detti isotopi gli atomi di un dato elemento che, pur avendo lo stesso numero di protoni (numero atomico) differiscono tra loro per il numero di neutroni (e quindi per il numero di massa, dato dalla somma tra neutroni e protoni). Gli elementi che si trovano in natura sono, in realtà, miscele di isotopi, cioè atomi leggermente diversi per massa ma con uguale comportamento chimico.

In natura, oltre a circa 270 isotopi stabili, se ne conoscono circa 50 *instabili*. Questi ultimi sono gli *isotopi radioattivi* o *radionuclidi*, i cui nuclei si modificano spontaneamente nel tempo («decadono») con emissione di particelle e di radiazioni elettromagnetiche. Poiché con il decadimento cambia il numero di particelle del nucleo, l'isotopo di partenza si trasforma in un altro isotopo dello stesso elemento (se varia solo il numero di neutroni) o di un elemento diverso (se varia il numero di protoni): per esempio, l'isotopo ^{238}U, il più comune tra quelli dell'uranio, instabile, attraverso numerose trasformazioni intermedie giunge a un prodotto finale stabile che è un isotopo del piombo (^{206}Pb).

Elementi con isotopi radioattivi, come l'uranio, il radio e altri, sono presenti nei minerali di molti tipi di rocce e questo ha suggerito, oltre un secolo fa, di sfruttarne la presenza per datare le rocce che li contengono.

Il processo di decadimento, infatti, procede nel tempo ad un ritmo costante, diverso e ben noto per ogni isotopo, per cui è stato possibile elaborare un metodo che, partendo dalla quantità di un isotopo instabile e del suo prodotto stabile presenti nei minerali di una roccia, permette di calcolare da quanto tempo quel decadimento è in atto: in pratica, quanto tempo fa (in anni) si sono formati i minerali di quella roccia. Questo significa poter stabilire l'età di una roccia formata per raffreddamento di un magma o per cristallizzazione metamorfica o, anche, attraverso alcuni processi sedimentari. (Si veda anche l'Approfondimento delle conoscenze, *Rocce come «orologi» naturali*, a pagina 248.)

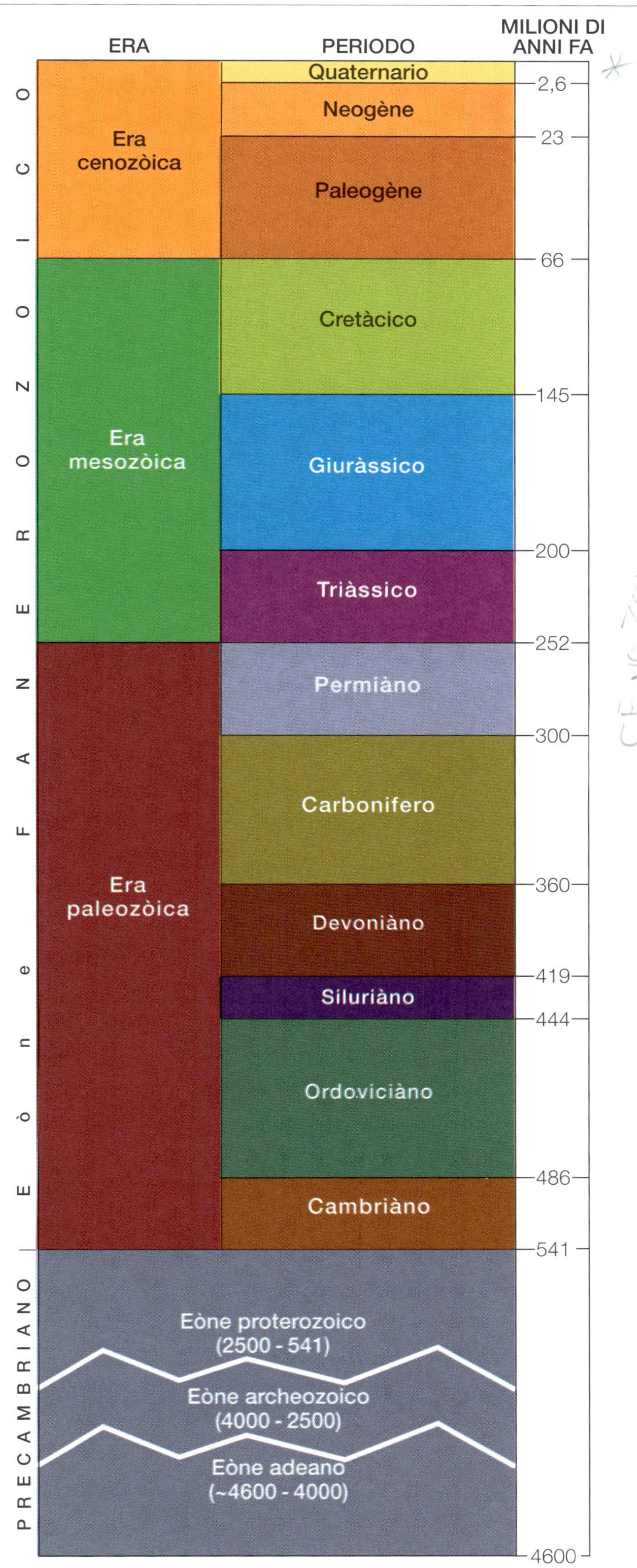

Figura 4
Scala stratigrafica generale. Oltre al Precambriano, sono rappresentate le suddivisioni maggiori dell'Eòne fanerozoico (**ère**) e i singoli «capitoli» in cui si articola ognuna di esse (**periodi**), con l'indicazione dell'*età radiometrica* dei limiti tra i periodi. Nello schema, l'altezza dei singoli intervalli è all'incirca proporzionale alla durata in Ma del periodo che rappresentano, tranne che per il Precambriano, la cui rappresentazione in scala richiederebbe di aggiungere verso il basso una striscia lunga quasi come sette volte l'altezza delle pagine di questo libro. L'età radiometrica è stata aggiornata secondo i dati più recenti della *International Commission on Stratigraphy*, un organismo che raccoglie specialisti di tutto il mondo, con il compito di stabilire con la miglior approssimazione l'età radiometrica dei limiti tra i vari intervalli di tempo (dalle ère ai *piani*, che sono suddivisioni interne ai periodi). La commissione sceglie per ogni limite anche la località-tipo della superficie terrestre da usare come riferimento, per le caratteristiche che giustificano la scelta di quel limite (come litologia, fossili e ogni altra struttura geologica significativa). La scala, qui ampiamente sintetizzata, è basata sulla *International Chronostratigraphic Chart*, edizione 2016 (ottobre). (Per successivi aggiornamenti o approfondimenti vedi il sito www.stratigraphy.org)

I due sistemi di datazione, relativa e radiometrica, sono andati integrandosi, e attualmente gli intervalli della scala stratigrafica sono tutti definiti con le età radiometriche dei loro limiti inferiore e superiore. Stabilire l'età relativa di una roccia significa quindi ricavarne anche l'età cronologica, sulla base delle corrispondenze fornite dalla scala stratigrafica generale.

2.2 I fossili e il processo di fossilizzazione

La parola **fossile** indicava in passato qualsiasi oggetto estratto dal sottosuolo. Nel suo attuale significato indica i resti di organismi viventi, animali o vegetali, che hanno popolato i mari e le terre emerse e che sono stati inglobati e conservati entro le rocce sedimentarie.

■ **Fossile** (Fossil) Dal latino *fòssilis*, «che si ottiene scavando». Indicava, in origine, rocce, minerali, gemme e tutte quelle forme, presenti nelle rocce, che assomigliavano a organismi viventi.

approfondimento delle conoscenze

Rocce come «orologi» naturali

La datazione radiometrica è stata una grande conquista della Fisica e della Geochimica che, con l'introduzione di tecniche di analisi sempre più sensibili e raffinate, ha chiuso un lungo periodo di accesi dibattiti e di tentativi per valutare i tempi geologici e ha permesso notevoli progressi nelle conoscenze geologiche.

Verso la fine dell'800 il fisico francese Henri Becquerel scoprì la radioattività naturale dell'uranio e la chimica Marie Curie, di origine polacca e naturalizzata francese, scoprì e isolò un altro elemento radioattivo, il radio. Pochi anni dopo, nel 1905, il fisico britannico Ernest Rutherford ipotizzò che si potesse usare il fenomeno della radioattività naturale per misurare l'età delle rocce e ottenne i primi risultati nel suo laboratorio. In pochi anni furono perfezionati i metodi di datazione e scoperti altri elementi radioattivi; iniziò la datazione sistematica di molti tipi di rocce e fu subito chiaro che la Terra, come già avevano sostenuto molti geologi, doveva avere un'età di miliardi di anni, molto più alta di quanto non venisse comunemente accettato.

Il punto di partenza per arrivare alla datazione fu la constatazione che gli atomi degli isotopi instabili, detti *capostipiti*, decadono via via nel tempo. La particolarità del processo è che avviene con un ritmo costante secondo una precisa legge; è stato possibile, così, stabilire per ogni isotopo il *tempo di dimezzamento*, cioè il tempo necessario perché, a seguito del decadimento, la quantità di un elemento radioattivo presente in un minerale si riduca alla metà. Per esempio, per un certo isotopo radioattivo, dopo che è trascorso il primo intervallo di tempo di dimezzamento, misurato a partire dal momento in cui l'isotopo è stato incorporato nei cristalli di un minerale di nuova formazione, resta la metà degli atomi capostipiti, cioè 1/2 del numero iniziale di atomi, mentre il resto è presente come prodotto stabile. Al termine del secondo intervallo uguale al tempo di dimezzamento, resta la metà di quella metà, ossia 1/4 del numero iniziale; quando sarà trascorso il terzo intervallo, ne resterà 1/8, e così via [Figura 5]. Il tempo di dimezzamento è caratteristico per ogni tipo di isotopo [Tabella 1] e non è alterabile da fattori esterni, quali temperatura, pressione o concentrazioni chimiche.

Supponiamo, per esempio, che un magma contenente isotopi radioattivi di un elemento si raffreddi e si trasformi in roccia. Dal momento in cui gli atomi di un isotopo instabile entrano a far parte dei reticoli cristallini di un minerale, inizia il processo di decadimento: col passare del tempo, pur rimanendo fissi nella loro posizione nei cristalli, quegli atomi si trasformano nei corrispondenti *isotopi stabili,* ormai inamovibili se la roccia non viene alterata. Se ora si esamina in laboratorio la composizione chimica di quella roccia, si possono determinare la quantità di isotopo stabile presente e quella dell'isotopo instabile («capostipite») che era presente all'inizio del decadimento (pari alla somma della quantità di capostipite ancora presente e di quella «consumata» per dare origine alla forma stabile). Con questi dati è possibile stabilire quante volte è trascorso il tempo di dimezzamento (o una sua frazione) e risalire *a quanto tempo fa* quella roccia si è cristallizzata.

Alcuni isotopi decadono velocemente, per cui hanno tempi di dimezzamento brevi e si esauriscono rapidamente. Se in una roccia tutti gli atomi capostipiti si sono trasformati in discendenti, l'«orologio» radiometrico si è scaricato (e si può sapere quanto tempo c'è voluto), ma non si può stabilire *da quanto tempo* sia «fermo». Bisognerà allora ricorrere a un altro elemento radioattivo, di più lunga vita: nel caso dell'uranio-238 il tempo di dimezzamento è pari a 4,5 miliardi di anni, il che significa che è possibile datare per via radiometrica rocce formatesi in qualunque momento della storia della Terra, purché contengano quell'isotopo.

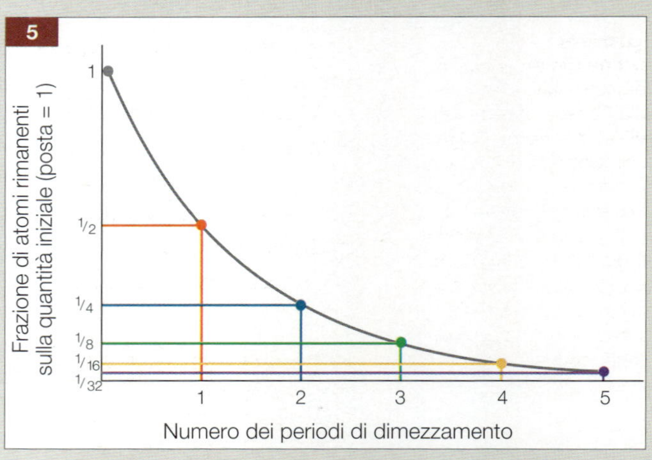

Figura 5
Il numero di atomi radioattivi in un determinato minerale diminuisce nel tempo con un ritmo esponeziale. La curva, costruita passando per i punti che indicano (in ordinata) la *quantità* di isotopo instabile rimasta al passare di ognuno dei periodi che (in ascissa) esprimono il *tempo di dimezzamento*, descrive la velocità di decadimento di un isotopo radioattivo. In pratica, dopo che il tempo di dimezzamento è trascorso per 5 volte dall'inizio del decadimento, la quantità di isotopo instabile diventa quasi trascurabile.

Isotopo radioattivo	Tempo di dimezzamento	Isotopo finale
uranio-238	4510 milioni di anni	piombo-206 (solo oltre i 20 Ma)
uranio-235	713 milioni di anni	piombo-207 (solo oltre 20 Ma)
torio-232	13900 milioni di anni	piombo-208 (solo oltre 50 Ma)
potassio-40	1300 milioni di anni	argon-40 (solo oltre 50000 anni)
rubidio-87	47000 milioni di anni	stronzio-87 (solo oltre 10 Ma)
carbonio-14	5570 anni	azoto-14 (non oltre 70000 anni)

Tabella 1
Esempi di tempo di dimezzamento di alcuni isotopi. Nella terza colonna è indicato l'intervallo di età per il quale ogni isotopo può essere impiegato per datazioni radiometriche.

6

Figura 6
Sezione di un tronco d'albero fossilizzato, dalla Foresta Pietrificata dell'Arizona (età: 200 Ma). La circolazione di acqua con silice nei sedimenti che avvolgevano i tronchi ha provocato la *fossilizzazione* del legno, per la sostituzione della sostanza organica con *opale* (fase amorfa della silice) che, nella diagenesi, si trasforma in una varietà di quarzo.

Il processo di **fossilizzazione**, che permette la conservazione di questi resti, può avvenire in vari modi.

Molto comune è la fossilizzazione per **mineralizzazione**, che si verifica facilmente per le parti dure, come scheletri interni, gusci esterni, rivestimenti calcàrei di organismi vari. Tale processo normalmente si attua per impregnazione o sostituzione molecolare del fosfato tricalcico (Ca_3PO_4) delle ossa con carbonato di calcio ($CaCO_3$). Non è raro il caso di sostituzione con silice (SiO_2), come avviene nei legni fossili silicizzati, a livello tanto minuto da conservare perfettamente la struttura originaria [Figura 6].

Se le parti dure degli organismi non si fossilizzano, possono andare distrutte, o venire disciolte e asportate dalle acque circolanti. In tal caso, del fossile, ormai inglobato nella roccia, può rimanere l'**impronta** (o **calco esterno**) o il **modello** (o **calco interno**).

Anche i vegetali vengono conservati con una certa facilità, attraverso un processo di **carbonizzazione** che determina la formazione dei carboni fossili. Non di rado entro il carbon fossile si riconoscono rami o altre parti di alberi delle ère passate o intere piante con fronde, fusto e radici. Il processo si verifica quando i resti di intere foreste rimangono seppelliti sotto i sedimenti. Le sostanze organiche, non più a contatto con l'ossigeno dell'aria, subiscono delle reazioni chimiche che portano a un aumento in percentuale della quantità di carbonio contenuta nei resti rispetto a quella che contenevano quando gli organismi erano in vita.

Casi particolari sono quelli in cui vengono trovate le parti molli di animali, come succede per gli insetti perfettamente conservati nell'ambra, una resina indurita di antiche conifere, gialla e trasparente, entro cui, quand'era ancora tenera, rimasero invischiati piccoli esseri viventi [Figura 7].

Di grande interesse, benché raro, è il rinvenimento di organismi conservati completi: è il caso di elefanti o di altri mammiferi conservati per millenni congelati nel **permafrost** [Figura 8], il terreno perennemente ghiacciato della tundra siberiana. Vengono considerate come fossili anche le sole **impronte**, senza veri resti di organismi, che a volte compaiono sulle superfici rocciose. È il caso di una serie di orme di dinosauri che rappresen-

7

8
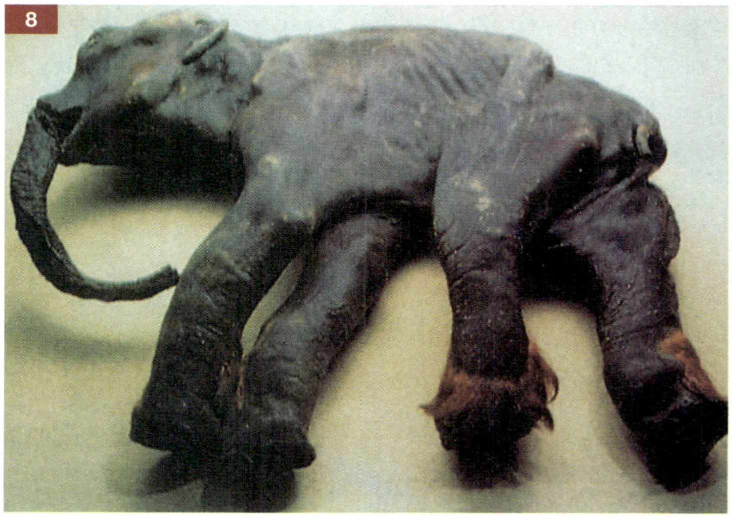

Figura 7
Una vespa rimasta invischiata nella resina di qualche conifera. Nel tempo, la resina si è indurita e trasformata in ambra.

Figura 8
Un cucciolo di mammut trovato congelato nel permafrost, in Siberia.

Figura 9
Tracce di una «passeggiata» di dinosauri. Le impronte di rettili si sono impresse in sedimenti fangosi, in seguito induriti e coperti da altri sedimenti, che hanno protetto le tracce. La diagenesi, trasformando i sedimenti in rocce, ha conservato le tracce per milioni di anni, finché l'erosione le ha riportate alla luce.

■ **Eòne** (Eon) Dal greco *aión*, lungo tempo, eternità. Termine variamente impiegato in filosofia e nelle religioni misteriche, il cui significato originale indicava un periodo di tempo molto esteso.

tano la testimonianza di vere e proprie passeggiate, lunghe parecchi metri: sono molto suggestive, per esempio, quelle trovate presso Rovereto, nella Valle dell'Adige [Figura 9], o quelle scoperte presso Altamura (nelle Murge), che appartengono ad almeno 125 esemplari diversi.

Se si esaminano uno per uno, dal basso verso l'alto, gli strati di una lunga successione di rocce sedimentarie, si osserva che i fossili che si ritrovano in basso sono presenti per un certo spessore di strati. Ma, prima o poi, tali fossili scompaiono e fanno la loro comparsa altri fossili che, a loro volta, lasceranno il posto ad altri organismi ancora, in una specie di «staffetta» senza fine. Rocce sedimentarie di periodi diversi della storia della Terra sono perciò caratterizzate da associazioni di fossili tipiche, diverse da periodo a periodo, ognuna collegata a un preciso momento dell'evoluzione biologica. Riconoscere un fossile presente in una roccia significa non solo avere un elemento in più per risalire all'ambiente di formazione di quella roccia (suggerito dalle «abitudini di vita» del tipo di organismo), ma anche definirne l'età relativa e, attraverso la scala stratigrafica, anche l'età cronometrica.

I fossili di organismi che vissero su un'area estesa e che, dopo un periodo relativamente breve, si estinsero rapidamente, risultano presenti in piccoli spessori di rocce diffuse su ampie regioni. Grazie a loro è possibile collegare («correlare») a distanza (addirittura in continenti diversi) strati formatisi nello stesso intervallo di tempo. Questi organismi sono detti **fossili guida** e sono della massima importanza per mettere in ordine la lunghissima serie di eventi che scandiscono la storia della Terra.

2.3 La storia della Terra è divisa in eòni, ère, periodi

Proviamo ora a ripercorrere questa lunga storia attraverso alcuni momenti fondamentali, cercando di sottolineare la continua interazione delle componenti del sistema Terra: *litosfera*, *idrosfera*, *atmosfera* e, dopo la sua comparsa, *biosfera*. Cercheremo anche di comprendere quando potrebbe aver «cominciato a funzionare» il modello della Tettonica delle placche e di riconoscere le tracce dei grandi cicli geologici che sembrano aver caratterizzato l'evoluzione della litosfera, come il *Ciclo di Hutton* (rivedi il capitolo 2, paragrafo 4) e il *Ciclo di Wilson* (capitolo 5, paragrafo 8.3).

Quelli che offriremo saranno solo dei «flash» in una storia che affonda le sue radici in un passato di oltre 4 miliardi di anni, soprattutto per la prima lunghissima parte, in cui le tracce rimaste sono meno abbondanti e di più difficile interpretazione, come suggerisce la mancanza di immagini in gran parte della «spirale del tempo» della Figura 10.

La storia della Terra è stata suddivisa in numerosi intervalli, più o meno ampi e variamente raggruppati in suddivisioni maggiori (vedi ancora la figura 4).

Gli intervalli fondamentali sono i **periodi**, di lunghezza diversa tra loro (da pochi milioni a varie decine di milioni di anni). I periodi sono raggruppati in **ère**, anch'esse di durata diversa (fino a qualche centinaio di milioni di anni). Questa articolazione si presta bene a scandire gli ultimi 600 Ma circa dell'evoluzione della Terra, ma per i lunghissimi intervalli precedenti si ricorre a unità maggiori, gli **eòni**, che dal più antico al più recente sono:

- **Eòne adeano**: i «primi giorni» della Terra, dalle origini a 4000 Ma fa;
- **Eòne archeozoico**: il tempo dell'inizio, da 4000 a 2500 Ma fa;
- **Eòne proterozoico**: il tempo della vita primitiva, da 2500 a 541 Ma fa;
- **Eòne fanerozoico**: il tempo della vita manifesta, da 541 Ma fa a oggi.

Generalmente, ci si riferisce ai primi tre eòni (adeano, archeano e proterozoico) con il termine **Precambriano**, cioè precedente al Cambriano, con il quale 541 Ma fa è iniziato l'Eòne fanerozoico. Per semplicità seguiremo anche noi quest'uso.

Figura 10
Questa lunga spirale rappresenta il tempo trascorso dall'origine del nostro pianeta a oggi, e permette di avere un'idea della distribuzione nel tempo di alcuni dei principali avvenimenti che hanno caratterizzato la storia della Terra. L'intera evoluzione dell'uomo occupa solo una piccola frazione della spirale. Il lungo intervallo di tempo che precede l'Era paleozoica, indicato in figura, anch'esso suddiviso in intervalli, viene complessivamente definito *Precambriano*. Le datazioni radiometriche che compaiono nella figura sono state aggiornate in base ai più recenti dati della *International Commission on Stratigraphy* (vedi figura 4).

10

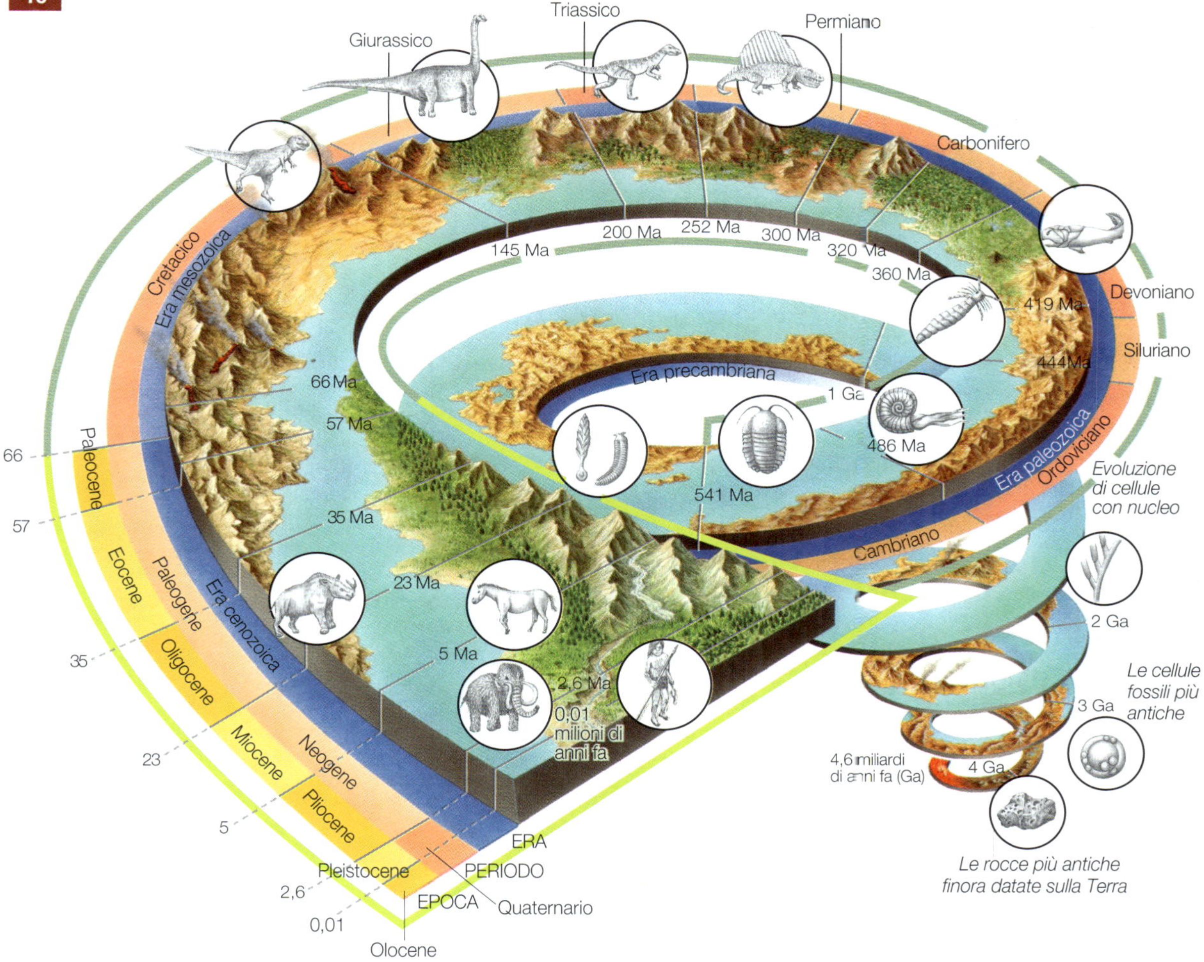

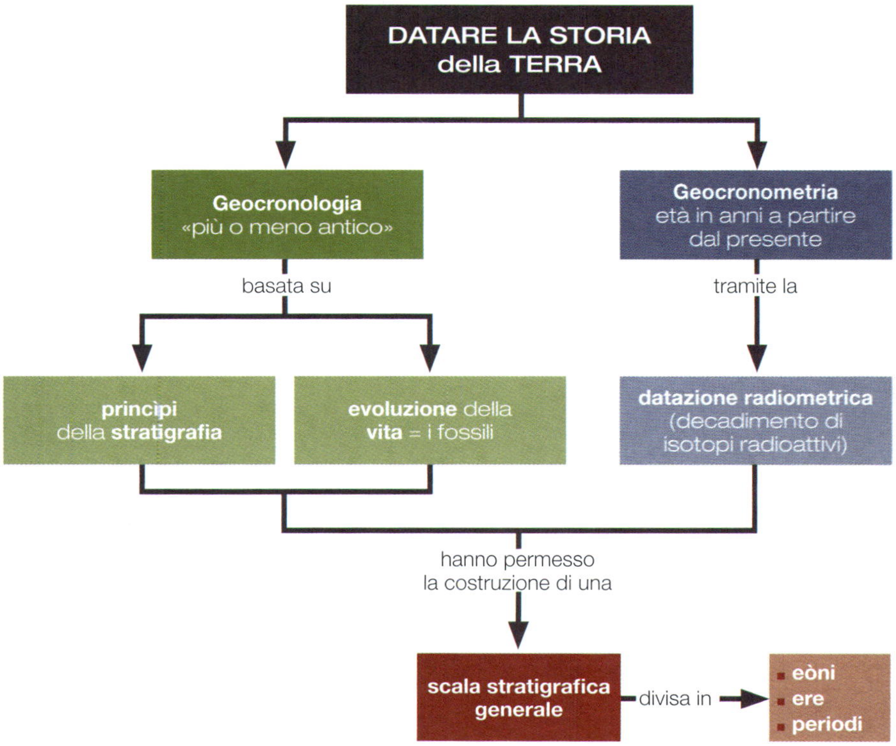

QUESITI

1. I fossili guida sono fossili di organismi vissuti
   - **A** per un breve periodo di tempo, su un'area geografica estesa.
   - **B** per un lungo periodo di tempo, su un'area geografica estesa.
   - **C** per un breve periodo di tempo, su un'area geografica ristretta.
2. Scegli l'alternativa corretta.
   Uno dei processi più comuni di fossilizzazione è la **carbonizzazione/mineralizzazione** che si verifica facilmente per le parti dure dei vari organismi; i vegetali possono essere conservati facilmente attraverso il processo di **carbonizzazione/mineralizzazione**.
3. Che cos'è la Geocronologia?
4. Quali tipi di datazioni sono fornite dalla Geocronologia?
5. Che cos'è la Geocronometria?
6. Su quali datazioni si basa?
7. Come si ottiene una datazione radiometrica?
8. Come avviene il processo di fossilizzazione e che cosa produce?

3 Il Precambriano

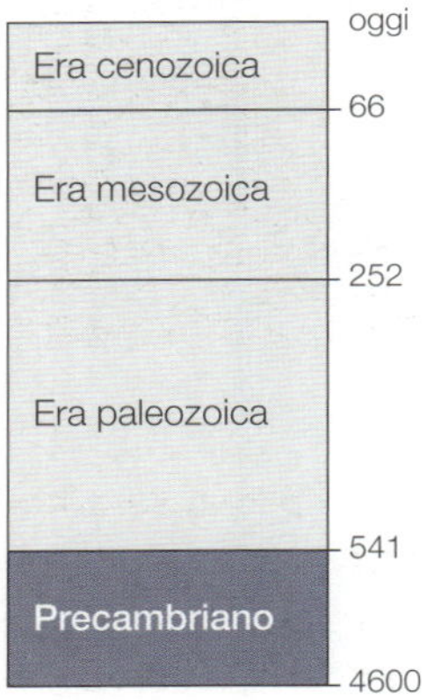

Il Precambriano è un intervallo di tempo lunghissimo, che corrisponde all'85% di tutta la storia della Terra. Il Precambriano offre una successione di episodi tra loro staccati e molto meno definiti di quelli più recenti. Tutto ciò dipende dal fatto che le rocce precambriane sono state piegate, fagliate, intruse da magmi e, soprattutto, metamorfosate anche intensamente più volte, e ciascun evento ha mascherato ampiamente quelli precedenti. Inoltre, i resti fossili sono estremamente rari e viene spesso a mancare, di conseguenza, la possibilità di correlare affioramenti tra loro lontani. Tuttavia, è in questo periodo che si verificano alcune delle più importanti trasformazioni del pianeta che condizioneranno profondamente tutta la sua successiva evoluzione: cerchiamone perciò le tracce, esaminando i tre eòni in cui è stato diviso il Precambriano: Adeano, Archeozoico e Proterozoico.

11

Figura 11
Un'immagine delle prime fasi del Sistema solare. Attorno alla stella da poco accesa ruotano numerosi corpi di diverse dimensioni. La maggior parte di essi, attraverso ripetute collisioni, darà origine ai pianeti. Molti altri continueranno a bombardare le nuove superfici, costellandole di crateri. (da Morgan L., Brown B., *Il grande pianeta*, De Agostini, 1989)

3.1 Da una nube di polvere di stelle nasce il Sistema solare

Il Sistema solare, di cui fa parte la Terra, occupa un piccolo settore della Via Lattea, la nostra galassia. Per tempi lunghissimi, in quel settore si era estesa una grande *nebulosa,* cioè una gigantesca nube di gas e di polveri finissime, fredda e rarefatta, simile a tante altre diffuse nella galassia. La nube comprendeva idrogeno ed elio (gli elementi più diffusi nell'Universo) e una certa quantità di tutti gli altri elementi chimici, che oggi sono presenti nella composizione dei vari corpi del Sistema solare, e che rappresentavano una «polvere» di stelle più antiche, esplose alla fine della loro evoluzione.

Circa 5 miliardi di anni fa, come conseguenza di perturbazioni dovute a cause sconosciute, una parte della nube cominciò a collassare su sé stessa e nella contrazione si originò un gigantesco vortice, con la forma di un disco appiattito. Per milioni di anni al centro del disco si accrebbe un nucleo sempre più denso e caldo, che finì per dare origine alla stella Sole circondata da miliardi di corpi che le orbitavano intorno velocemente fino a grandi distanze [Figura 11].

Ripetute collisioni tra granuli di ghiacci e polveri portarono alla loro aggregazione in corpi di dimensioni sempre maggiori, chiamati «planetesimali» [Figura 12]. Successive collisioni e aggregazioni tra planetesimali diedero origine ai pianeti, che, nelle loro orbite intorno al Sole, «ripulirono»

12

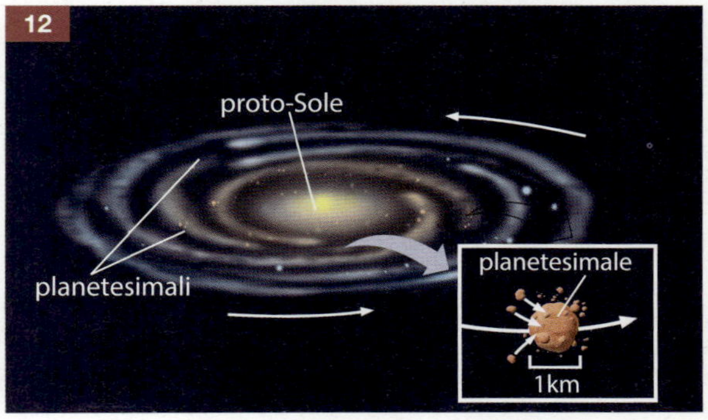

Figura 12
La formazione dei *planetesimali*. Nella parte più esterna del disco, formata da gas e polveri, si originano granuli che collidono tra loro e si aggregano in piccoli agglomerati o planetesimali.

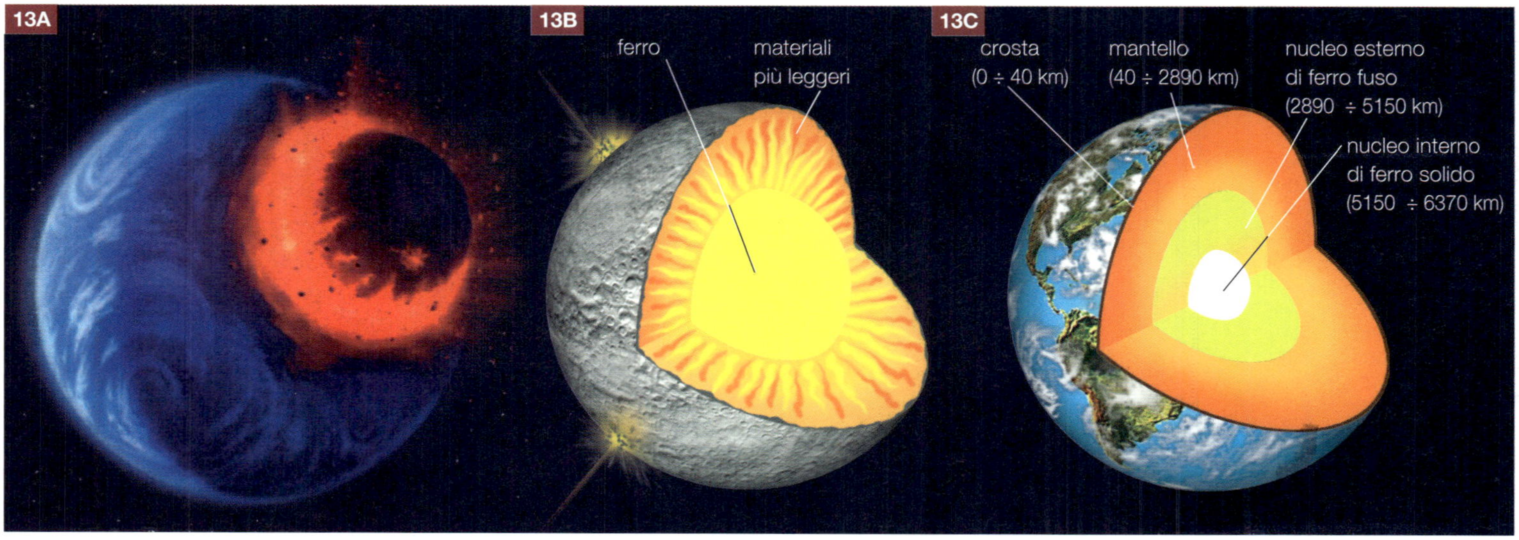

Figura 13
La «catastrofe del ferro», all'inizio dell'Eòne adeano.
A. Una ricostruzione del «grande impatto» che portò alla formazione della Luna (da *Le Scienze*, settembre 1994).
B. La massa di materiali che costituisce il pianeta, riscaldata dal calore liberato dalla contrazione gravitazionale, dal continuo bombardamento meteoritico e dal grande impatto, assume anche in profondità una consistenza pastosa e, nella parte più esterna, è ampiamente fusa; come conseguenza, i materiali si separano: il ferro e altri metalli ad alta densità scendono verso l'interno, probabilmente come rivoli di ferro liquido attraverso una trama di silicati porosi; i silicati, a loro volta, essendo meno densi, risalgono verso l'alto.
C. Il lungo processo diede al pianeta la struttura «a involucri» che lo caratterizza anche oggi: un denso *nucleo* metallico avvolto da uno spesso *mantello* silicatico, ricoperto da una sottile *crosta* eterogenea.

lo spazio circostante dagli abbondanti residui delle collisioni costringendoli, con la forza gravitazionale, a precipitare sulle loro superfici come meteoriti. Il giovane Sistema solare conobbe allora una lunga fase di «bombardamento cosmico», illuminato e riscaldato dalla «fornace nucleare» del Sole. Comincia così la storia della Terra, il terzo pianeta a partire dalla stella Sole.

3.2 Eòne adeano (o Adeano): dalle origini a 4000 Ma fa

L'Adeano comprende i frammenti più antichi della storia della Terra. Circa 4450 Ma fa il nostro pianeta era ormai uscito dalla fase di accrescimento per aggregazioni di planetesimali e aveva dimensioni simili a quelle attuali. L'energia liberata dalla contrazione per effetto della gravità, dai processi di decadimento degli isotopi di elementi radioattivi e, soprattutto, dai ripetuti impatti del grande bombardamento cosmico lo aveva ampiamente riscaldato anche in profondità. Inoltre, circa 4500 Ma fa, quando già era avanzato il processo di accrezione, era avvenuto il «grande impatto» con la Terra di un planetesimale delle dimensioni del pianeta Marte, la cui massa è 1/10 di quella del nostro pianeta [Figura 13A]. La gigantesca collisione aveva provocato la formazione della Luna per la riaggregazione del mantello del corpo impattante (da allora rimasta in orbita intorno alla Terra) e la fusione di gran parte del mantello terrestre fino a profondità di alcune centinaia di kilometri, con la formazione di un vero oceano di magma. Come conseguenza dell'enorme quantità di energia assorbita per l'impatto, l'intero interno del pianeta si riscaldò, tanto da assumere uno stato «pastoso», nel quale i diversi materiali potevano muoversi [Figura 13B]. Iniziò così il processo noto come **differenziazione**: all'interno del pianeta, il ferro e il nichel, per la loro alta densità, iniziarono a scendere verso il centro della Terra, fino a formare il nucleo [Figura 13C]. Quell'evento è spesso citato come «catastrofe del ferro». La differenziazione portò i minerali silicatici a concentrarsi nella parte esterna al nucleo, in quanto meno densi e più refrattari.

Il nucleo di ferro-nichel, inizialmente liquido, rimase avvolto da uno spesso mantello di minerali silicatici, mentre il raffreddamento determinò ben presto la formazione di una prima crosta.

Le rocce che testimoniamo tale evento sulla Terra non si sono conservate, poiché sono state cancellate dagli eventi successivi. Sulla Luna, invece, si è in parte conservata la crosta primitiva, vecchia di oltre 4400 Ma (le rocce più antiche riportate dagli equipaggi delle missioni *Apollo* risalgono a 4410 Ma); in realtà, l'intenso bombardamento meteoritico sbriciolò quella crosta, ma i detriti prodotti dalle collisioni formarono i giganteschi accumuli di brecce che costituiscono gli altopiani della superficie della Luna (le parti che, viste dalla Terra, appaiono più chiare). L'evoluzione geologica della Luna si arrestò 3000 Ma fa e da allora i materiali degli altopiani sono rimasti praticamente immutati, per cui la missione *Apollo 15* ha potuto raccogliere frammenti di quella antichissima crosta, che è risultata formata da *anortosite*, una roccia magmatica della famiglia dei gabbri e dei basalti. Si ricordi che rocce del tutto analoghe costituiscono l'attuale crosta oceanica del nostro pianeta, prodotte da magmi che derivano da fusione parziale del mantello: indagini geofisiche (effettuate da alcune delle missioni *Apollo*) hanno messo in evidenza che anche sotto la crosta della Luna è presente un mantello fatto di materiali solidi, di natura basica.

■ **Materiali refrattari** (**Refractory materials**) Materiali che resistono, senza fondere o alterarsi, a elevate temperature. Ricordiamo che ogni sostanza ha un suo specifico *punto di fusione*, che indica il valore della temperatura necessario per farla passare dallo stato solido allo stato liquido, e che il punto di fusione varia, per ogni sostanza, con il variare della pressione o in presenza di fluidi.

Figura 14
Ipotesi di una crosta basaltica primitiva, di modesto spessore, così come avrebbe potuto presentarsi 4200 Ma fa. Gli impatti meteoritici sulla superficie e i moti convettivi nel sottostante mantello, molto caldo, frantumano ripetutamente la crosta che si sta solidificando. Parte del mantello fonde e trabocca in superficie. Gas e vapore acqueo vulcanici si mescolano con prodotti simili portati dalle comete.

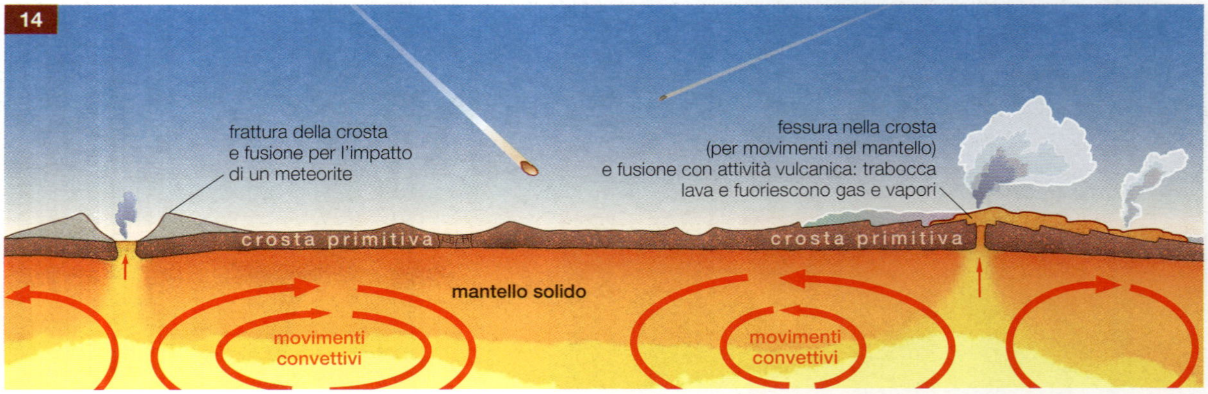

Sulla base di queste scoperte si ritiene che nelle prime fasi di evoluzione della Terra si sia verificato un processo analogo e che anche il mantello del nostro pianeta si sia ricoperto di una primitiva **crosta basaltica** [Figura 14], in seguito smantellata dagli impatti del grande bombardamento meteoritico e cancellata dai numerosi eventi successivi. L'attività della Terra, infatti, non ha conosciuto soste e anche dal buio di tempi così lontani è emerso qualche segno che l'evoluzione geologica stava procedendo: prima della fine dell'Adeano, si è formato anche qualche lembo di crosta diversa da quella primitiva basaltica, simile a quella che viene distinta come continentale. Di quest'ultima è rimasta qualche esile traccia. In Australia, nel 1983, è stata trovata un'arenaria associata a terreni di circa 3000 Ma anni fa (quindi successivi all'Adeano), che contiene però granuli di zircone, la cui età radiometrica è risultata di 4300 Ma. Ritrovamenti più recenti, sempre in Australia, esaminati con tecniche avanzatissime, hanno portato questa età a 4400 milioni di anni. Quest'ultima è, ovviamente, l'età della roccia dalla quale sono stati erosi i granuli di zircone quando si è formata l'arenaria. La roccia «madre» è totalmente scomparsa, ma poiché gli zirconi sono minerali del granito, che è una tipica roccia di crosta continentale, essi indicano che a quell'epoca c'era già qualche lembo di **crosta differenziata**, cioè che aveva subito qualche forma di differenziazione magmatica. È un aspetto della storia della Terra che seguiremo da vicino: oggi, la crosta continentale costituisce il 40% del totale della crosta terrestre.

Nell'Adeano la Terra acquistò ben presto un'**atmosfera**. Non era l'atmosfera primitiva di idrogeno ed elio, in quanto tali gas erano stati precedentemente soffiati via dal *vento solare*, una gigantesca esplosione di energia che accompagnò l'inizio dell'attività solare e investì tutto il sistema di pianeti in formazione, e in seguito anche dagli impatti dei planetesimali. Si trattava invece di una **atmosfera secondaria**, formatasi per «degassazione», cioè per risalita di «bolle» di gas e vapori imprigionati nei planetesimali al tempo dell'aggregazione. I gas si liberarono verso l'esterno quando il mantello era in gran parte fuso. La composizione di quell'atmosfera comprendeva: vapore acqueo (in parte derivato da impatti di comete), idrogeno, acido cloridrico, anidride carbonica e azoto. Reazioni chimiche in quell'atmosfera avrebbero prodotto anche metano (CH_4) e ammoniaca (NH_3). Questa densa miscela di gas e vapori innescò un effetto serra che, mantenendo la temperatura elevata, impedì a lungo il rapido raffreddamento della Terra. L'atmosfera secondaria era del tutto priva di ossigeno, quindi era assolutamente proibitiva per la massima parte delle forme di vita attuali.

Anche l'acqua, presente come vapore nella nebulosa originale quando i pianeti si stavano formando, fu soffiata via dal vento solare. L'acqua che entrò a far parte inizialmente dell'atmosfera terrestre in forma di vapore acqueo proveniva forse dai minerali idrati presenti nei planetesimali, ma è anche probabile che fosse giunta in una fase più tarda, portata in forma di ghiaccio da meteoriti o da comete che cadevano sulla Terra provenendo da zone esterne del Sistema solare. In seguito, quando la riduzione della temperatura superficiale permise la condensazione del vapore, si formò l'**idrosfera**: si calcola che se anche solo il 10% degli impatti del grande bombardamento fossero stati dovuti a comete, la Terra avrebbe ricevuto acqua a sufficienza per gli oceani attuali. Le piogge che cadevano sulla Terra primitiva non contenevano sali, ma i primi mari cominciarono a raccogliere i sali portati dai fiumi che trasportavano i prodotti della degradazione superficiale. Nello stesso tempo, le acque marine che penetravano in profondità lungo le prime dorsali oceaniche e si riscaldavano, quando risalivano e traboccavano sul fondo dell'oceano trasportavano ioni di elementi come calcio e potassio, che avevano asportato per alterazione chimica dalla crosta oceanica in via di formazione. Calcoli geochimici hanno portato a concludere che la salinità degli oceani dell'Archeano era simile a quella dei mari attuali.

■ **Zircone** (**Zircon**) $Zr(SiO_4)$, silicato di zirconio. È un minerale durissimo, di alta densità, che si trova in minuscoli cristalli in rocce magmatiche acide (come, tipicamente, i graniti) e nelle rocce metamorfiche che ne derivano. Alcune varietà, limpide, sono usate come gemme.

■ **Differenziazione magmatica** (**Magmatic differentiation**) Processo mediante il quale un *magma* «capostipite» può dare origine a magmi (e poi a rocce) di varia composizione. Alla base del processo c'è la constatazione che minerali diversi cristallizzano a temperature differenti, per cui la composizione del magma in raffreddamento cambia man mano che viene impoverito degli elementi chimici entrati nei minerali già cristallizzati.

■ **Minerali idrati** (**Hydrated minerals**) Composti chimici che contengono molecole d'acqua nella loro struttura cristallina, sotto varie forme. Ne sono esempi il gesso $CaSO_4 \cdot 2H_2O$ (solfato di calcio biidrato) e i minerali argillosi, in cui le molecole di acqua sono racchiuse tra gli «strati» che formano il reticolo cristallino.

15A

15B

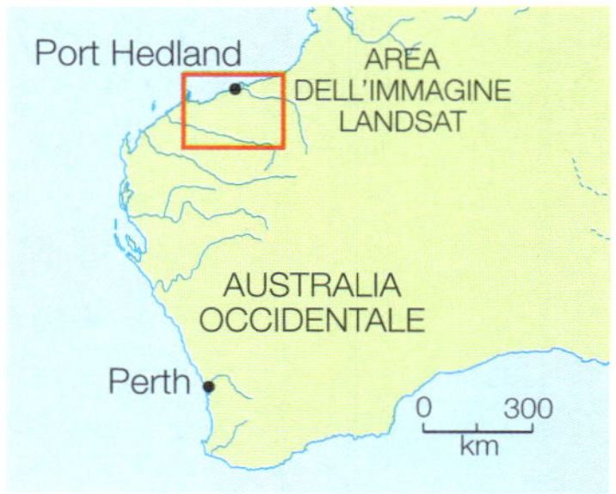

15C

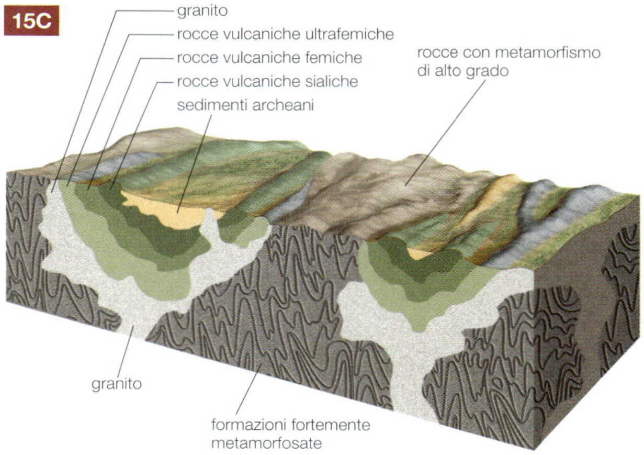

Figura 15
Struttura crostale formata da *catene a pietre verdi* associate a *gneiss granitoidi*.
A. L'immagine, presa da satellite, mostra gli «ovali» chiari di gneiss (la serie di «macchie» chiare, di varie forme e dimensioni, sotto il centro dell'immagine) circondati da catene di rocce profondamente deformate (di colore tra verde e blu). L'affioramento risale a 2800-2600 Ma fa, verso la fine dell'Archeano. I terreni che circondano quest'area sono più giovani e appartengono al successivo Eone proterozoico. (NASA)
B. Posizione dell'area rappresentata nella figura A.
C. Schema della possibile formazione delle *catene a pietre verdi*. La sezione geologica mostra sedimenti marini, lembi di crosta oceanica e prodotti di archi vulcanici «schiacciati» tra proto-continenti che stanno entrando via via in collisione. Quei materiali, deformati e metamorfosati durante la «suturazione» dei lembi continentali, formano catene a pietre verdi «incastonate» in un continente divenuto più esteso.

Verso la fine dell'Adeano, poco più di 4000 Ma fa, la Terra aveva una crosta solida, probabilmente basaltica. Tale crosta era ricoperta da un mare poco profondo, dal quale emergevano rare terre: isole vulcaniche circondate dai detriti di erosione e lembi di una crosta differenziata. L'atmosfera densa, calda, aggressiva per la presenza di acidi (solforico e cloridrico) attaccava le rocce affioranti e scioglieva alcuni elementi che le acque trascinavano in mare. Tra questi elementi compariva il calcio, che combinandosi con l'anidride carbonica diede origine ai primi calcàri. Questo fenomeno sottrasse CO_2 dall'atmosfera abbattendo l'effetto serra e innescando un meccanismo regolatore che da allora ha continuato, per miliardi di anni, a operare efficacemente.

3.3 Eòne archeozoico o Archeano: da 4000 a 2500 Ma fa

L'Archeano inizia per convenzione con le rocce più antiche finora trovate: si tratta di veri ammassi rocciosi di quell'età, mentre gli zirconi trovati in Australia sono solo granuli compresi in una roccia molto più giovane. Tali rocce, che affiorano in Canada, sono **gneiss**, cioè rocce fortemente metamorfosate, la cui età è risultata di 3962 (±3) Ma (vedi l'Approfondimento delle conoscenze, *La roccia più antica della Terra: 3962 (±3) Ma*).

Queste rocce sono frammenti di una crosta simile a quella dei continenti attuali, quindi già molto differenziata rispetto alla primitiva crosta basaltica che si ritiene esistesse nell'Adeano. La crosta primitiva basaltica sembra perciò scomparsa senza tracce, riciclata dai moti convettivi, tumultuosi e disordinati, del giovane mantello molto più caldo di quello attuale, e via via sostituita da nuova crosta basaltica, sempre più simile a quella oceanica attuale. Sembra probabile che si fosse già da allora innescato un meccanismo simile a quello attuale dell'espansione dei fondi oceanici, con una crosta basaltica destinata a essere continuamente riassorbita nel mantello per essere rimpiazzata da gigantesche effusioni di nuova lava.

D'altra parte, la crosta continentale, per sua natura meno densa, non poteva venire riassorbita nel mantello, ma per le sue modeste dimensioni non poteva nemmeno formare un involucro continuo. Si cominciava a individuare il profondo «dualismo» fra i due tipi di crosta, che caratterizza tuttora il nostro pianeta.

Qualche prova in tal senso si è conservata; si tratta di terreni un po' meno antichi, formatisi tra 3500 e 2600 Ma, più frequenti in affioramento, nei quali si riconoscono due tipi di associazioni di rocce [**Figura 15**]:

- «*catene a pietre verdi*», che comprendono rocce vulcaniche femiche e rocce sedimentarie (arenarie e conglomerati a ciottoli di granito);
- *gneiss granitoidi*, corrispondenti ad ammassi di rocce intrusive ricche in silice simili al granito, successivamente metamorfosate.

■ **Batteri** (**Bacteria**) Organismi unicellulari di dimensioni microscopiche (lunghezza 0,3-100 μm; larghezza 0,3-2 μm). La cellula è «procariote», cioè priva di membrana nucleare intorno all'unico cromosoma, mentre il citoplasma è racchiuso da una membrana; può essere dotata di uno o più flagelli per il movimento. Alcuni si riuniscono in colonie filiformi o a grappoli; si riproducono per scissione e possono vivere in assenza di ossigeno (anaerobi) e resistere a lungo alla disidratazione e a temperature estreme (da −200 a +99 °C).

Le rocce intrusive ricche di silice testimoniano in maniera chiara che una crosta di tipo continentale era ormai diffusa.

Nell'Australia occidentale i due tipi di rocce sono associati in modo significativo: le catene a pietre verdi formano lunghe fasce strette tra ampi lembi di gneiss granitoidi di forma grosso modo ovale, lunghi fino a qualche centinaio di km (rivedi la figura 15A). Le catene a pietre verdi risultano intensamente deformate in pieghe del tutto simili a quelle delle catene montuose recenti e le rocce vulcaniche che vi affiorano sono basalti con la tipica struttura a «cuscini» delle eruzioni sottomarine: di conseguenza, si pensa che già allora si verificassero collisioni tra blocchi di crosta continentale (gli «ovali» di gneiss granitoidi), che facevano deformare le rocce e i sedimenti di antichi fondi oceanici interposti.

Le catene a pietre verdi si sarebbero formate in corrispondenza di antiche zone di subduzione (rivedi la figura 15C). Già molto prima della fine dell'Archeano, quindi, poteva essersi innescato un meccanismo simile a quello della Tettonica delle placche. La litosfera dell'Archeano era, rispetto a quella odierna, più sottile, più calda e articolata in placche più piccole, ma molto più numerose. Devono pertanto essersi manifestate collisioni e lacerazioni di una prima crosta di tipo continentale, che poteva meglio «galleggiare» sul mantello.

Le terre emerse, prive di suolo e di alberi, erano sottoposte a un'erosione molto più intensa di oggi. L'atmosfera, ricca di anidride carbonica e povera di ossigeno, era molto aggressiva. Inoltre, gli impatti con meteoriti erano ancora frequenti. Tuttavia, proprio nell'Archeano, lungo i margini di quei continenti sommersi dal mare, maturò un evento che doveva influenzare profondamente la successiva evoluzione del pianeta: la comparsa della vita e il successivo sviluppo della **biosfera**, che da allora è andata formando un sistema integrato con l'insieme litosfera-idrosfera-atmosfera.

L'origine della vita è un argomento complesso e tuttora molto dibattuto. In proposito sono state formulate numerose teorie tra le quali nessuna ha ottenuto una validità superiore alle altre. I dati e le prove su cui si basano le teorie sull'origine della vita provengono da campi diversi quali la biologia, la biochimica, la genetica e la geologia. Il contributo della geologia riguarda la ricostruzione degli ambienti, l'indicazione dei materiali disponibili sulla superficie terrestre nei tempi remoti in cui la vita è comparsa e, soprattutto, la descrizione delle forme fossili ritrovate nelle rocce e la determinazione dell'età della loro formazione.

Le più antiche tracce di organismi viventi risalgono a 3500 Ma fa, ma le forme riconosciute, pur essendo molto semplici (simili ai batteri) sono già molto complesse in confronto ai composti inorganici presenti sulla superficie terrestre. Si pensa perciò che la comparsa di organismi viventi sia stata preceduta dalla formazione di un ambiente chimico in cui processi non biologici avrebbero dato origine a soluzioni di sostanze organiche, come amminoacidi, carboidrati e nucleotidi, che sono la base per la formazione di proteine e acidi nucleici.

Secondo la *teoria organica*, un ambiente adatto all'innescarsi di questa *evoluzione chimica* potrebbe essere stato quello dell'atmosfera formatasi con la degassazione del pianeta (e definita, come si ricorderà, «secondaria»), dove la radiazione ultravioletta, scariche elettriche (fulmini) o altre forme di energia, interagendo con le sostanze presenti, avrebbero prodotto molecole organiche complesse. Quei primi composti organici si sarebbero via via trasferiti e accumulati, favorendo ulteriori reazioni chimiche, nei primi mari, probabilmente lungo le coste, dove si formano facilmente pozze d'acqua saltuariamente alimentate dalle maree. In tali ambienti si sarebbe formato così un **brodo primordiale**, contenente acidi grassi e ossiacidi e, in seguito, grassi e zuccheri, che avrebbero fornito la materia prima per i futuri esseri viventi.

La possibilità teorica di una simile concatenazione di eventi è stata verificata in laboratorio nel 1953 dal noto esperimento di Miller-Urey: si fece scoccare una scarica elettrica in un contenitore riempito di metano, ammoniaca, idrogeno e vapore acqueo, per simulare l'atmosfera di allora e i fulmini che la attraversavano. L'acqua fatta condensare al termine dell'esperimento (durato per alcuni giorni) conteneva alcuni amminoacidi semplici, cioè le unità che costituiscono le proteine.

Ipotesi più recenti, che recuperano, in realtà, un'idea da tempo prospettata, partono dall'osservazione che molecole organiche complesse abbondano nelle nubi interstellari, nelle comete e nelle meteoriti litoidi. Gli impatti di comete e di asteroidi che portarono acqua, gas e altre sostanze sul nostro pianeta all'inizio del suo sviluppo, potrebbero avere portato anche quelle molecole organiche. Molti studiosi sono ormai convinti dell'origine nello spazio se non della vita, almeno delle complesse molecole che hanno preceduto la comparsa di forme viventi. Se le molecole organiche provenienti dallo spazio hanno avuto un ruolo effettivo nella comparsa della vita sulla Terra, il medesimo processo potrebbe essersi verificato anche altrove, come su Marte o sotto la superficie ghiacciata di Europa (uno dei satelliti di Giove), dove esistono condizioni favorevoli allo sviluppo della vita. Qualunque sia stato il percorso iniziale, il cammino successivo è ancora molto lungo, in quanto protei-

approfondimento delle conoscenze

La roccia più antica della Terra: 3962 (±3) Ma

Il frammento di roccia illustrato nella Figura 16 proviene da una zona a Sud-Est del Gran Lago degli Schiavi, nei Territori del Nord-Ovest, in Canada. Nel 1989 un gruppo di geologi raccolse questo tipo di rocce in un'isoletta entro il fiume Acasta, dove affioravano rocce metamorfiche, già note per essere molto antiche; le successive analisi con tecniche di datazioni radiometriche mostrarono che avevano trovato i resti metamorfosati delle più antiche rocce finora note sulla Terra: l'età dei campioni raccolti risultò, infatti, 3962 (±3) Ma. (Il termine ±3 indica l'errore con cui si ottiene la misura, per cui la vera età della roccia può essere fino a 3 Ma maggiore o minore del valore trovato.)

Il litotipo è uno *gneiss*, cioè una roccia metamorfica che deriva da trasformazione – a opera di un forte aumento di pressione e temperatura – di rocce sedimentarie argillose o di rocce magmatiche granitiche e dioritiche (cioè da *sialiche* a *neutre*).

Poiché l'età radiometrica è quella del tempo in cui la roccia è stata metamorfosata, le rocce «originali» erano ancora più antiche; in sostanza, l'affioramento del fiume Acasta ci dice che, circa 4 miliardi di anni fa, dalla crosta primitiva si erano già differenziati almeno piccoli lembi di crosta di tipo «continentale», cioè diversa dall'originale crosta basaltica.

Questa roccia è uno **gneiss tonalitico**. Il termine *gneiss* indica un'alternanza di bande formate da minerali con aspetto grossolanamente granulare e di bande nelle quali prevalgono i minerali di aspetto lamellare. L'aggettivo *tonalitico* si riferisce alla composizione mineralogica della roccia che è risultata simile a quella della *tonalite* (dal Passo del Tonale, sul Massiccio della Presanella), una roccia magmatica intrusiva simile alla *diorite*, ricca di plagioclasio associato a quarzo (scarso), orneblenda (un anfibolo) e biotite.

Figura 16
Un campione delle rocce più antiche della Terra, affioranti lungo il Fiume Acasta, in Canada.
A. Nella massa scura di biotite e orneblenda spiccano le bande arancio-rosa di feldspati.
B. Il cerchio rosso indica l'area da cui proviene il campione di roccia.

Composizione mineralogica degli «gneiss di Acasta»

Accurate analisi mineralogiche e petrografiche hanno permesso di riconoscere i singoli minerali dalla cui aggregazione risultano formati questi gneiss.

Plagioclasio oligo-andesina [miscela di $NaAlSi_3O_8$ e $CaAlSi_2O_8$]: di colore da bianco ad arancio-rosa.

Quarzo [SiO_2]: traslucido, grigio biancastro.

Biotite [mica nera: $K(Mg, Fe^{2+})_3(AlSiO_{10})(OH)_2$]: laminette grigio-scuro.

Orneblenda [$NaCa_2(Mg, Fe^{2+})_4(Al, Fe^{3+}, Ti)_3Si_8O_{22}(OH)_2$]: nelle bande scure.

Zircone [$Zr(SiO_4)$]: in cristalli microscopici, come «accessorio» (meno dell'1% del totale).

Compaiono inoltre vari altri accessori, tra cui allanite, titanite, granato, magnetite, pirite e molti altri, in tracce.

La datazione radiometrica è stata effettuata su un minuscolo cristallo di zircone che è stato analizzato utilizzando il metodo uranio-piombo. Lo strumento impiegato è chiamato *SHRIMP*, *Super High-Resolution Ion Micro-Probe* («super microsonda ionica ad alta risoluzione»); esso può colpire il campione da esaminare con un fascio molto sottile (del diametro di 25 micrometri) di atomi di ossigeno ionizzati, che fanno evaporare gli atomi di uranio e di piombo presenti nel punto colpito. Gli atomi vaporizzati vengono quindi fatti passare in uno spettrometro di massa che li separa e li conta; si ottengono, così, le misure delle quantità dell'*isotopo capostipite* e dell'*isotopo stabile* che ne è derivato.

■ **Spettrometro di massa** (Mass spectrometer)
Strumento che separa e analizza atomi e molecole di sostanze allo stato gassoso. Le particelle del gas vengono ionizzate da una scarica elettrica e costrette a muoversi velocemente come un unico fascio lungo un tubo a vuoto, fino a un campo magnetico, che fa modificare più o meno la traiettoria di particelle con massa diversa. Le particelle così separate finiscono in un analizzatore che le identifica.

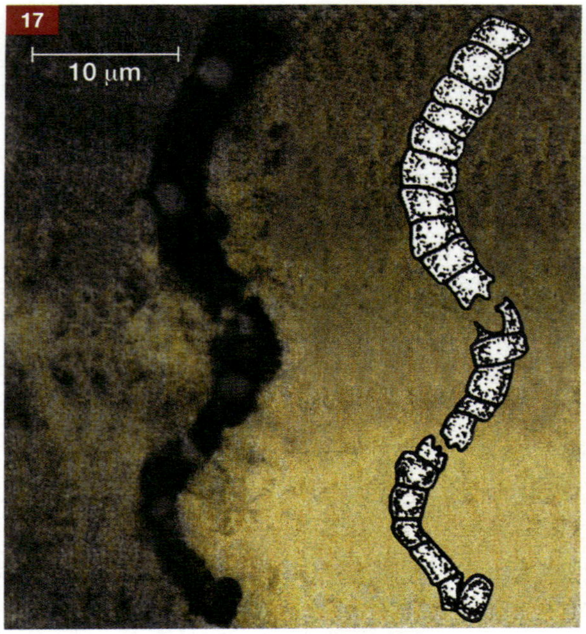

Figura 17
Le più antiche forme di vita finora note, trovate in rocce di 3500 Ma fa. Mosaico di microfotografie e ricostruzione schematica di *Primaevifilum septatum*, un filamento formato di cellule procariote più o meno simili tra loro (μm = micrometro). Le rocce che contengono numerosi esemplari di organismi come quelli illustrati affiorano a Warrawoona, nell'Australia nord-occidentale. (Da S. Raffi, E. Serpagli, *Introduzione alla Paleontologia*, UTET, 1993)

ne e acidi nucleici devono essersi poi organizzati in unità autonome, **proto-cellule**, in grado di autoreplicarsi e capaci di scambi con l'ambiente. Anche se non sappiamo bene come, tutto questo era però avvenuto già 3500 Ma fa, l'età a cui risalgono le prime tracce fossili di organismi viventi, trovate nel Sudafrica e nell'Australia occidentale [Figura 17].

Le «tracce di vita» sono **stromatoliti** e microfossili. In realtà le stromatoliti, che si formano anche oggi, sono tracce dell'attività biologica di una comunità di microrganismi e hanno l'aspetto di concrezioni formate da numerose sottili lamine di calcàre (Figura 18 , nell'Approfondimento *L'importanza delle stromatoliti*). La loro importanza è dovuta al fatto che, nelle forme viventi, i microrganismi sono *cianobatteri* (anche detti «alghe azzurre»), capaci di attività fotosintetica. La fotosintesi è un processo in grado di sintetizzare materia organica sfruttando l'energia luminosa e liberando come sottoprodotto l'ossigeno. Le stromatoliti archeane sono le più antiche testimonianze di un'attività biologica a livello batterico. In uno degli affioramenti dell'Africa meridionale sono stati scoperti, oltre alle stromatoliti, numerosi batteri fossili [Figura 18E].

■ **Microfossili** (Microfossils) Resti fossili di organismi di piccolissime dimensioni, in genere unicellulari.

■ **Cratone** (Craton) Dal greco *krátos*, forza. Il termine si riferisce alla loro condizione di «aree di forza», cioè da molto tempo resistenti alle deformazioni, in contrapposizione alle aree soggette a orogenesi.

I biologi pongono nell'Archeano l'origine di un *ancestore universale*, cioè l'antenato da cui si svilupparono tre grandi domini: *Bacteria* e *Archaea* (comparsi già nell'Archeano) ed *Eukaria* (gli eucarioti). I discendenti dei primi due gruppi sono rimasti organismi unicellulari; i discendenti degli Eukaria comprendono forme più complesse, con cellule provviste di nucleo che contiene i geni, una struttura che ha reso possibile l'evoluzione da organismi unicellulari a organismi pluricellulari (animali e piante).

Possiamo perciò concludere che già 3500 Ma fa esistevano complesse associazioni di microrganismi *procarioti* (cioè privi di nucleo distinto). Alcuni di essi erano probabilmente *eterotrofi* (che per nutrirsi dovevano assimilare direttamente dall'ambiente le molecole necessarie), ma altri erano ormai *autotrofi*, in grado, cioè, di produrre i propri alimenti in modo autonomo attraverso la fotosintesi, divenuta un processo metabolico fondamentale circa 2,7 miliardi di anni fa. Questi ultimi hanno dato il via, in sordina, a una rivoluzione straordinaria, liberando ossigeno in un ambiente in cui tale gas era praticamente assente.

3.4 Eòne proterozoico: da 2500 a 541 Ma fa

L'inizio del Proterozoico è stato posto a 2500 Ma fa in base a datazioni radiometriche. Il passaggio dall'Archeano al Proterozoico è graduale ed è caratterizzato dalla continua crescita della crosta continentale che, all'inizio del nuovo eòne, aveva raggiunto l'80% circa del volume attuale. La maggior parte della crosta terrestre era di tipo oceanico.

Le rocce del Proterozoico sono molto diffuse e costituiscono gran parte della crosta continentale attuale. Nel corso di quasi 2 miliardi di anni, dal «tumultuoso» succedersi di eventi dell'Archeano si passa a una evoluzione più progressiva, che trasforma il nostro pianeta dal suo aspetto più antico al suo «volto» moderno.

Il cambiamento profondo è rappresentato dal modo in cui si deforma la litosfera: cominciano a sorgere catene montuose lunghe migliaia di chilometri, mentre la crosta continentale va assumendo estensioni e spessori sempre più simili a quelli attuali. Si passa, cioè, dai numerosi micro-continenti sparsi in una crosta di tipo oceanico ampiamente diffusa, come abbiamo visto nell'Archeano, ai due tipi di crosta che ritroviamo anche oggi:

- **cratoni**, lembi molto estesi di crosta continentale resistenti alle deformazioni;
- **fasce di crosta oceanica**, mobili e distribuite tra i cratoni.

Nella ricostruzione degli eventi del Proterozoico trova efficace applicazione il modello della Tettonica delle placche, responsabile di numerose orogenesi. Attraverso ripetuti processi di subduzione e collisione, i grandi volumi di sedimenti strappati alle terre emerse dall'erosione e accumulati in mare vengono deformati, parzialmente fusi e infine «saldati» a qualche altro cratone.

La crosta continentale viene, perciò, continuamente rimaneggiata dai movimenti delle placche.

approfondimento delle conoscenze

L'importanza delle stromatoliti

Se si mettono a confronto le composizioni delle atmosfere di Venere, Terra e Marte, risulta evidente una profonda differenza tra il nostro pianeta e gli altri due: l'atmosfera terrestre contiene grandi quantità di ossigeno (oltre il 20%), mentre su Venere questo gas è praticamente assente e su Marte è in quantità minime (0,1%).

Questa diversità è forse il segno più vistoso della strada tutta particolare imboccata dall'evoluzione del nostro pianeta, che per certi aspetti è divenuto unico nel Sistema solare.

Le tracce della trasformazione da un'atmosfera primitiva, simile a quella degli altri pianeti (anidride carbonica, vapore acqueo, azoto e tracce di pochi altri gas, tra cui scarsissimo ossigeno), a un'atmosfera ricca di ossigeno risalgono a tempi molto lontani, addirittura all'inizio dell'Archeano, e si susseguono per almeno due miliardi di anni; le testimonianze sono concrezioni calcaree diffuse nel tempo e tuttora in formazione in particolari ambienti.

Le **stromatoliti** sono biostrutture, cioè accumuli di carbonato di calcio in numerose lamine sottili originati dall'attività di microrganismi unicellulari che vivono in colonie. Lungo le coste attuali dell'Australia nord-occidentale, al riparo entro basse lagune con acque molto salate, nella fascia che rimane scoperta con la bassa marea, affiorano, per kilometri e kilometri, innumerevoli cupolette o basse colonne dalla superficie viscida: sono stromatoliti «viventi» o, meglio, in costruzione. Ognuno dei piccoli ammassi (lunghi anche un metro) è ricoperto da un sottile velo soffice e scivoloso formato da colonie filamentose di cianobatteri (o cianoficee, «alghe azzurre»): l'involucro appiccicoso di ogni cellula di batterio cattura granelli di detriti che successivamente vengono cementati tra loro da carbonato di calcio (fatto precipitare dall'attività degli stessi batteri) e formano un sottile straterello. Quando una singola lamina si indurisce, alcuni batteri rimangono imprigionati e muoiono, mentre altri sopravvivono e il processo continua con un nuovo involucro. Attraverso tale meccanismo, illustrato nella Figura 18A-C, la stromatolite cresce lamina su lamina, con una velocità media di poco più di un centimetro ogni dieci anni [Figura 18D].

Durante il giorno le colonie di batteri sfruttano la luce del Sole per produrre carboidrati (zuccheri) a partire dall'anidride carbonica e da alcuni sali sciolti nell'acqua (fotosintesi); come «sottoprodotto» nel processo si libera ossigeno, che si scioglie nell'acqua del mare e passa poi in gran parte nell'atmosfera.

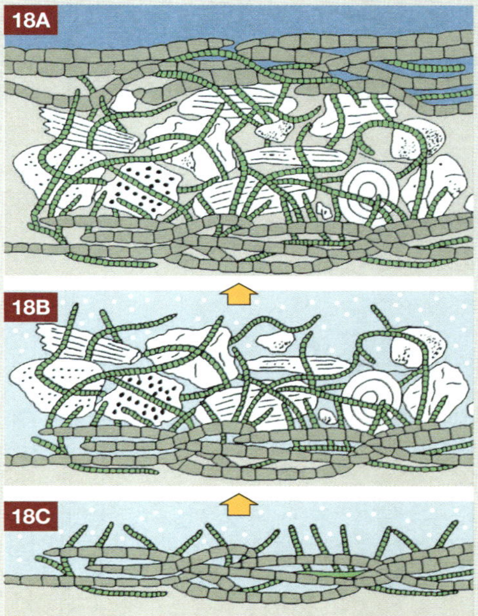

Figura 18
Formazione delle stromatoliti.
A. e **B.** Durante il giorno. Nel sottilissimo «tappeto» algale, sottili filamenti che crescono verso l'alto intrappolano granuli di sedimenti di varia origine. Le minuscole bollicine bianche sono formate dall'ossigeno che si libera durante la fotosintesi.
C. Durante la notte. Lo sviluppo delle alghe è prevalentemente orizzontale e «lega» in modo stabile i granuli intrappolati, formando una lamina di sedimento. (Da S. Raffi, E. Serpagli, *Introduzione alla Paleontologia*, UTET, 1993)

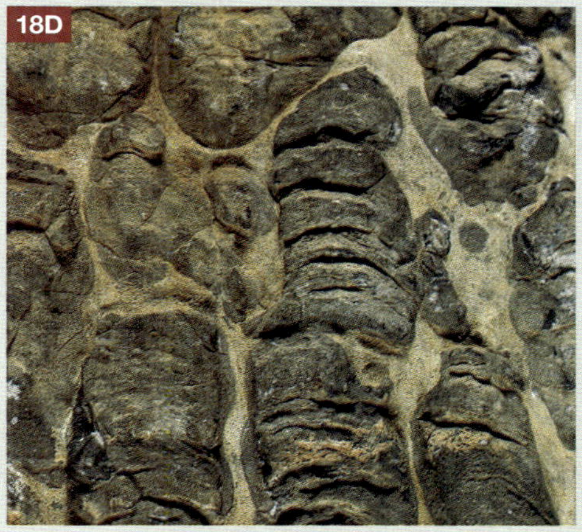

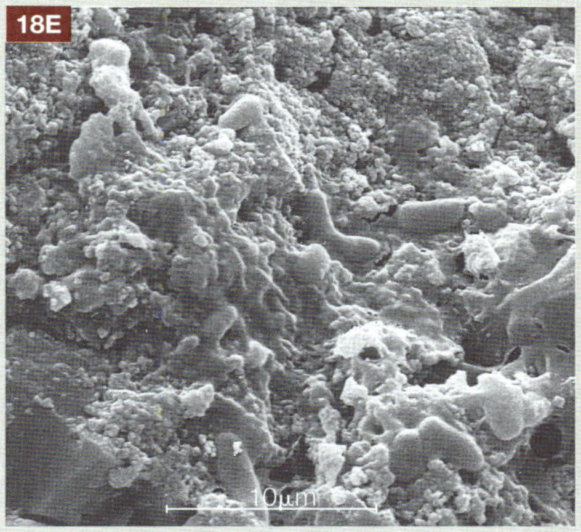

D. Un esempio di struttura delle stromatoliti messo in evidenza dall'erosione (le «colonne» sono alte 10 cm).
E. Batteri fossili trovati in strutture stromatolitiche affioranti nella zona di Barberton in Sudafrica. Queste colonie risalgono a oltre 3,3 miliardi di anni fa. (F. Westal, CNRS Orléans)

Le stromatoliti sono, in pratica, piccole «centrali» che immettono ossigeno nell'atmosfera: oggi sono molto rare e la produzione di ossigeno avviene da parte di innumerevoli vegetali capaci di fotosintesi, e così è stato a partire da circa 600 Ma fa (poco prima dell'inizio dell'Eòne fanerozoico). Ma in precedenza le stromatoliti sono state abbondantissime e risalgono addirittura ad almeno 3500 Ma fa, quando i microrganismi che le producevano erano tra le prime forme di vita di cui si abbia traccia [Figura 18E].

Con lo sviluppo e la diffusione delle stromatoliti aumentò l'ossigeno libero disciolto nei mari e questo provocò una drastica estinzione in massa dei microrganismi anaerobi, cioè di quelle primissime forme di vita, capaci di chemiosintesi e di fermentazione, per le quali l'ossigeno era un «veleno»; solo alcune si «ritirarono» in ambienti specifici, come sorgenti calde in ambiente vulcanico. Altre forme, invece, trovarono il modo di «convivere» con l'ossigeno e di ricavarne, anzi, grandi vantaggi.

L'ossigeno, infatti, è chimicamente molto attivo e si combina facilmente con composti organici liberando notevoli quantità di energia: l'uso dell'ossigeno nella respirazione è un processo estremamente efficiente. Ma le stesse proprietà reattive possono distruggere le cellule se queste non sono adeguatamente protette e tale protezione si realizzò solo con la comparsa degli enzimi. Forse furono necessarie decine o centinaia di milioni di anni, ma quando ciò avvenne, l'evoluzione «aveva fatto» un'altra scelta fondamentale. Gli organismi che si trovarono in vantaggio furono, perciò, quelli capaci di impiegare l'energia solare per combinare anidride carbonica e acqua, ottenendo zuccheri e liberando, come prodotto secondario, ossigeno; nello stesso tempo, essi erano in grado di usare l'ossigeno per «demolire» gli zuccheri trasformandoli in anidride carbonica e acqua e ottenendo energia per ogni necessità biologica.

Figura 19
I supercontinenti nella storia della Terra. I tratti a colori diversi hanno lunghezze proporzionali alle durate dei singoli eoni. Sono indicati i tempi della formazione dei supercontinenti e di alcuni eventi fondamentali nell'evoluzione della litosfera.

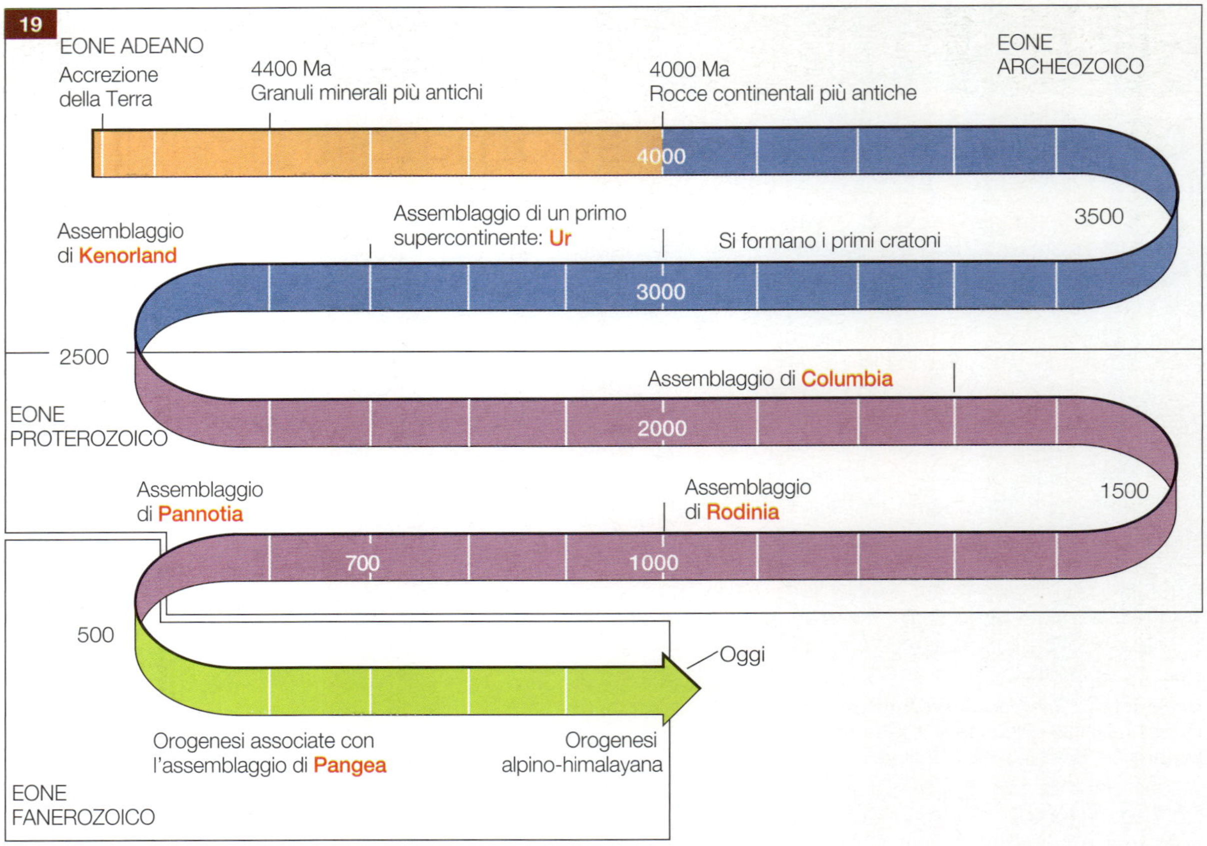

Da allora, con lo sviluppo del nuovo stile tettonico, nell'evoluzione della crosta ha acquistato sempre più importanza il progressivo «riciclaggio» della vecchia crosta continentale attraverso il ripetersi del ciclo geologico: *erosione* e spianamento delle aree emerse, con *accumulo* di nuovi sedimenti nei mari; *orogenesi* con formazione di nuove fasce di crosta continentale che emerge; ripresa dell'erosione che fa accumulare nei mari nuovi sedimenti e così via. Nello stesso tempo, anche la crosta oceanica subisce profonde trasformazioni, con il processo di subduzione, attraverso il quale torna a far parte del mantello; a differenza della crosta continentale, però, quella oceanica viene completamente perduta, tranne esigui lembi che possono rimanere «incastrati» nella crosta continentale nel corso dell'orogenesi. La crosta continentale non subisce subduzione, ma continua a «galleggiare» in blocchi, che i movimenti della crosta portano a saldarsi tra loro o a frammentarsi, facendo cambiare lentamente, ma senza soste, il volto della Terra.

Verso la fine del Proterozoico la crosta continentale aveva ormai raggiunto uno spessore di 30 km (simile allo spessore medio attuale). Con l'aumentare delle testimonianze geologiche è più facile tentare la ricostruzione della distribuzione delle terre emerse e dei mari. Durante la lunga evoluzione della Terra, il movimento casuale dei continenti ha portato più volte alla formazione, collisione dopo collisione, di un'unica distesa di terre emerse: i cosiddetti *supercontinenti*. Fino a ora sono stati individuati diversi supercontinenti [Figura 19]: **Ur** (messo insieme circa 3000 Ma fa, alla fine dell'Archeano), **Kenorland** (2700-2500 Ma fa) e **Columbia** (tra 1900 e 1700 Ma fa) sono i più antichi e di essi non è stata possibile una ricostruzione accurata. **Rodìnia** [Figura 20], formatosi circa 1000 Ma fa, è invece il più antico esempio di supercontinente che si sia riusciti a ricostruire finora in dettaglio ma verso la fine del Proterozoico si era frammentato e nel giro di 100 milioni di anni i frammenti erano tornati ad aggregarsi in modo diverso, fino a formare un nuovo supercontinente, chiamato **Pannòtia** [Figura 21]. Il *ciclo di Wilson* era dunque già attivo.

Nel corso del Proterozoico comincia a cambiare la composizione dell'atmosfera, grazie alla continua emissione di O_2 da parte dei microrganismi fotosintetizzanti. Il fenomeno è registrato nelle rocce dell'epoca: nell'Archeano e per tutta la prima parte del Proterozoico, in varie parti della superficie terrestre si sono andati formando giganteschi **giacimenti di «ferro a bande»** (BIF, *Banded Iron Formation*, Figura 22).

Oltre il 90% dei giacimenti di ferro che conosciamo si sono formati in questo periodo. La loro origine è sedimentaria, per precipitazione chimica in un mare poco profondo, dove il ferro giungeva

20

Figura 20
Una ricostruzione del supercontinente Rodinia, formatosi circa 1 miliardo di anni fa. È il più antico supercontinente finora ricostruito in dettaglio, ma è stato preceduto almeno da altri tre supercontinenti, di volta in volta smembrati in frammenti alla deriva, verso una successiva riaggregazione in forme diverse.

21

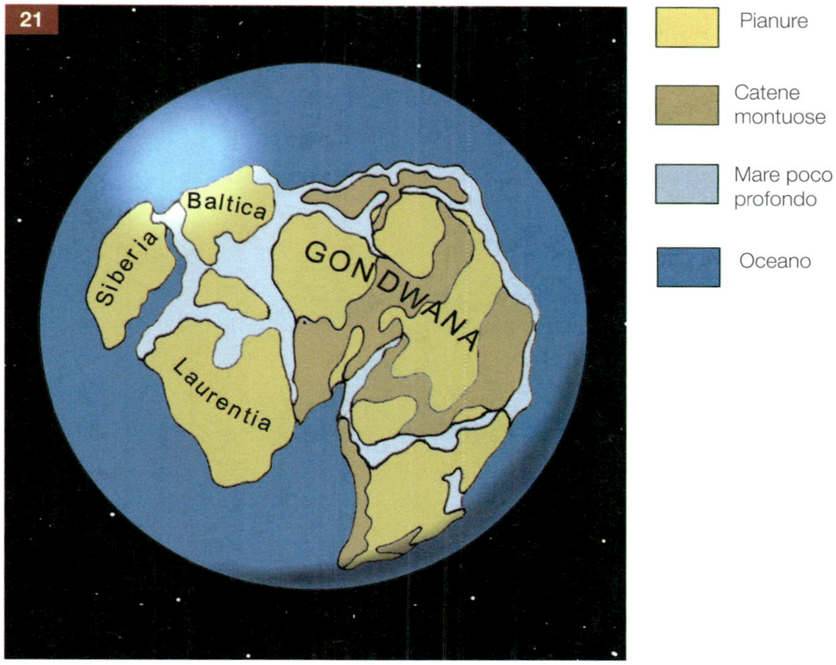

Figura 21
Ricostruzione del supercontinente Pannòtia. Le regioni Laurentia, Siberia e Baltica, separate da mari poco profondi, corrispondono agli attuali scudi canadese, siberiano e baltico. La vasta area indicata come Gondwana si frammenterà solo nell'Era mesozoica.

■ **Ruggine** (**Rust**) Insieme dei composti chimici (idrossidi e carbonati basici di ferro) che si formano sulla superficie di metalli o di minerali contenenti ferro e che si presentano come una sostanza bruno-rossiccia. Il fenomeno di formazione della ruggine in natura è una *alterazione chimica*, provocata dall'ossigeno dell'atmosfera che reagisce con i metalli.

in soluzione con le acque dei fiumi (che lo sottraevano dai minerali delle rocce affioranti sulle terre emerse). Ma il ferro è trasportabile in soluzione solo nella sua forma *ferrosa* (Fe^{2+}) e questo poteva avvenire solo in un'atmosfera *riducente*, cioè priva o molto povera di ossigeno. In caso di atmosfera ossidante, cioè ricca di ossigeno, il ferro si sarebbe trasformato nella forma *ferrica* (Fe^{3+}), insolubile.

Una volta giunto nell'ambiente marino, il ferro ferroso poteva divenire insolubile e precipitare sul fondo a causa dell'ossidazione provocata dall'ossigeno liberato dai cianobatteri che costruivano stromatoliti. In autunno e inverno, invece, l'attività dei cianobatteri si affievoliva e sul fondo del mare si deponevano selce e carbonato di calcio, dando origine all'alternanza di «bande».

La formazione di depositi di ferro a bande è diminuita a partire da circa 2000 Ma fa: non ne esistono che siano più recenti di 1500 Ma. Nello stesso periodo compaiono e sono sempre più frequenti in tutto il mondo formazioni rocciose di ambiente continentale, note come **strati rossi**, che rappresentano depositi fluviali costituiti in gran parte da arenarie cementate da ossidi di ferro ferrico, che conferiscono loro il tipico color ruggine.

L'ossigeno libero, dopo aver via via «ripulito» i mari dal ferro ferroso, aveva cominciato a diffondersi nell'atmosfera, a partire da 2,4 miliardi di anni fa, fino a raggiungere un valore stabile. Era così iniziata, senza più interrompersi, l'ossidazione di tutto il ferro presente nelle rocce delle terre emerse.

Nella prima metà del Proterozoico la vita si diffonde con una grande varietà di forme e con l'affermazione di organismi *aerobi*, cioè che possono

Figura 22
Un tipico esempio di ferro a bande. Si riconosce l'alternanza di «bande» grigie di minerale ferrifero (in genere ossidi di ferro, come *ematite* o *magnetite*) alternate a livelli di selce rossastri. Il campione proviene da una miniera del Michigan (U.S.A.).

22

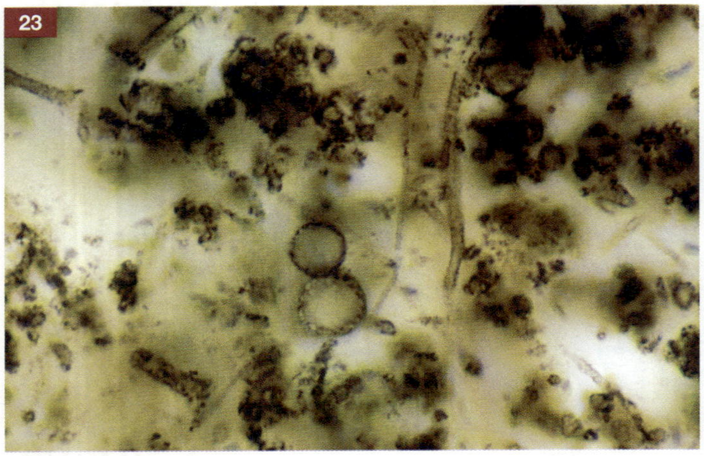

Figura 23
Tipiche forme di organismi viventi di circa 2000 Ma fa. Queste forme sono state trovate in rocce sedimentarie, ricche in selce, che si sono formate un miliardo e mezzo di anni dopo quelle in cui sono state trovate le più antiche forme di vita finora note (vedi figura 17). Nonostante il lunghissimo periodo di tempo trascorso, sono ancora organismi unicellulari e procarioti, ma sono molto diffusi, con oltre cento diversi generi, molti dei quali simili agli attuali cianobatteri (alghe azzurre). Gli esemplari qui raffigurati vengono dalla formazione di Gunflint, in Canada (ingrandimento: ×80).

vivere solo in presenza di ossigeno. Nelle selci della formazione di Gunflint (Ontario, Canada), che risalgono a circa 2000 Ma fa, si sono trovati resti di una trentina di generi di organismi procarioti, tra i quali molti cianobatteri fotosintetici simili a quelli già comparsi alla fine dell'Archeano [Figura 23]. L'ossigeno prodotto nella fotosintesi nei mari continuò a passare nell'atmosfera: verso la fine del Proterozoico la sua concentrazione nell'atmosfera era arrivata al 10% di quella attuale.

Nella seconda parte del Proterozoico l'evoluzione biologica porta a nuove forme di vita. A partire da almeno 1400 Ma fa (ma forse già da 1800 Ma fa), in rocce sedimentarie che affiorano in molte parti della Terra si trovano i primi organismi eucarioti, cioè con un nucleo ben sviluppato e, quindi, con possibilità di riproduzione sessuata (meiosi). L'aumento dell'ossigeno nell'atmosfera, prima ricordato, è stato uno degli eventi più importanti nella storia della Terra, in quanto avrebbe favorito, indirettamente, l'affermarsi delle alghe eucariote, facendo aumentare la presenza nelle acque marine di nitrati (per ossidazione di NH_3), un importante nutriente per quel tipo di alghe. Continuano a diffondersi i procarioti, soprattutto cianobatteri, tanto che le stromatoliti raggiungono il loro massimo sviluppo.

Infine, compaiono forme più complesse. Nelle rocce delle colline di Ediacara (presso Adelaide, in Australia), vecchie di 600 Ma, sono stati trovati resti fossili di varie specie di metazoi, cioè di *organismi pluricellulari* a corpo molle privi di parti resistenti [Figura 24]. Ma questi organismi, che alcuni considerano forme primitive di gruppi attuali, e che altri ritengono invece forme a sé stanti, scomparvero tutti poco prima dell'Eòne fanerozoico. È la prima testimonianza di un'«estinzione in massa» tra i metazoi, dovuta allo sviluppo di predatori o forse a difficoltà ambientali. Ma altri tipi di metazoi sopravvissero all'estinzione e l'evoluzione biologica proseguì.

Figura 24
Una ricostruzione della comunità biologica di *Ediacara*, nella quale compaiono i primi metazoi, le cui forme si sono diffuse tra 630 e 570 Ma fa. Gli animali, tutti a corpo molle, cioè privo di parti scheletriche dure, vivevano su fondali sabbiosi, in acque poco profonde. Alcuni organismi sono medusoidi, liberi di «nuotare» (1 e 2, meduse); altri, a forma di fronda, sono forse colonie ancorate al fondo (3) simili a pennatule attuali, colonie formate da polipi; altri ancora sono simili a echinodermi (4) e artropodi (5); altri infine sono ovali, piatti e con numerosi segmenti simili a vermi (6). Non presentano tracce di bocca né di sistemi circolatorio, respiratorio o digerente, per cui i processi metabolici dovevano avvenire attraverso il corpo (forse in simbiosi con alghe o batteri capaci di sintetizzare sostanze organiche, attraverso fotosintesi o chemiosintesi). La dimensione degli organismi varia da pochi mm a qualche decina di cm. (SPL / Grazia Neri)

Verso la fine del Proterozoico, con l'aumento dell'ossigeno nell'atmosfera, comincia a formarsi lo **strato dell'ozono** (ossigeno sotto forma di molecole triatomiche, O_3).

L'ozono si forma nella stratosfera (tra 15 e 60 km di quota) per azione delle radiazioni solari sull'ossigeno molecolare e agisce da schermo delle radiazioni ultraviolette che, se raggiungessero la superficie terrestre, potrebbero provocare seri danni biologici. Con la formazione dello strato di ozono si preparano le condizioni che permetteranno il passaggio della vita dai mari alle acque superficiali e alle terre emerse. È il preludio alla *fase fanerozoica*, cioè «della vita manifesta», che si avvia a conquistare l'intera superficie terrestre.

ampliamento delle conoscenze

La Terra può diventare *una palla di neve*?

Sono note da tempo tracce di eventi glaciali a scala globale avvenute nel Protozoico, sotto forma di ampie superfici rocciose levigate e coperte di strie e solchi scavati dal movimento di ghiacciai a tavolato di dimensioni continentali e da estesi depositi glaciali (simili alle morene) tenacemente cementati, denominati tilliti (vedi più avanti, figura 46).

L'epoca glaciale proterozoica più recente si è estesa tra 750 e 600 Ma fa, con ripetute alternanze di intervalli glaciali e intervalli interglaciali, più caldi. Le testimonianze di quelle glaciazioni sono diffuse in tutti i continenti attuali (derivati, come vedremo, dalle ripetute frammentazioni di vari supercontinenti succedutisi nel tempo), ma l'aspetto più interessante – in tempi di particolare attenzione per i grandi mutamenti climatici – è che la ricostruzione di quegli antichissimi continenti (effettuata con l'aiuto di dati paleomagnetici; si riveda il capitolo 5, paragrafi 4.2 e 7) ha portato a concludere che il ghiaccio possa essersi esteso nell'emisfero boreale molto a Sud, fin quasi all'equatore! È nata così, alcuni anni fa, l'ipotesi che la Terra possa essere stata completamente ricoperta di ghiaccio, da un polo all'altro. Sulla *Snowball Earth*, cioè **Terra a palla di neve**, il ghiaccio era ovunque sulle terre emerse, ma anche gli oceani erano ghiacciati: la temperatura media doveva essere come nell'attuale Antartide, circa –40 °C, e la vita era impossibile ovunque, tranne che in pochi luoghi prossimi ai vulcani in attività. Da qualche parte, tuttavia, la superficie del mare doveva affiorare libera dai ghiacci, visto che alla glaciazione – durata alcuni milioni di anni – sono sopravvissuti molti gruppi di organismi eucarioti, la cui presenza è documentata in rocce molto più antiche del grande evento glaciale.

Come può essersi innescato il processo che avrebbe prodotto la glaciazione totale? Un possibile scenario proposto dai sostenitori dell'ipotesi prevede che, in una fase iniziale, quando la Terra stava ormai da tempo raffreddandosi, le calotte glaciali polari si espansero e, come conseguenza, le loro superfici bianche rifletterono una quantità crescente della radiazione solare in arrivo (effetto ben noto come albedo). Con una tipica *retroazione positiva*, l'aumento dell'albedo terrestre provocò un ulteriore raffreddamento globale che, a sua volta, favorì una maggiore espansione delle calotte glaciali. Il processo sarebbe proseguito fino a raggiungere le latitudini tropicali, ricoprendo il pianeta di uno spesso strato di ghiaccio. Per alcuni milioni di anni la Terra rimase sepolta da una coltre di ghiacci, mentre i vulcani attivi che emergevano da essa continuavano a liberare lentamente anidride carbonica nell'atmosfera. Quando la concentrazione di anidride carbonica raggiunse un livello critico, si innescò un effetto serra che fece innalzare rapidamente la temperatura e fondere i ghiacci, fino a tornare all'equilibrio iniziale, con due calotte polari glaciali.

L'ipotesi ha sollevato perplessità da parte di alcuni studiosi che non concordano sul fatto che gli oceani fossero totalmente ghiacciati, ma le testimonianze di antiche glaciazioni a latitudini molto basse sono evidenti, come è evidente la riduzione attuale delle superfici ghiacciate, che comporta una diminuzione dell'albedo, con un conseguente aumento della radiazione solare che raggiunge la superficie terrestre. Il riscaldamento dell'atmosfera è ben più complesso e coinvolge altri processi, in un delicato equilibrio di retroazioni positive e negative, ma il concetto ricordato all'inizio di questo capitolo, «il passato è la chiave del presente», deve guidarci a non sottovalutare questi «segnali» che emergono dalla storia dell'evoluzione della Terra: dobbiamo cercarne una spiegazione, che potrebbe fornire qualche preziosa indicazione per guidare i nostri rapporti attuali con il pianeta.

■ **Tillite** (Tillite) Depositi di origine glaciale litificati, cioè trasformati in rocce compatte. Sono costituiti da ciottoli spigolosi, a volte mescolati con grossi frammenti di rocce di tipi diversi, sparsi in una matrice limoso-argillosa. Corrispondono ai depositi fluvio-glaciali abbandonati durante il ritiro di un ghiacciaio o di una coltre glaciale (chiamati, in inglese, *till*). Il termine si riferisce a rigore ai depositi molto antichi (si conoscono tracce di ghiacciai continentali anche nel Proterozoico).

■ **Albedo** (Albedo) L'*albedo* o *potere riflettente* esprime il rapporto tra la quantità di energia riflessa o diffusa da una superficie e la quantità totale di energia che l'ha investita. Nel caso della Terra, la quantità di radiazione solare riflessa dalla superficie coperta di ghiacci o di neve oscilla tra il 45 e il 95 % di quella che riceve.

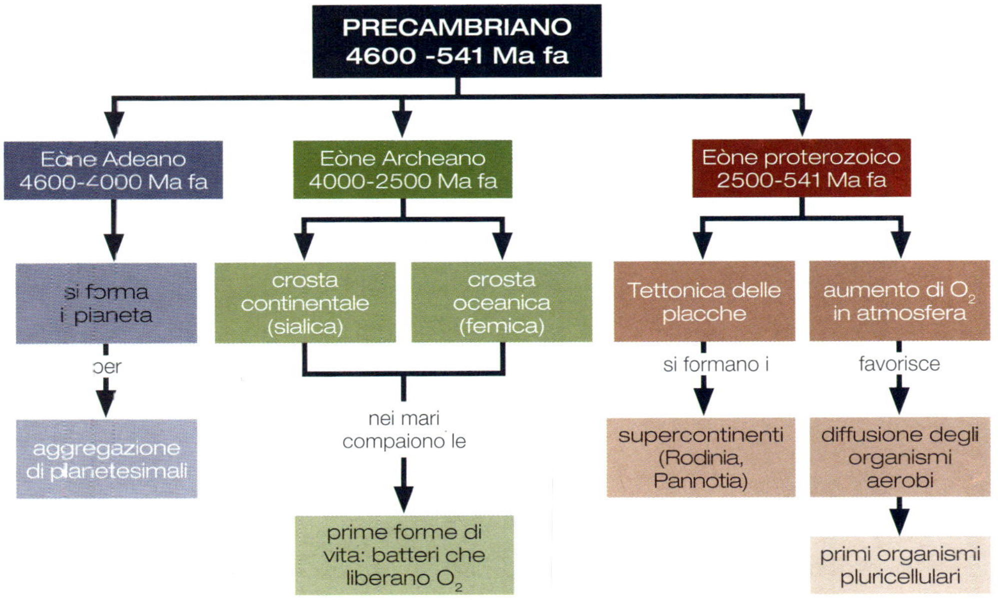

QUESITI

1. Metti in ordine i viventi a partire dal tipo comparso in epoca più antica.
   - ☐ Organismi autotrofi.
   - ☐ Organismi pluricellulari.
   - ☐ Organismi eucarioti.
   - ☐ Cellule procariote.
2. Quando è comparsa la crosta differenziata?
3. Come si è formata l'atmosfera terrestre?
4. Da dove proveniva l'acqua che forma l'idrosfera?
5. Quali sono i principali eventi geologici avvenuti nell'Archeano?
6. Come è comparsa la vita sulla Terra?
7. Quali eventi caratterizzarono la litosfera nel Proterozoico?

4 Eòne fanerozoico: il «tempo della vita manifesta» (da 541 Ma fa a oggi)

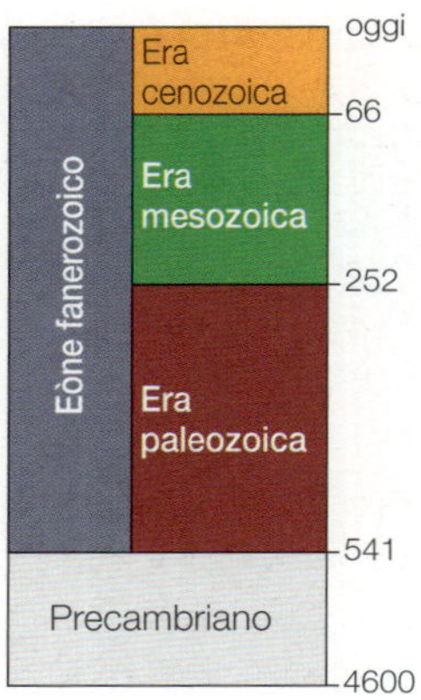

Il Fanerozoico è il periodo di tempo in cui si assiste a un aumento enorme del numero di forme di vita. Dopo tre miliardi di anni di lenta evoluzione biologica degli organismi precursori monocellulari, la vita sembra accelerare improvvisamente le sue trasformazioni. Si moltiplicano gli organismi pluricellulari, che presto si arricchiscono di parti resistenti come gusci e scheletri, compaiono altri tipi di comunità interdipendenti, legate da una complessa catena alimentare. Le forme viventi si insediano ovunque, occupando via via tutti gli ambienti e passando dalle acque degli oceani alle terre emerse. L'ossigeno atmosferico, che molti organismi già da tempo producono, raggiunge i livelli attuali.

All'inizio del Fanerozoico anche il supercontinente Pannòtia inizia a frammentarsi e i singoli continenti – ben diversi da quelli attuali – si disperdono alla deriva. Nel giro di 300 milioni di anni altre collisioni formeranno un nuovo supercontinente, quello individuato da Wegener e da lui chiamato **Pangèa**. Anche questo ben presto si frammenterà in lembi che, ruotando e allontanandosi tra loro, si avvieranno ad assumere le forme e le posizioni dei continenti attuali. Il meccanismo della Tettonica delle placche appare perfettamente funzionante.

L'ambiente chimico-fisico (la terra solida, l'idrosfera e l'atmosfera) e l'ambiente degli esseri viventi (la biosfera) formano un sistema integrato di grande complessità, per cui ogni modifica al suo interno si ripercuote sull'intero sistema, con effetti anche devastanti. Ne sono testimonianza le **estinzioni in massa** che a più riprese portano alla scomparsa di numerosi gruppi di organismi viventi [Figura 25]. Il più grande evento di estinzione in massa, che portò alla scomparsa di più del 50% dei generi esistenti, avvenne verso la fine dell'Era paleozoica e si concluse circa 250 Ma fa. Un'altra, forse più nota perché portò alla scomparsa dei dinosauri, risale alla fine dell'Era mesozoica, 66 Ma fa. Dopo ogni estinzione il sistema ha reagito e la vita è ripresa.

Sembra quasi che questi eventi, apparentemente improvvisi, rientrino in un ciclo evolutivo globale del nostro pianeta, scandito dal continuo formarsi di supercontinenti, che si disperdono in frammenti per tornare di nuovo a ricostituirsi, con forme diverse ma uguale significato. Ma, forse, il vero ciclo, se esiste, ha un ritmo che ancora ci sfugge, magari legato in qualche modo all'evoluzione dell'intero Sistema solare, di cui siamo parte integrante. O il ciclo del tempo è solo un'apparenza e ci stiamo muovendo nel tempo, come lungo la traiettoria di una freccia?

L'intervallo di tempo coperto dal Fanerozoico è molto più breve degli altri eòni: appena 541 Ma; ma le testimonianze sono così abbondanti che è difficile scegliere tra i numerosi eventi ricostruiti. Ci aiuterà in questo la suddivisione in ère e periodi che i geologi hanno da tempo riconosciuto come «scansioni» naturali nella storia più recente della Terra. Dalla più antica alla più recente, le ère sono:
– *Era paleozoica*: tra 541 e 252 Ma fa;
– *Era mesozoica*: tra 252 e 66 Ma fa;
– *Era cenozoica*: tra 66 Ma fa e oggi.

Figura 25
Estinzioni in massa. Il grafico mostra il numero di generi di animali marini con gusci o scheletri presenti via via nel corso dell'Eone fanerozoico. Si riconoscono tre grandi estinzioni in massa, alla fine del Paleozoico (la maggiore), del Triassico e del Mesozoico, indicate nel grafico dalle frecce. (Pa = Paleocène-Oligocène; Ne = Miocène-Pliocène)

25
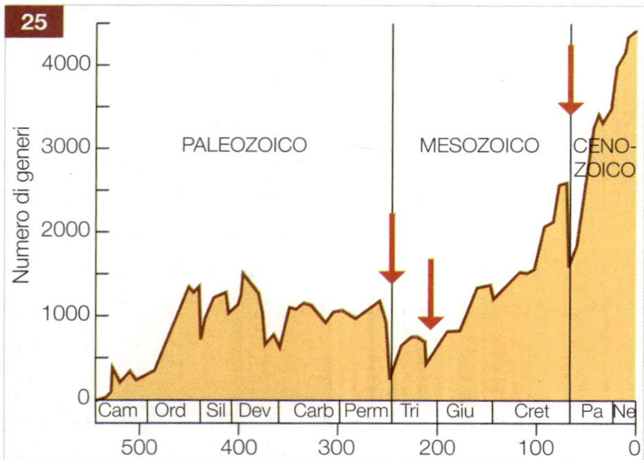

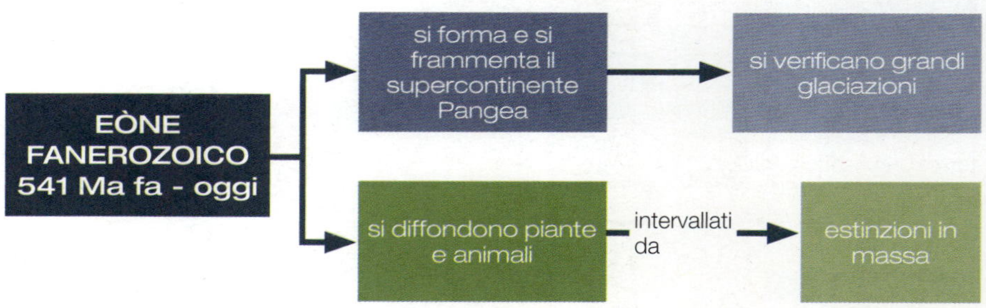

QUESITI

1. Che cosa sono le estinzioni in massa? Quando si sono verificate?
2. In quali ere si divide l'Eòne fanerozoico?

5 Era paleozoica

Video
Evoluzione e diffusione delle piante

Video
Evoluzione e diffusione degli animali

L'Era paleozoica (o **Paleozoico**, «della vita antica») inizia 541 milioni di anni fa e si conclude 252 Ma fa. Venne chiamata anche *primaria*, prima che si scoprisse l'esistenza di terreni ancora più antichi.

L'era è stata suddivisa in vari *periodi*, che possiamo raccogliere in due «gruppi»:

- il Paleozoico inferiore, che va da 541 a 419 Ma fa (diviso nei periodi *Cambriano*, *Ordoviciano* e *Siluriano*);
- il Paleozoico superiore, che va da 419 a 252 Ma fa (diviso in *Devoniano*, *Carbonifero* e *Permiano*).

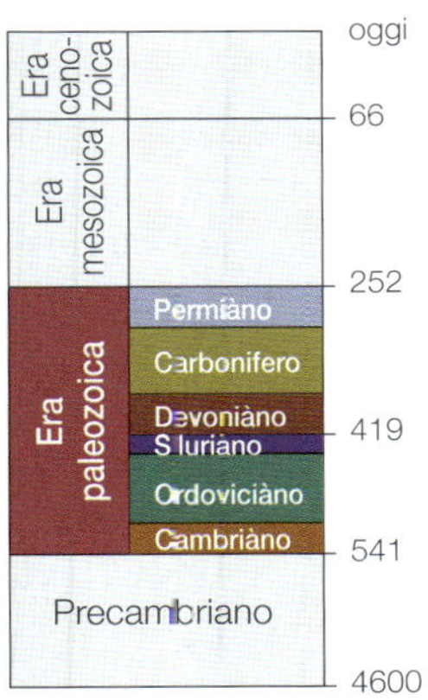

5.1 Il Paleozoico inferiore: antichi continenti alla deriva mentre la vita conquista le terre emerse

Poco dopo l'inizio del Paleozoico, il supercontinente Pannòtia aveva iniziato a frammentarsi ed era stato sostituito da alcuni continenti che andavano alla deriva [**Figura 26**]. L'emisfero meridionale era dominato da un grande continente, **Gondwana**, i cui frammenti formano oggi gli scudi di vari continenti e subcontinenti: Sudamerica, Africa, Australia, Antartide e India. Tracce di una vasta glaciazione, trovate in Africa occidentale, permettono di situare gli antichi terreni in prossimità del Polo Sud. Altri continenti (*Laurentia*, *Baltica*, *Siberia* e *Cina*) e vari frammenti minori erano distribuiti più a Nord, almeno all'altezza dell'Equatore.

Con il passare del tempo il meccanismo della Tettonica delle placche portò a collisione, a più riprese, i vari blocchi continentali. Il blocco continentale nordamericano (Laurentia) si avvicinò al blocco europeo (Baltica); l'oceano interposto (*Protoatlantico* o *Giapeto*) si andava chiudendo e nel suo interno doveva essere attiva una fossa di subduzione. Verso la fine del Paleozoico inferiore (nel Siluriano) si arrivò alla collisione tra i due continenti europeo e nordamericano. Questo processo determinò l'**orogenesi caledonica** (dal latino *Caledònia*, antico nome della Scozia). Futura Europa e futura America del Nord si saldarono in un unico continente (**Laurussia**), mentre il continente asiatico rimase isolato; il continente Gondwana continuò la sua lenta deriva verso Nord. Inutile cercare, in un periodo così antico, i lineamenti dei continenti attuali.

I resti dell'orogenesi caledonica, ridotti ormai a modesti rilievi dalla successiva erosione, sono oggi riconoscibili nei Monti Appalachi settentrionali (Stati Uniti nordorientali), in Groenlandia, Irlanda, Scozia e Norvegia. In Italia, lembi di rocce del Paleozoico inferiore si trovano in Sardegna e in Carnia, che allora facevano parte del Gondwana.

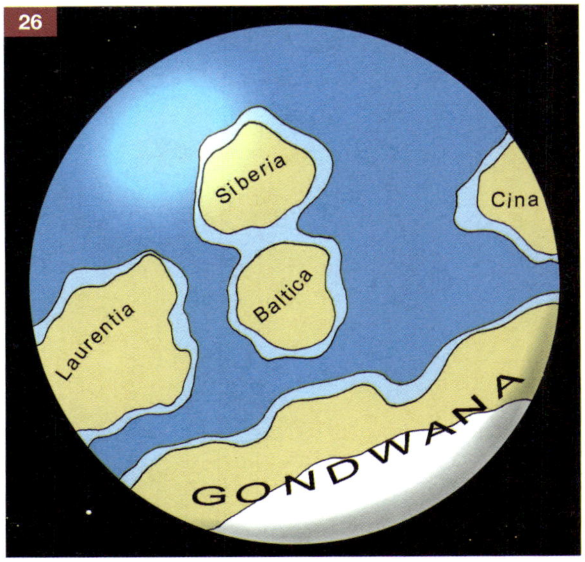

Terre emerse
Calotta glaciale
Mare poco profondo
Oceano

Figura 26
L'aspetto della superficie terrestre all'inizio dell'Era paleozoica, tra 400 e 500 milioni di anni fa. Il grande continente *Gondwana* dominava l'emisfero meridionale, mentre gli altri continenti minori si trovano più a Nord. Non sono state rappresentate le dorsali e le fosse, che pure erano attive, per l'incertezza sulle loro posizioni.

Le rocce del periodo iniziale del Paleozoico (*Cambriano*, dal latino *Càmbria*, antico nome del Galles, la regione inglese da cui iniziò lo studio del Paleozoico inferiore) sono così ricche di fossili che si parla di «esplosione cambriana». Il termine sottolinea che la comparsa di un gran numero di forme di vita, anche molto diverse tra loro, fu un evento geologicamente rapido, che si manifestò nel giro di pochi milioni di anni. Sulle colline di Burgess, nel Canada occidentale, un affioramento di *argilliti* successive a terreni del Proterozoico contiene una ricca fauna di invertebrati marini eccezionalmente ben conservati, soprattutto se si pensa che in gran parte erano animali a corpo molle, cioè totalmente privi di scheletri o gusci. Nella fauna di Burgess sono rappresentati, sia pure con forme molto primitive, quasi tutti i gruppi moderni (spugne, mollu-

Figura 27
Un fossile proveniente dalla comunità biologica trovata nelle *argilliti di Burgess*, in Canada, che risalgono a 530 Ma fa. Questo invertebrato è stato chiamato *Hallucigenia*: lungo soltanto qualche centimetro, era provvisto di due serie di appendici: quelle superiori erano simili a spine, quelle inferiori erano una specie di trampoli, per la deambulazione sul fondo argilloso.

schi, vermi, artropodi), anche se prevalgono gruppi *di incerta posizione sistematica*, cioè con anatomie tali da non poterli attribuire a nessun gruppo animale noto [Figura 27].

Resti di organismi simili a quelli della fauna di Burgess sono stati trovati in tutto il mondo: essi si diffusero perciò ampiamente, forse come una risposta dei primi metazoi alla grande varietà di ambienti marini disponibili.

Sembra proprio che immediatamente dopo la comparsa di organismi pluricellulari l'evoluzione biologica abbia portato alla nascita di specie con piani corporei molto diversi tra loro. Questa sorta di «sperimentazione» naturale, avvenuta tra la fine del Proterozoico e l'inizio del Paleozoico, ha originato due faune così diverse come quella di Ediacara (tutti organismi a corpo molle, già abbastanza diversificati, ma con pochi tipi fondamentali; rivedi figura 24) e quella di Burgess (numerosi tipi di organizzazioni biologiche e comparsa di parti dure, come quelli di figura 27).

Dopo l'episodio di Burgess, l'evoluzione segue numerose altre vie. Tra gli invertebrati marini dominano, inizialmente, i **trilobiti** [Figura 28], forme intermedie tra gli insetti e i crostacei, munite di numerose zampe per muoversi sui fondali sabbiosi dei mari di allora. Essi si diffondono ovunque e spariranno solo dopo oltre 200 Ma.

A queste forme si associano via via numerosi altri invertebrati: spugne, coralli, brachiopodi, molluschi, echinodermi. Le rocce del periodo successivo, l'*Ordoviciano* (da *Ordovici*, nome di un antico popolo che abitava nel Galles), contengono resti fossili dei primi vertebrati: sono gli **ostracodermi** [Figura 29], antenati dei pesci, così chiamati per avere la pelle rivestita da una corazza ossea. Nel *Siluriano* (da *Sìluri*, nome di un antico popolo del Galles) alcune fasce di terre emerse, paludose e costiere, vengono conquistate dalle prime piccole piante, alte poche decine di centimetri, con un fusticino e un semplicissimo apparato fogliare [Figura 30]. Compaiono anche i primi invertebrati che si avvicinano alle terre emerse, prima in ambienti marino-salmastri, poi lagunari: sono gli euripteridi, un gruppo di artropodi simili agli attuali xifosuri, come il limulo. Nello stesso periodo compare sulla terraferma il primo invertebrato che sia riuscito a lasciare l'acqua, un aracnide, simile a una specie di scorpione come quelli attuali.

Figura 28
Un esemplare di *trilobite*, con il corpo tipicamente segmentato. L'esemplare qui raffigurato, che è lungo 10 cm, è stato trovato in rocce del Siluriano-Devoniano del Nordamerica. (G. Pinna, Milano)

Figura 29
Resti fossili di *ostracodermi*. A Dura Den, in Scozia, sono state scoperte le tracce di un antico stagno (dell'Ordoviciano) che, prosciugandosi rapidamente, ha permesso la conservazione di numerosi esemplari di pesci, in gran parte ostracodermi. Si riconoscono in molti esemplari le placche che ne corazzavano l'intero corpo. La testimonianza è eccezionale perché permette di avere un'idea di una comunità vivente e non solo di un accumulo casuale di organismi.

30

Figura 30
Le piante conquistano la terraferma, ancora totalmente deserta, verso la fine del Siluriano. Ricostruzione del tipico ambiente paludoso costiero in cui si sviluppano le prime *crittogame vascolari*, piante senza fiori, con tessuti conduttori ben sviluppati e riproduzione attraverso sporangi, oggi rappresentate, per esempio, da muschi e felci. (J. Augusta, Z. Burian)

Una delle «innovazioni biologiche» più importanti dell'esplosione cambriana fu la comparsa, negli organismi, di parti scheletriche mineralizzate. Ne apparvero di varia natura (carbonato di calcio, fosfato di calcio, silice): da allora l'accumulo di tali parti nei grandi depositi di sedimenti di origine biogena continua a operare un efficace trasferimento di materia dalla biosfera alla litosfera, all'interno del ciclo di trasformazione delle rocce.

■ **Pangèa** (Pangea) Dal greco *pan*, tutto, con il significato di totalità, e *gê*, terra: la totalità delle terre (emerse).

■ **Pantàlassa** (Panthalassa) Dal greco *pan*, tutto, con il significato di totalità, e *thálassa*, mare.

■ **Tètide** (Tethys Sea) Nome originale di quell'antico oceano, proposto dal geologo austriaco E. Suess verso la fine dell'800. Deriva da quello della dea greca figlia di Urano e Gea, sposa di Oceano e madre dei fiumi.

5.2 Paleozoico superiore: nasce il supercontinente Pangèa e scoppia la grande crisi biologica

La seconda parte del Paleozoico è dominata dal progressivo riunirsi dei vari continenti, fino alla formazione di una nuova unica massa di crosta continentale: un altro «supercontinente».

All'inizio del Paleozoico superiore, il lungo oceano che separava il continente meridionale (Gondwana) dai due continenti settentrionali (Laurussia e continente asiatico o siberiano, a loro volta divisi da un ampio mare) comincia a chiudersi: il Gondwana entra infatti in collisione con il bordo meridionale del Laurussia e i due continenti si saldano.

L'attuale Europa centrale si trovava sull'Equatore, come dimostrano i suoi cospicui giacimenti di carbon fossile, che derivano da antiche foreste di tipo equatoriale. Il Sudafrica era invece coperto da una calotta di ghiaccio.

Verso la fine del Paleozoico, anche il continente asiatico (o siberiano) si salda al Laurussia: si innalzano i Monti Urali e si forma il **Laurasia** [Figura 31]. Insieme al Gondwana, le terre emerse formano ora un gigantesco unico continente (**Pangèa**), circondato da un vasto oceano (**Pantàlassa**); all'interno del supercontinente penetra profondamente un ampio mare, che si apre verso Est (chiamato **Tètide**).

La collisione tra le masse continentali determina l'**orogenesi ercinica**, con il sollevamento di alcune catene montuose. Le tracce dell'orogenesi ercinica si seguono nell'Inghilterra meridionale, nell'Europa centrale, negli Urali, in parte dell'Atlante (Nordafrica), nell'Africa meridionale e negli Appalachi

31

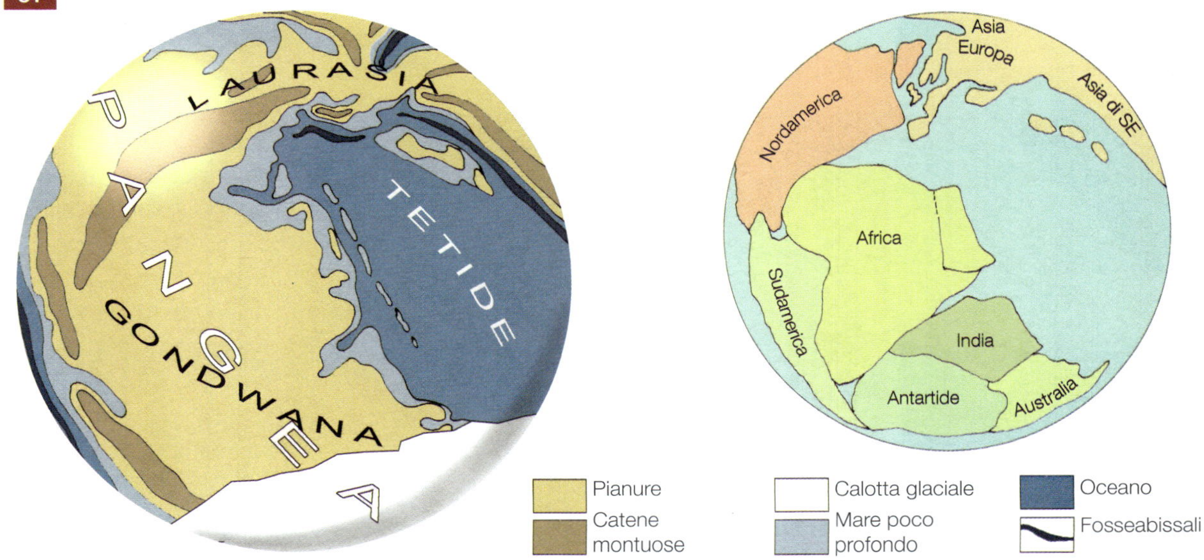

Figura 31
Aspetto della superficie terrestre alla fine dell'Era paleozoica, circa 250 milioni di anni fa, con il supercontinente Pangèa. Nello schema piccolo sono indicati i continenti attuali formatisi con la frammentazione di Pangèa.

32

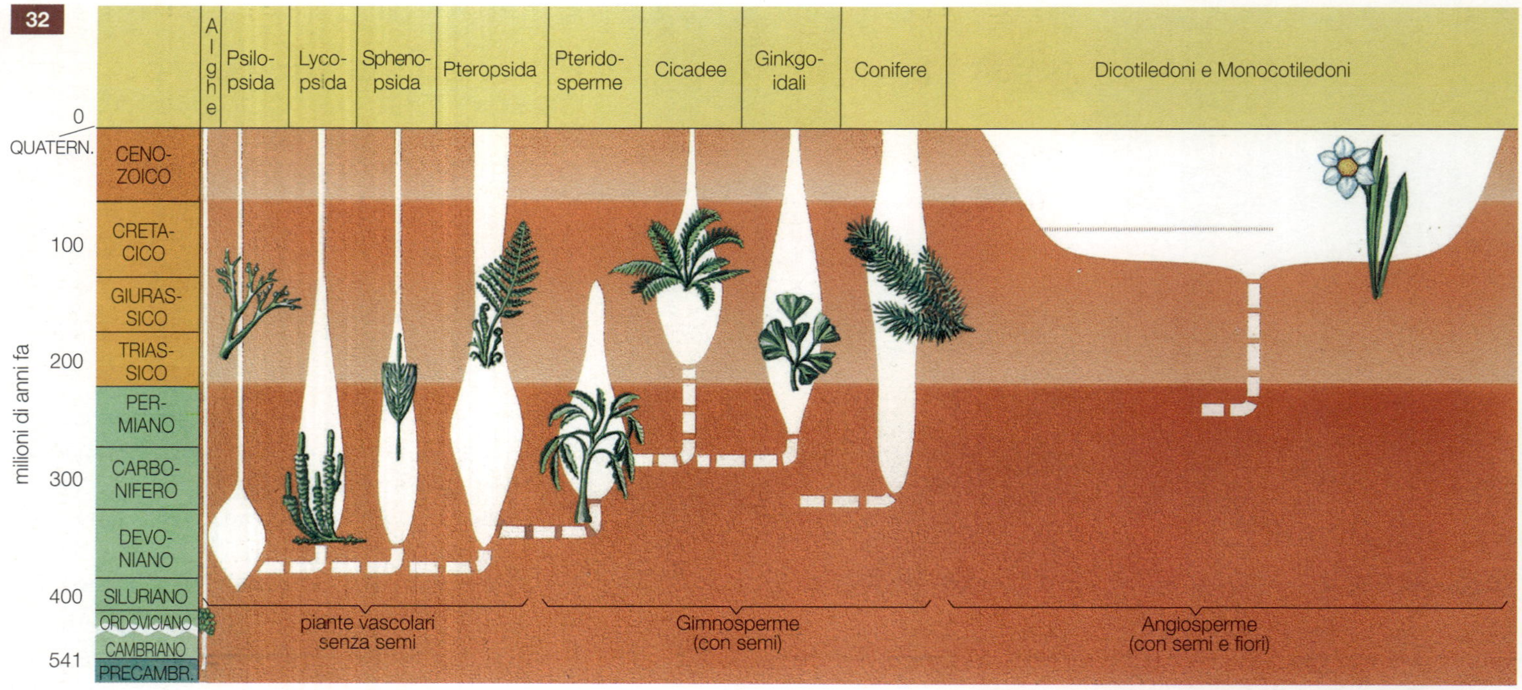

Figura 32
Quadro schematico dell'evoluzione e dello sviluppo dei principali gruppi vegetali dal Paleozoico a oggi. In ordinata è rappresentata la scala dei tempi (in pratica, l'Eone fanerozoico), mentre la successione orizzontale di fasce verticali rappresenta la distribuzione dei diversi gruppi di vegetali, disposti, da sinistra a destra, secondo l'ordine di comparsa nel tempo. I tratteggi indicano possibili rapporti di «parentela». Le parti larghe delle fasce indicano abbondanza di forme: tra il Carbonifero e il Permiano, per esempio, quasi tutti i gruppi già comparsi sono presenti con numerose forme. Dove le fasce si assottigliano, indicano la riduzione più o meno forte del numero di forme rappresentative del gruppo (come le *Pteridosperme*, estinte nel Giurassico). Si noti che le alghe hanno la loro origine indietro nel tempo, nel Precambriano, e sono rimaste sempre presenti attraverso una successione di numerosissime forme, mentre le piante «moderne», con fiori, hanno iniziato la loro grande diffusione solo a partire da 100 Ma fa e la loro continua crescita sembra indicare una minore sensibilità a eventuali condizioni ambientali avverse.

■ **Gimnosperme** (**Gymnosperms**) Dal greco *gymnós*, nudo, e *spérma*, seme: «dal seme nudo (non protetto)». Piante con *ovuli* (e successivamente *semi*), non racchiusi da un ovario.

■ **Pesci cartilaginei** (**Cartilaginous fishes**) Pesci il cui scheletro è completamente costituito di cartilagine, un tessuto connettivo resistente ed elastico (come è tipicamente negli squali).

■ **Pesci ossei** (**Bony fishes**) Pesci provvisti di scheletro osseo, articolato in genere in cranio, colonna vertebrale e cinture ossee: scapolare (pinne pettorali) e pelvica (pinne addominali).

meridionali (Stati Uniti); dopo circa 300 milioni di anni quelle catene montuose sono ridotte, in molti casi, a modesti rilievi, come sono, in Europa centrale, i Vosgi, la Foresta Nera e la Selva Boema.

Mentre i continenti si andavano aggregando, i numerosi gruppi di organismi già comparsi conoscono un periodo di grande diversificazione.

Le piante [Figura 32] si diffondono ampiamente verso l'interno dei continenti, formando foreste di alberi alti decine di metri. Nel periodo Carbonifero vi erano ormai grandi foreste, simili a quelle attuali dell'Amazzonia e del Congo; esse erano formate in particolare da *gimnosperme*, tra cui le *conifere* e le *felci* [Figura 33]. Dall'accumulo e dal seppellimento di tanta sostanza vegetale è derivata gran parte dei giacimenti di carbon fossile che danno il nome a questo periodo.

Tra gli animali, gli invertebrati continuano a diffondersi nei più diversi ambienti. Nelle grandi foreste si moltiplicano gli *artropodi*, soprattutto gli *insetti*, tra cui libellule giganti, con apertura d'ali di 70 cm (si riveda la figura 3). Gli insetti diventeranno uno dei gruppi zoologici di maggior successo, con le oltre 750 000 specie finora descritte. Essi rappresenteranno, dal punto di vista delle interazioni sociali, uno dei gruppi più avanzati nell'evoluzione degli animali, come dimostra lo sviluppo della complessità di alcune loro comunità (api, formiche, termiti).

Sono però i *pesci* a diventare protagonisti di una nuova fase dell'evoluzione biologica. Già comparsi in precedenza con forme corazzate, i pesci si diffondono ben presto con nuove forme: i *pesci cartilaginei* e i *pesci ossei* (oggi i vertebrati più numerosi per specie). A loro volta, alcuni pesci ossei, con forme

33

Figura 33
Un campione di felci dai terreni del Carbonifero. Sulla roccia argillosa nera che li contiene, i resti vegetali risaltano per il loro colore chiaro, acquisito nel processo di fossilizzazione (dimensioni: 1/2). Fossili simili si trovano anche in Sardegna (Sulcis) e in Toscana (Livornese).

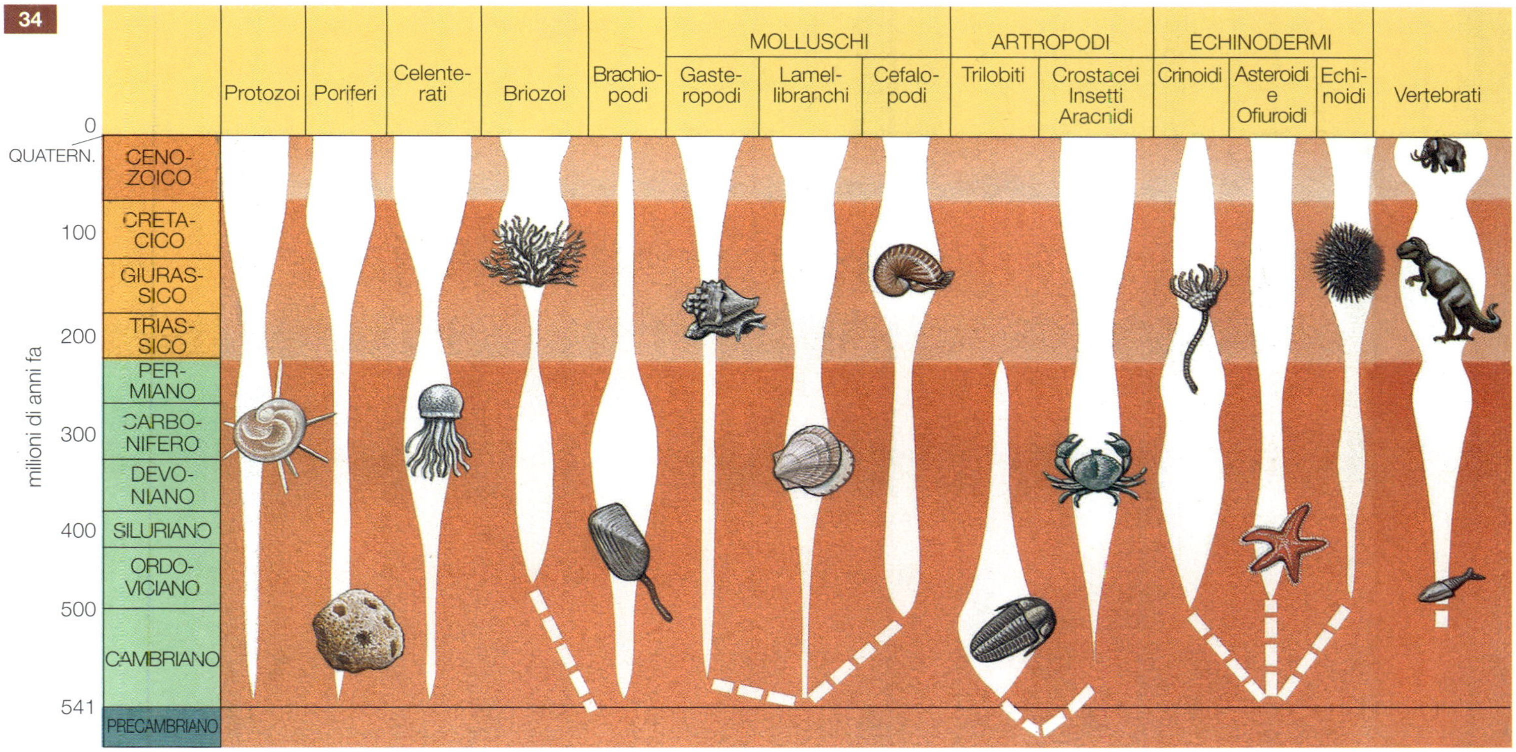

Figura 34
Quadro schematico dell'evoluzione e dello sviluppo dei principali gruppi animali dal Paleozoico a oggi. Lo schema è costruito come quello della figura 32: le fasce bianche verticali rappresentano la distribuzione nel tempo dei diversi gruppi animali, e la loro diversa larghezza indica la variazione nel tempo del numero di forme sviluppatesi in ogni gruppo. Il restringimento delle fasce indica grandi estinzioni (come alla fine del Permiano e del Cretacico), con diminuzione di molti generi e la scomparsa totale di alcuni. Si noti come i metazoi (gli organismi pluricellulari), comparsi solo alla fine del Precambriano, si diffondano all'inizio del Paleozoico con tutti i gruppi principali. Scorrendo il diagramma lungo linee orizzontali si può avere un'idea delle associazioni faunistiche che hanno caratterizzato i singoli periodi della storia della Terra.

■ **Trap** (**Trap**). Voce (inv.) che indica una successione verticale di grandi *espandimenti basaltici*: il termine ha origine dalla parola svedese "trappa", che significa *gradino*, e si riferisce alla morfologia di zone in cui le piste che le percorrevano superavano con una serie di salti una successione di colate di lave basaltiche.

dalle pinne lobate, simili a zampe, e con polmoni primitivi che affiancano le branchie nell'assorbire l'ossigeno, iniziano ad adattarsi alla vita sulle terre emerse. Col tempo compaiono le prime specie del gruppo degli *anfibi*, i primi animali terrestri provvisti di quattro arti (tetrapodi). Gli anfibi abitano le immense foreste paludose e sono adattati a vivere in terraferma, anche se ancora legati all'acqua per una parte del loro ciclo biologico: la riproduzione.

Ma nuove forme, ancora più adatte alla vita fuori dal mare, fanno la loro comparsa verso la fine dell'Era paleozoica: sono i primi *rettili* che, dopo un rapido sviluppo in competizione con gli anfibi, avranno un'ampia diffusione nell'era successiva.

Con il Paleozoico superiore i gruppi fondamentali di organismi animali sono ormai quasi tutti comparsi [Figura 34].

I geologi hanno posto la fine dell'Era paleozoica in corrispondenza di una *crisi biologica* di vaste proporzioni, che portò una grande **estinzione in massa**. Nel giro di qualche milione di anni l'85% delle forme viventi scomparve (si riveda la figura 25).

La formazione del supercontinente Pangèa, facendo modificare drasticamente il regime delle correnti marine e quello delle masse d'aria dell'atmosfera, determinò notevoli cambiamenti climatici. Inoltre, per la saldatura di più continenti in uno solo si ridusse la superficie della piattaforma continentale (la zona dove, come è noto, è più diffusa la vita).

Ma questi cambiamenti generali sono avvenuti lentamente. Che cosa può aver provocato la più grande strage di specie viventi nella storia della Terra?

Tutte le possibili spiegazioni della crisi biologica permiana si rifanno alle gigantesche eruzioni vulcaniche che produssero in Asia il grande spessore di espandimenti basaltici noti come *Trap siberiani*, messi in posto circa 252 Ma fa dall'attività di qualche punto caldo (vedi capitolo 5). Il volume di basalti emesso superò i 2 milioni di kilometri cubi e l'eruzione durò circa un milione di anni, con un ritmo medio di emissione da 2 a 4 km^3/anno. (Per avere un'idea dell'imponenza di tale attività, si tenga presente che è simile al ritmo di produzione di basalto della dorsale oceanica tra le placche del Pacifico e di Nazca, la più grande «fabbrica» di magma della Terra attuale, capace di formare una crosta basaltica lunga 5600 km, con uno spessore medio di 7 km.)

I basalti della Siberia, eruttati direttamente in superficie da profonde fessure nella crosta continentale, hanno ricoperto una superficie di 4 milioni di km^2, scaricando nell'atmosfera massicce quantità di ceneri e gas, compresi anidride carbonica e metano, due gas-serra molto efficaci. Il forte riscaldamento globale dell'atmosfera prodotto indirettamente attraverso l'effetto serra provocò una stagnazione delle acque oceaniche profonde, come conseguenza del riscaldamento delle regioni polari, nelle quali si arrestò la formazione di masse di acque fredde che in precedenza scendevano in profondità alle alte latitudini distribuendo ossigeno sui fondi oceanici.

Sono stati individuati diversi processi chimico-biologici che potrebbero essere stati attivati da quella diffusa stagnazione delle acque del mare, con effetti letali per gli esseri viventi. In ogni caso, numerosi dati confermano che la crisi biologica permiana fu associata a un riscaldamento globale, con una progressiva stagnazione dei fondi marini, privati in tal modo di ossigeno, e che tali condizioni furono la probabile conseguenza delle grandi eruzioni vulcaniche in Asia. Vedremo più avanti come il vulcanismo sia un'ipotesi sostenuta da molti studiosi anche per la grande estinzione alla fine dell'Era mesozoica, in contrapposizione a quella che individua la causa nella caduta di un grande meteorite.

QUESITI

1. Scegli l'alternativa corretta.
   Nel **Cambriano/Siluriano** avviene l'orogenesi **caledonica/ercinica**, di cui vediamo le tracce nelle colline della **Norvegia/Sicilia**.
2. Al termine dell'Era paleozòica le terre emerse sono aggregate nel supercontinente
   - A Rodinia.
   - B Gondwana.
   - C Pangèa.
   - D Laurasia.
3. Vero o falso?
   Tra i fossili guida del Paleozòico ci sono i mammiferi. Motiva la risposta.
4. Nel Carbonifero si sono sviluppate la maggior parte
   - A delle foreste.
   - B degli anfibi.
   - C dei rettili.
   - D delle trilobiti.
5. Quando e per quali ragioni si verifica l'orogenesi caledonica?
6. Che cosa si intende con il termine «esplosione cambriana»?
7. Quando e per quali ragioni si verifica l'orogenesi ercinica?
8. Che cosa sono Pangea, Pantalassa e Tetide?
9. Quando si manifestò e che cosa produsse la maggior estinzione in massa del Paleozoico?

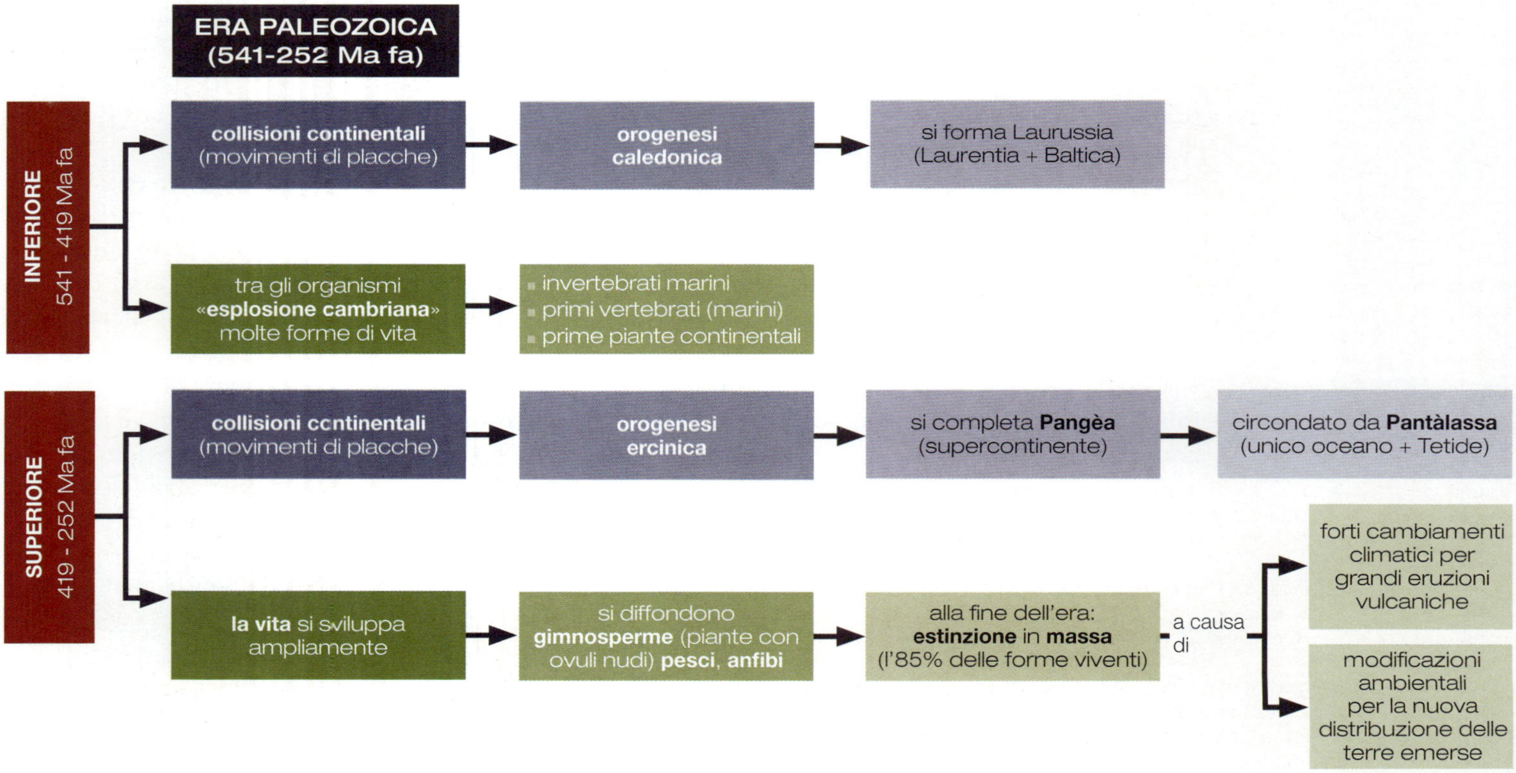

6 Era mesozoica

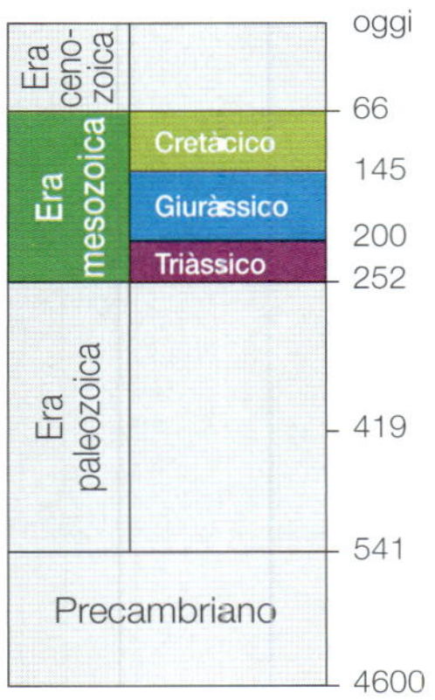

L'Era mesozoica (o **Mesozoico**, «della vita di mezzo») è nota anche con il nome di *secondaria* o anche «Era dei rettili» ed è un lungo lasso di tempo (circa 185 Ma, tra 252 e 66 milioni di anni fa), durante il quale si nota una minore attività orogenetica. L'evento fondamentale è, invece, la frammentazione del supercontinente Pangèa, di cui è diretta conseguenza l'aspetto attuale della superficie della Terra.

6.1 La frammentazione del Pangèa

Circa 200 Ma fa iniziò la frammentazione del supercontinente Pangèa, che gradualmente si suddivise in blocchi in reciproco allontanamento per l'espansione di nuovi fondi oceanici, a partire da quello che diventerà il futuro Atlantico centrale; nello stesso tempo scompaiono per subduzione ampi settori di vecchi oceani. Questi movimenti rappresentano la cosiddetta «deriva dei continenti» riconosciuta da A. Wegener, le cui tappe sono riassunte nella Figura 35 (rivedi Approfondimento: *La «Terra mobile» di Wegener*, a pag. 208).

Verso la metà del Mesozoico si apre un settore al margine ovest della Tètide e si forma un nuovo tratto di oceano in espansione, noto come **Oceano Ligure-piemontese**, in quanto i resti di quell'oceano sono oggi diffusi nei rilievi del Piemonte e della Liguria sotto forma di *ofioliti* (cioè frammenti di crosta oceanica basaltica, associata a sedimenti marini); il nuovo oceano mette in comunicazione la vecchia Tètide con l'Atlantico centrale [Figura 35A]. I sedimenti che, nel corso del Mesozoico, si accumulano sulle sponde africane ed europee di tale oceano sono quelli che, trasformati in rocce, formano oggi le catene alpina e appenninica, cioè l'ossatura della nostra penisola (ne parleremo nel paragrafo 10).

35A

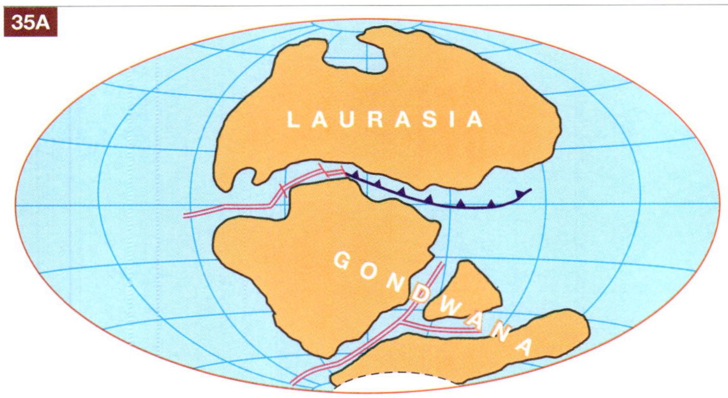

35B

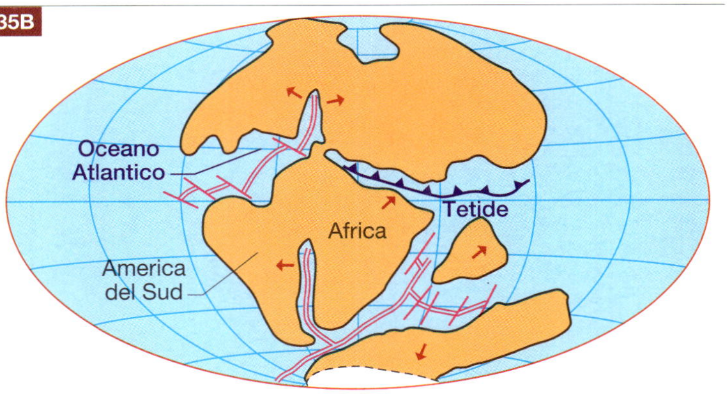

35C

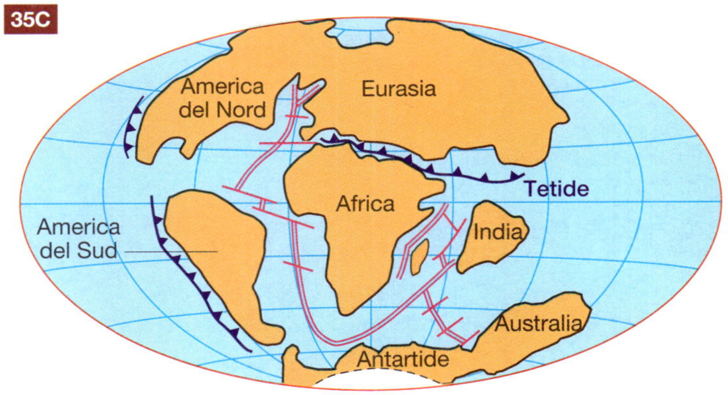

Figura 35
Le principali fasi della frammentazione del Pangèa nel corso dell'Era mesozoica.
A. 150 Ma fa nel Giurassico, il Pangèa si divide in *Laurasia* e *Gondwana* e il continente meridionale comincia a smembrarsi; compaiono nuove dorsali oceaniche e inizia un reciproco movimento di deriva dei nuovi continenti. Comincia a formarsi l'Atlantico centrale. Verso Ovest l'Atlantico confluisce nel Pantàlassa.
B. 130 Ma fa verso l'inizio del Cretacico, si dividono anche Sudamerica e Africa e inizia la formazione dell'Oceano Atlantico meridionale; come conseguenza l'Africa comincerà a muoversi verso Nord. Prosegue l'espansione degli altri oceani.
C. 65 Ma fa, alla fine dell'Era mesozoica, la frammentazione del Pangèa è quasi completa; l'Africa si va avvicinando all'Eurasia, con la quale entrerà in collisione nel corso dell'Era cenozoica, e così anche l'India, che completerà la sua lunga deriva saldandosi all'Asia.

36

37

Figura 36
Calcàre ricco di resti fossili di *ammoniti* del Giurassico. Si notino lo sviluppo a spirale e l'ornamentazione di questi molluschi cefalopodi che, con la loro rapida evoluzione ed estensione geografica, hanno dato modo di procedere a una dettagliata suddivisione in intervalli dell'Era mesozoica. Di solito le ammoniti hanno diametri di alcuni cm, ma ne sono state raccolte anche di enormi, con diametro superiore a un metro. (Foto G. Pinna, Milano)

Figura 37
Il *Tarbosaurus*, un dinosauro carnivoro e feroce, «parente» del *Tyrannosaurus rex*. Era lungo oltre 10 metri, con denti aguzzi e robuste zampe posteriori; quelle anteriori erano atrofizzate. (Disegno di R. Zanetti, Bologna)

■ **Triassico** (Triassic) Dal termine *trias*, perché in Europa centrale si distinguevano tre pacchi sovrapposti di terreni diversi.

■ **Angiosperme** (Angiosperms) Dal greco *angèion*, vaso, ricettacolo, e *spérma*, seme: «dal seme (contenuto) in un ricettacolo». Piante con ovuli contenuti in un ovario e semi racchiusi in un frutto.

■ **Giurassico** (Jurassic) Dalla catena del Giura, tra il Fiume Rodano (Giura franco-svizzero) e il Fiume Reno (Giura tedesco).

Prima della fine del Mesozoico, i nuovi oceani Atlantico e Indiano sono in piena maturità. In quest'ultima fase la Placca africana e la Placca indiana hanno iniziato un movimento verso quella Euroasiatica: sul fondo dell'Oceano Tètide è ormai attiva una fossa di subduzione [Figura 35B ; linea blu con triangoli]. Altre fosse di subduzione si sono attivate lungo i margini occidentali dei continenti americani alla deriva verso Ovest, sotto i quali si va consumando parte del fondo dell'Oceano Pantàlassa, ormai ridotto in ampiezza e avviato a divenire l'odierno Oceano Pacifico [Figura 35C]. Come conseguenza, i margini dei continenti americani si deformano e cominciano a sollevarsi le grandi cordigliere, la cui storia non si è ancora conclusa (vedi capitolo 5, paragrafo 8.2).

6.2 Il dominio dei rettili

Gli organismi viventi sopravvissuti alla grande crisi biologica che segnò la fine del Paleozoico iniziarono a diversificarsi e cominciarono a occupare le nicchie ecologiche rimaste vuote.

Sulle terre emerse, scomparse le grandi foreste paleozoiche ricche di piante vascolari, già dal *Triassico* si diffondono le gimnosperme, tra cui troviamo ancora le *conifere*, con imponenti alberi d'alto fusto (come le sequoie e le araucarie). Verso la metà dell'èra compaiono però le *angiosperme* (vedi ancora la figura 32), piante in grado di produrre un seme protetto da un involucro e con i fiori che, attirando gli insetti impollinatori (compaiono, in quel periodo, anche vespe e farfalle), facilitano la fecondazione. Nei mari si assiste alla diffusione di un'enorme quantità di cefalopodi, molluschi che comprendono le ben note *ammoniti*, dalla tipica conchiglia a spirale: vivono per tutta l'èra, con un gran numero di forme via via diverse, tanto da fornire molti fossili guida [Figura 36].

Il Mesozoico è però soprattutto l'«Era dei rettili» [Figura 37] che dominano il pianeta per oltre 160 Ma. Il loro vantaggio nei confronti degli anfibi fu la possibilità di riprodursi senza bisogno di un ambiente acquatico. Ciò si realizzò grazie alla capacità di deporre un uovo protetto da un guscio solido al cui interno l'embrione, immerso in un liquido biologico, poteva giungere a maturazione senza disidratarsi. Nella loro evoluzione, i rettili invasero ogni spazio: non solo le terre emerse e le acque continentali, ma anche i mari e l'aria.

Tra i rettili vi erano numerose forme dei famosi **dinosauri** (*sâuros*, rettile, *deinós*, terribile): ve n'erano di piccoli [Figura 38] e di enormi, di erbivori e di carnivori, di nudi e di corazzati, di terrestri e di marini. Dai piccoli e saltellanti rettili di mezzo metro, adatti alla corsa, si passava a forme giganti, lunghe fino a trenta metri e pesanti decine di tonnellate.

Tra i rettili marini più diffusi vi erano gli *ittiosauri*, con gli arti trasformati in pinne, un corpo a forma di delfino e una lunga fila di denti appuntiti per afferrare gli abbondanti pesci. Vi erano rettili volanti, con una membrana alare dall'apertura che poteva superare i 7 metri; è stato dato loro il nome di *pterosauri* (dal greco *pterós*, ala).

Da qualche gruppo di rettili, nel corso del *Giurassico*, il periodo intermedio del Mesozoico, nacquero anche i primi *uccelli*, che all'inizio avevano ancora alcuni caratteri rettiliani (denti, una lunga coda con vertebre), ma erano già ricoperti di vere

38

Figura 38
Il primo ritrovamento di dinosauro completo in Italia: un cucciolo vissuto oltre 110 Ma fa, rinvenuto presso Pietraroia (Benevento). Si chiama *Scipionyx samniticus* (ma a Napoli lo hanno subito battezzato «Ciro») ed era lungo meno di 50 cm. L'intestino, perfettamente conservato (vedi ingrandimento), è molto corto e questo fa pensare a qualche forma di omotermia: sembra che anche altri dinosauri avessero «sangue caldo» e questo pone qualche difficoltà all'ipotesi di estinzioni totali per cause climatiche (freddo). (National Geographic, 1999)

39

Figura 39
Resti di *Sinornithosaurus*, trovati in Cina nel 1999 in rocce di 120 milioni di anni fa, del periodo Cretacico. Questo scheletro, perfettamente conservato, appartiene a un piccolo dinosauro con alcune caratteristiche da uccello, come i lunghi arti anteriori e le penne, mentre la coda rigida è tipica dei dinosauri. Si ritiene che non fosse in grado di volare e che le penne avessero la funzione di trattenere il calore del corpo.

■ **Calcare litografico** (**Lithographic limestone**) Calcare a grana estremamente fine, così compatto da essere stato a lungo utilizzato in lastre per *litografia*, una tecnica di stampa con incisione che utilizzò all'inizio il calcare delle note cave di Solenhofen, in Baviera, nelle quali fu trovato, nel 1861, l'*Archaeopteryx lithografica*.

■ **Cretacico** (**Cretaceous**) Dalla grande diffusione in tutta l'Europa nord-occidentale di un calcare bianco, friabile, ricco di foraminiferi e altri microrganismi a guscio carbonatico, che lungo le coste della Manica francese è chiamato *Craie* (pron. cré).

piume. L'*Archaeopteryx*, grande quanto un corvo, trovato nella seconda metà dell'800 in un calcare litografico della Baviera, è considerato un anello di transizione (almeno per la forma) tra rettili e uccelli e risale al periodo Giurassico. Più di recente sono stati trovati altri tipi di dinosauri con alcune caratteristiche da uccelli, come il *Sinornithosaurus* («rettile-uccello cinese»), vissuto in Cina nel periodo Cretacico [Figura 39].

All'ombra dei rettili, nel Mesozoico, si originano nuove caratteristiche biologiche: in alcune forme di piccole dimensioni, onnivore o insettivore, compare la capacità di mantenere costante la temperatura del proprio corpo, detta *omotermia*. Questi animali sono, cioè, «a sangue caldo», in contrapposizione ai rettili, «a sangue freddo», anche se già alcuni dinosauri erano probabilmente omotermi (vedi il caso brevemente presentato con la figura 38). Nelle nuove forme l'embrione si sviluppa completamente all'interno del corpo della madre fino al momento del parto, che produce un individuo già relativamente maturo, o che comunque viene assistito fino all'autosufficienza.

Queste novità segnano la comparsa dei **mammiferi**, le cui caratteristiche risulteranno vincenti: prima, però, dovrà scomparire, o ridursi di molto, il predominio dei rettili.

6.3 Le due estinzioni in massa dell'Era mesozoica

La «grande moria dei dinosauri» è forse l'evento più diffusamente noto dell'evoluzione biologica del nostro Pianeta, ma l'era mesozoica ha conosciuto anche un'altra estinzione in massa, tra le maggiori di ogni tempo, che segnò la chiusura del periodo Triassico, circa 200 Ma fa.

La grande crisi biologica alla fine del Triassico

Anche questa estinzione in massa, come quella della fine del Paleozoico (vedi il paragrafo 5.2), si è verificata durante un periodo relativamente breve di effusione di gigantesche quantità di lave basaltiche per la risalita di magma dal mantello attraverso le profonde fratture nella crosta continentale del Pangèa, quando il supercontinente cominciò a frammentarsi. La fratturazione diede origine al futuro Oceano Atlantico centrale e provocò l'emis-

■ **Dicchi e Filoni-strato** (**Dyke** and **Sill**) I *dicchi* sono corpi magmatici di forma tabulare che tagliano trasversalmente le superfici di stratificazione delle rocce in cui penetrano. I *filoni-strato* sono corpi magmatici tabulari, formati dall'iniezione di magma fra strato e strato nella formazione rocciosa in cui penetra, per cui risultano paralleli alla stratificazione. I dicchi sono la principale via di trasporto del magma attraverso la crosta.

sione di espandimenti basaltici accompagnati da sciami di dicchi e da filoni-strato, con un volume totale in grado di competere con i Trap siberiani come la maggior estensione di basalti continentali mai formatasi sulla Terra. Oggi, dopo l'allargamento dell'Oceano Atlantico, quei basalti affiorano lungo le coste atlantiche degli Stati Uniti, del Nord Africa e della parte settentrionale del Sud America (che un tempo erano un unico settore di crosta continentale nel «cuore» del Pangèa; rivedi la figura 31).

Come si arrivò all'estinzione? L'emissione nell'atmosfera di grandi quantità di anidride carbonica accentuò l'effetto serra. Studi specifici, condotti sui resti fossili di alcune piante (come le *ginkgoacee* e le *cicadee*, due gruppi di piante ancora viventi: rivedi la figura 32), le cui foglie hanno alcune caratteristiche molto sensibili alla quantità di anidride carbonica presente nell'atmosfera, hanno permesso di stabilire che il livello di anidride carbonica era aumentato di 7-8 volte rispetto a quello attuale. Questi valori hanno portato a calcolare che, come conseguenza, la temperatura globale media doveva essere salita di circa 6-7 °C verso la fine del Triassico.

Il rapido riscaldamento climatico spiegherebbe la scomparsa di molte piante terrestri particolarmente sensibili ai cambiamenti climatici, e questo mise in crisi molte popolazioni di animali erbivori, la cui riduzione compromise a sua volta la sopravvivenza di molti carnivori.

Alla fine della crisi, dopo la conclusione dell'evento vulcanico, erano scomparsi molti dei grandi anfibi, mentre i dinosauri sopravvissero in maggior numero e si avviarono a dominare numerosi ecosistemi.

L'estinzione in massa della fine del Cretacico

L'era Mesozoica termina alla fine del periodo Cretacico con un'altra grande crisi biologica (vedi ancora la figura 25). Circa 66 milioni di anni fa, in un periodo di tempo relativamente breve – ma dell'ordine di alcuni milioni di anni – si estinguono numerosi gruppi di organismi. Tra questi, tutti i dinosauri e i rettili marini e volatori (i soli rettili che sopravvivono sono coccodrilli, tartarughe, serpenti e lucertole), tutte le ammoniti e anche molti gruppi di microrganismi che popolavano gli oceani.

Le cause di quella crisi non sono ancora ben chiare, anche perché molti altri gruppi zoologici non sembrano aver subìto alcuna influenza, sia nei mari, come i pesci e molti molluschi, sia sui continenti, come gli uccelli, i mammiferi e le diffusissime angiosperme (rivedi le figure 32 e 34).

Tra le varie ipotesi sul declino dei dinosauri una delle più suggestive chiama in causa le *variazioni climatiche* che provocano cambiamenti ambientali a scala regionale, per esempio come conseguenza di una diminuita trasparenza dell'atmosfera. L'interruzione della fotosintesi alla base della catena alimentare a causa dell'oscuramento del Sole può provocare, infatti, la riduzione drastica delle scorte di cibo per i grandi erbivori e, di conseguenza, la mancanza di prede per i carnivori.

Questa ipotesi, però, lascia qualche perplessità, perché non spiega come mai durante la crisi del Cretacico si siano estinti i dinosauri e non gli uccelli o i coccodrilli.

L'ipotesi climatica, tuttavia, è decisamente suggestiva e in ogni caso invita a un approfondimento a proposito di due tra le possibili cause che potrebbero provocare variazioni climatiche su scala planetaria.

■ *Una prolungata serie di eruzioni vulcaniche*. (Si riveda quanto discusso a proposito della grande estinzione in massa alla fine del Paleozoico, nel paragrafo 5.2.). Per alcuni ricercatori francesi (Vincent Courtillot e altri) i tempi dell'estinzione sarebbero stati lunghi (centinaia di migliaia di anni) e potrebbero essere stati la conseguenza di violente eruzioni vulcaniche in grado di produrre polveri e gas in quantità tali da provocare un oscuramento del Sole e da favorire la precipitazione di piogge acide. Qualcosa di simile è avvenuto nel 1815 in Indonesia con la tremenda esplosione che scoperchiò il vulcano Tambora. Le polveri vulcaniche stazionarono per anni negli strati più alti dell'atmosfera, impedendo una sufficiente insolazione, tanto da ridurre drasticamente i raccolti e da provocare carestie.

■ *L'impatto di un corpo celeste sulla superficie della Terra*. Secondo un gruppo di ricercatori americani di Berkeley (guidato da Luis Alvarez, premio Nobel per la Fisica, e da suo figlio Walter, geologo), la causa della crisi biologica del Cretacico andrebbe ricercata nell'impatto di una cometa o di un asteroide sulla superficie terrestre. Questo impatto avrebbe provocato il sollevamento di una gigantesca nuvola di polvere che avrebbe oscurato il Sole. La catastrofe sarebbe stata improvvisa e questa ipotesi troverebbe una conferma nell'elevata concentrazione dell'elemento iridio che viene rinvenuta negli strati di roccia formatisi in mare al passaggio tra il Cretacico e il Terziario. Tale concentrazione, per la prima volta studiata in un livello argilloso affiorante presso Gubbio, in Umbria, è solitamente bassa nelle rocce terrestri mentre è presente nei corpi di origine extra-terrestre. Gli studiosi ritengono che l'impatto sia avvenuto in America centrale, dove sarebbero state riconosciute tracce di un cratere da impatto di circa 200 kilometri di diametro nel Golfo dello Yucatan (*Cratere di Chicxulub*; Figura 40).

40

Figura 40
Una ricostruzione del possibile aspetto del cratere di Chicxulub, originato dal grande impatto meteoritico 65 milioni di anni fa. Da allora una gran parte del cratere è stata erosa e sommersa dal mare, mentre della parte sulla terraferma sono rimaste modeste tracce.

Un problema importante riguarda la durata della crisi biologica e quindi in quanto tempo si sono estinti i dinosauri. I metodi di datazione hanno sempre un margine di errore (su 100 milioni di anni l'errore minimo è di 100 000 anni), mentre la documentazione geologico-paleontologica è largamente incompleta. Non è possibile, cioè, stabilire se un'estinzione sia avvenuta in 10 000 anni o, tantomeno, in 1000 o 100 anni.

Alla luce di questa incertezza, entrambe le ipotesi hanno ricevuto serie obiezioni. All'ipotesi dell'impatto possono essere fatte alcune critiche metodologiche: se non si riescono a distinguere intervalli di età minori di 100 000 anni, come si può sostenere che le estinzioni siano avvenute in un periodo di tempo più breve, quasi istantaneo? Per lo stesso motivo sono scarse le possibilità di mettere in relazione le crisi biologiche di tutte le specie – peraltro non contemporanee in senso stretto – con l'eventuale impatto.

D'altro canto, una critica fondamentale viene fatta anche all'ipotesi delle eruzioni vulcaniche: un fenomeno di questa portata dovrebbe aver lasciato tracce fossili estese su tutto il pianeta, ma rinvenimenti di queste tracce non risultano, allo stato attuale delle ricerche, così numerosi.

È molto probabile che un insieme combinato di diverse cause, come l'oscuramento atmosferico (provocato dall'impatto di asteroidi o da eruzioni), le piogge acide, la grande regressione marina alla fine del Cretacico abbiano contribuito a fiaccare i gruppi che si sono poi estinti.

D'altra parte, i dinosauri riuscivano ad adattarsi molto bene, come dimostrano i resti trovati di recente a latitudini un tempo polari: c'è chi pensa che il solo raffreddamento temporaneo non avrebbe potuto sterminarli tutti. È stato infatti ipotizzato che nella remota Australia alcuni di essi siano sopravvissuti a lungo, anche al di là del fatidico limite Cretacico-Terziario.

In ogni caso, la scomparsa di un gruppo di organismi, che avevano dominato il pianeta come nessun altro prima, lasciò campo libero allo sviluppo degli ancora piccoli e rari mammiferi. L'èra successiva vedrà la loro rapida diffusione in ogni nicchia ecologica.

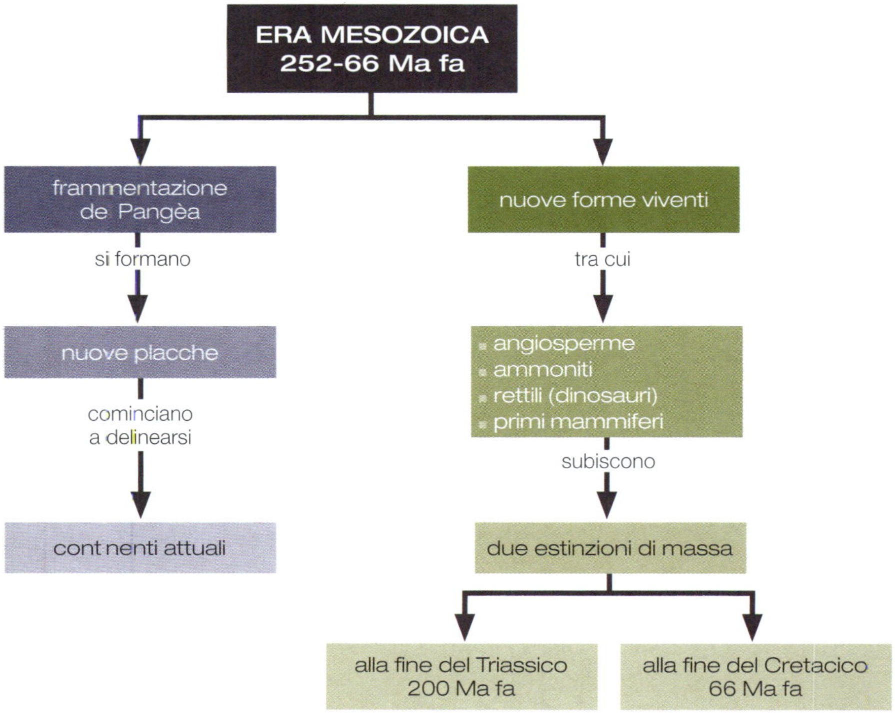

QUESITI

1. Completa.
Le .... sono fossili guida dell'Era mesozòica.

2. I primi uccelli comparvero
- **A** nel Triassico.
- **B** nel Giurassico.
- **C** nel Cretacico.

3. All'inizio del Cretacico
- **A** il Gondwana era ancora unito.
- **B** l'Australia era separata dall'Antartide.
- **C** Laurasia si divise in tre blocchi.
- **D** iniziò a formarsi l'Atlantico meridionale.

4. Quali sono gli eventi geologici più importanti dell'Era mesozoica?

5. Quali gruppi zoologici dominano il Mesozoico? Quali altri gruppi compaiono durante questo periodo?

6. Quali ipotesi sono state fatte per spiegare la scomparsa dei dinosauri e di molte altre specie alla fine del Mesozoico?

7 Era cenozoica

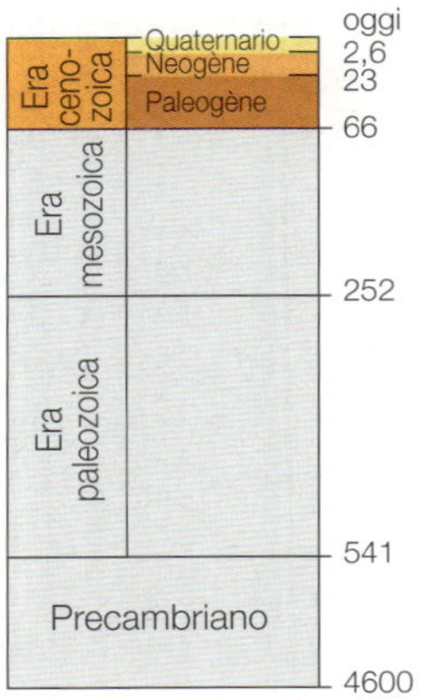

L'Era cenozoica (o **Cenozoico**, della «vita recente»), detta anche *terziaria*, è nota come «Era dei mammiferi». Essa è iniziata 66 milioni di anni fa ed è tuttora in corso. Viene suddivisa in 3 periodi: *Paleogène* (il più antico), *Neogène* e *Quaternario* (il più recente). Dedichiamo questo paragrafo ai primi due periodi; al terzo dedicheremo il paragrafo 8.

7.1 Le grandi catene montuose danno alla Terra il suo aspetto attuale

Nel corso dell'Era cenozoica si sollevano le grandi catene montuose attuali e cambia il volto della Terra (**orogenesi alpino-himalayana**). L'India, alla deriva verso Nord, entra in collisione con l'Eurasia: dalla deformazione dei due margini continentali e del fondo oceanico interposto prende origine un gigantesco edificio montuoso, la catena himalayana, che salda tra loro i due continenti [**Figura 41**]. Più a Ovest, anche il margine del continente africano completa la sua collisione con il bordo dell'Eurasia: si sollevano grandi catene a falde di ricoprimento, estese da Gibilterra all'Iran, che si saldano ai rilievi himalayani.

Nella collisione, i sedimenti presenti sul fondo degli oceani Tètide e Ligure-piemontese vengono sollevati e deformati in falde. Questi sedimenti vanno a costituire due catene: una estesa dalle Alpi occidentali, attraverso Carpazi e Caucaso, fino

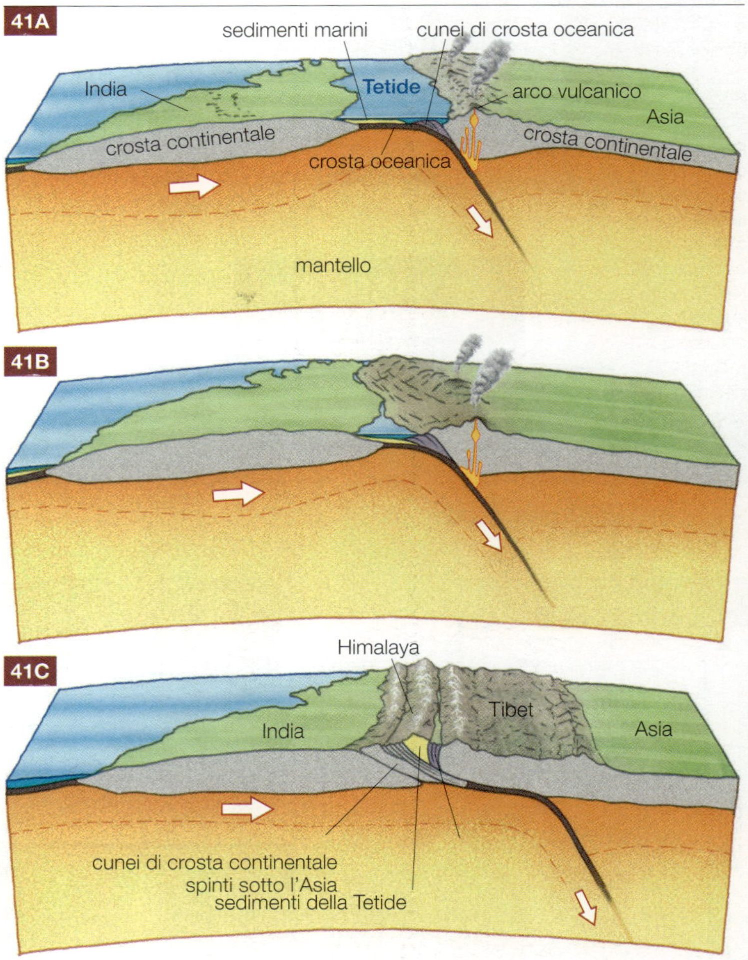

Figura 41
Resti di un oceano sul «tetto del mondo»: formazione dell'Himalaya per collisione tra placche. Le rocce dell'Himalaya comprendono: sedimenti marini deposti lungo le antiche coste dell'India, resti di crosta della Tetide, resti di un arco vulcanico. Queste rocce sono oggi accatastate in grandi pile e molto deformate, ma se si risale ai loro ambienti di formazione è possibile ricostruire l'origine delle catena montuosa.
A. 60 Ma fa: la Placca indiana, formata da crosta continentale (India) e oceanica (Tetide), si sta muovendo verso nord, mentre il fondo dell'oceano scende in subduzione sotto la Placca asiatica. Come conseguenza, lungo il margine dell'Asia si accumulano, per l'attrito, cunei di crosta oceanica, mentre più all'interno si attiva una catena di vulcani.
B. 40 Ma fa: l'India giunge a collisione con l'Asia; la crosta dell'India e i sedimenti marini che la ricoprono si infilano sotto i cunei di crosta oceanica. Comincia a sollevarsi una fascia di rilievi, mentre la Tetide va scomparendo.
C. Oggi: la crosta continentale indiana continua ad avanzare, ma per l'attrito contro il bordo dell'Asia si è lacerata in lunghi cunei che sono scivolati uno sull'altro e si sono impilati sopra l'India. Nella fascia di saldatura la crosta ha raggiunto grossi spessori e, per galleggiamento, si è sollevata, formando Himalaya e Tibet.

42

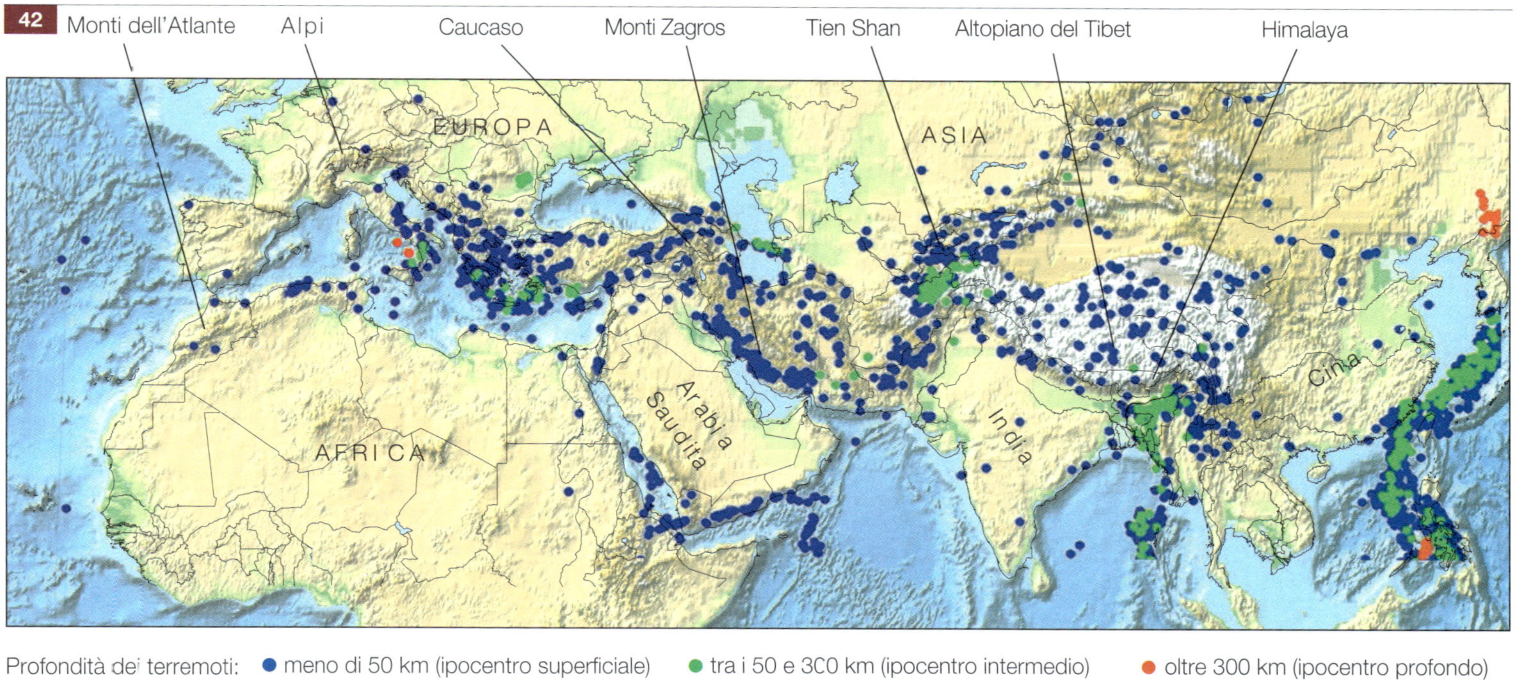

Figura 42
La fascia orogenica alpino-himalayana, con le catene di alti rilievi generate dalla collisione tra le placche Africana, Arabica e Indiana e la grande Placca Eurasiatica. Un'attività sismica continua e intensa indica che l'orogenesi è ancora in atto.

Figura 43
Calcàre con *nummuliti*, protozoi con guscio calcàreo fatto a disco, qui sezionati per mostrare la struttura interna del guscio, formato da centinaia di cellette. Nell'Eocene e nell'Oligocene le nummuliti costruirono, coi loro gusci, masse rocciose dello spessore di decine di metri. Grandezza doppia del naturale. (Museo di Geologia, Università «Sapienza», Roma)

all'Iran settentrionale e al massiccio del Pamir; l'altra, più giovane, estesa dai rilievi tunisini, attraverso Appennini e Dinaridi, fino ai Tauri (Turchia), ai Monti Zagros (Iran meridionale) e, anch'essa, al Pamir. Dal Pamir proseguono come catene himalayane [Figura 42].

Le due catene si sono saldate tra loro e dell'oceano non restano oggi che piccoli bacini (l'Adriatico e il Mediterraneo orientale). La parte occidentale del Mediterraneo e il Mar Tirreno sono invece nuovi: si stanno tuttora formando per assottigliamento e sprofondamento di alcuni settori di crosta (vedi paragrafo 10 e figura 60).

Mentre avvenivano queste collisioni, gli oceani Atlantico e Indiano si erano progressivamente ampliati. Lungo i margini verso il Pacifico dei continenti americani, invece, è proseguita la subduzione di crosta oceanica che ha portato al sollevamento delle Montagne Rocciose e della cordigliera andina occidentale, ancora oggi in formazione (rivedi il capitolo 5, paragrafo 8).

43

A partire dal Neogene, verso la fine dell'Era cenozoica, dall'Africa si è staccata la Penisola Arabica, lungo una gigantesca frattura che, allargandosi, ha dato origine al Mar Rosso, tuttora in espansione. A fare le spese di questo movimento è il Golfo Persico, destinato a chiudersi per la collisione tra Arabia e Iran.

7.2 Dall'evoluzione dei mammiferi nascono i primati

Gli organismi viventi sopravvissuti alla crisi biologica della fine del Mesozoico si avviano ad assumere caratteristiche per noi sempre più familiari. Le angiosperme, le piante con i fiori, continuano a diffondersi e a diversificarsi (vedi ancora la figura 32). Anche gli invertebrati marini assumono aspetti simili a quelli delle specie attuali, con famiglie di *molluschi*, *echinodermi*, *briozoi* ecc. completamente nuove. I pesci abbondano, soprattutto nelle regioni tropicali, con molti esemplari a scheletro osseo.

Grande importanza, per la loro ampia diffusione, raggiungono anche i microscopici *foraminiferi*, un gruppo di protozoi tra i quali ricordiamo le *nummuliti* (così chiamate perché grandi quanto un soldo: *nummus*, in latino) [Figura 43]. Le nummuliti sono ottimi fossili guida e sono abbondanti in molte rocce calcaree. Ad esempio, le pietre usate per costruire le piramidi egizie sono calcari a nummuliti.

Figura 44
Scheletro di *Oreopithecus* negli strati di lignite (carbon fossile del Terziario) del Miocene di Baccinello (Grosseto). Era un primate alto meno di un metro e aveva denti simili a quelli di un bambino. Il cranio è abbastanza diverso da quello delle scimmie odierne. Gli arti anteriori erano molto lunghi. La parte gialla del bacino è ricostruita. (Calco presso il Museo di Paleontologia, Università «Sapienza», Roma)

I veri protagonisti del rinnovamento biologico sono però i *mammiferi* che, occupando tutte le nicchie ecologiche rimaste libere per la scomparsa dei rettili, si differenziano rapidamente. Inoltre aumentano enormemente di numero e in breve tempo diventano i dominatori del globo. Compaiono i progenitori dei carnivori, degli erbivori moderni e dei mammiferi marini, che nel corso dell'era vengono affiancati e sostituiti via via da altre forme. Compaiono i primi *equidi*, i progenitori dei cavalli, seguiti da *canidi* e *ursidi*. Verso la fine dell'era vi sono ormai mammiferi molto simili a quelli attuali, tra cui elefanti, rinoceronti e ippopotami, che popolavano a quel tempo anche le pianure del Piemonte e della Toscana, ricche di laghi.

Nel corso dell'era compaiono, e si sviluppano rapidamente, anche i *primati*, cui appartiene la specie *Homo sapiens*. Fra i primati, sono stati scoperti – nelle ligniti del Grossetano, accumulatesi 8 Ma fa – alcuni piccoli individui chiamati *Oreopithecus* [Figura 44]. Questa specie, per la conformazione particolare dei denti, è stata posta da alcuni studiosi in un gruppo di forme che si differenziano dai *pongidi* (le scimmie antropomorfe) e risultano vicine, invece, alla linea evolutiva che porterà, più avanti, alla comparsa degli *ominidi*.

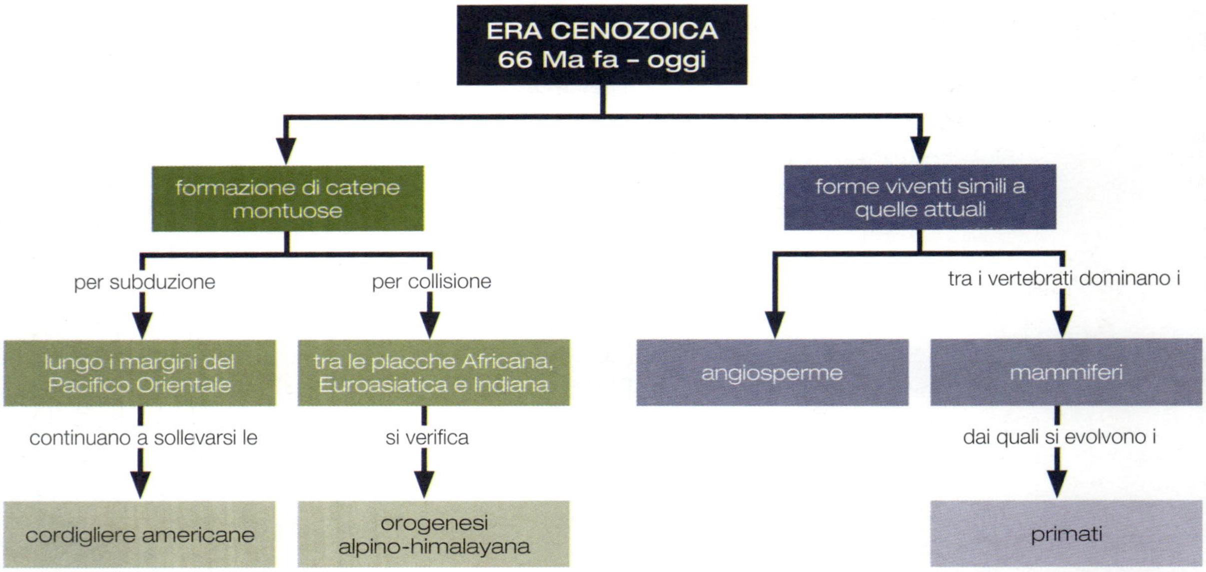

QUESITI

1. Scegli l'alternativa corretta.
Le **Alpi**/**Ande** si sono sollevate nella collisione tra la Placca Eurasiatica e la **Placca Indiana**/**Placca Africana**.

2. Ancora oggi rimangono piccoli bacini che sono residui dell'antica Tètide; quali sono?
- **A** Mediterraneo occidentale e Tirreno.
- **B** Mediterraneo orientale e Adriatico.
- **C** Mar Rosso e Mar Nero.
- **D** Mar Caspio e Golfo Persico.

3. Quali di questi viventi hanno fatto la loro comparsa prima del Cenozòico?
- **A** I primati.
- **B** Gli equidi.
- **C** Gli uccelli.
- **D** Gli elefanti.

4. Vero o falso?
La catena himalayana è formata solo da blocchi di crosta continentale. Motiva la risposta.

5. Quali catene montuose si formano nel corso dell'Era cenozoica?

6. Quali specie animali dominano il Cenozoico?

8 Il Quaternario: gli ultimi 2 600 000 anni

Video
Verso l'uomo moderno

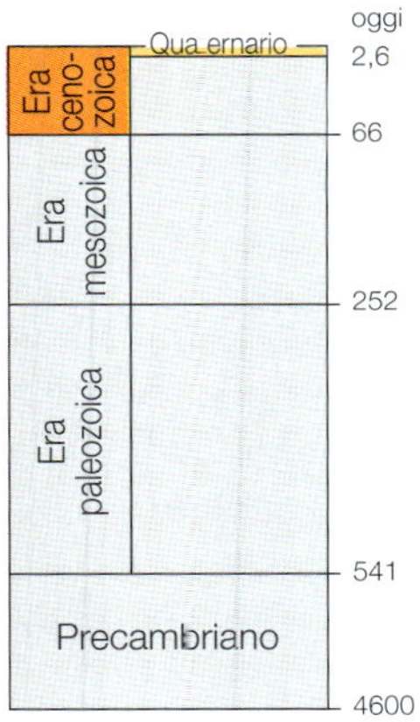

Chiunque abbia qualche conoscenza di Storia della Terra, può rimanere sorpreso di non trovare, a questo punto, il consueto titolo *Era neozoica* (della «vita nuova») per l'intervallo di tempo più recente.

In realtà già da tempo alcuni studiosi consideravano il Quaternario, per le sue caratteristiche generali, un *periodo* piuttosto che un'era. In effetti uno dei grandi eventi le cui tracce avevano spinto i geologi a parlare di un'*era post-terziaria*, sono state le glaciazioni, tanto che qualcuno ancora dice «Era glaciale». Ma le glaciazioni si erano già manifestate in altre epoche geologiche, anche se queste ultime hanno lasciato un'«impronta» vistosa nei paesaggi in cui viviamo. Inoltre, nuove ricerche hanno messo in luce che le prime chiare tracce del raffreddamento climatico che portò allo sviluppo delle glaciazioni si rinvengono in depositi sedimentari di circa 2,6 Ma, quindi già nel corso dell'Era cenozoica.

Dopo lunghi dibattiti tra specialisti in commissioni internazionali e nei Congressi mondiali di Geologia, nel corso del 2009 si è giunti a una proposta definitiva, largamente condivisa da quanti operano nel campo della storia recente della Terra. Lasciamo agli specialisti eventuali altri dibattiti, per le scoperte che certamente verranno, e limitiamoci qui a osservare che l'altro grande evento spesso citato come caratteristico del periodo, cioè la comparsa dell'uomo, in realtà ha le sue radici ben più indietro nel tempo, in pieno Cenozoico, per cui rimane difficile stabilire l'inizio di una «Era antropozoica» (era dell'uomo), come è stata anche chiamata l'Era neozoica. Seguiamo perciò, le indicazioni della IUGS, l'*Unione Internazionale di Scienze Geologiche*, e consideriamo il Quaternario come il periodo finale dell'Era cenozoica, con inizio circa 2,6 Ma fa e tutt'oggi in corso.

8.1 Le glaciazioni

Una passeggiata sulle Alpi può essere una buona occasione per osservare gli effetti delle glaciazioni quaternarie: depositi di ciottoli striati, un circo glaciale incastonato in un versante, o il profilo a U di una valle, rivelano che in passato quei rilievi erano ricoperti di neve e di ghiaccio, mentre le valli erano colmate da ghiacciai che lentamente scendevano verso la pianura.

Tutti questi aspetti rappresentano la testimonianza che per vari «momenti» del Quaternario il clima era più freddo di adesso. In tali intervalli di tempo metà dell'America del Nord, buona parte dell'Asia, l'Europa settentrionale e la catena delle Alpi (fino alla base dei laghi prealpini), come pure le Ande e l'Antartide, erano coperte da vaste coltri di ghiaccio.

Al contrario, durante gli intervalli interglaciali il clima era mediamente più caldo di oggi e le masse ghiacciate erano estremamente ridotte: in Europa, ad esempio, prosperava una quantità di grossi mammiferi che oggi ritroviamo solo in Africa o in India.

Per spiegare queste periodiche oscillazioni termiche occorre rifarsi anzitutto a cause astronomiche, quali la *precessione degli equinozi*, la *variazione dell'eccentricità dell'orbita* e il *mutamento dell'inclinazione dell'asse terrestre*, come è stato fatto dall'astronomo iugoslavo M. Milanković nella sua teoria sull'origine delle glaciazioni quaternarie. In pratica, quando tutti e tre i movimenti suddetti hanno come effetto una diminuzione della radiazione solare estiva, si ha come risultato una fase glaciale; nel caso opposto si ha un ritiro dei ghiacciai.

I risultati vennero presentati da Milanković sotto forma di grafici, relativi a diverse latitudini, i quali mettevano in evidenza le variazioni della quantità di radiazione ricevuta nel tempo dalla Terra. Si è visto così che, alle medie latitudini, le fasi di crescita dei ghiacciai sono state determinate da abbassamenti della temperatura media estiva di 6-8 °C, associati a un aumento delle precipitazioni medie.

La curva teorica di Milanković è stata correlata con la successione di glaciazioni ricostruita dall'analisi dei depositi morenici effettuata all'inizio del XX secolo in varie località della Baviera, dalle quali derivano i nomi dati alle età glaciali; dalla più antica alla più recente: *Günz*, *Mindel*, *Riss*, *Würm*. A queste venne aggiunta in seguito una quinta età glaciale, più antica delle precedenti, a cui venne dato nome *Donau* (Danubio), poiché ne furono rico-

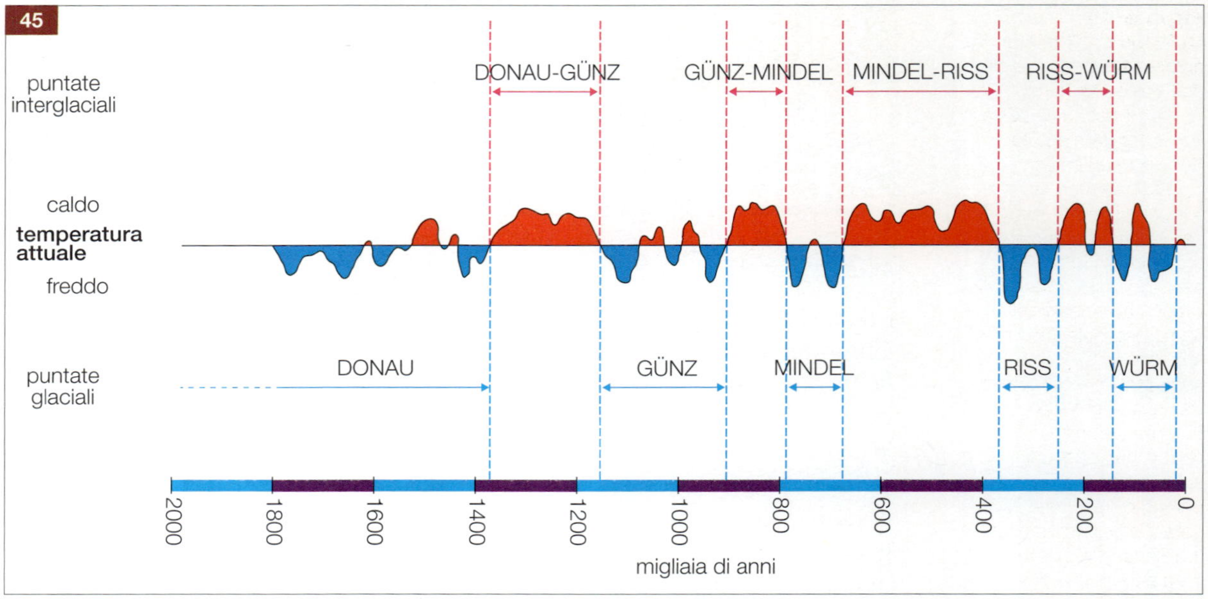

Figura 45
Esempio di curva di Milanković costruita in base a elementi astronomici, con le variazioni climatiche durante il Quaternario. La curva è stata estrapolata fino a due milioni di anni fa. Sotto, le età glaciali; sopra, le età interglaciali (ognuna divisa in più fasi). La curva indica, con le sue oscillazioni, le variazioni della temperatura media rispetto alla temperatura attuale, per una determinata latitudine. Sulla posizione del *Donau* vi sono pareri discordi. Si osservi che ogni puntata glaciale o interglaciale non è unica, ma è divisa in più fasi separate da brevi intervalli rispettivamente tendenti al caldo o al freddo.

nosciute per la prima volta le tracce presso quel fiume [Figura 45].

Le recenti ricostruzioni paleoclimatiche, operate grazie alle perforazioni dei ghiacci polari, hanno messo però in evidenza una situazione più complessa, tanto che a questa divisione in 5 glaciazioni, anche se confermata da successive ricerche, si sono affiancate nuove scale stratigrafiche di grande dettaglio, basate sull'impiego di isotopi dell'ossigeno, che hanno messo in evidenza numerose oscillazioni climatiche ripetutesi nel corso del Quaternario. Questi isotopi vengono impiegati per la ricostruzione di antiche condizioni ambientali anche per il resto dell'Era cenozoica. Per ulteriori informazioni su questi moderni metodi di indagine, si veda l'Approfondimento *Stratigrafia isotopica* a pag. 285.

In ogni caso, i moti millenari sono una delle cause principali delle glaciazioni, ma non l'unica: altri elementi sembrano influire sulla comparsa di una fase climatica glaciale. L'estensione globale del manto nevoso, per esempio, dipende anche dalla presenza o meno di alte e giovani catene montuose (e queste sono conseguenza del verificarsi di una fase orogenetica), come è successo recentemente con l'orogenesi alpino-hymalaiana.

Grande importanza sembra avere anche la deriva dei continenti, che può far avvicinare o allontanare dai poli le terre, facendo conseguentemente aumentare o diminuire l'estensione dei manti nevosi. Ad esempio, durante il Paleozoico l'estesissimo continente di Gondwana si trovava molto più a Sud rispetto alla posizione odierna dei suoi frammenti. Esso è stato interessato da estese glaciazioni paleozoiche, oggi testimoniate da *tilliti* [Figura 46], cioè da resti di antiche morene, presenti in Africa centrale. Da allora a oggi il continente africano si è mosso verso l'Equatore compiendo un tragitto di 10 000 km.

Figura 46
Una tillite del Proterozoico, simile a quelle del Gondwana, ma affiorante in Norvegia, presso Moelv. Si riconoscono i ciottoli di rocce diverse, «imballati» nel materiale fine che li ha protetti dall'usura durante il trasporto da parte di un ghiacciaio, per cui hanno conservato forme spigolose.

Le conseguenze dell'alternanza di puntate fredde e calde furono imponenti. Le quantità di acqua marina immobilizzate sui continenti sotto forma di ghiaccio, o viceversa tornate al mare per fusione, fecero abbassare o alzare il livello del mare anche di un centinaio di metri. Le linee di costa subirono quindi grandi spostamenti in tempi relativamente brevi: le acque dell'Adriatico giunsero a più riprese in Lombardia per ritirarsi altrettante volte. Molte isole scomparvero, o si congiunsero ad un vicino continente o a un'isola maggiore (tipica è l'unione di Malta con la Sicilia: Figura 47).

I sedimenti glaciali più antichi dell'area mediterranea si trovano in Calabria, dove affiorano come argille marine sollevate fino a 1000 metri di quota. L'origine di tali sedimenti è da far risalire a un pe-

47A
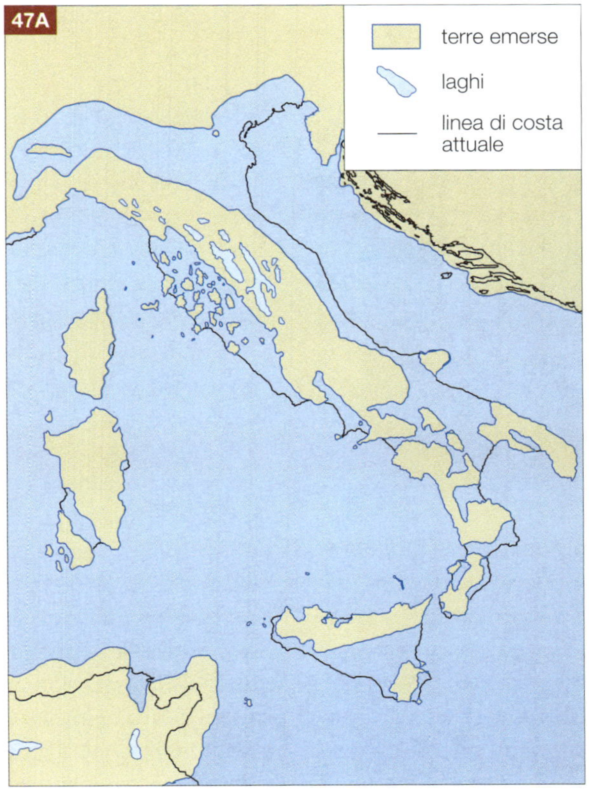

47B

Figura 47
La forma dell'Italia in due diverse fasi verso la fine dell'Era cenozoica.
A. Nel Pliocene (la parte superiore del periodo Neogene) un estesa ingressione marina sommerse ampi tratti delle coste, formando un profondo golfo ai piedi delle Alpi e frammentando la catena appenninica in numerose isole. Tra i rilievi appenninici si aprivano numerosi specchi lacustri, tra i quali il grande *Lago Tiberino* (a forma di Y capovolta), oggi colmato di antiche alluvioni, incise dal percorso del Fiume Tevere nella parte settentrionale (tra Sansepolcro e Todi). (La linea nera sottile disegna le coste attuali.)
B. Nel corso del periodo Quaternario, durante l'ultima grande glaciazione (detta würmiana), i ghiacci immobilizzati sui continenti provocano una forte diminuzione dell'acqua a disposizione e un conseguente abbassamento del livello del mare. Sono indicate le aree costiere italiane presumibilmente emerse in corrispondenza dell'ultima glaciazione. Studi più recenti suggeriscono che il Gargàno fosse unito alla Iugoslavia da una striscia di terra emersa e che le isole maltesi fossero unite alla Sicilia, almeno durante l'acme della glaciazione.

riodo di *clima freddo*, come rivela la presenza di abbondanti resti fossili di molluschi detti **ospiti freddi** (o *nordici*), scesi fino al Mediterraneo dai mari del Nord in cerca di acque meno gelide, anche se ancora fresche. L'esempio più tipico è il mollusco bivalve *Arctica islandica*, che si è ritirato oggi nei mari dell'Islanda.

I terrazzi marini situati lungo le coste, al di sopra del livello del mare attuale, rappresentano antiche fasce costiere sollevate da movimenti crostali. All'interno delle rocce che formano tali terrazzi si osservano, invece, i giacimenti «caldi», che si riconoscono per i banchi calcàrei invece che argillosi e per la presenza di **ospiti caldi**, che risalivano le coste africane dell'Atlantico per raggiungere le tiepide acque del Mediterraneo, dal quale oggi sono scomparsi.

48

Figura 48
Ricostruzione di *Elephas primigenius*, il *mammut* dalle zanne ricurve e dalla folta pelliccia. Era alto dai 3 ai 4 metri, si era adattato ai climi freddi europei delle glaciazioni del Quaternario e preferiva gli ambienti di tundra. Nello stomaco di qualche esemplare sono stati rinvenuti resti di betulle, conifere e altri vegetali d'ambiente a clima rigido. Scomparve pochi millenni or sono, dopo l'ultima glaciazione, durante la quale si era spinto a Sud, fino in Italia. (Ricostruzione di J. Agusta e Z. Burian)

8.2 Le glaciazioni provocano grandi migrazioni

Durante le glaciazioni vasti territori vennero coperti da calotte di ghiaccio di grande spessore. Anche le Alpi erano coperte da un unico enorme ghiacciaio, i cui lobi scendevano verso Sud fino alla Pianura Padana. Le ondate successive di freddo e le avanzate dei ghiacciai provocarono in parte una migrazione verso zone più calde dei mammiferi insofferenti al freddo, in parte la scomparsa di specie che vennero sostituite da forme meglio adattate.

Fra gli elefanti, che popolavano con grandi mandrie soprattutto le pianure dell'Italia peninsulare (Toscana, Lazio, Campania), scomparve ben presto l'*Elephas meridionalis*, tipico della prima parte del Quaternario. Esso venne sostituito dall'*Elephas antiquus*, che resistette fino all'ultima glaciazione, e dall'*Elephas primigenius* (*mammut*), che era una specie più adatta al clima freddo [**Figura 48**].

Verso la fine del Quaternario è frequente la comparsa di *faune nane* in popolazioni rimaste in condizioni di *insularità*, cioè confinate in isole abbastan-

Figura 49
Scheletri fossili di elefanti nani (*Elephas falcòneri*), limitati alle isole del Mediterraneo e vissuti verso la fine del Quaternario. Gli esempi raffigurati provengono dallo scavo di una grotta del Siracusano. Il maschio adulto (dietro a destra) misura alle scapole un'altezza di 90 cm; la femmina (a sinistra) non possedeva zanne, caso unico fra tutte specie di elefanti; il neonato (dietro la femmina) è alto 30 cm; è il più piccolo elefante mai trovato, un esemplare unico al mondo. (Museo di Paleontologia, Università «Sapienza», Roma)

za lontane dal continente da non avere scambi con altre faune. In Sicilia, a Malta, a Creta sono stati trovati scheletri di elefanti, ippopotami ed altri animali di taglia ridotta. Il caso più evidente è quello degli elefanti insulari, come l'*Elephas falcòneri* [Figura 49], che allo stadio adulto non superava il metro, nonostante derivasse da *Elephas antiquus*, alto al garrese fino a 5 metri. La grande taglia di un elefante o di un ippopotamo assicura protezione nei confronti dei predatori. Nelle isole, invece, possono mancare i predatori e pertanto la mole non è più un vantaggio. Anzi, un animale di piccole dimensioni ha meno bisogno di nutrimento e si adatta meglio alla vita sulle isole, dove le risorse alimentari sono spesso limitate. Le faune insulari nane, sebbene meglio adattate durante le fasi fredde, successivamente diventano vulnerabili: nelle isole del Mediterraneo nessun erbivoro nano è sopravvissuto all'arrivo dei grandi carnivori e degli esseri umani.

Anche le flore seguirono le vicende climatiche. Nei periodi freddi si estesero fino alla Pianura Padana betulle e altri alberi oggi tipici di climi più settentrionali.

8.3 L'evoluzione umana

Lo studio dell'evoluzione umana si prefigge di riconoscere, analizzare e stabilire i passi che hanno portato alla nascita della specie *Homo sapiens*, alla quale tutti noi apparteniamo. Questo studio è basato soprattutto sul ritrovamento di reperti fossili e, più recentemente, ha cominciato ad avvalersi anche degli studi di genetica. Proprio grazie al confronto tra DNA sappiamo che la specie più prossima alla nostra è lo scimpanzè. Dallo studio dei fossili invece si ritiene che l'antenato comune più recente tra noi e lo scimpanzè sia *Sahelanthropus tchadensis*, una scimmia vissuta approssimativamente 7 Ma fa, i cui resti fossili vennero ritrovati nel 2001 sulle rive del lago Ciad.

Quali fossero i nostri successivi antenati e in che rapporti essi fossero è oggetto di acceso dibattito tra i paleoantropologi. Alcuni ritengono che la specie *Orrorin tugenensis*, soprannominato «Uomo del millennio» in quanto i resti sono stati trovati nel 2000 in Kenya, possa essere il nostro più antico antenato bipede. Questa scimmia visse circa 6 Ma fa. Altri scienziati ritengono invece che il ramo evolutivo che ha portato agli esseri umani sia proseguito con una delle specie appartenenti al genere *Australopithecus*.

In Africa sono stati ritrovati numerosi fossili appartenenti a questo genere. Tali reperti vengono ascritti a specie appartenenti sostanzialmente a due gruppi di australopitecine: uno con corpo robusto (da cui evolverà il genere *Paranthropus* che rappresenta un ramo dell'evoluzione che non conduce all'*Homo*) e un gruppo con corpo gracile. A quest'ultimo gruppo appartengono, tra le altre, la specie *Australopithecus afarensis* (la famosa «Lucy») e *Australopithecus africanus*, che per le sue caratteristiche si ritiene la candidata più indicata per stare sulla nostra linea evolutiva.

Qualunque fosse il nostro antenato, circa 2 milioni di anni fa egli diede origine alla prima specie del genere *Homo*. La specie *Homo habilis* viene riconosciuta come umana in quanto, pur essendo contemporanea a molte australopitecine, per la prima volta nel corso dell'evoluzione mostra un'espansione del cervello. Il genere *Homo* comprende almeno 4 specie (6 secondo alcuni). Quella successiva a *Homo habilis* è *Homo ergaster*, un ominide molto robusto vissuto in Africa meridionale fino a circa 1,4 Ma fa. Un'altra specie sua contemporanea, *Homo erectus*, mostra una serie di caratteri più affini ai nostri (ad esempio, denti più piccoli e capacità cranica maggiore). *Homo erectus* rappresenta la prima specie ominide a lasciare il continente africano. Fossili appartenenti a questa specie sono stati infatti ritrovati in Georgia, in Cina e in Indonesia e forme analoghe sono vissute anche in Europa. Presso la cittadina di Ceprano, nel Lazio meridionale, è stato trovato nel 1994 un cranio di uomo sepolto tra i resti della riva di un antico lago.

Inizialmente, in base ai primi dati geologici, il reperto, riferito a una forma precedente a *Homo sapiens*, venne datato a circa 800-900 000 anni fa, ma ricerche specifiche condotte nell'ultimo decennio in modo integrato da specialisti di più discipline (geologia, sedimentologia, geodinamica, analisi dei pollini, archeologia preistorica) hanno concluso che l'età dell'«uomo di Ceprano» è compresa tra 385 000 e 430 000 anni fa (fase calda dell'interval-

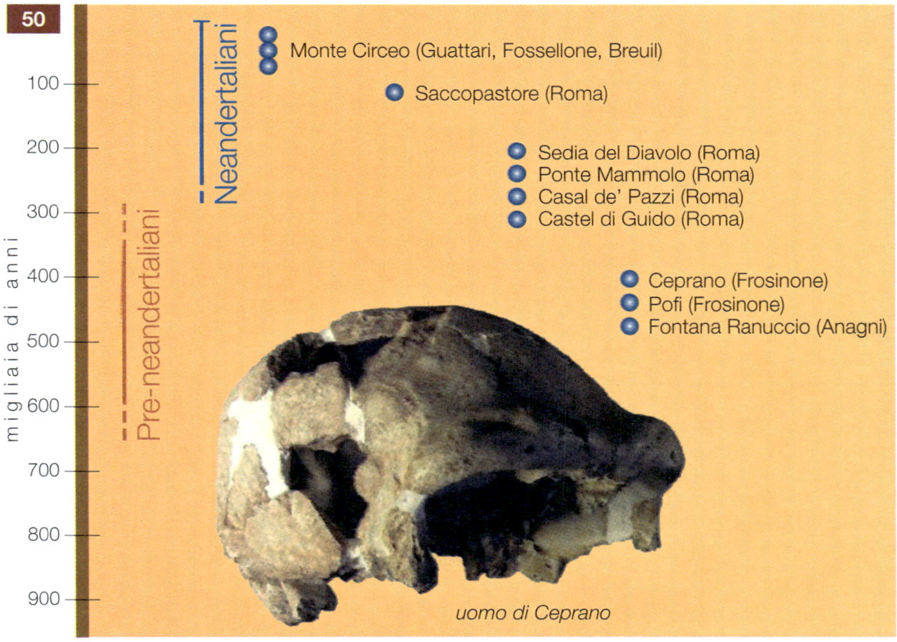

Figura 50
Cronologia dei fossili umani precedenti la comparsa di *Homo sapiens* rinvenuti in siti preistorici del Lazio (cerchietti blu). È rappresentato il cranio di *Homo* rinvenuto presso Ceprano, il più importante reperto fossile di uomo nel nostro Paese e uno dei pochi reperti che documentano l'aspetto fisico dei più antichi esseri umani che, circa un milione di anni fa, si diffusero nelle regioni mediterranee del continente europeo. Per i tratti molto arcaici alcuni autori riferiscono l'uomo di Ceprano a una forma pre-neandertaliana. (G. Manzi)

Figura 51
***Amigdala* in quarzite, del Paleolitico della Mauritania.** (G. Pinna, Milano)

lo isotopico marino M11; vedi l'Approfondimento delle conoscenze, *Stratigrafia isotopica*). Questo reperto rimane, comunque, uno dei più antichi fossili riferibili ai primi «europei» [**Figura 50**].

A partire da *Homo erectus* evolvette l'unica specie del genere *Homo* che non si sia estinta: *Homo sapiens*. I più antichi resti di *Homo sapiens* sono stati trovati sulle rive del fiume Omo, in Etiopia. Essi datano a circa 200 000 anni fa. Le caratteristiche di questi individui non erano ancora completamente uguali alle nostre, pertanto essi vengono indicati come esemplari arcaici. I cosiddetti *Homo sapiens* moderni, del tutto simili a noi, appaiono circa 100 000 anni fa. L'espansione degli esseri umani moderni in tutte le parti del pianeta ha di fatto determinato la scomparsa di tutte le altre specie appartenenti al genere *Homo*, tra le quali il ben noto *Homo neanderthalensis*, una specie europea e asiatica che convisse con noi fino a circa 24 000 anni fa.

8.4 Resti delle industrie umane

Ai depositi continentali del Quaternario sono spesso associate delle tipiche *industrie*, cioè giacimenti di prodotti o di residui di lavorazione dell'attività umana. Le più antiche sono quelle della *pietra scheggiata*. Venivano usati allora ciottoli di selce, una pietra dura dalla quale si ottenevano, con la percussione, lame, schegge a bordo tagliente, asce appuntite, punte di freccia ecc. L'età della pietra scheggiata si svolge per tutto il lungo periodo noto come **Paleolitico**, nel quale le varie industrie si distinguono con nomi specifici, derivati da quelli delle località sede dei ritrovamenti.

La capacità di scheggiare la pietra non è esclusiva dell'*Homo sapiens*. Nell'Africa centrale sono stati rinvenuti, in terreni di 1,8 milioni di anni fa, rudimentali utensili litici e resti di crani che sono stati attribuiti a *Homo habilis*.

A tempi meno antichi (all'incirca tra 1 000 000 e 400 000 anni fa) risalgono le industrie a grosse schegge del *Chelleano* (o *Abbevilliano*), atte a colpire anche grandi animali, e le *amigdale* («a forma di mandorla»), grandi quanto una mano [**Figura 51**], che venivano legate ad un bastone e usate per vibrare colpi che potevano sfondare il cranio agli animali da preda. In depositi più recenti si trovano manufatti di più accurata fattura (vi sono persino arpioni di osso per la pesca), come quelli rinvenuti in varie località della Dordogna (Francia), nella Valle di Neander (Germania) e, in Italia, a Saccopastore (Roma; datati tra 130 000 e 100 000 anni fa) e al *Circeo* (Lazio meridionale). Gli utensili erano stati prodotti da *Homo neanderthalensis*, e si ritrovano fino a circa 30 000 anni fa.

Alla parte finale del Paleolitico risalgono le prove della nascita di due importanti manifestazioni della cultura umana. Si sviluppano una forma di *religione* primitiva, su basi magico-rituali, e l'*arte*, con artisti chiamati di tribù in tribù ad incidere graffiti ed

Figura 52
Animali graffiti e dipinti dall'uomo del Paleolitico superiore nella grotta di Lascaux (Dordogna, Francia), conosciuta con l'appellativo di «Cappella Sistina della Preistoria». Per i colori venivano usati il nero fumo, l'ocra rossa e l'ocra gialla, impastati con il grasso degli animali.

eseguire dipinti in rosso, giallo e nero sulle pareti e sulla volta delle caverne, considerate come luoghi sacri di culto [Figura 52].

Ad un breve intervallo di transizione, detto **Mesolitico**, segue, a partire da circa 10 000 anni fa, il **Neolitico**, età della *pietra levigata*. Durante questo periodo si usavano rocce più tenere che venivano accuratamente lavorate ottenendone utensili i cui bordi erano mantenuti taglienti levigandoli con rocce più dure. Veniva ormai ampiamente usato anche l'osso, con le schegge del quale si facevano persino aghi per cucire.

Al termine delle glaciazioni, gli esseri umani sono ormai presenti in diversi continenti e si differenziano nei gruppi attuali. Ben presto, *Homo sapiens* impara a fondere e lavorare i metalli, prima quelli più teneri: il rame, circa 6000 anni fa, e il bronzo, una lega di rame e stagno, circa 5000 anni fa. Successivamente, con la scoperta dell'uso del carbon fossile, che permette di ottenere alte temperature per fondere i metalli, nel Medio Oriente si iniziò a fondere anche il ferro, a partire dal XII secolo a.C.

Dal momento in cui viene introdotta anche la produzione degli oggetti in argilla cotta è un rapido succedersi di culture protostoriche: l'agricoltura prende il sopravvento sulla caccia, molti animali vengono addomesticati e aiutano gli esseri umani nel loro lavoro. La lunga preistoria umana giunge così alla fine: con l'invenzione della scrittura siamo ormai giunti alle soglie della storia.

Il Fanerozoico, così ricco di testimonianze e di tracce, ci ha permesso di costruire strumenti mentali per indagare non solo il passato più remoto della Terra, ma anche per sondare il nostro futuro. L'ultima parte del Fanerozoico è anche il tempo in cui la vita, con l'uomo, ha iniziato a riflettere su se stessa; ultimo entrato in scena, l'uomo sta cercando il suo ruolo nei confronti del pianeta: conoscere meglio la nostra Terra è la sola via per viverci meglio e per lasciarci vivere quelli che verranno dopo di noi.

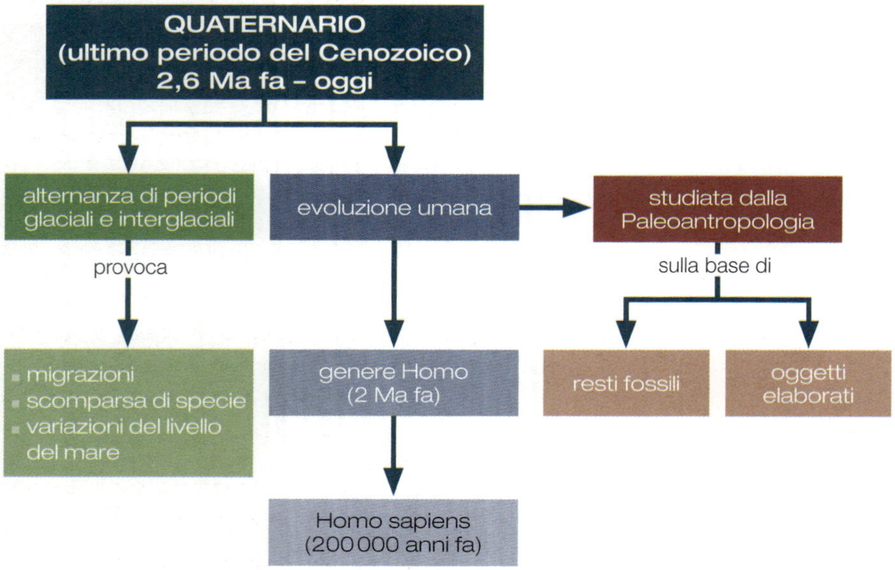

QUESITI

1. Completa.
   Il Quaternario è l'ultimo .... del Cenozòico ed è iniziato .... di anni fa.
2. Nel Quaternario si sono succedute almeno
   A 3 età glaciali.
   B 4 età glaciali.
   C 5 età glaciali.
3. Vero o falso?
   Homo neanderthalensis e Homo sapiens hanno convissuto per più di 100 000 anni.
   Motiva la risposta.
4. Che cosa sono le glaciazioni? Per quali ragioni si verificano?
5. Quali sono le principali conseguenze ambientali di una glaciazione?
6. Quali sono le principali «tappe» dell'evoluzione umana?
7. Quali sono le principali «tappe» dell'evoluzione delle industrie umane?

approfondimento delle conoscenze

Stratigrafia isotopica

Abbiamo già parlato dell'uso di isotopi instabili per datazioni radiometriche (vedi il paragrafo 2.1), ma esistono anche isotopi stabili di diversi elementi che vengono impiegati per ricostruzioni di caratteristiche ambientali del passato, in base alle quali è stato possibile comporre una scala stratigrafica confrontabile con le altre, già viste, che si basano sulla successione di eventi paleomagnetici (vedi capitolo 5, figura 12) o sulla successione dei fossili (biostratigrafia).

L'ossigeno è uno di questi elementi. In natura, è presente con tre diversi isotopi (^{16}O, ^{17}O, ^{18}O), due dei quali sono molto più abbondanti dell'altro. Il rapporto tra le abbondanze reciproche di questi due isotopi è un valore notevolmente costante in tutti gli oceani, nelle cui acque l'ossigeno compare in numerosi composti sciolti in soluzione. Negli oceani attuali la quantità totale di ossigeno presente è formata dalle seguenti percentuali isotopiche:

^{16}O (ossigeno 16), pari al 99,76% di tutto l'ossigeno presente;
^{18}O (ossigeno 18), pari allo 0,2%

(il resto, in quantità minima, è costituito dall'ossigeno 17).

Nei mari attuali il rapporto tra i due isotopi $^{18}O/^{16}O$ (indicato come $\delta^{18}O$[1]) è quindi 1/500 e lo stesso rapporto si trova nei gusci di $CaCO_3$ (carbonato di calcio) che molti organismi marini si costruiscono prelevando gli elementi necessari dall'acqua del mare; i gusci conservano, perciò, l'«informazione». Questa è la situazione attuale: ma il chimico Harold Hurey, verso la metà del secolo scorso, dimostrò che tale rapporto dipende dalla temperatura dell'acqua al momento della precipitazione chimica del $CaCO_3$ e la scoperta aprì una strada inaspettata. Pochi anni dopo, il geologo italiano Cesare Emiliani raccolse numerosi dati sul valore del rapporto $^{18}O/^{16}O$ misurato nei gusci calcarei di foraminiferi planctonici (minuscoli protozoi che popolano le acque marine superficiali), presenti in sedimenti fossili depostisi sul fondo del mare negli ultimi 150 000 anni: il valore del rapporto isotopico mostrava numerose oscillazioni. Lo studioso interpretò tali variazioni come conseguenza di cambiamenti della temperatura delle acque in cui erano vissuti i foraminiferi, dovute a vere e proprie oscillazioni climatiche, le stesse che avevano prodotto le fasi glaciali.

Il meccanismo è il seguente. In condizioni «normali» l'ossigeno dell'acqua che evapora continuamente dagli oceani è formato in prevalenza da ^{16}O (per la sua più elevata tensione di vapore): come conseguenza aumenta indirettamente negli oceani la quantità di ^{18}O. Il rapporto «standard» viene, però, continuamente ristabilito con il ritorno al mare dell'isotopo ^{16}O attraverso le precipitazioni e il successivo scorrimento fluviale [Figura 53A]. Tuttavia, se il clima comincia a cambiare e inizia una fase glaciale, l'isotopo ^{16}O, evaporato, non torna agli oceani, ma rimane in gran parte «bloccato» nelle calotte glaciali e nei ghiacciai. Durante una fase glaciale, perciò, negli oceani rimane più alto il rapporto $^{18}O/^{16}O$ e il dato viene «registrato» dalla composizione dei gusci degli organismi che vivono in quel periodo [Figura 53B].

L'interpretazione è stata confermata da numerose ricerche successive, con l'esame di sedimenti pelagici da sondaggi («carote») effettuali sui fondali di diversi mari, che hanno messo in evidenza come le variazioni del rapporto isotopico negli oceani siano globali e sincrone, come è provato da dati paleomagnetici e datazioni radiometriche rilevati sui medesimi sedimenti.

Le variazioni nel tempo del $\delta^{18}O$, rappresentate con grafici continui che presenta-

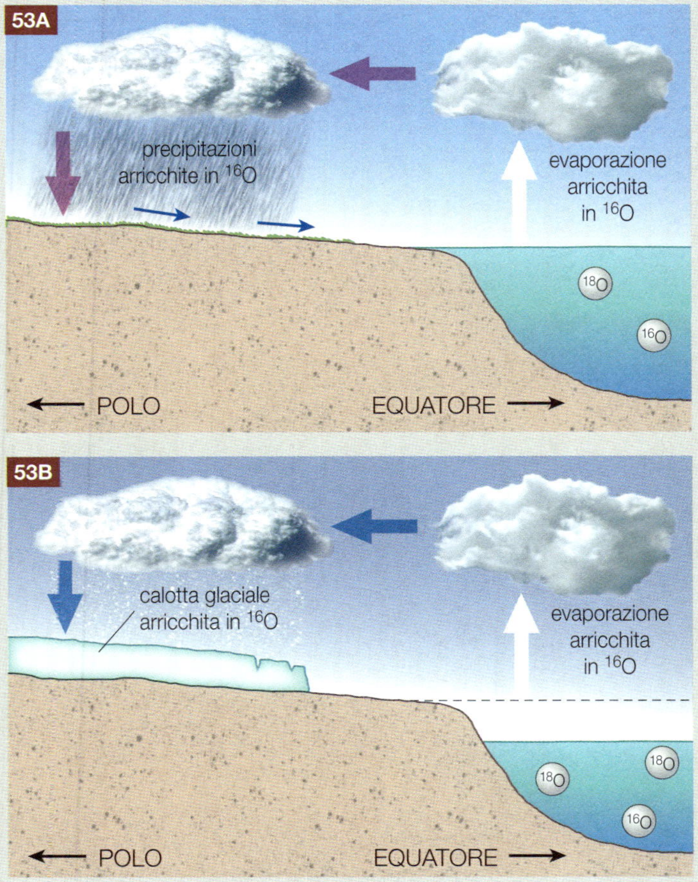

Figura 53
Variazione del rapporto $^{18}O/^{16}O$ nell'acqua del mare nell'alternarsi dei periodi interglaciali e glaciali.
A. Durante gli interglaciali le molecole dell'acqua con ^{16}O evaporano più facilmente e il mare si arricchisce indirettamente di ^{18}O. Le precipitazioni, però, restituiscono alla superficie l'acqua arricchita di ^{16}O, che ritorna al mare, per cui in definitiva il rapporto non si modifica.
B. Durante i periodi glaciali l'acqua arricchita in ^{16}O rimane «bloccata» nelle calotte glaciali e, come conseguenza, i mari si arricchiscono via via di ^{18}O: l'incremento dell'isotopo pesante, il $\delta^{18}O$, viene «registrato» dai gusci carbonatici che si formano in quel periodo.

(1) Si ricorda che il simbolo δ (delta) è usato per indicare la differenza tra due valori della stessa grandezza.

54

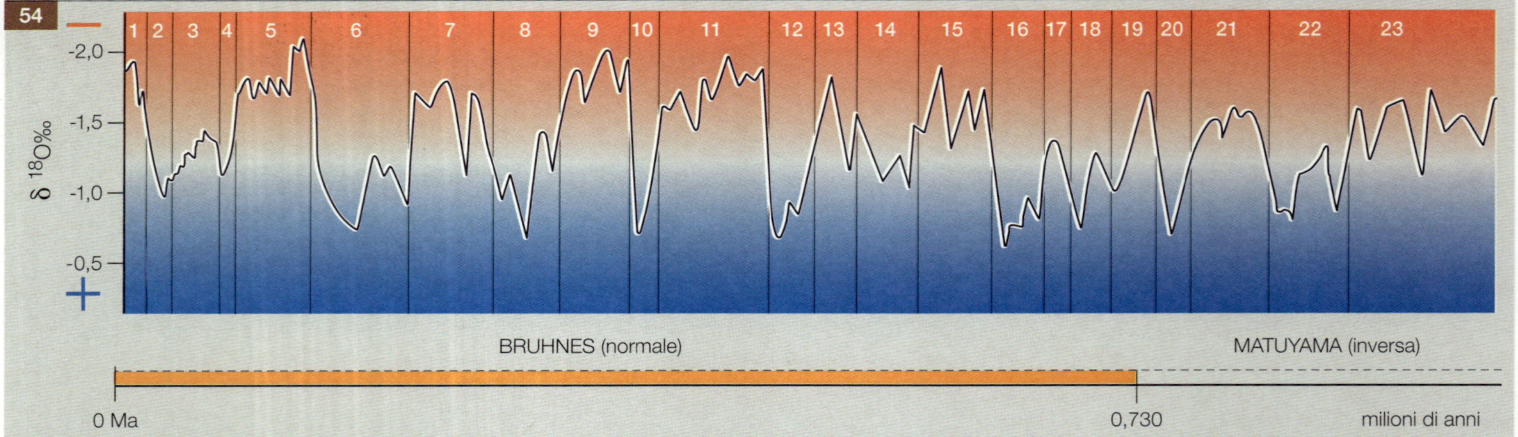

Figura 54
***Stadi isotopici* dell'ossigeno nel Quaternario.** La curva descrive le variazioni del $\delta^{18}O$ nel corso degli ultimi 900 000 anni circa; i valori sono espressi in unità per mille (‰) rispetto a uno standard di riferimento. I numeri in alto si riferiscono agli *stadi isotopici*. In basso è riportato, per confronto, il tratto corrispondente della Scala paleomagnetica, con le età in milioni di anni. (Fonte: Rey J., 1997, con semplificazioni)

no numerosi picchi e valli, hanno permesso di individuare un'alternanza di intervalli con rapporti $^{18}O/^{16}O$ alti e bassi, denominati *stadi isotopici*, numerati progressivamente da oggi indietro nel tempo [Figura 54]. Gli stadi con numero pari, cioè quelli con arricchimento di ^{18}O, corrispondono a periodi con estesi volumi di ghiacci (decine di milioni di km^3), gli stadi dispari corrispondono a periodi con volumi glaciali minimi, come l'attuale (numerato con 1), che indica un periodo *interglaciale caldo*.

I limiti tra stadi isotopici sono stati posti a metà strada tra i valori $\delta^{18}O$ massimi e minimi, per cui gli stadi indicano una successione di fasi climatiche; le più importanti tra queste, per valori e durata, corrispondono alla classica successione di quattro intervalli glaciali e quattro interglaciali previsti dalla *curva di Milanković* e riconosciuti dai geologi specialisti delle Alpi nello studio dei depositi e delle morfologie di terreno.

L'intero processo che ha portato alle oscillazioni del $\delta^{18}O$, qui riassunto in breve e in modo schematico, è nella realtà piuttosto complesso e deve tener conto di numerosi parametri, di situazioni locali (come i mari chiusi, con limitato rimescolamento delle acque) e di limitazioni per alcuni aspetti biologici. Tuttavia, il metodo degli isotopi dell'ossigeno è risultato di grande importanza ed efficacia negli studi paleoambientali, soprattutto nella paleo-oceanografia. L'integrazione con la *stratigrafia paleomagnetica* e con la *biostratigrafia*, basata sui fossili, ha permesso di ricostruire l'evoluzione climatica del Quaternario, mentre l'estensione delle analisi fino al Cretacico superiore ha messo in evidenza il progressivo raffreddamento delle acque dell'Atlantico negli ultimi 70 milioni di anni (cioè nell'Era cenozoica), con il brusco ulteriore raffreddamento verificatosi alla fine del periodo Pliocene [Figura 55].

Gli stadi isotopici più recenti sono ricchi di eventi. Dopo l'ultimo massimo glaciale (16 000-20 000 anni fa) è iniziato il riscaldamento climatico, con scioglimento delle vaste calotte glaciali polari e conseguente aumento del livello del mare (circa 100 metri lungo le coste tirreniche). Ma il riscaldamento non è stato continuo: circa 12 500 anni fa si è avuto un breve periodo di raffreddamento (durato un migliaio di anni), con arresto della risalita del livello del mare. L'evento, definito il «colpo di coda» dell'ultima glaciazione, è noto come «Dryas recente», dal nome di un fiore di ambiente artico (*Dryas octopetala*) che nei periodi freddi aveva esteso il suo areale di diffusione verso Sud, per ritirarsi verso Nord negli interglaciali. Di quell'evento, registrato come un'oscillazione minore nello stadio isotopico 1, possiamo ancora trovare un'ultima eco: in plaghe isolate sui rilievi alpini e anche lungo i crinali dell'Appennino, fiorisce ancora la piccola *Dryas*, i cui antenati sono stati trovati dai geologi allo stato fossile in depositi di tundra delle Alpi, che risalgono a quando condizioni climatiche fredde avevano favorito una diffusa migrazione di quella flora fino alle nostre latitudini.

55

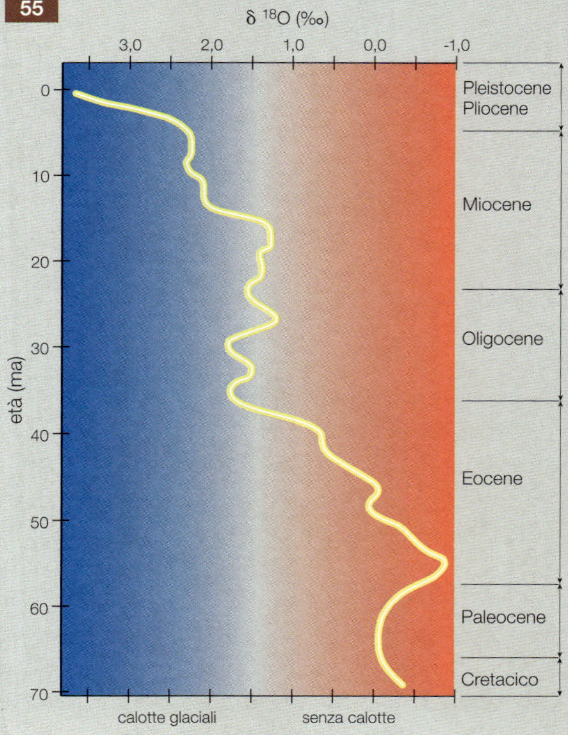

Figura 55
Curva delle variazioni del $\delta^{18}O$ nel corso dell'Era cenozoica. Le analisi hanno preso in esame gusci di *foraminiferi bentonici* (cioè che vivono sul fondo del mare), contenuti in sedimenti dell'Oceano Atlantico e prelevati con sondaggi. I valori del $\delta^{18}O$ sono espressi in frazioni per mille dello *standard*, riferito alla composizione media attuale dell'acqua di mare aperto; per esempio: $\delta^{18}O = 3$, vuol dire che i gusci esaminati sono più ricchi in $\delta^{18}O$ del 3 per mille rispetto al valore standard.

9 Storia della Terra: un quadro sinottico

A questo punto del nostro lungo viaggio nel tempo, cerchiamo di «raccogliere le idee». Lo faremo con la *tavola sinottica* che compare nelle due pagine che seguono; le cui diverse parti permettono di seguire meglio le successioni di eventi dal cui intreccio risulta formata la storia della Terra. Questo commento servirà da guida alla lettura della tavola.

Il nostro pianeta si può considerare un *sistema integrato*, cioè un insieme di componenti che interagiscono strettamente tra loro attraverso una complessa serie di processi fisici, chimici e biologici. La presentazione di tali componenti «disaggregate» in colonne distinte rischia, perciò, di essere fuorviante, se non si procede a una lettura integrata della tavola, cioè in orizzontale (secondo gli intervalli scanditi dalle linee) e dal basso verso l'alto (secondo il progredire del tempo).

La scala dei tempi è molto dilatata per l'Era cenozoica e fortemente contratta per le ere precambriane (al di sotto della linea bianca ondulata che interrompe tutta la tavola e che segna il cambio di scala).

Litosfera. Viene schematizzata la progressiva trasformazione del pianeta, dalla fase di aggregazione di polveri, gas e ghiacci all'individuazione di un nucleo avvolto da un mantello, fino all'attivarsi della Tettonica delle placche.

Le colonne **Attività orogenica globale** e **Attività vulcanica** mettono in evidenza la maggiore o minore intensità dei due processi a seconda dei movimenti delle placche.

Idrosfera. Il livello medio dei mari ha subìto ripetute fluttuazioni, sia per *variazioni del volume dell'acqua oceanica* (per esempio, per il formarsi o il fondersi dei grandi ghiacciai continentali), sia per *variazioni nella capacità volumetrica dei bacini oceanici* (per l'accumulo dei prismi sedimentari e per le variazioni del volume delle dorsali oceaniche, più o meno «gonfie» in funzione di maggiori o minori velocità di espansione).

Nella colonna **Variazioni relative del livello del mare** la curva indica, in modo semplificato, numerosi cicli di innalzamento e abbassamento del livello del mare rispetto al livello medio attuale.

Nella colonna **Principali glaciazioni** compaiono gli eventi per i quali sono state raccolte testimonianze di attività glaciale.

Atmosfera. L'evoluzione dell'involucro gassoso è descritta attraverso due aspetti fondamentali.

La colonna **Variazione della temperatura** mostra le oscillazioni della temperatura media globale in superficie, in confronto alla media attuale. Le variazioni climatiche, con la loro interferenza su altri processi (come l'erosione), mostrano l'influenza dell'energia solare nel delicato equilibrio dinamico che governa il pianeta.

La colonna **Variazione dei principali componenti** riassume il passaggio dall'*atmosfera primordiale* alla *nuova atmosfera* (secondaria), formata dall'accumulo di gas liberati dall'attività vulcanica, e mostra il modificarsi di questa atmosfera da *riducente* a *ossidante*, con l'immissione di quantità via via crescenti di ossigeno prodotto dalla comparsa di organismi aerobi fotosintetici. Con l'aumento dell'ossigeno si è formata la *fascia dell'ozono*, mentre l'anidride carbonica, all'inizio abbondante, è andata riducendosi a tracce minime.

Biosfera. Nella colonna **Eventi biologici**, accanto alle segnalazioni di comparsa e diffusione dei principali gruppi di organismi, si è voluto dare particolare risalto alle *estinzioni in massa*, come momenti ricorrenti nella storia della biosfera.

Nella colonna **Faune e flore più significative** si è tentato di dare un'immagine visiva delle associazioni di forme viventi che hanno caratterizzato i diversi periodi della storia della Terra (lettura «orizzontale»); contemporaneamente, si è cercato di suggerire alcune linee di evoluzione delle forme nel tempo (lettura «verticale»). Come esempio di lettura orizzontale si osservi il periodo Giurassico, caratterizzato dalla diffusione di gimnosperme, esacoralli, ammoniti, rettili erbivori, rettili alati e primi uccelli. Come esempio di lettura verticale si provi a seguire, sulla destra della colonna, la successione che nell'Era paleozoica porta dai pesci primitivi ai crossopterigi, agli anfibi e ai rettili, e che prosegue poi nel Mesozoico da un lato verso la grande differenziazione dei rettili e lo sviluppo degli uccelli, dall'altro verso la comparsa dei mammiferi.

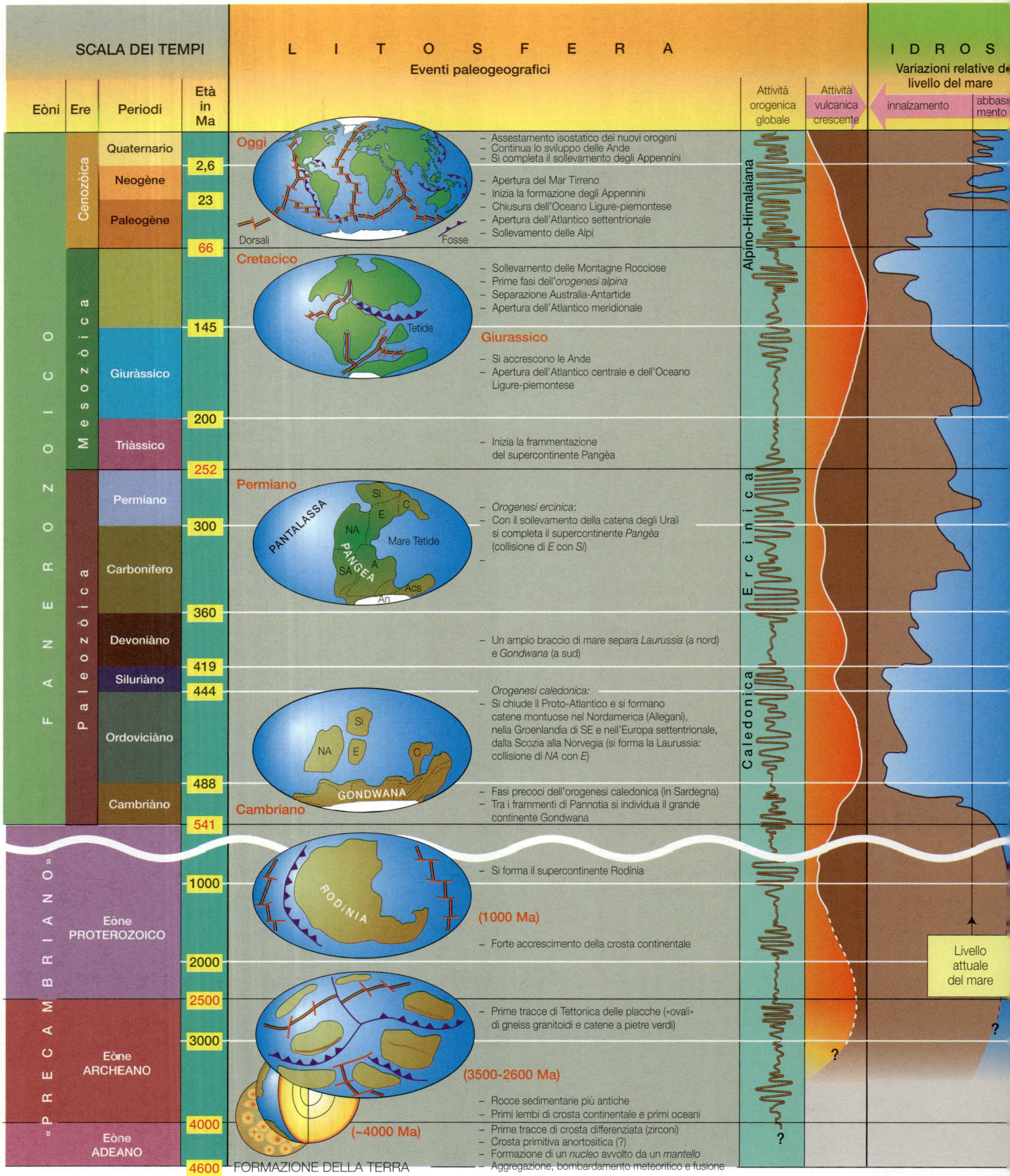

Tavola sinottica dell'evoluzione nel tempo della Terra. La storia del nostro pianeta è quella di un complesso *sistema integrato*, che risulta dalla stretta interferenza di alcune componenti fondamentali, qui sintetizzate nei quattro «involucri» che lo costituiscono: la Terra solida (indicata in modo semplificato come *litosfera*), l'insieme delle acque marine e continentali (*idrosfera*), la copertura di gas e vapori (*atmosfera*) e la biomassa, cioè l'insieme degli organismi viventi (*biosfera*). L'aspetto del pianeta è, perciò, il risultato di un equilibrio dinamico regolato da numerosissime variabili collegate che, con le loro variazioni, ne hanno determinato – e ne determinano tuttora – continue trasformazioni.

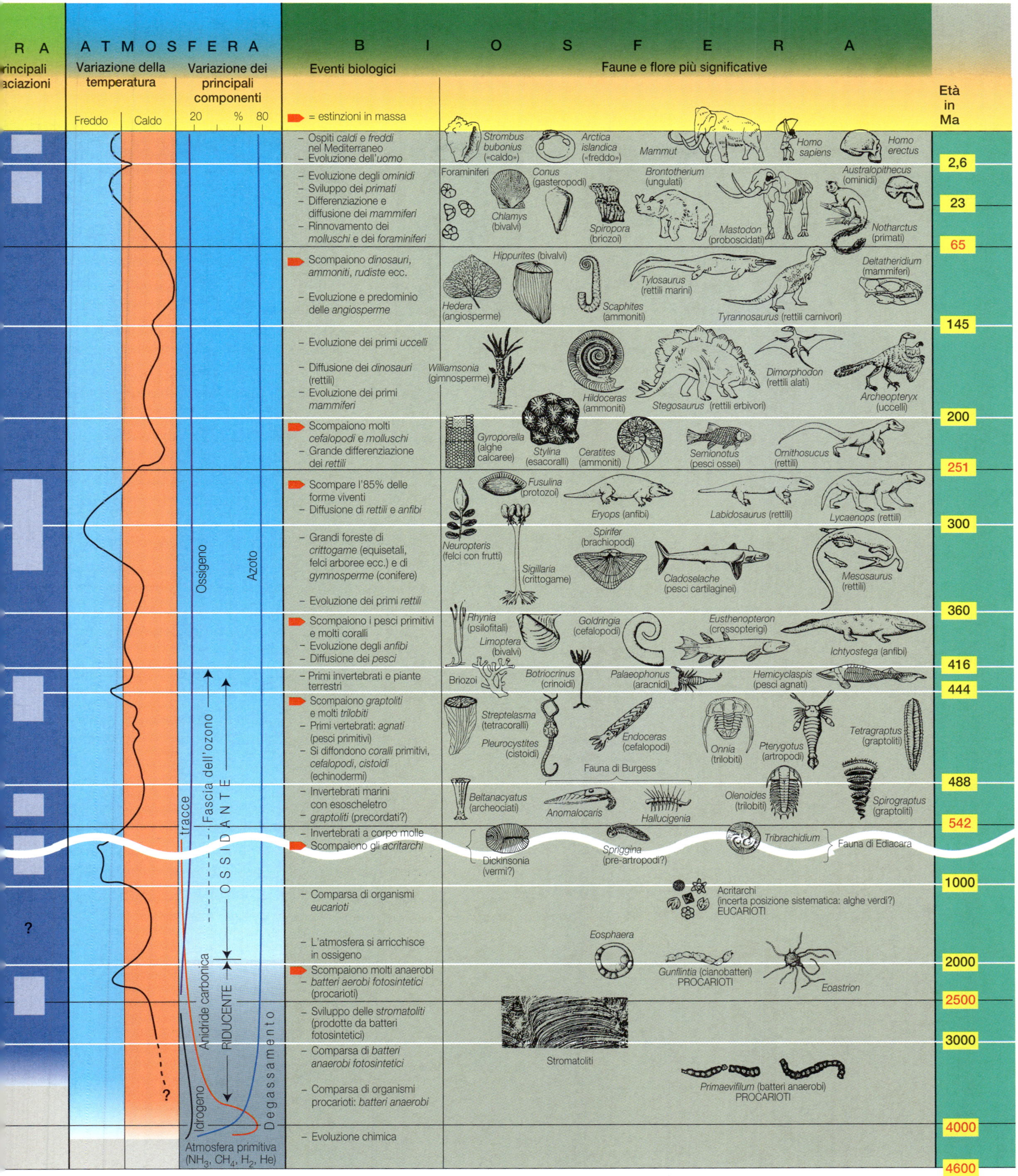

Fonti: Gould J.L., Gould C.G., *Life at the Edge, Reading from Scientific American*, Freeman and C., New York, 1989.
Raffi S., Serpagli E., *Introduzione alla Paleontologia*, Scienze della Terra, UTET, 1993.
Haq B.U., Hardenbol J., Vail P.R., «Chronology and fluctuating sea levels since the Triassic», *Scienze*, **235**, 1987.
Frakes L.A., *Climates throughout geologic time*, Elsevier, Amsterdam, 1979.
Cloud P., *Oasis in the space. Earth history from the beginning*, W.W. Norton & Company, New York-London, 1988.
Stanley S.M., *Eart System History*, 3ª ed., W.H. Freeman and C., New York, 2009.

10 Storia geologica del territorio italiano

La struttura geologica dell'Italia è il risultato di vicende verificatesi sostanzialmente nel corso degli ultimi 230 milioni di anni della storia della Terra, un intervallo di tempo che può sembrare lungo, ma che è appena 1/20 dell'età del nostro pianeta. Non mancano affioramenti di rocce più antiche in Sardegna e nelle Alpi Orientali, ma i frammenti di storia geologica che tali rocce permettono di ricostruire riguardano le vicende che hanno portato alla formazione dell'attuale Europa centrale e di parte dell'odierna Africa settentrionale (orogenesi caledonica ed ercinica): tali vicende, concluse alla fine dell'Era paleozoica, si possono considerare l'«antefatto» della storia geologica dell'Italia.

Iniziamo a descrivere l'evoluzione geologica che ha portato alla formazione dell'Italia partendo dalla distribuzione delle terre emerse e dei mari alla fine dell'Era paleozoica. Allora si era conclusa la formazione del «supercontinente» Pangèa, circondato da un unico, vasto oceano. Una parte di questo oceano costituiva la Tètide, che penetrava, con un ampio golfo, nel settore orientale del Pangèa, all'incirca a cavallo dell'Equatore (vedi di nuovo la figura 31).

All'inizio dell'Era mesozoica il Pangèa comincia a frammentarsi in blocchi continentali che si allontanano l'uno dall'altro. Come conseguenza, le coste vengono invase dalle acque e sugli antichi depositi continentali si accumulano grossi spessori di sedimenti marini.

Nel corso del Mesozoico la frammentazione del Pangèa si completa e i movimenti delle nuove placche portano alla graduale separazione del continente di Gondwana da quelli eurasiatico e nordamericano. L'antica crosta continentale si assottiglia progressivamente e il mare si fa più ampio e più profondo, finché, alla fine del periodo Giurassico, il processo di apertura si completa con la comparsa sul fondo del mare di una fascia di profonde fessure, da cui traboccano grandi quantità di lave basaltiche. Si originano così anche vari tratti di una dorsale oceanica, il cui decorso, all'incirca NE-SO, segna l'asse dell'Oceano Atlantico centrale e dell'Oceano Ligure-piemontese, in continua espansione. Le loro acque confluiscono in quelle del Pantàlassa, a ovest, e della Tètide, a Est [Figura 56].

L'Oceano Ligure-piemontese era compreso tra il bordo dell'Europa centrale (già formata alla fine dell'Era paleozoica) e la piccola placca Adria (da alcuni ritenuta una prosecuzione dell'Africa, appena coperta dal mare).

Lungo i margini dell'Oceano Ligure-piemontese si andavano accumulando due grandi prismi sedimentari (uno detto «europeo» e l'altro «africano»), separati dalla fascia di crosta oceanica comprendente la dorsale e coperta solo da un modesto spessore di sedimenti [Figura 57A].

Entro un'ampia fascia parallela alle coste si alternavano bassi fondali separati da lunghi bracci di mare più profondo. Sui bassi fondali si svilupparono vaste scogliere, i cui resti si trovano oggi, per esempio, nelle Dolomiti o nell'Appennino laziale-abruzzese-campano. Negli ampi spazi di ma-

Figura 56
150 Ma fa: la Tètide si espande verso Ovest per l'apertura dei nuovi oceani Atlantico centrale (AC) e Ligure-piemontese (L). S = futura Spagna.
La linea rossa al centro dei nuovi oceani indica la dorsale che produce nuova crosta; le linee con triangoli sono fosse di subduzione. Lungo i margini dei continenti separati dalle dorsali si accumulano prismi sedimentari. Adria, coperta da un mare basso, è il futuro *avampaese* adriatico.

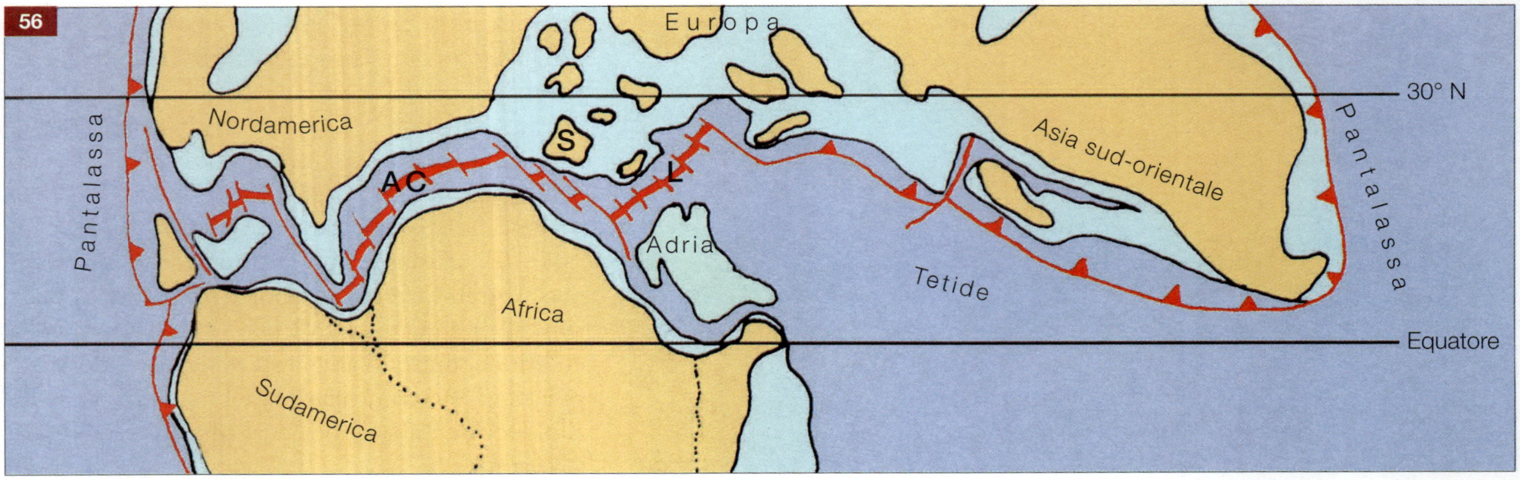

57A

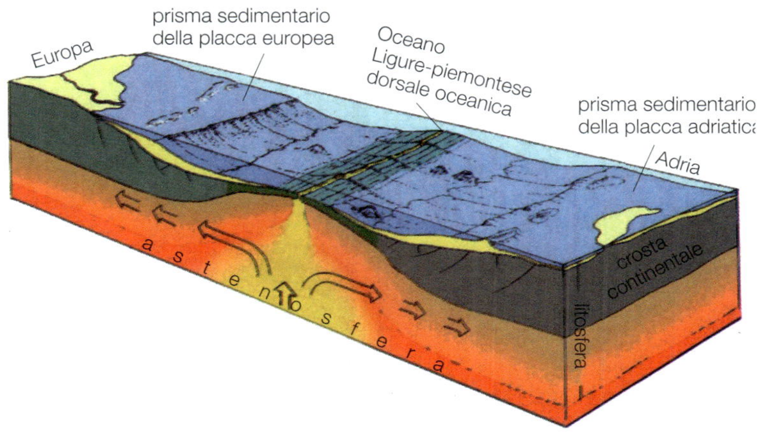

57B

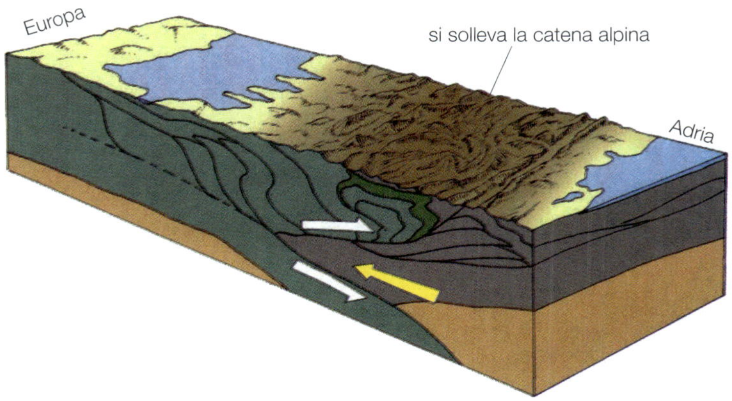

Figura 57
Ricostruzione paleogeografica (cioè «dell'antica geografia») di due momenti dell'evoluzione dell'Oceano Ligure-piemontese.
A. Fase di massima espansione, nel periodo Giurassico: al di sotto dell'oceano l'antica crosta continentale appare assottigliata e divisa in due settori (adriatico ed europeo), separati da crosta oceanica in continua formazione, a partire dalla dorsale oceanica. Lungo i margini dei due continenti si accrescono i prismi sedimentari.
B. Fase di chiusura, nell'Era cenozoica. Gran parte della crosta oceanica è sprofondata in subduzione nel mantello sotto Adria e i due continenti entrano in collisione. Adria sovrascorre verso Nord, incuneandosi in profondità nel margine europeo già deformato (freccia gialla): i prismi sedimentari si lacerano in ampie falde, che si accatastano fino a formare la nuova catena montuosa.

re più profondo che separavano e circondavano le scogliere si accumularono, nello stesso intervallo di tempo, rocce sedimentarie di diverso tipo (marne, argille, selce), con fossili di ambiente pelagico (come le ben note ammoniti). Questi tipi di rocce si trovano oggi, tra l'altro, nelle Prealpi lombarde e nell'Appennino umbro-marchigiano.

Nei settori dell'oceano più lontani dalle coste si deposero invece modesti spessori di sedimenti fini, in genere argillosi, con resti di organismi marini pelagici. Rocce derivate da quei sedimenti si trovano nell'Appennino tosco-ligure-emiliano e campano-lucano e nelle Alpi Occidentali.

La lunga fase di espansione dell'Oceano Ligure-piemontese ebbe termine circa 100 milioni di anni fa. Il continente africano, per il progressivo aprirsi dell'Oceano Atlantico meridionale (vedi ancora la figura 35B e C) cominciò a muoversi verso l'Eurasia, mentre sul fondo dell'Oceano Ligure-piemontese si originò una *fossa di subduzione*. Ebbe inizio, così, un processo di *collisione continentale*, che coinvolse ampiamente i due prismi sedimentari e la crosta su cui si erano accresciuti. Compresse lentamente in una formidabile morsa, le rocce sedimentarie dei prismi e quelle metamorfiche e magmatiche della crosta si frantumarono progressivamente in grandi scaglie, che scivolarono come *falde* di ricoprimento le une sulle altre, fino ad accumularsi in gigantesche pile [**Figura 57B**]. All'interno di questi ammassi rocciosi si aprivano la via, risalendo da zone profonde, grandi masse di magma. La crosta oceanica formatasi con l'espansione dell'Oceano Ligure-piemontese venne trascinata in gran parte in profondità, nel mantello, dalla subduzione. Alcuni lembi però, strappati via nella collisione, finirono anch'essi tra le falde, dove oggi li troviamo come *ofioliti* (o *rocce verdi*), sia nelle Alpi Occidentali, sia nell'Appennino tosco-ligure [**Figura 58**].

Figura 58
Ofioliti dell'Appennino in affioramento lungo la costa ligure, presso Levanto. Si riconoscono gli ammassi di lave basaltiche a cuscino, che rappresentano lembi della crosta dell'Oceano Ligure-piemontese. (G. Zanzucchi)

Figura 59
Evoluzione nel tempo e nello spazio del «sistema» catena-avanfossa-avampaese.
A. La catena comincia a formarsi per la spinta di forze che agiscono sulla crosta: grossi pacchi di rocce vengono spinti uno sull'altro (lungo superfici di taglio: linee rosse con piccole frecce). La pila di falde, che emerge dal mare, con il suo peso fa sprofondare la crosta e lungo il bordo della catena si forma una depressione invasa dal mare (*avanfossa*), in cui si accumulano sedimenti (in colore arancio). Più al largo, la crosta non ancora deformata rimane stabile e costituisce l'*avampaese*.
B. Le forze continuano la compressione: le vecchie falde si spostano più avanti e sormontano le nuove falde (costruite anche a spese dei sedimenti dell'avanfossa, che in tal modo si estingue). La catena, avanzando, fa sprofondare un altro settore dell'avampaese e si forma una nuova avanfossa, che raccoglie altri sedimenti (in colore giallo). L'avampaese si riduce ulteriormente. L'attuale crosta (di tipo continentale) al di sotto dell'Adriatico costituisce l'avampaese della catena appenninica, mentre la sua parte più vicina alle coste è l'avanfossa attuale, in lento sprofondamento, compensato dal continuo accumulo di sedimenti provenienti dallo smantellamento dei versanti orientali dell'Appennino: sono gli ultimi segni, come vedremo più avanti, dell'attività dell'orogeno.

59A
59B

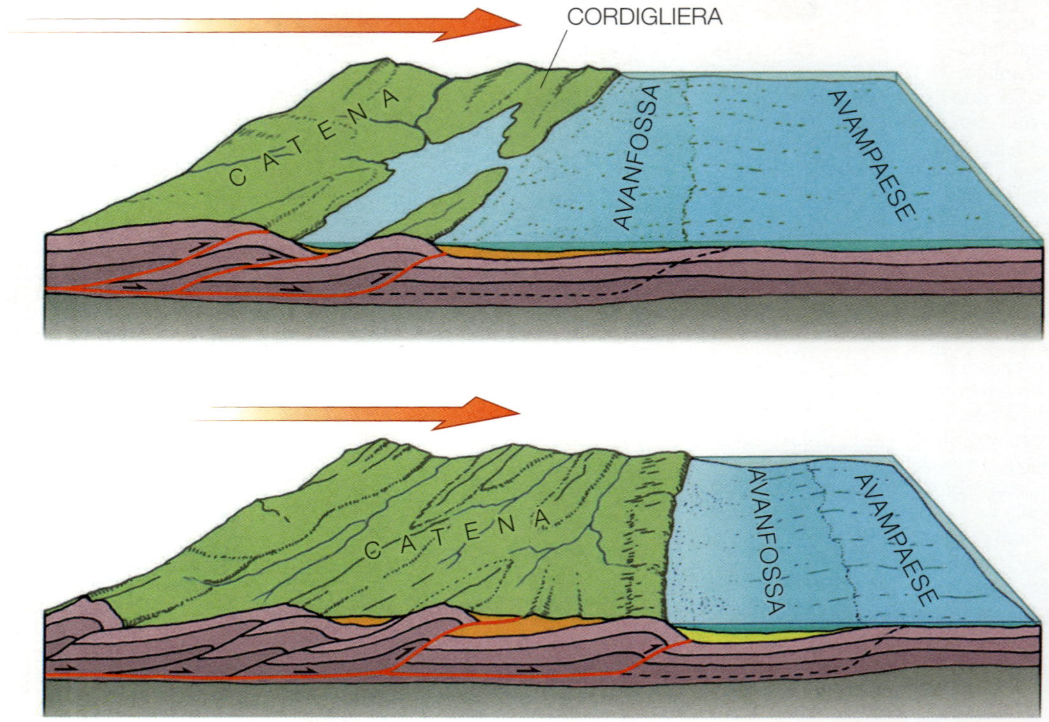

La fascia di crosta in corrispondenza della collisione aumentò di spessore e, a causa del conseguente *aggiustamento isostatico*, si sollevò, dando origine a nuove catene montuose, tra cui le Alpi e gli Appennini. Contemporaneamente, verso Est la collisione tra India e Asia, avvenuta lungo un'altra estesa fossa di subduzione, portava alla formazione delle catene himalayane (si riveda la figura 41).

Per poter comprendere meglio l'attuale struttura geologica dell'Italia dobbiamo tener presente come si sviluppa nel tempo la formazione di una catena montuosa da collisione continentale. Il suo sollevamento non si manifesta in un unico evento: l'analisi dettagliata delle deformazioni (faglie, pieghe, falde) che portano alla struttura dell'orogeno mostra, infatti, che non sono tutte contemporanee, ma sono scalate nel tempo e nello spazio, secondo il modello *orogeno-avanfossa-avampaese*, illustrato in modo schematico nella Figura 59.

Quando nell'ampio settore di crosta oceanica che separa due placche in collisione (si riveda il capitolo 5, paragrafo 8.2) cominciano a manifestarsi i primi sforzi della compressione, è solo una parte di quel settore che inizia a deformarsi, con la formazione di falde che sovrascorrono le une sulle altre seguendo la direzione delle spinte che agiscono. Si forma così una prima lunga «cordigliera» che emerge dal mare; nello stesso tempo, il peso dell'accumulo di falde fa sprofondare il settore di crosta contiguo e il fondo del mare si approfondisce, dando origine a quella che viene chiamata *avanfossa*. L'ampio settore più lontano dalla fascia deformata, chiamato *avampaese*, rimane «tranquillo» e su di esso prosegue la normale sedimentazione [Figura 59A], ma la compressione continua: la parte di orogeno già formata si sposta e la deformazione coinvolge come falde anche i depositi che stanno riempiendo l'avanfossa.

Il meccanismo si ripete più volte nel tempo [Figura59B], spostandosi verso l'avampaese (il quale, in pratica, si riduce un po' ogni volta che si forma un'avanfossa), mentre la catena si amplia per l'aggiunta di nuovi settori: il suo «fronte» avanza perciò in modo sostanzialmente continuo per molti milioni di anni, finché si completa la collisione tra i due continenti (o, più esattamente, tra le due litosfere continentali) e l'orogeno rimane come una *sutura* (si riveda il capitolo 5, figura 41).

Riprendiamo ora in esame la struttura dell'Italia e dei mari circostanti, facendo riferimento al *Modello geologico strutturale* schematizzato nella Figura 60, e cominciamo con l'osservare che in esso compare più volte il termine «avampaese». Ricordiamo che esso indica quella parte di crosta continentale verso la quale (e sulla quale), nel corso di una collisione, scivolano e si accatastano le falde. Nella figura compare un «Avampaese europeo», verso il quale si sono mosse le falde che formano le Alpi; ma compare anche un «Avampaese africano», strettamente collegato con un «Avampaese adriatico», verso cui risultano mosse le falde dell'Appennino e della Sicilia, del Sudalpino (Prealpi lombarde e venete, Dolomiti, Alpi Giulie) e delle Dinaridi. L'Avampaese adriatico, interpretato come un prolungamento di quello africano (chiamato perciò un tempo «Promontorio africano»), sembra piuttosto corrispon-

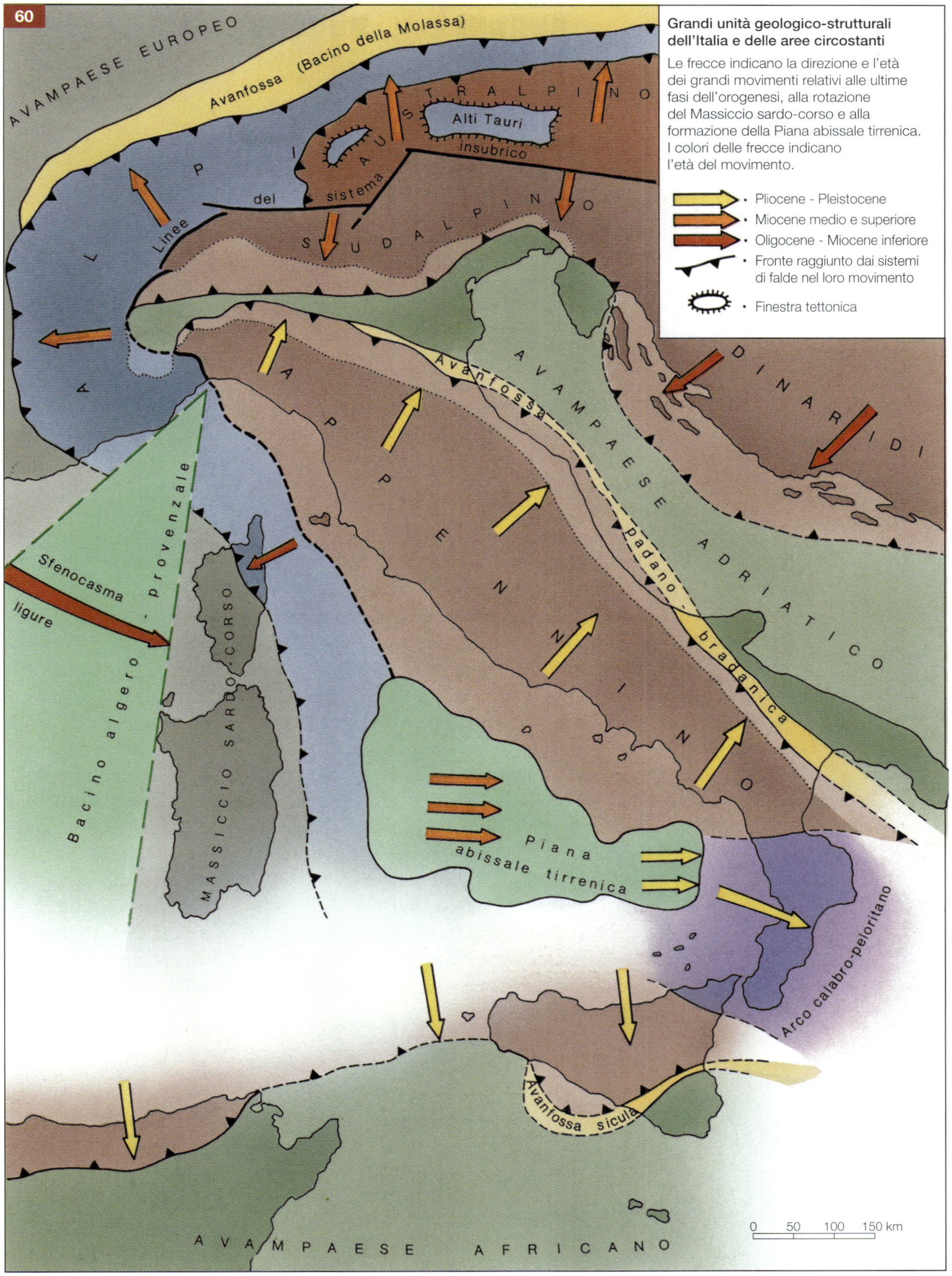

Figura 60
I differenti colori contraddistinguono le strutture geologiche che si sono via via affiancate nel corso dell'orogenesi. Si riconoscono l'Avampaese europeo e l'Avampaese africano-adriatico, le due avanfosse più recenti, in gran parte ricoperte dalle catene, e le due catene a falde, con le rispettive direzioni ed età di movimento (frecce). Le linee a punti delimitano la parte di strutture (a colori più tenui) sommerse dal mare o sepolte sotto sedimenti molto recenti.

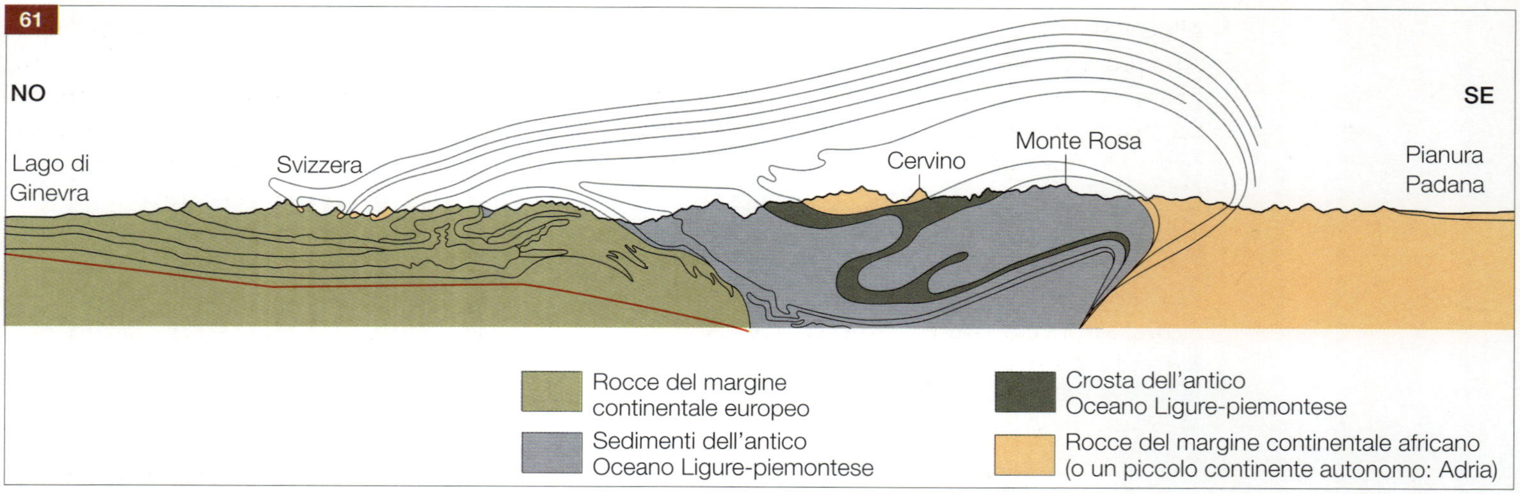

Figura 61
Una sezione geologica attraverso le falde delle Alpi occidentali. Dopo la collisione, la catena montuosa ha saldato, come una cicatrice, le due croste continentali europea e adriatica (rivedi anche il capitolo 2 paragrafo 3.4).

■ **Finestra tettonica** (**Tectonic window**) Parte interna di una falda che l'evoluzione ha inciso così profondamente da attraversarne tutto lo spessore e da mettere in luce i terreni sottostanti, quelli, cioè, su cui la falda è sovrascorsa. Può essere di grandi dimensioni, come la *Finestra degli Alti Tauri* (nelle Alpi orientali austriache), all'interno della quale affiorano oltre 150 kilometri di rocce su cui sono scivolati, muovendosi da Sud verso Nord, i terreni dei rilievi che circondano la catena degli Alti Tauri (vedi figura 60).

dere, come sopra ricordato, a una piccola placca indipendente, chiamata «Adria». I sedimenti che la ricoprono affiorano nell'Istria, nel Gargano e nella Penisola Salentina.

Poiché sono stati individuati due diversi avampaesi, si deve concludere che la collisione tra Europa e Africa ha originato due diverse catene: una scivolata verso l'Europa, l'altra verso l'Africa e l'attuale area adriatica. Più precisamente, il prisma sedimentario europeo è stato deformato per primo ed è stato spinto ad accavallarsi sopra il margine europeo, dove ha formato l'arco delle Alpi occidentali e la sua prosecuzione orientale, verso i Carpazi [Figura 61].

Mentre la catena alpina si stava sollevando, è iniziata anche la deformazione del prisma africano-adriatico, che è scivolato in falde sui margini dell'Avampaese africano-adriatico, formando la catena che comprende i rilievi costieri algerini e tunisini, i rilievi della Sicilia, l'Appennino, il Sudalpino e le Dinaridi. Le due catene risultano saldate da una poderosa «cicatrice», indicata nella figura 60 come «linee del sistema insubrico». Partendo da Est, il limite geologico tra strutture «europee» e strutture «africane» segue la Val Pusteria, prosegue lungo la Valtellina e piega poi verso Sud fino a raggiungere il Mar Tirreno, sul cui fondo proseguono le due catene.

Questa descrizione schematica delle due catene ha bisogno, però, di un'ulteriore spiegazione.

Gran parte dei rilievi dell'Australpino, pur trovandosi a Nord del sistema insubrico, sono formati da lembi di crosta e del prisma africano, scivolati verso l'Europa e al di sopra delle altre falde alpine. Questa sovrapposizione è messa in luce in modo spettacolare nelle **finestre tettoniche** degli Alti Tauri e dell'Engadina (si riveda la figura 60), due profonde lacerazioni nelle falde dell'Australpino, attraverso cui è possibile osservare le falde sottostanti. Anche nelle Alpi occidentali compaiono strutture analoghe. Nelle Alpi centrali, la poderosa mole del Bernina fa parte di una grande falda di crosta continentale «adriatica» scivolata da Sud verso Nord fino sul margine della crosta europea. Al di sotto di questa falda australpina si trova una grande falda formata da rocce metamorfiche di un lembo di mantello [Figura 62].

Figura 62
La struttura a falde delle Alpi centrali nel settore del Bernina. La linea rossa indica l'affioramento del piano di taglio lungo il quale masse di gneiss e di graniti della crosta continentale «adriatica» (A) sono scivolate verso Nord sopra rocce metamorfiche del mantello (M). (M. Parotto)

Alla collisione continentale si sono in seguito sovrapposti processi diversi, non ancora esauriti. A partire da circa 20 milioni di anni fa, un frammento dell'antico margine europeo si è staccato dal resto del continente ed è ruotato in senso antiorario (vedi di nuovo la figura 60): il fenomeno ha portato nella sua posizione attuale il Massiccio sardo-corso, che rappresenta perciò un lembo del continente europeo.

Successivamente, 7-8 milioni di anni fa, anche a Est del Massiccio sardo-corso la crosta ha cominciato ad assottigliarsi e a «distendersi». Si è formato così un altro bacino, il Mar Tirreno, che da allora in poi è in graduale ampliamento. Sul fondo della piana abissale i sondaggi effettuati da una nave oceanografica hanno individuato grandi spessori di lave basaltiche, la cui età è via via più recente andando dalla Sardegna alla Calabria: il settore sudorientale del Tirreno si è formato solo due milioni di anni fa.

Queste rotazioni ed espansioni di ampi settori di crosta hanno modificato e completato la struttura della catena appenninica. Così è avvenuto per i rilievi dell'«arco calabro-peloritano», le cui rocce hanno forti analogie con rocce delle Alpi, mentre sono nettamente diverse da quelle del resto dell'Appennino: essi rappresenterebbero un frammento di crosta europea spinto e ruotato fino a «incastrarsi» nella catena appenninica. Inoltre, questi movimenti sono ancora attivi: il Mare Adriatico, unica sezione nel Mediterraneo centrale che faceva parte dell'antico oceano, sembra destinato a scomparire con la progressiva saldatura tra Appennini e Dinaridi.

QUESITI

1. L'Oceano Ligure-piemontese si forma nel
   - A Cambriano.
   - B Devoniano.
   - C Giurassico.
2. Scegli l'alternativa corretta.
   Quando l'accumulo di falde che forma una catena montuosa fa sprofondare il settore di crosta contiguo si forma un **avanfossa/avampaese**, che con il tempo avanza sempre più verso l'**avanfossa/avampaese**.
3. Dove sono e a che periodo risalgono le rocce più antiche d'Italia?
4. Quali parti della nostra penisola si sono formate nel mare della Tètide?
5. Come e quando si sono formate le Alpi?
6. Quali importanti finestre tettoniche sono presenti nelle Alpi?

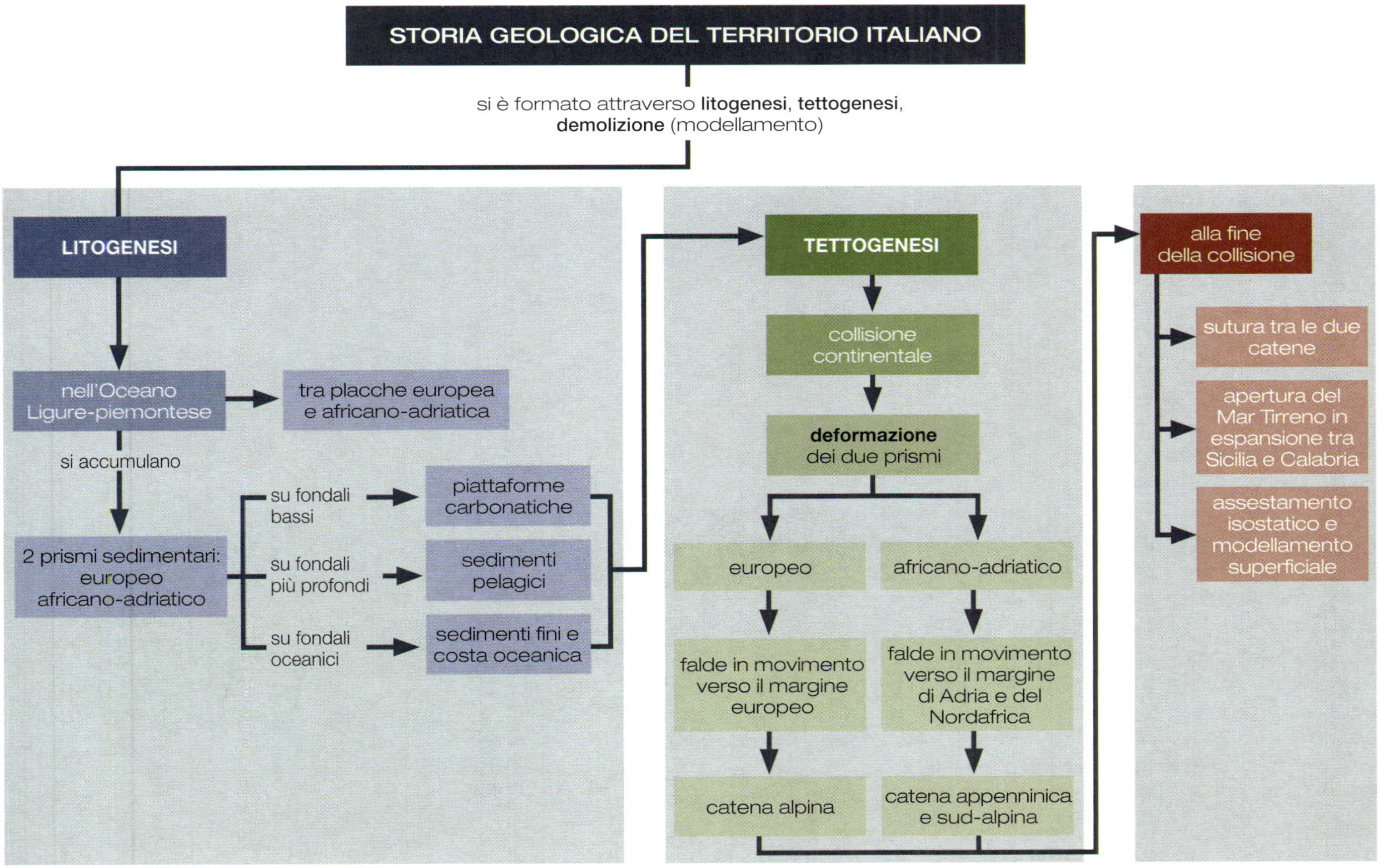

IN SINTESI

termini e concetti fondamentali

La storia della Terra: 4,6 miliardi di anni

■ La Terra è un **sistema integrato**, cioè un insieme di componenti che interagiscono attraverso processi fisici, chimici e biologici: **litosfera** (terra solida), **idrosfera** (acque), **criosfera** (ghiacci), **atmosfera** (gas) e **biosfera** (gli esseri viventi). L'assetto del pianeta è il risultato di un **equilibrio dinamico**, con scambi tra interno del pianeta, superficie, oceani e atmosfera.

■ La **Geocronologia** permette di stabilire un ordine tra le rocce che testimoniano i diversi eventi. Essa fornisce pertanto una datazione relativa.

■ La **Geocronometria** permette invece di determinare l'età assoluta in anni di una certa roccia. Ciò è possibile soprattutto grazie alle datazioni radiometriche, basate sul decadimento degli isotopi radioattivi.

■ La storia della Terra viene divisa in intervalli che compongono la **scala stratigrafica** (o scala dei tempi geologici).

■ Uno degli strumenti più importanti per datare gli eventi del passato sono i **fossili**, che permettono anche di ricostruire le tappe dell'evoluzione biologica.

■ La storia della Terra viene divisa in numerosi intervalli: i **periodi**, che vengono raggruppati in **ère**, che a loro volta formano quattro **eòni** principali. I primi tre eòni comprendono insieme circa 4 miliardi di anni e vengono indicati come Precambriano.

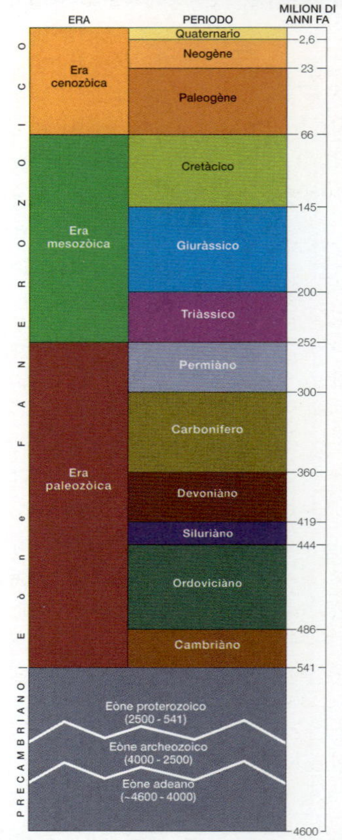

Il Precambriano

■ Il Precambriano comprende tre eòni.

■ Nell'**Eòne adeano** (4600 - 4000 Ma fa) avviene la formazione del pianeta per aggregazione di planetesimali, la differenziazione del nucleo e del mantello e la solidificazione di una prima crosta terrestre di natura basaltica.
Comincia a formarsi anche qualche lembo di **crosta differenziata**, granitoide, simile all'attuale crosta continentale: sono stati trovati grandi minerali di 4400 Ma fa.

■ Nell'Adeano si forma una densa **atmosfera** ricca di elio, azoto, anidride carbonica e vapore acqueo, ma priva di ossigeno. Si forma anche l'**idrosfera**, per la condensazione dell'acqua proveniente dai minerali dei planetesimali e dagli impatti di comete e meteoriti.

■ All'**Eòne archeano** (4000 - 2500 Ma fa) risalgono le rocce più antiche: gli gneiss di Acasta, in Canada, che risalgono a 3962 ± 3 Ma fa. Esistono testimonianze finora trovate che durante l'Archeano si era già innescato il meccanismo della Tettonica delle placche.

■ All'Archeano inoltre risalgono le testimonianze delle prime **forme di vita**: batteri che formano *stromatoliti*, che risalgono a 3500 Ma fa. La comparsa di organismi fotosintetizzanti fa sì che l'ossigeno da loro prodotto venga liberato nell'atmosfera.

■ Nell'**Eòne proterozoico** (2500 - 541 Ma fa) la crosta continentale continua ad accrescersi e si formano delle zone spesse e stabili dette *cratoni*. Circa 1000 Ma fa le collisioni continentali portano alla formazione di un supercontinente chiamato **Rodìnia**.

■ La diffusione delle **stromatoliti** determina una continua produzione di **ossigeno**. L'atmosfera, progressivamente arricchita di questo gas, si trasforma lentamente da riducente a ossidante. Questo passaggio è testimoniato dalla presenza di giacimenti marini di *ferro a bande*, in cui il ferro si presenta in forma ridotta, mentre sulle terre emerse si accumulano sedimenti con ferro ossidato.

■ Verso il termine del Proterozoico compaiono i primi **organismi pluricellulari**.

Eone fanerozoico

■ Il **Fanerozoico** è caratterizzato dall'enorme sviluppo e dalla varietà degli organismi viventi, i quali invadono ogni possibile nicchia ecologica terrestre. È suddiviso in tre ere: Paleozoico, Mesozoico e Cenozoico

Era paleozòica (541 – 252 Ma fa)

■ Il **supercontinente Rodìnia** si frammenta in diversi continenti, i quali tornano a combinarsi in **Pannotia**, che a sua volta si frammenta; i nuovi lembi si disperdono alla deriva e circa 300 Ma fa si riuniscono nuovamente a formare il supercontinente, **Pangèa**.

■ Le collisioni tra placche sollevano grandi catene montuose (orogenesi **caledonica** ed **ercinica**).

■ L'inizio del Paleozoico è caratterizzato dalla cosiddetta «**esplosione cambriana**», cioè dalla comparsa relativamente rapida di un gran numero di forme di vita molto differenti tra loro (testimoniata, ad esempio, dalla famosa *fauna di Burgess*).

■ Successivamente si sviluppano enormemente gli invertebrati e compaiono le prime **piante terrestri** (tra cui le gimnosperme). Nascono e si diffondono i primi **vertebrati**: pesci e anfibi.

■ Il Paleozoico si chiude con una grande **estinzione in massa** che porta alla scomparsa dell'85% delle forme di vita esistenti.

Era mesozòica (252 – 66 Ma fa)

■ Nell'Era mesozoica il **Pangèa** si frammenta e inizia una nuova deriva dei continenti. Si aprono e si allargano alcuni nuovi oceani (Atlantico, Indiano e Ligure-piemontese).

■ A seguito della crisi biologica della fine del Paleozoico si assiste ad una nuova diffusione delle specie viventi sopravvissute: si affermano le **angiosperme** e soprattutto i **rettili**. Il Mesozoico viene per questa ragione indicato come «**Era dei rettili**», anche se compaiono pure le prime specie di uccelli e mammiferi.

■ Nell'Era mesozoica si manifestano due **estinzioni in massa**, una 200 Ma fa (forse per eruzioni vulcaniche), l'altra alla fine dell'era. Quest'ultima comportò la scomparsa di numerosi gruppi tra i quali i ben noti dinosauri. Si ritiene che la causa di questa nuova crisi biologica sia da ricercare nell'impatto con un grande corpo celeste oppure in una prolungata serie di eruzioni vulcaniche.

Era cenozòica (66 Ma fa – oggi)

■ Nel corso dell'Era cenozoica scompaiono gli oceani Tètide e Ligure-piemontese e si formano le grandi catene montuose attuali (**orogenesi alpino-himalayana**).

■ La subduzione della crosta ai margini dell'Oceano Pacifico continua a determinare l'accrescimento delle catene montuose costiere del Nord e del Sudamerica.

■ Il mondo biologico assume un aspetto simile a quello attuale: il gruppo dei **mammiferi** si sviluppa enormemente. All'interno di questi si origina il gruppo dei **primati**, a cui appartengono anche gli esseri umani.

■ Il **Quaternario** (2,6 Ma fa – oggi) è l'ultimo periodo dell'Era cenozoica ed è caratterizzato dall'alternarsi di intervalli di freddo intenso, le **glaciazioni**, che determinano l'accumulo sulla superficie terrestre di enormi masse di ghiaccio, e di intervalli di clima più mite, o **interglaciali**.

■ Le glaciazioni hanno provocato grandi migrazioni di faune e flore, con forme di **habitat** freddo che scendevano a basse latitudini, per ritirarsi verso Nord durante gli intervalli interglaciali.

■ Durante il Quaternario si completa l'evoluzione umana, che attraverso diversi stadi del genere *Homo* porta alla comparsa della specie **Homo sapiens**.

Storia geologica del territorio italiano

■ Il territorio italiano è **geologicamente** piuttosto **giovane**. Le rocce più antiche si trovano in Sardegna e risalgono al periodo Cambriano.

■ La maggior parte delle rocce della nostra penisola si è formata sul fondo degli oceani e dei mari poco profondi che caratterizzavano l'Oceano Ligure-piemontese.

■ L'evento più importante degli ultimi 100 milioni di anni è però la nascita delle Alpi attraverso l'**orogenesi alpina**. Essa trae origine dalla collisione tra la crosta continentale africano-adriatica e quella europea.

■ La catena si forma per il sovrascorrimento di grandi falde di ricoprimento che dalla crosta africano-adriatica si impilano sopra quella europea.

■ Il Mar Tirreno è un nuovo oceano, in apertura da pochi Ma.

ESERCIZI
per il ripasso

ALTRI ESERCIZI SU ZTE ONLINE

1. Le ere geologiche sono suddivise in

A periodi.
B epoche.
C eòni

2. Completa la tabella con i termini mancanti.

Cenozoico ■ Fanerozoico ■ Carbonifero ■ Mesozoico ■ Cambriano ■ Quaternario ■ Giurassico ■ Paleozoico

		....
	....	Neogene
		Paleogene
		Cretacico
	....	....
....		Triassico
		Permiano
		....
		Devoniano
	....	Siluriano
		Ordoviciano
		....

3. Quali tra i seguenti Eòni vengono indicati con il termine Precambriano?

A Adeano, Archeozoico, Proterozoico
B Adeano, Proterozoico, Fanerozoico
C Archeozoico, Proterozoico, Fanerozoico
D Adeano, Archeozoico, Fanerozoico

4. Quando è iniziato il Quaternario?

A 2,6 milioni di anni fa.
B 200 milioni di anni fa.
C 541 milioni di anni fa.
D 4000 milioni di anni fa.

5. Il più comune processo di fossilizzazione degli organismi è

A la mummificazione.
B la mineralizzazione.
C la carbonizzazione.
D il congelamento nel permafrost.

6. Completa la mappa con i termini mancanti.

ammoniti ■ trilobiti ■ nummuliti
Mesozoico ■ Cenozoico ■ Paleozoico

7. Quale classe di viventi dominò l'Era mesozòica?

A I rettili.
B I pesci.
C I dinosauri.
D I mammiferi.

8. Scegli l'alternativa corretta.

Durante una glaciazione il livello del mare si **alza/abbassa** e lunghi tratti di costa **vengono sommersi/emergono**.

9. L'ultimo massimo glaciale c'è stato

A 1 milione di anni fa.
B 500 milioni di anni fa.
C 50 000 anni fa.
D 20 000 anni fa.

10. Scegli le alternative corrette.

Tutti i gruppi umani ora esistenti derivano da ***Homo neanderthalensis*/*Homo sapiens*** il quale migrò dall' **Europa/Africa** verso tutti gli altri continenti.

11. **Il Neolitico è anche detto**

A Età della pietra scheggiata.
B Età della pietra levigata.
C Età dei metalli.
D Età del carbon fossile.

12. **Quando sono comparse le prime forme di vita sulla Terra?**

A Nell'Eòne adeano.
B Nell'Eòne archeozoico.
C Nell'Era cenozòica.
D Nel Periodo cretacico.

13. **In quale periodo sono comparsi i primi mammiferi?**

A Cambriano.
B Carbonifero.
C Cretacico.
D Quaternario.

14. **Si ritiene che la Tettonica delle placche fosse attiva già**

A 3 miliardi di anni fa.
B 4 miliardi di anni fa.
C 2 miliardi di anni fa.

15. **Completa.**

Il nucleo del nostro pianeta si è formato quando i materiali della Terra vennero riscaldati dagli impatti meteorici e dalla .... e poi separati per ....

16. **Vero o falso?**

Le comete hanno avuto un ruolo fondamentale nella formazione dell'idrosfera.
Motiva la risposta.

....

....

17. **Quando hanno iniziato a distinguersi la crosta oceanica e la crosta continentale?**

A 2 miliardi di anni fa.
B 3 miliardi di anni fa.
C 4 miliardi di anni fa.

18. **I primi organismi unicellulari eucarioti risalgono a**

A 1,4 miliardi di anni fa.
B 2,5 miliardi di anni fa.
C 3,4 miliardi di anni fa.
D 4 miliardi di anni fa.

19. **Completa.**

Durante il periodo .... il Pangèa si divide nei due grandi continenti Laurasia e ....

20. **Quali catene montuose si sono originate nella collisione tra la Placca euroasiatica e la Placca africana?**

A Himalaya.
B Alpi.
C Ande.
D Appalachi.
E Caucaso.

21. **Il gruppo di *Homo sapiens* a cui appartiene l'uomo moderno è comparso circa**

A 7 milioni di anni fa.
B 2 milioni di anni fa.
C 1,7 milioni di anni fa.
D 200 000 anni fa.

22. **Da quale classe di viventi si svilupparono gli uccelli? E quando?**

A Dai rettili, 150 Ma fa.
B Dai dinosauri, 200 Ma fa.
C Dagli anfibi, 250 Ma fa.
D Dai mammiferi, 70 Ma fa.

23. **Il Mar Mediterraneo occidentale**

A si è formato in seguito a uno sprofondamento e assottigliamento della crosta.
B è una delle ultime testimonianze dell'antica Tètide.
C si era già formato all'inizio del Cenozòico.

24. **Completa.**

Il Mare .... e il Mediterraneo .... sono tracce dell'antica Tètide.

25. **Scegli le alternative corrette.**

Durante l'orogenesi himalayana, la Placca indiana era composta da **sola crosta continentale/crosta continentale e oceanica**. Durante la collisione la placca in subduzione è stata quella **indiana/euroasiatica**.

26. **Scegli le 3 alternative corrette.**

Quali delle seguenti sono tracce della glaciazione che ha raggiunto le Alpi?

A I circhi glaciali.
B I circoli polari.
C Le valli dal profilo a U.
D Le valli dal profilo a V.
E Le flore a Dryas.
F I fossili di foraminiferi.

27. **Le rocce più antiche del territorio italiano si trovano in**

A Liguria e risalgono al Triassico.
B Sicilia e risalgono al Devoniano.
C Toscana e risalgono al Permiano.
D Sardegna e risalgono al Cambriano.

CLIL: Earth Science Highlights

Glossary

Match each word or expression with its definition.

1. ☐ Banded iron formation
2. ☐ Caledonian orogeny
3. ☐ Cambrian explosion
4. ☐ Craton
5. ☐ Earth system
6. ☐ Eon
7. ☐ Era
8. ☐ Fossil
9. ☐ Geochronometry
10. ☐ Geological time scale
11. ☐ Hadean Eon
12. ☐ Homo sapiens
13. ☐ Ice age
14. ☐ Mass extinction
15. ☐ Pangea
16. ☐ Planetesimal
17. ☐ Relative dating
18. ☐ Rodinia
19. ☐ Stromatolites
20. ☐ Tethys

a. A part of the Earth's crust that has attained stability, and has been slightly deformed for a prolonged period.

b. A division of geological time including several periods, but shorter than an eon.

c. A worldwide history of geologic events that divides the Earth's history into intervals. Many intervals are marked by distinctive sets of fossils and bounded by times when those sets of fossil changed abruptly.

d. The specific name of modern man; the only extant species of the genus Homo. This species also includes extinct types of primitive man such as Cro-Magnon man.

e. A time with episodes of widespread continental glaciation.

f. The supercontinent that formed at the end of the Palaeozoic Era and began breaking up about 200 Ma to form today's continents.

g. The Cambrian explosion, also referred to as Cambrian radiation, refers to the sudden appearance and rapid diversification of most major living animal body plans registered in the fossil records. It may have represented the most important evolutionary event in the history of life on Earth.

h. Supercontinent that assembled about 750 Ma and broke up at the beginning of the Palaeozoic Era, about 540 Ma.

i. Layered mounds of sediments formed by cyanobacteria. Cyanobacteria secrete a mucus-like structure that sediment sticks to. As each layer of cyanobacteria becomes buried by sediment it colonizes the new surface, building a mound upward.

j. One of the small celestial bodies that according to one theory, fused together to form the planets of the Solar System.

k. Trace of an organism of a past geologic age that has been preserved in the Earth's crust.

l. Rock composed of alternating layers of magnetite or haematite (iron oxides) and chert. These rocks proved the theory that the transformation of an oxygen-rich atmosphere happened during the Proterozoic Eon.

m. The earliest eon in the history of the Earth from the first accretion of planetary material (around 4,600 Ma, until the date of the oldest known rock, about 4,000 Ma).

n. Measurement of geological time by geochronological methods, especially radiometric dating.

o. The largest subdivision of geological time. The Earth's history is divided into 4 Eons: Hadean, Archean, Proterozoic and Phanerozoic.

p. An ocean that occupied the general position of the Alpine-Himalayan orogenic belt between the Hercynian and Alpine orogenies. It was largely obliterated by the Alpine-Himalayan continental collision.

q. The process of placing rocks and geological structures in the correct chronological order. This process does not yield ages in number of years.

r. The extinction of a large number of species within a relatively short period of geological time, thought to be due to catastrophic global events or widespread environmental changes that occurred too rapidly for most species to adapt to.

s. The collection of Earth's open, interacting, and often overlapping geospheres.

t. A name commonly used for the early Palaeozoic deformation in Western Europe that created an orogenic belt, extending from Ireland and Scotland north-eastward towards Scandinavia.

Summing-up

Complete the following text with the right words from the Glossary.

The history of the Earth: 4.6 billion years

■ The Earth is an integrated system, that is to say a set of components that interact with each other through physical, chemical and biological processes. The components of the ______ are the lithosphere, the hydrosphere, the cryosphere, the atmosphere and the biosphere.

■ Geochronology provides __________ based on the sequence of events recorded by rocks.
■ __________ allows the determination of the absolute age of a given rock, based on the decay of radioactive isotopes.
■ One of the most important tools for dating past events are __________, which also permit us to reconstruct the stages of biological evolution.
■ The Earth's history consists of intervals that make up the stratigraphic scale or __________. These intervals are periods, which are grouped into __________, which in turn form four principal __________.

Precambrian

■ The Precambrian includes the first three eons that cover a time span of approximately 4 billion years.
■ The oldest, the __________ (4,600-4,000 Ma, million years ago) witnessed the aggregation of __________ to form the Earth about 4,000 Ma; the differentiation of the planet core and mantle; the solidification of an early basaltic crust and the subsequent appearance of a differentiated granitoid crust. In this eon, an atmosphere lacking oxygen developed and the hydrosphere was born, through the condensation of water from the impact of comets and meteorites.
■ The oldest rocks found on Earth date back to the successive Archaean Eon (4,000-2,500 Ma). In this eon Plate Tectonics began and __________, the earliest forms of life, appeared about 3,500 Ma. These photosynthetic organisms started releasing oxygen into the atmosphere.
■ During the Proterozoic Eon (2,500-570 Ma), the continental crust kept on growing, and thick, stable zones called __________ originated. About 750 Ma, continental collisions led to the formation of the supercontinent __________. The atmosphere gradually became enriched with oxygen due to the spread of stromatolites, thus changing it from a reducing mixture to an oxidizing one. __________, in which iron changes from the reduced to the oxidised form, are evidence of this modification. Towards the end of the Proterozoic the first multicellular organisms appeared.

Phanerozoic Eon

■ The Phanerozoic was characterised by an explosion of living organisms, which occupied every ecological niche on Earth. Three eras belong to this eon: Palaeozoic, Mesozoic and Cenozoic.

Palaeozoic Era (541-252 Ma)

■ The Rodinia supercontinent broke up into several continents. About 300 Ma, however, these continents assembled again to form a new supercontinent called __________. The Hercynian orogeny and the __________ built large mountain ranges.
■ At the beginning of this era, the __________ of diversity led to the appearance of a huge number of complex organisms over a relatively short period, as demonstrated by the Burgess shale fossils. Later on invertebrates developed rapidly; vertebrates evolved and spread (fish and amphibians); terrestrial plants appeared (including gymnosperms).
■ The Palaeozoic ended with mass extinction that led to the disappearance of 85% of all existing life forms.

Mesozoic Era (252-66 Ma)

■ Pangea broke up and a new continental drift started. A number of new oceans opened and expanded: the Atlantic, Indian and __________.
■ Following the biological crisis of the late Palaeozoic, angiosperms and reptiles dominated, and conquered practically all ecological niches. The Mesozoic is for this reason referred to as the "Age of Reptiles", even though it also witnessed the appearance of the first species of birds and mammals.
■ The Mesozoic Era ended with another __________. Many groups disappeared, including dinosaurs. Two main theories explain this new biological crisis: one involves a collision with a large celestial body, whilst the other suggests a long series of volcanic eruptions.

Cenozoic Era (66 Ma to the present)

■ The Tethys and Ligure-Piemontese oceans disappeared. The Alpine-Himalaya orogenesis built up the current high mountain ranges. The coastal mountain ranges of North and South America were formed by lithospheric subduction at the eastern margin of the Pacific Ocean.
■ The biological world witnessed the huge development of mammals, particularly primates, which human beings belong to.
■ During Quaternary (2,6 Ma to the present day) periods of very cold climates – the __________ – alternated with intervals of warmer climates, or interglacials. Isotopic investigations have highlighted the progressive cooling of the global climate during the Cenozoic, culminating in the Quaternary glaciations. Large migrations of plants and animals occurred due to climate modifications.
■ Human evolution was completed, leading to the formation of the species __________.

Geological history of Italy

■ Italy is geologically quite young. The oldest rocks are found in Sardinia and date back to the Cambrian period. Most of the rocks originated on the bottom of the ocean and shallow sea that characterized the Tethys and Ligure-Piemontese oceans.
■ The most important event over the last 100 million years was Alpine orogeny which built the Alps. It was a result of the collision between the Adriatic-African continental crust and that of Europa, leading to large slabs of the African-Adriatic crust being piled up over the European crust.

Now listen and check your answer.

Video «Towards modern Man»

Watch the video and answer the questions.

1. Is there any difference between the anatomy of Homo sapiens that evolved about 200,000 years ago and that of modern man?
2. When in the Earth's history did the bipedal motion of Primates appear?
3. How old are the most ancient remains of the genus Homo?
4. What important geological event is likely to have favoured the evolution of bipedalism?

QUESITI
per l'applicazione delle conoscenze

1. Fare una proporzione
La storia della Terra in 12 ore
A partire dalla scala dei tempi geologici, fai una proporzione per poter rappresentare i 4,6 miliardi di anni della storia della Terra in 12 ore. Poni che l'ora «zero» coincida con la formazione del Sistema solare e le ore 12 corrispondano al tempo attuale.
■ Quanti milioni di anni vale un'ora?
Nell'orologio vuoto qui sotto segna l'inizio delle ère e dei periodi con delle piccole tacche.
Scegli 5 eventi della storia della Terra a tuo piacere e segnali (con un colore diverso) nel punto corrispondente dell'orologio.
■ Come sono disposte le tacche che hai inserito nell'orologio?

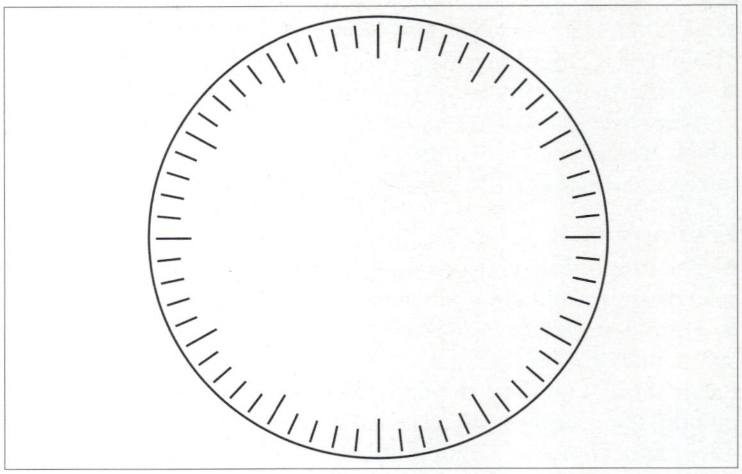

2. Leggere un'immagine
L'evoluzione umana
Osserva il grafico qui a fianco che illustra l'evoluzione del genere *Homo*.
Utilizzando le informazioni che hai studiato, e facendo una ricerca dove necessario, scrivi un commento all'immagine che contenga:
– la spiegazione delle caratteristiche delle diverse specie,
– la distribuzione delle diverse specie sulla Terra,
– un commento sulla successione cronologica.

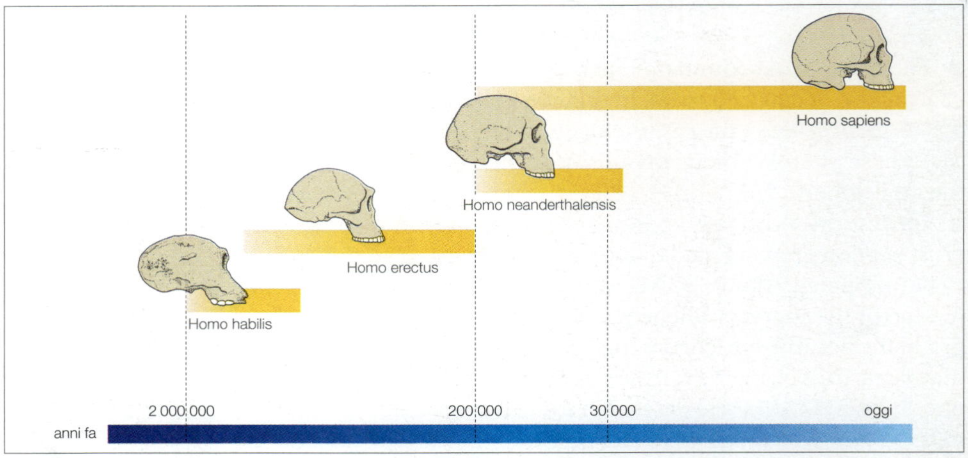

3. Formulare ipotesi
La fossilizzazione
Secondo te, quale fra i seguenti animali attualmente viventi ha maggiore probabilità, in futuro, di conservarsi come fossile: una medusa, una vongola o una zebra?
Rifletti sulle caratteristiche dei tre organismi e sugli ambienti in cui essi vivono.
■ In quali condizioni potrebbe avvenire la fossilizzazione?
■ Quali parti dei loro corpi potrebbero conservarsi?

4. Ricercare ed esporre informazioni
La geocronometria
La geocronometria è una disciplina che si occupa di stabilire l'età in anni di una roccia.
Scegliendo fonti che ti sembrano scientificamente valide e che dovrai riportare in bibliografia, ricerca informazioni sulle tecniche di indagine utilizzate per misurare l'età di una roccia, con particolare riferimento alla tecnica della datazione radiometrica.
■ Organizza le informazioni raccolte tenendo conto dei seguenti punti:
– Come si calcola un'età radiometrica? Qual è il principio utilizzato?
– Quali sono gli elementi chimici da tenere in considerazione?
– Che cos'è il periodo di dimezzamento?
– Ci sono altri metodi per determinare l'età numerica?
■ Scrivi un breve saggio sviluppando ciascun punto in un massimo di 20 righe.
■ Correda la tua produzione con le immagini, i disegni o le fotografie che ritieni opportuni.

7 L'atmosfera terrestre e i fenomeni meteorologici

In questa suggestiva fotografia l'ultima luce del Sole, ormai scomparso sotto l'orizzonte, rivela – oltre le scure nubi – la presenza e la stratificazione della parte più bassa dell'*atmosfera*, con vari colori. (NASA)

Test d'ingresso

A. La materia si presenta in tre stati di aggregazione:

- ....
- ....
- ....

B. Durante i passaggi di stato la temperatura rimane costante, ma è necessario fornire o sottrarre *calore* alla sostanza perché questa cambi stato di aggregazione. **In quali di questi passaggi di stato la sostanza cede calore all'ambiente?**

A Fusione.

B Evaporazione.

C Condensazione.

D Solidificazione.

C. La *pressione* è definita come il rapporto tra la forza che agisce su una certa superficie e l'area della superficie stessa. Nel Sistema Internazionale si misura in *pascal* (Pa). **A quale unità di misura equivale un pascal?**

A 1 Pa = 1 kg · m/s

B 1 Pa = 1 N/s

C 1 Pa = 1 N/m^2

D 1 Pa = 1 J/m^2

D. Quando una certa massa di aria viene riscaldata, aumenta di volume e diminuisce di densità; quindi il suo peso per unità di superficie diminuisce, e perciò essa tende a salire. Quando una massa di aria si raffredda, viceversa, si contrae e diventa più densa.
Scegli le alternative corrette.
In un caldo pomeriggio estivo, l'aria presente sopra una spiaggia assolata tenderà a **espandersi**/**contrarsi** e spostarsi verso il **basso**/**l'alto**.

1 L'importanza dell'involucro di aria che ci circonda

Ovunque si svolga la nostra vita, in qualsiasi zona del mondo ci rechiamo (in alta montagna o in una pianura costiera o in pieno oceano), ad ogni momento siamo in presenza e a contatto di una componente fondamentale, fra le più caratteristiche, del pianeta Terra: l'**atmosfera**.

L'esperienza quotidiana ci rivela – con i venti, le piogge e il bel tempo – che non è una parte tranquilla; le riprese da satellite ci offrono immagini sempre più chiare della sua dinamicità, pur mostrandone soltanto la piccolissima frazione costituita dalle nubi, la sola a noi visibile oltre alle nebbie e allo smog [Figura 1].

Il nostro pianeta è interamente avvolto da questo involucro aeriforme, che è trattenuto dalla forza di attrazione della Terra ed è perciò costretto a seguirla nei movimenti che essa compie nello spazio celeste. Sotto l'azione della gravità e della forza centrifuga dovuta alla rotazione terrestre, questa coltre di aria deve aver assunto una forma analoga a quella del globo terracqueo. Per questo motivo, pur non potendo individuare con precisione il suo limite superiore, la chiamiamo **atmosfera** (dal greco *atmós*, vapore e *sphâira*, sfera).

Come un enorme filtro, l'atmosfera protegge la Terra dalle radiazioni a noi nocive che arrivano dallo spazio e ne regola il riscaldamento da parte del Sole. Fra i gas che la costituiscono figura l'ossigeno, l'elemento indispensabile per la vita; d'altra parte, l'insieme degli organismi viventi agisce sull'atmosfera, intervenendo nella sua composizione e contribuendo così a mantenerla pura (come fanno normalmente le piante) o ad inquinarla (come va facendo sempre più l'uomo).

Figura 1
I cicloni Dennis e Cindy (sull'Oceano Atlantico), ripresi dal satellite GOES-8 il 28 agosto del 1999. Questi cicloni sono espressioni violente, e spesso drammatiche, della dinamicità dell'atmosfera terrestre.
Immagini come queste, ripetute con frequenza ravvicinata, consentono di seguire l'evoluzione di molti fenomeni meteorologici (velocità dei venti, andamento delle piogge, sviluppo delle perturbazioni ecc.), rivelando la complessità della potentissima «macchina ad aria e acqua» che, alimentata dalla radiazione solare, produce il tempo atmosferico. (National Oceanic and Atmospheric Administration, Stati Uniti d'America)

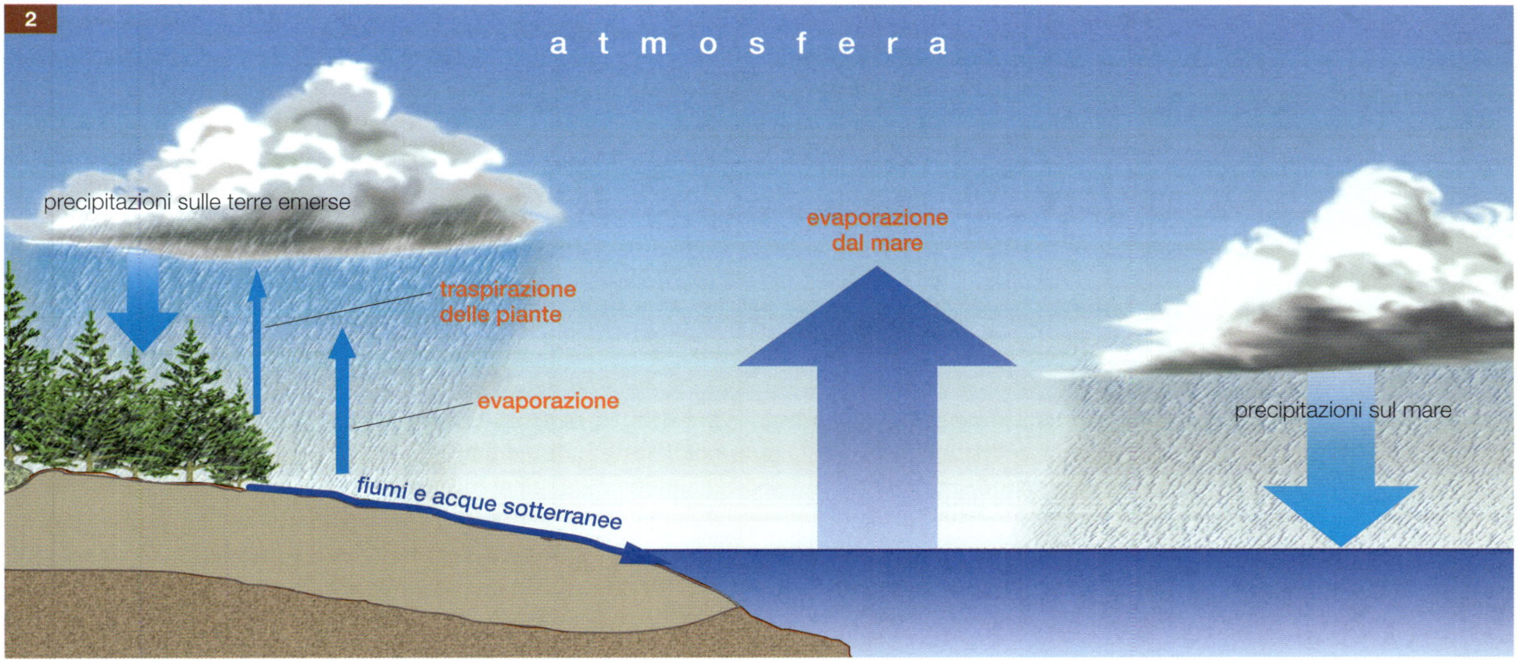

Figura 2
Il continuo scambio di acque tra il mare e le terre emerse avviene attraverso l'atmosfera. Il *ciclo dell'acqua* si realizza con i passaggi di stato (liquido, solido, aeriforme) di questa sostanza.

L'influenza dell'atmosfera si esercita pure sul rilievo terrestre, del quale essa contribuisce a plasmare gli aspetti, sia mediante processi chimici di alterazione delle rocce, sia con processi fisici di disgregazione, trasporto e deposizione dei materiali rocciosi; ed anche la superficie marina ne subisce l'azione, reagendo con movimenti a volte imponenti (onde e correnti) alle sollecitazioni che l'atmosfera vi esplica con i venti.

Ma l'importanza dell'aria non si esaurisce in questi rapporti, poiché essa costituisce anche il mezzo attraverso cui si compie il ciclo di un'altra sostanza per noi insostituibile, cioè l'acqua; difatti è per tramite dell'atmosfera che avviene – mediante i processi di evaporazione, condensazione e precipitazione – la continua circolazione delle acque tra il mare e le terre emerse [**Figura 2**].

Tutte queste connessioni confermano che non è corretto considerare come regni distinti la *litosfera*, l'*idrosfera* e l'*atmosfera*; queste sono, anzi, le diverse componenti di un'unica entità – il **sistema Terra** – tra le quali esiste un continuo interscambio di materia ed energia, e nelle quali si inserisce e si sviluppa un'altra componente fondamentale, la *biosfera*, ossia la sottile pellicola (di terreno, acqua e aria) abitata dagli esseri viventi.

La **Meteorologia** – la scienza che studia l'atmosfera e i fenomeni che vi si svolgono (le «meteore», dal greco *metéora*, le cose che sono in alto) – deve la sua denominazione ad Aristotele, che nel IV secolo a.C. scrisse il primo trattato su questa disciplina. Ma la Meteorologia come scienza vera e propria, branca fondamentale della Geofisica, può considerarsi nata nel XVII secolo, quando si affermò il metodo d'indagine sperimentale dei fenomeni naturali e furono inventati strumenti di misura come il termometro e il barometro; da allora essa ha fatto progressi sbalorditivi, grazie ai numerosi dati misurati sulle terre e sul mare e, in particolare, ai rilevamenti ottenuti con speciali apparecchi installati su palloni sonda (fino a circa 40 km di altezza), a bordo di razzi (fino a 400 km) e su satelliti artificiali.

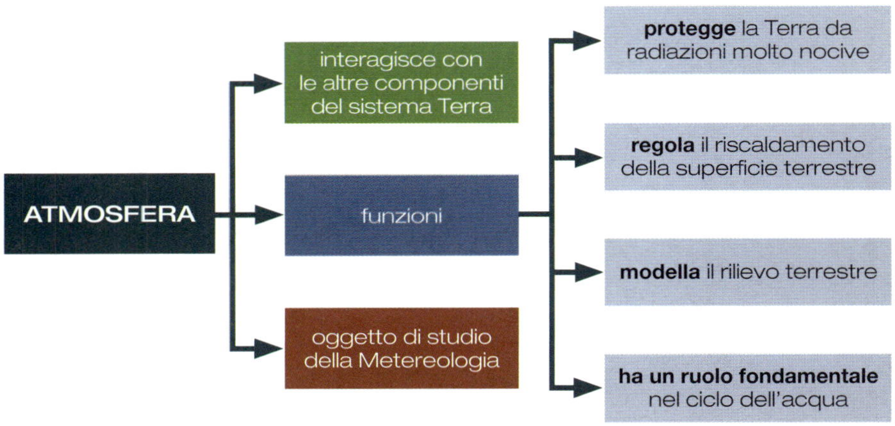

QUESITI

1. Che cos'è l'atmosfera?
2. Quali funzioni svolge l'involucro di aria che avvolge il globo terracqueo?
3. Qual è la scienza che ha come campo di studi l'atmosfera e i fenomeni che in essa si svolgono?
4. Quali sono le componenti del sistema Terra?

2 Composizione, suddivisione e limite dell'atmosfera

Video
La composizione dell'atmosfera

Video
Dall'atmosfera primordiale all'atmosfera attuale

Il miscuglio di gas che avvolge il nostro pianeta non ha caratteristiche omogenee.

Nella sua porzione più bassa, presso la superficie del globo terracqueo, la composizione dell'atmosfera è ben conosciuta. Oltre al vapore acqueo e alle impurità presenti, l'**aria** che ci circonda e che respiriamo contiene in media [Figura 3]:

- il 78,08% (in volume) di *azoto*,
- il 20,95% di *ossigeno*,
- circa lo 0,93% di *argon* e lo 0,04% di *anidride carbonica*,
- circa lo 0,01% di *altri gas* (neon, elio, kripton, xenon, idrogeno, ozono, anidride solforosa, ammoniaca, ossido di carbonio ecc.).

2.1 Una composizione che varia con la quota

L'aria secca non presenta sostanziali variazioni di composizione fino all'altezza di un centinaio di kilometri, ma a quote più elevate la radiazione solare opera un'intensa dissociazione dei gas, con passaggio dallo stato molecolare allo stato atomico e con una serie di reazioni chimiche che fanno mutare la percentuale dei vari componenti. Sopra i 100 km si fa sempre più abbondante l'ossigeno atomico, fino ad un'altezza di 800 km circa; ancora più in alto tendono a diventare prevalenti i gas più leggeri, come idrogeno ed elio.

Oltre a questi componenti, l'atmosfera contiene sempre una certa quantità di impurezze, cioè di polveri provenienti dalla superficie terrestre e dallo spazio interplanetario, che costituiscono il *pulviscolo atmosferico*.

Importantissimo è poi il **vapore acqueo**, la cui quantità è variabile e diminuisce rapidamente verso l'alto, tanto che la massima parte di esso si trova negli strati più bassi dell'atmosfera. Nonostante non rappresenti più del 3-4% dell'intera atmosfera, l'acqua – allo stato aeriforme, allo stato liquido e anche allo stato solido (cristalli di ghiaccio) – può essere considerata come la causa determinante della maggior parte dei fenomeni che si svolgono negli strati più bassi dell'atmosfera.

L'**ossigeno**, fra tutti i componenti dell'aria, è il più importante per noi. Ad altezze superiori a una decina di kilometri l'atmosfera contiene sia l'ossigeno biatomico (O_2), sia quello triatomico, cioè l'*ozono* (O_3), che assorbe le radiazioni ultravioletto dello spettro solare, nocive per gli esseri viventi.

L'**azoto**, il componente più abbondante, è inerte nella funzione respiratoria del mondo organico; esso viene assorbito direttamente dall'aria soltanto da alcune piante, come le leguminose, le quali sono perciò di grande interesse in agricoltura. Inerti sono anche l'*argon* e gli altri *gas rari*.

L'**anidride carbonica**, assai importante, viene assorbita dai vegetali nella reazione di fotosintesi clorofilliana ed è da questi utilizzata per fissare il carbonio. Essa contribuisce anche a trattenere il calore irradiato dalla Terra nello spazio, cosicché le sue variazioni influiscono sulla temperatura dell'aria.

La quantità di anidride carbonica presente nell'atmosfera è variabile: di notte è più abbondante che durante il dì, perché le piante assorbono anidride carbonica soltanto sotto l'azione della luce solare; nelle aree urbane è maggiore che nelle campagne e in tutte le zone della Terra coperte da fitta vegetazione.

Figura 3
La composizione dell'atmosfera.

3

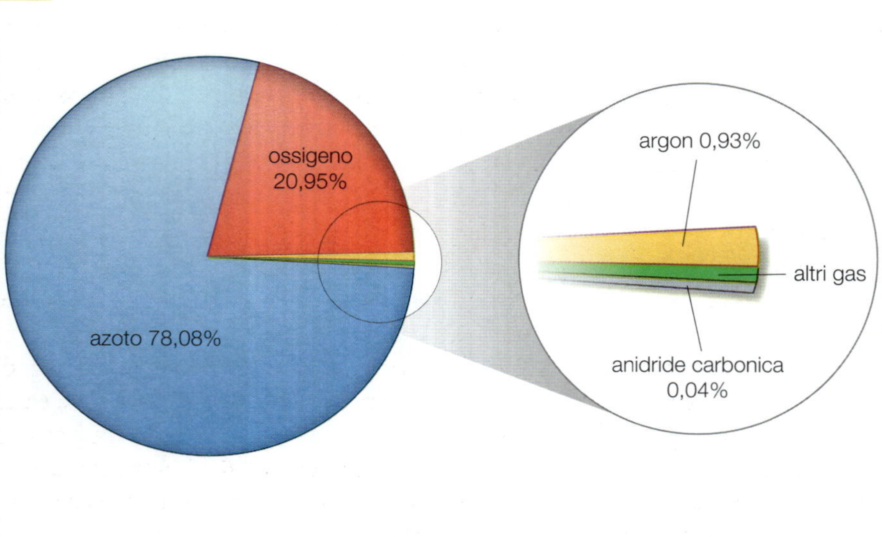

Figura 4
Suddivisione e struttura dell'atmosfera. Tutta la regione compresa fra la superficie terrestre e gli 80-100 km di altezza è denominata *omosfera*, perché la sua composizione percentuale è quasi omogenea; nella regione superiore, detta *eterosfera*, la materia gassosa è soggetta a dissociazione molecolare e a processi di diffusione, fotodissociazione e fotoionizzazione che la rendono molto eterogenea. Le ulteriori divisioni sono basate principalmente sull'andamento della temperatura con l'altezza.

4

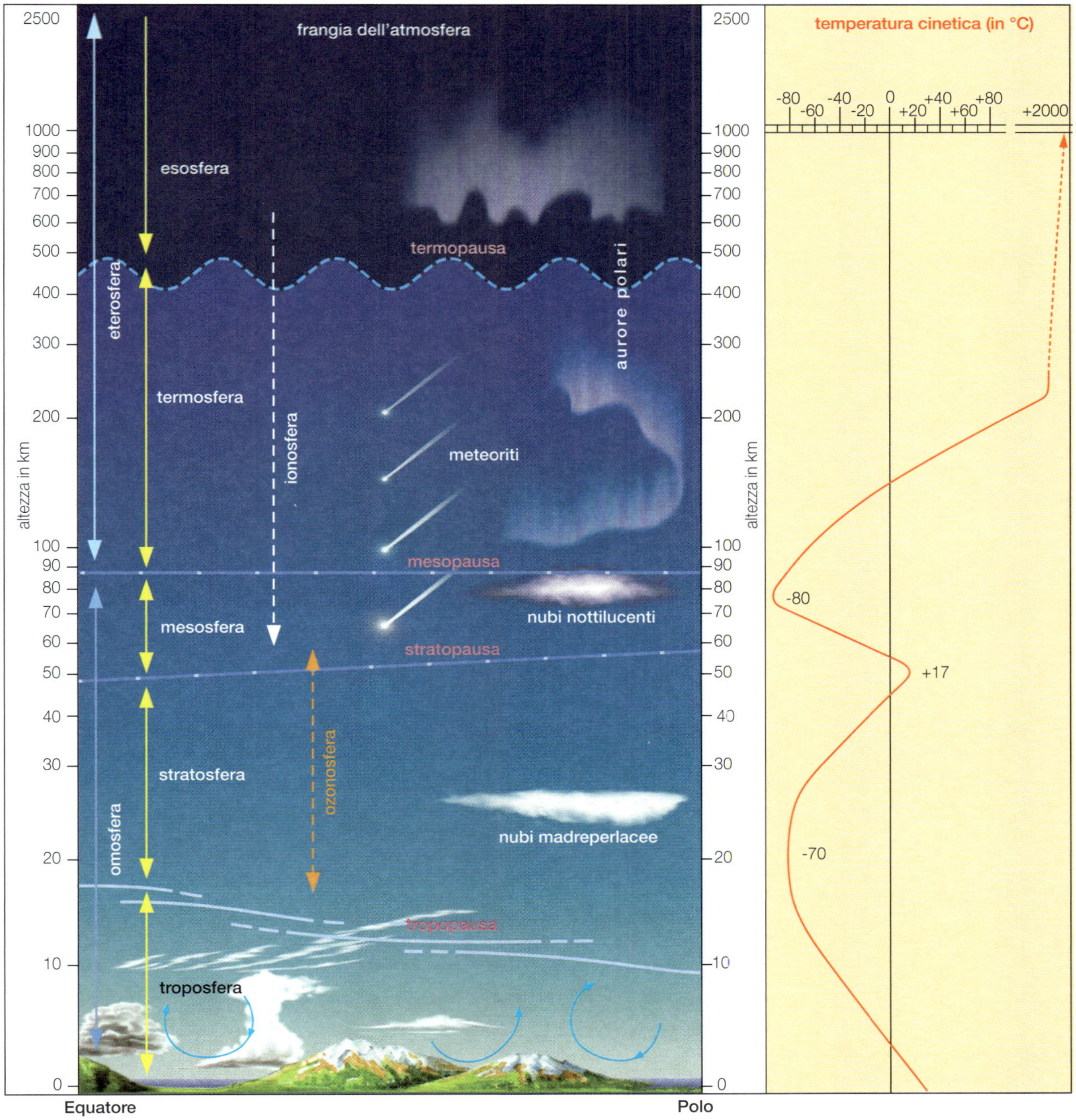

2■2 Una struttura a strati e un confine mal definibile

Sulla base degli studi più recenti, nell'atmosfera si possono distinguere varie parti sovrapposte (dette «sfere»), ognuna con caratteristiche particolari, separate da limitate zone di transizione (dette «pause») poste a quote variabili con la latitudine e con le stagioni [**Figura 4**].

Dalla superficie terrestre fino a un'altezza media di 10-12 km (circa 8 km sui poli, 17 km sull'Equatore) c'è la *troposfera*, il cui limite superiore è la *tropopausa*; dalla tropopausa ai 50-60 km si estende la *stratosfera*, limitata superiormente dalla stratopausa; al di sopra di questo livello e fino all'altezza di 80 km circa si sviluppa la *mesosfera*, il cui limite superiore è dato dalla *mesopausa*; dagli 80-90 km ai 400-500 km si estende la *termosfera*, che termina verso l'alto con la *termopausa*; oltre la termopausa ha inizio l'*esosfera*.

La **troposfera** (dal greco *trópos*, rivolgimento, mutamento) è la parte più bassa e più densa dell'atmosfera. È il regno delle perturbazioni meteorologiche e della vita. In essa sono concentrati circa i 3/4 dell'intera massa gassosa e quasi tutto il vapore acqueo dell'atmosfera.

L'aria della troposfera viene riscaldata e raffreddata essenzialmente dalla superficie terrestre e per questo motivo la sua temperatura diminuisce con l'altezza, in media di circa 0,6 °C ogni 100 metri: questo valore rappresenta il *gradiente termico verticale* della troposfera.

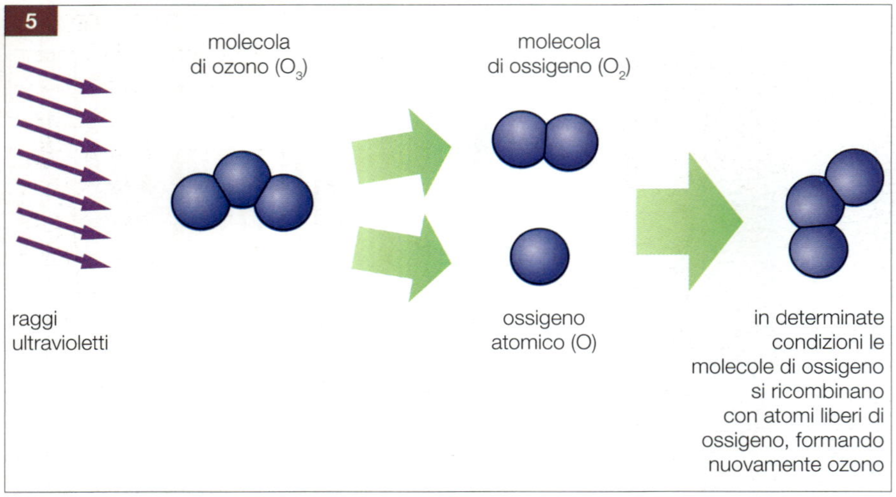

Figura 5
Il normale comportamento delle molecole di ozono.

Poiché al livello del mare la temperatura media dell'aria si aggira intorno ai 25 °C nelle regioni equatoriali e intorno ai –10 °C nelle regioni polari, e dato che lo spessore della troposfera è molto maggiore sulle prime (17 km) che sulle seconde (8 km), ne deriva che al limite superiore della troposfera si raggiungono temperature più basse in corrispondenza dell'Equatore (–70 °C) che in corrispondenza dei poli (–45 °C).

Nella **tropopausa** il gradiente termico verticale muta nettamente; perciò si considera questo livello come il luogo della più bassa temperatura dell'aria. In realtà, vi sono parecchie «inversioni» (dove il gradiente termico verticale inverte il segno) ed anche «sacche» a temperatura costante sovrapposte.

La troposfera è caratterizzata da movimenti orizzontali e verticali di masse d'aria. Le correnti aeree dominanti sono occidentali e la loro velocità in genere cresce con l'altezza, raggiungendo il massimo (fino a 400-500 km/h) verso la tropopausa; il loro flusso orizzontale provoca moti turbolenti che producono un continuo rimescolamento dell'aria. A causa dei moti verticali ascendenti e discendenti delle masse d'aria, si formano e si dissolvono le nubi e si hanno le precipitazioni.

Nella **stratosfera** i componenti gassosi rimangono in proporzioni costanti, ma sono sempre più rarefatti. Il vapore acqueo e il pulviscolo atmosferico diminuiscono rapidamente con la quota e non si hanno formazioni nuvolose con precipitazioni. Intorno ai 20-30 km appaiono a volte nubi sottili e iridescenti (*nubi madreperlacee*), costituite forse da cristalli di ghiaccio.

La temperatura della stratosfera mantiene valori prossimi a quelli della tropopausa fino ad una quota di circa 20 km; poi aumenta verso l'alto con un gradiente variabile di 1-3 °C per kilometro. Questo aumento è dovuto alla presenza di uno strato di *ozono* (O_3): l'**ozonosfera**, una specie di «scudo» che assorbe gran parte delle radiazioni solari ultraviolette. I raggi ultravioletti scindono le molecole biatomiche di ossigeno, e una parte dell'ossigeno atomico forma molecole triatomiche di ozono [Figura 5]; in questo processo viene assorbito circa il 2% della radiazione solare in arrivo, e così la stratosfera assorbe energia. La presenza dell'ozono si accentua verso i 30 km, cosicché intorno ai 50-60 km si raggiungono valori termici tra 0 e +10 °C, con un massimo di +17 °C. In corrispondenza di questo massimo di temperatura è localizzata la **stratopausa**.

Le osservazioni compiute con razzi meteorologici hanno dimostrato che nella stratosfera si svolge un'intensa circolazione d'aria, con notevoli variazioni anche orizzontali della temperatura e venti che possono raggiungere velocità molto elevate.

La **mesosfera** è caratterizzata da una accentuata rarefazione degli elementi gassosi e da un graduale aumento di quelli più leggeri a scapito di quelli più pesanti.

Nella mesosfera la temperatura riprende a diminuire con l'altezza e raggiunge il valore minimo, variabile tra i –70 e i –90 °C, intorno agli 80 km. A questa quota si possono osservare a volte le *nubi nottilucenti*, costituite probabilmente di cristalli di ghiaccio e di minutissime polveri. L'osservazione delle nubi nottilucenti mostra che anche nell'alta mesosfera esiste un complesso sistema di correnti aeree, con velocità fino a 300 km/h. Connesse a questi moti sono le variazioni in altezza della **mesopausa**, come avviene nella tropopausa e nella stratopausa.

Nella **termosfera** le proporzioni dei vari componenti gassosi appaiono cambiate e la densità assume valori sempre minori, a mano a mano che si procede verso l'alto.

Questa regione dell'atmosfera è caratterizzata da un continuo aumento della temperatura con l'altezza: secondo calcoli teorici, tra i 110 e i 120 km essa dovrebbe essere già risalita a 0 °C, a 150 km si aggirerebbe intorno ad alcune centinaia di gradi sopra lo zero e, al limite superiore, in prossimità della **termopausa** supererebbe il migliaio di gradi. Questi valori, per l'estrema rarefazione dell'aria e l'enorme aumento del cammino libero medio delle molecole, non vanno intesi però secondo il concetto ordinario di temperatura; essi rappresentano soltanto le «*temperature cinetiche*», cioè quelle che sarebbero necessarie al livello del mare perché le molecole possedessero la stessa energia cinetica che hanno a queste altezze.

Un aspetto interessante della parte di atmosfera posta sopra i 50-70 km è la sua *ionizzazione*, cioè la

■ **Energia cinetica** (Kinetic energy) È la capacità di un corpo in movimento di compiere lavoro. L'energia cinetica *K* di un corpo di massa *m* che si muove a velocità *v* è data dal prodotto:

$K = \frac{1}{2}mv^2$

Figura 6
Un'aurora polare fotografata in Norvegia.

presenza di moltissime particelle dotate di cariche elettriche (ioni) prodotte dalle radiazioni X ed ultraviolette solari e dai raggi cosmici. Il fenomeno interessa soprattutto la termosfera, che perciò viene denominata anche **ionosfera**.

Nella ionosfera si formano le *aurore polari*, quelle manifestazioni luminose – in aria rarefatta e ionizzata – che si osservano nel cielo delle regioni polari, sotto forma di raggi, di archi e di drappeggi multicolori [Figura 6].

L'**esosfera** è la parte più esterna e la meno conosciuta dell'involucro aeriforme che circonda la Terra.

La temperatura di questa «sfera» aumenta con l'altezza, fino a raggiungere e forse superare i 2000 °C (temperatura cinetica). Perciò, le particelle dei gas che costituiscono l'esosfera devono avere velocità enormi. Se la velocità delle particelle rimane inferiore alla «velocità di fuga» (11,2 km/s), esse percorrono orbite ellittiche e possono allontanarsi dall'atmosfera e rientrarne; ma se la loro velocità è maggiore sfuggono definitivamente.

La regione dove le particelle gassose sono fuori del campo di gravitazione del nostro pianeta, e non partecipano più alla rotazione terrestre, è detta *frangia dell'atmosfera*. Comunemente essa si considera estesa fino ai 2000-2500 km, ma questo limite è soltanto convenzionale. In realtà bisognerebbe dire che l'atmosfera terrestre termina dove la sua densità diviene uguale a quella dei gas della corona solare in cui è immersa e con cui ha scambi non solo di calore, ma anche di particelle materiali.

Studi compiuti sulla luminescenza notturna indicano, comunque, che l'involucro atmosferico che avvolge il nostro pianeta non è perfettamente sferoidale: dai suoi strati superiori una parte dei gas rarefatti si protende a forma di «coda di cometa» verso la parte non illuminata del globo. Sembra che tale coda sia il risultato della pressione esercitata dalla radiazione solare sulla parte più esterna dell'atmosfera terrestre.

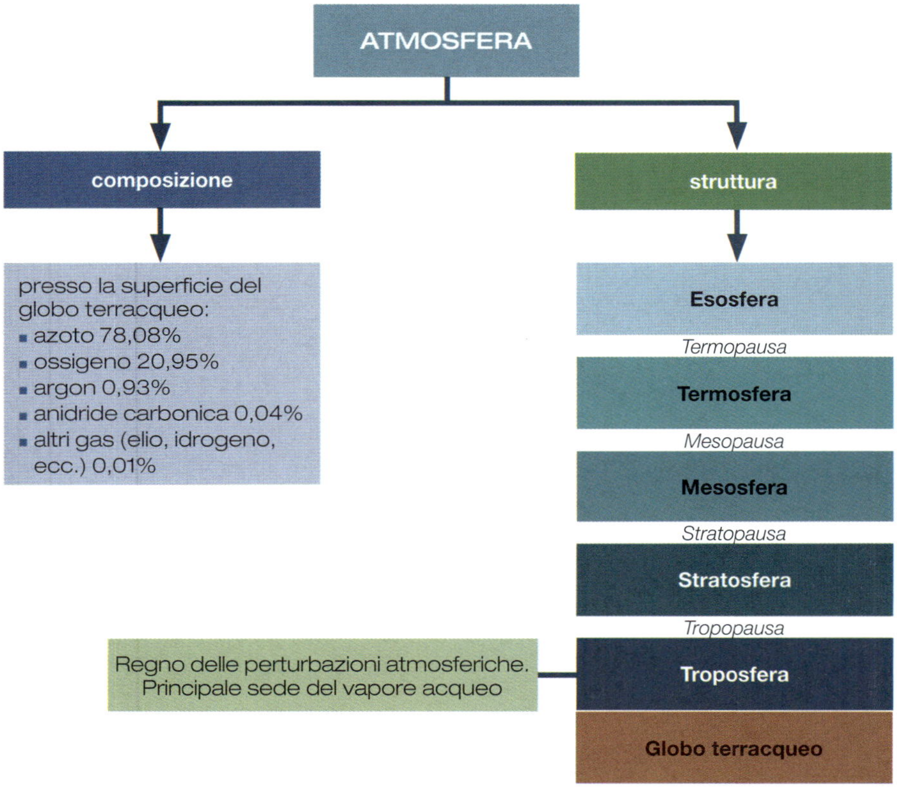

QUESITI

1. Le perturbazioni meteorologiche caretterizzano la
   - A termosfera.
   - B troposfera.
   - C mesosfera.
   - D esosfera.
2. Vero o falso?
   Il gas presente in maggiore quantità nell'atmosfera è l'ossigeno, seguito dall'azoto.
3. Scegli l'alternativa corretta.
   Nella stratosfera la temperatura **aumenta/diminuisce** procedendo verso l'alto, a causa della presenza di **ozono/ioni**.
4. Qual è la composizione media dell'aria che respiriamo?
5. Come varia la composizione dell'atmosfera con l'aumentare della quota?
6. Quali sono le diverse parti dell'atmosfera?
7. Come varia la temperatura nella troposfera?
8. Che cos'è l'ozonosfera?

approfondimento delle conoscenze

Dall'atmosfera primordiale all'atmosfera attuale

L'*origine* dell'atmosfera terrestre e la sua *evoluzione*, fino alle condizioni odierne, non sono ancora accertate. Le ipotesi che vengono formulate subiscono continue revisioni, poiché sono basate su una scarsa quantità di dati, specialmente per quanto attiene agli eventi più remoti della lunga storia della Terra (circa 4,6 miliardi di anni).

È certo, però, che nei primi tempi l'aria del nostro pianeta doveva essere un miscuglio di gas molto diverso da quello di oggi: molto probabilmente vi abbondavano i gas leggeri, soprattutto idrogeno ed elio, e vi era una consistente quantità di anidride carbonica, oltre a metano e ammoniaca. L'**atmosfera primordiale** della Terra [Figura 7] poteva essere molto simile a quella odierna di Giove, di Saturno, di Urano e di Nettuno.

Secondo le ipotesi più recenti, l'attuale scarsità di idrogeno e di gas nobili (elio, argon, neon ecc.) indicherebbe che la Terra abbia perso la sua atmosfera iniziale quando la sua temperatura era molto più elevata: le molecole e gli atomi dei gas superavano facilmente la velocità di fuga, disperdendosi nello spazio. L'**atmosfera attuale** si sarebbe formata in un secondo tempo per liberazione di gas dall'interno, in seguito a fenomeni vulcanici e a reazioni chimiche, quando la Terra aveva già una crosta solida e la temperatura era più bassa.

Partendo da queste ipotesi, l'azoto, l'anidride carbonica e il vapore acqueo presenti nella attuale atmosfera sono attribuiti alle esalazioni attraverso fratture prodotte dall'intenso bombardamento meteoritico e ai processi vulcanici avvenuti nel passato. Si ritiene che l'ossigeno si sia formato dalla scomposizione del vapore acqueo, sotto l'azione di scariche elettriche o della radiazione solare, e – dopo la comparsa della vita sulla Terra – soprattutto dall'acqua, con il concorso dell'anidride carbonica, attraverso la fotosintesi clorofilliana operata dalle piante.

Fino a circa 3,5 miliardi di anni fa l'atmosfera terrestre era ancora ricca di idrogeno, ma la concomitante presenza di anidride carbonica (CO_2), metano (CH_4), ammoniaca (NH_3) e vapore acqueo (H_2O) a un certo punto rese possibile la sintesi delle prime molecole organiche, dapprima semplici e poi sempre più complesse. Attraverso processi lunghi e ancora poco conosciuti, si sviluppò così – in seno agli oceani da poco formatisi – la *materia vivente* (fondamentalmente costituita da combinazioni chimiche di carbonio, idrogeno, ossigeno e azoto).

Alcune testimonianze paleontologiche indicano che primitivi organismi viventi (soprattutto alghe marine unicellulari) «inventarono» il processo della fotosintesi, per utilizzare l'energia solare, all'incirca 3 miliardi e mezzo di anni fa. Con questo processo l'anidride carbonica cominciò poi ad essere metabolizzata dalle piante primitive, mentre nell'aria veniva immessa una quantità via via crescente di ossigeno; si preparò così l'ambiente adatto per accogliere forme di vita sempre più evolute e si passò dall'*evoluzione chimica* all'*evoluzione biologica*, che coinvolse l'intero «sistema Terra».

In sostanza, si passò – nel tempo – da un'atmosfera riducente a una atmosfera ossidante, senza la quale sulla Terra non avremmo la vita come la conosciamo oggi. E ciò dimostra che per lo sviluppo della vita è necessario un ambiente idoneo, ma poi – in tempi lunghi – la vita stessa modifica l'ambiente, adattandolo alla propria evoluzione.

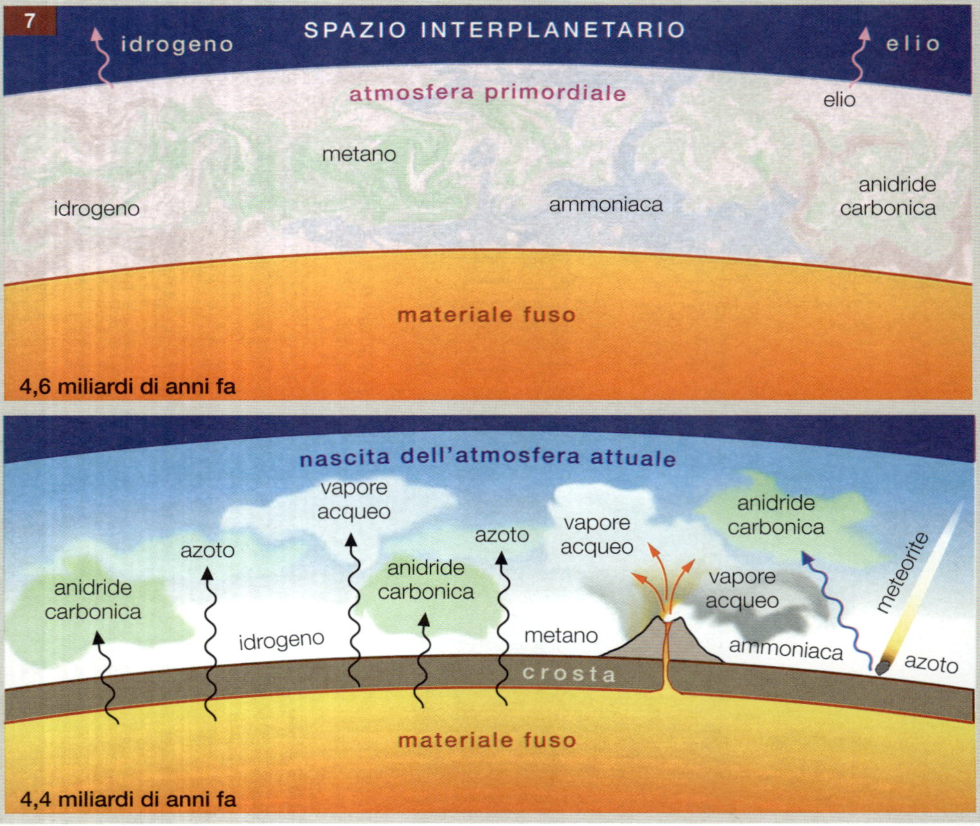

Figura 7
L'*atmosfera primordiale*, che la Terra ha perso nei primi tempi della sua evoluzione (*sopra*), e l'origine dell'*atmosfera attuale* (*sotto*).

3 La radiazione solare e il bilancio termico del sistema Terra

Video
Il bilancio radiativo del sistema Terra-atmosfera e l'effetto serra

■ **Piccola caloria** (Small calorie) È la quantità di calore necessaria per elevare da 14,5 a 15,5 °C la temperatura di un grammo di acqua distillata, a pressione atmosferica normale. È mille volte più piccola della kilocaloria, o «grande caloria», o semplicemente *caloria*.

Come se fosse un'immensa fornace atomica, il Sole emette continuamente una radiazione intensissima, che è valutabile in $5{,}2 \cdot 10^{24}$ kilocalorie al minuto.

Di questa **radiazione solare** inviata nello spazio in ogni direzione, la Terra (compresa la sua atmosfera) riceve soltanto una porzione modesta, pari a quasi mezzo miliardesimo del totale. Ciò equivale a dire che al limite superiore dell'atmosfera su ogni centimetro quadrato di superficie, orientata perpendicolarmente alla radiazione, arrivano circa 2 piccole calorie al minuto. Questa quantità è detta *costante solare*.

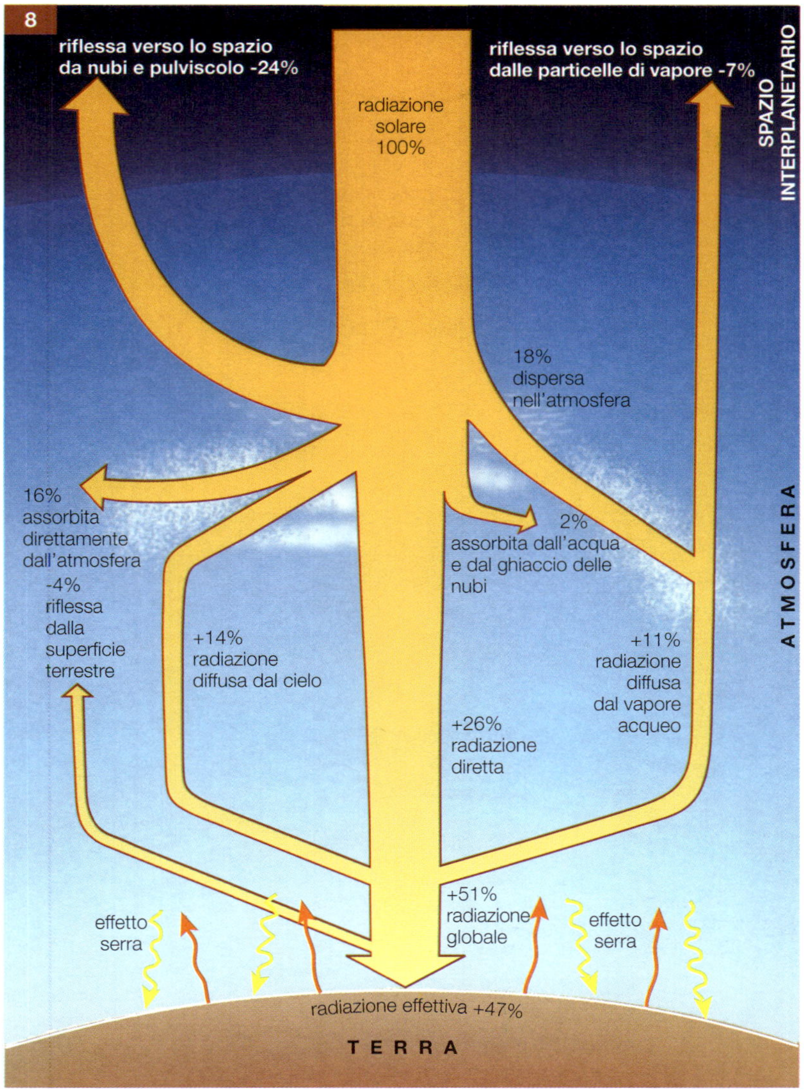

3.1 La radiazione globale, la radiazione effettiva e l'albedo

L'energia solare ci giunge sotto forma di radiazioni, ossia di onde elettromagnetiche. La quasi totalità di queste radiazioni ha lunghezze d'onda relativamente piccole, comprese fra 0,17 e 4 μm (1 μm, o micrometro = 10^{-3} mm), che in Meteorologia sono considerate «onde corte».

La Terra riceve energia dal Sole, la assorbe e la converte in calore e, di conseguenza, emette anch'essa energia, sotto forma di radiazioni con lunghezze d'onda all'incirca fra 4 e 80 μm, indicate come «onde lunghe». Il sistema Terra-atmosfera guadagna e perde energia: il divario fra la *radiazione solare* che entra e la *radiazione terrestre* che esce forma il **bilancio termico** – o, meglio, **bilancio radiativo** – del nostro pianeta [Figura 8].

Della radiazione solare che giunge al limite dell'atmosfera, soltanto il 51% riesce ad arrivare fino alla superficie del globo terracqueo, dopo aver attraversato l'involucro aeriforme: questa quantità costituisce la **radiazione globale**; ma a essa va sottratto ancora il 4% circa, a causa della riflessione media dovuta al globo terracqueo (oceani, laghi, nevai e ghiacciai, rocce, vegetazione ecc.), riducendosi così la **radiazione effettiva** al 47%. Quest'ultima parte si trasforma in energia che viene emessa dalla Terra, ed è così impiegata: il 23% circa è utilizzato per l'evaporazione e passa nell'atmosfera co-

Figura 8
Radiazione solare e *bilancio radiativo* del sistema Terra. L'energia che giunge dal Sole al limite dell'atmosfera, come radiazione ad «onde corte», viene in parte riflessa nello spazio, ad opera delle nubi, del pulviscolo e del vapore acqueo (31%); in parte è assorbita dall'atmosfera, soprattutto per opera dei gas degli strati più alti (ionosfera) e dell'ozono, del vapore acqueo e dell'anidride carbonica (18%); in parte giunge alla superficie del globo terracqueo (51%), che ne riflette una piccola quantità (4%). La *radiazione effettiva* a disposizione del globo terracqueo (47%) viene riemessa sotto forma di radiazioni a «onde lunghe» che danno il maggior contributo al riscaldamento dell'atmosfera.

■ **Calore latente** (Latent **heat**) Quantità di calore che occorre fornire o sottrarre a una unità di massa di una determinata sostanza perché essa subisca un cambiamento di stato, senza che abbia luogo alcuna variazione di temperatura. Per l'evaporazione dell'acqua, ad esempio, occorre calore; nel processo inverso (condensazione del vapore) si libera la stessa quantità di calore che, alla stessa temperatura, è stata assorbita nell'evaporazione.

me calore latente; il 10% è speso nei moti convettivi e turbolenti dell'aria; il 14% forma la cosiddetta «radiazione notturna», che in buona parte riesce ad attraversare l'atmosfera.

Nel complesso, il rapporto fra la quantità di energia che viene riflessa immediatamente nello spazio e l'energia totale in arrivo, ossia il **potere riflettente** o **albedo**, del sistema Terra-atmosfera si può valutare intorno al 35%. Le nubi, il pulviscolo e le particelle di vapore sono responsabili delle perdite più elevate (il 31%); ma anche la superficie delle terre e degli oceani contribuisce a far perdere una parte dell'energia solare (il 4%).

3.2 Il riscaldamento dell'atmosfera dal basso e l'effetto serra

Il sistema Terra-atmosfera dispone soltanto del 65% della radiazione solare incidente; la quantità assorbita (e riemessa) dallo «strato» più superficiale delle terre emerse e degli oceani è notevolmente maggiore di quella assorbita dall'atmosfera (vedi ancora la figura 8). Di conseguenza, la gran parte del calore atmosferico deve derivare indirettamente dalla superficie del globo, la quale funziona come una piastra, riscaldando l'aria dal di sotto.

L'atmosfera si comporta come i vetri di una serra: come questi, essa lascia passare senza perdite sensibili le radiazioni luminose solari, ma intercetta le radiazioni termiche terrestri e così può mantenersi calda. Tale comportamento, dovuto principalmente alla presenza del vapore acqueo e dell'anidride carbonica, è noto sin dalla fine del XIX secolo e viene indicato come **effetto serra**; di esso si discute molto poiché sembra che il suo meccanismo si stia intensificando per cause antropiche.

Il vapore acqueo e i cosiddetti «*gas serra*» – che comprendono, oltre all'anidride carbonica (CO_2), anche il metano (CH_4), il protossido di azoto (N_2O) e alcuni altri gas prodotti soprattutto da attività umane – fanno sì che la temperatura superficiale della Terra sia attualmente di circa 35 °C superiore a quella che si avrebbe in loro assenza.

Tuttavia, se si prendono in considerazione lunghi intervalli di tempo, si può constatare che la temperatura media dell'aria non va continuamente aumentando: il sistema Terra-atmosfera restituisce allo spazio la stessa quantità di energia che riceve dal Sole. Questo **equilibrio termico** si verifica nel corso di un intero anno e per il globo terrestre nel suo complesso. Così, ad esempio, la zona equatoriale assorbe più calore di quanto ne perde (bilancio positivo), mentre le zone polari ne perdono più di quanto ne ricevono (bilancio negativo). Però, nel corso dell'anno, né la regione equatoriale diventa più calda, né quelle polari diventano più fredde, perché il calore si trasferisce dai luoghi più caldi a quelli più freddi della Terra, grazie ai grandi movimenti dell'aria e alle correnti marine.

QUESITI

1. Quanta parte della radiazione solare viene riflessa dall'atmosfera nello spazio?

A 47% C 31%

B 51% D 4%

2. Scegli l'alternativa corretta.

Le radiazioni riemesse dalla Terra hanno lunghezza d'onda **maggiore**/**minore** rispetto a quelle provenienti direttamente dal Sole, e si manifestano come **calore**/**luce**.

3. Completa.

Il bilancio termico globale è la differenza fra la radiazione .... in entrata e la radiazione .... in uscita.

4. Che cos'è l'albedo?

5. Con quale modalità avviene principalmente il riscaldamento dell'atmosfera?

6. Quali sono i principali gas serra presenti nell'atmosfera?

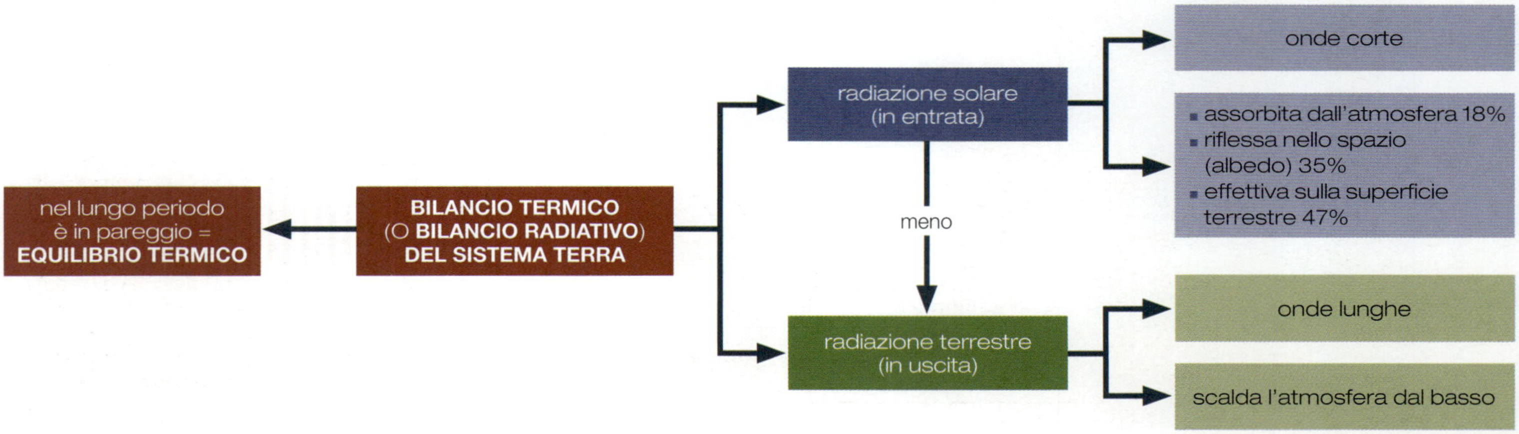

ampliamento delle conoscenze

L'utilizzazione dell'energia solare

La radiazione proveniente dal Sole è un flusso ininterrotto che annualmente corrisponde, al livello della superficie terrestre, all'energia ottenibile con la combustione di circa 70 000 miliardi di tonnellate di carbone, pari a diecimila volte l'odierno consumo mondiale annuo di combustibile convenzionale. È ovvio, quindi, l'interesse per le possibili utilizzazioni dell'energia solare. Le tecnologie in fase di studio, sperimentazione o applicazione sono diverse; ma tutte contemplano la concentrazione della radiazione solare a mezzo di lenti o di specchi [Figura 9] o di apparecchiature analoghe.

Una delle principali forme di utilizzazione consiste nella trasformazione dell'energia solare in energia termica a bassa temperatura, fra i 60 e i 100 °C, per molti usi comuni: riscaldamento di edifici, climatizzazione di serre, produzione di acqua calda per usi domestici e industriali.

Un'altra forma di utilizzazione consiste nella conversione per via termodinamica dell'energia solare in energia meccanica e quindi in energia elettrica; essa si può applicare a pompe solari, a gruppi elettrogeni per località isolate e a centrali elettriche di grande potenza, capaci di alimentare una rete di distribuzione.

Queste due forme di utilizzazione si basano sui **collettori solari**, cioè su apparecchiature che ricevono la radiazione solare incidente e la trasmettono ad un fluido (generalmente acqua) che viene riscaldato.

Esistono ormai da lungo tempo migliaia e migliaia di applicazioni del primo tipo (*pannelli solari*) in vari Paesi del mondo. In Italia hanno cominciato a diffondersi soltanto in questi ultimi anni, da quando si è notevolmente abbassato il costo degli impianti.

La costruzione di una centrale solare di grande potenza (per esempio, da un milione di kilowatt elettrici) oggi verrebbe a costare sei o sette volte di più di una centrale nucleare di ugual potenza; ma bisogna considerare che i costi andrebbero via via diminuendo con le costruzioni successive, le spese di gestione sarebbero enormemente inferiori (la radiazione solare non si deve comprare) e si avrebbe il vantaggio di produrre **«energia pulita»**, non inquinante come quella delle centrali che consumano carbone o petrolio.

Nel campo delle tecnologie più promettenti per la trasformazione dell'energia solare in energia elettrica, va emergendo la **conversione fotovoltaica**, basata sulla proprietà che hanno alcuni materiali (come il silicio), opportunamente trattati, di generare energia elettrica quando vengono colpiti dalla radiazione solare. I generatori che utilizzano questa proprietà sono denominati «celle fotovoltaiche».

Attualmente il costo dell'energia prodotta con il sistema fotovoltaico non è ancora competitivo rispetto ai sistemi convenzionali, salvo che per piccole utenze isolate.

Fra le possibilità di impiego dell'energia solare, meritano di essere citati altri due metodi, anche se si trovano ancora allo stadio iniziale. Uno di questi riguarda la **realizzazione di biomasse**, ossia la coltivazione di piante a rapida crescita, che possono essere usate come combustibile direttamente o essere convertite in idrocarburi pregiati (come il metano), in alcoli, in sostanze oleaginose ecc. L'altro metodo consiste nella **conversione per via fotochimica e fotobiologica**, per riprodurre industrialmente un processo naturale che si verifica in certe alghe, le quali liberano idrogeno dall'acqua sotto l'azione della luce. In questo campo si conducono ricerche avanzate anche in Italia.

Tutte queste forme di utilizzazione dell'energia solare potranno trovare estese applicazioni nei Paesi che godono di condizioni di *insolazione* più favorevoli: quelli della fascia intertropicale, ma anche molti altri nelle zone temperate. Molto interessati al problema sono diversi Paesi dell'Africa e del Medio Oriente; ottime prospettive si offrono pure all'Italia, che dispone di scarsissime materie prime energetiche e non difetta invece di insolazione, specialmente nelle regioni meridionali.

Ma l'interesse per le possibili utilizzazioni della radiazione solare è di rilevanza globale. Si tratta, infatti, di una fonte di **«energia rinnovabile»**, a differenza di quella che si ottiene dai combustibili o di quella nucleare. Inoltre, essa apre ai Paesi più industrializzati grandi possibilità nel campo dell'esportazione di tecnologie e della realizzazione di impianti. E, per di più, si sta già pensando che nel futuro l'energia solare potrebbe essere raccolta da sonde spaziali in orbita, dove il Sole splende continuamente, per essere inviata sulla Terra sotto forma di microonde e quindi convertita in elettricità disponibile in tutti i Paesi del globo.

9

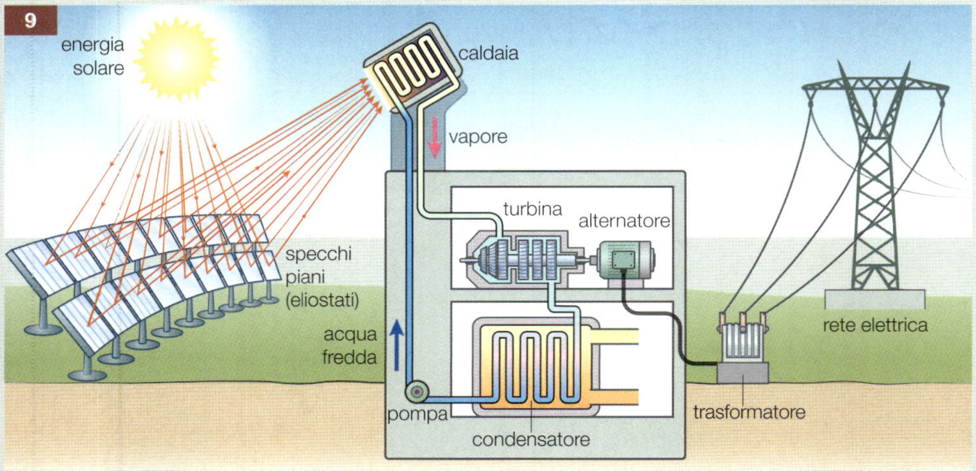

Figura 9
Schema di una *centrale solare a specchi*.
Numerosi specchi posti in serie e opportunamente orientati dirigono la radiazione solare verso la sommità di una torre e la concentrano sulla parete di in una caldaia riempita d'acqua, che viene riscaldata e trasformata in vapore. Il vapore aziona una turbina accoppiata con un alternatore, che produce energia elettrica. Il ciclo è continuo finché il Sole lo alimenta, perché il vapore, raffreddato e condensato, viene rinviato come acqua alla caldaia.

4 La temperatura dell'aria

Video
L'influenza dei fattori geografici sulle temperature

Figura 10
Il fenomeno dell'*inversione termica*. Se la temperatura dell'aria diminuisse sempre con l'aumentare della quota, questa colonna di fumo tenderebbe a salire insieme all'aria che si riscalda a contatto con il terreno, e si disperderebbe verso l'alto. Quando l'aria a contatto con il terreno si trova invece a essere più fredda dello strato di aria sovrastante, essa non può risalire e rimane come intrappolata: il fumo arriva fino a una certa quota, dove incontra uno strato di aria più calda che ne impedisce l'ulteriore ascesa. (JohanTheGhost/ Wikimedia Commons)

Figura 11
Il diverso riscaldamento dei vari luoghi della superficie terrestre dipende dall'inclinazione dei raggi del Sole. A causa della sfericità della Terra, una stessa quantità di raggi solari si distribuisce su una zona più o meno ampia, a seconda dell'inclinazione con cui i raggi colpiscono la superficie terrestre. Perciò le varie parti della Terra vengono riscaldate in maniera diversa.

Le misure eseguite con vari mezzi di esplorazione indicano che normalmente la temperatura dell'aria diminuisce con l'aumentare dell'altezza; dunque, l'atmosfera riceve calore principalmente dalla superficie del globo terracqueo e solo subordinatamente dal Sole, che comunque è la «fonte primaria e indiretta del calore».

L'aria dei livelli inferiori è più calda di quella sovrastante perché è più vicina alla «fonte diretta di calore», ma anche perché è più densa, più ricca in vapore acqueo e pulviscolo, e quindi più idonea ad assorbire la radiazione terrestre rispetto all'aria dei livelli più alti, che è più rarefatta, più secca e più pura.

Sappiamo che nella troposfera la **diminuzione di temperatura con l'altitudine** è di circa 0,6 °C / 100 m, mentre l'andamento termico delle regioni sovrastanti presenta diverse irregolarità. Ma anche nella troposfera non sono rari i casi di isotermia o addirittura di *inversione termica*, cioè di aumento della temperatura col crescere dell'altezza, sia pure in spessori d'aria limitati (decine o centinaia di metri) [Figura 10]. Questa anomalia è dovuta comunemente ad un rapido irraggiamento terrestre, frequente nelle notti invernali calme e serene, che porta ad un raffreddamento più intenso dei livelli d'aria a diretto contatto con il terreno.

L'inversione termica può avere notevoli riflessi economici: nei luoghi dove essa si manifesta con frequenza occorre tenerne conto nella scelta delle colture agricole (evitando quelle che temono le nebbie o il gelo), nella localizzazione delle stazioni climatiche ecc.

4.1 Come influiscono i fattori geografici sulla temperatura dell'aria

Oltre a variare con l'altitudine, la temperatura dell'aria dipende anche da numerosi altri *fattori*.

- La radiazione solare ricevuta dai diversi luoghi della Terra varia sensibilmente al variare dell'angolo di incidenza che i raggi del Sole formano col piano dell'orizzonte: maggiore è quest'angolo, più breve è il tragitto dei raggi entro l'atmosfera e maggiore risulta la quantità di energia che giunge sull'unità di superficie [Figura 11]. Perciò il calore che la superficie delle terre e del mare può cedere all'aria, e quindi la temperatura di quest'ultima, dipende dalla latitudine, dalla stagione, dall'ora del giorno e dall'esposizione ed inclinazione del terreno [Figura 12].
- Un altro fattore che influisce notevolmente sulla temperatura dell'aria deriva dal diverso comportamento delle terre e delle acque rispetto all'energia calorifica. In genere, il terreno e le rocce si riscaldano intensamente e rapidamente sotto l'azione dei raggi solari: la loro capacità termica (attitudine a ricevere e ritenere calore) è modesta, sia per il basso calore specifico (quantità di calorie necessarie per elevare di un grado la temperatura dell'unità di massa), sia perché la radiazione riesce a penetrarvi per uno spessore limitato e il calore si propaga nell'interno solo per conduzione. Perciò nelle terre emerse il riscaldamento interessa soltanto lo strato più superficiale

10

11

Figura 12
L'*esposizione* e l'*inclinazione dei versanti* esercitano una notevole influenza sul riscaldamento del terreno, e quindi sulla temperatura dell'aria sovrastante. Nelle regioni temperate e polari del nostro emisfero i luoghi rivolti a Sud godono di un periodo di insolazione più lungo rispetto a quelli esposti a Nord; nell'emisfero australe avviene il contrario. Il riscaldamento dei pendii è tanto maggiore quanto più essi si avvicinano alla perpendicolarità con i raggi solari.

(fino a qualche metro di profondità), che raggiunge presto elevate temperature (durante il dì e in estate), ma altrettanto rapidamente e intensamente si raffredda in mancanza di radiazione (durante la notte e d'inverno). Le acque, invece, avendo un maggior calore specifico (in media 2,5 volte più alto di quello delle rocce) ed essendo trasparenti alle radiazioni, possiedono una capacità termica più elevata. Inoltre, nel mare e nei grandi laghi il rimescolamento prodotto dai venti, dalle onde e dalle correnti provvede a rinnovare lo strato superficiale e a distribuire il calore in una massa molto grande; cosicché il riscaldamento, che interessa le acque fino a profondità elevate (anche qualche centinaio di metri), è molto più lento e meno pronunciato, e altrettanto lento è il raffreddamento [Figura 13].

Queste diversità nell'assorbimento ed irraggiamento del calore solare si ripercuotono sull'andamento termico dell'aria, che presenta oscillazioni giornaliere e stagionali più marcate in corrispondenza delle zone più interne dei continenti (*regime continentale*) e più attenuate in vicinanza del mare (*regime marittimo* o *oceanico*) o di grandi laghi.

■ Si deve considerare, inoltre, che il mare, con le sue correnti calde (di provenienza equatoriale) o fredde (di provenienza polare), può anche provocare aumenti o diminuzioni della temperatura che si mantengono per tutto il corso dell'anno nelle regioni costiere.

■ Sulla temperatura dell'aria influisce pure in maniera sensibile la copertura vegetale: le piante assorbono notevoli quantità di calore per le loro funzioni vitali ed emettono in abbondanza vapore acqueo, che attenua la quantità di energia che può giungere al suolo. Perciò, dove la vegetazione è abbondante, le temperature estive sono attenuate e i valori invernali non sono mai molto bassi.

Poiché la superficie terrestre ha componenti di varia natura (rocce, acque) con molteplici aspetti (montagne, pianure, mari, laghi), i **fattori geografici** esaminati – ossia l'*altitudine*, la *latitudine*, l'*esposizione*, la *posizione delle terre e dei mari*, le *correnti marine*, la *vegetazione* – si intrecciano e fanno sì che la temperatura dell'aria vari non solo nel tempo, ma anche da luogo a luogo della Terra.

Facendo la media delle temperature registrate a intervalli regolari di tempo nella giornata (o eseguendo la media aritmetica della temperatura massima e minima registrate nelle 24 ore), in un determinato luogo, si ottiene la **temperatura me-**

Figura 13
Il diverso comportamento termico delle terre emerse e del mare influisce sulla temperatura dell'aria. Le terre, infatti, hanno una capacità termica molto minore di quella delle acque e perciò riscaldano e raffreddano l'aria sovrastante più rapidamente di quanto avviene sul mare.

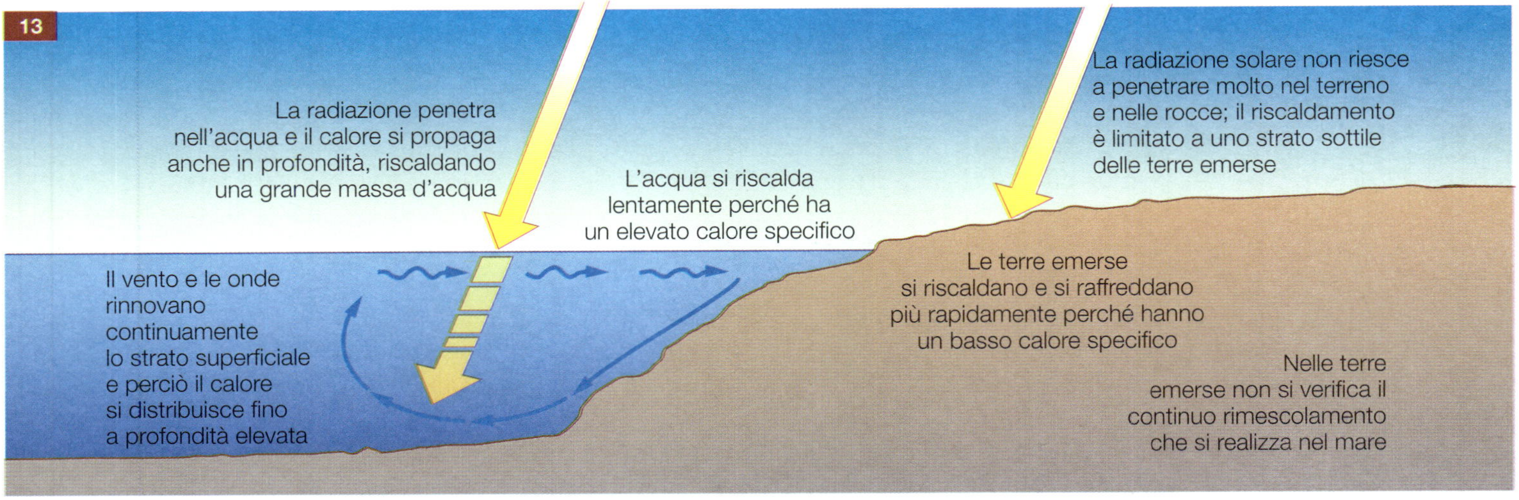

dia giornaliera. Dai valori medi giornalieri si può passare alle **temperature medie mensili** e da queste alla **temperatura media annua**.

Dato che i valori relativi a brevi intervalli di tempo possono essere influenzati da cause occasionali, derivanti da situazioni meteorologiche transitorie, per lo studio della temperatura – come per quello di altri caratteri o fenomeni atmosferici (umidità dell'aria, piogge ecc.) – si ricorre spesso al calcolo dei valori medi relativi ad un lungo periodo di anni di osservazione (in genere un trentennio). Questi valori medi consentono di avere un quadro dell'andamento «normale» della temperatura in un determinato luogo o in una data regione.

L'andamento della temperatura dell'aria al suolo durante la giornata, per un dato luogo e in condizioni di cielo sereno, è caratteristico: la temperatura comincia ad aumentare rapidamente subito dopo il sorgere del Sole e continua a crescere per tutto il tempo in cui l'energia solare in arrivo prevale su quella perduta per emissione terrestre, fino a raggiungere il valore più alto qualche ora dopo il passaggio del Sole sul meridiano del luogo; quindi la temperatura diminuisce lentamente e continua ad abbassarsi per tutto il tempo in cui la radiazione terrestre supera quella solare, fino a raggiungere il valore più basso quando sta per risorgere il Sole. Il momento di massima temperatura (ore 13-15) non coincide con quello di massima intensità della radiazione solare (ore 12), perché la temperatura continua ad aumentare finché la radiazione in arrivo supera quella in partenza: ciò si verifica per un po' anche dopo il mezzodì locale, quando l'energia in arrivo comincia ad attenuarsi.

L'**escursione termica giornaliera** – ossia la differenza tra la temperatura massima e quella minima, registrate in uno stesso luogo nelle 24 ore – è legata alle altre condizioni meteorologiche. Essa è resa irregolare dai fenomeni di condensazione del vapore acqueo ed è ridotta dalla presenza di ammassi nuvolosi che ostacolano l'irradiazione solare e la dispersione del calore. Normalmente, però, l'escursione giornaliera dipende dai fattori già ricordati:
- tende a diminuire con il crescere della latitudine (i valori più alti si hanno ai tropici, dove si possono superare anche i 40 °C, i più bassi si registrano nelle calotte polari);
- è maggiore d'estate che d'inverno;
- è netta nelle regioni continentali, smorzata in quelle marittime;
- è più elevata al livello del mare che ad alte quote.

L'andamento della temperatura dell'aria durante l'anno segue quello della radiazione solare, e quindi dipende innanzitutto dalla latitudine. Però, analogamente a quanto accade nell'andamento termico giornaliero, le temperature più alte e quelle più basse si registrano con un ritardo di un mese o poco più rispetto ai corrispondenti massimi e minimi di intensità della radiazione solare in arrivo.

L'**escursione termica media annua** – ossia la differenza fra la temperatura media del mese più caldo e quella media del mese più freddo – è minima all'Equatore (2-4 °C) e va aumentando verso i poli (40-50 °C), a causa del sempre maggiore divario fra la quantità di calore ricevuta d'estate e quella ricevuta d'inverno.

A parità di latitudine, essa:
- è maggiore nell'interno dei continenti che in prossimità degli oceani;
- è più alta nelle regioni aride o caratterizzate da scarsa nuvolosità che nelle zone ricche di vegetazione o di corsi d'acqua o di piogge;
- tende a diminuire col crescere dell'altitudine, ma in maniera meno netta dell'escursione giornaliera.

4.2 La rappresentazione delle diversità termiche

Per avere una visione immediata della distribuzione della temperatura sulla superficie terrestre, o su una sua parte, si usa segnare sulla carta geografica, in corrispondenza di ogni stazione di misura, il valore della temperatura misurata e si congiungono con linee continue tutti i punti in cui la temperatura è risultata la stessa; le linee così ottenute sono le **isoterme** e le carte sulle quali vengono tracciate sono le *carte delle isoterme* [Figura 14].

A seconda dei dati utilizzati per costruirle, si hanno carte delle isoterme giornaliere, mensili, stagionali o annue. Le più ricche di informazioni sono quelle delle *isoterme di gennaio* e delle *isoterme di luglio*, ossia del mese più freddo e del mese più caldo dell'anno (in relazione all'emisfero che si considera).

Le carte delle isoterme della figura 14 mostrano come la distribuzione della temperatura dell'aria sulla superficie terrestre sia in stretta relazione con i fattori geografici già menzionati, i quali determinano l'esistenza di **zone termiche** non coincidenti con le *zone astronomiche*.

L'esame di queste carte delle isoterme consente di notare che le temperature tendono a diminuire dalla zona intertropicale verso i poli, ma l'andamento delle isoterme non segue quello dei paralleli: le deviazioni maggiori si hanno in corrispondenza dei continenti (specie nei rilievi) e sono massime nell'e-

■ **Zone astronomiche** (**Zones of latitude**) Le zone astronomiche della superficie terrestre si differenziano, in funzione della latitudine, per le diverse condizioni di illuminazione e di inclinazione dei raggi solari durante l'anno. Esse sono: la *Zona torrida* (o *Zona intertropicale*), limitata dai due tropici e divisa in due dall'Equatore; la *Zona temperata boreale*, compresa fra il Tropico del Cancro ed il Circolo polare artico, e la *Zona temperata australe* tra il Tropico del Capricorno ed il Circolo polare antartico; la *Calotta polare artica*, che si estende dal Circolo polare artico al Polo nord, e la *Calotta polare antartica* dal Circolo polare antartico al Polo sud.

14

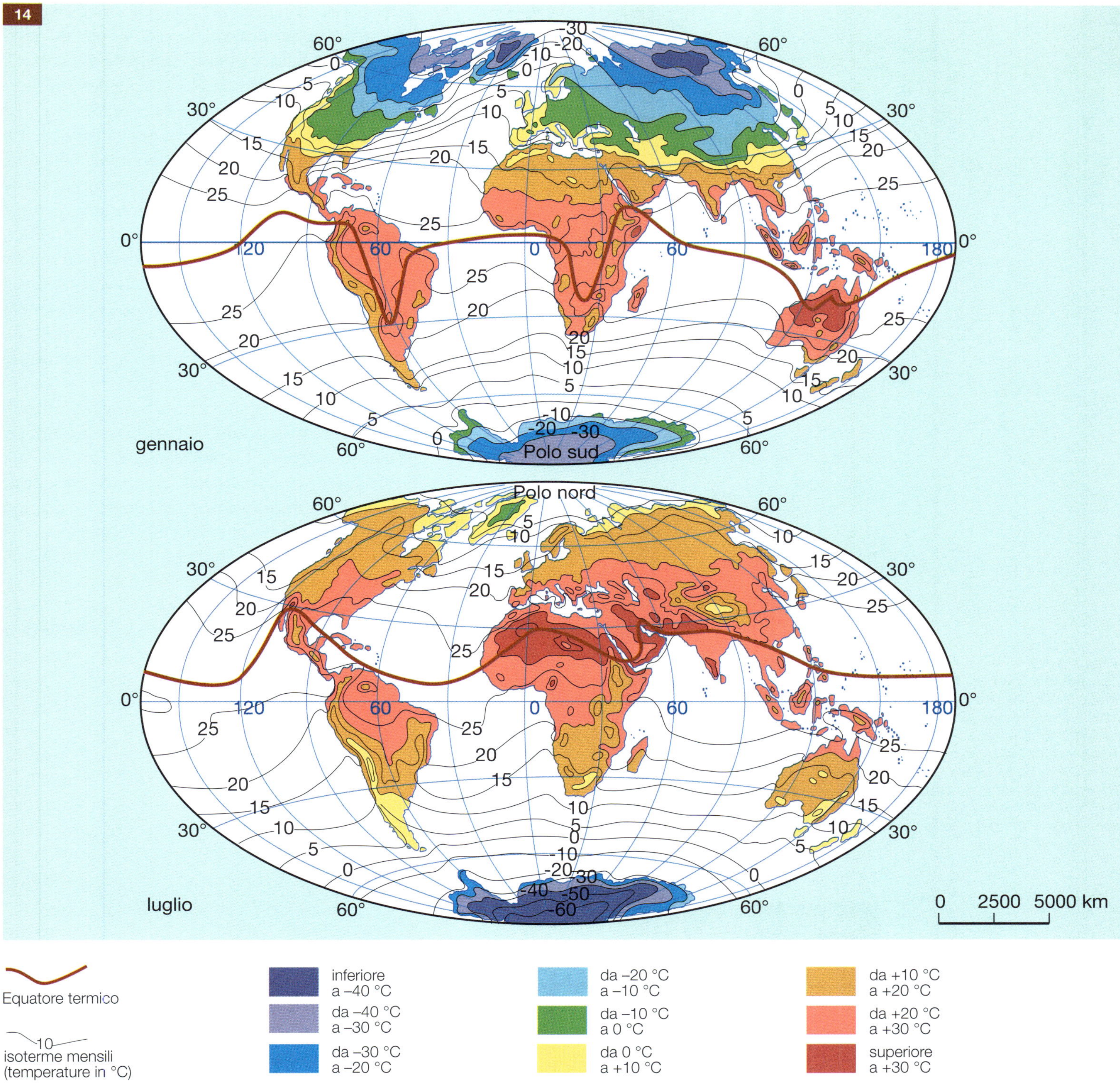

Figura 14
***Temperatura dell'aria sulla superficie terrestre*, rappresentata mediante *isoterme*.** Le due carte mostrano, rispettivamente, la distribuzione geografica delle temperature medie del mese più freddo e del mese più caldo dell'anno per il nostro emisfero (il contrario per l'emisfero australe). In gennaio le temperature più elevate si riscontrano nell'emisfero australe, dove esistono aree limitate con medie intorno ai 30 °C (Africa meridionale, America Meridionale) o poco superiori (Australia nordorientale); contemporaneamente nell'emisfero boreale alcune regioni hanno temperature medie molto basse, anche inferiori ai −40 °C (Siberia nordorientale, Groenlandia). In luglio nell'emisfero boreale si hanno ampie regioni di massimo riscaldamento, con temperature medie superiori ai 30 °C (Africa settentrionale, Arabia, Asia centrale ecc.); nell'emisfero australe, dove si sente maggiormente l'influsso del mare, non si raggiungono valori molto bassi, tranne che in Antartide. La zona equatoriale presenta le escursioni termiche annue minori, con temperature medie che sugli oceani e nelle regioni costiere raramente superano i 25 °C. Questa fascia, posta a cavallo dell'Equatore, in gennaio si espande un po' più nell'emisfero australe e in luglio nell'emisfero boreale; essa è interrotta o attenuata in corrispondenza degli alti rilievi montuosi. Alle medie latitudini l'escursione termica annua non è molto pronunciata, tranne che nelle regioni più lontane dal mare. Nelle aree polari la temperatura media rimane inferiore a 0 °C durante tutto l'anno su vaste regioni (Antartide, Groenlandia interna). Le escursioni termiche maggiori si hanno nell'interno dei continenti, soprattutto nell'emisfero boreale.
Nell'emisfero boreale si trova l'*Equatore termico annuale*, la linea che unisce tutti i punti della superficie terrestre che hanno le temperature medie annue più alte; l'Equatore termico di gennaio e quello di luglio hanno andamenti diversi (linee rosse).

15

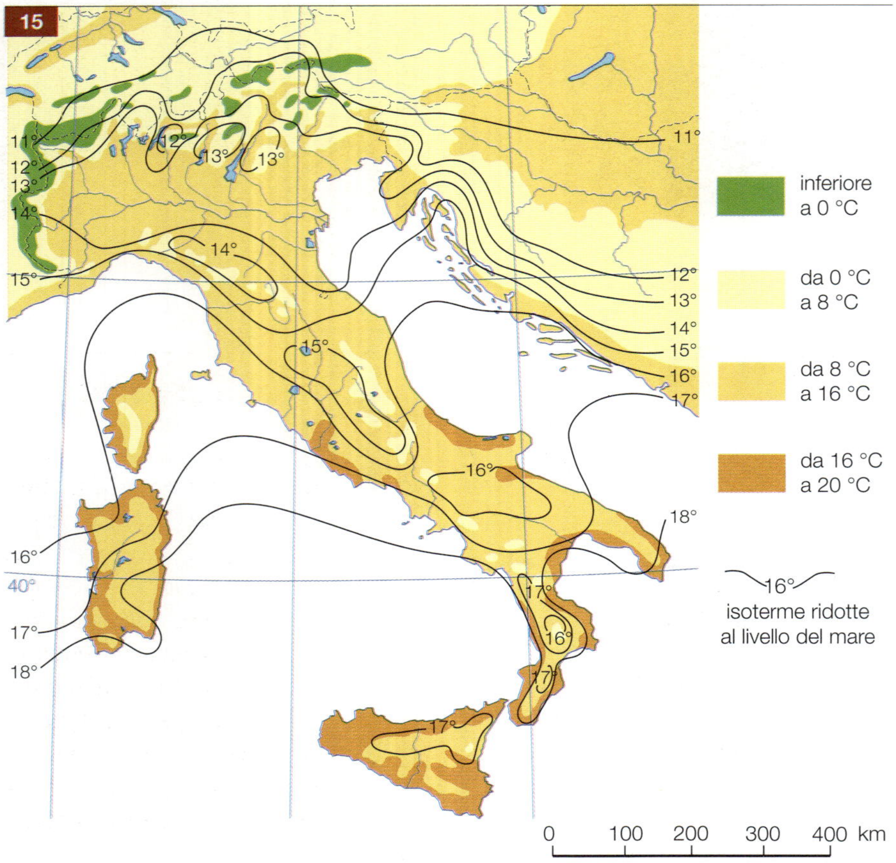

Figura 15
Temperature dell'aria in Italia. Nella carta sono indicate con diversi colori le medie annue delle temperature vere, cioè desunte dai valori reali misurati nelle varie località. Le linee sottili che separano i diversi colori sono altrettante isoterme «vere o reali». Le linee nere più marcate rappresentano invece le isoterme «ridotte al livello del mare», cioè quelle che si avrebbero se tutte le località si trovassero alla stessa altitudine (per l'appunto, al livello del mare); tali isolinee si costruiscono apportando ai valori reali misurati una correzione che tiene conto della diminuzione della temperatura con l'altitudine (mediamente 0,6 °C/100 m): si elimina così l'influenza del fattore orografico e si mettono meglio in luce gli effetti di altri fattori (latitudine, distanza dal mare ecc.) sull'andamento della temperatura.

misfero boreale, attenuate in quello australe e minime nella zona compresa fra i 40° e i 60° di latitudine Sud, quasi interamente occupata dal mare. Il percorso delle isoterme sugli oceani è però influenzato dalle correnti marine, calde o fredde.

La **Figura 15** illustra in maniera sintetica le caratteristiche principali e la distribuzione della temperatura nel territorio italiano, consentendo anche osservazioni sulle singole zone o regioni che possono interessare maggiormente ciascuno di noi. Fra i caratteri generali più salienti, si può notare l'influenza della latitudine: procedendo da Sud verso Nord le temperature medie annue tendono a diminuire. Ancora più marcato appare in molti casi l'effetto della distanza dal mare: le temperature annue presentano i valori più bassi nelle zone più interne della catena appenninica e soprattutto in quelle ancora più continentali dell'arco alpino, anche a prescindere dall'altitudine (vedi l'andamento delle isoterme ridotte al livello del mare), rivelando anche una più spiccata azione moderatrice del Mar Tirreno (più ampio e più profondo) rispetto a quella esercitata dal Mare Adriatico. Gli effetti dell'orografia sono in genere prevalenti su quelli degli altri fattori: l'andamento delle isoterme vere è abbastanza simile a quello delle isoipse (le curve di livello), mentre in molti tratti è diverso l'andamento delle isoterme ridotte al livello del mare.

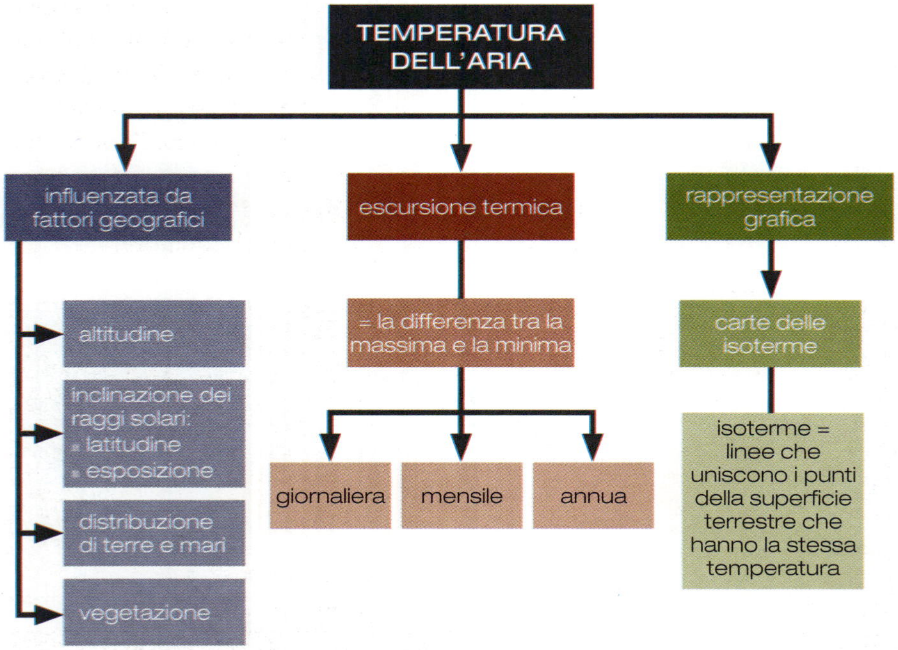

QUESITI

1. Agli equinozi, con l'aumentare della latitudine, l'inclinazione dei raggi solari rispetto alla perpendicolare al piano dell'orizzonte
   - **A** aumenta.
   - **B** diminuisce.
   - **C** resta invariata.
2. Scegli l'alternativa corretta.
   Le acque marine si riscaldano più **rapidamente/lentamente** e fino a profondità **maggiori/minori** rispetto alle terre emerse.
3. Completa.
   Le carte nelle quali è rappresentata la distribuzione della temperatura si chiamano carte delle
   ....
4. Quali sono i fattori geografici che influiscono sulla temperatura dell'aria?
5. Che cosa si intende per escursione termica giornaliera? E per escursione termica media annua?
6. Di quanto diminuisce la temperatura dell'aria con l'altitudine, nella troposfera?

5 La pressione atmosferica e i venti

Video Come varia la pressione atmosferica

Video Le brezze di mare e di terra

Come tutti gli enti materiali sottoposti all'attrazione terrestre – siano essi solidi, liquidi o aeriformi – anche l'atmosfera ha un peso, che è complessivamente pari a quello di un ipotetico involucro d'acqua che avvolgesse la Terra con uno spessore di poco più di 10 metri.

La **pressione atmosferica** – ossia il rapporto fra il peso dell'aria e la superficie su cui essa agisce – al livello del mare, alla latitudine di 45° (accelerazione di gravità 9,8 m/s^2) e alla temperatura di 0 °C fa equilibrio ad una colonnina verticale di mercurio alta 760 mm e con sezione uniforme di 1 cm^2 [**Figura 16**]. Questo valore, che corrisponde pressappoco a 1033 g/cm^2 o 1013 · 10^3 dyn/cm^2, rappresenta l'unità di pressione, o *pressione normale*, e prende il nome di **atmosfera** (atm).

Spesso la pressione atmosferica viene espressa con la sola altezza in mm della colonnina di mercurio (mmHg o torr) del barometro torricelliano; ma l'unità di misura più adottata in Meteorologia è il millesimo di bar o **millibar** (mb). La pressione normale di 760 mmHg equivale a circa 1013 millibar. Nel Sistema Internazionale di Unità, l'unità di pressione è il *pascal* (Pa); il suo multiplo **ettopascal** (hPa) corrisponde a 1 millibar.

16

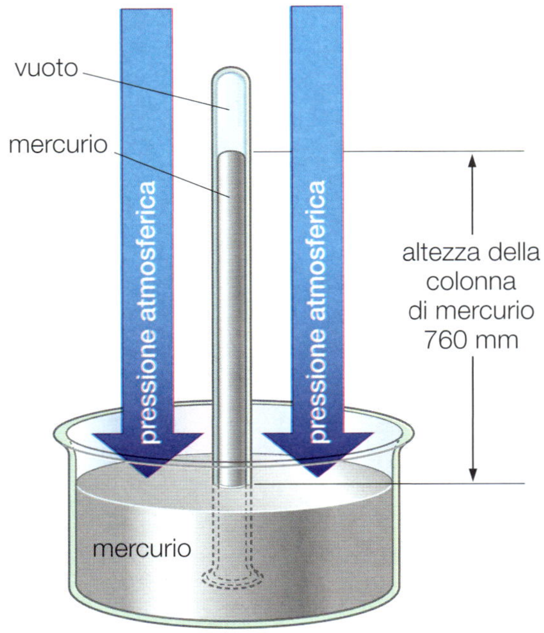

Figura 16
La determinazione della pressione atmosferica. Lo strumento utilizzato per misurare la pressione atmosferica è il *barometro* (dal greco *báros*, peso, e *métron*, misura), ideato da E. Torricelli nel 1643 e ben noto alla Fisica.

5.1 Come varia la pressione atmosferica

La pressione atmosferica è legata a molti **fattori geografici** e **fattori meteorologici** che la fanno variare da luogo a luogo della superficie terrestre ed anche da momento a momento nello stesso luogo.

- La pressione dipende innanzitutto dall'*altitudine*. Elevandosi sopra il livello del mare essa diminuisce, perché si riduce lo spessore della colonna d'aria sovrastante che grava sulla unità di superficie. Questa diminuzione non è costante: è più accentuata negli strati inferiori dell'atmosfera, più densi e quindi più pesanti, e si attenua con l'altezza, in concomitanza con la rarefazione dell'aria.
- La pressione atmosferica varia anche con il variare della *temperatura*. Col riscaldamento l'aria si dilata, diventa meno densa e quindi il suo peso per unità di superficie diminuisce, ed essa tende a spostarsi verso l'alto; al contrario, col raffreddamento l'aria subisce una contrazione, diventa più densa e perciò più pesante e tende a portarsi verso il basso [**Figura 17**]. Di conseguenza, due masse d'aria con uguale volume e composizione, ma differente temperatura, avranno pressione diversa: minore quella calda, maggiore quella fredda. Perciò, normalmente al livello del mare la pressione è più alta sulle calotte polari che sulla fascia equatoriale; negli strati superiori, invece, dato che la diminuzione di pressione con l'altitudine è più rapida nell'aria fredda e pesante che nell'aria calda e leggera, ad un certo livello (già intorno ai 5000 m) la pressione è minore sopra i poli e maggiore sopra l'Equatore.

17

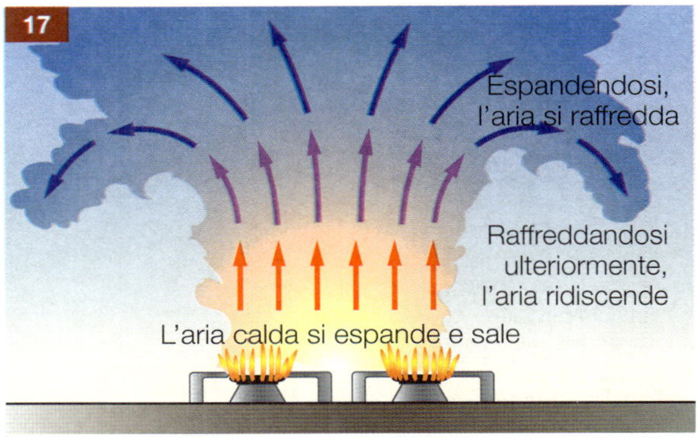

Figura 17
La pressione diminuisce all'aumentare della *temperatura dell'aria*. Quando una massa d'aria si riscalda, si espande e si sposta verso l'alto; quindi il suo peso per unità di superficie diminuisce (anche quella sopra al fornello di casa si comporta così). Quando si raffredda tende a diventare più pesante, e quindi a tornare verso il basso, esercitando così una pressione maggiore.

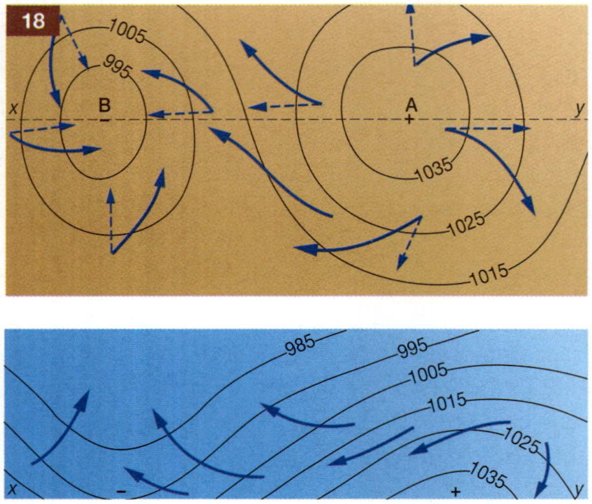

Figura 18
***Aree anticicloniche* ed *aree cicloniche* e andamento dei *venti* nell'emisfero boreale. In alto è riportata una rappresentazione planimetrica, in basso un profilo lungo la traccia *x-y*; i numeri sulle isobare indicano i valori della pressione in millibar. L'area anticiclonica (A) è quella col segno +, l'area ciclonica (B) quella col segno –; la direzione reale dei venti è indicata dalle frecce continue.** Se la Terra non ruotasse, i flussi d'aria assumerebbero lo stesso andamento delle acque che scorrono lungo i versanti di una montagna (frecce tratteggiate), cioè seguirebbero la via più breve per colmare il dislivello di pressione, intersecando perpendicolarmente le isobare. In realtà, la *forza di Coriolis*, dovuta alla rotazione terrestre, agisce sulle masse d'aria in movimento e le fa deviare verso destra nell'emisfero boreale (verso sinistra in quello australe), cosicché i flussi d'aria divergono dalle aree anticicloniche con andamento in senso orario e convergono nelle aree cicloniche con andamento in senso antiorario (nell'emisfero australe in modo opposto). Quindi, i venti tendono a spirare parallelamente alle isobare: presso la superficie terrestre, a causa dell'attrito, essi tagliano le isobare con angoli variabili fra i 45° (sulle zone accidentate) ed i 10° (sul mare), ma a quote più elevate (già intorno a 500-600 m) seguono fedelmente le isobare. Nel loro movimento, i venti lasciano alte pressioni alla loro destra nell'emisfero boreale e alla loro sinistra nell'emisfero australe (*legge di Buys-Ballot*). Ciò è ben osservabile a scala globale nelle *carte delle isobare* della figura 22.

■ La pressione diminuisce con l'aumentare della quantità di *vapore acqueo* presente nell'aria: a parità di temperatura, un dato volume di vapore acqueo pesa meno, circa i 3/5, di un ugual volume di aria secca.

5.2 Le diversità di pressione e i flussi dei venti: dalle aree anticicloniche alle aree cicloniche

Lo studio della distribuzione della pressione atmosferica sulla superficie terrestre si esegue segnando sulle carte geografiche le **isobare**, linee che uniscono i punti di ugual pressione ridotta al livello del mare, alla temperatura di 0 °C e alla gravità normale (solo «riducendo» i valori osservati, le differenze riscontrate fra varie località riflettono le vere differenze bariche esistenti). Come le isoterme, anche le isobare possono essere giornaliere, mensili o annue.

Le isobare delimitano zone dove la pressione è più alta da altre dove la pressione è più bassa; le prime vengono dette **aree anticicloniche** o **anticicloni** e sono quelle nelle quali l'aria, relativamente più densa e quindi più pesante, tende a spostarsi verso il basso e a divergere con moto vorticoso verso le circostanti zone di bassa pressione; le seconde sono dette **aree cicloniche** o **cicloni** e sono quelle in cui l'aria, meno densa, si sposta verso l'alto e converge vorticosamente al centro [Figura 18].

Quando si parla di aree anticicloniche e di aree cicloniche non ci si riferisce ai valori assoluti della pressione: un'area è anticiclonica quando la sua pressione è maggiore di quella delle aree circostanti, è ciclonica se la sua pressione è minore.

Dove le isobare sono molto vicine la pressione cambia rapidamente; dove sono molto spaziate, le variazioni bariche sono poco accentuate. Una valutazione di queste variazioni si ottiene considerando il *gradiente barico orizzontale*, che è il rapporto tra la differenza di pressione esistente fra due punti e la distanza che li separa, misurata perpendicolarmente alle isobare.

Le differenze nella distribuzione orizzontale della pressione causano spostamenti d'aria che tendono a ristabilire l'equilibrio barico, esplicando anche l'importante funzione di trasporto di calore. I movimenti d'aria che avvengono parallelamente alla superficie terrestre, dalle zone anticicloniche verso le zone cicloniche, sono i **venti**.

La loro velocità è espressa in m/s o in km/h o in «nodi» (miglia marine all'ora), e viene misurata con gli *anemometri*.

■ **Anemometri** (Anemometers) Dal greco *ánemos*, vento. Strumenti costituiti generalmente da tre o quattro coppe emisferiche che, investite dal vento, ruotano su un asse e fanno muovere l'indice di un quadrante sul quale è segnata la velocità.

5.3 Venti locali a ritmo diurno e venti regionali a ritmo stagionale: le brezze e i monsoni

Per comprendere il meccanismo con cui si svolgono i movimenti dell'aria, possiamo esaminare alcuni *venti locali*, come le **brezze** *di mare e di terra*. Questi sistemi di venti sono dovuti al diverso comportamento termico delle acque marine (o lacustri) e delle terre, e agli «squilibri barici» – ossia di pressione atmosferica – che ne derivano; perciò essi spirano alternativamente dal mare verso la terra nelle ore diurne e dalla terra verso il mare nelle ore notturne [Figura 19].

Nelle zone costiere, durante le ore diurne il rapido riscaldamento del terreno produce condizioni di bassa pressione che fanno affluire aria dalle alte pressioni che si instaurano sul mare, relativamente più fresco (*brezza di mare*); nelle ore notturne, viversa, l'aria si sposta dalla terra emersa, che si è raffreddata più velocemente, verso il mare (*brezza di terra*).

Le brezze di mare e di terra sono particolarmente attive nella zona intertropicale durante tutto l'anno, ma si avvertono spesso anche nelle regioni temperate durante l'estate. Nelle nostre regioni queste brezze si spingono fino a 15-25 km da entrambi i lati della linea di costa (ai tropici fino a 100 km) e interessano uno strato d'aria di 600-700 m (ai tropici anche 1-2 km); più in alto l'aria si sposta in senso opposto, per uno spessore quasi corrispondente.

Un fenomeno simile alle brezze di mare e di terra si verifica frequentemente in montagna, nei giorni sereni estivi, fra gli alti versanti e le parti basse delle valli. Sulle cime montuose il riscaldamento del terreno e dell'aria è più rapido che nei fondovalle e nelle pianure vicine, come più rapido

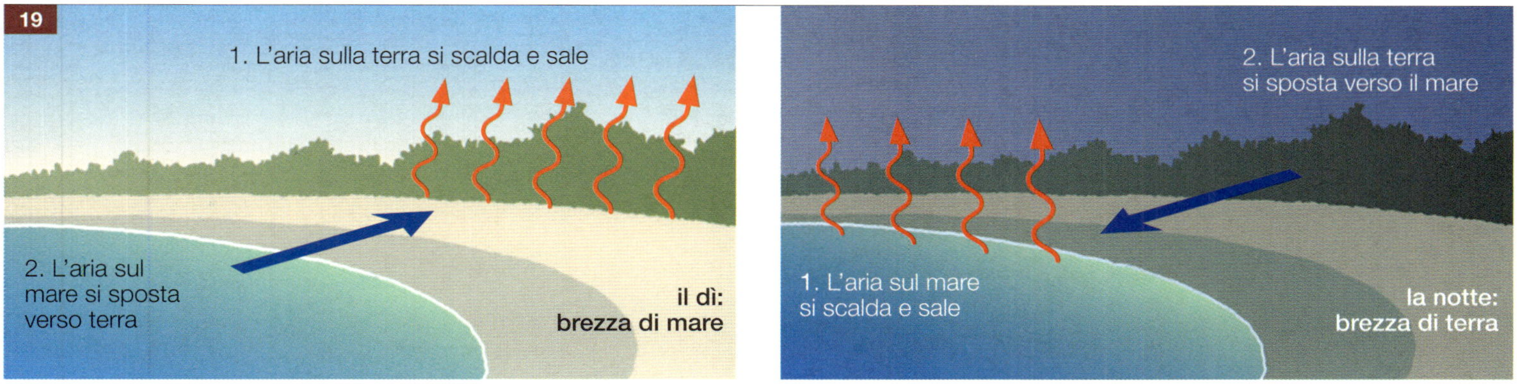

Figura 19
Brezze di mare e brezze di terra. La brezza di mare si genera nella tarda mattinata e si mantiene fino a sera, con massimo nel pomeriggio; la brezza di terra si leva intorno alla mezzanotte e si mantiene sino al mattino.

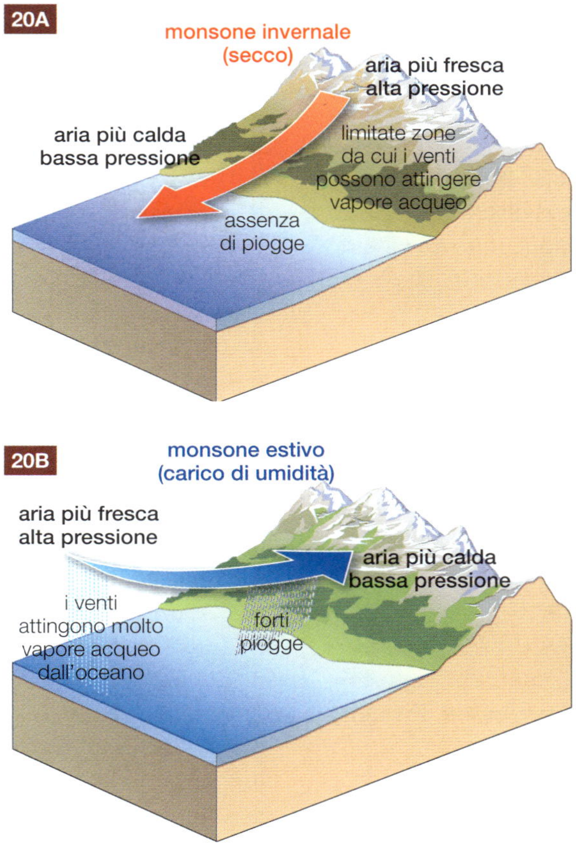

Figura 20
Monsone invernale e monsone estivo.
A. In inverno l'aria presente sull'Oceano Indiano si raffredda più lentamente di quella che si trova sulle terre emerse; la pressione è di conseguenza più alta sui continenti che sull'oceano e i venti spirano dalla terra verso il mare (monsone invernale, secco).
B. In estate l'aria sul continente si riscalda fortemente e si forma un'area di relativa bassa pressione. Dall'oceano, dove la pressione è più alta, l'aria arricchitasi di umidità si sposta dunque verso terra, dove si verificano abbondanti piogge (monsone estivo, molto umido).

è il raffreddamento dopo il tramonto del Sole: si hanno così le *brezze di valle*, che spirano dal basso verso l'alto nelle ore diurne, e le *brezze di monte*, che soffiano con moto discendente nelle ore notturne; esse si manifestano, però, con minore regolarità di quelle marine o lacustri.

Contrasti barici analoghi a quelli che determinano le brezze, ma estesi su spazi molto più vasti, sono corresponsabili di sistemi di venti che possono coinvolgere regioni molto ampie, come avviene nell'Oceano Indiano e nell'Asia meridionale, in tutta la fascia che va dalle coste della Somalia a quelle della Cina orientale. Qui si hanno importanti *venti periodici* a ritmo stagionale, che presentano velocità di 35-70 km/h e interessano la troposfera fino ad altezze di 2000-6000 metri: sono i **monsoni**, che soffiano dal mare verso il continente nel semestre estivo, apportando piogge copiosissime, e dal continente verso il mare nel semestre invernale, durante il quale sono freddi e secchi [Figura 20].

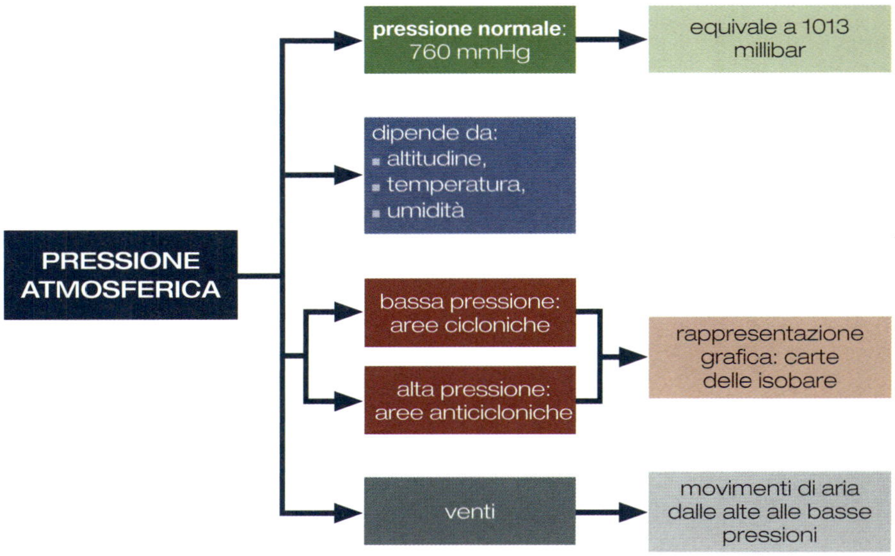

QUESITI

1. Quale massa d'aria esercita la pressione maggiore, a parità delle altre condizioni?
   A Aria che contiene 5 g/m^3 di vapore acqueo.
   B Aria che contiene 15 g/m^3 di vapore acqueo.
2. Completa.
   Una massa d'aria calda esercita una pressione .... di una massa di aria fredda di pari volume, e di conseguenza tende a ....
3. Scegli l'alternativa corretta.
   Il monsone **estivo/invernale** soffia dal mare verso il continente, ed è **umido/secco**.
   La brezza di terra soffia durante **il dì/la notte.**
4. Con quale strumento si misura la pressione atmosferica?
5. Qual è l'unità di misura della pressione atmosferica nel Sistema Internazionale?
6. Definisci aree anticicloniche e aree cicloniche.

6 La circolazione generale dell'atmosfera

Video
Evoluzione di una corrente a getto del fronte polare

Nell'esaminare l'andamento generale delle pressioni e dei venti su tutta la superficie terrestre, occorre fare una distinzione fra quanto avviene nella bassa troposfera (fino ai 3000-5000 m di quota), dove la circolazione delle masse d'aria è fortemente influenzata dalla presenza di mari, terre emerse, rilievi montuosi ecc., e quanto si verifica invece nelle parti più alte della troposfera, dove le influenze dell'attrito fra suolo ed aria, del diverso comportamento termico di terre ed acque, e degli altri numerosi fattori locali, non si fanno sentire che in maniera trascurabile.

6.1 I diversi andamenti dell'aria nella bassa e nell'alta troposfera

I lineamenti essenziali della **circolazione nella bassa troposfera** si possono indicare nell'esistenza, in ciascun emisfero, a Nord e a Sud dell'Equatore, di tre distinti sistemi di venti che prendono origine da zone di differente pressione, le quali si snodano attorno alla Terra secondo lo schema della Figura 21.

- Alle basse latitudini la velocità lineare di rotazione della Terra è maggiore di quella dei moti dell'aria, che perciò tendono ad assumere direzione prevalente da Est verso Ovest: si hanno così due zone di venti orientali, detti **alisei**, che spirano da NE nell'emisfero boreale e da SE nell'emisfero australe, convergendo verso l'Equatore, dove è situata una zona di *basse pressioni equatoriali*. Intorno ai 30° di latitudine Nord e Sud, l'aria si muove con la stessa velocità della Terra e vi regnano due zone simmetriche di *alte pressioni subtropicali*, dalle quali le masse d'aria divergono tanto verso l'Equatore (originando gli alisei) che verso le medie latitudini. Si formano così due celle convettive, una per emisfero, dette *celle di Hadley* (da immaginare come due «tubi circolari» posti attorno al globo).
- Nelle zone comprese fra i 35° ed i 55° di latitudine, sia nell'emisfero boreale che in quello australe, l'aria si muove più velocemente della Terra, determinando venti da Ovest: in queste regioni soffiano i **venti occidentali**, che muovono dalle alte pressioni subtropicali verso le due zone di *basse pressioni subpolari* situate intorno ai 60° di latitudine Nord e Sud, alimentando altre due celle convettive, dette *celle di Ferrel*.
- Alle latitudini estreme si hanno i **venti orientali polari**, che provengono dalle zone di *alte pressioni polari* circostanti ai due poli e sono diretti originariamente verso le basse pressioni subpolari; anche essi vengono deviati dalla rotazione della Terra, oltre ad essere modificati nel loro percorso dall'attrito con la superficie terrestre.

Gli alisei sono considerati *venti costanti*, perché «in complesso» mantengono costante la direzione e il verso durante tutto l'anno; essi sono abbastanza *regolari*, perché conservano una velocità media intorno ai 20 km/h. La convergenza degli alisei degli opposti emisferi verso l'Equatore provoca la formazione di correnti d'aria ascendenti: è questa la zona delle *calme equatoriali*, dove gli antichi velieri a volte rimanevano immobili per settimane. In certi casi, però, in questa zona si creano violenti moti vorticosi dell'aria, di estensione limitata ma di in-

21

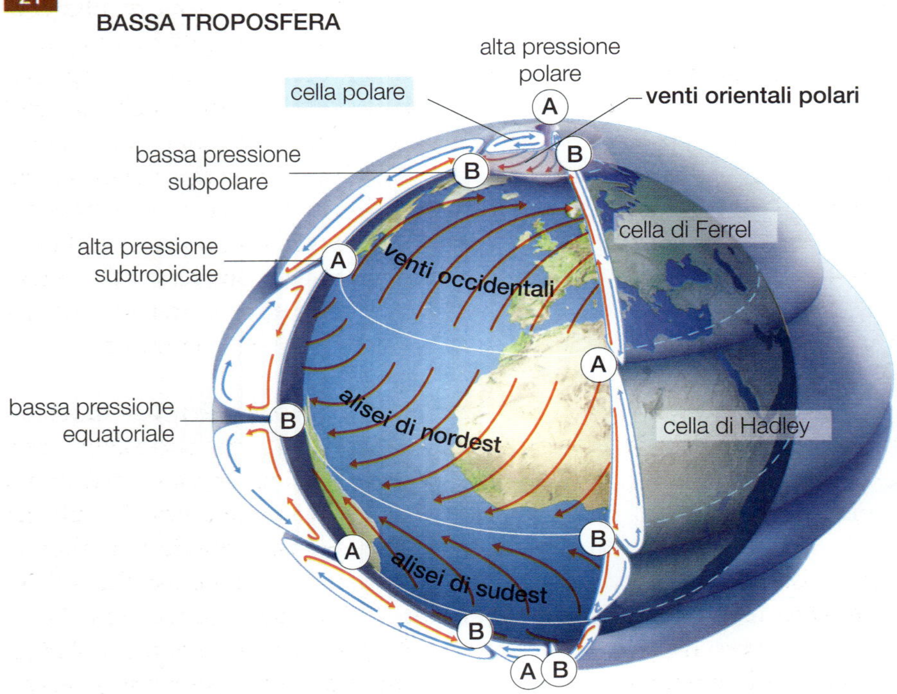

Figura 21 ***Circolazione nella bassa troposfera.*** La rappresentazione, molto schematizzata, mette in luce l'esistenza di situazioni speculari nei due emisferi. La causa degli spostamenti di masse d'aria è data dall'esistenza di zone di differente pressione, fra le quali i venti dovrebbero muoversi secondo l'andamento dei meridiani; la rotazione terrestre li fa però deviare da questa direzione e, assieme all'attrito ed agli ostacoli di superficie, conferisce ad essi l'andamento che osserviamo.

22

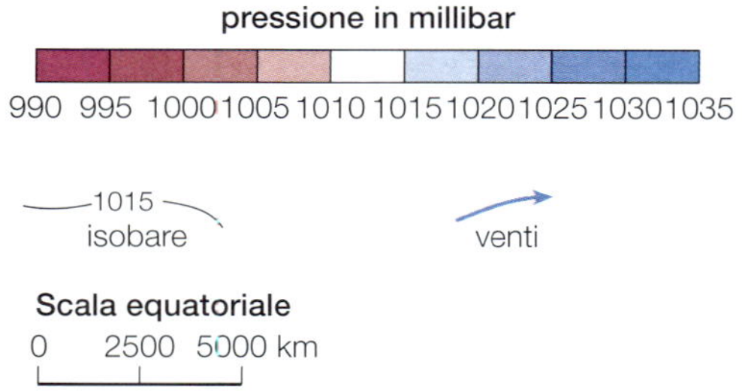

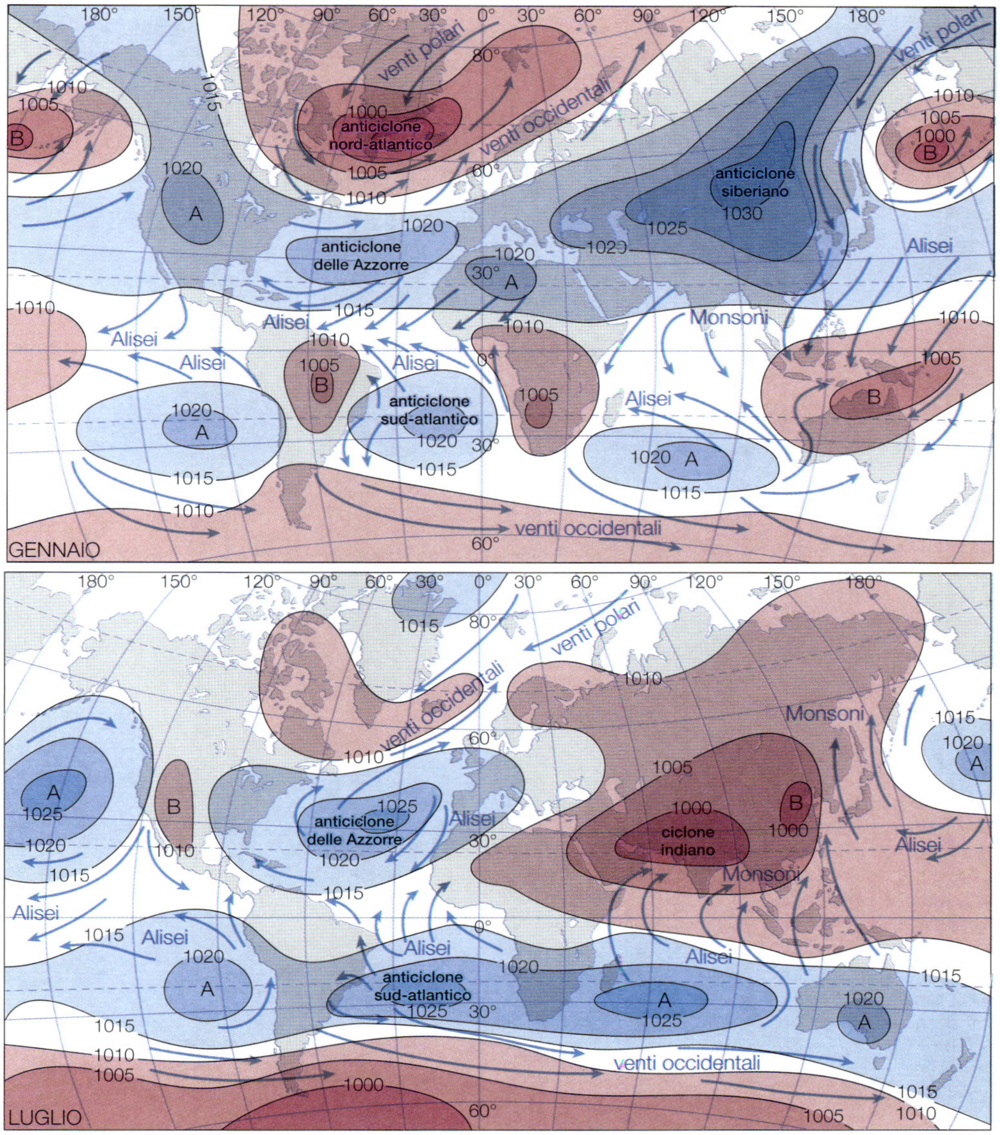

Figura 22
***Isobare* e *venti* di gennaio e di luglio.** La circolazione nella bassa troposfera è più complessa di quella indicata nello schema della figura 21, che non tiene conto di vari fattori, quali l'orografia, la distribuzione delle terre e degli oceani ecc. Queste due carte mostrano l'effettivo andamento medio delle isobare e dei venti nel mese più freddo e nel mese più caldo dell'anno (per il nostro emisfero). Procedendo dall'Equatore verso le alte latitudini, in entrambe le carte si osserva il susseguirsi alternato di serie di cellule discontinue cicloniche (B) e anticicloniche (A), dovute in parte a fattori termici e in maggior parte a fattori dinamici; fra esse si sviluppano diversi sistemi di venti che escono dalle aree anticicloniche fluendo in senso orario nell'emisfero boreale ed in senso antiorario nell'emisfero australe, mentre entrano nelle aree cicloniche ruotando in modi rispettivamente opposti. La distribuzione delle cellule barometriche e dei venti è diversa nei due periodi dell'anno: il moto apparente del Sole determina il loro spostamento complessivo verso Sud in gennaio e verso Nord in luglio. L'influsso termico si fa sentire soprattutto nel nostro emisfero, dove sono più accentuati i contrasti fra continenti e oceani, e fa variare anche l'estensione delle cellule cicloniche ed anticicloniche; esso è particolarmente marcato sull'area asiatica, dove si verifica un nettissimo capovolgimento barico stagionale che è responsabile dell'andamento periodico dei monsoni.

tensità notevolissima. In passato erano temute dai naviganti persino le alte pressioni subtropicali, dove l'aria (compressa e discendente) ha caratteri di immobilità (*calme subtropicali*).

Anche i venti occidentali (*westerlies*, in inglese) generalmente vengono considerati come venti costanti, ma in realtà sono poco regolari (per direzione e velocità) e spesso turbolenti, soprattutto nell'emisfero boreale, dove portano aria calda e umida sulle regioni occidentali dei continenti.

Poco conosciuti sono i venti polari, che portano aria fredda fino alle regioni temperate. Le basse pressioni subpolari, dove convergono correnti di aria calda di provenienza tropicale e correnti di aria fredda di provenienza polare, sono sedi di estese e frequenti perturbazioni meteorologiche.

In effetti, la circolazione nella bassa troposfera è meno semplice e regolare di quanto appare nella figura 21; e ciò dipende in parte dai diversi fattori che agiscono nella porzione di troposfera più vicina alla superficie terrestre. Le zone di differente pressione, che sono la causa dei grandi movimenti dell'aria a bassa quota (nel cosiddetto «*strato geografico*» della troposfera), non formano anelli uniformi e continui su tutto il globo, ma sono distribuite in una serie di cellule discontinue che si spostano alternativamente verso Nord e verso Sud [**Figura 22**], seguendo l'apparente moto annuo del Sole. La circolazione risulta perciò più complessa e frammentata (*circolazione cellulare*) e ha caratteristiche diverse nella stagione estiva e in quella invernale.

La **circolazione nell'alta troposfera** assume caratteri diversi da quella dello strato sottostante, perché viene a mancare l'azione frenante dell'attrito e degli ostacoli orografici di superficie. La velocità dei venti, perciò, tende ad aumentare con l'altezza. Inoltre si invertono le condizioni bariche: già intorno ai 5000 m di altitudine la pressione sulla zona equatoriale è più alta che sulle calotte polari (al suolo la situazione è opposta), per cui si generano

23

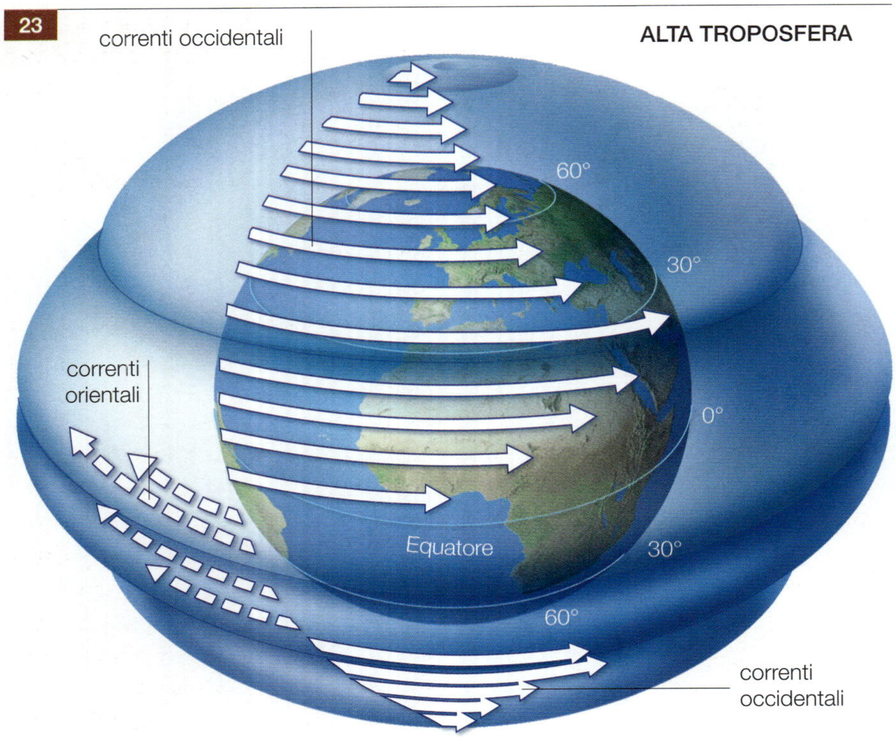

Figura 23
***Circolazione nell'alta troposfera*. La rappresentazione mostra l'esistenza di situazioni speculari nei due emisferi; la lunghezza delle frecce è proporzionale alla velocità dei venti.** Un confronto con la figura 21 mostra le differenze con la circolazione che si svolge nella bassa troposfera: entrambe sono condizionate dalla rotazione della Terra, ma, mentre nello *strato geografico* l'attrito con la superficie del globo terracqueo fa in modo che i venti conservino ancora una componente secondo la direzione dei meridiani, in questo *strato libero* della troposfera essi si sviluppano su tutto il nostro pianeta secondo la direzione dei paralleli.

flussi d'aria diretti dall'Equatore verso i poli; la rotazione terrestre devia questi flussi trasformandoli in venti occidentali, che muovono da Ovest verso Est. La circolazione generale ad alta quota si svolge, quindi, essenzialmente secondo l'andamento dei paralleli (*circolazione zonale*).

Le ricerche meteorologiche moderne hanno accertato che, sopra i 3000-5000 m di quota, nella quasi totalità dei due emisferi scorrono venti occidentali con velocità crescenti verso l'alto e verso le medie latitudini, dove (presso il «tetto» della troposfera) possono raggiungere i 300-500 km/h. Le due larghe fasce di queste **correnti occidentali** sono separate da una ristretta zona intertropicale di **correnti orientali**, che rappresentano il riflesso ad alta quota degli alisei [Figura 23]. Si è pure constatata la presenza di una più limitata *corrente occidentale equatoriale*, che scorre tutto l'anno dall'Africa occidentale al Pacifico, a quote inferiori (intorno ai 1000 m). Pur non conoscendone bene l'origine, si ritiene che questa «controcorrente equatoriale» faccia parte della circolazione atmosferica zonale e quindi sia continua su tutto il globo.

Come si è accennato, il gigantesco flusso delle correnti occidentali è particolarmente intenso sopra le zone temperate della Terra, dove si hanno dei veri e propri «fiumi d'aria» profondi alcuni kilometri e larghi non meno di 500 km, che circolano più o meno sinuosamente intorno al globo, mantenendo il loro asse ad una altezza media di 12 km. A queste ristrette fasce di venti con velocità elevatissime (fino a 500 km/h) è stato dato il nome di **correnti a getto**, o *jet streams*.

In effetti, in ogni emisfero si sviluppano: una *corrente a getto subtropicale*, localizzata in una fascia compresa tra i 25° e i 35° di latitudine, e una *corrente a getto del fronte polare*, che si trova invece a latitudini prossime ai 60°. La corrente a getto subtropicale è pressoché rettilinea e cambia posizione durante l'anno: durante l'inverno si avvicina all'Equatore, mentre in estate si sposta verso il polo. La corrente a getto del fronte polare ha un andamento assai irregolare e forma delle profonde saccature. I mutamenti di questa corrente a getto determinano lo spostamento delle aree di alta e bassa pressione permanenti nella bassa troposfera [Figura 24].

Attualmente le correnti a getto vengono esplorate con continuità e se ne conoscono gli aspetti più importanti. La loro origine non è stata ancora del tutto chiarita, ma quasi sicuramente è da mettere in relazione con il contatto tra masse d'aria calde e umide di provenienza tropicale e masse d'aria fredde e asciutte di provenienza polare; un ruolo importante dovrebbe essere poi sostenuto dalla rotazione terrestre, che contribuirebbe ad imprimere la loro grande velocità.

6.2 Le cause dinamiche della circolazione atmosferica

Le *correnti a getto* presentano variazioni stagionali in latitudine, altitudine e velocità. In ciascun emisfero, durante l'inverno l'asse del getto si sposta verso l'Equatore e verso l'alto, raggiungendo le velocità massime; in estate e nell'emisfero opposto avviene il contrario. La velocità assiale aumenta poi nelle zone di passaggio tra continenti e oceani, per i contrasti termici ivi esistenti.

Si hanno anche oscillazioni cicliche delle correnti a getto, che si compiono in periodi più brevi (una settimana o poco più), con formazione di onde orizzontali molto ampie (migliaia di km), le quali tendono ad accentuarsi, fino a staccarsi dal flusso principale. Ne derivano immissioni di masse di aria calda tropicale verso le alte latitudini e di aria fredda polare verso le basse latitudini (rivedi la figura 24).

In sostanza, le **teorie moderne** sulla circolazione dell'atmosfera sostengono che i principali fenome-

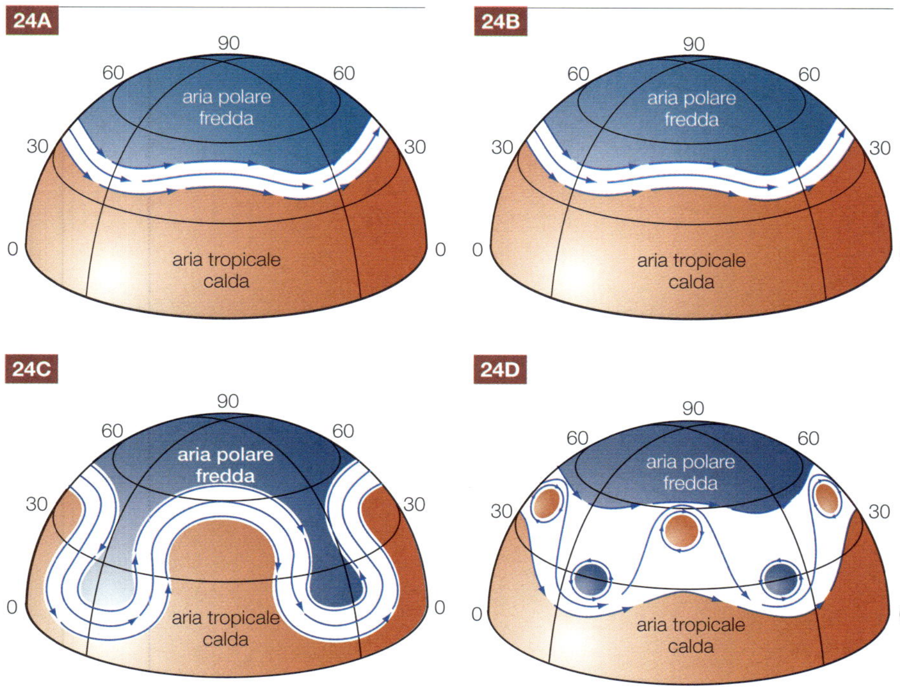

Figura 24
Stadi dell'evoluzione di una corrente a getto del fronte polare.
A. Quando la velocità della corrente supera i 150 km/h, si sviluppa in modo quasi rettilineo, secondo l'andamento dei paralleli.
B. Se la velocità scende sotto i 150 km/h la corrente si ondula e sale leggermente in latitudine.
C. A velocità ancora inferiore (meno di 70 km/h) le onde si approfondiscono e occupano quasi tutto l'emisfero; masse d'aria polare possono penetrare verso Sud e masse d'aria tropicale possono avanzare verso Nord (nell'emisfero boreale).
D. Superata una certa ampiezza, le onde si spezzano, dando luogo a una serie di masse d'aria frammentarie. Al termine del ciclo il sistema si rigenera nelle condizioni iniziali. La frammentazione produce cadute d'aria (*subsidenza dinamica*) dal lato equatoriale delle correnti a getto e ascese d'aria sul lato polare: si creano così, rispettivamente, le cellule anticicloniche delle zone subtropicali e le cellule cicloniche delle zone temperate e subpolari, presenti nella bassa troposfera.

ni che si svolgono nella troposfera dipendono:
– dalla posizione in latitudine delle ondulazioni delle correnti zonali;
– dalla loro velocità;
– dalla loro ampiezza.

Il sistema di venti della fascia intertropicale sarebbe un fenomeno secondario e non la causa della circolazione atmosferica generale.

Secondo questa nuova veduta, gli alisei sono correnti orientali zonali che, a contatto con le terre e il mare, subiscono una torsione a causa dell'attrito; difatti, sopra i 700-800 m essi spirano da Est verso Ovest e più in alto, intorno agli 8-9 km, lasciano il posto alle correnti occidentali, che soffiano ad ogni latitudine fino a quote superiori alla tropopausa.

Anche per i monsoni si ha oggi una nuova interpretazione. Il monsone di Sud-Ovest, che si stabilisce nel semestre caldo sopra l'Oceano Indiano e l'Asia meridionale, corrisponde all'aliseo di Sud-Est che viene deviato quando in estate migra verso l'emisfero boreale. Il monsone di Nord-Est, che spira nel semestre freddo su tutta l'area dell'Oceano Indiano, rappresenta la normale corrente dell'aliseo, che d'inverno si ristabilisce a quelle latitudini.

A queste *cause dinamiche* si sovrappongono però sempre i *fattori termici* della concezione classica della circolazione atmosferica: presso la superficie del globo terracqueo essi accentuano la loro azione, rinforzando la velocità e mascherando la direzione delle originarie correnti zonali.

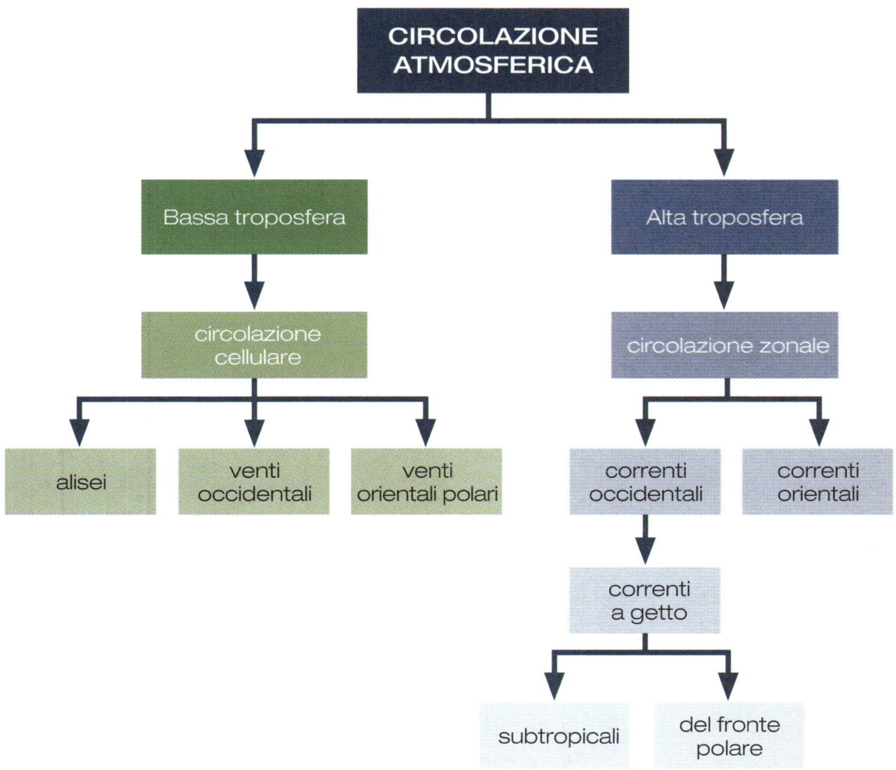

QUESITI

1. I venti occidentali soffiano
   A dalle basse pressioni equatoriali.
   B dalle alte pressioni subtropicali.
   C dalle basse pressioni subpolari.
   D dalle alte pressioni polari.
2. Nell'emisfero boreale gli alisei spirano
   A da Nord-Est.
   B da Sud-Est.
   C da Sud-Ovest.
   D da Nord-Ovest.
3. Scegli l'alternativa corretta.
   La circolazione generale dell'aria ad alta quota **non risente**/**risente** dell'attrito fra aria e terre o mare; perciò si hanno venti **meno**/**più** veloci.
4. Vero o falso?
   Le correnti a getto si muovono da Ovest verso Est.
5. Che cosa sono gli alisei?
6. A quali latitudini spirano i venti occidentali?
7. Che cosa sono le correnti a getto?
8. Da quali fattori dipende la circolazione generale dell'aria nella troposfera?

ampliamento delle conoscenze

L'utilizzazione dell'energia eolica

L'energia eolica è stata una delle forme di energia maggiormente impiegate nell'antichità, anche se via via abbandonata o accantonata in tempi moderni: tutta la navigazione fino alla invenzione della macchina a vapore si è fondata sui venti. I primi **mulini a vento** sono anteriori all'anno 1000, e ne esistono tuttora di funzionanti in varie parti del mondo (celebri quelli olandesi); ancora oggi in alcune regioni italiane è il vento a far girare piccoli mulini per il pompaggio dell'acqua dai pozzi e qualche volta per l'alimentazione elettrica di case isolate.

Ma l'energia dei venti presenta difetti che limitano la sua utilizzazione. Innanzitutto la concentrazione energetica è molto bassa. È stato calcolato che l'*energia cinetica* dei venti su tutto il globo è pari a 3×10^{23} joule/anno, la maggior parte della quale viene dissipata nell'atmosfera sotto forma di calore; soltanto una piccola frazione di questa energia totale può essere imbrigliata, poiché in massima parte la circolazione atmosferica ha luogo ad altitudini troppo elevate. La quantità di energia che si potrebbe ricavare sfruttando il vento è stimata intorno a 10^{18} joule/anno, mentre l'attuale domanda complessiva di energia nel mondo è circa 300 000 volte maggiore.

La grande irregolarità, nel tempo e nello spazio, sia dell'intensità, sia della direzione dei venti rappresenta un altro ostacolo ad un impiego generalizzato dell'energia eolica.

Però quella del vento è la fonte di **«energia rinnovabile»** più competitiva con le fonti tradizionali nella produzione di energia elettrica. Infatti si tratta di un tipo di energia molto diffusa che è disponibile sotto forma meccanica e perciò trasformabile con buon rendimento in elettricità.

Gli attuali **generatori eolici di elettricità** (*aerogeneratori*) derivano dai tradizionali mulini a vento. Essi sono costituiti da un «rotore» formato da alcune pale, fissate su di un mozzo, che sottraggono al vento parte della sua energia cinetica per trasformarla in energia meccanica, e quindi in energia elettrica [Figura 25].

Dopo un periodo di pausa nelle ricerche, verso la fine degli anni Settanta del XX secolo l'interesse per l'energia eolica è riemerso, in conseguenza delle crisi petrolifere e della crescente domanda di energia in tutti i Paesi del mondo.

Complessivamente, negli anni Ottanta sono stati installati nel mondo impianti di produzione di energia elettrica da energia eolica per una potenza di 1660 megawatt. L'85% di quel totale era concentrato in California. In Italia in quegli anni sono stati installati diversi aerogeneratori di potenza compresa fra 3 e 10 kW ed è stata attivata una centrale da 400 kW, composta di otto aerogeneratori da 50 kW; inoltre sono stati sperimentati generatori eolici con potenza di centinaia e anche di qualche migliaio di kilowatt, che attualmente sono ben diffusi in varie regioni italiane.

Oggi l'energia eolica è in grado di competere sul piano economico con l'energia elettrica prodotta mediante combustibili fossili; il suo mercato è stato valutato intorno ai 2 miliardi di dollari già nel 1998, e da allora al 2014 ha fatto registrare una crescita di circa il 25% all'anno. Questi risultati economici sono molto importanti e fanno pensare ad uno sviluppo consistente nell'utilizzazione di questa fonte energetica. Essi sono stati ottenuti mediante il perfezionamento dei controlli elettronici degli aerogeneratori, con la messa a punto di materiali più leggeri (fibre di vetro) per la costruzione delle pale e anche con i *generatori ad asse verticale*, le cui pale possono ruotare a prescindere dalla direzione del vento, mentre quelle dei mulini ad asse orizzontale devono avere il vento di fronte.

Certamente le prospettive in questo campo sono più limitate di quelle offerte dall'energia solare. Le possibilità di utilizzare l'energia del vento per produrre elettricità sufficiente ad alimentare delle vere e proprie *reti di distribuzione* riguardano soprattutto le zone della Terra sottoposte ai venti più costanti e più regolari.

Di difficile soluzione è invece il problema connesso con la bassa frequenza dei venti, che è caratteristico di varie regioni del mondo e si registra anche in alcune zone italiane (ad esempio, nella Pianura Padana). In questi casi le piccole potenze ricavabili dall'energia eolica potranno avere applicazioni relativamente ristrette. E tuttavia anche queste forme di impiego non sono da sottovalutare, ma anzi meritano di essere studiate in modo approfondito, soprattutto se si tiene conto che quella del vento è un'altra forma di **«energia pulita»**, oltre che rinnovabile, a disposizione dell'uomo.

Un aspetto che occorre considerare, però, è quello dell'**impatto ambientale** prodotto dagli aerogeneratori nei luoghi prescelti per l'installazione. Infatti i generatori eolici risultano ingombranti, per cui possono «imbruttire» i paesaggi, e spesso sono anche rumorosi. Un metodo che può risolvere il problema è quello di localizzare gli aerogeneratori in mare, creando *parchi eolici offshore*: l'installazione di aerogeneratori in zone marine non lontane dalle coste, anche se più costosa, non solo consente di attenuare il problema dello spazio, ma permette anche di accrescere la produzione di elettricità, dato che sul mare i venti sono più costanti e intensi (spesso superano la velocità di 7-8 metri al secondo).

Figura 25
Schema di un aerogeneratore ad asse orizzontale, una macchina che trasforma l'energia eolica (ricavata dal vento) in energia elettrica. Il vento fa ruotare una o più *pale* montate su un asse, il cui movimento si trasmette a un *alternatore*. Alcuni meccanismi specifici permettono di adattare la velocità di rotazione alle diverse condizioni di carico (*ingranaggi riduttori* o *moltiplicatori*) mentre altri provvedono a mantenere le pale orientate nella direzione del vento. L'alternatore è collegato alla rete elettrica.

25

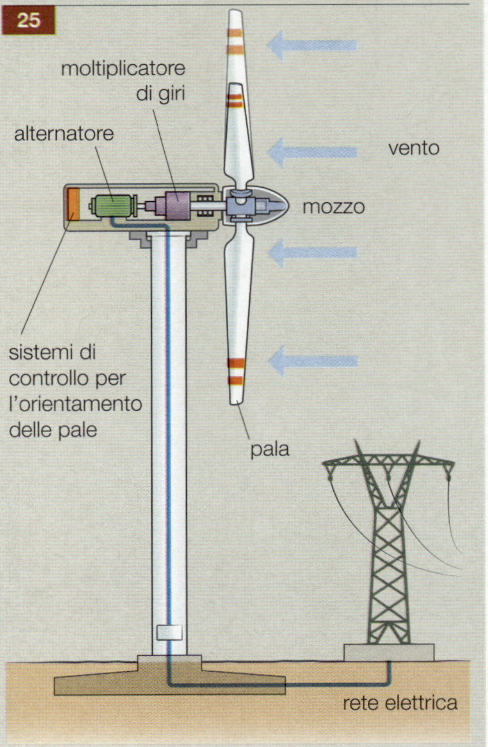

7 L'umidità dell'aria e le precipitazioni

Video
Il meccanismo di saturazione dell'aria

Pur essendo presente in quantità molto variabile nello spazio e nel tempo, il **vapore acqueo** è per molti aspetti uno dei componenti più importanti dell'atmosfera. Esso proviene principalmente dalla continua evaporazione del mare – predominante su quella dei laghi, dei corsi d'acqua e del suolo umido – e, in misura nettamente minore, dalla traspirazione delle piante. Il vapore acqueo così prodotto si trasforma in nubi e nebbie, precipita in forma liquida (pioggia) o solida (neve, grandine) e torna sulla superficie terrestre, da dove il «ciclo dell'acqua» riprende.

L'intensità dell'*evaporazione* varia con la temperatura, aumentando al crescere di questa, ma è anche agevolata dal vento e dalla secchezza dell'aria sulla superficie evaporante. La *traspirazione* è influenzata principalmente dall'insolazione e varia nelle diverse essenze vegetali; essa si ha soltanto durante i periodi vegetativi e nelle ore diurne.

La misura diretta di questi due processi è però molto difficile; la loro intensità e la loro distribuzione sulla superficie terrestre si osservano negli effetti che ne derivano, cioè nell'*umidità atmosferica*.

26

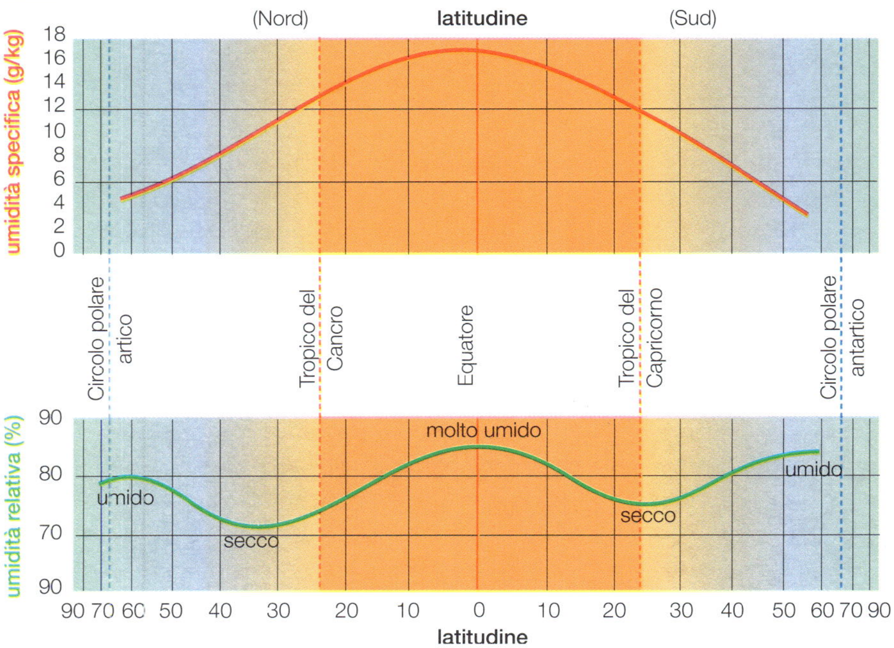

7.1 L'umidità assoluta e l'umidità relativa

L'**umidità assoluta** è la «quantità di vapore acqueo (espressa in grammi) contenuta nell'unità di volume di aria (1 m^3) in un dato momento e in un determinato punto dell'atmosfera». Essa varia con:

- la temperatura, e quindi con la latitudine [Figura 26]; per cui diminuisce dalle regioni equatoriali (20-25 g/m^3) a quelle polari (1-2 g/m^3);
- il procedere verso l'interno dei continenti, diminuendo specialmente dove regnano condizioni di alta pressione;
- l'altitudine, decrescendo in modo repentino all'aumentare di questa.

L'aria non può contenere una quantità illimitata di vapore acqueo; arrivata ad un certo punto, essa ne diviene satura. Il *limite di saturazione* varia però con la temperatura: maggiore è la temperatura, più vapore può essere contenuto in un dato volume d'aria (per esempio, a 10 °C sono sufficienti 9 g di vapore per saturare 1 m^3 di aria, mentre a 25 °C ne occorrono 23 g).

Più che l'umidità assoluta, è utile conoscere l'**umidità relativa**, che è il «rapporto tra la quantità di vapore acqueo effettivamente presente in un dato volume di aria e la massima quantità che potrebbe esservi contenuta alla medesima temperatura» (ossia il rapporto fra l'umidità dell'aria e il suo limite di saturazione a quella temperatura). L'umidità re-

Figura 26
Variazioni dell'umidità dell'aria con la latitudine (valori medi annui). L'umidità assoluta (qui espressa come *umidità specifica*, cioè in grammi di vapore acqueo per kilogrammi della massa d'aria) aumenta all'aumentare della temperatura; il suo valore dunque decresce dall'Equatore ai poli ed è minore presso il Circolo polare antartico rispetto al Circolo polare artico, a causa delle temperature meno rigide riscontrate presso quest'ultimo. L'umidità relativa è inversamente proporzionale alla temperatura. I suoi valori massimi si riscontrano, però, all'Equatore; qui, infatti, pur essendo elevato il limite di saturazione, è altrettanto elevata l'umidità assoluta, a causa della forte evaporazione e del continuo apporto di vapore operato dai venti alisei. Altri due massimi si riscontrano in prossimità dei circoli polari, dove le basse temperature fanno abbassare il limite di saturazione.

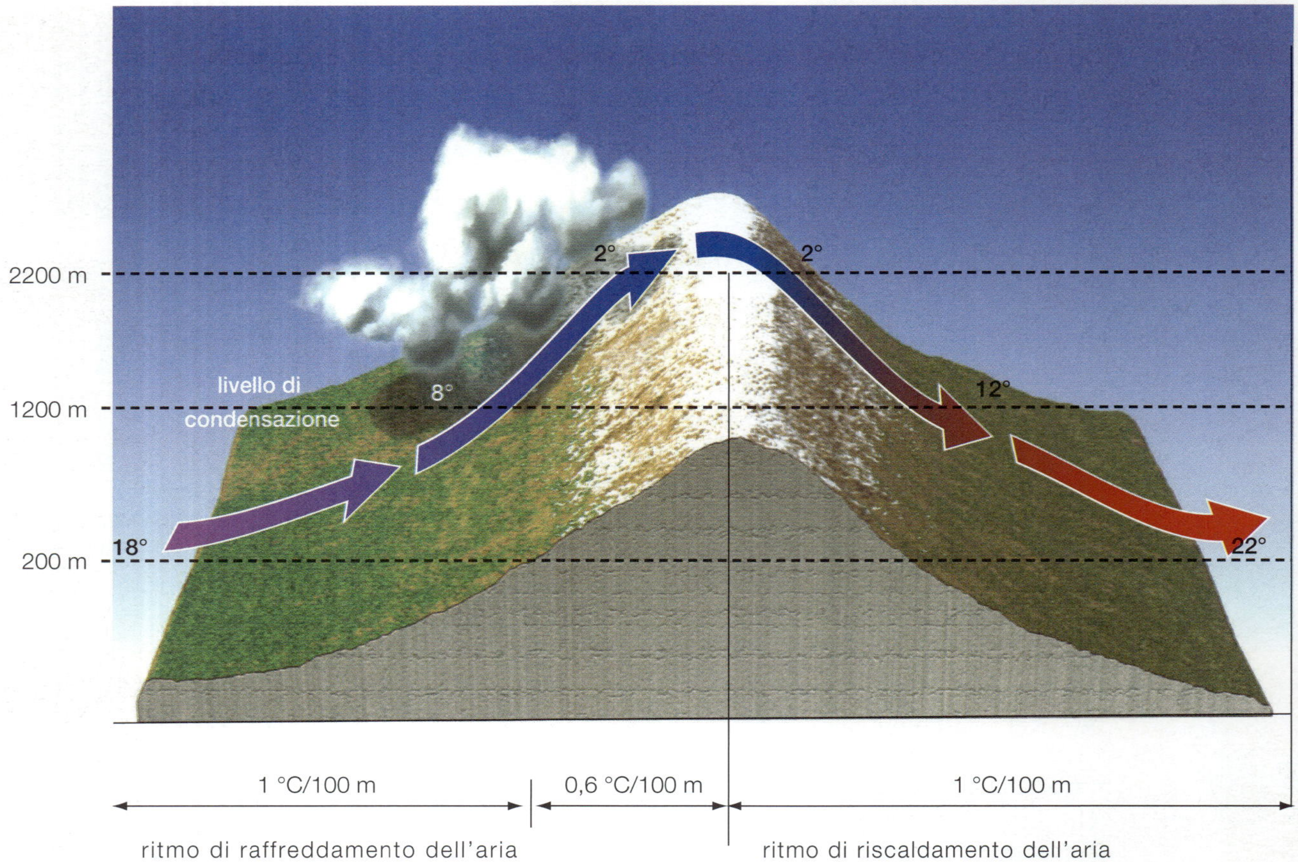

Figura 27
Uno dei possibili meccanismi che portano alla *saturazione* dell'aria in vapore acqueo, alla *condensazione* del vapore e quindi alle *precipitazioni*. Quando una massa d'aria in moto incontra un rilievo, ne risale il versante sopravento per superarlo. L'aria ascendente si espande e quindi si raffredda di circa 1 °C ogni 100 m di innalzamento; se è umida, ad una certa quota diventa satura di vapore acqueo, dopo di che avviene la condensazione, si formano nebbie e nubi e avvengono le precipitazioni. Con la condensazione si libera il calore latente del vapore acqueo e perciò l'aria che continua a salire si raffredda più lentamente (circa 0,6 °C/100 m). Arrivata in cima al rilievo, essa è ormai secca ed è costretta a scendere, comprimendosi e riscaldandosi con un ritmo quasi regolare (1 °C/100 m); per cui, ad ogni altitudine, dall'altro lato del monte (versante sottovento) l'aria assume una temperatura superiore a quella che aveva salendo. Questo fenomeno è tipico del *föhn*, vento montano che muove dal versante meridionale delle Alpi, dove porta abbondanti precipitazioni, e, dopo aver valicato la catena montuosa, scende caldo e secco verso le vallate settentrionali della Svizzera e del Tirolo. Lo stesso fenomeno si osserva però per tutti i venti che investono rilievi montuosi, specie se provengono da zone marine, dove si caricano di vapore acqueo.
Una massa d'aria ascendente costituisce un **vento anabatico**; una massa d'aria, inizialmente fredda, discendente costituisce un **vento catabatico**.

■ **Igrometri** (Hygrometers) Sono strumenti misuratori, di vario genere, che prendono questo nome dal greco *ygrós*, umido. Uno dei più diffusi è l'*igrometro a capello*, nel quale viene utilizzata la proprietà che ha il capello umano di variare in lunghezza col variare dell'umidità relativa: l'allungamento è proporzionale all'U.R. se il capello è sgrassato.

lativa (U.R.), che viene misurata con gli *igrometri*, si esprime in percentuale: per l'aria satura l'U.R. è del 100%, mentre un valore di U.R. del 50% indica che il vapore acqueo contenuto nell'aria è solo la metà di quanto necessario per saturarla.

Essendo strettamente legata al limite di saturazione, che compare al denominatore di questo rapporto, l'umidità relativa tende a variare:

- in senso inverso alla temperatura (rivedi la figura 26), decrescendo nelle zone e nei periodi più caldi e aumentando nelle zone e nei periodi più freddi (ma i valori più alti si registrano nella fascia equatoriale);
- diminuendo pure con l'altitudine, anche se in modo molto più irregolare.

Valori dell'umidità relativa particolarmente bassi sono stati riscontrati nei deserti tropicali con venti caldi (Sahara: U.R. 10-15%); notevolmente elevati sono quelli delle regioni costiere boreali in inverno (Germania settentrionale: U.R. 85-90%).

7.2 Il ritorno dell'acqua al mare e alle terre: piogge, neve e grandine

Quando l'aria è satura di vapore acqueo, ogni eventuale eccesso di vapore deve essere eliminato. Ciò avviene mediante la **condensazione**, ossia attraverso il passaggio dell'acqua dallo stato aeriforme a quello liquido; oppure mediante la **sublimazione**, cioè con diretto passaggio allo stato solido, quando la temperatura è molto bassa.

Ad un eccesso di vapore si può giungere attraverso due processi diversi: per aggiunta di vapore o per raffreddamento dell'aria già satura [Figura 27]. Nell'atmosfera si verificano entrambe queste possibilità:

- l'aumento del contenuto in vapore si può avere come effetto dell'evaporazione da una superficie liquida o umida sottostante;

28

Figura 28
Principali tipi di *nubi* e loro distribuzione verticale. Le nubi alte (cirri, cirrocumuli, cirrostrati), che si formano sopra i 6000 m, sono costituite da minuscoli aghetti di ghiaccio e non provocano precipitazioni. Quelle medie (altocumuli, altostrati), che si trovano fra i 6000 ed i 2500 m, sono formate in prevalenza da goccioline d'acqua, possono essere associate a piogge e a volte sono precorritrici di tempeste. Le nubi basse (stratocumuli, nembostrati, strati), che si formano sotto i 2500 m, sono le maggiori apportatrici di precipitazioni, associate a fenomeni temporaleschi, specie se risultano costituite da gocce d'acqua miste a particelle di ghiaccio e quando hanno una notevole estensione verticale (ccme i cumulonembi). I cumuli sono nubi di bel tempo. (Da H.M. Papel, G.L. Petriconi, *Nubi mediterranee*, Vallagarina/C.N.R., 1980)

– il raffreddamento si può avere per effetto di emissione di energia radiante, per contatto dell'aria con una superficie fredda, per mescolanza con una massa d'aria più fredda, o in seguito a un movimento di ascesa con relativa espansione dell'aria.

La manifestazione più immediata di questi processi consiste nella formazione di goccioline liquide, del diametro di circa 1 / 100 di millimetro, che si formano preferibilmente intorno a «nuclei di condensazione» (particelle minutissime di cloruro di sodio, acido solforico, polveri di carbone, ceneri, ioni carichi di elettricità ecc.) e che rimangono sospese nell'aria; assieme a cristallini esagonali o aghetti di ghiaccio, che si formano a temperature inferiori a 0 °C, esse costituiscono le **nebbie** e le **nubi** (o **nuvole**). Le prime hanno origine in prossimità del suolo, quando l'aria umida si trova a contatto con superfici fredde, come le nebbie mattutine, le nebbie polari ecc.; le seconde si formano ad altezze più elevate, da qualche centinaio di metri fino ai limiti della troposfera (ma ne esistono anche più in alto), ed assumono forme, colori e dimensioni varie [Figura 28].

Le nubi non sono masse di aria e acqua inerti, ma si trovano in uno stato di continuo disfacimento e riformazione. Infatti una parte del prodotto della condensazione (o della sublimazione) si porta normalmente verso il basso, ma rievapora nell'incontro di strati d'aria più caldi. Quando le goccioline d'acqua, o le particelle di ghiaccio, raggiungono dimensioni tali da non poter più essere sostenute dall'aria, allora hanno luogo le **precipitazioni**. Queste, però, non sono originate da tutti i tipi di nubi, ma soltanto da quelle a notevole spessore verticale, che hanno la base a quote non molto elevate; in particolare da certe «nubi miste», composte di particelle d'acqua e di ghiaccio, come i nembostrati (che danno precipitazioni regolari) e i cumulonembi (piovaschi e acquazzoni), e dai nembi (che producono manifestazioni temporalesche).

Le precipitazioni più comuni e più frequenti avvengono in forma liquida, cioè come *pioggia*. Ma anche quelle solide non sono del tutto rare: la *neve*, che nelle nostre regioni cade quasi esclusivamente d'inverno ed è abbondante soltanto a quote elevate, nelle regioni polari è la forma consueta di precipitazione. Caratteristica dei temporali nelle regioni temperate è poi l'occasionale formazione e caduta di *grandine*.

Esclusa l'Antartide ed alcune delle cime più elevate del rilievo terrestre, in nessuna altra parte del mondo le precipitazioni sono soltanto nevose. Inoltre, la quantità di neve, il numero dei giorni di caduta e la durata del ricoprimento nevoso sono molto variabili da luogo a luogo: in complesso tendono ad aumentare col crescere della latitudine e dell'altitudine, ma dipendono anche da altri fattori (esposizione, venti dominanti ecc.). La grandine, infine, può essere considerata come un fenomeno sporadico, connesso con la frequenza dei temporali, cioè con tempeste atmosferiche caratterizzate da moti ascensionali e turbolenti dell'aria, violente precipitazioni, scariche elettriche con lampi e tuoni.

I chicchi di grandine si formano a causa di forti moti convettivi che portano le goccioline d'acqua supraffuse (cioè raffreddate al di sotto di 0 °C, ma non ancora ghiacciate) dalla parte media a quella alta delle nubi temporalesche; in questa zona esse congelano e ricadono per gravità nella parte media, dove si ricoprono di altra acqua. Le pulsazioni dei moti convettivi possono far ripetere il ciclo più volte, finché non si raggiungono le dimensioni necessarie per la precipitazione. Perciò i granuli di grandine hanno spesso struttura concentrica, con strati di ghiaccio trasparente alternati a strati di neve fusa e ricongelata; il loro diametro varia normalmente fra 5 e 20 mm, ma può essere anche più grande.

Una forma particolare di condensazione diretta dell'umidità atmosferica è la *rugiada*, che si forma frequentemente nelle notti calme d'estate, su superfici che si sono raffreddate più rapidamente dell'aria umida sovrastante. Se il raffreddamento avviene a temperature inferiori a 0 °C si ha sublimazione diretta del vapore acqueo, con formazione di particelle di ghiaccio: è la *brina*, che è frequente d'inverno ma si può avere anche in primavera e in autunno.

La misura delle precipitazioni atmosferiche è data dall'altezza in millimetri alla quale si eleverebbe – sulla superficie topografica – lo strato d'acqua caduta, se questa non scorresse, non si infiltrasse nel terreno e non evaporasse. Tale altezza si desume dal volume dell'acqua caduta su una superficie orizzontale di area conosciuta. Su questo principio sono basati i *pluviometri* (*pluviografi*, se registrano i valori a intervalli temporali definiti), strumenti che si usano per eseguire la misura delle piogge; essi sono costituiti da un imbuto metallico che si appoggia su un recipiente raccoglitore dotato di una scala graduata.

7.3 Luoghi umidi e luoghi aridi

La distribuzione delle precipitazioni sulla superficie terrestre è disuguale: vi sono regioni dove le precipitazioni non si verificano per interi anni o sono molto scarse (zone aride) ed altre dove cadono per diverse centinaia di millimetri o addirittura per alcuni metri all'anno (zone umide). La loro quantità è molto variabile anche nella stessa località, da un anno all'altro. Perciò, nello studio delle precipitazioni si prendono in considerazione i valori medi relativi ad un periodo di osservazione sufficientemente lungo (30-50 anni); la loro distribuzione geografica viene poi rappresentata sulle carte mediante le **isoiete**, linee congiungenti tutti i luoghi che ricevono la stessa quantità media di precipitazioni in un anno (isoiete annue), oppure nei singoli mesi (isoiete mensili).

La *carta delle isoiete annue* [Figura 29] mostra come la piovosità sulla superficie terrestre dipenda da numerosi fattori geografici e meteorologici. Maggiori indicazioni e maggiori dettagli si ricavano dalle carte delle isoiete costruite a scala più grande per territori meno estesi. Le possibilità di ottenere informazioni dettagliate dipendono, però, dalla disponibilità di dati sufficienti per costruire la carta, ossia dalla presenza di stazioni di misura in numero adeguato e funzionanti per diversi anni. Purtroppo non tutte le regioni del mondo possiedono ancora un'adeguata rete di stazioni pluviometriche.

Nella lettura delle carte delle isoiete è importante considerare che i valori delle precipitazioni non si riferiscono soltanto alle piogge, ma comprendono anche le nevi (e la grandine), espresse come «equivalente in acqua».

Nello studio delle precipitazioni occorre tenere conto della loro ripartizione mensile e stagionale, cioè del **regime pluviometrico**, variabile da luogo a luogo della Terra e molto importante per i suoi riflessi sul ciclo vitale delle piante, sullo scorrimento delle acque continentali e sulle attività umane.

Nella zona intertropicale il regime pluviometrico è in stretta relazione con l'apparente cammino annuo del Sole: le piogge più abbondanti si verificano subito dopo il passaggio del Sole allo Zenit, perché in questo periodo si verifica un maggiore riscaldamento e sono più attivi i moti ascendenti dell'aria.

■ **Zenit** (**Zenith**) Dall'arabo *samt*, via, direzione. Lo *Zenit* è il punto in cui la verticale innalzata sopra la testa di un osservatore incontra la volta celeste, mentre il punto opposto – agli antipodi – si chiama *Nadir*.

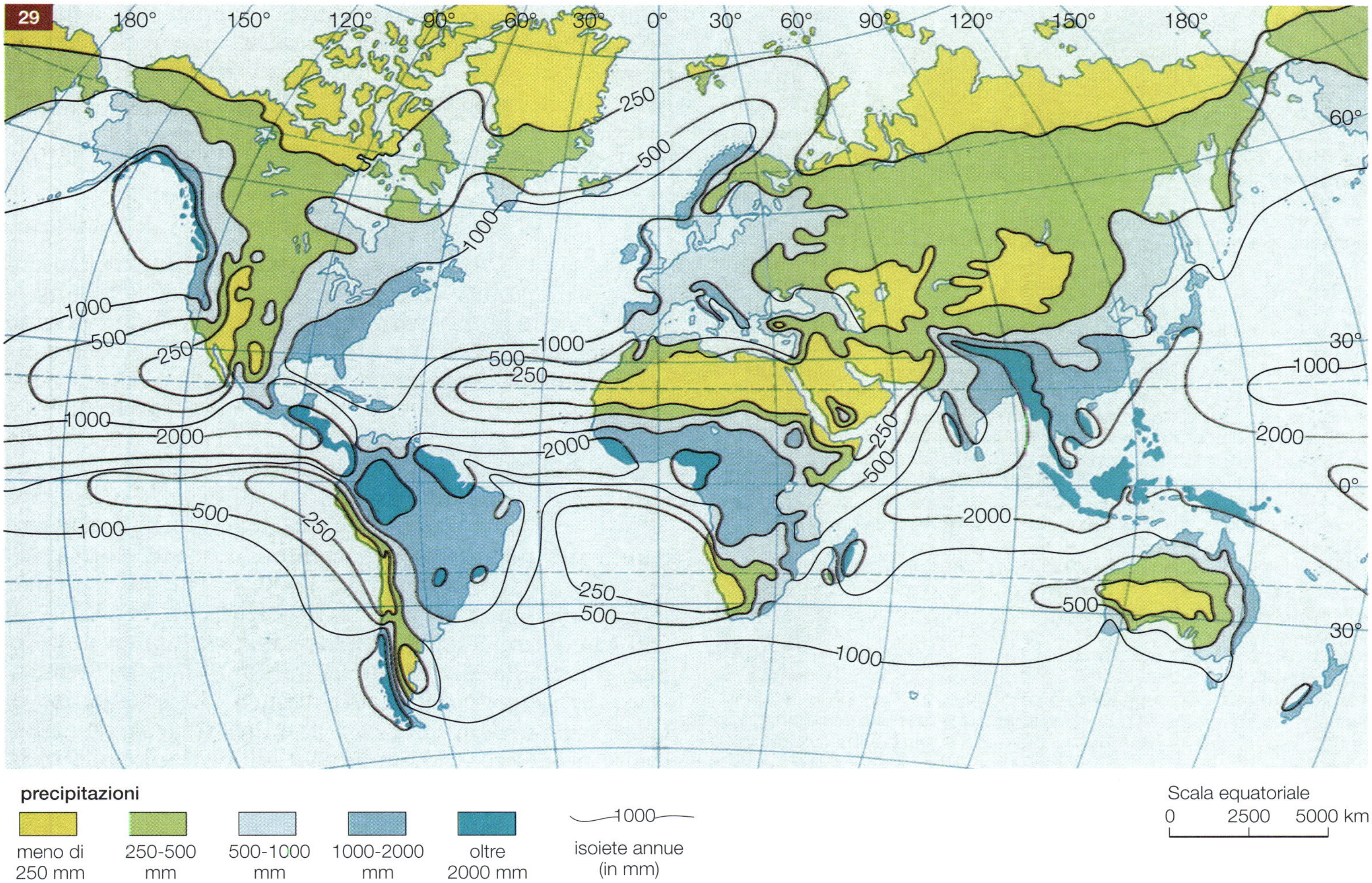

Figura 29
Carta delle isoiete annue. La *piovosità* – ossia l'altezza media annua delle precipitazioni (liquide e solide) – tende a diminuire con la latitudine, come la temperatura; essa è però condizionata da molti altri fattori, che modificano anche sensibilmente questo andamento generale.
Le irregolarità sono dovute innanzitutto alla distribuzione delle aree più o meno stabili di alta pressione (dove si registrano le piovosità minori) e di bassa pressione (dove si registrano le piovosità maggiori). Un attento confronto con la figura 22 (carta delle isobare) consente di cogliere questa relazione.
La ineguale ripartizione delle precipitazioni meteoriche nelle varie regioni della Terra è inoltre connessa con la distribuzione delle terre emerse e dei mari, con la presenza e con la disposizione dei rilievi montuosi, con l'altitudine (la piovosità tende ad aumentare con l'altitudine, almeno fino a una certa quota).
La media generale delle altezze di precipitazione annua sulla superficie terrestre è di 1500 mm. Le piovosità massime sono state rilevate su alcune coste delle regioni equatoriali (Debungia, nel Camerun: 9880 mm) e sui fianchi di rilievi esposti a venti marini: a Cerrapungi, nell'Assam (India), la media di un venticinquennio è stata di 12 087 mm, con un massimo assoluto registrato nel 1861 di ben 22 990 mm. Le piovosità minime conosciute sono state registrate nelle zone di alte pressioni subtropicali (Il Cairo, in Egitto: 30 mm; Antofagasta, nel Cile: 4 mm).

Pertanto, le regioni equatoriali tendono ad avere due massimi di precipitazione equinoziali, sebbene l'intensità dell'evaporazione assicuri la caduta di piogge durante tutto l'anno (*regime equatoriale*).

Spostandosi verso i tropici, in entrambi gli emisferi si individuano regioni con due stagioni umide alternate a due secche (*regime subequatoriale*), e regioni con un solo periodo piovoso solstiziale ed un periodo asciutto (*regime tropicale*).

Nelle regioni dove soffiano i monsoni si ha pure l'alternanza di una stagione piovosa che corrisponde al semestre estivo, con venti di mare, e di una stagione asciutta invernale, con venti di terra (*regime monsonico*).

Un regime pluviometrico simile a quello monsonico si riscontra anche in certe parti delle zone temperate calde, sul lato orientale dei continenti; sul lato occidentale, invece, lo spostamento stagionale delle aree di alta pressione determina una estate secca e un inverno piovoso (*regime mediterraneo*).

Le regioni temperate più fresche che sono direttamente sottoposte all'influsso dei venti occidentali ricevono piogge in tutte le stagioni, ma con frequenti concentrazioni invernali (*regime marittimo*); quelle continentali più interne hanno invece prevalenti precipitazioni estive (*regime continentale*).

Infine, nelle regioni polari le precipitazioni si verificano soprattutto d'estate e d'autunno, ma sono scarse e prevalentemente nevose (*regime polare*).

La media generale dell'altezza di precipitazione annua sull'intero territorio italiano è di circa 970 mm. In linea di massima, tale quantità potrebbe essere ritenuta sufficiente per le varie esigenze d'acqua

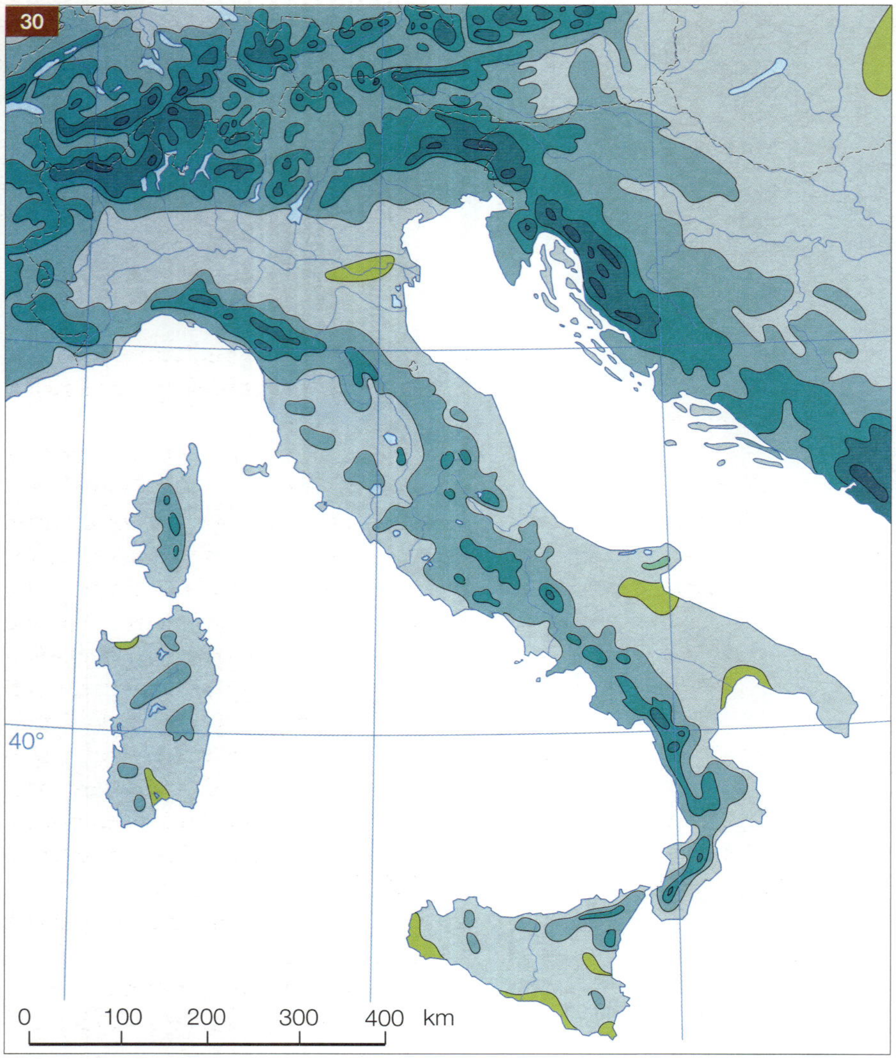

Figura 30
Distribuzione delle *precipitazioni medie annue* in Italia e su parte dei territori degli Stati confinanti. La carta indica con colori diversi l'entità complessiva di piogge, nevi e grandine (dove queste si verificano); le linee di separazione fra i colori corrispondono ad altrettante *isoiete*. Si registrano maggiori piovosità sul versante tirrenico degli Appennini rispetto a quello adriatico, abbondanza di piogge sulle Apuane e precipitazioni molto cospicue sulle Alpi; i valori più elevati si raggiungono nelle Alpi Carniche e Giulie, dove in parecchi luoghi vengono superati i 3000 mm annui. La piovosità tende a diminuire nelle regioni centro-meridionali, che sono più prossime alle zone di alta pressione (aride) subtropicali; precipitazioni medie inferiori ai 500 mm annui («piogge nane») si registrano – in particolare – in una ristretta fascia prospiciente il Golfo di Taranto, e in diversi luoghi della Sicilia e della Sardegna. Peraltro, proprio in queste aree il regime delle piogge è piuttosto irregolare, presentando una marcata siccità estiva, e quindi le deficienze d'acqua si fanno risentire maggiormente. Se confrontiamo questa figura con quella delle temperature medie annue in Italia (figura 15 di questo capitolo), possiamo rilevare come nelle regioni meridionali la scarsezza di precipitazioni si associ a temperature più elevate, che fanno perdere molta acqua per evaporazione, limitando le possibilità di sviluppo della vegetazione.

della popolazione, ma bisogna considerare che esistono differenze anche profonde fra le varie regioni [Figura 30]. Queste differenze sono in gran parte dovute alle accidentalità orografiche, che in genere favoriscono i movimenti ascendenti dell'aria e perciò le precipitazioni, ma in alcune zone incrementano i moti discendenti e quindi ostacolano la condensazione del vapore acqueo. Sono importanti, perciò, le diverse provenienze e il diverso tenore in umidità delle masse d'aria che giungono nelle varie località del nostro territorio.

QUESITI

1. Scegli l'alternativa corretta.
   L'umidità assoluta **aumenta/diminuisce** con l'aumentare della temperatura: è più bassa **ai poli rispetto all'Equatore/ all'Equatore rispetto ai poli**.
2. L'umidità relativa dell'aria satura è del
   A 25%. B 75%.
   C 50%. D 100%.
3. Definisci l'umidità assoluta.
4. Che cos'è l'umidità relativa?
5. Con quali strumenti si misura l'umidità dell'aria?
6. In che modo l'umidità relativa di una massa d'aria può aumentare?
7. Che cosa si intende per «regime pluviometrico»?

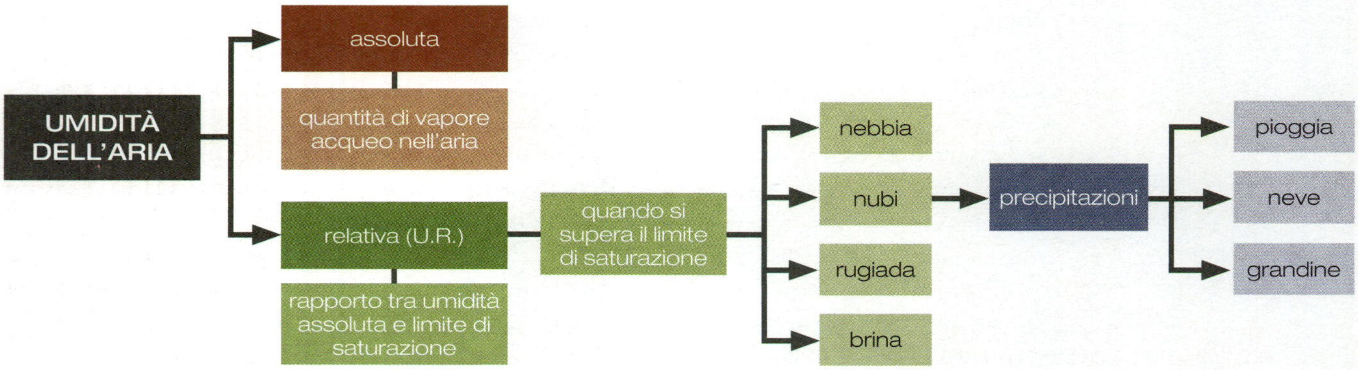

8 Il tempo atmosferico e le perturbazioni cicloniche

Per i meteorologi il **tempo** (**atmosferico**) è il complesso delle condizioni fisiche che caratterizzano l'atmosfera in un dato momento e in un determinato luogo.

Le osservazioni strumentali compiute a scala globale hanno dimostrato che il tempo atmosferico non cambia in maniera disordinata, ma anzi è possibile riconoscerne vari «tipi» che si ripetono più o meno con le stesse modalità; essi sono regolati da quei «centri di azione dell'atmosfera» che sono le aree di alta e di bassa pressione, cioè gli anticicloni e i cicloni.

Si è potuto constatare inoltre che, accanto alle alte e basse pressioni permanenti o stagionali, esistono anche anticicloni e cicloni temporanei che permangono solo alcuni giorni su posizioni determinate o addirittura cambiano la loro posizione e la loro struttura di ora in ora. Mentre le prime determinano condizioni meteorologiche relativamente stabili, a questi altri sono associati frequenti mutamenti del tempo. In particolare, i cicloni temporanei danno luogo a forti venti e a moti ascendenti dell'aria con conseguente raffreddamento, formazione di nubi, precipitazioni e temporali; pertanto, essi vengono considerati come *perturbazioni* delle condizioni meteorologiche.

Le più importanti **perturbazioni atmosferiche** possono essere distinte in:
- *cicloni tropicali* (o delle basse latitudini);
- *cicloni extratropicali* (o delle medie latitudini).

8.1 I cicloni tropicali e i tornado

Le maggiori perturbazioni atmosferiche che interessano le regioni della Terra poste alle *basse latitudini* (fino ai 30° Nord e Sud, o poco oltre) sono i **cicloni tropicali** [Figura 31]. Queste perturbazioni sono connesse a depressioni bariche molto pronunciate,

31

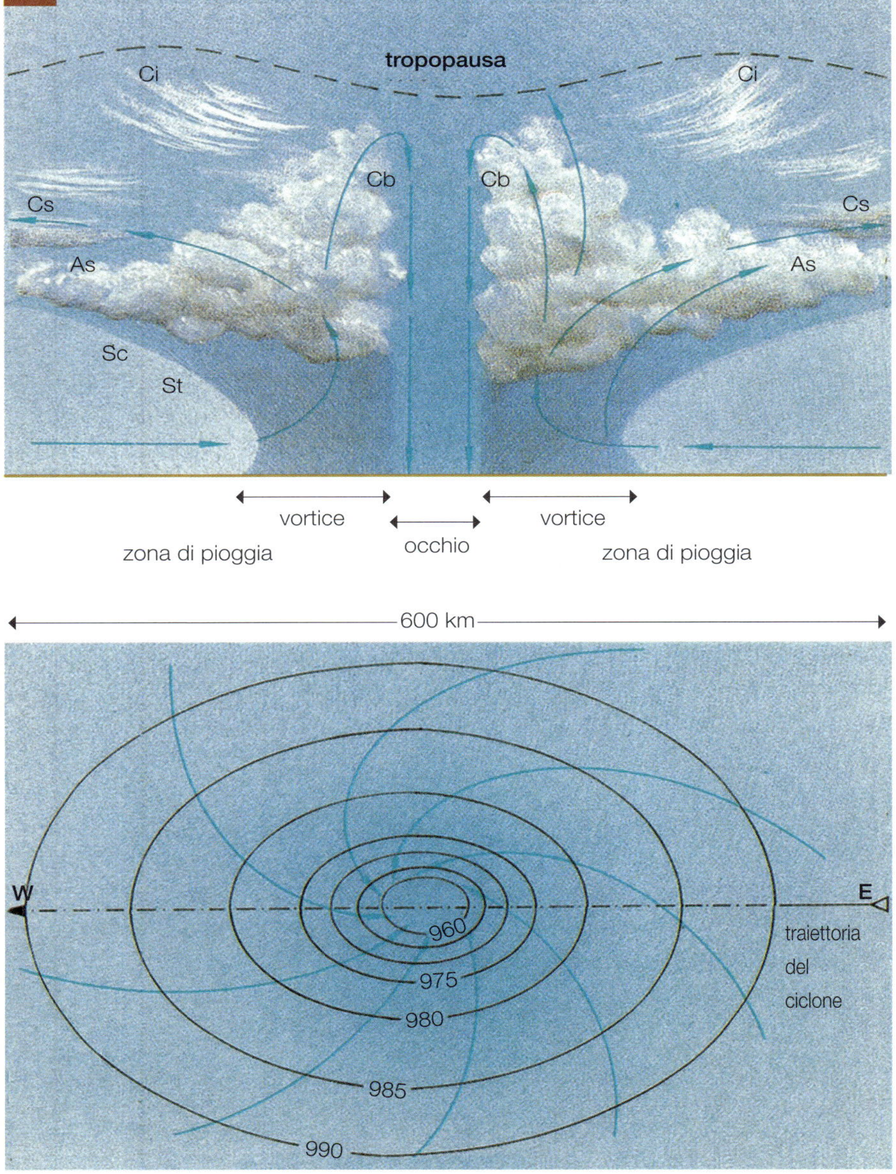

Figura 31
Caratteristiche di un *ciclone tropicale*. In basso è rappresentato l'andamento planimetrico delle isobare (valori della pressione in millibar) e dei venti; in alto una sezione verticale con le varie parti del vortice e i sistemi di nubi che l'accompagnano (Ci = cirri; Cs = cirrostrati; As = altostrati; St = strati; Sc = stratocumuli; Cb = cumulonembi). Quando il ciclone è in pieno sviluppo i venti descrivono spirali quasi perfette – antiorarie nell'emisfero boreale, orarie in quello australe – e sono accompagnati da piogge torrenziali (in media 120-150 mm nelle 24 ore) e da manifestazioni temporalesche; essi soffiano intorno ad un'area centrale, del diametro di 20-50 km, chiamata *occhio del ciclone*, dove si hanno soltanto moti discendenti dell'aria, la calma è quasi completa ed il cielo è pressoché privo di nubi. Questa zona è racchiusa dalla barriera dei sistemi nuvolosi circostanti, che possono arrivare fino alla tropopausa; nell'anello vorticoso che l'accompagna, in prossimità della superficie terrestre si hanno le più alte velocità dei venti.

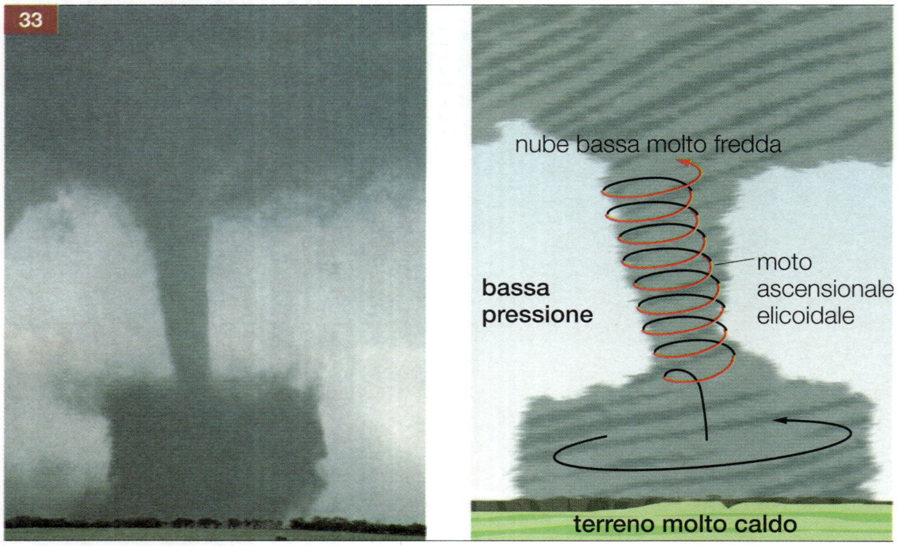

Figura 32
Un *ciclone tropicale* sull'Oceano Atlantico (emisfero boreale). La suggestiva immagine mostra con chiarezza la cavità dell'*occhio del ciclone* e l'andamento a spirale dei sistemi nuvolosi che l'accompagnano (confrontare con la figura 31 in basso). (NASA)

Figura 33
Un *tornado* e il suo meccanismo di azione.

le quali hanno origine in prossimità dell'Equatore, prevalentemente sui settori orientali degli oceani. Qui l'aria è molto calda e umida e gli alisei dei due emisferi vengono a diretto contatto fra loro (o si incontrano con la corrente occidentale equatoriale). Le fasi iniziali del loro sviluppo non sono ancora del tutto chiare: secondo un'accreditata ipotesi, i venti di provenienza opposta e l'elevata temperatura producono forti moti ascendenti e rotatori dell'aria, facendo nascere un vortice del diametro di poche decine di kilometri, che poi si allarga progressivamente fino a raggiungere un massimo di 600-1000 km. Il sollevamento dell'aria umida marittima, che affluisce a ritmo sempre più intenso, provoca la condensazione del vapore acqueo e quindi la liberazione di grandi quantità di *calore latente*; l'energia che ne deriva è enorme e i venti assumono velocità elevatissima, spesso superiore ai 200 km/h.

Queste perturbazioni hanno una durata che può arrivare a due o tre settimane e si spostano con relativa lentezza (25-35 km/h) dalla zona di formazione, muovendo da Est verso Ovest e deviando gradualmente – a causa della rotazione terrestre – verso NW nel nostro emisfero e verso SW nell'emisfero australe. Esse si presentano in determinate stagioni ed in certe regioni vicine ai tropici, senza apparente regolarità; si sviluppano solo sul mare e si estinguono in tempi relativamente brevi all'ingresso sulla terraferma, dopo aver provocato mareggiate violentissime e danni imponenti.

Il loro periodo di maggior frequenza coincide spesso con la tarda estate e con l'inizio dell'autunno; le regioni più colpite si trovano nell'Oceano Pacifico occidentale (in Giappone, in Cina e nelle Filippine sono noti come *tifoni*, mentre nell'Australia settentrionale vengono chiamati *willy-willies*), nella zona tropicale dell'Atlantico settentrionale (*uragani* delle Antille e del Golfo del Messico [Figura 32]), nell'Oceano Indiano (*cicloni* del Golfo del Bengala).

I cicloni tropicali sono tra i più impressionanti fenomeni meteorologici che si verificano sulla Terra, capaci di apportare in breve tempo più danni e distruzioni di qualsiasi altra forza naturale, ad eccezione dei terremoti.

Ancora più terrificanti, ma molto meno estesi, sono i **tornado** (o *trombe d'aria*), la cui natura è però ben diversa da quella dei cicloni tropicali. Essi sono simili alle *trombe d'acqua* che si osservano a volte sui mari; si formano durante il maltempo e consistono in un lungo e stretto vortice che si protende verso il suolo da una nube temporalesca. Il loro diametro medio è di circa 200 m e la loro caratteristica principale è un turbinoso moto a spirale attorno ad un asse verticale, con correnti ascensionali rapidissime [Figura 33]. Queste perturbazioni hanno estensione molto limitata (alcune centinaia di metri), ma energia elevatissima (velocità dei venti anche superiore ai 500 km/h); inoltre, si possono verificare in tutte le zone del mondo.

I tornado hanno vita breve e traiettoria di pochi kilometri (velocità di spostamento 30-80 km/h), ma ciò è sufficiente a provocare distruzioni tremende: case danneggiate o distrutte, treni deragliati, automobili sollevate a varie decine di metri di altezza e fatte ricadere a notevole distanza ecc. Si manifestano specialmente in primavera e possono verificarsi in tutte le parti del mondo; la più alta frequenza si ha però negli stati centro-occidentali e meridionali degli Stati Uniti d'America.

34

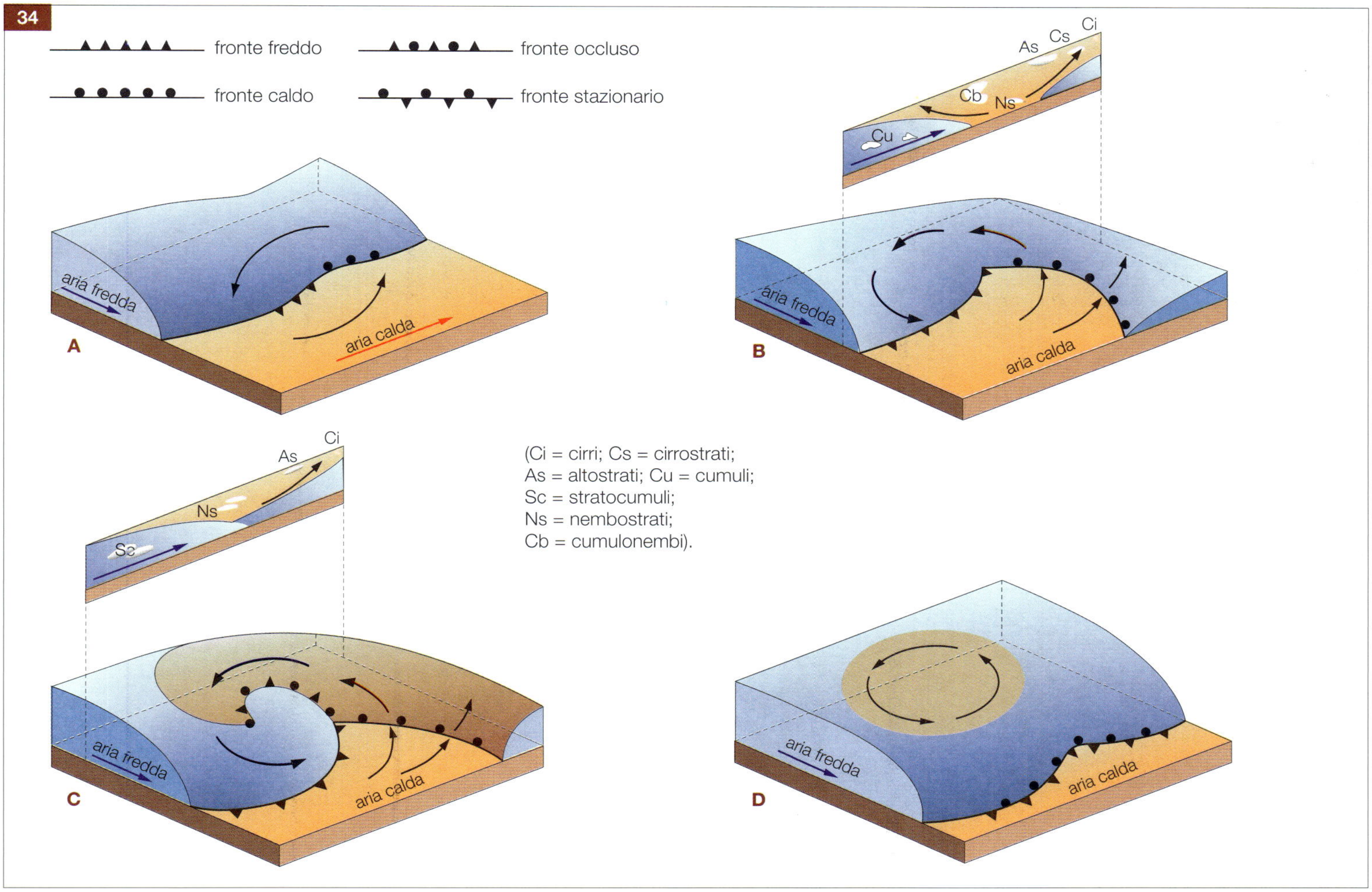

Figura 34
***Formazione e sviluppo di un ciclone extratropicale*. Stadi principali dell'evoluzione di un ciclone delle medie latitudini (le due sezioni verticali indicano i momenti di maggiore estensione della nuvolosità e delle precipitazioni).** La perturbazione ha origine dall'incontro di una massa d'aria fredda, mossa da venti di Nord-Est, con una di aria calda animata da venti di Sud-Ovest. Nello stadio iniziale (**A**) fra le due masse si crea una lieve ondulazione: si delinea un *fronte freddo*, che separa l'aria fredda in avanzamento verso quella calda, e un *fronte caldo*, che separa l'aria calda in spostamento verso quella fredda. Nello stadio di maturità (**B**) i due fronti sono ben definiti: quello freddo avanza con velocità quasi doppia di quello caldo, tendendo a restringere la zona dell'aria calda, che viene sempre più sollevata dal suolo; ciascun fronte è accompagnato da nubi e precipitazioni caratteristiche. Nello stadio di vecchiaia (**C**) il fronte freddo raggiunge quello caldo, sollevando completamente l'aria del settore caldo e occludendo così la perturbazione, che ha già raggiunto la massima intensità. Nello stadio di dissoluzione (**D**), che segue l'occlusione, il ciclone si estingue e si origina un nuovo fronte.

8.2 Le perturbazioni extratropicali

I cicloni che interessano le zone della Terra poste alle *medie latitudini* (quasi fino ai circoli polari) sono molto meno violenti, ma più estesi (diametro di 1500-3000 km) e più diffusi di quelli tropicali; ad essi è legato l'andamento generale del tempo nelle nostre regioni. La loro formazione è dovuta all'incontro, a bassa quota, tra masse d'aria calda di provenienza tropicale e masse d'aria fredda di provenienza polare; ma la loro origine ed il loro sviluppo sono quasi certamente connessi con perturbazioni che si verificano nell'alta troposfera e si propagano verso lo strato troposferico più basso (*strato geografico*).

Nel linguaggio meteorologico, per *massa d'aria* si intende una porzione d'aria estesa orizzontalmente per qualche migliaio di kilometri, nell'ambito della quale non si registrano nette differenze di temperatura e umidità. Le principali masse d'aria si originano nelle zone anticicloniche subtropicali e polari, dove la circolazione è molto lenta e l'aria ha il tempo di assumere uniformemente le caratteristiche della superficie sottostante. Perciò possono essere distinte in *masse d'aria tropicali* (calde) e *masse d'aria polari* (fredde). Quando si allontanano dal luogo di origine, esse vengono modificate dalla superficie su cui scorrono; per cui si possono ulteriormente suddividere in *marittime* (umide) e *continentali* (asciutte).

Per comprendere il comportamento dei **cicloni extratropicali** [Figura 34] bisogna considerare che, nel momento in cui una massa d'aria tropicale e una

Figura 35
***Condizioni del tempo in Europa*. Le due carte rappresentano situazioni meteorologiche estreme: la prima è caratteristica della stagione estiva, la seconda è tipica della stagione invernale. Vi sono riportate le isobare, con i valori della pressione in millibar, i diversi fronti e le zone di precipitazioni (in viola), che si vanno spostando da Ovest verso Est.**
Il principale «centro d'azione» (A), che condiziona il percorso delle perturbazioni di provenienza atlantica e dirette verso oriente, nelle nostre regioni è l'*anticiclone delle Azzorre* (vedi anche la figura 22). In estate (in alto) esso interessa quasi tutto il Mediterraneo e l'Europa occidentale; per cui le perturbazioni investono l'Europa settentrionale, portandovi piogge e temporali, mentre sull'Italia e sulle altre regioni mediterranee si ha tempo buono, caldo e asciutto. In inverno (in basso) l'anticiclone delle Azzorre è spostato verso Sud e lascia scoperte le nostre regioni, che così vengono investite dalle perturbazioni di provenienza atlantica e sono interessate da piogge, temporali e forti venti.

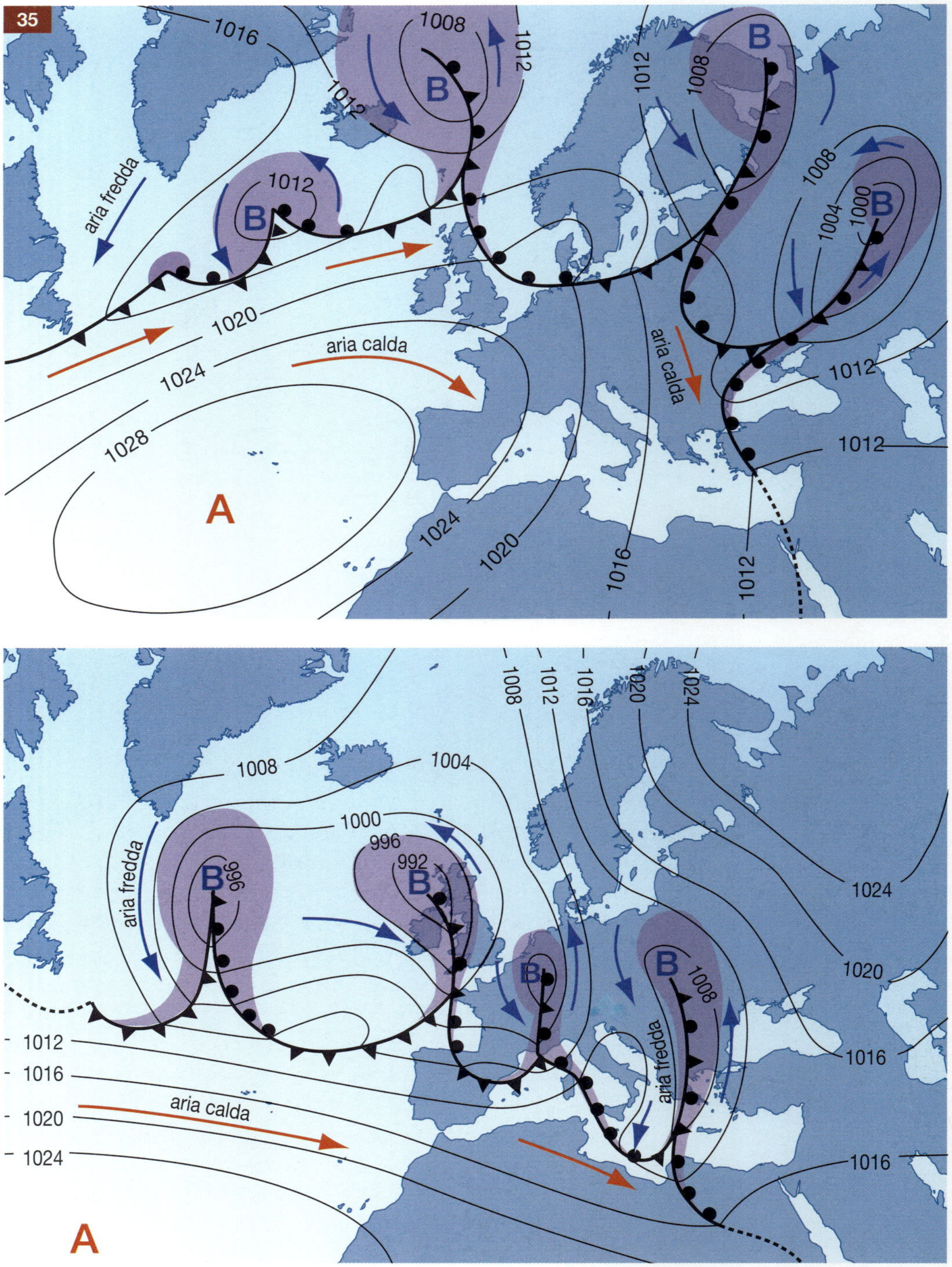

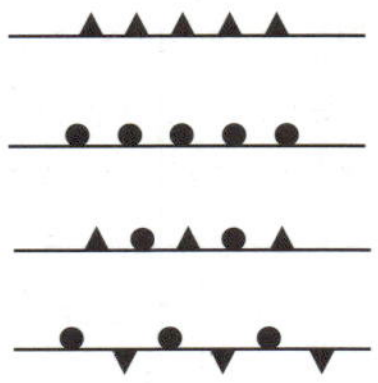

massa d'aria polare vengono a contatto, le loro caratteristiche (temperatura, densità, umidità) si mantengono inalterate ed esse restano separate da una zona di discontinuità, dello spessore di qualche kilometro: la **superficie frontale**, o **fronte** (intersezione della superficie frontale con la superficie terrestre). La massa d'aria più fredda, e quindi più densa, tende ad incunearsi sotto la più calda. Lungo la superficie frontale si forma dapprima una lieve ondulazione verso il polo, che dà origine ad un centro di bassa pressione; successivamente questa ondulazione si accentua e l'aria fredda solleva sempre più in alto l'aria calda. Si crea così una corrente d'aria calda ascendente che – per la rotazione terrestre – assume un moto vorticoso in senso antiorario nell'emisfero boreale e in senso orario in quello australe. Poi l'aria calda viene separata dal suolo, la velocità del vortice diminuisce, la depressione si colma e si estingue. Il meccanismo comprende diversi stadi, ciascuno dei quali presenta caratteristici sistemi nuvolosi e diversa intensità delle precipitazioni e dei venti.

Queste depressioni non si presentano isolate, ma in famiglie di quattro o cinque [Figura 35], con una vita media complessiva di 6-7 giorni. Esse si

36

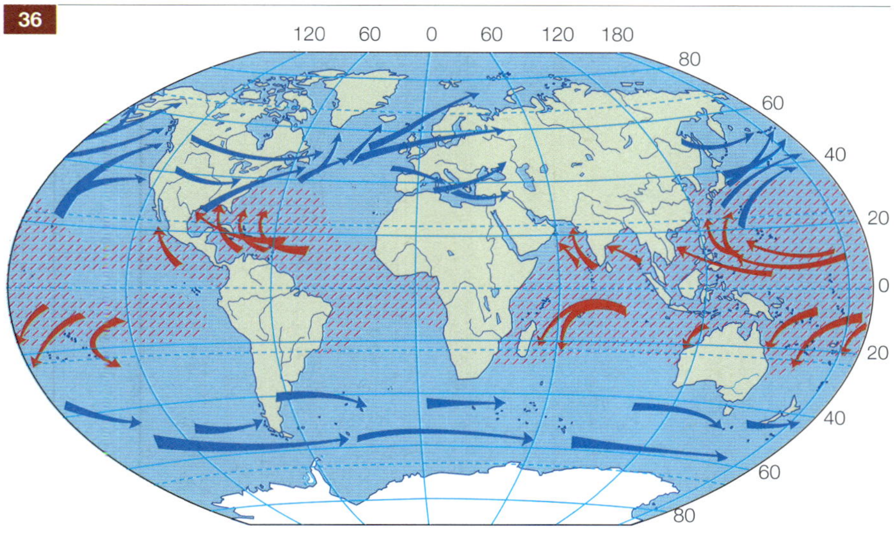

Figura 36
Le principali «*traiettorie*» dei *cicloni tropicali* (in rosso) e dei *cicloni extratropicali* (in blu) sulla superficie terrestre.
È indicata, con tratteggio rosso, anche l'area in cui le acque marine superficiali raggiungono o superano la temperatura di 25 °C durante l'estate del rispettivo emisfero. Il calore che quest'area trasmette agli strati inferiori dell'atmosfera e soprattutto il calore latente liberato dalla condensazione del vapore acqueo rappresentano le principali sorgenti di energia per le perturbazioni delle regioni intertropicali.

spostano da Ovest verso Est, sotto l'impulso dei venti occidentali, ad una velocità media di 40-50 km/h, pari a un migliaio di km al giorno; per questo, e per le loro notevoli dimensioni, sono chiamate «grandi perturbazioni migratorie».

Poiché il fronte verso il quale convergono l'aria calda di origine tropicale e l'aria fredda di origine polare, detto **fronte polare**, nel nostro emisfero si sposta verso Nord in estate e verso Sud in inverno (avviene il contrario nell'emisfero australe), con lo spostarsi delle zone anticicloniche e cicloniche permanenti e stagionali, ne deriva che anche la traiettoria dei cicloni extratropicali oscilla in latitudine durante l'anno. Ciò spiega la maggior frequenza di perturbazioni atmosferiche che noi abbiamo in inverno anziché in estate (rivedi la figura 35).

8.3 Le migrazioni dei cicloni

Le indagini sempre più precise compiute dai meteorologi in questi ultimi decenni, grazie ai moderni mezzi di esplorazione dell'atmosfera, hanno permesso di comprendere il meccanismo evolutivo delle perturbazioni atmosferiche e di individuarne, in particolare, le tendenze «migratorie».

Le migrazioni dei cicloni [Figura 36] meritano non solo l'attenzione dei meteorologi, ma anche la nostra. Esse, infatti, completano il quadro dei fenomeni meteorologici che abbiamo esaminato in questo capitolo, rivelandone ancora meglio la complessità spaziale e temporale.

8.4 La previsione del tempo

I tentativi di prevedere l'andamento del tempo atmosferico hanno radici molto lontane. Tuttavia, quello che può definirsi il primo «servizio meteorologico» ebbe avvio intorno alla metà del XVII secolo, dopo l'invenzione del barometro, per iniziativa del Granduca Ferdinando II di Toscana. Potendo disporre del barometro, del termometro, dell'igrometro e dell'anemoscopio, questo grande ammiratore delle scienze promosse le osservazioni meteorologiche giornaliere, sia in Toscana, sia in altre parti d'Italia, usufruendo della collaborazione di vari studiosi italiani e stranieri.

Nacque così una rete di osservatori, detta «rete fiorentina», che operò in modo sistematico per 13 anni, avvalendosi degli strumenti distribuiti dal Granduca e compilando i «formulari» da lui predisposti. A quei tempi le comunicazioni erano lente ed era impossibile scambiarsi rapidamente i risultati delle osservazioni; perciò la «rete fiorentina» ebbe vita breve, ma aprì la strada alla *Meteorologia sinottica* – ossia allo studio degli elementi meteorologici osservati, in uno stesso istante, su vaste regioni della Terra – che si sviluppò quando mezzi di comunicazione più rapidi lo permisero. L'8 agosto 1851 fu stampata la prima *carta del tempo*, simile a quelle che oggi osserviamo sugli schermi televisivi.

Negli ultimi decenni la conoscenza della circolazione generale dell'aria nella bassa e nell'alta troposfera, accanto a quella del comportamento dei cicloni tropicali ed extratropicali, ha consentito grandi progressi nell'ambito della *previsione del tempo*. Ma, naturalmente, sono stati – e sono ancora – necessari strumenti di misura il più possibile numerosi e precisi.

Poiché una caratteristica fondamentale dei processi meteorologici è la loro variabilità nello spazio e da momento a momento, per poter individuare con tempestività l'insorgere di determinati fenomeni e per seguirne lo sviluppo e l'estensione si è reso necessario istituire una rete di stazioni di osservazione che tengono sotto continuo controllo le condizioni fisiche dell'atmosfera. Attualmente le *stazioni meteorologiche* distribuite sulla superficie terrestre sono oltre 10 000, di cui circa la metà sul mare a bordo di navi; da esse vengono eseguite, a intervalli di tre o sei ore (dai grandi aeroporti ogni 30 minuti), misurazioni di temperatura, pressione, umidità, precipitazioni, venti ecc. A queste vanno aggiunte oltre 600 stazioni, in tutto il mondo, che lanciano palloni con radiosonde per il rilevamento degli elementi meteorologici fino ad altezze di 20-30 km; le misure vengono eseguite ogni sei o do-

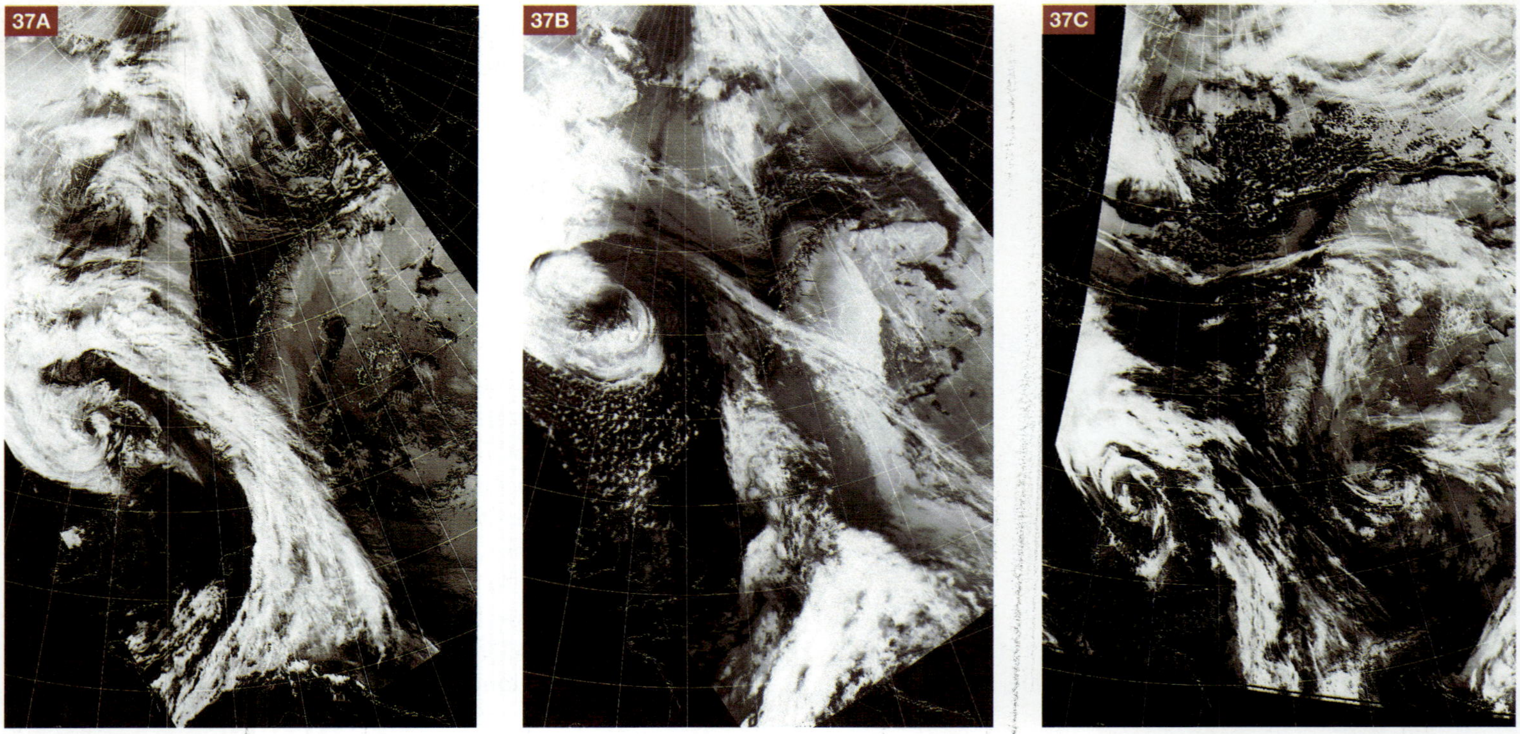

Figura 37
Evoluzione del tempo atmosferico in Europa settentrionale, in tre immagini riprese da un satellite NOAA.
A. Una perturbazione, ripresa il 9 novembre 1998, in una fase di avanzata maturità, al massimo della sua intensità. È chiaramente visibile il nucleo di bassa pressione localizzato sull'Oceano Atlantico, a Nord delle Isole Britanniche, verso il quale si muovono le masse d'aria con un movimento rotatorio antiorario. I sistemi nuvolosi associati a questa perturbazione atmosferica interessano un'ampia fascia in latitudine e arrivano a lambire l'arco alpino.
B. Una immagine del 10 novembre 1998 mostra che quella perturbazione è migrata e si è notevolmente ridotta: la parte meridionale della Penisola scandinava appare sgombra di nubi.
C. Una immagine del 12 novembre 1998 mostra che essa si è ormai estinta. Poco più a Sud stanno evolvendo altre perturbazioni cicloniche di una nuova famiglia; una di queste interessa anche la parte nordoccidentale del territorio italiano. (National Oceanic and Atmospheric Administration)

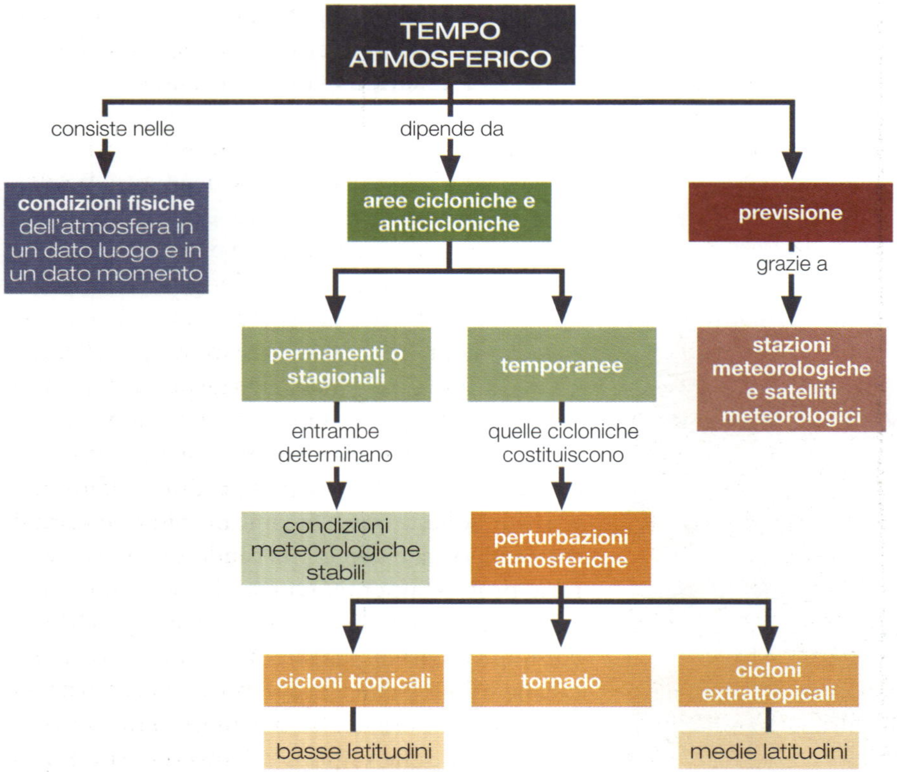

dici ore e i valori sono trasmessi a terra sotto forma di impulsi elettrici. Tutti i dati vengono raccolti dai Centri di Controllo e dagli Uffici Meteorologici che fanno capo alla «Organizzazione Meteorologica Mondiale», i quali provvedono alla loro elaborazione e rappresentazione grafica sulle *carte sinottiche*: esse costituiscono la fonte delle previsioni del tempo che tutti ascoltiamo o leggiamo.

Oggi la scienza meteorologica si avvale anche del radar, installato a terra o montato sugli aerei, particolarmente utile per la individuazione e per il controllo dei cicloni tropicali e dei tornado. Inoltre, vengono sempre più utilizzati i *satelliti meteorologici*, che forniscono immagini nitide dei sistemi nuvolosi, consentendo così di individuare le perturbazioni atmosferiche e di seguirne gli spostamenti [Figura 37].

QUESITI

1. Scegli l'alternativa corretta.
   Un fronte freddo si forma quando una massa d'aria **fredda/calda** si muove verso una zona occupata da aria **fredda/calda** . L'aria **fredda/calda** resta a contatto con il terreno e avanzando costringe l'aria **fredda/calda** a sollevarsi.
2. Che cosa sono i cicloni tropicali?
3. Che cosa sono i tornado?
4. Che cosa si intende per «fronte»?
5. Come evolve un ciclone extratropicale?

9 L'inquinamento atmosferico e le sue conseguenze

Video
Le piogge acide

L'«inquinamento» dell'aria interessa innanzitutto la troposfera, ma coinvolge anche le parti sovrastanti (in particolare la stratosfera). È questo uno degli aspetti più preoccupanti dell'*inquinamento ambientale*, che riguarda anche le acque oceaniche e continentali e il suolo.

9.1 Fonti di inquinamento e inquinanti

Il maggiore responsabile dell'inquinamento dell'atmosfera – come pure dell'inquinamento delle acque e del terreno – è l'uomo, il quale provoca, direttamente o indirettamente, l'aumento delle «impurezze» presenti nell'aria: si tratta di particelle gassose, liquide e solide prodotte da attività industriali, da attività agricole e dall'utilizzazione di materiali radioattivi. Esse vanno ad aggiungersi a quelle dovute a fenomeni naturali (pollini, spore, ceneri vulcaniche, polveri sollevate dal vento ecc.) e, pur rappresentando quantità percentualmente poco rilevanti, alterano la qualità dell'aria, fino a renderla malsana.

Siano esse naturali o artificiali, queste impurezze non interessano soltanto le zone in cui si sono originate. Difatti, i gas si mescolano e si diffondono nell'intera atmosfera con grande facilità; le sostanze liquide e quelle solide entrano in sospensione nell'aria, costituendo i cosiddetti *aerosol atmosferici*, che possono essere trasportati dai venti per notevoli distanze e talvolta riescono a propagarsi anche nell'alta atmosfera per effetto di correnti ascensionali. Le particelle di origine umana immesse nell'aria hanno un'importanza critica, poiché le attività che le creano aumentano di anno in anno [Figura 38].

Le fonti industriali dell'inquinamento dell'atmosfera comprendono, per incominciare, i prodotti provenienti dagli impianti di eliminazione dei rifiuti e dai dispositivi di scarico; le fonti agricole includono i prodotti della irrorazione di insetticidi e pesticidi. A queste vanno aggiunte le impurità dovute agli scarichi dei veicoli a motore, che sono i principali produttori di monossido di carbonio, ossido di azoto e idrocarburi, oltre che di ossidi, cloruri e altri composti del piombo. Contribuiscono, inoltre, i prodotti della combustione mediante caldaie a nafta, gas o carbone, impiegate per produrre calore o energia elettrica per abitazioni, esercizi commerciali e industrie; fra queste, le centrali termoelettriche sono le principali responsabili della presenza di anidride solforosa nell'aria.

Figura 38
Lo stabilimento siderurgico di Piombino, uno dei maggiori centri siderurgici in Italia. I fumi di queste industrie contengono diverse sostanze inquinanti, fra cui soprattutto ossidi di ferro (oltre a composti di zinco, di zolfo ecc.); il loro aspetto è quello di nubi dense che avvelenano l'aria circostante e, spinte dai venti, si estendono sui territori vicini. (Quilici/Alinari)

Uno degli inquinanti più comuni nell'aria delle nostre città è l'**anidride solforosa** (SO_2), prodotta dalla combustione di carbone e idrocarburi; in condizioni di forte umidità essa può trasformarsi in anidride solforica (SO_3) e dar luogo alla formazione di aerosol di acido solforico (H_2SO_4). Queste sostanze non di rado producono lo **smog** (dall'inglese *smoke*, fumo, e *fog*, nebbia), che può comportare pericoli molto gravi. Anche quando non provoca vittime o disturbi gravi ed immediati, a lungo andare l'anidride solforosa può produrre effetti dannosi non soltanto sugli organismi animali e vegetali ma perfino sulle rocce, riuscendo talvolta ad alterarle profondamente. Quest'ultimo fenomeno è preoccupante per diverse città italiane, perché può compromettere un patrimonio artistico di inestimabile valore culturale, con riflessi negativi anche sul piano economico (basti pensare al turismo).

Nell'aria delle regioni urbanizzate sono pure

39

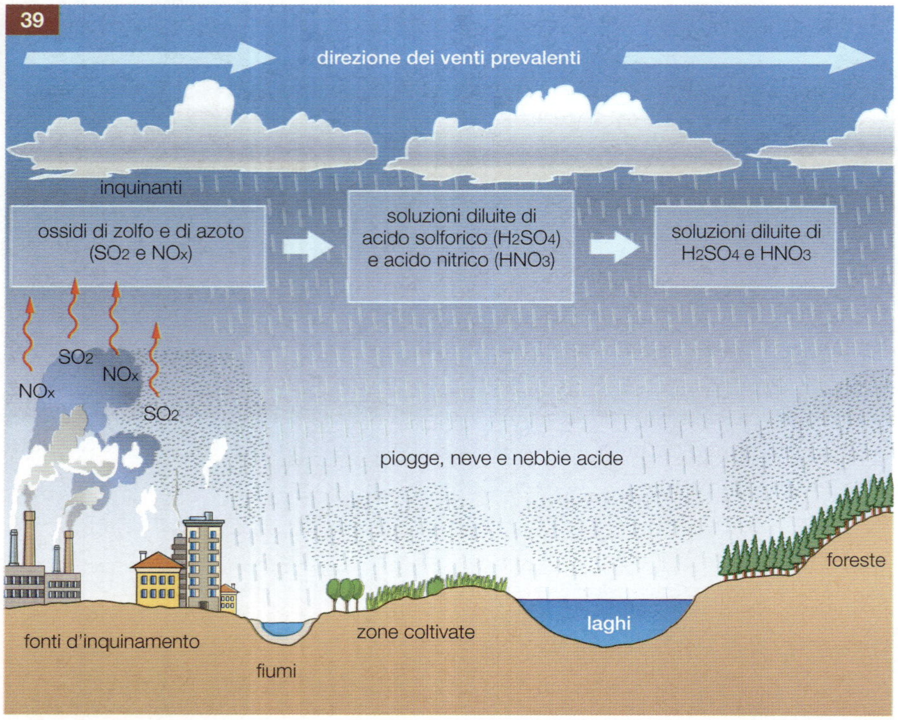

Figura 39
Origine ed effetti delle piogge acide. Le piogge acide hanno luogo quando alcuni inquinanti – quali gli ossidi di zolfo e di azoto – vengono disciolti nelle acque di precipitazione, che così sono trasformate in soluzioni acide, sia pur diluite (acido solforico, acido nitrico ecc.). Le principali fonti di inquinamento sono gli impianti di riscaldamento, le centrali termoelettriche e i veicoli a motore; esse immettono nell'atmosfera soprattutto anidride solforosa e ossidi di azoto, che entrano a far parte degli *aerosol atmosferici* e possono venir trasportati dai venti anche per lunghe distanze. Gli effetti di precipitazioni meteoriche acide che alimentano fiumi e laghi possono essere disastrosi. L'aumento dell'acidità dell'acqua di fiumi e laghi influenza negativamente la vita animale e vegetale, provocando una diminuzione delle specie presenti e la scomparsa dei batteri preposti alla decomposizione degli organismi morti; se l'acidità continua a crescere, viene inibita la riproduzione di numerosi pesci, finché nessuna specie sopravvive. Effetti altrettanto deleteri si hanno sui prodotti agricoli e anche sulle più resistenti foreste.

40

Figura 40
Alberi uccisi dalle piogge acide nel territorio della Repubblica Ceca.
La cuticola cerosa della superficie delle foglie (o degli aghi delle conifere) può essere facilmente distrutta; di conseguenza le piante iniziano a ingiallire, le foglie cadono prematuramente e, infine, la foresta (o la piantagione) rischia di morire. Inoltre, le piogge acide nel suolo possono dilavare i minerali e quindi privare la vegetazione dei sali necessari per la crescita.

frequenti il **monossido di carbonio** (CO), gli **ossidi di azoto** e gli **idrocarburi** (incombusti). Del primo è molto nota la tossicità: l'ossido di carbonio che entra nella circolazione sanguigna si combina con l'emoglobina, formando carbossiemoglobina che inibisce la capacità circolatoria nei confronti del trasporto di ossigeno. Estremamente nocivi sono anche diversi ossidi di azoto, che partecipano attivamente alla formazione dello smog, tra cui quello nitroso, capace di distruggere l'ozono atmosferico. Gli idrocarburi, assieme ad altri inquinanti, possono dar luogo alla formazione di sostanze cancerogene.

Le fonti principali di questi inquinanti sono rappresentate dai gas di scarico degli autoveicoli. Attualmente in Italia oltre il 65% delle emissioni complessive di inquinanti viene attribuito al sistema dei mezzi di trasporto.

L'aumentata immissione nell'atmosfera di ossidi, soprattutto quelli di zolfo ed azoto – connessa con la crescita dei consumi di combustibili fossili – ha reso allarmante, in tempi relativamente recenti, il fenomeno delle cosiddette **piogge acide** [Figura 39], che esercitano una serie di effetti dannosi, sia per la vita animale, sia per quella vegetale [Figura 40]. Anche i materiali da costruzione possono essere fortemente alterati dalle piogge acide, e il problema diventa molto grave quando si tratta di monumenti di notevole pregio artistico.

In alcune regioni degli Stati Uniti d'America, dell'Europa settentrionale e della Cina le precipitazioni atmosferiche si sono trasformate da soluzioni quasi neutre (pH = 5,6), quali erano poco più di 200 anni fa, in soluzioni diluite di acido solforico e acido nitrico. Ormai non sono del tutto rari i casi di pH pari a 2,4 (come quello dell'aceto) e di valori anche più bassi, che vengono misurati in acque piovane e nebbie.

Un cenno a parte meritano le polveri e le altre particelle solide di diverso tipo. Quelle di dimensioni superiori ai 10-20 micron (millesimi di millimetro) vengono in genere spazzate via dalle piogge o cadono da sole, ma le altre permangono a lungo nell'aria. Durante la respirazione viene trattenuta nelle fosse nasali soltanto la maggior parte di quelle grosse, mentre le altre possono penetrare nei polmoni provocando a lungo andare effetti molto dannosi per la salute.

9.2 Il «buco» nell'ozonosfera

Un preoccupante aspetto dell'inquinamento atmosferico è anche quello che si registra nella stratosfera e viene comunemente indicato come «*buco*

41

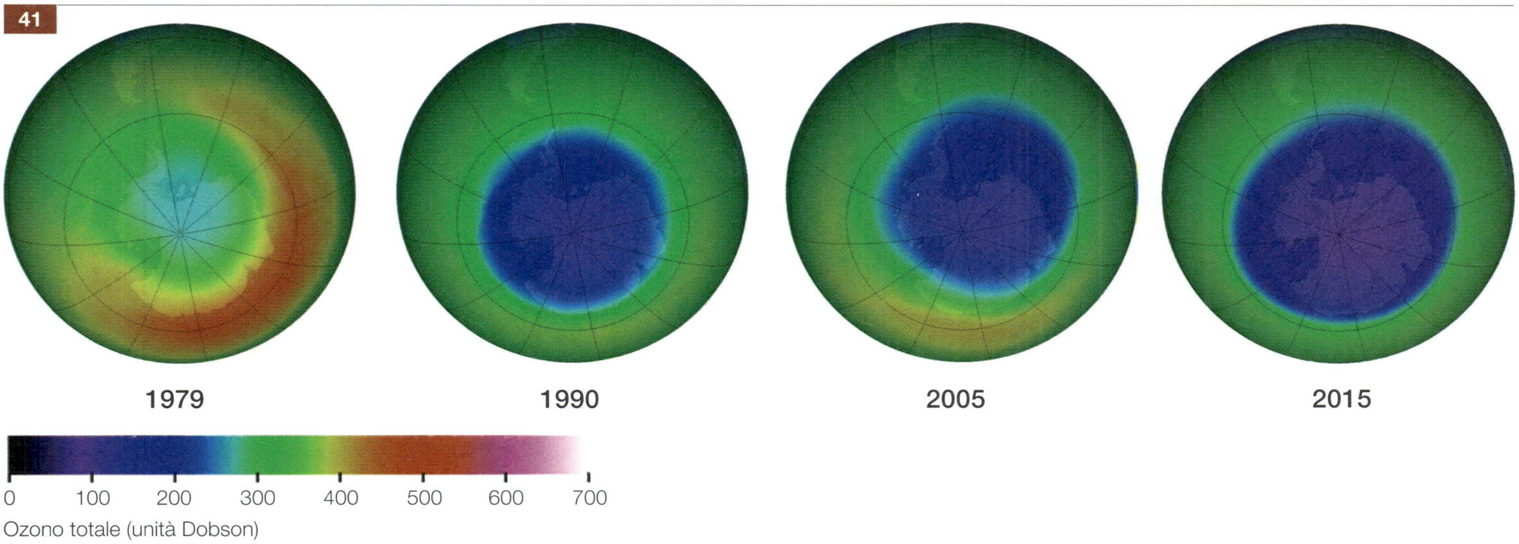

Figura 41
Alcune rappresentazioni a falso colore del cosiddetto «*buco nell'ozonosfera*», ossia dell'*impoverimento in ozono* della regione stratosferica al di sopra dell'Antartide.
A partire dal 1979, anno in cui l'impoverimento in ozono si era appena manifestato, nel «buco» (qui in *blu*) l'abbondanza di questo gas ha subito molte variazioni. Confrontando la situazione dell'ottobre 1979 con quella dell'ottobre 2005 si nota che, nell'insieme, la quantità di ozono, sia pure con fasi alterne di diminuzione e aumento, si è quasi dimezzata, passando dalle 325-350 alle 175-225 unità Dobson. L'unità Dobson, espressa in centesimi di millimetro, corrisponde allo spessore dello strato di ozono presente in una colonna di atmosfera in condizioni normalizzate di temperatura e pressione.
Le quattro rappresentazioni derivano dall'elaborazione dei dati rilevati dagli spettrometri per il rilevamento cartografico dell'ozono totale (Total Ozone Mapping Spectrometer, TOMS) installati sui satelliti *Nimbus 7* e *Earth Probe TOMS* della NASA.

Figura 42
Reazioni chimiche di distruzione e ricostruzione dell'ozono.
In condizioni normali le molecole (O_3) vengono continuamnete scisse in ossigeno atomico (O) e ossigeno molecolare (O_2), che si ricombinano in seguito tra loro per ricostituire l'ozono.
La presenza nell'ozonosfera di atomi di cloro (Cl) provenienti dai CFC favorisce la scissione dell'ozono in ossigeno atomico e molecolare impedendone la successiva ricostituzione.

dell'ozono» o, un po' meno impropriamente, **buco nell'ozonosfera** [Figura 41].

Da un'analisi dei dati della rete mondiale di stazioni di misura a terra e su nave e dei dati registrati dai satelliti artificiali (come il Nimbus 7, che determina con un sensore ottico lo spessore dell'ozonosfera) si è accertato che dal 1978 al 1992 l'ozono totale ha subito una diminuzione di circa il 3%, alla quale – oltre all'ozonosfera antartica – ha contribuito anche un certo impoverimento dell'ozonosfera che sovrasta il Polo nord. Vi è stata poi una pausa nella riduzione, con un accenno a una inversione di tendenza; ma nel 1996 il «buco» sull'Antartide si è riformato come prima, minacciando di diventare sempre più esteso e profondo. Dopo un «minimo» nell'assottigliamento dello strato di ozono registrato nel 2002, dal 2003 la riduzione di concentrazione di questo gas è tornata in linea con i valori registrati negli anni precedenti.

Anche se non tutti gli studiosi sono d'accordo, l'ipotesi più attendibile è che questo marcato processo distruttivo dell'ozono sia dovuto principalmente ai clorofluorocarburi (CFC) utilizzati come propellenti (nelle bombole spray), come refrigeranti (nei frigoriferi e nei condizionatori d'aria) e come componenti di alcune schiume plastiche. Tali gas, inerti chimicamente e atossici, immessi nell'aria giungono a quote stratosferiche, dove vengono scissi dalla radiazione solare ultravioletta, con conseguente liberazione di molecole attive nella distruzione dell'ozono (O_3). Una volta avvenuta la fotodissociazione dei CFC si verifica, infatti, la seguente catena di reazioni [Figura 42]:

42

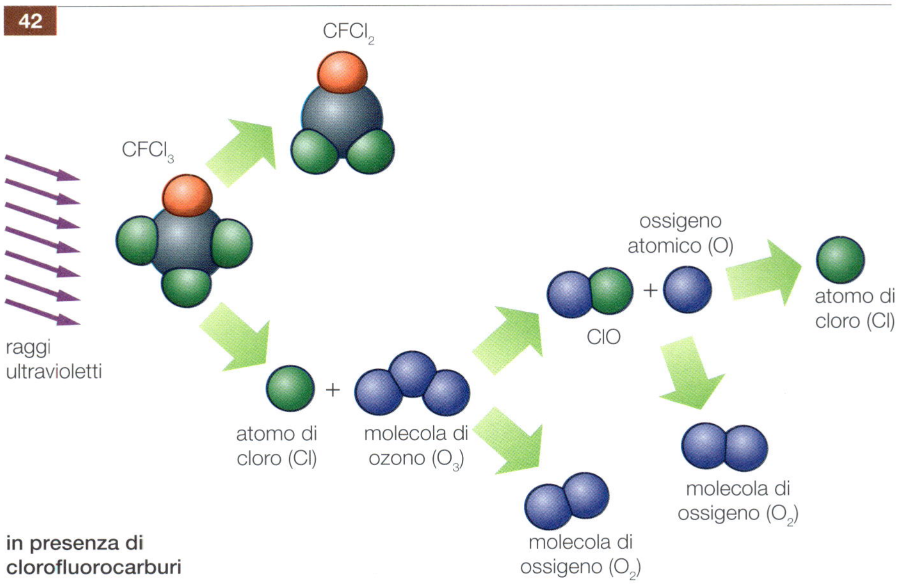

$$Cl + O_3 \rightarrow ClO + O_2$$
$$ClO + O_3 \rightarrow ClO_2 + O_2$$
$$ClO_2 + h\nu \rightarrow Cl + O_2$$

risultato netto: $2O_3 \rightarrow 3O_2$
dove h è la costante di Planck ($h = 6{,}626 \times 10^{-34}$ J · s) e ν è la frequenza della radiazione; $h\nu$ esprime l'energia di un fotone.

Alcuni anni fa è stato segnalato da alcuni studiosi che alla diminuzione della concentrazione di ozono nella stratosfera contribuirebbe sensibilmente anche il bromuro di metile, un pesticida

43

Figura 43
Fotografia satellitare di una delle tante zone in cui sono stati effettuati estesi diboscamenti in Amazzonia (Brasile).
(NASA)

molto usato in agricoltura. Inoltre, anche gli ossidi di azoto costituiscono alcuni fra i principali responsabili della rimozione dell'ozono atmosferico, poiché danno luogo alle seguenti reazioni:

$$NO_3 + O_3 \rightarrow NO_2 + 2O_2$$
$$NO_2 + O \rightarrow NO + O_2$$

la seconda delle quali limita la possibilità che l'ossigeno atomico (O), prodotto dalla radiazione solare ultravioletta, formi molecole triatomiche di ozono (O_3) combinandosi con l'ossigeno biatomico (O_2).

Queste fonti d'inquinamento rischiano di alterare i naturali processi di rimozione e ricostituzione dell'ozono atmosferico, con un potenziale danno per tutta la biosfera. Una riduzione dell'ozono, infatti, comporterebbe una diminuzione della capacità di assorbimento delle radiazioni solari ultraviolette da parte dell'ozonosfera; queste radiazioni, arrivando in maggior quantità sulla superficie terrestre, potrebbero causare gravi danni agli esseri umani (disturbi agli occhi, eritemi, cancro della pelle), agli altri animali (distruzione irreversibile dei tessuti, fino al decesso) e alle piante (inibizione parziale della fotosintesi).

L'allarme lanciato dagli scienziati ha indotto numerosi Paesi – tra i quali anche l'Italia – ad avviare iniziative per ridurre la drammatica diminuzione dell'ozono stratosferico. Nel 1987 a Montreal (Canada) molti Paesi hanno sottoscritto un accordo che prevede, tra l'altro, la progressiva riduzione (fino alla completa eliminazione) dell'emissione di gas responsabili della riduzione della concentrazione di ozono. Da allora, l'impiego dei CFC è stato drasticamente ridotto fino a raggiungere la quasi completa dismissione in tempi recenti. Per il bromuro di metile l'accordo di Montreal ha stabilito la metodologia da seguire per la sua eliminazione, ma i tempi saranno più lunghi. Il **Protocollo di Montreal** è stato progressivamente ratificato da tutti gli Stati membri dell'Organizzazione delle Nazioni Unite, diventando così il primo *accordo ambientale* ad avere una *valenza globale*.

C'è da annotare, comunque, che al posto dei clorofluorocarburi verranno utilizzati, fino al 2030, altri gas pure pericolosi: idroclorofluorocarburi (HCFC) e idrofluorocarburi (HFC). Questi «sostituti» dei clorofluorocarburi, anche se non danneggiano l'ozonosfera altrettanto gravemente dei CFC, sono gas serra potenti quasi come i clorofluorocarburi e ciò aggrava il rischio di un sensibile riscaldamento del clima della Terra in tempi relativamente brevi. Difatti, gli HFC sono inseriti nel gruppo di gas serra la cui riduzione è prevista dal **Protocollo di Kyoto** del 1997, entrato in vigore nel 2005.

Tuttavia, se i Paesi del mondo continueranno a seguire le restrizioni del Protocollo di Montreal, la riduzione della concentrazione dei gas responsabili dell'**assottigliamento dell'ozonosfera** dovrebbe proseguire per tutto il XXI secolo. Intorno al 2050 l'effettiva concentrazione di questi gas dovrebbe scendere, secondo le previsioni, a valori uguali a quelli che esistevano prima che il «buco» nell'ozonosfera antartica cominciasse a formarsi.

9.3 Inquinamento atmosferico globale

Una forma di inquinamento atmosferico che interessa tutta la Terra, ed è particolarmente grave nelle aree urbane, è rappresentata dall'**aumento della percentuale di anidride carbonica** (CO_2) contenuta nell'aria. Questo aumento è in parte dovuto alla combustione di carbon fossile e idrocarburi, che va sempre crescendo. Ma è anche, in buona parte, una conseguenza dei continui e spesso imprudenti diboscamenti effettuati dall'uomo [Figura 43]: in molti casi non vi è più la copertura vegetale sufficiente per assorbire, con la fotosintesi clorofilliana, una parte dell'anidride carbonica presente nell'aria delle zone antropizzate.

La accresciuta presenza di anidride carbonica nell'atmosfera (all'incirca da 285 a 390 parti per milione in 150 anni), con la tendenza attuale a sensibili ulteriori aumenti, deve essere considerata nociva, poiché testimonia la neutralizzazione di una certa quantità dell'ossigeno atmosferico ed è indicatrice del grado di inquinamento raggiunto. Inoltre, l'anidride carbonica è una delle principali responsabili dell'assorbimento di radiazione termica da parte dell'atmosfera; quindi l'aumento della sua concentrazione può produrre un incremento dell'effetto serra – ossia un innalzamento della temperatura dell'aria a scala globale – con conseguenze che in futuro potrebbero diventare molto gravi (vedi Capitolo 8).

Fino a qualche tempo fa molto scarse – o poco conosciute – sono state invece le immissioni nell'atmosfera di sostanze nocive prodotte dalle centrali nucleari. Ma l'improvvisa esplosione verificatasi nell'aprile del 1986 nella centrale di Černobyl, nell'Unione Sovietica, ha messo tutto il mondo drammaticamente di fronte alle tragiche conseguenze dell'**inquinamento nucleare** e ha portato alla ribalta un problema che era stato pressoché ignorato o comunque era stato certamente sottovalutato: il *rischio internazionale d'inquinamento*.

La «nube radioattiva» sprigionatasi da quella centrale nucleare ha immesso nell'atmosfera diversi radionuclidi (iodio131, bario140, stronzio90, cesio137). I venti hanno spinto la «nube radioattiva» molto oltre i confini di Stato, diffondendo gli inquinanti su gran parte dell'Europa centro-settentrionale. Le conseguenze immediate dell'incidente di Černobyl sono state avvertite in tutta la loro gravità anche in Italia: facilitati dalle precipitazioni meteoriche, i radionuclidi si sono trasferiti dall'atmosfera al suolo, contaminando i vegetali ed entrando così a far parte della catena alimentare. Al di là di queste conseguenze più o meno immediate, non vanno trascurate quelle che potranno emergere con il passare del tempo e che non sono al momento valutabili.

L'azione dannosa della radioattività si esercita anche a lungo termine ed ha riflessi molto negativi sulla salute degli esseri viventi. E ciò deve far riflettere non solo sulla sicurezza delle centrali nucleari, relativamente al rischio di incidenti come quello di Černobyl, ma anche sulla necessità di un adeguato «confinamento» della grande quantità di *scorie radioattive* prodotte da queste centrali.

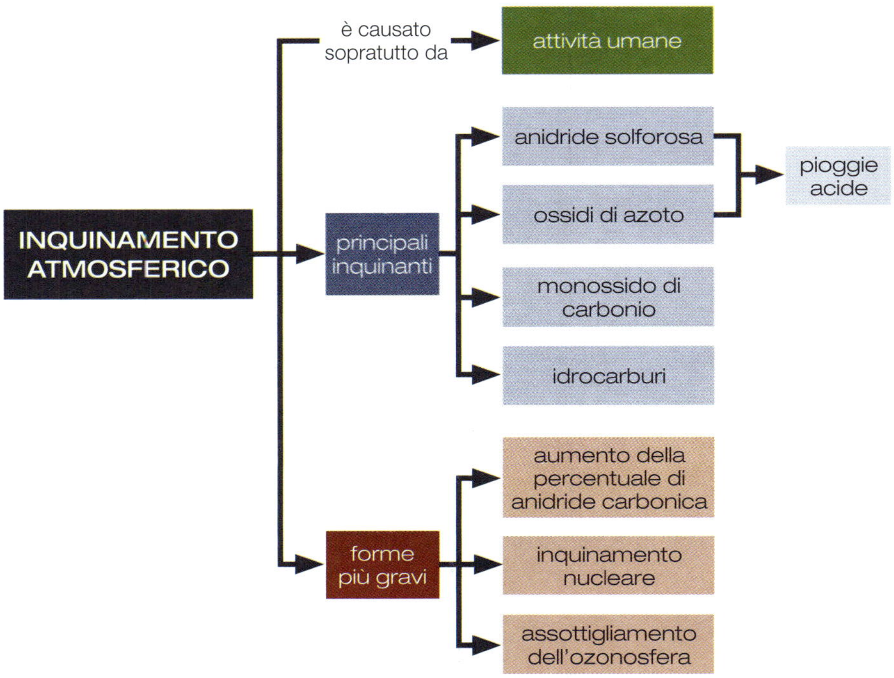

9.4 Processi naturali di rimozione degli inquinanti

In conclusione, bisogna osservare che ognuno degli inquinanti immessi nell'aria ha una o più «sorgenti» che lo producono ma anche, per fortuna, uno o più «pozzi» che lo rimuovono dall'atmosfera. Le polveri cadono per gravità o sono spazzate via dalle precipitazioni; le particelle radioattive si disintegrano col tempo o sono eliminate dalle piogge; l'anidride carbonica, oltre ad essere assorbita dalle piante subaeree, è in gran quantità neutralizzata dall'«effetto tampone» delle acque del mare, che sono in grado di fissarla attraverso il fitoplancton e di stabilizzarla sotto forma di rocce sedimentarie carbonatiche.

Esiste, quindi, per ogni sostanza presente nell'aria un «tempo di residenza», che è di pochi giorni per i componenti minori la cui concentrazione è molto variabile (H_2O, SO_2 ecc.), è di qualche anno per i componenti minori che variano la loro concentrazione più lentamente (O_3, CO_2, N_2O), ma è estremamente lungo per i costituenti principali dell'atmosfera, che perciò vengono chiamati «costituenti permanenti». L'esistenza di questi ultimi indica che l'atmosfera si trova attualmente in uno stadio di equilibrio dinamico. Ma c'è da chiedersi fino a quando sarà capace di mantenerlo.

QUESITI

1. Quale tra le seguenti sostanze inquinanti non è emessa dalle automobili?
   - [A] Ossidi di azoto.
   - [B] Monossido di carbonio.
   - [C] Anidride carbonica.
   - [D] Clorofluorocarburi.
2. Completa.
   La riduzione della quantità di .... nell'atmosfera fa sì che al suolo giunga una maggiore quantità di .... ultraviolette.
3. Perché il diboscamento è fra le cause dell'aumento della concentrazione di anidride carbonica nell'aria?
4. In che modo si formano le piogge acide?
5. Quali attività umane sono responsabili dell'emissione di inquinanti nell'atmosfera?

termini e concetti fondamentali

Caratteristiche dell'atmosfera

■ L'atmosfera è un involucro aeriforme che avvolge completamente il nostro pianeta e che partecipa a tutti i suoi movimenti, trattenuto dalla forza di attrazione gravitazionale della Terra. L'atmosfera è una delle componenti del «**sistema Terra**», come la litosfera, l'idrosfera e la biosfera, con le quali essa realizza un continuo scambio di materia ed energia.

■ L'atmosfera non è omogenea. La composizione media dell'atmosfera nella porzione più bassa, presso la superficie del globo terracqueo, è questa:
- 78,08% (in volume) di azoto;
- 20,95% di ossigeno;0,93% di argon e 0,04% di anidride carbonica;
- lo 0,01% di altri gas (neon, elio, kripton, xenon, idrogeno, ozono, anidride solforosa, ammoniaca, ossido di carbonio ecc.)

Inoltre, negli strati bassi dell'atmosfera è presente, in quantità estremamente variabile, il vapore acqueo.

■ Nella struttura dell'atmosfera si distinguono varie parti sovrapposte, dette *sfere*, separate da zone di transizone (*pause*):
- la **troposfera**,
- la **stratosfera**,
- la **mesosfera**,
- la **termosfera**,
- l'**esosfera**.

La *troposfera* è la parte più bassa e più densa dell'atmosfera, dove si verificano le perturbazioni meteorologiche e si sviluppa la vita. La sua temperatura diminuisce con l'altitudine, mediamente di 0,6 °C ogni 100 metri.

■ L'atmosfera è per noi di fondamentale importanza, perché:
- protegge la Terra dalle radiazioni nocive (per animali e piante) provenienti dallo spazio;
- regola il riscaldamento della Terra;
- contiene l'ossigeno, un elemento indispensabile per la vita animale e vegetale;
- contribuisce a modellare il rilievo terrestre;
- permette il continuo scambio di acqua tra mare e terre emerse.

■ La scienza che studia l'atmosfera e i fenomeni che vi si svolgono è la **Meteorologia**.

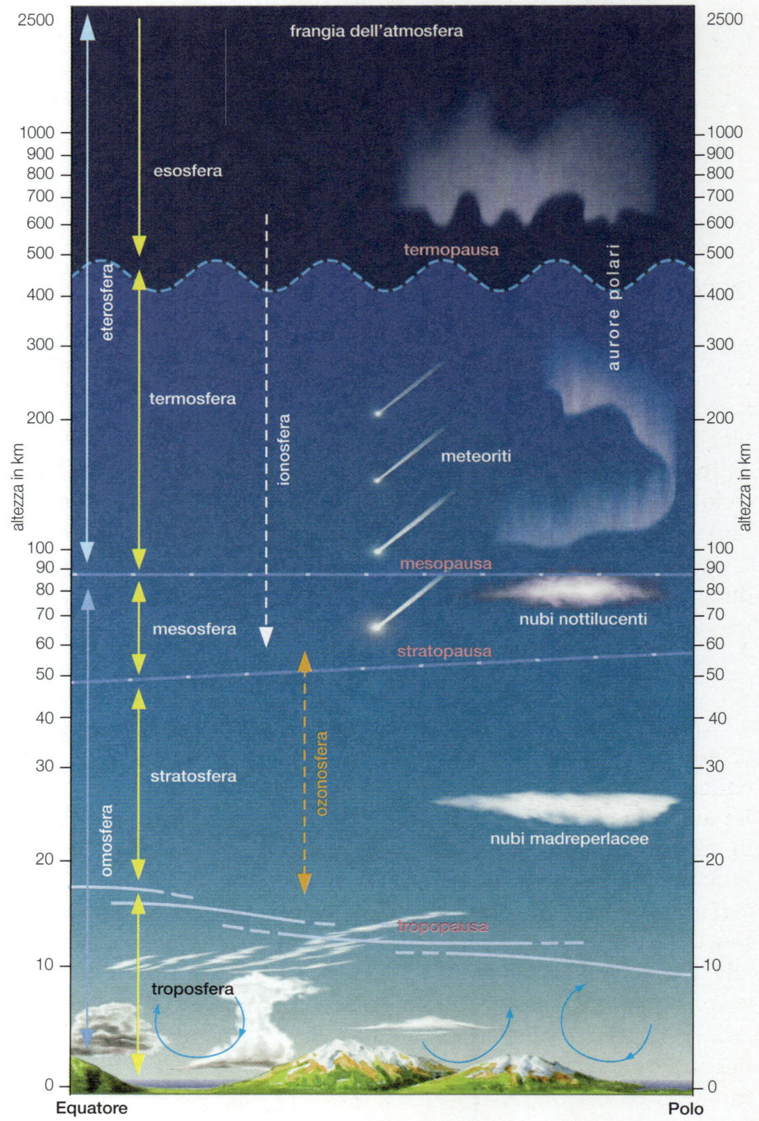

La radiazione solare e la temperatura dell'aria

■ Quasi tutta l'energia di cui disponiamo deriva dal Sole. Nell'attraversare l'atmosfera la radiazione solare viene in parte riflessa (31%), in parte assorbita (18%) e soltanto il 51% costituisce la *radiazione globale* che giunge al globo terracqueo; quest'ultimo a sua volta riflette un ulteriore 4% della radiazione solare.

■ Nel complesso il sistema Terra-atmosfera ha un potere riflettente, detto **albedo**, di circa il 35% della radiazione solare in arrivo.

■ La *radiazione effettiva* assorbita dalla Terra (47% del totale) viene emessa nuovamente dal nostro pianeta sotto forma di radiazioni a onde lunghe che danno il maggior contributo al riscaldamento dell'atmosfera. Quest'ultima, quindi, si riscalda dal basso e si mantiene calda grazie all'**effetto serra** causato da alcuni componenti dell'atmosfera, come l'anidride carbonica e il vapore acqueo, in grado di assorbire la radiazione emessa dalla superficie del globo.

■ Nel tempo il sistema Terra-atmosfera restituisce allo spazio la stessa quantità di energia che riceve dal Sole; considerando un intero anno e il globo terrestre nel suo complesso, si può parlare di **equilibrio termico**.

■ I valori della temperatura dell'aria variano nello spazio e nel tempo, essendo influenzati da numerosi *fattori geografici*:
- l'altitudine,
- la latitudine,
- l'esposizione dei versanti montuosi,
- la distribuzione delle terre e dei mari,
- la vegetazione.

■ La distribuzione della temperatura sulla superficie terrestre viene rappresentata sulle carte geografiche mediante le **isoterme**, linee che uniscono i punti con uguale valore della temperatura dell'aria.

Pressione atmosferica, venti e circolazione generale dell'atmosfera

■ La **pressione atmosferica** è il rapporto tra il peso dell'aria e la superficie su cui essa agisce. A livello del mare, alla latitudine di 45° e alla temperatura di 0 °C, la pressione dell'atmosfera fa equilibrio a una colonnina verticale di mercurio alta 760 mm e con sezione uniforme di 1 cm^2.
La pressione atmosferica viene spesso espressa in **millibar**. Nel Sistema Internazionale l'unità di pressione è il *pascal*.

■ La pressione varia da luogo a luogo in funzione di *fattori geografici e meteorologici*:
- l'altitudine,
- la temperatura,
- la quantità di vapore acqueo contenuta nell'aria.

■ La distribuzione della pressione sulla superficie terrestre viene rappresentata sulle carte geografiche per mezzo delle **isobare**, cioè linee che uniscono i punti di ugual pressione riportata a livello del mare, alla temperatura di 0 °C e alla gravità normale.
Le isobare delimitano *aree di alta pressione*, o **anticicloni**, e *aree di bassa pressione*, o **cicloni**.
Negli anticicloni l'aria, più densa e pesante, si sposta verso il basso e diverge con moto vorticoso verso le aree di bassa pressione; nei cicloni l'aria, più leggera, si sposta verso l'alto e converge vorticosamente verso il centro.

■ Le differenze nella distribuzione orizzontale della pressione producono i **venti**, flussi d'aria che si verificano dalle zone di alta pressione alle zone di bassa pressione, per ristabilire l'equilibrio barico.
I venti sono deviati dalla forza di Coriolis (verso destra nell'emisfero settentrionale, verso sinistra nell'emisfero australe).

■ Alcuni venti possono spirare alternativamente in direzioni opposte, come conseguenza del verificarsi di inversioni bariche ritmiche. È il caso delle *brezze* (con ritmo diurno e notturno) e dei *monsoni* (con ritmo stagionale).

■ La distribuzione delle aree di differente pressione atmosferica regola la circolazione generale dell'atmosfera.
A differenza di quanto avviene nell'alta troposfera, nella bassa troposfera la circolazione generale è fortemente influenzata dalla presenza delle terre emerse e dei mari.

■ La **circolazione generale nella bassa troposfera** è caratterizzata da tre sistemi di venti:
- gli **alisei**, che spirano dalle alte pressioni subtropicali e convergono verso le basse pressioni equatoriali;
- i **venti occidentali**, che provengono dalle alte pressioni subtropicali e si dirigono verso le basse pressioni subpolari;
- i **venti polari**, che partono dalle alte pressioni polari e si dirigono verso le basse pressioni subpolari.

■ La **circolazione nell'alta troposfera**, a partire da quote di 3000-5000 km, è caratterizzata da **correnti occidentali** che scorrono nei due emisferi, separate da una ristretta zona intertropicale di *correnti orientali*.

Umidità dell'aria, precipitazioni e tempo atmosferico

■ L'**umidità assoluta** (espressa in grammi) è la quantità di vapore acqueo contenuta in 1 m^3 di aria. Essa aumenta con la temperatura e tende a diminuire con l'altitudine.
La quantità massima di vapore acqueo che può essere contenuta in un volume d'aria a una data temperatura rappresenta il *limite di saturazione*.

■ L'**umidità relativa** (espressa in %) è il rapporto tra l'umidità assoluta dell'aria a una certa temperatura e il suo limite di saturazione alla stessa temperatura.

■ Quando l'aria è satura, ogni eccesso di vapore acqueo provoca la condensazione o la sublimazione di quest'ultimo e la formazione di goccioline d'acqua (o piccoli cristalli di ghiaccio), che originano nubi e nebbie. Quando le gocce d'acqua raggiungono dimensioni cospicue, danno origine alle **precipitazioni**, che possono essere liquide (pioggia) o solide (neve o grandine).

■ La distribuzione delle precipitazioni sulla superficie terrestre viene rappresentata sulle carte geografiche mediante le **isoiete**, linee che congiungono tutti i luoghi con uguali precipitazioni medie (annue, mensili o stagionali).

■ Il **regime pluviometrico** – ossia la distribuzione delle precipitazioni nell'arco dell'anno – varia da luogo a luogo della Terra.

■ Il **tempo atmosferico** è il complesso delle condizioni fisiche che caratterizzano l'atmosfera in un dato momento e in un determinato luogo. Esso è regolato dall'esistenza di cicloni e anticicloni, permanenti, stagionali o temporanei.

■ I **cicloni tropicali** sono i più violenti fenomeni meteorologici che si verificano sulla Terra. Hanno origine in prossimità dell'Equatore, sul lato orientale degli oceani, e si spostano da Est a Ovest. Sono accompagnati da intense precipitazioni e da venti velocissimi.

■ I **cicloni extratropicali** interessano le medie latitudini e sono dovuti all'incontro di masse d'aria calda tropicale con masse d'aria fredda polare, lungo il *fronte polare*.

Inquinamento atmosferico

■ L'inquinamento dell'atmosfera è uno degli aspetti più preoccupanti dell'**inquinamento ambientale**.

■ L'inquinamento atmosferico è prodotto da fonti industriali, fonti agricole, veicoli a motore, centrali termoelettriche e nucleari.
I principali **inquinanti** sono:
- l'anidride solforosa, responsabile delle piogge acide;
- il monossido di carbonio, tossico per l'uomo perché inibisce il trasporto di ossigeno da parte del sistema circolatorio;
- l'anidride carbonica, che amplifica l'effetto serra, provocando un innalzamento della temperatura media dell'atmosfera terrestre;
- gli ossidi di azoto, che – insieme ai clorofluorocarburi e al bromuro di metile – sono responsabili del **«buco» nell'ozonosfera**.

■ Ciascun inquinante, però, può essere «neutralizzato», perché esistono dei processi di «autodepurazione» naturale. Da questo punto di vista l'atmosfera si trova in uno stadio di equilibrio dinamico, ma tale equilibrio rischia di diventare sempre più precario.

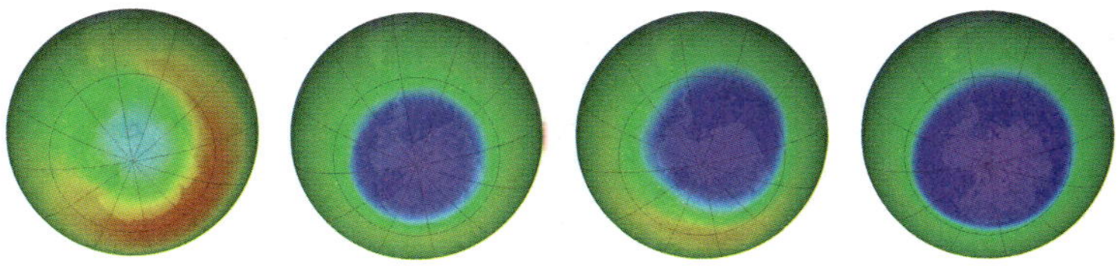

ESERCIZI per il ripasso

ALTRI ESERCIZI SU ZTE ONLINE

1. Completa la mappa con i seguenti termini:

temperatura ■ isoiete ■ precipitazioni ■ isobare

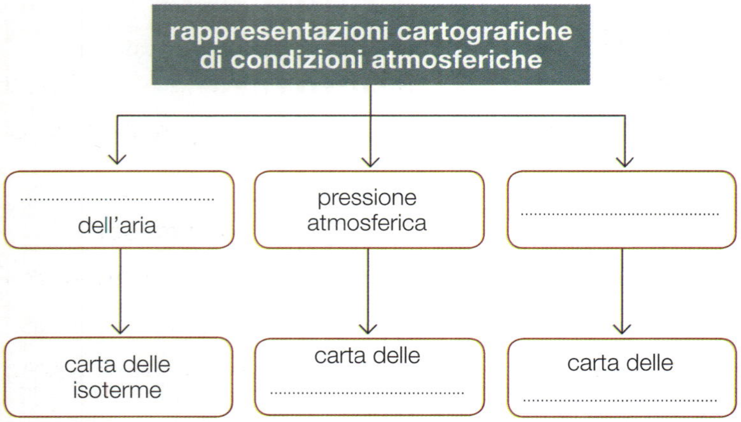

2. Completa la mappa con i seguenti termini:

alta troposfera ■ anticicloniche ■ correnti a getto ■ cicloniche ■ bassa troposfera ■ alisei

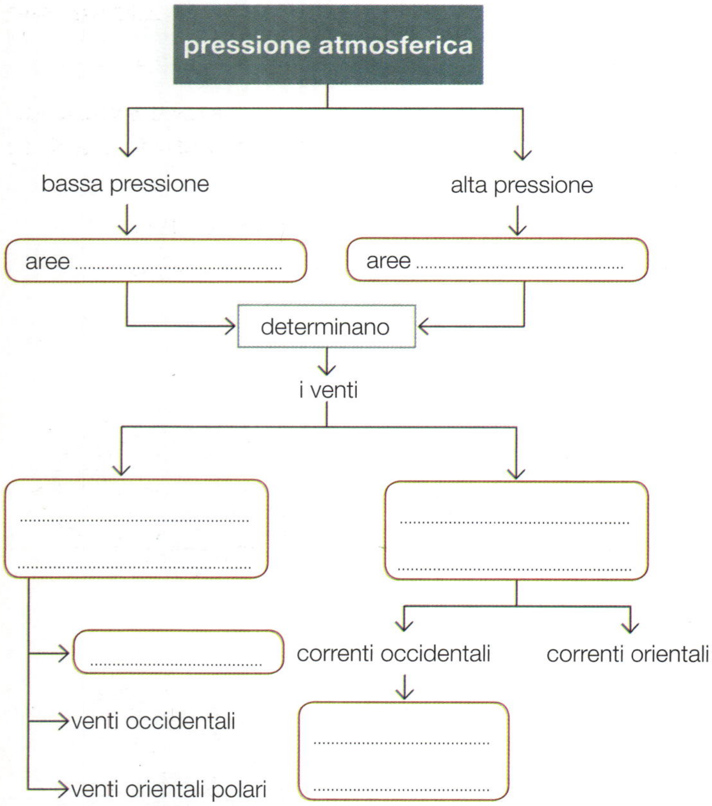

3. Il gas più abbondante nell'atmosfera è

A l'azoto.
B l'ossigeno.
C l'anidride carbonica.
D l'argon.

4. I principali fenomeni meteorologici avvengono nella

A termosfera.
B stratosfera.
C mesosfera.
D troposfera.

5. Completa.

Il fenomeno naturale grazie al quale l'atmosfera trattiene le radiazioni termiche provenienti dalla Terra lasciandone uscire solo una parte si chiama ....

6. Completa.

Gli ossidi di zolfo e di azoto causano le ....; i CFC sono responsabili del ....

7. Completa.

Quando una massa d'aria, a una data temperatura, contiene la quantità massima possibile di vapore acqueo si dice che è ....

8. Scegli l'alternativa corretta.

Le precipitazioni più intense sono originate in particolar modo dalle nuvole che presentano un forte sviluppo **verticale/orizzontale**.

9. Scegli l'alternativa corretta.

La copertura vegetale fa **aumentare/diminuire** la quantità di radiazione che raggiunge il suolo.

10. Scegli le alternative corrette.

I monsoni sono venti **costanti/periodici** che soffiano con ritmo **diurno/stagionale**.

11. Scegli l'alternativa corretta.

Nel nostro emisfero gli alisei spirano da **Nord-Est/Sud-Ovest**; i venti occidentali soffiano da **Nord-Ovest/Sud-Ovest**.

12. I valori massimi di umidità relativa si registrano

A all'Equatore e presso i circoli polari.
B alle medie latitudini e ai poli.
C ai tropici e all'Equatore.

13. I cicloni extratropicali si formano

A nella stratosfera.
B presso i poli.
C a bassa quota.
D vicino all'Equatore.

14. Associa a ogni figura il nome corretto.

cirri ■ nembostrati ■ stratocumuli ■ cumulonembi

....

....

15. Completa.

Se l'altitudine aumenta, la pressione ....

Se l'umidità dell'aria diminuisce, la pressione

....

Se la temperatura dell'aria aumenta, la pressione

....

16. Vero o falso?

La previsione del tempo, basata su dati scientifici, è iniziata nel X secolo.

Motiva la risposta.

....

....

17. Completa il brano con i termini mancanti:

radiazione globale ■ onde lunghe ■ 4% ■ 47% ■ 51% ■ radiazione effettiva ■ riflessione

Della radiazione solare che giunge al limite dell'atmosfera soltanto il .... riesce ad arrivare fino alla superficie del globo terracqueo, dopo aver attraversato l'involucro aeriforme: questa quantità costituisce la ...., ma ad essa va sottratto il .... circa a causa della .... media prodotta dalle terre emerse e dalle acque oceaniche, riducendosi così la .... al ....

Quest'ultima parte si trasforma in energia che viene emessa dal globo sotto forma di radiazioni ad ....

18. Completa.

La brezza di mare spira durante .... , quando il rapido riscaldamento del terreno produce condizioni di .... pressione che fanno affluire aria dalle .... pressioni che si instaurano sul mare, dove la temperatura è ....

19. Completa.

La .... alla quale il .... si condensa (e si può formare una nuvola) si chiama punto di ....

20. Scrivi il nome di ciascun regime pluviometrico.

1. Precipitazioni durante tutto l'anno, con due massimi equinoziali ....
2. Precipitazioni abbondanti durante l'inverno e molto scarse in estate ....
3. Precipitazioni abbondanti nel semestre estivo e quasi assenti in quello invernale ....
4. Precipitazioni scarse e prevalentemente nevose, concentrate soprattutto in estate e autunno ....
5. Precipitazioni concentrate nel periodo solstiziale, rare durante il resto dell'anno ....

21. Riordina gli stadi di sviluppo di un ciclone extratropicale inserendo opportunamente i numeri da 1 a 4 e i simboli relativi a:

fronte freddo — fronte occluso

fronte caldo — fronte stazionario

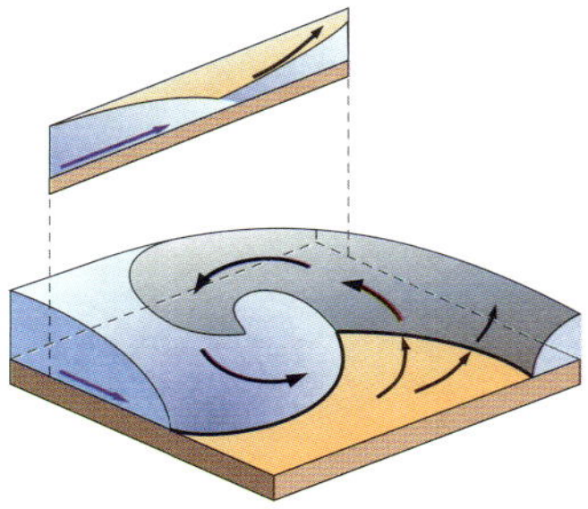

☐

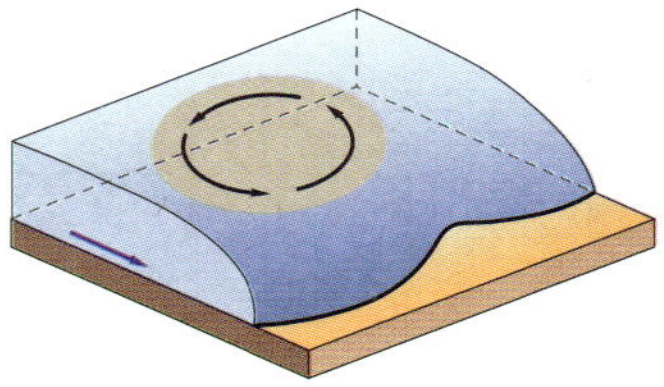

☐

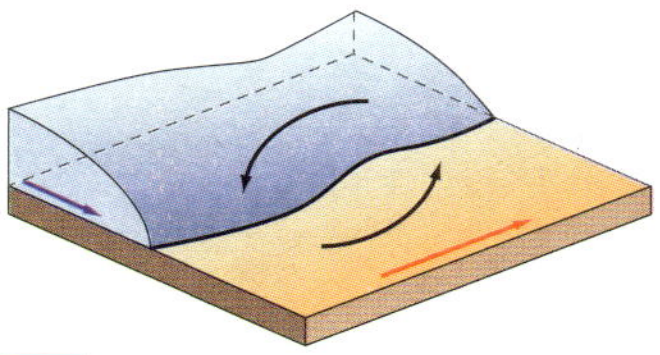

☐

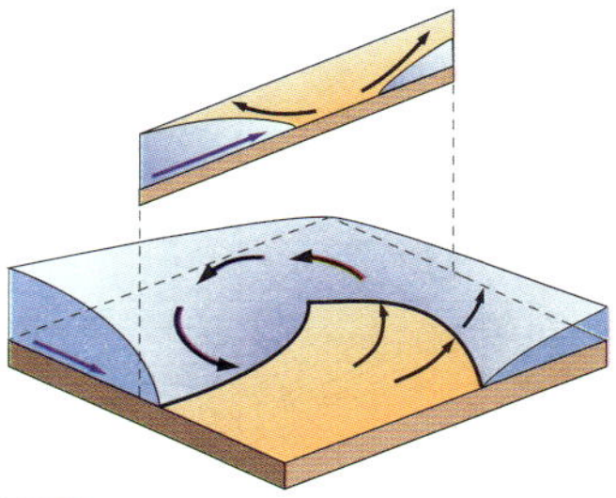

☐

CLIL: Earth Science Highlights

Glossary

Match each word or expression with its definition.

1. ☐ Absolute humidity
2. ☐ Acid rain
3. ☐ Albedo
4. ☐ Anticyclone
5. ☐ Atmosphere
6. ☐ Atmospheric pressure
7. ☐ Cyclone
8. ☐ Greenhouse effect
9. ☐ Isobar
10. ☐ Isohyet
11. ☐ Isotherm
12. ☐ Meteorology
13. ☐ Net solar radiation
14. ☐ Pause
15. ☐ Pressure gradient
16. ☐ Rainfall regime
17. ☐ Relative humidity
18. ☐ Trade winds
19. ☐ Troposphere
20. ☐ Weather
21. ☐ Westerlies
22. ☐ Wind

a. Pressure exerted by the atmosphere on a unit area of the Earth's surface due to the force of gravity acting on the overlaying column of air.

b. A line on a map passing through all points with the same atmospheric pressure.

c. The science of the atmosphere; particularly the physics of the lower or inner atmosphere.

d. Precipitation whose pH has been significantly lowered by air pollution; from a pH 5.6 to as low as a pH 1.5.

e. System of surface winds blowing from a generally westerly direction in the middle latitude zones in both Hemispheres.

f. Accumulation of heat in the lower atmosphere through the absorption of long-wave radiation from the Earth's surface.

g. A measure of the humidity that expresses vapour content as a percentage of the amount of vapour that can be held in the same volume of air when it is fully saturated.

h. Centre of high atmospheric pressure, characterized by circular wind motion, clockwise in the Northern Hemisphere and counter clockwise in the Southern Hemisphere.

i. Air motion, dominantly horizontal relative to the Earth's surface, from centres of high pressure towards centres of low pressure.

j. The character of the seasonal distribution of rainfall at any place.

k. The amount of water vapour per unit volume of air, expressed in grams per cubic metre.

l. The system of prevailing easterly winds, which blow from the subtropical highs to the equatorial lows in both Hemispheres.

m. Incoming solar radiation minus outgoing solar radiation that is reflected by land and water.

n. A line on a map passing through all points with the same amount of rainfall at a certain time or for a stated period.

o. Boundary between two overlapping spheres of the atmosphere.

p. Centre of low atmospheric pressure, characterized by circular wind motion, counter clockwise in the Northern Hemisphere and clockwise in the Southern Hemisphere.

q. An envelope of a mixture of gases that surround the Earth, held in place by gravity.

r. The lowest layer of the atmosphere.

s. The change in pressure over the distance between two points.

t. The state of the atmosphere at a given time and place, with respect to variables such as temperature, humidity, wind velocity and atmospheric pressure.

u. The percentage of incident radiation reflected from a material.

v. A line on a map connecting all points of equal temperature.

Summing-up

Complete the following text with the right words from the Glossary.

The characteristics of the atmosphere

■ The .... is a gaseous envelope that surrounds our planet, held in place by the gravitational pull of the Earth.

■ The average composition of the lowest portion of the atmosphere, close to the landmass and ocean surfaces, is 78.08% nitrogen, 20.95% oxygen, 0.93% argon and 0.04% carbon dioxide (in percentage by volume). Other gases (neon, helium, krypton, xenon, hydrogen, ozone etc.) amount to about 0.01%. In the lower atmosphere, water vapour is also present in variable amounts.

■ The atmosphere consists of several overlapping parts, called spheres, that are separated from each other by transition zones named .... From bottom to top, the spheres are the ...., the stratosphere, the mesosphere, the thermosphere and the exosphere.

■ .... is the science that studies the atmosphere and the phenomena that takes place within it.

Solar radiation and air temperature

■ Almost all the energy available to us is derived from the Sun. As incoming radiation passes through the atmosphere it is partly reflected (31%), partly absorbed (18%) and only 51% reaches the land/sea globe, which reflects a further 4%. Overall, the percentage of energy reflected by the Earth-atmosphere system, or ...., is approximately 35% of incoming solar radiation.

■ The .... absorbed by the Earth (47% of the total) is emitted again from our planet as long-wave radiation and provides the greatest contribution to the warming of the atmosphere from below. The atmosphere remains hot due to the ...., caused by certain components of the atmosphere that are capable of absorbing the radiation emitted from the Earth's surface.

■ Air temperature varies in space and time as a function of numerous geographical factors: altitude, latitude, the orientation of mountain slopes, vegetation and the distribution of landmass and sea.

■ ...., the lines joining points with the same temperature, allow the pattern of air temperature values on Earth to be represented on maps.

Atmospheric pressure, winds and the general wind pattern

■ .... is the ratio between the weight of the air and the surface area on which it acts. At sea level, at a latitude of 45° and at a temperature of 0 °C, the pressure of the atmosphere balances the pull of gravity of a 760 mm high vertical column of mercury with a 1 cm^2 uniform cross-section. Air pressure is commonly expressed in millibars (760 mm of mercury equals 1013 millibars).

■ Pressure varies from place to place according to geographical and meteorological factors: altitude, temperature and the amount of water vapour contained in the air.

■ ...., lines joining points of equal pressure, allow the world pressure pattern on Earth to be represented on maps.

■ Isobars delimit centres of high pressure, or ...., and low-pressure centres, or .... In an anticyclone, winds diverge, spiralling outward and downward; in a cyclone, winds converge spiralling inward and upward. Pressure gradients within the atmosphere cause ...., which blow from areas of high pressure to areas of low pressure. The Coriolis effect deflects winds (to the right in the Northern hemisphere, and to the left in the Southern hemisphere).

■ Three wind systems exist in both Hemispheres in the lower troposphere:
- the ...., which come from the subtropical high and converge towards the equatorial low;
- the ...., which come from the subtropical high and converge towards the sub-polar low;
- the polar winds, which move from the polar high and head towards the sub-polar low.

■ The upper troposphere circulation (between 3,000-5,000 km in altitude), is characterised by the upper air westerlies that flow in both hemispheres, separated by a narrow intertropical zone of upper air easterlies.

Air humidity, precipitation and weather

■ .... is the amount of water vapour (in grams) per unit volume of air (1 m^3). This increases with temperature and tends to decrease with altitude. The maximum amount of water vapour that a volume of air can hold at a given temperature is the saturation limit. The ratio between the absolute humidity of a volume of air and its saturation limit at the same temperature is the .... (expressed as %).

■ When air is saturated, excess water vapour results in precipitation, which may be liquid (rain) or solid (snow or hail).

■ ...., lines joining points of equal average rainfall, allow the world precipitation pattern on Earth to be represented on maps.

■ .... is the distribution of rainfall over the year and varies from place to place on Earth.

■ .... is the complex system of physical conditions of the atmosphere, at a given time and place, as it results from the existence of permanent, seasonal or temporary cyclones and anticyclones. Tropical cyclones (the most violent weather phenomena on Earth) and mid-latitude cyclones are the most important atmospheric disturbances.

Air pollution and the "ozone hole"

■ Air pollution is produced by industry, agriculture, motor vehicles, as well as thermoelectric and nuclear power plants. Some of the main pollutants are:
- sulphur dioxide, responsible for ....;
- carbon monoxide, toxic to humans because it inhibits the transport of oxygen by the circulatory system;
- carbon dioxide, which amplifies the greenhouse effect, causing a rise in the average temperature of the Earth's atmosphere;
- nitrous oxide, which along with chlorofluorocarbons and methyl bromide, is responsible for the removal of atmospheric ozone and therefore creating the so-called "ozone hole". Each pollutant, however, has the possibility of being "neutralised" as processes of "self-purification" exist.

Now listen and check your answer.

Video «How atmospheric pressure varies»

Watch the video and answer the questions.

1. What are the main geographical and meteorological factors that influence air pressure?
2. Is warm air denser than cold air?
3. Does warm air exert higher or lower pressure than cold air?
4. Is an air mass rich in water vapour heavier or lighter than an equal volume of dry air?

QUESITI per l'applicazione delle conoscenze

1. Spiegare un fenomeno

Formazione di nuvole

Scrivi una didascalia per ciascuna delle seguenti immagini, descrivendo i fenomeni rappresentati.

2. Leggere un grafico

L'escursione termica diurna

Osserva qui a fianco l'andamento delle temperature registrate per una settimana, in estate, a San Francisco (California) e a Yuma (Arizona), negli Stati Uniti d'America. Rispondi alle domande.

- Dov'è più marcata l'escursione termica?
- Cerca su un Atlante le due località. Sapresti spiegare quale fattore è responsabile della diversa escursione termica?

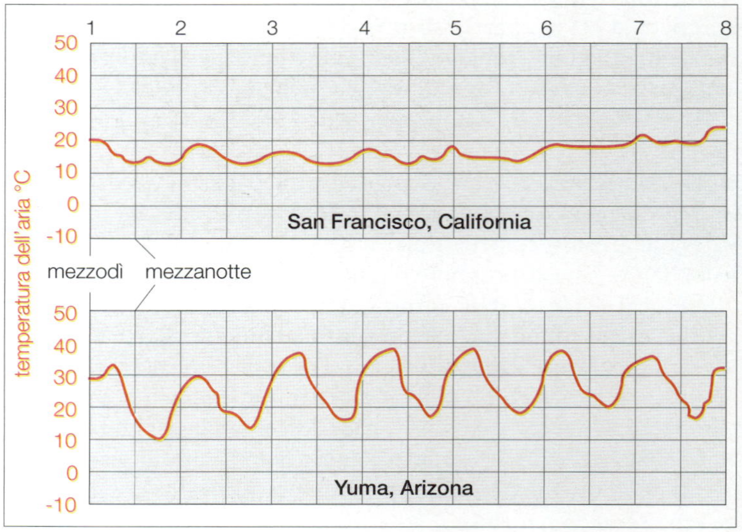

3. Formulare ipotesi

Voli intercontinentali

Un pilota sta progettando un volo da Los Angeles a Sydney.

- In quali condizioni atmosferiche può aspettarsi di viaggiare il pilota, una volta raggiunta l'alta troposfera?
- Riguarda le figure del paragrafo 6 e fai delle ipotesi.
- Quali venti incontrerà? Incontrerà anche delle correnti a getto?
- Rispetto all'aereo spireranno nello stesso verso (facendolo accelerare) o in verso opposto (rallentandolo)?

4. Ricercare e analizzare dati

L'anticiclone delle Azzorre

Alle nostre latitudini l'anticiclone delle Azzorre è responsabile del caldo asciutto estivo.

Cerca su Internet una carta delle isobare del mese di luglio e una del mese di gennaio.

- In quale modo si sposta l'anticlone delle Azzorre?

5. Esaminare pro e contro

L'energia eolica

Alcune associazioni ambientaliste e gruppi di cittadini si oppongono all'installazione di turbine eoliche sul loro territorio. Altri le trovano invece utili.

Come elementi a favore degli impianti a energia eolica ci sono il basso costo della produzione di energia e il fatto che questa è rinnovabile e pulita, oltre che la possibilità di produrla senza gravi rischi ambientali e senza dover costruire centrali di grandissime dimensioni (come è invece nel caso dell'energia solare).

Per contro, tuttavia, ci sono la scarsa quantità dell'energia prodotta, lo spazio occupato dagli aerogeneratori, il loro impatto sul paesaggio e infine la loro rumorosità, soprattutto per quelli più grandi e quindi più efficaci.

1. Dividete la classe in due gruppi. Un gruppo dovrà stilare una lista di motivazioni a favore dell'energia eolica, e l'altro le motivazioni contrarie. Tenete presente gli aspetti ambientali, economici e paesaggistici.
2. Analizzando le motivazioni riportate dai due gruppi, discutete in classe l'opportunità di costruire un parco eolico sul vostro territorio. Potrebbe essere il caso di prendere anche in considerazione, come termini per un confronto, le altre possibili fonti rinnovabili di energia elettrica.
3. Alla fine della discussione, elaborate un documento collettivo in cui esponete la decisione finale e le sue motivazioni.

8 Il clima e la biosfera

Laguna Hedionda è un sottile lago salato, a un'altitudine di circa 4 100 metri s.l.m. nel Dipartimento di Potosí, in Bolivia. La sua esistenza, che è fondamentale per l'alimentazione dei fenicotteri presenti, e le caratteristiche della scarsa vegetazione locale sono in stretto rapporto con il clima moderatamente caldo e poco piovoso di questa zona dell'altopiano boliviano. (Arterra/UIG via Getty Images)

Test d'ingresso

A. La temperatura dell'aria dipende da numerosi fattori, tra i quali riveste particolare importanza l'inclinazione dei raggi solari rispetto alla superficie terrestre, che varia con la *latitudine*.
Confrontando una località ubicata al Tropico del Cancro con una ubicata all'Equatore, nel giorno del solstizio d'estate
(*due risposte corrette*)

- A al Tropico ci saranno più ore di luce.
- B al Tropico ci saranno meno ore di luce.
- C al Tropico i raggi del Sole saranno più alti sull'orizzonte.
- D all'Equatore i raggi del Sole saranno più alti sull'orizzonte.

B. La capacità termica dell'acqua è molto maggiore di quella delle rocce della crosta terrestre (in media circa 2,5 volte).
Perciò la presenza di un grande lago o del mare:

- A accentua le escursioni termiche.
- B attenua le escursioni termiche.

C. Tra gli elementi del clima vi sono le precipitazioni.
Completa.
La distribuzione geografica delle precipitazioni medie annue viene rappresentata nelle carte delle ....
Nello studio delle precipitazioni occorre tenere conto della loro ripartizione mensile e stagionale, cioè del ...., variabile da luogo a luogo della Terra.

D. I monsoni sono venti periodici a ritmo stagionale che spirano dall'oceano verso i continenti durante l'estate e dai continenti verso l'oceano durante l'inverno.
Scegli l'alternativa corretta.
Il monsone **estivo**/**invernale** porta piogge **molto**/**poco** abbondanti perché si è caricato dell'umidità presente nell'aria che sovrasta l'oceano.
Il monsone **estivo**/**invernale** è invece **secco**/**umido** perché sui continenti ci sono meno aree a forte evaporazione.

1 Dal tempo atmosferico al clima

Quando si parla delle condizioni atmosferiche, nel linguaggio comune i termini «tempo» e clima» vengono spesso usati indifferentemente, come se esprimessero lo stesso concetto. In realtà si tratta di due concetti diversi, benché concatenati.

Naturalmente, anche le discipline che studiano questi fenomeni sono collegate fra loro, ma ben distinte: la *Meteorologia* si occupa del tempo atmosferico, mentre la *Climatologia* studia il clima e le sue variazioni nello spazio e nel lungo periodo.

1.1 Gli elementi e i fattori del tempo e del clima

Per facilitare la comprensione della diversità fra tempo atmosferico e clima, possiamo ricorrere a qualche esemplificazione. Se in un giorno di vacanza si verifica un acquazzone che ci rovina una gita è lecito affermare che è colpa dell'inclemenza del tempo; e non è detto che il giorno dopo sia necessario munirsi di ombrello per fare un'altra gita nello stesso luogo (specialmente se, ad esempio, ci troviamo in Calabria durante l'estate). Ma se annualmente cadono in media 2500 mm di pioggia e non vi è alcuna stagione asciutta (come accade nelle Alpi Apuane) o se le precipitazioni annue oscillano intorno ai 500 mm e sono mal distribuite nelle varie stagioni (come avviene nella Sicilia occidentale), queste caratteristiche sono da assegnare al clima. Ed è proprio delle condizioni pluviometriche annuali – oltre che di quelle termiche e anemometriche – che dobbiamo tener conto se abitiamo stabilmente in una determinata località o se ci trasferiamo in altri luoghi della Terra per periodi più o meno lunghi.

La differenza che passa fra tempo atmosferico e clima può essere sintetizzata in modo efficace dalla battuta paradossale di un scienziato inglese, secondo il quale la Gran Bretagna avrebbe un tempo pessimo, ma un clima ottimo. Con questo egli intendeva dire che, nonostante le abbondanti precipitazioni, le nebbie, i venti e le foschie, in Gran Bretagna si registrano raramente ondate di caldo e lunghi periodi di siccità o di gelo.

In sostanza, gli **elementi** del tempo e del clima sono gli stessi:
- la *temperatura*;
- la *pressione* e i *venti*;
- l'*umidità* e le *precipitazioni*.

Come gli stessi sono i **fattori** che concorrono a determinare le difformità del tempo e del clima nelle varie regioni della Terra:
- la *latitudine*;
- l'*altitudine*;
- la *distribuzione delle terre e dei mari*;
- le *correnti marine*;
- la *vegetazione*;
- le *attività umane*.

Ma, mentre il **tempo** risulta da «una combinazione momentanea dei suddetti elementi», il clima è costituito dal loro andamento durante l'anno. Il **clima** può quindi essere definito come «l'insieme delle varietà quotidiane del tempo atmosferico». Per definire con precisione il clima di una data località, occorre considerare la serie degli stati dell'atmosfera che vi si verificano abitualmente, quale risulta dalle osservazioni meteorologiche protratte per un lungo periodo (almeno un trentennio).

1.2 La scienza del clima

La **Climatologia** è la scienza che si occupa delle caratteristiche e della distribuzione dei diversi tipi climatici nelle varie zone della Terra, cercando di individuarne i legami con i fattori geografici da cui dipendono.

La Climatologia è un ramo fondamentale della **Geografia fisica**, cioè di quella parte della Geografia che esamina i fenomeni fisici operanti sulla superficie terrestre e i rapporti tra tali fenomeni e le attività umane.

Gli studi climatici sono importanti anche sotto il profilo pratico e applicativo. Tale importanza appare evidente se si considera che l'atmosfera – con le sue caratteristiche climatiche variabili da luogo a luogo – è una delle «componenti» fondamentali

Figura 1
Il *clima* di un qualsiasi luogo della Terra non è desumibile da osservazioni momentanee, poiché consiste nella successione delle condizioni atmosferiche che in quel luogo si verificano annualmente. Ma anche immagini come queste (**A.** Isole Galápagos; **B.** Ladakh, India) possono mostrare – accanto ad aspetti meteorologici transitori, e quindi non significativi (le nuvole) – alcune sembianze del *paesaggio* fortemente connesse alle condizioni climatiche: la vegetazione, la fauna, il suolo. (Fotomatt_hh/iStock; N.Billington/Shutterstock)

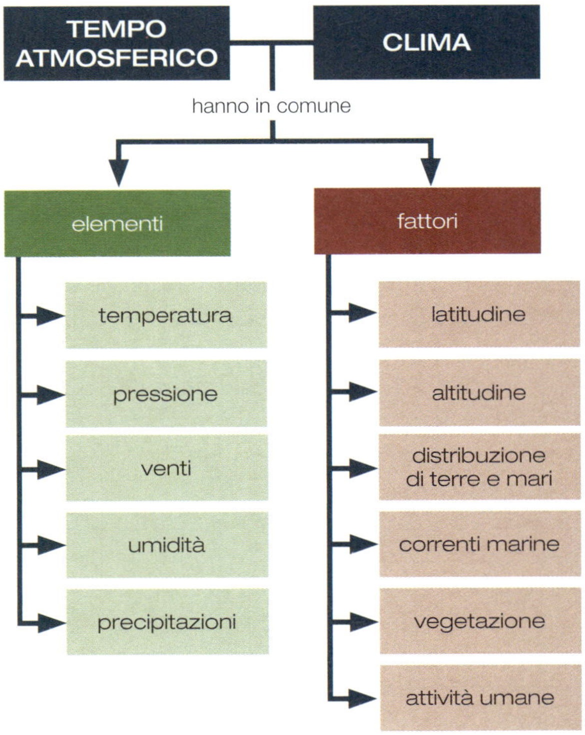

dell'*ambiente* in cui si svolge la nostra esistenza. E dunque il clima, assieme alla struttura geologica, ai processi della vita vegetale e animale e alle attività antropiche, costituisce uno dei principali «determinanti» del **paesaggio**, cioè del complesso di caratteristiche (comprendenti il rilievo, il suolo, le acque, la vegetazione, la fauna, le opere dell'uomo) che distinguono ciascun luogo della Terra [**Figura 1**].

A causa di molteplici fattori geografici (latitudine, altitudine, distanza dal mare ecc.), ogni luogo ha il suo proprio clima, diverso da quello degli altri luoghi, anche vicini. Per di più, le condizioni climatiche sono variabili anche nel tempo; e così si giustificano, almeno in parte, le diverse possibilità di sopravvivenza e di diffusione degli esseri viventi – comprese, entro certi limiti, quelle delle comunità umane – che si sono registrate nel passato e possono ancora realizzarsi nel futuro, in zone limitate o sull'intera superficie del nostro pianeta.

È sufficiente qualche osservazione – magari basata su esperienze personali – per rendersi conto della notevole influenza dei climi sui paesaggi terrestri. Quelli di noi che vivono in zone piovose avranno potuto notare l'abbondanza di torrenti o fiumi le cui acque, scorrendo più o meno impetuosamente, erodono e trasportano materiali rocciosi, e quindi col tempo modificano l'aspetto di monti, colline e pianure. Chi abita in località di alta montagna sa bene che la presenza di nevai o ghiacciai non è certamente casuale, né può essere collegata soltanto al freddo di poche giornate, ma dipende dalle basse temperature che si registrano per parecchi mesi e si ripetono nel corso degli anni. Molti di noi avranno osservato, spostandosi dai luoghi abituali e recandosi in zone diverse, che il tipo e la densità della vegetazione mutano con le differenti condizioni climatiche. Il clima influenza anche la stessa vita e le attività umane, e più ancora le ha condizionate in passato.

QUESITI

1. Quale di questi non è un elemento del clima?
   A La temperatura.
   B I venti.
   C L'umidità.
   D La latitudine.
2. Vero o falso? Motiva la risposta.
   I fattori che determinano le varietà del tempo atmosferico e del clima sono gli stessi.
3. Dai una definizione del termine «clima».
4. Di che cosa si occupa la Climatologia?
5. Quali sono i principali aspetti che differenziano i paesaggi dei vari luoghi della Terra?

2 Il clima e la formazione del suolo

Video
Il profilo pedologico

Oltre che il principale artefice della presenza delle acque e il più importante fattore del modellamento del rilievo delle terre emerse, il clima è uno dei maggiori responsabili della formazione del **suolo**, ossia di quella sottile e discontinua pellicola superficiale della crosta terrestre, che è costituita sia da sostanze minerali, sia da residui organici.

Dove esiste, il suolo ha spessore variabile da qualche centimetro a una decina di metri e più, secondo l'intensità e la durata dei processi di degradazione meteorica subìti dalle rocce da cui esso deriva. La presenza di suoli diversi nei vari luoghi della Terra caratterizza paesaggi differenti, poiché influisce sensibilmente sulla distribuzione della vegetazione naturale, delle coltivazioni e degli insediamenti umani.

Figura 2
Il *profilo pedologico* tipo. L'acqua che si infiltra nel suolo e giunge nell'orizzonte A prende in carico le sostanze minerali solubili e le fa migrare (processo di *eluviazione*) verso l'orizzonte B, dove vanno a concentrarsi (processo di *illuviazione*).

2

2.1 La natura e il colore del suolo

Accanto agli affioramenti di roccia nuda, sui quali difficilmente attecchiscono piante, spesso si estendono zone in cui le rocce sono ricoperte da una coltre di suolo: è su queste zone che si sviluppa la vegetazione spontanea o si impiantano le colture agricole. È facile, quindi, comprendere quanto sia necessaria per l'uomo la conoscenza dei suoli. La **Pedologia** (dal greco *pédon*, terreno e *lógos*, studio) è la scienza che ne studia la composizione, le caratteristiche evolutive e la distribuzione geografica.

Le sostanze che compongono il suolo sono solide, liquide e aeriformi. Per lo sviluppo della vegetazione è necessario un appropriato equilibrio di tutti e tre gli stati della materia.

- La *porzione solida* è sia inorganica che organica: la prima deriva dalla disgregazione delle rocce, dovuta agli agenti atmosferici, e può variare dalla ghiaia alla sabbia molto fine e all'argilla; la seconda è costituita da materiali vegetali e animali, sia vivi, sia decomposti (radici di piante, funghi, batteri ecc.).
- La *porzione liquida* è una soluzione complessa in cui predomina l'acqua, dalla quale dipendono importanti reazioni e l'esistenza stessa del suolo.
- I *gas* sono gli stessi che si trovano nell'atmosfera, insieme a quelli liberati dall'attività biochimica nel suolo.

Tutte queste componenti sono coinvolte in una serie di processi fisici e chimici che fanno del suolo una specie di «laboratorio naturale» complesso ed efficiente; e così concorrono a conferire ad ogni suolo una sua capacità produttiva, più o meno sfruttabile con l'utilizzazione della vegetazione naturale o la coltivazione di piante appropriate.

Durante la formazione del suolo si differenziano alcuni livelli, detti *orizzonti*, che presentano dimensioni delle particelle, caratteristiche chimiche e colorazioni diverse: ogni suolo ha una successione propria di orizzonti, ossia un **profilo** peculiare. [Figura 2]. In un suolo-tipo, dall'alto verso il basso, si riconoscono tre orizzonti.

- L'**orizzonte A**, coperto da un sottile straterello di sostanze organiche indecomposte (come foglie, radici ecc.), è costituito da sostanza organica decomposta – l'**humus** – e da minerali insolubili.
- L'**orizzonte B** è povero di matria organica e ricco di minerali che provenono dall'orizzonte A. Qui si sono depositati i composti chimici che l'acqua ha trasportato in soluzione infiltrandosi nel terreno.
- L'**orizzonte C** è costituito da frammenti alterati, di varie dimensioni, della roccia madre sottostante.

La prima caratteristica che si nota in un suolo è il suo *colore*, dal quale si possono ricavare utili informazioni sulla sua costituzione e sulla sua genesi. Una sequenza di colorazioni che si estende dal bianco al bruno e al nero è connessa al contenuto, via via maggiore, in humus, che dipende dalla rigogliosità della vegetazione e della vita microbica, che, a loro volta, dipendono dal clima [Figura 3].

2.2 I fattori della pedogenesi

La formazione del suolo, o **pedogenesi**, è strettamente legata a una serie di agenti e fattori – detti *fattori pedogenetici* – che determinano o influenzano i processi fisici, chimici e biologici localizzati nella parte più superficiale della crosta terrestre.

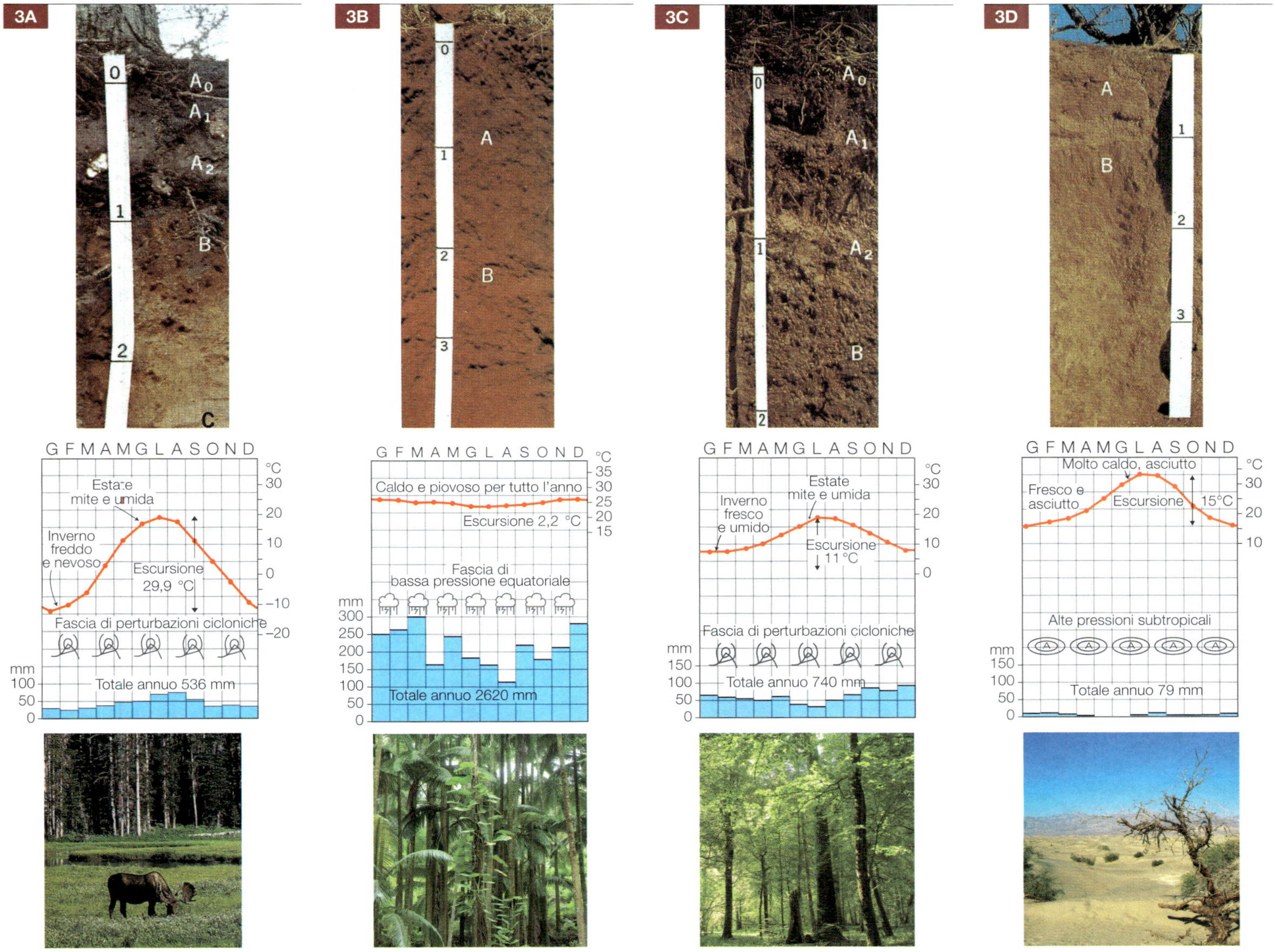

Figura 3
Alcuni esempi di suoli di ambienti diversi, con le relative condizioni climatiche e le corrispondenti coperture vegetali. **A.** Un esempio di *suolo podzolico*. I diversi orizzonti sono marcati da differenti colorazioni: agli orizzonti bruni superficiali (A_0 e A_1), con materiale organico abbondante, segue un orizzonte di color cenere (A_2), dal quale il ferro e gli elementi dell'humus sono migrati verso il basso, accumulandosi nell'orizzonte illuviale (B). I suoli podzolici sono caratteristici di zone a clima freddo-umido. Essi sono associati alle foreste di conifere delle alte latitudini. **B.** Un *suolo lateritico*. A causa della scarsa presenza di humus, l'orizzonte A appare indifferenziato. Questo suolo ha una tipica colorazione rossastra dovuta alla precipitazione di ossidi di ferro e di alluminio. Le zone in cui si sviluppano i suoli lateritici hanno precipitazioni abbondanti, ben distribuite durante l'anno, e temperature elevate. Si tratta di suoli che permettono lo sviluppo della lussureggiante foresta equatoriale. **C.** Un *suolo grigio-bruno*. Questo suolo ha caratteristiche analoghe a quello podzolico, dal quale differisce per la colorazione bruna. Lo sviluppo dei suoli grigio-bruni è favorito soprattutto dal clima umido delle medie latitudini, con precipitazioni relativamente abbondanti. Su di essi si sviluppa ampiamente la foresta a foglie caduche (acero, faggio, quercia). **D.** Un *suolo rosso del deserto*. La mancanza quasi totale di humus, connessa all'estrema riduzione della vegetazione, rende l'orizzonte A indifferenziato; il colore rosso pallido è legato alla moderata quantità di ossidi di ferro. Questi suoli, poco evoluti, si formano con precipitazioni ridottissime e temperature elevate. Essi sono tipici delle zone a cavallo dei tropici, aride e calde, e consentono lo sviluppo soltanto di arbusti sparsi o di rare piante adattate a prolungati periodi di siccità.

I principali **fattori pedogenetici** sono:

- la *roccia madre*, che è il materiale di origine del suolo;
- il *rilievo*, ossia la configurazione del terreno;
- il *tempo* durante il quale si svolgono i processi pedogenetici;
- gli *organismi* che vivono sul terreno e dentro di esso;
- il *clima*.

I primi tre sono fattori passivi, mentre gli ultimi due sono fattori attivi (o *agenti della pedogenesi*).

La composizione mineralogica e la tessitura (cioè le dimensioni dei granuli o delle particelle) del suolo dipendono in buona parte dalla natura della roccia che ne costituisce il substrato. Ma il clima è responsabile della disgregazione e dell'alterazione delle rocce e quindi dell'esistenza di un *mantello detritico*, o **regolite**, del quale il suolo fa parte e senza il quale non può svilupparsi.

La pedogenesi dipende anche dall'andamento del rilievo: lo sviluppo del suolo procede diversamente sui versanti ripidi, sui deboli pendii o in zone pianeggianti; per di più, esso è condizionato dalla esposizione del terreno ai raggi solari, e cioè ancora dal clima. La formazione del suolo è inoltre subordinata alla presenza e all'attività di piante e animali; e anche questi, a loro volta, dipendono dalle condizioni climatiche.

Gli **elementi climatici** più coinvolti nei processi pedogenetici sono le precipitazioni e la temperatura.

- Le *precipitazioni* forniscono l'acqua, senza la quale le attività chimiche e biologiche non sono possibili: l'acqua discioglie una parte dei sali minerali contenuti nel suolo e questi possono reagire fra di loro, dando origine a composti assimilabili da piante e animali. Un eccesso di piogge può, però, filtrare tali sali e asportarli durante lo scorrimento, impoverendo perciò il suolo stesso. Così, nei climi caldi con precipitazioni abbondanti e intense molti sali ed elementi nutritivi (silice, calcio, sodio, potassio ecc.) vengono rimossi e quindi i suoli presentano scarsa fertilità. Nei climi aridi, dove l'evaporazione vanifica le precipitazioni, il suolo è secco per lunghi periodi; la poca acqua del terreno, che può risalire lentamente in superficie, evapora e abbandona i sali disciolti: qui il suolo è poco fertile per un eccesso di contenuto salino.
- La *temperatura* può influire in modi diversi: in genere l'attività chimica è favorita da temperature alte, è ridotta dal freddo e cessa quando l'acqua del suolo è gelata. Nei suoli tropicali il materiale originario è del tutto alterato chimicamente; nei terreni gelati (*permafrost*) della tundra esso si presenta frantumato solo meccanicamente dall'acqua che penetra nelle fessure delle rocce, si trasforma in ghiaccio, aumenta di volume e le frantuma. L'attività batterica è incrementata da temperature elevate; e perciò nelle zone tropicali, dove i batteri hanno un rigoglioso sviluppo, le piante morte vengono da questi consumate velocemente e manca quindi un abbondante strato di humus. Nei climi continentali freddi, dove l'azione batterica è ridotta, il manto vegetale e l'humus possono avere un discreto spessore e il terreno è più fertile.

Il suolo è continuamente attraversato da flussi di energia (solare) e di materia (acqua, sostanza organica) che provengono dall'esterno. Pertanto, esso può essere considerato come un «*sistema aperto*»: un sistema complesso che è inserito, come parte integrante, in un altro sistema ancora più complesso – l'ambiente – nel quale il suolo si forma e si sviluppa e dal quale dipendono le sue caratteristiche.

Raggiunto il suo completo sviluppo, il **sistema suolo** è, dunque, in equilibrio dinamico con l'ambiente. Questo equilibrio può essere turbato tanto da eventi naturali, come le variazioni climatiche avvenute nel recente passato della storia della Terra, quanto da interventi umani. Difatti, l'uomo modifica i suoli quando cerca di sfruttarne le proprietà naturali: il diboscamento, la bonifica delle aree paludose, le sistemazioni idrauliche, le fertilizzazioni artificiali e le lavorazioni agricole sono soltanto alcuni esempi di interventi sul territorio capaci di influire in modo marcato sulle caratteristiche e sulle proprietà dei suoli. Alcune modifiche indotte dall'uomo sono temporanee ed i suoli possono tornare alle condizioni originarie quando cessano le lavorazioni che le hanno provocate, ma altre sono permanenti e possono portare alla sensibile riduzione delle capacità produttive o addirittura alla *scomparsa del suolo*.

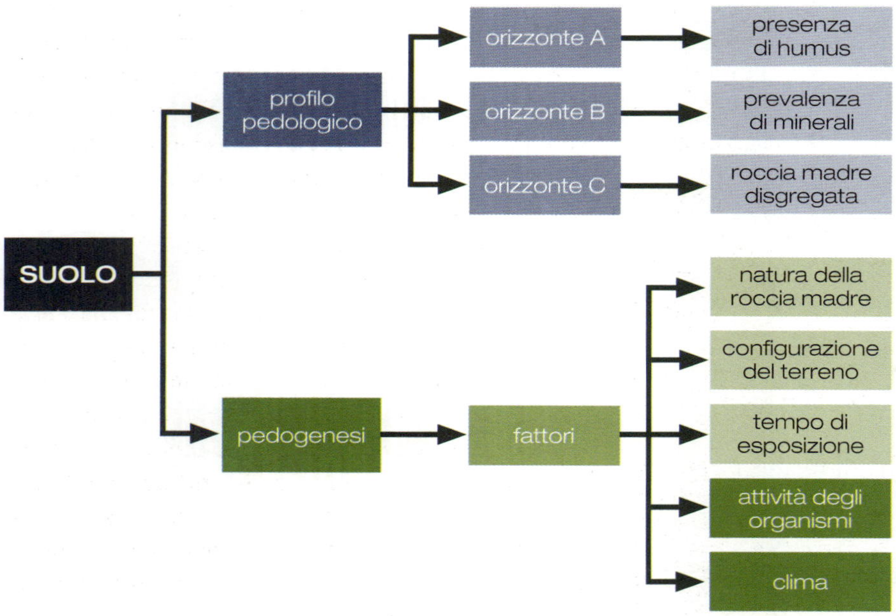

QUESITI

1. Il «mantello di materia inorganica» nel quale si forma il suolo è detto
   - A regolite.
   - B roccia madre.
   - C orizzonte.
   - D humus.
2. Completa.
   I diversi livelli che si differenziano nel suolo sono chiamati ....
3. Il fattore più importante nella formazione del suolo è
   - A il tipo di roccia madre da cui si origina.
   - B il clima.
   - C la conformazione del terreno.
   - D l'abbondanza di humus.
4. Quali sono i principali fattori pedogenetici?
5. In che modo la temperatura influisce sulla pedogenesi?
6. Qual è il ruolo delle precipitazioni nella formazione del suolo?

3 Le condizioni climatiche e la presenza di piante e animali

Video
Clima e vegetazione

La vita e la diffusione delle piante e degli animali sono connesse ad una complessa serie di condizioni fisiche e chimiche che riguardano l'atmosfera, la litosfera e l'idrosfera, con i loro reciproci rapporti.

Prescindendo dall'influenza – spesso distruttrice – delle attività umane, le caratteristiche climatiche, che traggono origine dalla radiazione solare, sono le principali responsabili della tipologia e della densità della copertura vegetale naturale; e, sia pure in misura minore, condizionano – direttamente o indirettamente – l'esistenza e la varietà della fauna nelle diverse regioni della Terra.

3.1 Le esigenze ecologiche degli organismi

Se si escludono alcuni gruppi vegetali particolari, per la vita delle piante è innanzitutto indispensabile la presenza della *luce*, che gioca un ruolo fondamentale nell'ambito del processo di fotosintesi clorofilliana. Ogni specie vegetale può svilupparsi soltanto entro un determinato intervallo di intensità luminosa, al di là del quale non sopravvive. Ma non tutte le piante hanno bisogno della stessa quantità di luce:

- le piante *sciafile* (dal greco *schiá*, ombra e *fílos*, amico) necessitano di poca luce [Figura 4];
- le piante *eliofile* presentano esigenze opposte.

Un altro fattore essenziale è il *calore*, senza il quale le piante non possono esplicare il loro ciclo biologico. Per ciascuna specie esiste un intervallo ottimale per la sopravvivenza, compreso fra un punto termico minimo ed uno massimo: ai fini della vita vegetale non interessano tanto le temperature medie annue, quanto i valori delle temperature estreme e la durata di certe condizioni termiche. L'area di diffusione delle specie vegetali è determinata anche da questi punti termici, sia nelle zone calde, sia in quelle fredde; esistono perciò dei limiti polari, equatoriali e altimetrici delle diverse piante.

In base alle esigenze termiche, distinguiamo:

- piante *megaterme* (richiedono una temperatura media sempre maggiore di 20 °C);
- piante *mesoterme* (l'intervallo termico ottimale è compreso fra 15 e 20 °C);
- piante *microterme* (necessitano di temperature comprese fra 0 e 15 °C);
- piante *echistoterme* (possono vivere a temperature inferiori a 0 °C).

Anche l'*acqua* è indispensabile per l'esistenza della vegetazione: essa viene assorbita dalle piante essenzialmente dal suolo, in forma di soluzione ricca di sali nutritivi. Le precipitazioni incidono notevolmente sul ciclo biologico; ma più della loro quantità totale interessano la distribuzione durante l'anno e l'intensità. Infatti, esistono regioni in cui le precipitazioni sono abbondanti ma concentrate solo in certi periodi dell'anno, mentre in altre esse, pur essendo modeste, sono distribuite uniformemente; la conseguenza è una diversa copertura vegetale. Se le piogge sono intense possono anche risultare notevolmente dannose, poiché defluiscono rapidamente e penetrano poco nel terreno, esercitando inoltre una marcata opera di erosione del suolo.

La quantità d'acqua di cui le piante hanno bisogno dipende dalla temperatura: quanto più questa è elevata, tanta più acqua è necessaria. In una zona calda equatoriale 1000 mm di pioggia all'anno costituiscono una precipitazione insufficiente, a causa dell'elevata evaporazione, mentre la stessa quantità è più che sufficiente alle medie latitudini.

Fra gli elementi climatici che influenzano la vegetazione, va ricordato anche il *vento*: la sua azione meccanica è in genere dannosa; ma per molti vegetali le correnti aeree sono importanti, perché favoriscono l'impollinazione.

Fotosintesi clorofilliana (Chlorophyllian photosynthesis) È il processo mediante il quale le piante fotosintetiche (le cosiddette «piante verdi») assorbono energia luminosa – che convertono in energia chimica – e, partendo da composti inorganici semplici (anidride carbonica e acqua), formano sostanze organiche che costituiscono i composti della materia vivente.

4

Figura 4
L'acetosella dei boschi (*Oxalis acetosella*) è una piccola pianta sciafila comune nel sottobosco delle nostre latitudini.
Quando le foglioline vengono colpite dai forti raggi solari estivi, tendono a ripiegarsi su se stesse per diminuire la supeficie esposta e proteggersi dal calore.

5A

5B

Figura 5
Animali in ambienti diversi.
A. Un gruppo di zebre all'abbeverata in una boscaglia africana.
B. Un esemplare di orso bruno europeo (*Ursus arctos*) nel Parco dell'Adamello e del Brenta. Questi animali, pur essendo tipici di certe regioni climatiche, appartengono a famiglie con specie distribuite su areali molto vasti; essi, inoltre, possono adattarsi anche a climi diversi da quelli esistenti nelle loro zone di origine. Bisogna segnalare, inoltre, che la caccia accanita li ha fatti scomparire da alcune zone dove un tempo vivevano numerosi, e in altri casi li minaccia di completa estinzione.
(P.French/Shutterstock; Reinhard)

Le condizioni di vita degli animali sono molto diverse da quelle dei vegetali, soprattutto perché essi sono dotati di movimento e possono migrare verso le zone più favorevoli alla loro sopravvivenza; ma anche la fauna è soggetta alle influenze di carattere climatico e, inoltre, è legata alla diversa copertura vegetale [Figura 5].

La *luce*, ad esempio, agisce in modo diverso sugli animali: molti sono amanti della luce; altri, come quelli notturni, molti felini e gli animali cavernicoli invece la rifuggono, essendo adattati all'oscurità. E anche il *calore* riveste un ruolo importante per la vita degli animali: alcuni si sono adattati ai climi caldi, altri ai climi freddi; inoltre esistono specie che sopportano forti cambiamenti di temperatura e specie che non tollerano tali sbalzi.

Le variazioni della *pressione atmosferica* possono rappresentare un notevole ostacolo per gli animali che vivono in ambiente subaereo: esclusi i grandi uccelli rapaci diurni, gli altri animali non possono spingersi verso zone in cui l'aria diventa molto rarefatta e povera di ossigeno (qualcosa del genere, ma in senso opposto, si verifica anche in ambiente subacqueo, a causa della pressione dell'acqua: soltanto pochi pesci abissali possono inoltrarsi verso le profondità massime).

L'*umidità atmosferica* influisce sugli organismi animali in diversi modi. Comunque, la sua importanza principale è legata alla trasformazione allo stato liquido: l'acqua svolge un ruolo essenziale per la sopravvivenza di un animale perché il suo corpo è costituito in larga parte da questa sostanza.

La *vegetazione* costituisce il nutrimento diretto o indiretto per la fauna. Difatti esistono animali erbivori, che si nutrono esclusivamente di vegetali; ma anche i carnivori, che necessitano della presenza degli erbivori (perché sono fonte della loro alimentazione), in definitiva sono legati alla vegetazione.

3.2 Formazioni vegetali, associazioni animali, ecosistemi e biomi

Le specie vegetali non vivono isolate nelle diverse regioni, ma sono riunite per lo più in raggruppamenti con esigenze ambientali simili. I raggruppamenti che presentano una comune fisionomia vengono detti **formazioni vegetali**. Se ne possono distinguere quattro tipi fondamentali:
- le *formazioni arboree* (quali le foreste, le boscaglie, la taiga ecc.);
- le *formazioni arbustive* (come le brughiere);
- le *formazioni erbacee* (come la savana, la steppa, la puszta, le praterie, le pampas, i prati montani e la tundra);
- le *formazioni desertiche* (la rada vegetazione delle dune e di altri ambienti aridi).

Vi sono poi le *formazioni miste*, comprendenti sia elementi arborei, sia elementi arbustivi (come la macchia mediterranea).

La vegetazione non è sempre distribuita uniformemente. Si distinguono:
- *formazioni aperte*, in cui le piante lasciano scoperto il suolo per un tratto più o meno ampio;
- *formazioni chiuse*, che invece lo occupano tutto.

Anche per la fauna si individuano raggruppamenti di specie che hanno esigenze ambientali più o meno comuni: sono le **associazioni animali**, legate a determinate condizioni climatiche. Vi sono, ad esempio, associazioni animali tipiche delle zone equatoriali ed altre delle zone tropicali, o dei deserti, o delle regioni polari ecc.

In ogni regione, in ogni singolo luogo della Terra – grande o piccolo che sia – le varie specie vegetali e animali presenti non vivono in maniera indi-

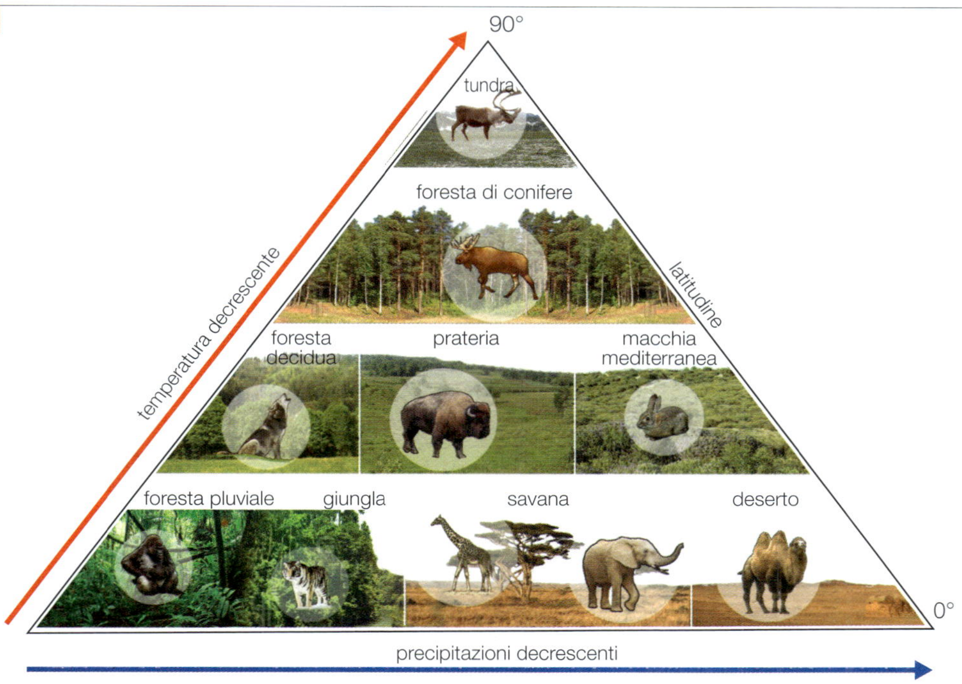

Figura 6
I maggiori *biomi* delle terre emerse. L'esistenza e la distribuzione geografica di questi estesi «insiemi relativamente uniformi di vari ecosistemi» sono connesse principalmente alle *condizioni climatiche*, e in particolare alla temperatura e alle precipitazioni. Le quattro fasce orizzontali distinte nella figura, dal basso verso l'alto, si succedono in linea di massima secondo *latitudini crescenti*. Le successioni da sinistra a destra sono da riferire alla variabile disponibilità di acqua, che non dipende soltanto dall'entità delle precipitazioni, ma anche dall'evaporazione (a sua volta legata alla temperatura); ciò significa che per *precipitazioni decrescenti* si deve intendere *aridità crescente*.

pendente, ma anzi hanno fra loro relazioni di diversi tipi (commensalismo, mutualismo, simbiosi, predazione, parassitismo); esse formano, cioè, una «comunità biologica» che viene denominata **biocenosi**. Gli organismi di tale comunità convivono e interagiscono in un determinato «intorno fisico», detto **biotopo**, costituito dal supporto inorganico (rocce, acqua, aria) e caratterizzato da un complesso di fattori (temperatura, pressione atmosferica, composizione chimica del terreno ecc.) che ne condizionano l'esistenza. Il biotopo e la biocenosi ad esso associata formano un **ecosistema** le cui componenti, vivente e non vivente, si influenzano e si modellano reciprocamente.

Gli ecosistemi possono avere ampiezza e natura molto varie: una pozza d'acqua di pochi m^2 è un ecosistema, allo stesso titolo di una valle estesa per alcuni km^2 o di una foresta o di un deserto con ampiezze di decine di km^2 ed anche più grandi. Tra ecosistemi vicini (per esempio, tra un bosco e uno stagno) può instaurarsi un certo numero di relazioni e di scambi, ma in ogni caso questi rapporti sono meno stretti – meno importanti – di quelli che esistono fra gli organismi appartenenti ad uno stesso ecosistema.

Se si prendono in esame tutte le terre emerse, è facile osservare che l'aspetto del paesaggio può essere uniforme anche per aree molto vaste, ma ciò non significa necessariamente che ciascuna di queste rappresenti un unico ecosistema. Ad esempio, le grandi foreste di conifere della Siberia, dell'Europa settentrionale e del Canada mostrano un paesaggio alquanto monotono; ma in vari tratti questa monotonia è interrotta dalla presenza di radure, ruscelli, fiumi, laghi: l'insieme comprende, dunque, vari ecosistemi. E la stessa cosa si verifica certamente, anche se è meno percepibile, per le aree marine. Questi grandi ambienti relativamente unitari, nei quali ad una determinata formazione vegetale (caratterizzata da alcune specie dominanti) si accompagna una data associazione animale (più o meno tipica), sono denominati **biomi** [**Figura 6**].

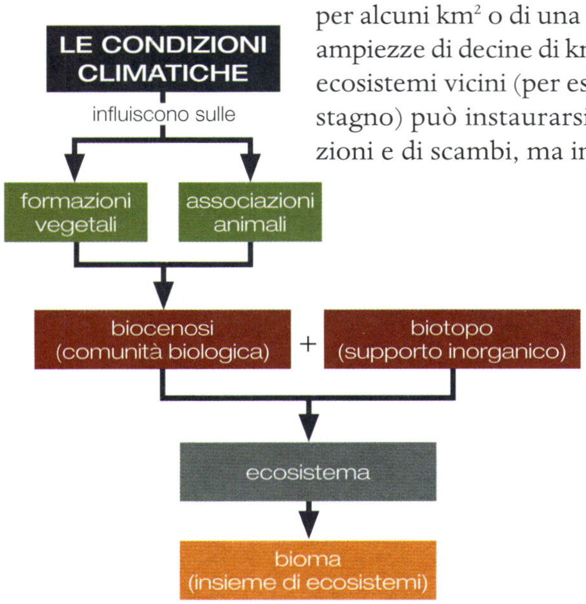

QUESITI

1. Ordina le seguenti formazioni vegetali in funzione della loro successione, procedendo dal Polo nord verso l'Equatore:
   - ☐ savana
   - ☐ macchia mediterranea
   - ☐ tundra
   - ☐ foresta di conifere
2. Quali sono i principali fattori dai quali dipende la distribuzione geografica delle formazioni vegetali?
3. Quali sono i principali fattori dai quali dipende la distribuzione geografica delle associazioni animali?
4. Che cos'è un ecosistema?
5. Definisci il termine «bioma».

4 I climi della Terra

Video
La carta dei climi

Video
I climi dell'Italia

4.1 Il problema della classificazione dei climi

Data la notevole importanza geografica dei climi, diversi studiosi hanno cercato di stabilirne una *classificazione* rigorosa, ma si sono trovati di fronte a difficoltà a volte quasi insuperabili.

Infatti, definire tali schemi presuppone lo studio delle cause genetiche delle diverse condizioni climatiche che si registrano nelle varie regioni della Terra, riferibili alla circolazione generale dell'atmosfera e alle caratteristiche delle masse d'aria in movimento.

Inoltre una schematizzazione completa, applicabile nella pratica, comporta una accurata descrizione degli elementi climatici (temperatura, pressione e venti, umidità e precipitazioni) e dei diversi fattori (latitudine, altitudine, distanza dal mare, vegetazione ecc.) che influiscono singolarmente o globalmente sugli elementi del clima, facendoli variare anche in zone vicine.

Per poter eseguire delle osservazioni significative sugli elementi del clima è necessario disporre di una rete di stazioni meteorologiche distribuite in modo quanto più uniforme su tutta la superficie terrestre, ed in grado di funzionare con regolarità. Nella realtà, purtroppo, vi sono molte aree in cui tali stazioni non esistono o funzionano sporadicamente. Tuttavia negli ultimi anni i vari Stati si sono preoccupati di ampliare e migliorare la rete delle loro stazioni di misura. È quindi auspicabile che si possa giungere ad una classificazione più esauriente di quelle elaborate da scienziati considerati come i padri della moderna Climatologia, fra i quali il russo W. Köppen, il cui primo tentativo di classificazione dei climi risale al 1884. Difatti, molte delle classificazioni proposte da questi autori si fondano prevalentemente sull'osservazione degli effetti che i climi producono su alcuni dei molteplici aspetti del paesaggio terrestre.

Comunque, la notevole corrispondenza fra la distribuzione della vegetazione spontanea [**Figura 7**] e le condizioni climatiche nelle varie regioni della Terra [**Figura 8**] è tale da giustificare quei tentativi

Figura 7
***Vegetazione spontanea* sulla superficie terrestre.**
La distribuzione geografica delle formazioni vegetali è legata alle condizioni climatiche esistenti nelle diverse regioni della Terra (vedi figura 8). Tale distribuzione è anche in diretto rapporto con i vari tipi di suolo da cui le piante traggono le sostanze necessarie al loro ciclo vitale. Da notare che nella carta sono rappresentati gli areali delle varie *formazioni vegetali naturali*, le quali però in molte zone sono state sostituite da *piante coltivate*, che qui non compaiono.

- foresta equatoriale (foresta pluviale)
- savana umida e foresta sempreverde (foresta galleria)
- savana umida e boscaglia asciutta, savana ad arbusti spinosi e piante grasse
- foresta intertropicale d'altitudine
- deserti e subdeserti tropicali
- bosco subtropicale a foglie persistenti (macchia mediterranea)
- steppa erbosa e arbustiva subtropicale
- foresta umida subtropicale
- deserti e subdeserti a inverno freddo
- foresta a foglie caduche e foresta mista
- praterie boreali
- foresta di conifere
- tundra e vegetazione d'alta montagna

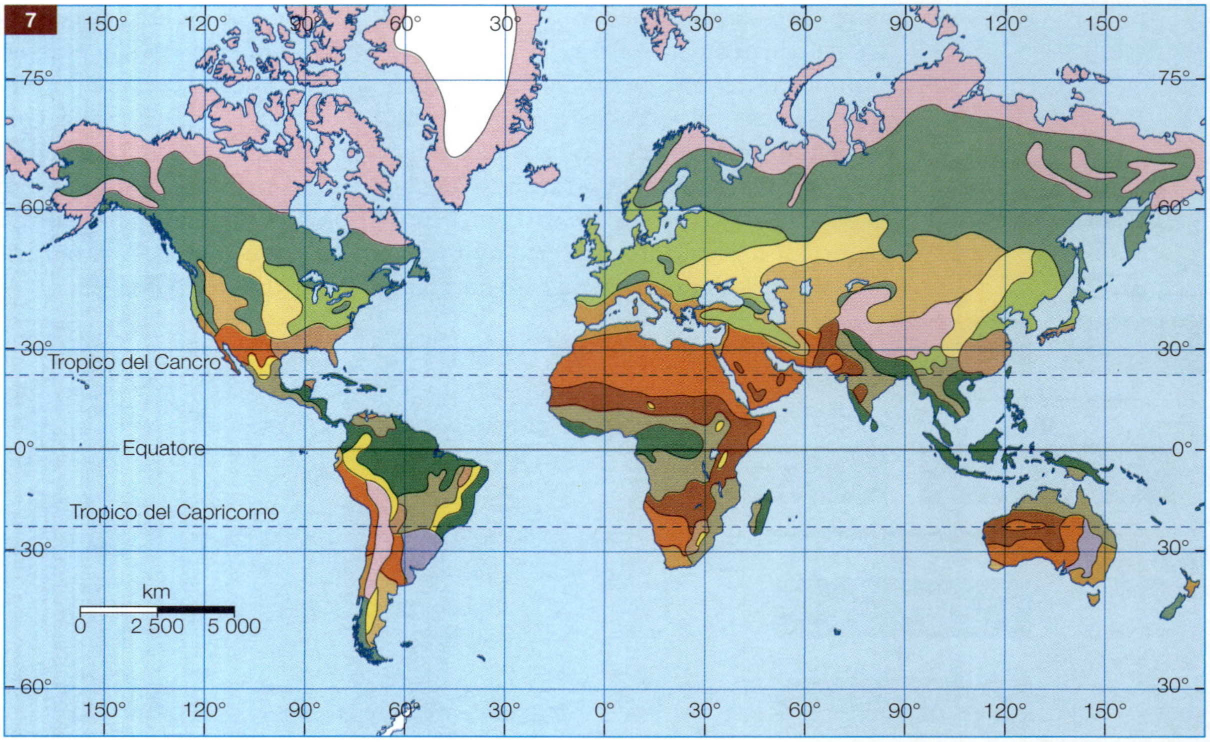

di classificazione dei climi che sono basati, appunto, sulle caratteristiche della vegetazione.

Rientra tra questi tentativi il primo schema proposto da Köppen, che individuava undici *tipi climatici* principali, ognuno dei quali veniva indicato con il nome della pianta o dell'animale più caratteristici di quelle particolari condizioni climatico-ambientali. Lo stesso autore, però, pervenne successivamente ad una classificazione che, pur tenendo conto delle diverse formazioni vegetali presenti in ogni tipo di clima, prendeva in considerazione i valori reali della temperatura e delle precipitazioni e fissava dei *limiti termometrici* e *pluviometrici* per distinguere i vari tipi climatici. Questi ultimi venivano raggruppati in cinque grandi *gruppi* o *classi*, distribuiti secondo latitudini crescenti, dall'Equatore ai poli. Tale schema, pubblicato nel 1936, ha subito nel corso degli anni ulteriori modifiche da parte di altri studiosi, ma conserva ancora i suoi caratteri fondamentali e la sua validità. Essenzialmente su di esso si basa la classificazione che noi adotteremo per descrivere i principali climi della Terra.

I cinque grandi **gruppi climatici** di questa classificazione sono i seguenti:

A. *climi megatermici umidi* (o delle piante megaterme);
B. *climi aridi* (o delle piante xerofile, che vivono in terreni secchi);
C. *climi mesotermici* (o delle piante mesoterme);
D. *climi microtermici* (o delle piante microterme);
E. *climi nivali* (o delle piante echistoterme).

Ciascuno di questi grandi gruppi comprende due o più **tipi climatici**, ai quali corrispondono quasi altrettanti *biomi* delle terre emerse (foresta pluviale, savana, giungla, deserto, macchia mediterranea, foresta decidua, prateria, foresta di conifere, tundra e pochi altri).

Se il nostro pianeta fosse completamente ricoperto dalle acque oppure dalle terre in modo uniforme si registrerebbe una distribuzione dei climi secondo una successione regolare e continua, da quelli più caldi delle regioni equatoriali a quelli più freddi delle aree polari. Nella realtà, però, oltre alla diversa disposizione delle terre e dei mari, intervengono altri fattori che possono spostare, ampliare o ridurre le diverse zone climatiche, ognuna delle quali è caratterizzata da condizioni di temperatura, umidità e pressione pressoché omogenee. Inoltre tra una zona e la successiva non esiste un limite netto, ma si verifica un passaggio graduale da una combinazione degli elementi climatici ad un'altra; si hanno, cioè, dei *climi di transizione*.

Tenendo ben presenti questi aspetti, esaminiamo le caratteristiche fondamentali e la ubicazione dei vari climi, con i loro più importanti effetti sulla biosfera, facendo riferimento anche alle figure 7 e 8.

Figura 8
Distribuzione dei principali *tipi climatici* secondo Köppen. Le variazioni dei singoli elementi meteorologici, se vengono sommate, possono dare origine ad un infinito numero di combinazioni, ossia ad infiniti tipi di clima. Tuttavia, poiché esistono numerose regioni che presentano delle condizioni climatiche molto simili, si è cercato di classificare i climi determinandone un certo numero di tipi, aventi ciascuno delle caratteristiche peculiari. Tra gli elementi del clima sono stati presi in considerazione particolarmente la temperatura e le precipitazioni. La rappresentazione qui riportata si basa sul classico schema di Köppen.

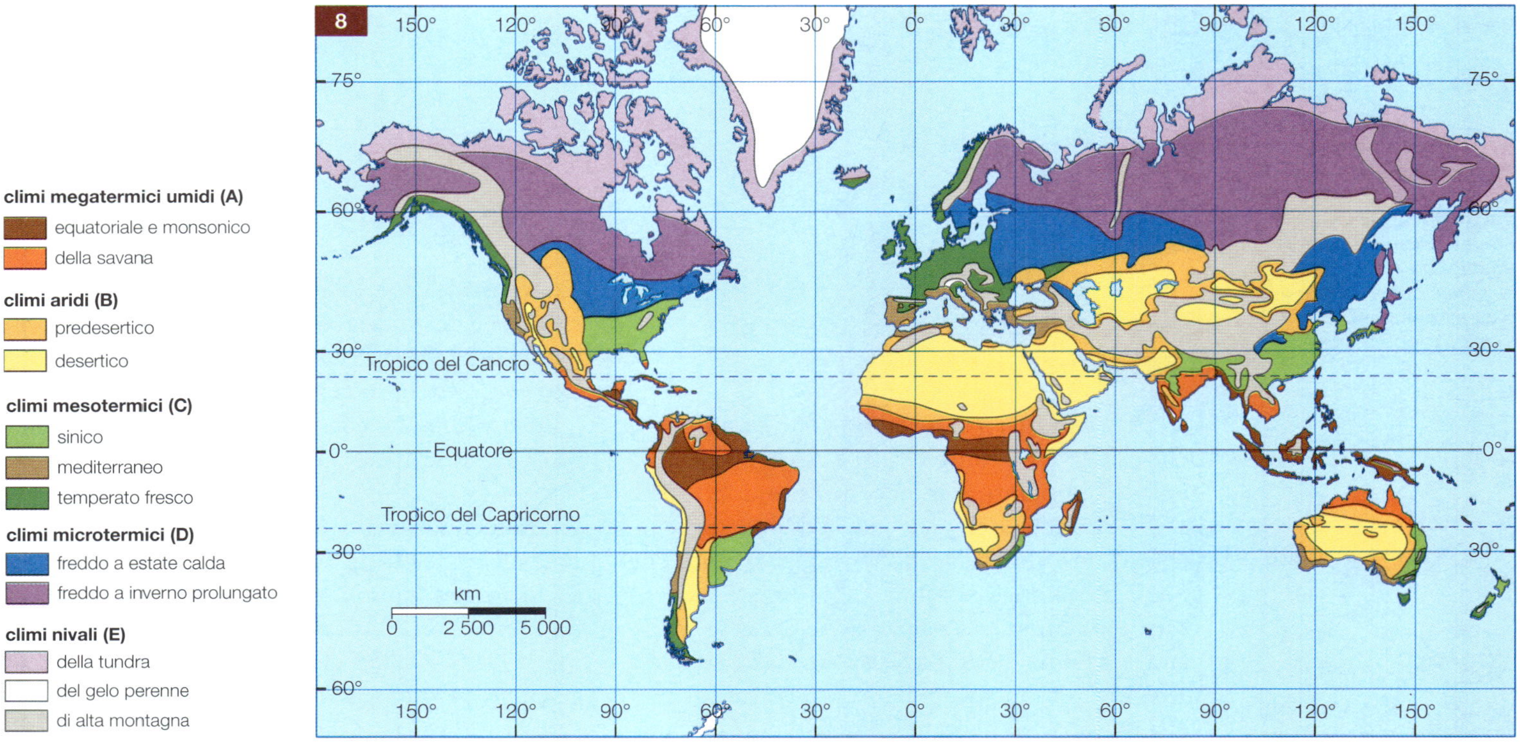

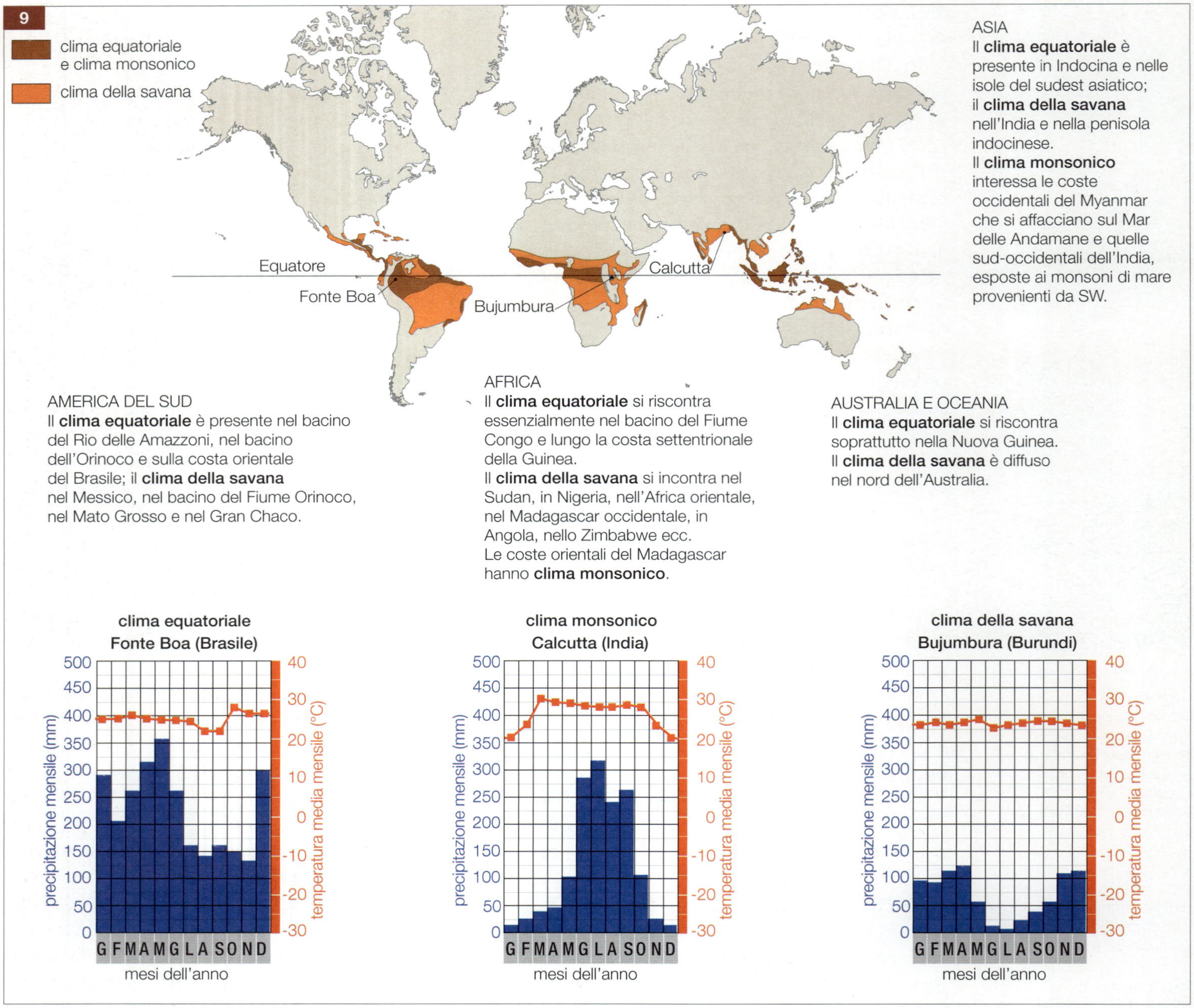

Figura 9
Distribuzione geografica dei tre tipi di climi megatermici umidi (*clima equatoriale*, *clima della savana* e *clima monsonico*) e climatogrammi di tre località rappresentative.

4.2 Climi megatermici umidi

Questi climi, con i relativi biomi, sono caratteristici della calda fascia compresa fra i due tropici, nella quale le temperature medie non scendono sotto i 15 °C neanche nel mese più freddo. Le precipitazioni sono abbondanti, con valori estremi che in casi eccezionali possono raggiungere anche i 12 000 mm annui. La vegetazione è molto fitta e varia. La fauna è composta da animali di diverse specie. I suoli sono per lo più lateritici (vedi di nuovo la figura 3), almeno nelle aree in cui la vegetazione lascia scoperte ampie zone. Nel gruppo dei climi megatermici umidi si distinguono due tipi climatici principali: il *clima equatoriale* o *pluviale* ed il *clima della savana*; ad essi, però, si deve aggiungere il *clima monsonico*, considerato come una variazione di quello equatoriale [Figura 9].

Il **clima equatoriale** (o **pluviale**) ha temperature medie elevate (25-30 °C) che si mantengono pressoché invariate durante tutto l'anno, tanto da non permettere una distinzione in stagioni vere e proprie. Difatti la differenza di durata fra il dì e la notte è sempre ridotta e l'incidenza dei raggi solari non si discosta mai eccessivamente dalla verticale. Le

10

11

Figura 10
La *foresta pluviale*, o *foresta equatoriale*, nel bacino del Rio delle Amazzoni (Brasile). È questa la più potente espressione della vita vegetale terrestre; è una formazione chiusa, spessa, impenetrabile e sempreverde, caratterizzata dal gran numero delle specie associate. (Foto W.P.S./ L. Ricciarini, Milano)

Figura 11
Acque morte nel fitto della *foresta pluviale* presso Guiglo (Costa d'Avorio). Negli innumerevoli stagni e acquitrini che accompagnano le rive dei principali ed importanti corsi d'acqua o si estendono nelle zone più depresse della foresta vergine, oltre alle normali essenze arboree, hanno grande sviluppo anche le piante acquatiche.

precipitazioni, molto abbondanti, in genere superiori ai 2000 mm annui, risultano abbastanza ben distribuite durante tutto l'anno, anche se presentano due massimi in corrispondenza degli equinozi.

La grande umidità favorisce lo sviluppo di una vegetazione lussureggiante, la *foresta equatoriale* o *foresta pluviale*, spessa e impenetrabile, che non ha periodi di riposo ed in cui sono rappresentate piante alte e basse in formazioni chiuse: vi si può distinguere una vera stratificazione in piani sovrapposti, con alberi alti fino a 60 m, cespugli ed erbe alte, grosse piante legnose rampicanti e piante erbacee che vegetano persino sui rami degli alberi. Caratteristiche di questa zona sono le palme di vario tipo, la pianta della gomma, il mogano, l'ebano, il palissandro, le liane, le mangrovie ecc. [**Figure 10 e 11**].

Tra i numerosi animali, vi sono grossi insetti, pesci voracissimi (come i «piranha»), anfibi, uccelli dal variopinto piumaggio (pappagalli, colibrì, uccelli Lira ecc.), oltre a faune adattatesi alla vita sugli alberi (animali arboricoli), tra cui numerose specie di scimmie; scarsi sono i rettili, per lo più di grandi dimensioni (anaconda) e i mammiferi carnivori (giaguaro), mentre mancano quasi del tutto i grossi erbivori.

Nella carta generale dei climi (vedi di nuovo la figura 8) si può osservare come la «fascia» del clima equatoriale non sia uniformemente distribuita a cavallo dell'Equatore, ma anzi risulti a volte notevolmente spostata a causa dell'influenza esercitata da fattori diversi, in particolare dalle correnti marine. Così, l'esistenza di questo tipo di clima sulla costa orientale del Brasile si spiega con la presenza della calda Corrente del Brasile, che lambisce per un lungo tratto la costa, apportandovi umidità; al contrario, lo spostamento verso Nord di questa fascia climatica nell'Africa occidentale è dovuto alla presenza della fredda Corrente del Benguela, che fa diminuire le precipitazioni; l'esistenza di tale clima anche nel Messico meridionale è da imputare invece all'azione del ramo della calda Corrente Nord-Equatoriale che penetra nel Mar dei Caraibi.

Ai margini delle regioni a clima equatoriale si estende il **clima della savana**. Le temperature sono sempre elevate, con una media annua superiore ai 20 °C, ma con escursione annua leggermente più sensibile del clima precedente. Le precipitazioni annue sono anche qui abbondanti, ma presentano una differenziazione stagionale, con due periodi di massima intensità in corrispondenza del passaggio del Sole allo Zenit (*piogge zenitali*); questi periodi tendono ad essere sempre più vicini, fino a ridursi ad uno solo in corrispondenza dei tropici. Globalmente queste aree sono soggette a più di tre mesi di siccità.

A mano a mano che dalla zona equatoriale ci si sposta verso i tropici, la foresta tende a diradar-

■ **Zenit** (Zenith) Lo Zenit è il punto in cui la verticale innalzata sopra la testa di un qualunque osservatore incontra la volta celeste, mentre il punto opposto – agli antipodi – si chiama *Nadir*.

Figura 12
***Savana* in Etiopia meridionale.** Quando ci si sposta dalle aree equatoriali verso le zone tropicali, la foresta si dirada e si trovano formazioni vegetali aperte; incominciano a comparire specie arboree a foglia caduca, che rallentano la propria attività nel periodo più secco, miste ad arbusti ed erbe graminacee. (Ecoprint/Shutterstock)

Figura 13
Una giraffa vicino a un enorme termitaio, nel delta del fiume Okavango, in Botswana. (S. Greig/ Shutterstock)

Figura 14
***Giungla*, con scimmie (entelli argentati), in Malaysia.** Questa formazione vegetale sostituisce la foresta equatoriale nell'area asiatica. Le abbondanti precipitazioni e le elevate temperature favoriscono lo sviluppo di una vegetazione esuberante. È da considerare che l'alta densità di popolazione umana in queste aree ha prodotto una forte diminuzione delle masse forestali, distrutte per aprire il terreno all'agricoltura. (Premaphotos Wildlife/ K.G. Preston-Mafham)

si e si trovano formazioni vegetali aperte, spesso miste, con abbondanza di alberi, arbusti ed erbe [Figura 12]. Piante tipiche della savana sono il baobab, le acacie ombrelliformi, le euforbie ecc. Soltanto lungo i corsi d'acqua esistono essenze arboree molto ravvicinate (*foresta a galleria*); infatti vicino ai fiumi l'umidità permette di vincere il lungo periodo di siccità.

Tra gli animali sono abbondanti gli insetti, fra cui le cavallette e le tèrmiti con le loro singolari costruzioni [Figura 13]; sono numerosi i rettili, spesso velenosi, mentre gli uccelli sono più scarsi (caratteristici i grandi corridori, come lo struzzo e il nandù); molti e importanti sono i mammiferi erbivori che migrano per seguire i risvegli vegetativi (elefanti, rinoceronti, giraffe, gazzelle, antilopi, zebre, bufali ecc.), e frequenti anche quelli carnivori (leoni, leopardi, iene, sciacalli); numerose sono anche le scimmie (babbuini). I fiumi sono popolati da coccodrilli, uccelli acquatici e ippopotami.

Sempre tra i climi caldi e umidi si individua un tipo particolare, il **clima monsonico**, caratteristico di una ampia fascia che si estende nell'Asia meridionale e lungo la costa orientale del Madagascar. Esso può essere considerato come una differenziazione dei climi precedenti, determinata dalla presenza e dall'azione dei monsoni. Nel clima monsonico le condizioni termiche sono molto varie a seconda delle regioni, ma la ripartizione delle precipitazioni nel corso dell'anno è particolare, con un periodo di intense precipitazioni durante lo spirare del monsone di mare (maggio-ottobre) e uno di siccità quando soffia il monsone di terra (ottobre-maggio).

La vegetazione è rappresentata, soprattutto nell'area asiatica, dalla *giungla* [Figura 14], che sostituisce la foresta equatoriale; essa è caratterizzata dalla presenza di molti alberi che perdono le foglie nella stagione secca. La fauna comprende specie simili a quelle del clima equatoriale o del clima della savana (molto noti gli elefanti e le tigri).

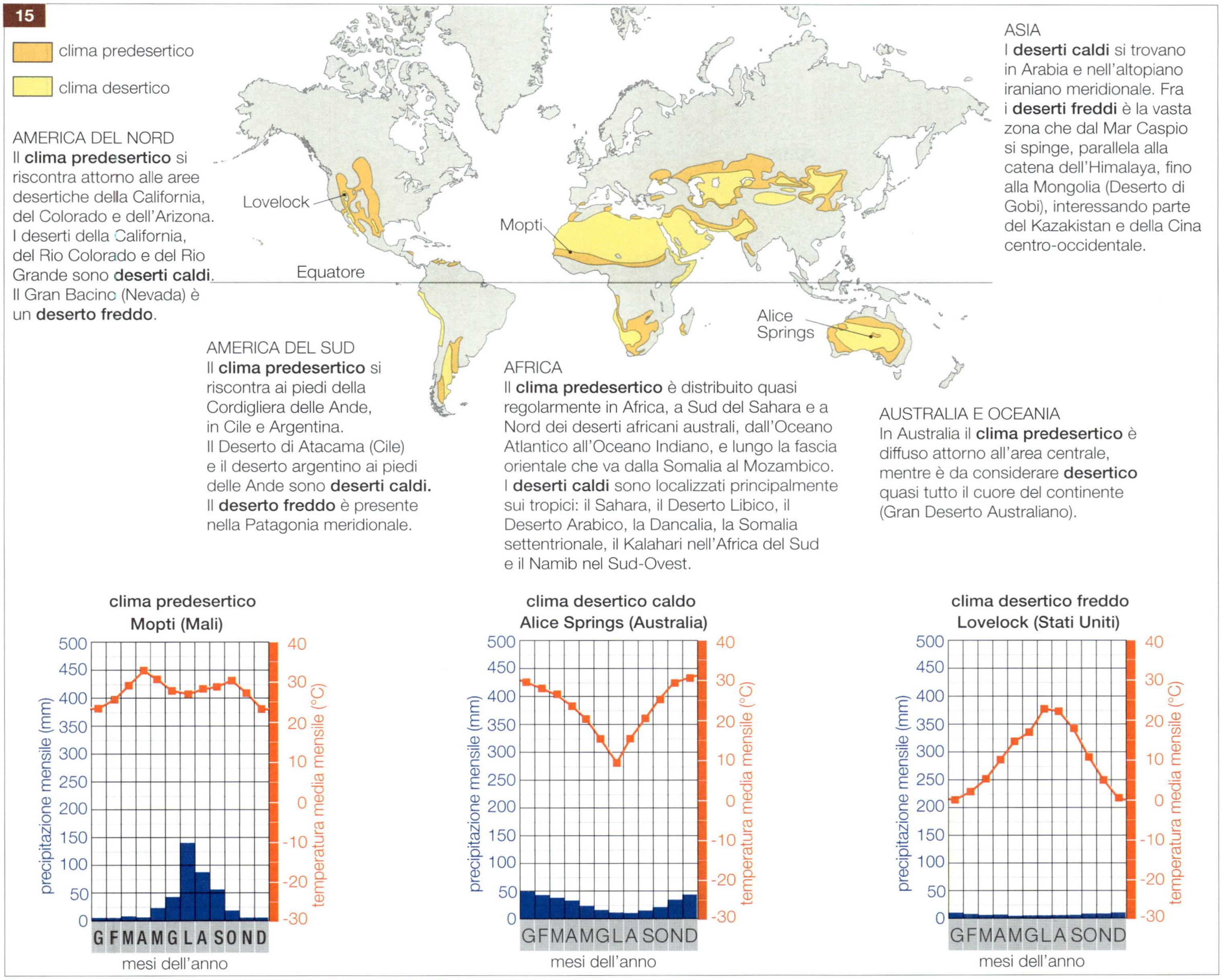

Figura 15
Distribuzione geografica dei tre tipi di climi aridi (*clima predesertico*, *clima dei deserti caldi* e *clima dei deserti freddi*) e climatogrammi di tre località rappresentative.

4.3
Climi aridi

In base alle condizioni termiche, se ne possono distinguere diverse varietà, che vanno dal clima del «deserto caldo», in cui la temperatura media annua si mantiene sopra i 18 °C e la media del mese più caldo non scende mai sotto i 26 °C, al clima del «deserto freddo», nel quale invece la temperatura media del mese più freddo può scendere fino a –30 °C. Le precipitazioni medie sono generalmente inferiori ai 250 mm annui; in casi particolari esse raggiungono anche varie centinaia di millimetri, ma sotto forma di violenti acquazzoni concentrati in un brevissimo periodo dell'anno. Quindi, ciò che accomuna queste zone non è l'alta temperatura, ma la scarsità delle piogge, che possono mancare per anni interi e, nei deserti, anche per decenni.

Oltre che dalla diversa piovosità – comunque insufficiente ad assicurare una copertura vegetale continua – il tipo di vegetazione dipende anche dal suolo: dove la roccia di base è coperta da una coltre più o meno spessa di terreno sabbioso o argilloso, con scarsi residui humici, si incontra la cosiddetta «steppa asciutta», o *predeserto*; dove prevalgono le nude distese sabbiose o ciottolose o gli affioramenti rocciosi e il terreno è privo di humus, domina il *deserto* [Figura 15].

Il **clima predesertico** ha la temperatura del mese più freddo compresa fra i 2 °C e i 22 °C, mentre quella del mese più caldo oscilla fra i 22 °C e i 34 °C; esso è caratterizzato dalla scarsità delle precipitazioni, in rapporto alla temperatura, e dalla lunghezza del periodo asciutto.

Le formazioni predesertiche, di passaggio al de-

16A

16B

16C

Figura 16
Transizione graduale da un clima caldo umido a un clima caldo arido. Scendendo dall'Altopiano Etiopico alla Dancalia (Africa orientale), si passa dalla *savana* con acacie ombrelliformi (**A**) al *predeserto* arbustivo ed erbaceo (**B**), fino al vero e proprio *deserto* (**C**). Qui vediamo il Piano del Sale, una depressione il cui fondo si deprime fino a 116 m sotto il livello del mare; essa fa parte della fossa tettonica dancala, che si allunga per oltre 600 km e si collega all'enorme sistema delle grandi fratture africane. In questo bacino non sono rare temperature di 40 °C anche d'inverno; le piogge sono ridotte, in media, a poche decine di mm annui e si rovesciano in genere sotto forma di violenti acquazzoni. I torrenti che vengono dall'altopiano si prosciugano presto e le aree più depresse sono spesso coperte da vaste efflorescenze di sali potassici (donde il nome dato alla zona). (E. Lupia Palmieri)

serto [Figura 16], sono rappresentate da una vegetazione aperta, in prevalenza ad arbusti e cespugli xerofili; gli alberi non possono svilupparsi facilmente con queste condizioni pluviometriche. Nelle steppe asciutte sono frequenti e diffusi anche i ciuffi erbacei, sempre discontinui. Nelle zone prossime ai tropici si incontrano arbusti spinosi come le acacie, le piante grasse (cactus, agave) e, in genere, piante con radici profonde, foglie molto ridotte e semi resistenti, capaci di sopravvivere ai periodi di siccità.

La fauna, a causa della scarsezza di vegetazione, è rappresentata per lo più da animali di piccola taglia, pochi rettili, qualche roditore, canguri (Australia), coyote (America) ecc.

Il **clima desertico** è caratterizzato da forti escursioni termiche giornaliere o annue e da precipitazioni molto scarse, che possono addirittura mancare per lunghissimi periodi.

I **deserti caldi** sono contraddistinti da forti escursioni giornaliere (durante il dì la temperatura dell'aria può superare anche i 60 °C, mentre di notte essa scende persino al di sotto dello zero) e da elevate temperature medie, che favoriscono l'evaporazione. L'aridità è in genere legata alla presenza dell'anticiclone subtropicale, a volte accentuata dall'influenza di rilievi montuosi che sbarrano la via all'aria umida proveniente dal mare [Figura 16C].

Nei **deserti freddi**, invece, predominano le forti escursioni termiche annue, legate alla continentalità delle aree in cui essi sono ubicati. Questo tipo di clima si può considerare come una esasperazione di quello continentale: l'aridità è dovuta alla notevole distanza dal mare e alla presenza di alti rilievi montuosi che chiudono l'accesso alle masse d'aria umida oceaniche.

La vegetazione è rappresentata per lo più da formazioni erbacee o cespugliose molto rade, che tendono a scomparire del tutto mano a mano che si procede verso l'interno. Tuttavia, nelle zone desertiche calde in cui esistono falde idriche si incontrano delle *oasi* nelle quali la vegetazione può essere anche abbondante, con la presenza della caratteristica palma da dattero.

La fauna del deserto è comune in parte a quella delle zone predesertiche contigue, ma è molto povera e limitata alle specie adattate all'estrema aridità: aracnidi, scorpioni, rettili, piccoli roditori, qualche antilope, cammelli e dromedari [Figura 17].

■ **Falda idrica** (Groundwater) Acqua sotterranea infiltratasi in rocce permeabili, limitata in basso da rocce impermeabili. Nelle *falde freatiche* il limite superiore è libero di oscillare, a seconda della quantità di acqua in arrivo, e quindi può giungere a contatto con il terreno.

17

Figura 17
Carovana di nomadi con dromedari presso Djanet, nel Sahara algerino.
(F.Lemmens/Alamy/IPA)

18

clima sinico

clima mediterraneo

clima temperato fresco

EUROPA
Il **clima mediterraneo** è presente principalmente nelle regioni che bordano il bacino del Mar Mediterraneo, ma si estende anche sulle coste occidentali della Penisola Iberica. Sono interessate dal **clima temperato fresco** diverse regioni dell'Europa occidentale, tra cui le Isole Britanniche. Esso si spinge anche verso l'Europa centro-orientale, penetrando nella pianura danubiana fino al Mar Nero, ma in queste aree diventa progressivamente meno umido e assume caratteristiche più continentali, con piogge che tendono a concentrarsi nella stagione estiva.

AMERICA DEL NORD
Un **clima di tipo sinico** interessa la fascia sud-orientale che si affaccia sul Golfo del Messico.
Il **clima mediterraneo** si estende lungo la costa della California.
Il **clima temperato fresco** è presente nella quasi totalità degli Stati Uniti nord-orientali e lungo la fascia costiera che dal Golfo dell'Alaska si estende quasi fino alla California.

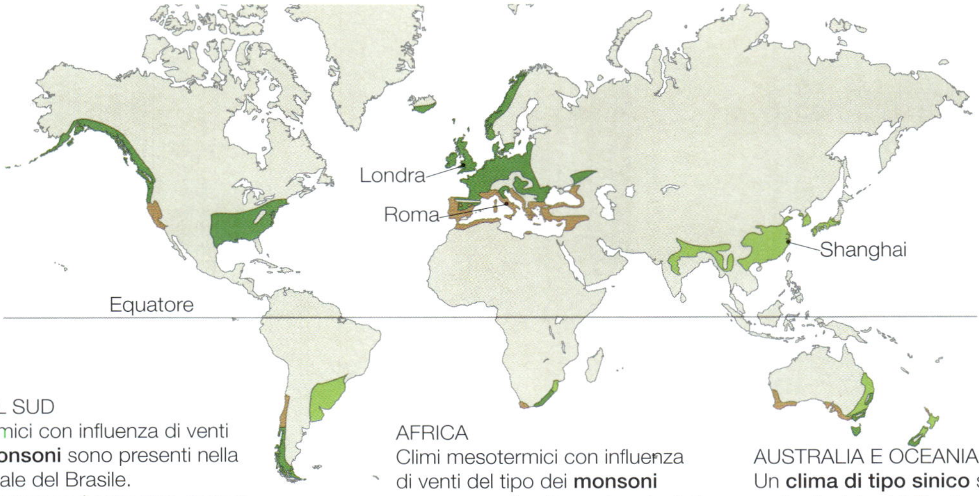

ASIA
Il **clima sinico** è tipico di quella parte dell'Asia orientale che comprende la Cina centro-meridionale e orientale e il Giappone meridionale.
Il **clima mediterraneo** orla la parte meridionale del Mar Nero, proseguendo con una sottilissima fascia fino al Mar Caspio.
Il **clima temperato fresco** si ritrova in alcune zone della Cina settentrionale, in Corea e nella parte settentrionale dell'arcipelago giapponese.

AMERICA DEL SUD
Climi mesotermici con influenza di venti del tipo dei **monsoni** sono presenti nella zona meridionale del Brasile.
Il **clima mediterraneo** è presente, per un breve tratto, lungo la costa cilena centrale.
Il **clima temperato fresco** è presente in buona parte del Cile meridionale fino al confine con la Terra del Fuoco e in una discreta area dell'Argentina e dell'Uruguay.

AFRICA
Climi mesotermici con influenza di venti del tipo dei **monsoni** sono presenti nelle coste orientali dell'Africa meridionale.
Il **clima mediterraneo** è presente nella punta meridionale, nei Territori del Capo.

AUSTRALIA E OCEANIA
Un **clima di tipo sinico** si trova nell'area sud-orientale del Continente australiano e in parte della Nuova Zelanda.
Il **clima mediterraneo** interessa le estremità meridionali dell'Australia protese verso l'oceano, e l'Isola del Nord della Nuova Zelanda.
Il **clima temperato fresco** è diffuso in tutta la parte meridionale dell'Isola del Sud nella Nuova Zelanda.

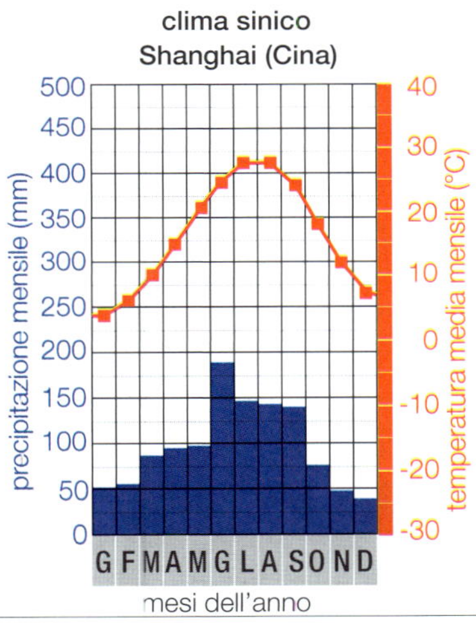

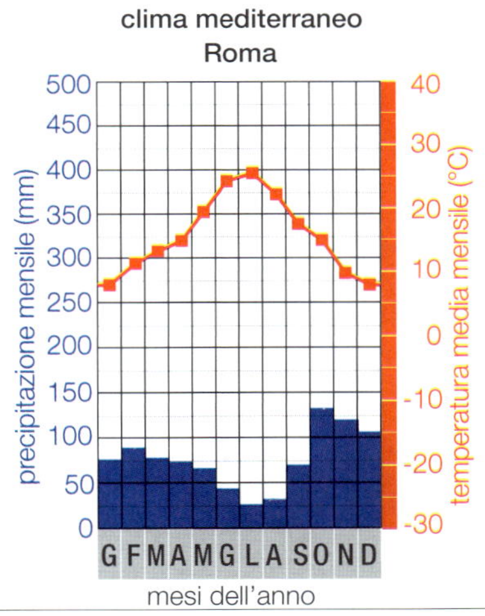

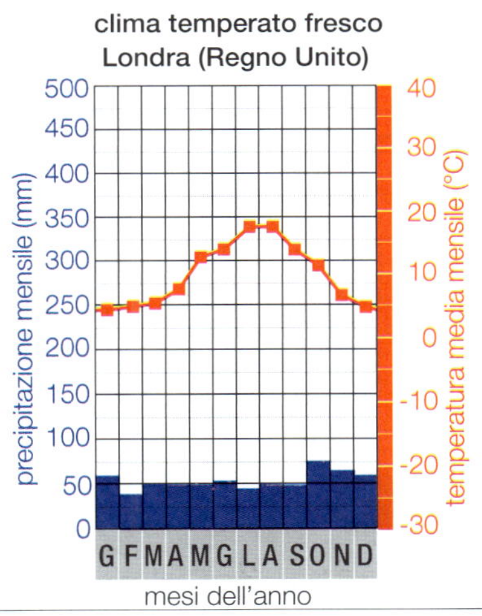

Figura 18
Distribuzione geografica dei tre tipi di climi mesotermici (*clima sinico*, *clima mediterraneo* e *clima temperato fresco*) e climatogrammi di tre località rappresentative.

4.4 Climi mesotermici

Sono i climi temperati, con precipitazioni moderate ed inverni non troppo rigidi. Le temperature medie del mese più freddo sono comprese fra i 15 °C e i 2 °C. La quantità e il regime delle precipitazioni sono variabili da zona a zona, ma quasi sempre tali da assicurare una copertura vegetale pressoché continua; la neve vi compare appena e in genere permane a lungo soltanto sui rilievi.

Il carattere generale della vegetazione è dato dall'abbondanza di piante sempreverdi. La fauna è scarsamente omogenea e comprende animali provenienti da altre aree, poco rappresentativi di queste zone.

Si possono distinguere tre tipi principali, basandosi essenzialmente sulla stagione in cui cade il periodo asciutto: il *clima sinico* (o *monsonico cinese*), il *clima mediterraneo* ed il *clima temperato fresco* [Figura 18]. Il primo è caratterizzato dallo spirare dei monsoni, mentre gli altri due risentono dell'influenza dei venti occidentali.

Il **clima sinico** può essere considerato come una varietà del clima monsonico, di cui rappresenta la

19

20

Figura 19
Foresta di *bambù* a Kyoto (Giappone). Questa pianta è tipica della foresta umida subtropicale, spesso caratterizzata dall'associazione di piante tropicali, come il bambù, e di piante di ambiente mediterraneo, come il faggio. (Wolffpower/Shutterstock)

Figura 20
Un tratto di *macchia mediterranea* sulla costa di Thassos (Grecia). La macchia sempreverde è la formazione vegetale tipica delle nostre regioni litoranee dove i terreni sono piuttosto aridi, sia per il regime delle piogge, abbondanti d'inverno ma scarsissime in estate, sia per la pendenza e per il modesto spessore dei suoli. Ormai si conserva in lembi ridotti, costituita prevalentemente da arbusti e alberi bassi; talora è cosparsa di lecci e di pini a ombrello, più spesso è sostituita da coltivazioni. In molte aree è quasi scomparsa per lo sviluppo degli insediamenti umani. (O. Scelego)

continuazione fuori dei tropici. Anche esso è caratterizzato da un inverno secco, con piogge che hanno il loro massimo o sono del tutto concentrate nei mesi estivi molto caldi, in corrispondenza dello spirare del monsone di mare (mediamente sono comprese fra i 1000 e i 2000 mm annui); le escursioni termiche sono però più accentuate, specie nelle zone interne della Cina centrale, dove il monsone di terra proveniente dalle fredde aree mongole fa scendere la temperatura invernale a valori relativamente bassi. L'ineguale distribuzione stagionale delle precipitazioni e le escursioni termiche sono attenuate nelle zone insulari, come in Giappone, poiché le masse d'aria passano sempre sull'oceano e si caricano di umidità e si riscaldano.

La vegetazione è caratterizzata da piante sempreverdi (magnolie, glicini, camelie arboree), con alternanze di piante tropicali come palme, bambù [Figura 19] e orchidee. Tra gli animali, sono caratteristici l'airone in Giappone e il panda in Cina.

Il **clima mediterraneo** è il meno esteso dei climi mesotermici: si trova quasi esclusivamente in regioni adiacenti alle zone aride subtropicali. È caratterizzato dalla presenza dell'anticiclone estivo e quindi da precipitazioni prevalentemente invernali (in genere inferiori ai 1000 mm annui), dovute ai venti occidentali e alle depressioni cicloniche che dominano in questa stagione. Le estati sono calde e secche, ma ad esse seguono autunni e inverni tiepidi ed umidi; la temperatura media del mese più caldo si aggira intorno ai 22-28 °C.

La vegetazione spontanea, per lo più xerofila, ha massimo sviluppo in primavera. È qui che si trova la caratteristica *macchia mediterranea*, composta principalmente da alberi bassi e da arbusti sempreverdi [Figura 20]; solo di rado compaiono veri boschi o foreste, in genere alternati con prati assolati. Le regioni a clima mediterraneo coincidono con l'area di diffusione dell'ulivo, pianta che però attualmente cresce spontanea soltanto nel Libano. Altre piante caratteristiche sono gli agrumi, il fico, il mandorlo, l'alloro, il leccio, l'eucalipto [Figura 21], la quercia da sughero e il pino mediterraneo.

Tra la fauna, in particolare quella che si incontra in Italia, ricordiamo il capriolo, il daino, il cinghiale, la volpe, il coniglio selvatico e l'istrice.

Nella nostra penisola il clima mediterraneo non si estende uniformemente da Nord a Sud, ma occupa essenzialmente le zone costiere tirreniche e ioniche e quelle adriatiche centro-meridionali (vedi Approfondimento: *I climi del territorio italiano*).

Figura 21
Foresta di eucalipti in Australia. Le varie essenze arboree non costituiscono una formazione chiusa, ma si alternano con ampie zone di sottobosco aperto e soleggiato, rappresentato in genere da arbusti di varie dimensioni, cui ogni tanto si sostituiscono zone erbose. (JohnnyGreig/Shutterstock)

Figura 22
Un aspetto tipico del paesaggio del *clima temperato fresco*, in Polonia. Le condizioni di umidità favoriscono lo sviluppo di una vegetazione rigogliosa, costituita prevalentemente da boschi di latifoglie associati ad un sottobosco ricco di edera, muschi e felci. (R. Kamensky)

Figura 23
Un giovane esemplare maschio di cervo rosso. Questo ruminante, noto anche come *cervo nobile*, è diffuso in Europa e in Asia con una trentina di sottospecie. In Italia è presente su tutto l'arco alpino e in gran parte dell'Appennino. (merc67/Shutterstock)

Il **clima temperato fresco** è mediamente umido: le precipitazioni medie annue in genere sono comprese fra i 700 e i 1500 mm, con piogge frequenti in tutte le stagioni nelle aree costiere (sottotipo *oceanico*) o concentrate prevalentemente in una stagione nelle parti più interne dei continenti (sottotipo *continentale*). Gli inverni sono miti e le estati fresche e quindi non si registrano forti escursioni termiche, almeno in vicinanza del mare: la media del mese più freddo è di poco superiore a 0 °C e quella del mese più caldo supera appena i 15 °C.

La vegetazione è molto rigogliosa, specialmente nelle aree con umidità più elevata; essa è caratterizzata dalla presenza di brughiere, di foreste a querce, tigli, olmi, betulle e da un sottobosco ricco in eriche, edera, luppolo, muschi e felci arboree [Figura 22]. La fauna è eterogenea, con cervi [Figura 23], scoiattoli, lupi, orsi, volpi ecc.

Il clima temperato fresco oceanico interessa essenzialmente le regioni poste alle medie latitudini

che fanno parte della zona di influenza dei venti occidentali; il clima temperato fresco continentale è condizionato anche dalle alte pressioni invernali, per cui le piogge cadono prevalentemente in estate e le escursioni termiche sono più marcate. La presenza di correnti marine calde provoca l'estensione di questa fascia climatica verso le alte latitudini, soprattutto nell'emisfero boreale, portandola a confinare quasi con il clima subpolare.

4.5 Climi microtermici

Questi climi – e i relativi biomi – sono diffusi soprattutto nell'emisfero boreale, data la maggiore estensione delle aree continentali. In queste zone prevalgono periodi freddi più o meno prolungati; la media del mese più caldo supera i 10 °C, mentre quella del mese più freddo è inferiore ai 2 °C. Le precipitazioni si verificano di preferenza in estate e in genere non sono molto abbondanti (300-1000 mm annui); la caduta di neve è frequente nelle parti periferiche ad inverno meno secco. Queste condizioni pluviometriche sono legate alla persistenza invernale dell'anticiclone siberiano sul blocco euro-asiatico e dell'anticiclone canadese sul Nord-America.

Il manto vegetale presenta aspetti caratteristici, ma varia da zona a zona, a seconda dell'altitudine, della latitudine e della distanza dal mare, e quindi delle diverse condizioni termiche e pluviometriche: è questa la «fascia» delle foreste di latifoglie, delle steppe-praterie e delle foreste di aghifoglie. Fra gli animali si incontrano specie comuni a tutte e tre le zone ed altre più tipiche dell'una o dell'altra di esse, adattate all'ambiente particolare.

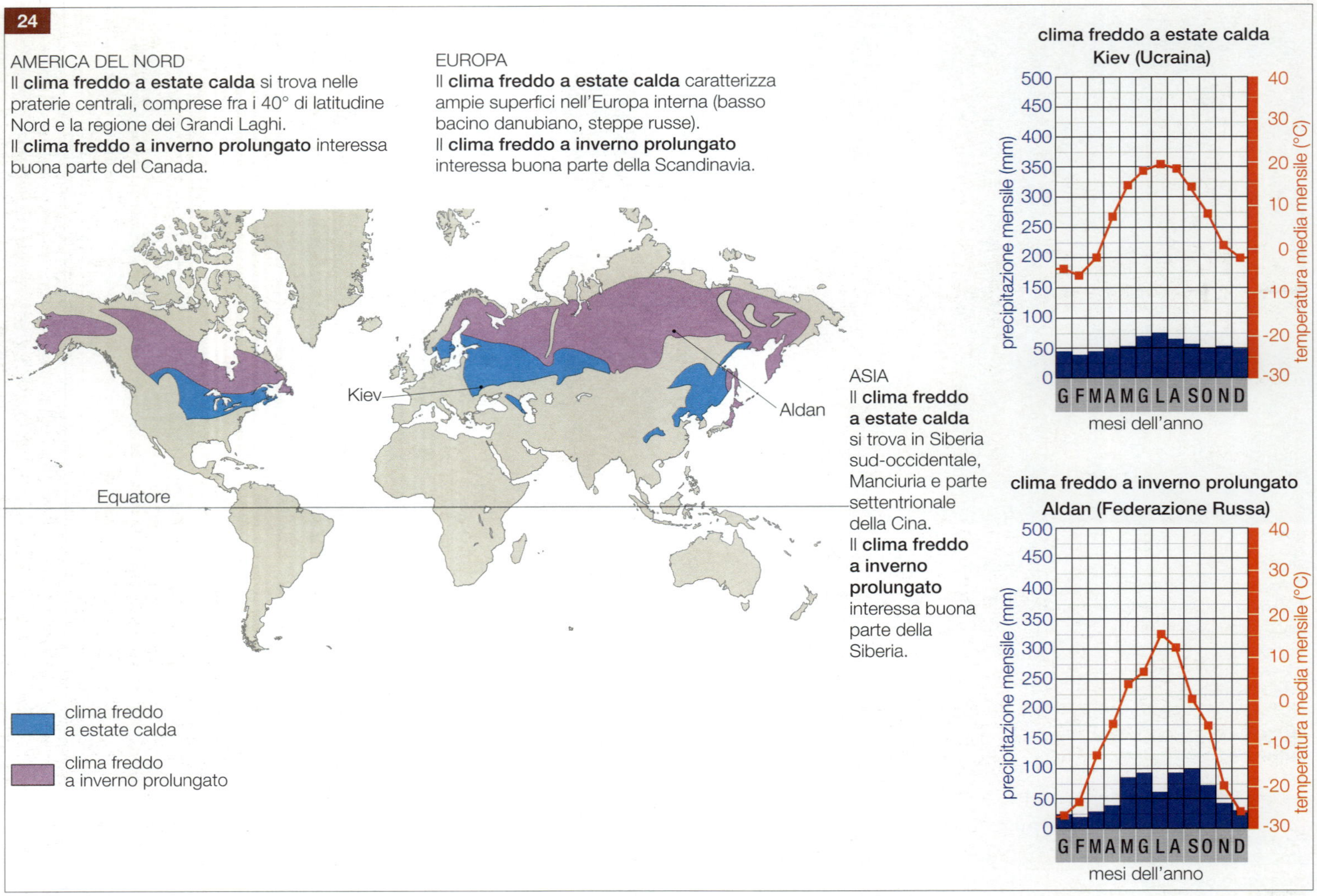

Figura 24
Distribuzione geografica dei due tipi di climi microtermici (*clima freddo a estate calda e clima freddo a inverno prolungato*) e climatogrammi di due località rappresentative.
Le regioni interessate da *clima freddo a estate calda* si trovano in continuazione del clima temperato fresco dei venti occidentali, con il quale non hanno limiti netti.

■ **Loess** (Loess) Da un termine dialettale tedesco, *loes*, *løs*, *losch*, terreno instabile. Coltre di sedimenti costituita da particelle a granulometria fine. Si forma in seguito al trasporto e alla deposizione ad opera del vento, anche per notevolissime distanze, di materiali di origine glaciale o fluvioglaciale; si rinviene in banchi privi di stratificazione interna.

È possibile distinguere due tipi principali di clima microtermico: un *clima freddo a estate calda* e un *clima freddo a inverno prolungato* [Figura 24], i cui confini non sono però definibili sempre in maniera netta.

Il **clima freddo a estate calda** si spinge fino alla latitudine di circa 60° N in Europa, 50° N nell'Asia orientale e 45° N nell'America Settentrionale. Gli inverni (fino ad otto mesi) sono rigidi, mentre le estati sono brevi e relativamente calde (in media 22 °C a luglio), per cui l'escursione termica annua è accentuata; le precipitazioni, sia liquide che solide, si presentano in tutte le stagioni, con una maggiore concentrazione nel periodo estivo. Accanto a questo *clima delle foreste decidue* (con piante a foglie caduche), nelle aree più interne e meridionali si individua una varietà meno umida (precipitazioni medie annue inferiori ai 400-500 mm) e con estati più calde, ben circoscrivibile per i caratteri vegetazionali del tutto particolari: si tratta del clima delle steppe vere e proprie, o *steppe-praterie* (come vengono dette per distinguerle da quelle predesertiche).

Le foreste decidue di latifoglie sono in genere costituite da un numero ristretto di specie, con una di esse tanto dominante da conferire il suo nome all'associazione arborea (querceto, faggeta, pioppeto); il periodo di riposo invernale è contrassegnato dalla caduta delle foglie.

La steppa è un'associazione di erbe (graminacee) perenni, di piante annuali che richiedono un periodo di pochi mesi per il loro intero ciclo vegetativo e di essenze erbacee che si sviluppano soltanto in primavera.

I due ambienti sono anche diversi per la fauna, che è stata molto ridotta dall'intervento umano; accanto a specie comuni, come il cervo, il cinghiale, la volpe, la lepre, vi sono specie caratteristiche della foresta, come l'orso, ed altre più tipiche delle steppe, come il bisonte [Figura 25], la talpa, la marmotta e le cavallette.

Le foreste si sviluppano su suoli grigio-bruni grossolani, permeabili; le steppe e le praterie trovano le condizioni migliori in suoli argilloso-sabbiosi finissimi e poco permeabili (derivanti per lo più dalla trasformazione del loess), il cui orizzonte superficiale presenta una colorazione nerastra per la ricchezza di sostanze organiche (*terre nere* o *cernozem*).

25

26

27

Figura 27
Una foresta di sequoie nella Sierra Nevada (Stati Uniti occidentali). In quest'area la presenza del *clima microtermico* e delle foreste di conifere ad esso associate è legata all'altitudine (sopra i 1800 m) e non alla latitudine. Le foreste di sequoie hanno grande diffusione alle alte latitudini, come in Canada. Le sequoie sono fra gli alberi più alti, più imponenti e più longevi del mondo: possono raggiungere l'altezza di circa 130 m e vivere oltre 1000 anni (anche 4000). (C. Testi)

Figura 25
Un branco di bisonti (*Bison bison*) nella *steppa-prateria* dell'America Settentrionale (Parco di Yellowstone, Wyoming).

Figura 26
***Taiga* in Siberia.** L'elemento dominante delle selve boreali è rappresentato dalle *conifere*, specie legnose sempreverdi adatte a superare temperature anche molto basse. Queste foreste sono di regola molto ombrose: esse non lasciano passare molta luce nel sottobosco e perciò consentono soltanto una vegetazione povera e relativamente uniforme al suolo (arbusti nani sempreverdi, licheni, muschi). (S. Zastavkin)

Il **clima freddo a inverno prolungato**, esteso a Nord della precedente «fascia» climatica, pressappoco fino alla latitudine di 70° N, presenta una stagione invernale di durata superiore agli otto mesi, per cui le estati sono assai brevi, con temperature inferiori ai 20 °C, e le stagioni intermedie sono spesso assenti; l'escursione annua è molto elevata e può superare anche i 60 °C (Verkhojansk, in Siberia).

Le precipitazioni, sia liquide che solide, sono scarse ed in prevalenza estive nelle zone più interne, autunnali nelle vicinanze delle coste oceaniche; la copertura nevosa può permanere dai cinque agli otto mesi, periodo durante il quale i laghi e i fiumi gelano completamente.

La vegetazione è caratterizzata da *foreste di conifere* (aghifoglie), formazioni chiuse con prevalenza di pini, larici, abeti e rare presenze di betulle. Così si presenta la famosa *taiga* della Siberia [**Figura 26**].

Nell'America Settentrionale, invece, si incontrano le gigantesche sequoie, le più grandi conifere esistenti [**Figura 27**].

4.6 Climi nivali

Sono localizzati prevalentemente a latitudini più alte di quelle dei climi microtermici, oltre i circoli polari. La temperatura media del mese più caldo è sempre inferiore ai 10 °C, fino a scendere sotto lo zero nelle zone più elevate o polari, anche se il Sole non tramonta durante l'estate per numerosi giorni; le escursioni termiche annue sono notevoli, mentre quelle giornaliere sono quasi irrilevanti. Le precipitazioni sono scarse, a causa delle alte pressioni permanenti, e l'umidità assoluta dell'aria è minima.

Il terreno è in molti casi gelato. Soltanto durante l'estate si ha un brevissimo disgelo superficiale, che interessa uno spessore da alcuni decimetri a qualche metro, mentre la parte sottostante è ghiacciata in permanenza: questa parte del terreno prende il nome di *permafrost* (dall'inglese *frost*, gelo).

La vegetazione è assai scarsa, o assente del tutto;

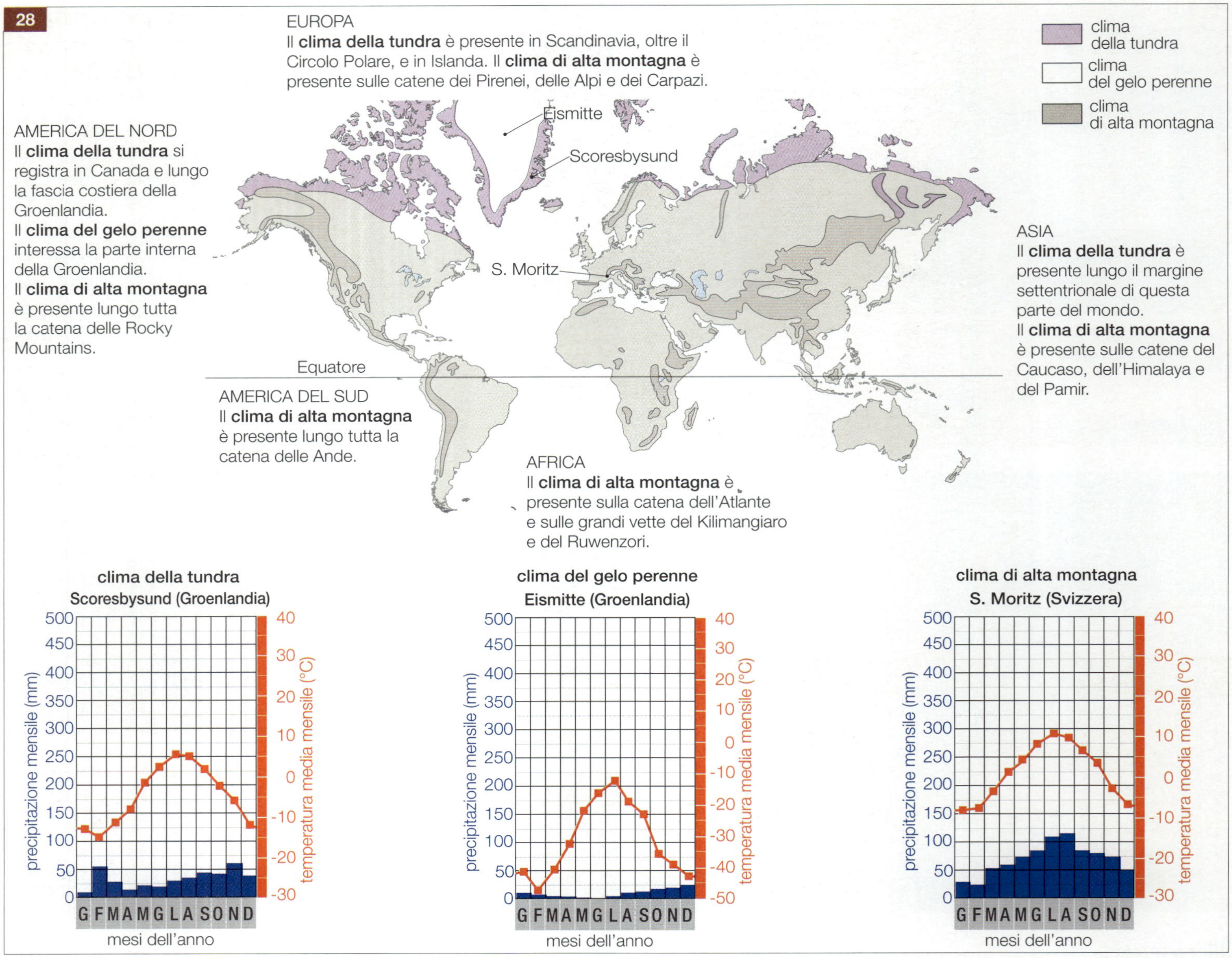

Figura 28
I climi nivali. Sono i più freddi della Terra, distribuiti alle alte latitudini e sui più elevati rilievi. Vi dominano le nevi, il ghiaccio nel terreno e i ghiacciai. Il più rigido di questi climi caratterizza l'intera Antartide, che non è rappresentata in queste carte né nelle figure 7 e 8.

Figura 29
La *tundra* in Canada. Caratteristiche di questo paesaggio sono la statura bassa delle piante (spesso a ciuffi e a cuscinetti), la dominanza di licheni e muschi e l'incompleta copertura vegetale del terreno. La tundra è coperta di neve per gran parte dell'anno, fino all'arrivo della «tiepida» estate con un'esplosione di fiori selvatici. (Shutterstock)

mancano alberi d'alto fusto e sono presenti solo essenze come le betulle nane e i salici, mentre prevalgono i muschi e i licheni. Tra gli animali esistono soltanto specie che d'inverno migrano verso latitudini più basse: orsi bianchi, lepri polari, caribù, alci. Lungo le coste delle aree glaciali si incontrano numerosi pinnipedi, quali foche, trichechi ed elefanti marini; fra i molti uccelli sono caratteristici i pinguini (Antartide) e altri uccelli marini come le procellarie.

I due tipi climatici principali di questo gruppo sono il *clima della tundra* (o *subpolare*) e il *clima del gelo perenne* (o *polare*); da questi si differenzia solo in parte un terzo tipo, che è il *clima di alta montagna* [Figura 28].

Il **clima della tundra** (o **clima subpolare**) si trova essenzialmente ai margini del Circolo polare artico, sui bordi del sub-continente euroasiatico, in Islanda, lungo la fascia costiera della Groenlandia e nel Canada polare [Figura 29].

Figura 30
Ai margini delle zone polari si trova ancora qualche insediamento umano, come questo di Amassalik, in Groenlandia. Più all'interno, dove domina il *gelo perenne*, gli insediamenti stabili scompaiono del tutto. (E. Shikhunova)

Il **clima del gelo perenne** (o **clima polare**) interessa le zone coperte quasi per intero e costantemente dai ghiacci, come la parte interna della Groenlandia [**Figura 30**], le terre polari artiche e il Continente Antartico. Sulla calotta glaciale della Groenlandia, nelle terre polari artiche e soprattutto in Antartide si trovano soltanto stazioni meteorologiche o basi per studi scientifici.

In questo gruppo climatico si può far rientrare anche il **clima di alta montagna**, che ha caratteristiche termiche e pluviometriche analoghe al precedente, ma causate non dalla latitudine, bensì dalle elevate quote. Caratterizzate da questo clima sono praticamente tutte le zone più elevate dei grandi rilievi della Terra, quali l'Himalaya e il Pamir in Asia, quasi tutta la Cordigliera delle Ande nel Sudamerica e le più alte cime della catena alpina in Europa.

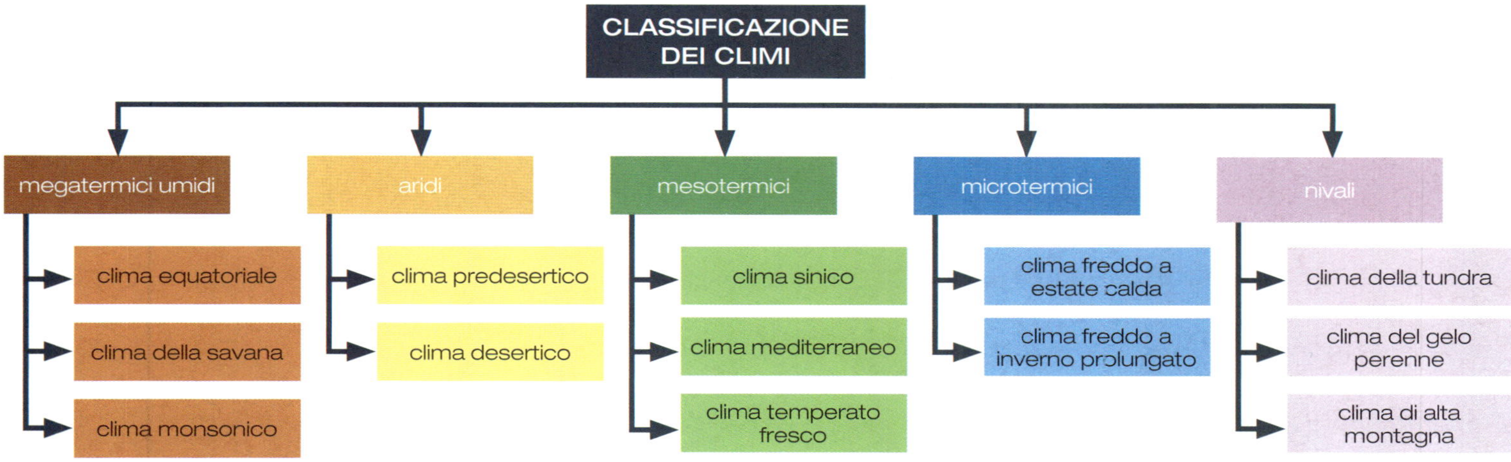

QUESITI

1. Completa.
I grandi gruppi climatici, distinti in base ai valori delle .... e delle .... , sono ....

2. Nelle regioni caratterizzate da climi caldo umidi le temperature medie mensili
A non scendono mai sotto i 15 °C.
B non superano mai i 15 °C.
C non scendono mai sotto i 25-30 °C.

3. Le regioni a clima predesertico caldo sono caratterizzate da
A precipitazioni scarse, concentrate in brevi periodi dell'anno.
B due stagioni calde e umide alternate a due stagioni calde e secche.
C assenza di precipitazioni e basse temperature.

4. Scegli l'alternativa corretta.
Nel clima mediterraneo si hanno estati calde e **umide/secche** e inverni **tiepidi/rigidi** e umidi.

5. Le steppe-praterie si trovano in zone
A più umide di quelle delle foreste decidue.
B con clima freddo a inverno prolungato.
C con clima freddo a estate calda.

6. Scegli l'alternativa corretta.
Nel clima freddo **a inverno prolungato/a estate calda** l'inverno dura più di otto mesi e le estati sono molto brevi; la copertura vegetale spontanea predominante è la foresta **di latifoglie decidue/di conifere**.

7. Nel clima freddo a estate calda le temperature massime in estate
A possono superare i 10 °C.
B non superano mai i 10 °C.
C raramente superano gli 0 °C.

8. Quali difficoltà si incontrano nel tentare di classificare in modo rigoroso i climi del pianeta?

9. Quali sono le caratteristiche principali dei climi megatermici umidi?

10. Qual è il bioma tipico del clima equatoriale?

11. Quali sono le caratteristiche fondamentali del clima desertico?

12. Qual è la formazione vegetale (naturale) caratteristica del clima mediterraneo?

13. In quale emisfero sono più diffusi i climi microtermici? Perché?

14. Su quali suoli si sviluppano le foreste decidue?

15. Che cos'è il permafrost?

approfondimento delle conocenze

I climi del territorio italiano

Il nostro Paese non è interessato per l'intera sua estensione dal caratteristico *clima mediterraneo*. I tipi climatici esistenti nel territorio italiano sono diversi [Figura 31], e numerose sono le varietà che si riscontrano anche nell'ambito dello stesso tipo. Il passaggio dall'una all'altra zona climatica è sempre graduale.

La complessità della situazione climatica italiana dipende dai numerosi fattori che influiscono sui valori giornalieri, mensili, stagionali e annuali degli elementi del clima (temperatura, pressione e venti, umidità e precipitazioni).

Un primo fattore di differenziazione climatica è rappresentato dalla **latitudine**. Il nostro territorio si sviluppa per circa 11° di latitudine: le località più meridionali sono situate a circa 36° lat. Nord e la punta più settentrionale a poco più di 47° lat. Nord. Questa notevole estensione non consente l'esistenza di una omogeneità climatica: le regioni settentrionali risentono di alcune condizioni termiche, barometriche e pluviometriche proprie dei climi dell'Europa continentale; le regioni meridionali, invece, sono prossime al dominio dei climi subtropicali.

Un secondo fattore climatico molto efficace è connesso alla **presenza del mare**. La nostra penisola, stretta e allungata e con uno sviluppo litoraneo di circa 7500 km, è tanto inserita nel Mare Mediterraneo che quasi l'80% del territorio italiano si trova a meno di 100 kilometri dalla costa; soltanto alcune zone delle Alpi centrali distano dal mare un po' più di 200 kilometri. Tutto il territorio italiano risente dell'influenza termoregolatrice del mare. I bacini marini, funzionando da enormi immagazzinatori dell'energia solare, esplicano la funzione di regolatori dei climi

31

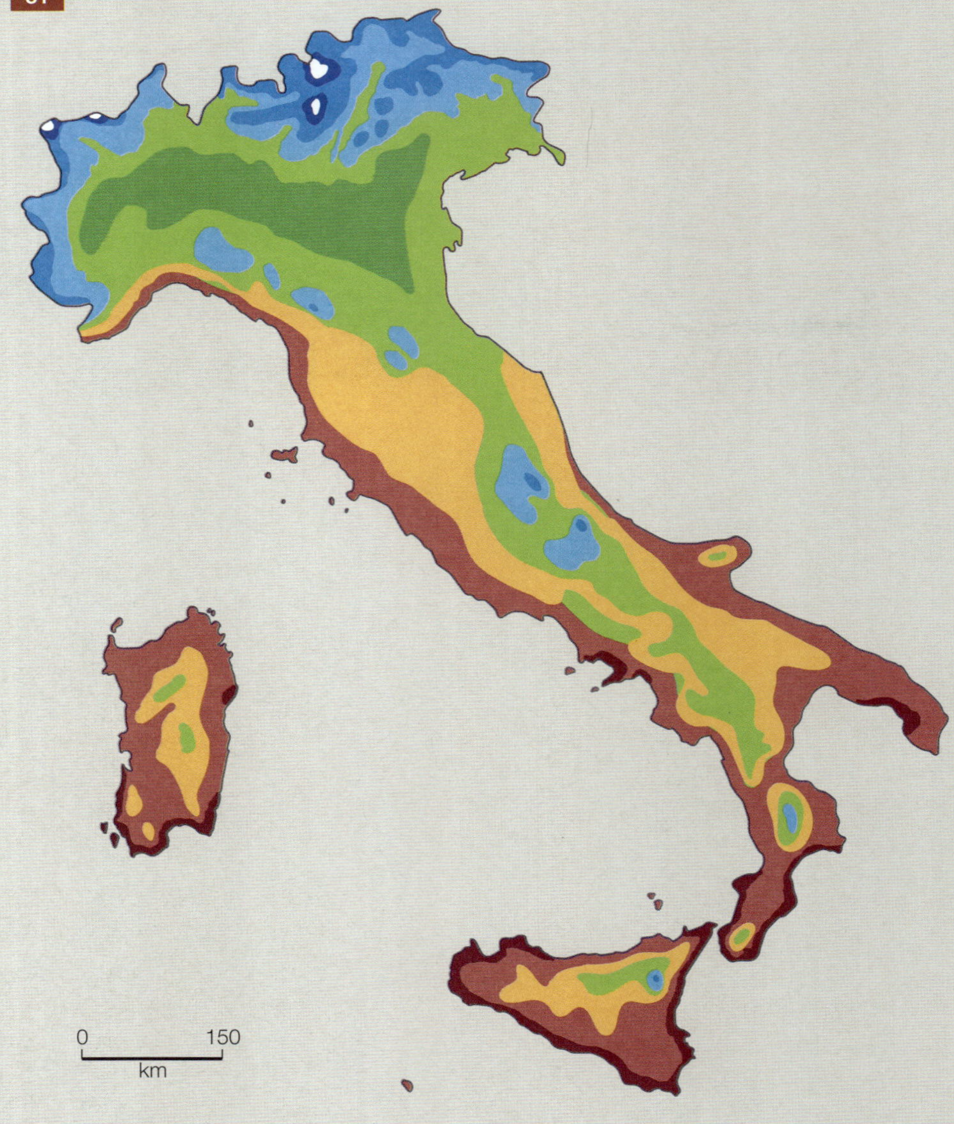

Figura 31
Distribuzione geografica e principali caratteristiche dei *climi italiani*. La suddivisione qui rappresentata è schematica; essa è stata fatta basandosi essenzialmente sull'andamento medio delle temperature e delle precipitazioni durante l'anno.

Ognuna delle regioni climatiche indicate nella figura 32 è caratterizzata dalla prevalenza di un dato tipo climatico, che però spesso si presenta con diverse varietà (fra quelle qui sotto specificate).

clima mediterraneo
- subtropicale
- temperato caldo
- sublitoraneo

clima temperato fresco
- subcontinentale
- continentale
- di media montagna

clima microtermico
- freddo a estate calda

clima nivale
- di alta montagna
- del gelo

terrestri. Nel caso dell'Italia, il Mar Tirreno, più ampio e più profondo, ha un'influenza più marcata rispetto a quella esercitata dal Mare Adriatico, poco profondo e più stretto.

Altro fattore climatico di fondamentale importanza è l'**orografia**. Infatti, la presenza dell'imponente catena delle Alpi determina un effetto barriera che influenza notevolmente il movimento delle masse d'aria e delle perturbazioni provenienti da NW, alterandone le caratteristiche. Questa catena montuosa ripara tutta la penisola, e in particolare la Pianura Padana, dai venti freddi provenienti dall'Europa settentrionale. La catena degli Appennini, che percorre la penisola nel senso della sua maggiore lunghezza, limita al versante tirrenico la forte influenza dei venti occidentali, di provenienza atlantica, mentre in parte protegge tale versante dai gelidi venti di tramontana. Entrambi i rilievi, con le loro varie altitudini ed esposizioni, causano differenze di temperatura e di piovosità anche fra zone poco distanti l'una dall'altra.

Le regioni climatiche italiane

In base all'andamento spazio-temporale dei vari elementi climatici e tenendo conto dei diversi fattori geografici, il territorio italiano può essere suddiviso in nove grandi **regioni climatiche** [Figura 32].

In sostanza, accanto al *clima mediterraneo*, che interessa quasi totalmente le zone meridionali e la Sardegna ed è presente anche nelle zone costiere dell'Italia centrale, nel territorio italiano si riscontrano anche altri *climi mesotermici* (temperati), un *clima microtermico* (freddo) e perfino un *clima nivale* (soprattutto quello di alta montagna).

Approssimativamente da Nord a Sud e dalle zone interne verso le coste, si passa da «climi continentali» (freddo della regione alpina e temperato fresco della regione padana), a «climi sublitoranei» e a «climi marittimi». In questo quadro, sono da sottolineare le notevoli differenze tra il versante tirrenico, più mite, e quello adriatico, che nella porzione centro-settentrionale presenta caratteri di subcontinentalità.

Di condizioni climatiche particolarmente privilegiate gode la Riviera Ligure, per l'ampio contatto con il mare e per l'esposizione verso i quadranti meridionali.

Una certa omogeneità climatica può essere individuata, infine, nella parte assiale della dorsale appenninica che, pur con qualche influenza marittima, è caratterizzata da un clima più o meno freddo.

Figura 32
Climatogrammi relativi alle nove regioni climatiche italiane. I grafici (*climatogrammi*) illustrano il regime di temerature e precipitazioni (in ascissa figurano i mesi, in rosso le temperature e in azzurro le precipitazioni) e sono relativi ad alcune località (tra parentesi è indicata la quota della stazione di misura, sul livello del mare) le cui condizioni climatiche possono essere considerate rappresentative delle nove principali «regioni climatiche» in cui è possibile suddividere il territorio italiano.
Da questi climatogrammi appare chiara innanzitutto l'esistenza di diversi *regimi pluviometrici*. In particolare, si può osservare come la regione alpina (Cortina) sia caratterizzata dalla concentrazione delle piogge nel periodo più caldo, a differenza delle estreme regioni meridionali e insulari (Palermo), dove invece il periodo più piovoso è quello autunno-invernale.
Il raffronto delle temperature con le precipitazioni fornisce inoltre utili indicazioni indirette sulla disponibilità di acqua per il terreno, per la vegetazione e per gli usi antropici. Difatti, quando le curve termiche (in rosso) si sovrappongono pienamente agli istogrammi delle precipitazioni (in azzurro) le perdite per evapotraspirazione sono limitate ed il bilancio idrico è certamente positivo; al contrario, valori elevati della temperatura associati a piogge scarse indicano periodi più o meno secchi, durante i quali le perdite per evapotraspirazione possono produrre una marcata carenza d'acqua.

32

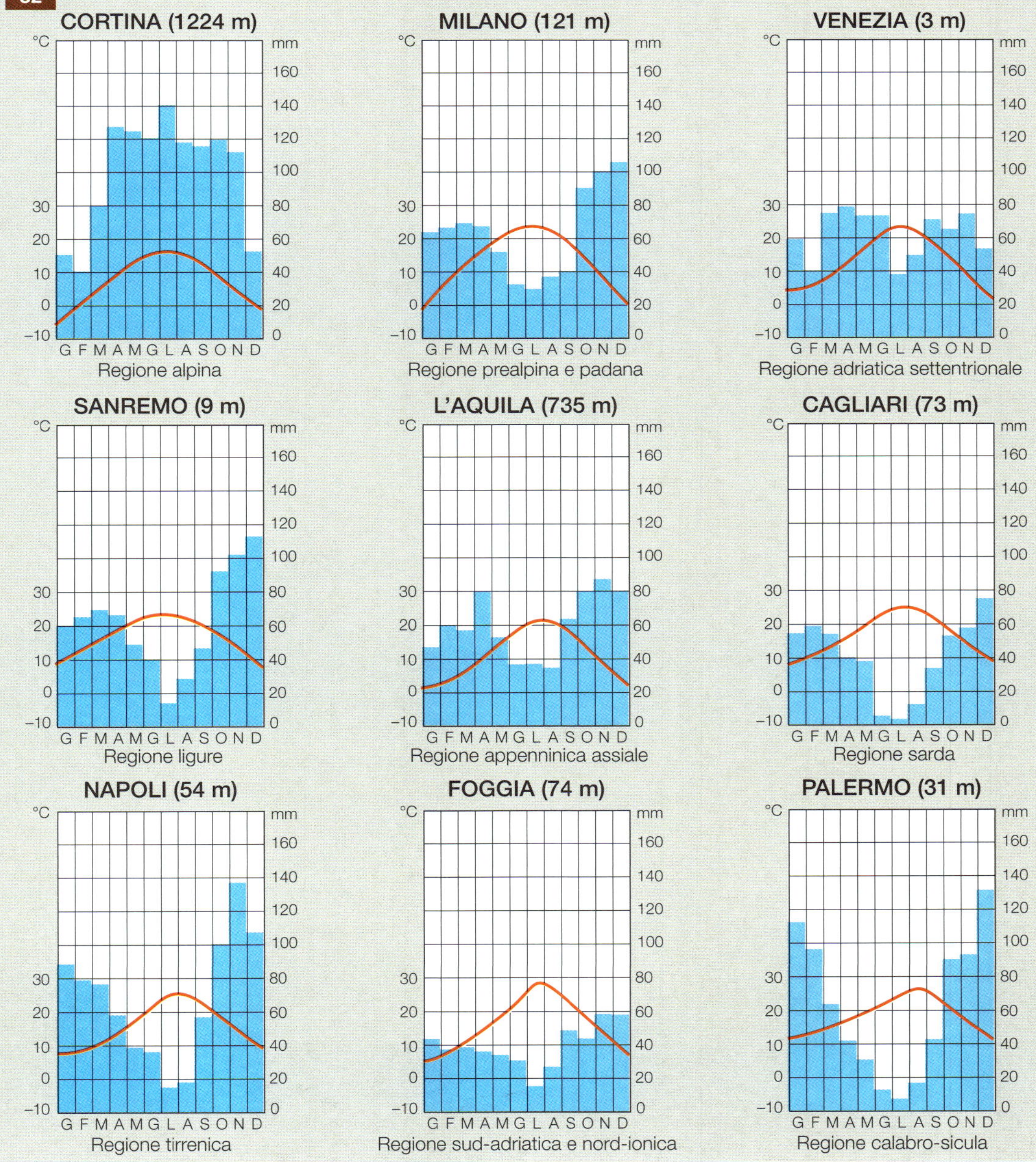

5 I cambiamenti del clima dalla preistoria ai tempi attuali

Video Variazioni climatiche del recente passato

Video Temperatura atmosferica e anidride carbonica

Lo studio congiunto dei movimenti della Terra, della storia geologica e della dinamica dell'atmosfera dimostra che il clima è mutevole nello spazio e nel tempo: come la crosta terrestre o l'insieme degli esseri viventi, esso è in continua evoluzione per varie cause, di cui alcune cosmiche, altre planetarie e altre ancora umane.

In tempi passati il nostro pianeta è stato interessato da alterne e differenti condizioni climatiche, glaciali e interglaciali, che sono state messe in relazione con le variazioni dell'eccentricità dell'orbita terrestre intorno al Sole e della direzione e inclinazione dell'asse di rotazione (vedi Approfondimento: *Moti millenari della Terra e cambiamenti climatici*). In particolare, durante la prima parte del Quaternario si sono susseguite cinque grandi *età glaciali*, l'ultima delle quali, quella würmiana, durata circa 60 000 anni, si è conclusa intorno a 10 000 anni fa. A partire da questa data il clima della Terra, e in particolare quello del nostro emisfero, non è rimasto invariato, anche se è accertato che i cambiamenti climatici verificatisi dopo la glaciazione würmiana non hanno avuto l'ampiezza di quelli della prima parte del Quaternario.

5.1 I cambiamenti climatici nella preistoria

Le oscillazioni del clima in epoca post-glaciale sono oggetto di studio della Paleoclimatologia dei tempi preistorici e storici.

I mezzi di indagine utilizzati dai paleoclimatologi non sono gli stessi di cui dispongono gli studiosi del clima attuale: millenni fa non esistevano strumenti per misure meteorologiche e perciò, non disponendo di dati misurati, i paleoclimatologi debbono utilizzare gli indizi registrati dalla Natura. Ad esempio, i ghiacci della Groenlandia e del Continente Antartico sono giunti dalle grandi età glaciali quaternarie fino ai nostri giorni, e quindi racchiudono molte migliaia di anni di storia del clima. Le analisi di laboratorio eseguite su campioni di questo ghiaccio, prelevato in profondità, consentono di evidenziare la presenza di alcuni isotopi di elementi chimici (in particolare, isotopi dell'idrogeno nelle molecole d'acqua del ghiaccio) che indicano quale possa essere stata la temperatura al momento della formazione di un determinato strato di ghiaccio.

Un altro mezzo che la Natura ci offre per decifrare la storia del clima è racchiuso nelle profondità oceaniche. Difatti, sul fondo degli oceani è deposto un sedimento che include numerosi resti di minuscoli organismi, molti dei quali vivevano in prossimità della superficie dell'acqua, milioni o migliaia di anni fa; un attento studio delle specie di microrganismi presenti nel sedimento oceanico consente di risalire alle condizioni di salinità, profondità e temperatura dell'acqua di quel tempo. Contemporaneamente la posizione, più o meno superficiale, che questi resti fossili di microrganismi occupano nel sedimento permette di determinare approssimativamente il momento della loro deposizione. Basandosi su questi dati è possibile ricostruire l'andamento della temperatura degli oceani nell'arco di migliaia di anni.

Mediante la Paleoclimatologia, è stato appurato che dalla preistoria ai tempi attuali si sono alternati momenti più caldi e altri più freddi, condizioni di clima più umido e altre di clima più arido. Concentrando l'attenzione sugli eventi principali, possiamo quindi percorrere la *«breve storia climatica»* più vicina ai giorni nostri e renderci conto delle varietà dei metodi impiegati per ricostruirla.

Lo studio di alcuni depositi lacustri e delle morene della Svezia e della Finlandia ha permesso di stabilire che la fase di ritiro delle estese calotte glaciali che caratterizzarono la glaciazione würmiana ebbe termine nell'8300 a.C., cioè circa 10 000 anni fa. Questa data, la quale corrisponde alla scomparsa definitiva della grande calotta continentale che ricopriva l'Europa, segna convenzionalmente il termine della glaciazione würmiana e l'inizio del «tempo post-glaciale».

Il passaggio tra l'ultima età glaciale e l'intervallo più caldo successivo all'anno 8300 a.C. non fu brusco, ma molto graduale, caratterizzato da un costante aumento delle temperature medie annue, che portò all'instaurarsi di condizioni climatiche

Quaternario (Quaternary) Il periodo finale dell'*Era cenozoica*, detta anche «Era dei mammiferi». È iniziato circa 2,6 milioni di anni fa ed è tutt'oggi in corso.

Paleoclimatologia (Paleoclimatology) Disciplina che studia le variazioni del clima durante la storia della Terra. Si avvale dell'apporto di numerose altre discipline in grado di fornire informazioni che divengono tanto più precise quanto più ci si avvicina ai tempi attuali. In particolare, la Paleoclimatologia dei tempi geologici fa ricorso principalmente all'ausilio delle Scienze della Terra (Geologia, Paleontologia, Geochimica, Geomorfologia), mentre alla Paleoclimatologia dei tempi preistorici e storici contribuiscono anche le Scienze biologiche e quelle umane (Zoogeografia, Paleobotanica, Palinologia, Dendrologia, Archeologia, Storia, Geografia antropica).

Isotopi (Isotopes) L'atomo di un elemento è formato da un *nucleo*, costituito da *protoni* e *neutroni*, attorno al quale ruotano gli *elettroni*. Ogni elemento è caratterizzato da un numero fisso di protoni (*numero atomico*), che è uguale al numero di elettroni, ma può avere un diverso numero di neutroni; per cui atomi di uno stesso elemento possono avere diverso *numero di massa* (pari alla somma di protoni e neutroni). Vengono detti **isotopi** gli atomi di un dato elemento che, pur avendo lo stesso numero di protoni, differiscono tra loro per il numero di neutroni.

33

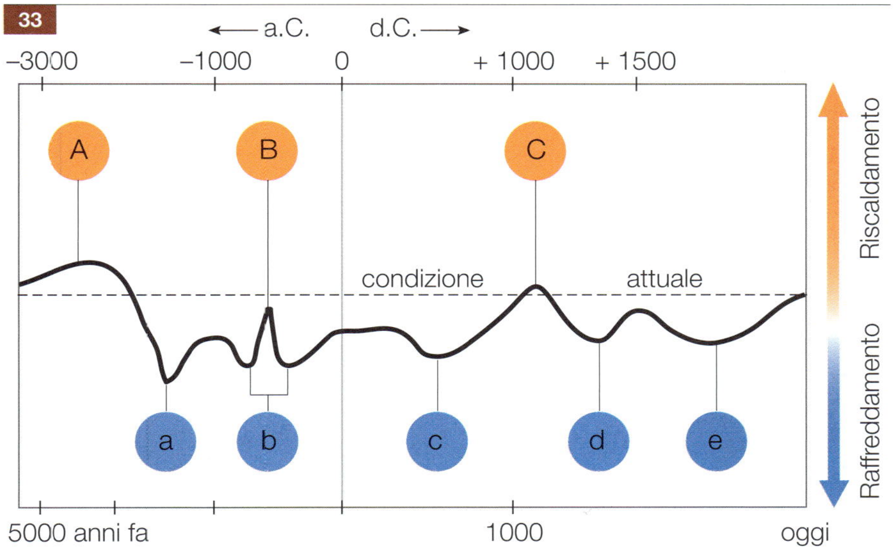

Figura 33
Dopo le grandi glaciazioni quaternarie, il clima della Terra non è rimasto immutato.
Questo grafico evidenzia le principali variazioni termiche che si sono verificate dalla preistoria ai tempi attuali. I rami ascendenti della curva indicano la tendenza verso il riscaldamento, quelli discendenti la tendenza verso il raffreddamento. Le principali *fasi calde* verificatesi sono le seguenti: A) l'Optimum Climatico Post-Glaciale, protrattosi dall'8300 a.C. fino al 2000-1500 a.C.; B) la fase calda iniziata nel 1300 a.C. e protrattasi per vari secoli; C) l'intervallo caldo dell'età medievale. A queste fasi calde si sono avvicendate alcune *fasi fredde*, tra le quali le principali si sono verificate: a) tra il 1400 e il 1300 a.C.; b) intorno al 900 e intorno al 300 a.C.; c) tra il 400 e l'800 d.C, d) tra il 1200 e il 1350 d.C.; e) tra il 1590 e il 1850 (Piccola Età Glaciale). La scala dei tempi è logaritmica, per evidenziare meglio le variazioni più recenti.

prossime alle attuali nell'Europa, in Asia e nell'America Settentrionale. Questo intervallo di clima più caldo, detto dagli studiosi **Optimum Climatico Post-Glaciale**, si protrasse con ogni probabilità fino al 2000-1500 a.C. [Figura 33]. Le variate condizioni termiche (nel nostro emisfero la temperatura media annua doveva essere circa 2,5-3 °C più alta di quella attuale) produssero una progressiva fusione dei ghiacciai, con un sensibile innalzamento del livello del mare e l'invasione di ampie zone costiere da parte delle acque marine.

Lo studio dei fossili vegetali, ed in particolare dei pollini, ha consentito di delineare le modificazioni intervenute nella distribuzione della vegetazione. I limiti delle foreste di latifoglie e di conifere si spostarono verso latitudini maggiori, mentre la tundra scomparve; in tutta l'Europa centro-settentrionale si crearono le condizioni termiche idonee alla diffusione delle foreste, tanto più che si registrò anche un aumento delle precipitazioni.

5.2 I cambiamenti climatici fino al Medioevo

Dopo la fase dell'Optimum Climatico Post-Glaciale, intorno al 2000-1500 a.C. ebbe inizio una seconda fase caratterizzata da una serie di **oscillazioni climatiche in senso caldo e in senso freddo** che si susseguirono fino alla fine dell'età romana (circa 400 d.C.).

Una prima oscillazione tra il 1400 e il 1300 a.C. fu caratterizzata da tendenza al raffreddamento e dalla conseguente espansione dei ghiacciai nelle aree dell'Europa centro-settentrionale, mentre nelle regioni del Mediterraneo si registrò un aumento delle precipitazioni. Intorno al 1300 a.C. si manifestò una nuova tendenza verso un clima più caldo, caratterizzato dal ritiro dei ghiacciai e da una forte diminuzione delle precipitazioni, che determinò nelle regioni mediterranee condizioni di clima arido, sfavorevoli alla vita. Seguì quindi, a partire dal 900 a.C., una nuova oscillazione in senso freddo che determinò uno spostamento delle fasce climatiche verso latitudini più basse e una modificazione nella distribuzione della vegetazione opposta a quella che si era verificata nel post-glaciale. In Italia si instaurarono condizioni di clima fresco-umido e si diffusero le foreste, mentre l'abbassamento del livello del mare, connesso all'espansione dei ghiacciai, lasciò scoperte ampie e piatte zone costiere.

Dopo un ulteriore raffreddamento del clima tra il 400 e l'800 d.C., accertato da studi sui ghiacciai alpini, si verificò un graduale e costante aumento della temperatura. Questa fase climatica, nota come **Optimum Climatico Medievale**, si protrasse dall'800 d.C. fino al 1200 d.C. e fece registrare per il nostro continente temperature medie superiori di 1,5-2 °C a quelle attuali, ma inferiori a quelle ipotizzabili per l'Optimum Climatico Post-Glaciale. L'aumento termico provocò un marcato innalzamento del livello del mare e il conseguente ingombro delle foci fluviali, anche in Italia; nelle zone costiere italiane si formarono ampie zone paludose che si trasformarono in focolai di malaria. A partire dal 1200 d.C. si ebbe un rapido abbassamento della temperatura e si passò ad una fase di clima freddo, che perdurò fino al 1350 circa.

5.3 I cambiamenti climatici nell'Età Moderna

L'evento climatico più importante che seguì l'intervallo caldo dell'età medievale fu quello indicato come **Piccola Età Glaciale**, che si estese tra il 1590 e il 1850 e raggiunse il suo massimo nel XVIII secolo: i ghiacciai che esistevano in Europa e nell'America Settentrionale si spinsero molto più a Sud di quanto avessero fatto in qualunque altro momento a partire dalla fine della glaciazione würmiana.

Figura 34
Negli anni compresi tra il 1590 e il 1850 il clima della Terra subì un generale raffreddamento, tanto che si usa indicare questo arco di tempo come «Piccola Età Glaciale». In questo dipinto dell'inizio del XVII secolo è raffigurato il Tamigi completamente ghiacciato. Il fenomeno del congelamento dei corsi d'acqua, che interessò ripetutamente molti fiumi europei, è provato da numerose testimonianze storiche.

Sulla base dei dati paleoclimatici, si ritiene che la temperatura media della stagione invernale in questa «fase glaciale» doveva essere di circa 1-1,5 °C inferiore alle temperature attuali. Questa differenza sembra troppo esigua per giustificare una avanzata dei ghiacciai così imponente come quella testimoniata da numerose prove anche nelle vallate delle nostre Alpi. Gli studiosi ritengono che l'espansione glaciale fu dovuta non tanto ad una accentuazione dei rigori invernali, quanto piuttosto ad un raffreddamento delle stagioni primaverile ed estiva. Effettivamente, nell'arco di tempo che va dal XVI al XVIII secolo dovettero succedersi primavere ed estati fresche ed umide; e ciò è testimoniato da numerose fonti d'archivio che indicano come in questi trecento anni si ebbero spesso vendemmie tardive.

Del generale raffreddamento che caratterizzò il clima della Terra dal 1590 al 1850 si hanno anche altre testimonianze storiche. I maggiori fiumi europei gelarono; il Tamigi gelò con una frequenza di 6 volte al secolo (tra il X e il XV secolo la frequenza era stata di 1 volta al secolo) e nel 1662 i pattini da ghiaccio olandesi fecero la loro comparsa in Inghilterra [Figura 34].

5.4 I cambiamenti climatici dalla Rivoluzione Industriale a oggi

La seconda metà del XIX secolo segna l'inizio di una nuova fase climatica che si è protratta fino alla metà del XX secolo ed è stata caratterizzata da un generale aumento della temperatura [Figura 35]. È questa la prima *fase climatica rilevata direttamente*, mediante strumenti in grado di registrare i valori delle temperature, delle precipitazioni e delle frequenze, intensità e direzioni dei venti. L'instaurarsi di questa fase calda nel periodo 1850-1950 risulta anche da altri dati: ad esempio, le misure dirette eseguite sui ghiacciai hanno messo in evidenza una diminuzione del volume di ghiaccio ed un arretramento delle fronti glaciali rispetto alla posizione da esse raggiunta nel 1850. E le prove zoologiche confermano la generale modificazione del clima in senso caldo: numerose specie di animali estesero il loro habitat verso Nord, soprattutto nella Scandinavia e nella Russia settentrionale, mentre molti uccelli modificarono il periodo delle migrazioni.

A partire dal 1950 il clima della Terra ha subìto numerose oscillazioni contrastanti, anche se glo-

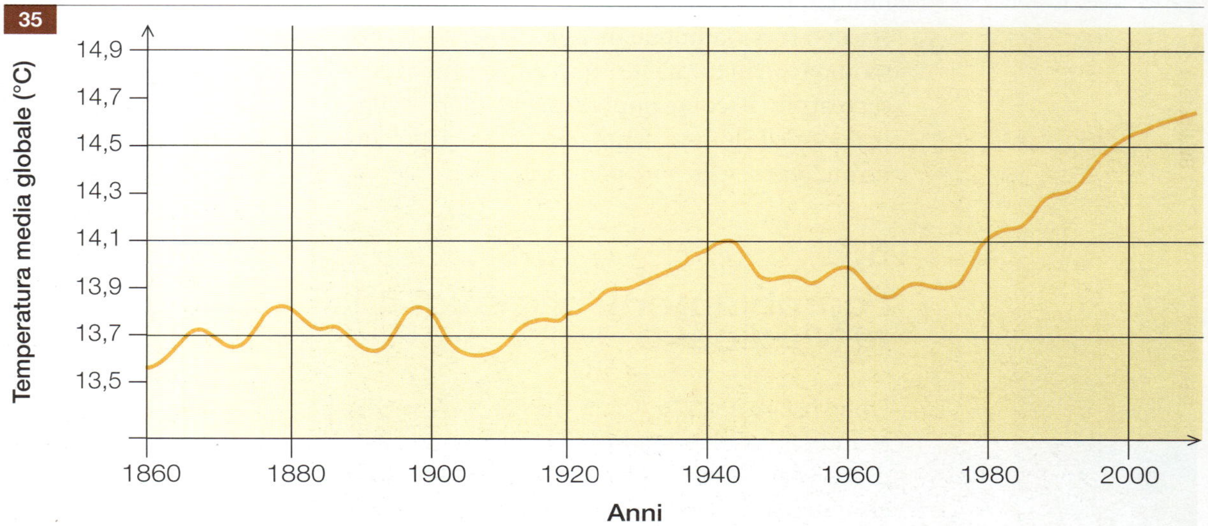

Figura 35
La temperatura media globale dell'atmosfera dal 1860 a oggi. L'aumento della temperatura in questo secolo e mezzo non è stato costante e regolare: incrementi maggiori sono stati registrati tra il 1920 e il 1940 e negli ultimi tre decenni. Complessivamente si è registrato un aumento di poco meno di 1 °C (0,6 °C negli ultimi cento anni).

36

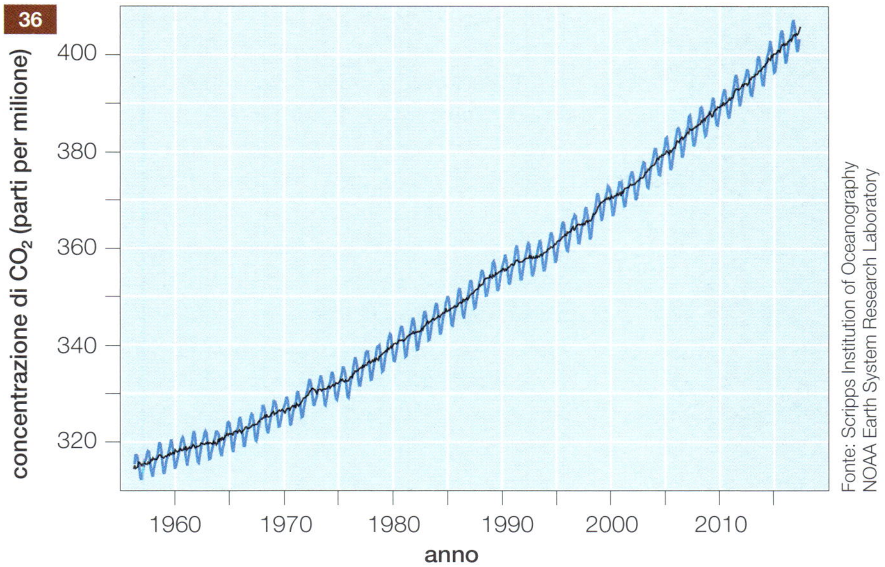

Figura 36
L'aumento della concentrazione dell'anidride carbonica atmosferica negli ultimi decenni. Questa figura riporta le misurazioni della concentrazione di CO_2 nell'atmosfera effettuate a partire dagli anni Cinquanta nell'osservatorio di Mauna Loa, alle Hawaii, ed evidenzia l'aumento avvenuto in tempi recenti, soprattutto in conseguenza dell'accresciuto impiego di combustibili fossili. La spezzata rappresenta l'andamento mensile delle concentrazioni di CO_2, che risente dei cambiamenti stagionali dovuti all'attività della vegetazione. La curva continua mostra invece il valore medio annuo, in costante aumento. (NOAA Earth System Research Laboratory)

balmente è stata registrata la tendenza verso un certo riscaldamento. Accanto a questo più recente aumento della temperatura, negli ultimi decenni si è assistito anche ad una progressiva accentuazione dell'inquinamento atmosferico, e in particolare all'incremento della concentrazione di CO_2, che tende a far elevare la temperatura dell'atmosfera [Figura 36]. Moltissimi climatologi sono propensi a ritenere che negli anni futuri assisteremo ad un *ulteriore riscaldamento del clima*, connesso all'influenza sempre più marcata dell'uomo sui processi atmosferici.

Figura 37
Effetto dell'attività vulcanica sulla temperatura dell'aria.

37

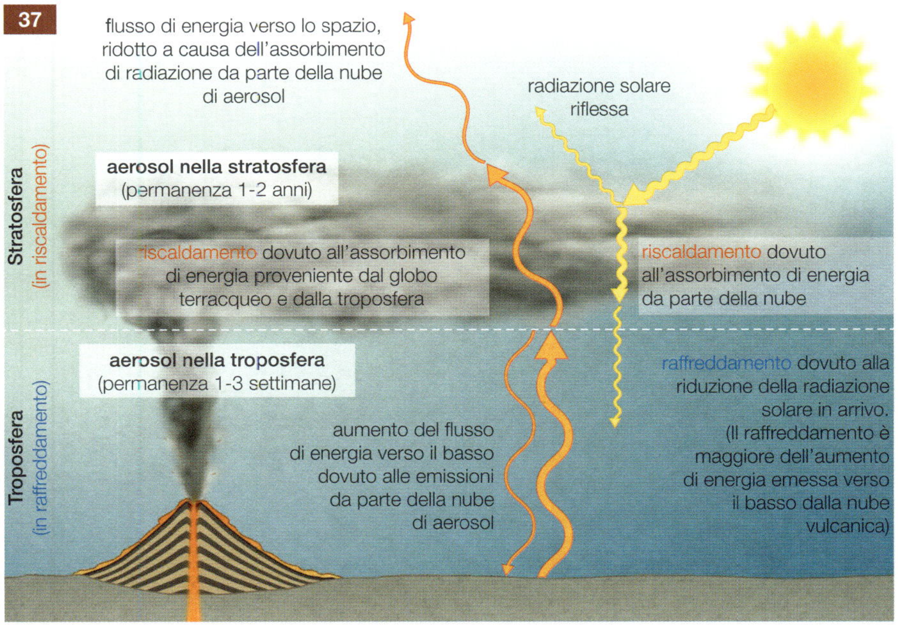

5.5 Cause naturali dei cambiamenti climatici

È però opportuno sottolineare che variazioni climatiche – sia di breve, sia di lungo periodo – sono provocate anche da diverse cause naturali.

Le **grandi eruzioni vulcaniche esplosive**, ad esempio, possono far diminuire la temperatura dell'aria anche per vari anni, poiché immettono nella stratosfera enormi quantità di polveri e soprattutto di prodotti acidi che, in goccioline minutissime, formano un «aerosol» capace di riflettere la radiazione solare e quindi di raffreddare la sottostante troposfera [Figura 37]. E difatti, parecchi studiosi attribuiscono all'eruzione del vulcano Tambora (Isole della Sonda), la più terrificante della storia dell'umanità (con 150 km^3 di prodotti da esplosione), la responsabilità del cosiddetto «anno senza estate», il 1816: in giugno e luglio – a quasi quindici mesi dall'eruzione – nevicò in varie regioni delle medie latitudini nell'America Settentrionale e in Europa.

In anni più recenti, due eruzioni esplosive sono state caratterizzate da contenuti estremamente alti di zolfo e conseguenti grandi quantità di acido solforico inviate nella stratosfera: l'eruzione del vulcano El Chicon (Messico) nel 1982 e quella del vulcano Pinatubo (Filippine) nel 1991. Si è stimato che queste eruzioni abbiano immesso nella stratosfera, rispettivamente, 10 e 20 milioni di tonnellate di acido solforico e sono stati valutati raffreddamenti globali della troposfera di circa 0,3-0,5 °C nei due anni immediatamente successivi alle eruzioni. Al più rilevante di questi eventi – l'eruzione del Pinatubo – è stato riferito il pronunciato freddo dell'inverno 1992-1993, registrato nell'Italia meridionale (con inconsuete nevicate in località costiere).

L'attività del Sole è un altro fenomeno naturale che può influenzare il clima: i dati mostrano che in passato periodi di **instabilità dell'attività solare**, in particolare nei *cicli delle macchie solari*, hanno coinciso con variazioni termiche nell'atmosfera terrestre. Le **macchie solari** si formano in seguito a perturbazioni del campo magnetico del Sole e il loro apparire di solito anticipa massicce eruzioni solari che gettano milioni di tonnellate di gas nello spazio. Viceversa, un numero minore di macchie solari è indice del fatto che il Sole si trova in un periodo di calma relativa. Storicamente i periodi di calma hanno coinciso con intervalli climatici freddi.

Il numero delle macchie solari generalmente aumenta e diminuisce in modo ciclico ogni 11 anni, e

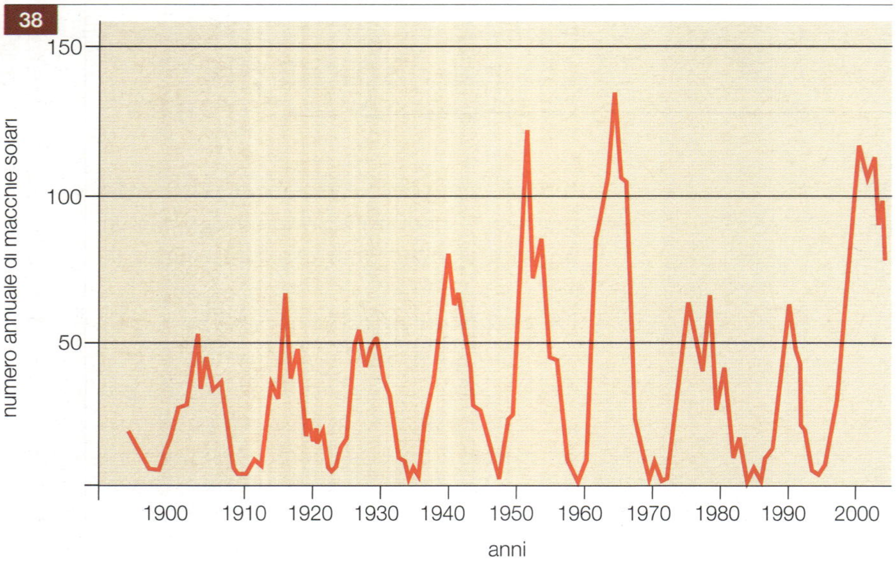

Figura 38
Numero annuale di macchie solari nel XX secolo.

a volte (ogni 200 anni, in media) le macchie scompaiono quasi completamente [Figura 38].

Una misura indiretta dell'attività solare nel corso di qualche migliaio di anni è conservata nelle concentrazioni di alcuni rari isotopi intrappolati negli anelli di crescita degli alberi e nel ghiaccio dei ghiacciai. Dall'analisi degli isotopi si può dedurre la quantità di raggi cosmici che raggiungevano la Terra nel momento in cui gli anelli o il ghiaccio si stavano formando, e pertanto è possibile ottenere una stima del livello di attività solare nel periodo corrispondente. Negli ultimi 50 anni l'attività solare è stata piuttosto intensa e, secondo alcune stime, una riduzione potrebbe avvenire a breve; ma la previsione dell'attività del Sole in futuro deve essere considerata con cautela, per la complessità delle tante forze in gioco.

Analizzando l'attività solare, dedotta dallo studio degli isotopi, in parallelo alle misure della temperatura dell'aria dal 1856 a oggi, risulta che fra i cambiamenti della temperatura dell'atmosfera terrestre e il numero di macchie solari esiste una forte correlazione, che è durata fino al 1970.

La variazione della temperatura atmosferica degli ultimi quarant'anni non sembra altrettanto ben correlata all'attività solare; altri fattori sono in gioco, e anche l'ipotesi di una prossima e pronunciata fase di calma dell'attività solare non deve far sottovalutare gli altri fattori che influiscono sulla temperatura atmosferica.

Per i mutamenti climatici in tempi lunghi, bisogna rammentare le *età glaciali e interglaciali* connesse ai **moti millenari della Terra**. Ipotizzando che le cause del glacialismo siano sempre le medesime, si segnala che entro i prossimi 20 000 anni alcuni studiosi prevedono l'inizio di una nuova glaciazione; ma non conosciamo né l'esattezza di tale previsione né quanto le attività antropiche possano accelerarne o contrastarne l'avvento.

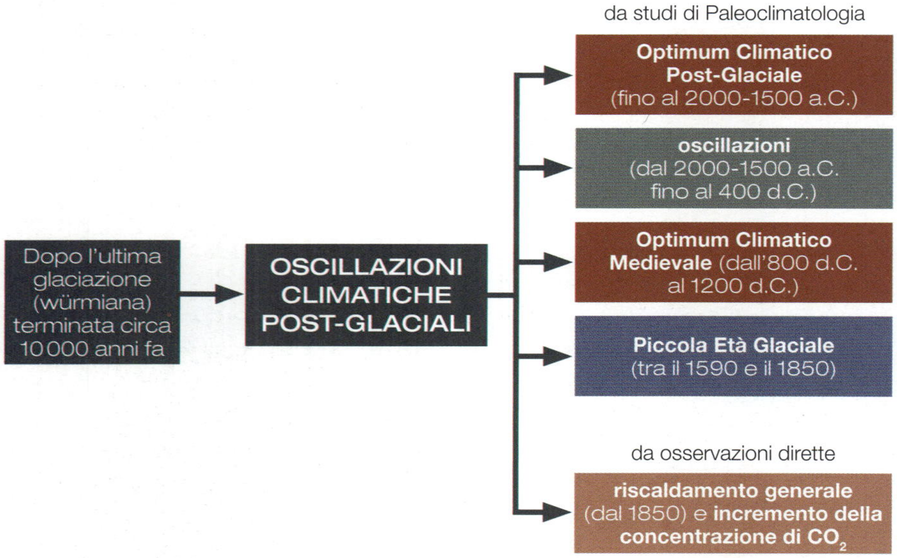

QUESITI

1. Scegli l'alternativa corretta.
   Nel Quaternario si sono susseguite almeno **cinque/otto** grandi età glaciali, l'ultima delle quali, durata circa **6000/60 000** anni, si è conclusa **10 000/100 000** anni fa.
2. Completa.
   La disciplina che studia le variazioni climatiche avvenute nel lontano passato della Terra si chiama ....
3. Nel complesso, negli ultimi 100 anni la temperatura atmosferica media globale è aumentata di circa
   A 0,3 °C.
   B 3,0 °C.
   C 0,6 °C.
   D 6 °C.
4. Scegli l'alternativa corretta.
   Le grandi eruzioni vulcaniche esplosive possono provocare l'**innalzamento/abbassamento** della temperatura atmosferica anche per diversi anni.
5. Completa.
   Storicamente si è vista una correlazione tra periodi di .... dell'attività solare e diminuzione della temperatura atmosferica.
6. Su quali dati si basano gli studi paleoclimatici?
7. Quali sono le principali oscillazioni climatiche che si sono succedute dopo la glaciazione würmiana?
8. Qual è stata la tendenza del clima della Terra a partire dagli anni '50 del secolo scorso? Quali si pensa possano essere le cause?

approfondimento delle conoscenze

Moti millenari della Terra e cambiamenti climatici

Oltre al movimento di rotazione, che si svolge con periodo di 1 giorno, e al movimento di rivoluzione intorno al Sole, con periodo di un anno, la Terra compie anche alcuni movimenti molto più lenti, che hanno periodi millenari: il *moto doppio-conico dell'asse terrestre*, principale responsabile della *precessione degli equinozi*, la quale ha un periodo medio di circa 21 000 anni; la *variazione dell'eccentricità dell'orbita*, con periodo medio di circa 92 000 anni; il *mutamento dell'inclinazione dell'asse terrestre*, con periodo medio di circa 40 000 anni.

Sappiamo che la durata di ogni stagione astronomica dipende dalla velocità con cui la Terra percorre il tratto di orbita corrispondente. Poiché la **precessione degli equinozi** fa variare la posizione delle stagioni sull'orbita, ne deriva nel corso dei millenni anche una variabilità della loro durata [Figura 39].

Attualmente il semestre autunno-inverno cade per il nostro emisfero boreale nel settore dell'orbita terrestre più vicino al perielio, dove la Terra ha una velocità di rivoluzione maggiore, e perciò esso dura circa 7 giorni e 6 ore in meno del semestre primavera-estate, che corrisponde al tratto di orbita più vicino all'afelio (dove la velocità della Terra è minore). Ma fra 10 500 anni circa la situazione sarà opposta. A questo bisogna aggiungere che la distanza Terra-Sole, variabile nel corso dell'anno, influisce anche sul riscaldamento, sebbene in misura non considerevole. Se un emisfero ha il suo inverno quando la Terra è alle minori distanze dal Sole – come avviene attualmente per l'emisfero boreale – questo sarà meno freddo e la stagione estiva sarà meno calda perché più lontana dal Sole. Quando ciò si verifica in un emisfero, nell'altro si ha la situazione opposta. A causa della precessione degli equinozi si ha un continuo cambiamento di questo stato di cose: i due emisferi passano alternativamente dall'una all'altra situazione.

L'oscillazione dell'*escursione calorica annua* (cioè la differenza di riscaldamento fra le due stagioni estreme) prodotta dalla precessione degli equinozi varia di intensità con il tempo, in conseguenza di un altro moto millenario del nostro pianeta, e cioè della **variazione dell'eccentricità dell'orbita** poiché con essa varia la differenza tra le distanze Sole-afelio e Sole-perielio.

Anche il **mutamento dell'inclinazione dell'asse terrestre** ha importanti effetti sulle condizioni climatiche del nostro pianeta. Difatti, quando l'inclinazione dell'asse – rispetto alla perpendicolare al piano dell'orbita – assume i valori maggiori, il contrasto stagionale diventa più marcato; nel caso opposto tale contrasto si riduce. Basta pensare che se l'asse terrestre fosse perpendicolare al piano dell'orbita le stagioni non esisterebbero.

39

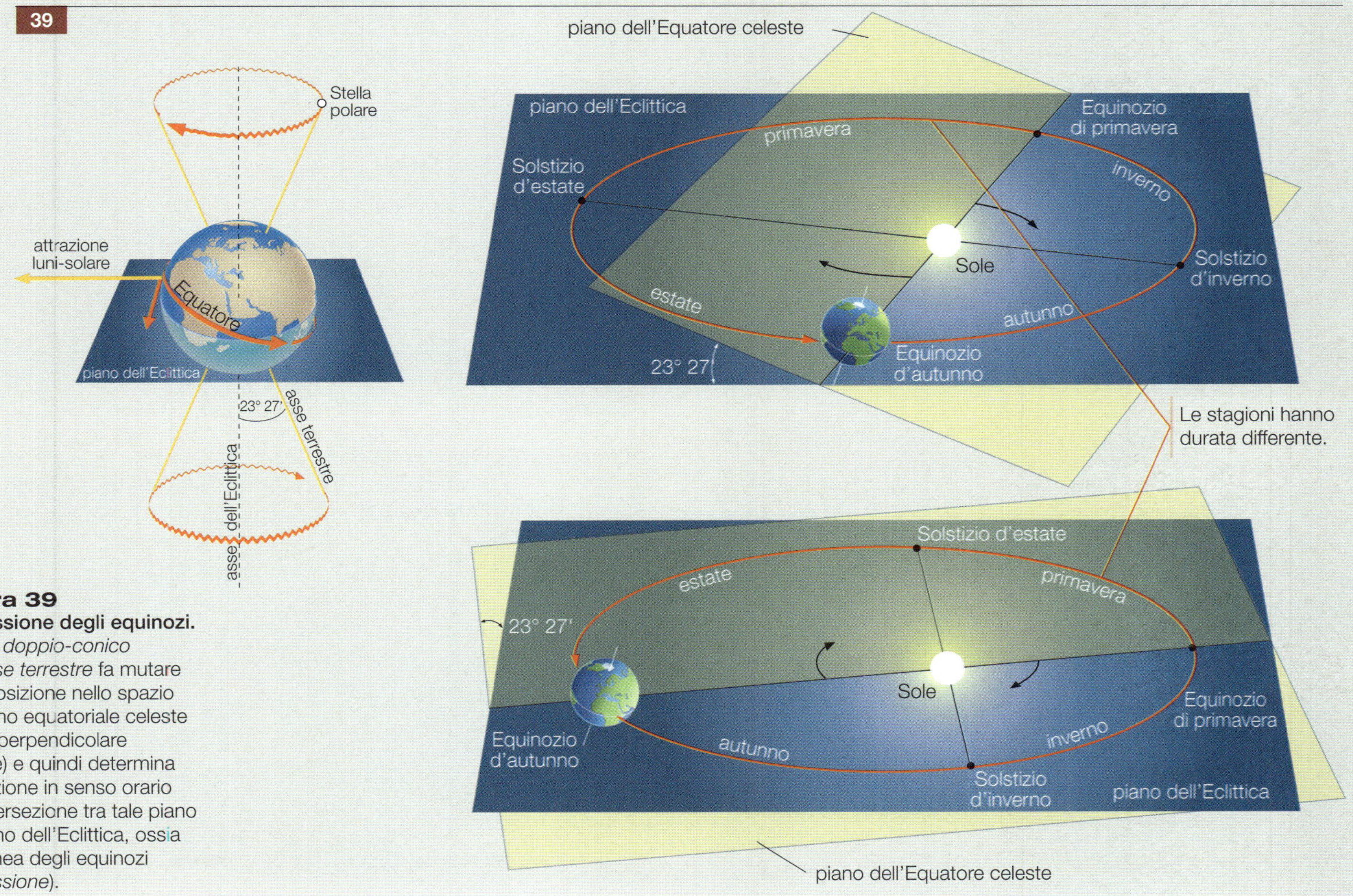

Figura 39
Precessione degli equinozi.
Il *moto doppio-conico dell'asse terrestre* fa mutare la disposizione nello spazio del piano equatoriale celeste (che è perpendicolare all'asse) e quindi determina la rotazione in senso orario dell'intersezione tra tale piano e il piano dell'Eclittica, ossia della linea degli equinozi (*precessione*).

Figura 40
La variazione dell'eccentricità dell'orbita terrestre modifica l'intensità delle oscillazioni climatiche dovute alla precessione degli equinozi.
A. La situazione più favorevole allo sviluppo delle coltri glaciali nell'emisfero boreale. L'inverno cade in prossimità del perielio ed è quindi più mite, mentre l'estate cade in prossimità dell'afelio ed è quindi più fresca; contemporaneamente la massima eccentricità dell'orbita diminuisce la distanza Sole-perielio ed aumenta quella Sole-afelio, mitigando ancora di più l'inverno e rendendo ancor più fresca l'estate.
B. Per l'emisfero boreale questa è la situazione più sfavorevole all'espansione glaciale; l'estate infatti risulta particolarmente calda, sia perché si verifica in perielio, sia perché quest'ultimo si viene a trovare alla sua minore distanza possibile dal Sole.
C. e **D.** In queste situazioni si hanno condizioni climatiche intermedie rispetto alle due precedenti.
È importante considerare che il valore attuale della eccentricità dell'orbita terrestre (0,017) è più vicino al minimo (0,003) che al massimo (0,054).
Si ricordi che l'*eccentricità* dell'orbita (ellittica) della Terra è il rapporto tra la distanza del Sole dal centro dell'ellisse e la lunghezza del semiasse maggiore dell'ellisse stessa.

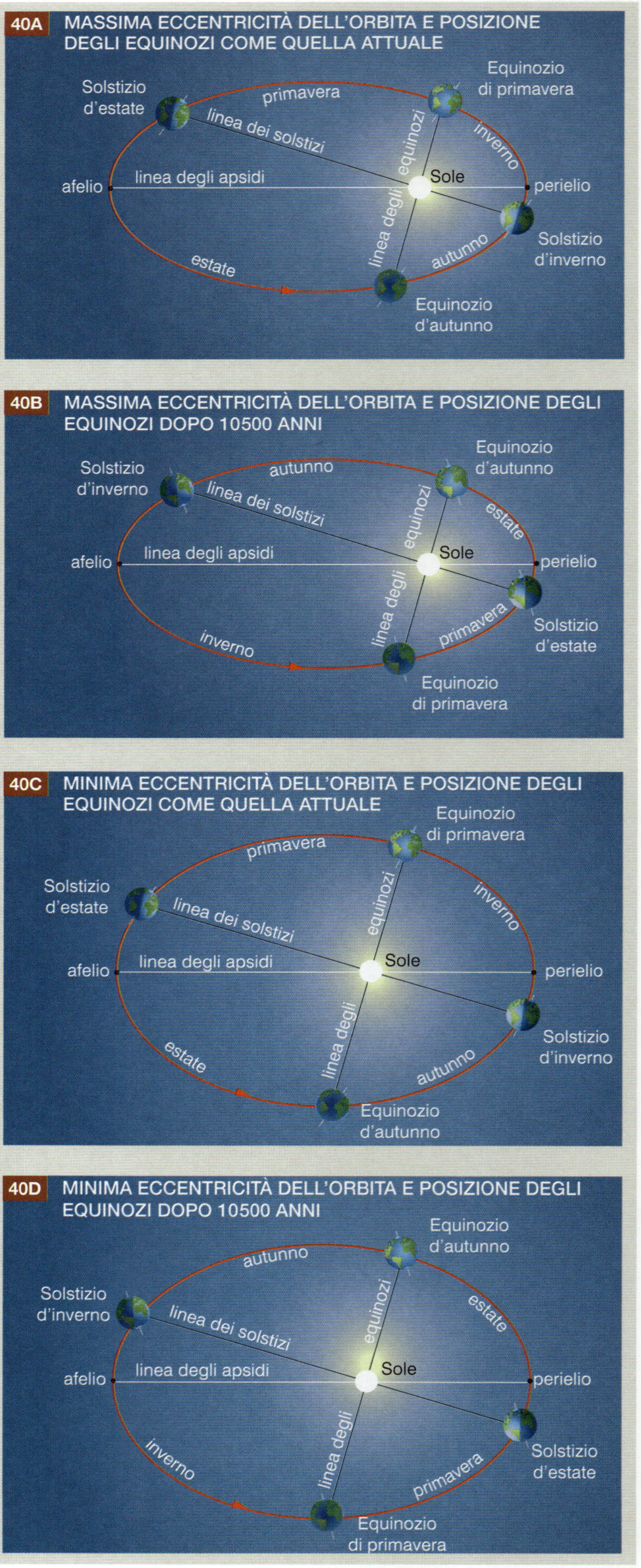

Data la lentezza di questi movimenti, le variazioni climatiche che essi inducono sono estremamente graduali e pertanto sfuggono all'osservazione diretta. Sappiamo però che sono una delle cause principali delle **glaciazioni**.

Il fatto che i tre movimenti millenari descritti non alterino sostanzialmente l'insolazione totale della Terra, ma soltanto la sua distribuzione alle diverse latitudini e nel corso dell'anno, potrebbe far pensare che i loro effetti sul clima siano di modesta entità.

È invece ormai accettata l'ipotesi – proposta dall'astronomo M. Milankovitch nella prima metà del Novecento – secondo la quale le glaciazioni che si sono verificate verosimilmente almeno cinque volte nel corso degli ultimi 2 milioni di anni siano da mettere in relazione con i principali moti millenari del nostro pianeta, che abbiamo descritto.

Una delle cause determinanti dell'alternarsi di **età glaciali** ed **età interglaciali** non è tanto la variazione dell'insolazione globale della Terra, ma piuttosto l'insolazione estiva, la quale alle alte latitudini può variare anche del 20%, cioè molto più che l'insolazione totale, in conseguenza dei moti millenari della Terra [Figura 40].

Infatti, nelle zone poste alle alte latitudini (ed anche nelle altre zone, sui rilievi montuosi che raggiungono le quote più elevate) la neve si accumula facilmente anche durante un inverno relativamente mite, come è quello che si verifica quando la Terra si trova in prossimità del perielio. Ma è importante considerare quanta della neve caduta in inverno riesce a conservarsi durante l'estate: ciò dipende essenzialmente dall'entità dell'insolazione estiva.

Se la radiazione solare che raggiunge le alte latitudini (o le alte quote) durante la stagione estiva è inferiore alla norma, come accade quando l'estate si verifica in afelio, le nevi cadute durante la stagione fredda non riescono a fondere completamente, ma si vanno accumulando di anno in anno e lentamente si trasformano in ghiaccio. In questo modo cominciano ad espandersi le calotte di ghiaccio (e i ghiacciai di montagna) e il nostro pianeta entra in un'*età glaciale*.

Se invece durante l'estate l'insolazione aumenta, come accade quando questa stagione si verifica al perielio, fonde una quantità di ghiaccio maggiore di quella che può essere sostituita dalle nevi invernali; quindi le coltri glaciali tendono a ritirarsi e sulla Terra si instaura un *clima più caldo* (*età interglaciale*).

6 Il tempo, il clima, l'uomo e il rischio di «riscaldamento atmosferico globale»

Video
Le variazioni del livello del mare

La popolazione umana vive su quasi tutta la Terra, distribuita a varie latitudini e a varie altezze, cioè in ambienti diversi, sia per gli aspetti morfologici, sia per le condizioni climatiche. Pertanto, come tutte le forme di vita del nostro pianeta, l'uomo risente della varietà degli elementi del clima, da cui è più o meno condizionato.

Ben maggiori, però, sono le influenze che le comunità umane possono esercitare sul clima. Difatti, parecchie attività dell'uomo sono capaci di produrre cambiamenti delle condizioni meteorologiche e climatiche, a scala locale e anche a scala globale.

In seguito all'adattamento e alla acclimatazione, molti gruppi umani possono vivere stabilmente e riprodursi in un ambiente climatico diverso da quello originario; ma restano sempre dei limiti pressoché insormontabili, legati al ciclo biologico: nelle zone desertiche, ove le temperature possono essere troppo elevate e l'acqua può mancare del tutto, o a quote molto elevate, dove l'aria è rarefatta e la pressione atmosferica troppo bassa, l'insediamento umano stabile non sempre è possibile, o comunque richiede attrezzature specifiche.

L'influenza esercitata dal clima sull'uomo si può osservare anche nelle diverse *esigenze alimentari*. Ad esempio, le popolazioni che vivono nelle aree polari e subpolari necessitano di lipidi e carboidrati , che favoriscono la formazione del grasso sottocutaneo (protettivo); al contrario, nelle aree megatermiche una simile alimentazione sarebbe dannosa.

Sia il tempo, sia il clima agiscono pure sulle *capacità lavorative*, muscolari e mentali, e sullo stato di salute delle persone.

Il clima influenza l'uomo non soltanto in modo diretto, ma anche per altre vie. Infatti l'organismo umano, per sopravvivere, richiede non solo condizioni termiche, bariche e pluviometriche adeguate, ma necessita anche della presenza di animali e piante che possano fornire alimenti e di suoli atti alle coltivazioni, tutti componenti del paesaggio legati a loro volta al clima.

6.1 L'uomo modifica il clima

Le comunità umane possono esercitare una notevole influenza sulle condizioni meteorologiche e climatiche, creando delle modificazioni di tali condizioni, sia su piccola scala, sia su vasta scala; modificazioni che sono essenzialmente connesse ad esigenze economiche.

In certi casi si tratta di **modificazioni volontarie del tempo e del clima**, prodotte dall'uomo per creare condizioni più favorevoli alle sue attività.

Fra le tecniche usate per influire sulle condizioni del tempo «a scala locale», possono essere utili le *piogge artificiali*, ottenute con la disseminazione di nuclei di condensazione (di ghiaccio secco o di ioduro d'argento) nelle nubi adatte. In questa maniera vengono create condizioni favorevoli all'agricoltura, nei periodi in cui le precipitazioni sono poco abbondanti o tardano a venire. L'intervento dell'uomo può anche mirare a ridurre fenomeni meteorologici dannosi; ne è esempio la *lotta contro la grandine* nelle zone destinate alle coltivazioni: i risultati migliori si ottengono diffondendo particelle di ioduro d'argento, per mezzo di granate o di razzi, dentro le nubi formate da goccioline raffreddate, in modo da rompere il processo di precipitazione prima che raggiunga la fase grandinifera.

Esistono anche numerosi progetti di modificazione del tempo e del clima «su vasta scala». Alcuni tendono a mitigare la siccità e ad aumentare le riserve d'acqua, altri a prevenire le inondazioni o a fronteggiare il maltempo, altri a migliorare la produzione alimentare o ad acquisire vantaggi economici o militari, altri a stabilizzare le condizioni climatiche di vaste regioni del globo intero. Tutti quanti, però, possono produrre conseguenze dannosissime su regioni più o meno lontane e provocare anche effetti imprevisti e nocivi nelle stesse aree dove tali interventi si dovrebbero attuare.

Tra i vari progetti di *grandi modificazioni climatiche volontarie* se ne possono citare alcuni a dir poco sensazionali, attuabili con la tecnologia odierna o ipotizzati per il prossimo futuro.

Uno dei più ricorrenti suggerisce di convogliare le acque del Fiume Congo verso il Sahara centrale,

Figura 41
Le attività umane possono provocare vari tipi di modificazioni del tempo e del clima. Tra gli effetti più evidenti vi sono quelli prodotti dalla presenza delle città sulle condizioni termiche e pluviometriche. A sinistra è raffigurato un caso di «isola termica urbana» relativo alla città di Parigi; l'andamento delle isoterme evidenzia un aumento della temperatura verso il centro della città. L'isola termica prodotta dalla presenza di un abitato può causare una modificazione anche nell'andamento delle precipitazioni. A destra, l'esempio di Saint Louis (Missouri), dove si osserva un aumento delle precipitazioni che non è limitato al solo centro abitato, ma si estende anche nelle zone circostanti. Si noti che la zona raggiunta dai venti, dopo che questi hanno sorvolato l'abitato, cioè quella immediatamente sottovento, è interessata in maggior misura dall'aumento delle precipitazioni.

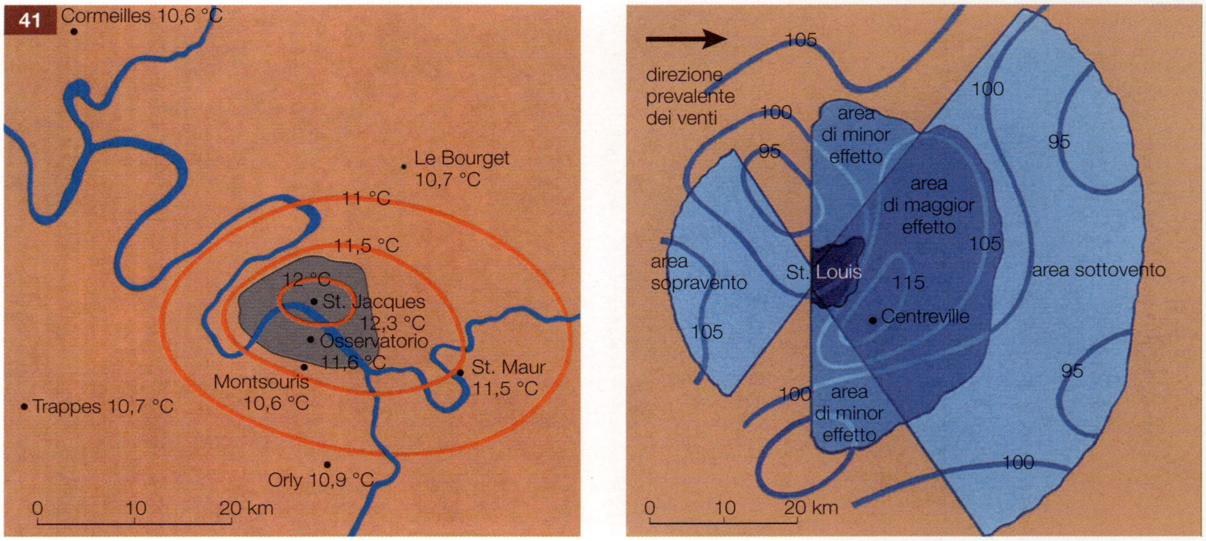

per creare un bacino artificiale ampio circa 2 milioni di km^2, con l'intento di trasformare il clima arido della regione sahariana in un clima umido con abbondanza di piogge. Non è difficile, però, prevedere le conseguenze negative di tale sottrazione di acque dalla regione del Congo e dalle zone marine che non riceverebbero più un abbondante apporto fluviale.

Ancora più pericolose sono le proposte di fusione dei ghiacci artici: per mezzo dello spargimento di particelle nere carboniose sulla superficie ghiacciata, che così assorbirebbe grandi quantità di calore solare; o costruendo uno sbarramento nello Stretto di Bering e pompando l'acqua fredda dell'Artico nel Pacifico, per far affluire quella più calda dell'Atlantico nell'Artico; o addirittura con esplosioni termonucleari. Tutto ciò senza tener conto, o sottovalutando, che se i ghiacci artici venissero rimossi si modificherebbe il gradiente termico fra Polo ed Equatore, che influisce sull'andamento del tempo e del clima alle medie latitudini, e si produrrebbero in altre aree del globo variazioni climatiche pericolose.

Progetti di quel genere non sono certo da realizzare; ma operando su scala ridotta è possibile provocare mutamenti favorevoli delle condizioni locali del clima, oltre che del tempo. Così, ad esempio, la creazione di bacini lacustri artificiali in zone collinari o montuose, oltre a rappresentare una riserva d'acqua o una fonte potenziale di energia, attenua sensibilmente il periodo di gelate notturne negli immediati dintorni e mitiga le escursioni termiche giornaliere ed annue. Infatti questi bacini agiscono come serbatoi di calore e restituiscono di notte e d'inverno l'energia incamerata durante il dì e nell'estate.

Fra i casi di *modificazioni climatiche parzialmente inevitabili*, si può portare un esempio legato alla urbanizzazione. Difatti, a causa dell'elevato consumo energetico e delle innaturali caratteristiche fisiche, le città, soprattutto quelle di grandi dimensioni, sono spesso più calde nella parte centrale che in quella periferica. Questo fenomeno produce un'«isola termica urbana» e può causare mutamenti anche nell'andamento delle precipitazioni. La presenza di un'isola termica, infatti, fa innalzare l'aria con una velocità maggiore di quella normale; contemporaneamente, alcune delle particelle emesse dalle attività industriali o dai gas di scarico delle automobili vengono portate verso l'alto, dove agiscono come nuclei di condensazione. A causa di questi meccanismi, sui centri urbani e sulle zone immediatamente adiacenti possono verificarsi precipitazioni di maggiore intensità rispetto alle zone più lontane [Figura 41].

Con le loro molteplici attività, gli esseri umani provocano anche **modificazioni involontarie del tempo e del clima**, spesso dannose per la biosfera.

Fra le attività umane evitabili e climaticamente negative, occorre segnalare il diboscamento indiscriminato, le deviazioni dei corsi d'acqua o la captazione errata di grandi sorgenti. Tali interventi possono mutare facilmente in sfavorevoli le condizioni climatiche di certe zone, turbando in breve tempo il naturale *equilibrio ecologico* fra comunità viventi e spazio geografico, stabilitosi in lunghi periodi. È questo uno degli aspetti più negativi dell'*impatto ambientale* connesso con le opere che l'uomo esegue per utilizzare, o più spesso per sfruttare, il territorio.

A scala più vasta, si deve ricordare ancora l'attuale e scottante problema dell'*inquinamento atmosferico*: l'aumento della concentrazione di anidride carbonica, l'arricchimento eccessivo in polveri e fuliggine nell'aria [Figura 42], le esplosioni nucleari e l'alterazione della ozonosfera influiscono sulla temperatura dello strato geografico della troposfera – anche se con meccanismi diversi, per ora non del tutto conosciuti – e possono quindi produrre mutamenti climatici a scala globale.

42

Figura 42
I fumi di una raffineria di petrolio.
(Chad Ehlers/Alamy)

43A

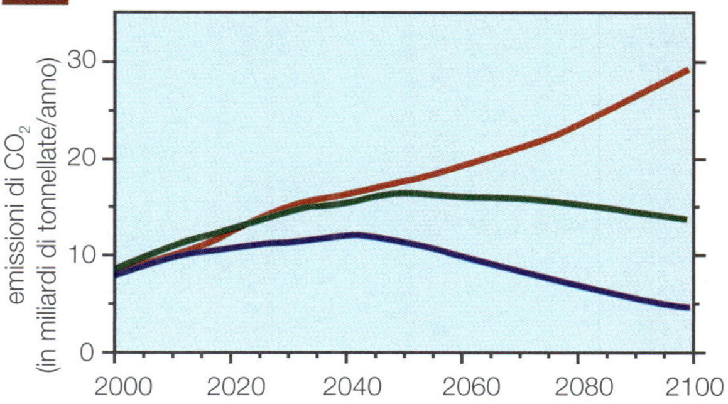

43B

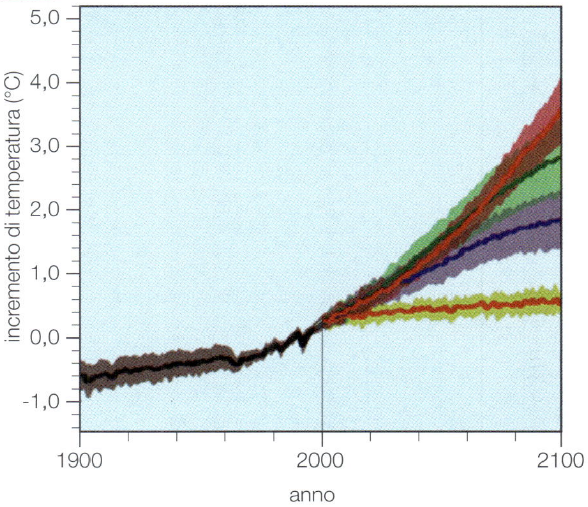

Figura 43
Previsioni per il XXI secolo.
L'**IPCC** (*Intergovernamental Panel on Climate Change*), un organismo sovranazionale che si occupa del cambiamento climatico, ha elaborato diversi scenari possibili per i prossimi 100 anni, ciascuno dei quali si basa su una possibile evoluzione politica, economica e sociale della situazione mondiale.
A. Questo grafico mostra possibili andamenti delle emissioni di CO_2 (in giga tonnellate all'anno), a seconda delle condizioni ipotizzate nei diversi scenari (vediamo i tre principali).
B. Alle condizioni delineate in ciascuno scenario corrisponde una previsione dell'andamento della temperatura globale. I colori delle linee corrispondono alle previsioni di emissioni del grafico in alto; la linea arancio corrisponde alla temperatura prevista nel caso che la concentrazione di CO_2 rimanesse ai livelli dell'anno 2000.

6.2 Il rischio di riscaldamento atmosferico globale

Per mettere in luce la notevole portata che potrebbero assumere le variazioni climatiche indotte dalle attività inquinanti dell'uomo, possiamo citare quanto emerge dagli studi di alcuni ricercatori che da anni si occupano dei *processi dinamici* a cui sono continuamente soggetti l'atmosfera e il clima, sia per motivi naturali, sia per cause antropiche. Già in un lavoro che esponeva i risultati di molte di queste ricerche, pubblicato nel 1978, si giungeva – in sintesi – alle seguenti conclusioni: «Se il consumo mondiale di combustibili fossili (carbone, gas, petrolio) continuerà a crescere con il ritmo attuale, la quantità di anidride carbonica nell'atmosfera raddoppierà in circa 50 anni; di conseguenza, la temperatura dell'aria aumenterà a tutte le latitudini, e in misura particolarmente pronunciata verso le regioni polari. Si avvierà così una rapida fusione, fino alla scomparsa totale, dei ghiacci dell'Antartide occidentale e ciò produrrà un innalzamento di 5 m nel livello dei mari».

Gli eventi qui prospettati possono essere messi in discussione, almeno per quel che riguarda i tempi secondo i quali dovrebbero verificarsi; infatti, alcune delle ipotesi avanzate non sono del tutto inoppugnabili e la conclusione finale si sta rivelando esagerata. Ma, nella sostanza, la concatenazione di tali eventi è ben fondata e contiene comunque un segnale d'allarme che merita molta attenzione e induce a fare qualche riflessione – non soltanto di natura scientifica – poiché si tratta del **rischio di rapido riscaldamento atmosferico globale**, che è ormai ben noto anche all'opinione pubblica.

Sappiamo ormai con certezza che la continua e crescente combustione di carbon fossile e di idrocarburi costituisce una delle principali fonti di inquinamento dell'aria; tra l'altro, secondo stime abbastanza attendibili, essa avrebbe provocato (assieme all'intenso diboscamento) un aumento di circa il 30% nella concentrazione di anidride carbonica nell'atmosfera, dai tempi immediatamente precedenti la rivoluzione industriale ai giorni nostri, cioè in poco più di 150 anni. Ed è ben noto anche che questo gas gioca un ruolo determinante nel riscaldamento dell'aria, poiché cattura una parte delle radiazioni terrestri a «onde lunghe», contribuendo al cosiddetto *effetto serra*, cioè al fenomeno per cui l'atmosfera lascia passare senza perdite sensibili le radiazioni luminose solari ed intercetta invece le radiazioni termiche riemesse dalla Terra. È evidente, quindi, il legame fra la temperatura dell'aria ed il suo contenuto in anidride carbonica.

Poiché sembra che la concentrazione di anidride carbonica cresca in maniera esponenziale, non è troppo azzardato ritenere che il suo ulteriore aumento del 20% si possa avere in meno di venti anni e che entro il 2050 si possa raggiungere una concentrazione di CO_2 doppia rispetto ai livelli dell'epoca preindustriale [Figura 43 A]. Proseguendo in tal modo, entro il 2100 la temperatura media alla superficie terrestre potrebbe innalzarsi di 2,5-3,5 °C, cioè farebbe registrare una variazione che può sembrare modesta, ed invece sarebbe più grande di qualsiasi cambiamento globale verificatosi negli ultimi mille anni per cause naturali [Figura 43 B].

Benché non sia possibile prevedere con certezza gli effetti del riscaldamento dell'atmosfera, sono

44

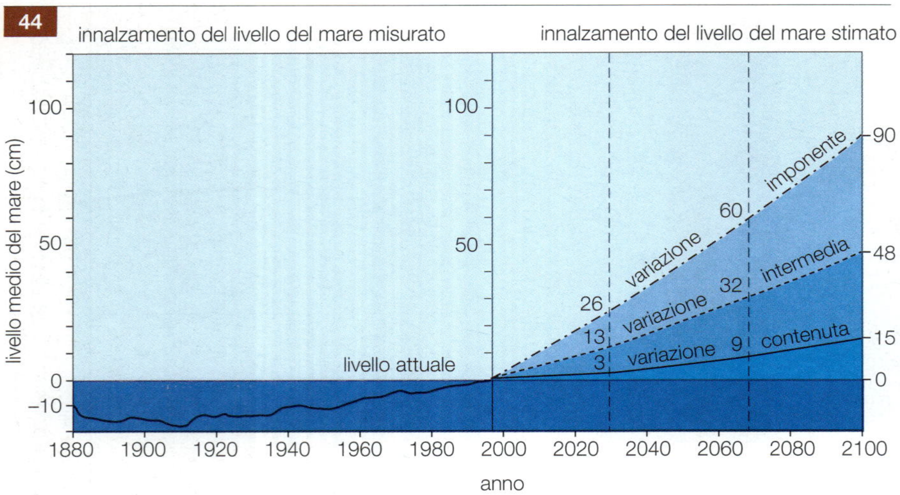

Figura 44
Le *variazioni del livello del mare* nel recente passato e nel prossimo futuro. Gli studiosi avanzano varie ipotesi sugli effetti di un rapido riscaldamento che potrebbe produrre – tra l'altro – la fusione di porzioni più o meno grandi dei ghiacciai terrestri e, di conseguenza, portare ad un innalzamento del livello marino tra i 15 e i 90 cm nel giro di un secolo. Nella figura sono rappresentate le variazioni del livello del mare realmente avvenute in circa 120 anni e tre recenti ipotesi, più o meno drammatiche, sulle variazioni prevedibili nel corso di questo secolo; il verificarsi di una o l'altra di esse dipenderà principalmente dalle «attività inquinanti» dell'uomo sull'atmosfera. Nel caso che si realizzasse l'ipotesi più pessimistica, le conseguenze sarebbero devastanti per moltissimi Paesi costieri; ma anche l'ipotesi di una «variazione intermedia», fra le due estreme raffigurate, desta vive preoccupazioni per i territori litoranei che si sviluppano a basse quote (pianure fluviali, zone lagunari, spiagge) e ospitano insediamenti, industrie o altre opere umane (strade, ferrovie, aeroporti ecc.).

stati individuati alcuni fenomeni che appaiono ad esso connessi:

- una riduzione dell'estensione dei *ghiacciai*, con conseguente **innalzamento del livello medio del mare** [Figura 44];
- un ampliamento delle zone della Terra caratterizzate da clima caldo e arido (**tropicalizzazione del clima**);
- la maggiore frequenza e intensità con cui si verificano le perturbazioni atmosferiche, e in particolare gli **uragani**;
- cambiamenti negli areali distributivi, nel comportamento e nella fisiologia di molte specie animali e vegetali.

Figura 45
I ghiacci artici nel settembre 2012 a confronto con l'estensione nella medesima stagione del 1979 (linea gialla).

45

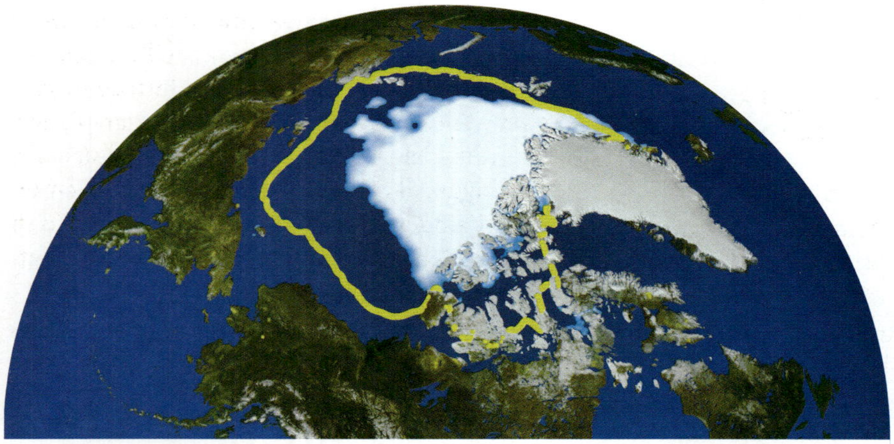

6.3 La riduzione dei ghiacci

I dati sembrano indicare che il riscaldamento globale sia accompagnato da una riduzione dell'estensione dei **ghiacci marini** artici. La fusione di questi ghiacci non fa variare il livello marino, poiché si tratta di acqua marina congelata, che fondendo riassume il suo volume originario. Ma la loro eventuale scomparsa, o anche una ingente riduzione, produrrebbe un ulteriore «riscaldamento» del clima, per un fenomeno di *retroazione positiva* (vedi avanti).

Il ghiaccio del *Mar Glaciale Artico* è di due tipi: quello stagionale (che si forma in inverno e fonde in estate) e quello perenne (che persiste tutto l'anno). Da oltre trent'anni i satelliti della NASA misurano con precisione l'estensione di questi ghiacci marini. Nel 1979 il ghiaccio perenne copriva quasi 7 milioni di kilometri quadrati. Da allora l'estensione è variata ogni anno, con una tendenza netta alla riduzione del ghiaccio marino perenne, che in soli 33 anni è diminuito di circa un milione di kilometri quadrati [Figura 45].

In questo periodo la regione è stata interessata dall'*oscillazione artica* in fase positiva, un fenomeno meteorologico caratterizzato da bassa pressione sul Mar Glaciale Artico, vento forte e temperature più elevate all'estremo Nord. L'entità della perdita di ghiaccio perenne nella zona non sembra però poter dipendere esclusivamente da questo fenomeno naturale.

Secondo alcune previsioni, nel 2080 si formerebbe ancora il ghiaccio stagionale durante l'inverno, ma nella stagione estiva il Mar Glaciale Artico sarebbe del tutto privo di ghiaccio.

Se da un lato occorre – come sempre – prendere con cautela queste previsioni, dall'altro lato bisogna avere consapevolezza del fatto che cambiamenti del genere – se avverranno – potrebbero essere più repentini che graduali.

Una tendenza alla riduzione mostrano anche parecchi **ghiacciai** delle terre emerse; e ciò può avere importanti conseguenze sul livello del mare.

La *Groenlandia* ospita la seconda calotta glaciale più grande della Terra (dopo quella che si trova in *Antartide*). Di recente gli enormi ghiacciai che dall'interno della Groenlandia scorrono verso il mare hanno aumentato la loro velocità di movimento. Le misurazioni effettuate dai satelliti mostrano, ad esempio, che tali ghiacciai fra il 2003 e il 2005 hanno subito una fusione (*ablazione*) di circa 101 gigatonnellate di ghiaccio all'anno, pari al 20% in più rispetto al nuovo ghiaccio (*alimentazione*) che si forma in Groenlandia ogni anno.

46

Figura 46
Il ghiacciaio Pasterze nelle Alpi austriache orientali. Il cartello in basso a destra nella fotografia indica la posizione in cui arrivava il ghiacciaio nel 1990. I ghiacciaio, uno dei più lunghi presenti in Austria, si sta ritirando con una media di 10 metri all'anno. (Dr. J. Alean/ Science Photo Library)

E che cosa potrebbe accadere se i ghiacciai della Groenlandia dovessero fondere completamente? Il livello medio del mare a scala globale potrebbe innalzarsi di 6,5 metri. Ma anche un aumento di soli 65 cm avrebbe effetti importanti: una fascia del Bangladesh finirebbe sott'acqua e molte città situate in zone costiere di tutto il pianeta avrebbero seri problemi (si pensi a Venezia).

La recente riduzione volumetrica dei corpi glaciali non interessa soltanto la Groenlandia e l'Antartide. Anche i ghiacciai delle *Alpi* si stanno ritirando, con conseguenze che è ancora prematuro valutare [Figura 46]. Alcune previsioni stimano però che la riduzione del peso dei ghiacci provocherà un lento innalzamento dell'altezza delle montagne, per «aggiustamento isostatico». Secondo uno studio italiano, il Monte Bianco – dove questa riduzione è particolarmente rapida – starebbe già «crescendo» in altezza di circa 0,9 millimetri all'anno, e i connessi movimenti delle masse rocciose potrebbero aver contribuito all'aumentata attività sismica osservata di recente nelle Alpi Occidentali.

■ **Aggiustamento isostatico** (**Isostatic adjustment**) L'*isostasia* è il fenomeno per cui la crosta terrestre galleggia sul mantello, che è pù denso. Gli *aggiustamenti isostatici* sono lentissimi movimenti – verso l'alto o verso il basso – che avvengono quando settori della crosta si alleggeriscono (perché si assottigliano o perché fondono consistenti masse di ghiaccio sovrastanti) oppure si appesantiscono (perché si ispessiscono o perché su di essi si forma una notevole coltre glaciale).

La marcata fusione nel Ghiacciaio dell'Eiger, in Svizzera, sembra esser stata una delle cause del collasso di 450 mila metri cubi di roccia dalla montagna omonima, avvenuto nell'estate 2006.

47

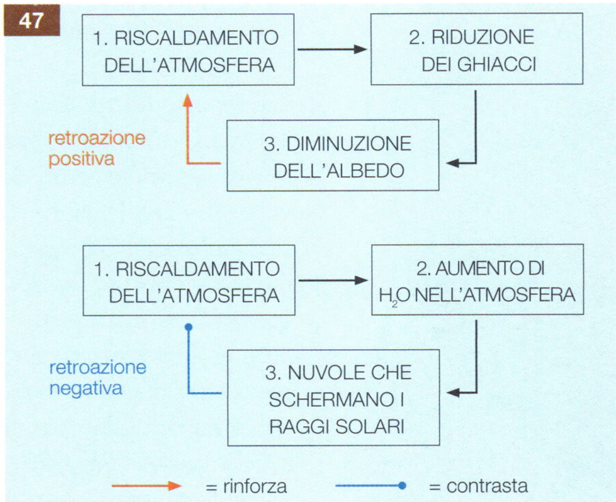

Figura 47
Esempi di processi di retroazione. I processi di retroazione sono meccanismi per i quali un dato cambiamento genera una reazione che può rinforzare o contrastare quel cambiamento.

6.4 I processi di retroazione

Tra i fattori che contribuiscono a rendere il clima terrestre difficile da interpretare vi sono i **processi di retroazione** (in inglese, **feedback**): meccanismi che, innescati dal riscaldamento (o raffreddamento), possono ulteriormente rinforzare l'effetto di riscaldamento (o raffreddamento), nel qual caso sono detti *positivi*, oppure possono contrastarlo, nel qual caso sono detti *negativi*. Vediamo i principali.

■ L'**albedo** è il rapporto tra l'energia riflessa da un oggetto e quella incidente su di esso. Attualmente l'albedo del sistema Terra-atmosfera ha il valore di 0,35; cioè, poco più di un terzo dell'energia solare incidente viene riflesso. Ogni fattore in grado di modificare tale valore può far variare l'energia assorbita dal pianeta. Per esempio, la *fusione dei ghiacci* dovuta al riscaldamento globale può far diminuire l'albedo di certe aree, con il risultato di aumentare l'energia assorbita dal sistema Terra-atmosfera (*retroazione positiva*) [Figura 47] .

■ Secondo alcune previsioni, l'innalzamento della temperatura del nostro pianeta dovrebbe causare anche un aumento del **vapore acqueo** nell'atmosfera, che – condensando nelle nubi – potrebbe

Figura 48
Permafrost nel Canada. In questa sezione del terreno si osservano due strati, il più profondo dei quali – il *permafrost* – è gelato. Lo strato superiore (*strato attivo*) in questo luogo misura soltanto 35 cm; in altre zone può raggiungere anche uno spessore di 1-3 metri. Qui il permafrost, come in molte aree, contiene anche masse limitate di solo ghiaccio.

schermare i raggi solari in arrivo (*retroazione negativa*). Ma le nubi possono anche assorbire radiazione solare e contribuire al riscaldamento atmosferico (*retroazione positiva*). Resta da stabilire quale dei due effetti sia prevalente.

■ I **processi biochimici nel suolo**, ad opera di batteri e altri microrganismi, comportano l'emissione di CO_2. Se per effetto del riscaldamento aumenta l'attività microbica nel terreno, e vengono liberati gas serra immagazzinati nel *permafrost* [Figura 48], è possibile che le emissioni di questi gas crescano più velocemente (*retroazione positiva*).

Nell'emisfero settentrionale il **permafrost** (terreno perennemente gelato) copre un'estensione di più di 2 miliardi di ettari e in certe zone, come la Siberia settentrionale, si spinge oltre la profondità di 450-600 metri, mentre in Alaska ha uno spessore generalmente compreso tra i 15 e i 400 metri.

In molte zone dell'Alaska la temperatura del *permafrost* è salita fino a quasi 0 °C e in alcune di esse il *permafrost* ha già cominciato a dare segni evidenti di fusione. Gli alberi con le radici immerse in aree di *permafrost* nel quale sta avvenendo la fusione si piegano con angolature mai viste, tanto che sono detti «alberi ubriachi»; e le case costruite su questi terreni si inclinano o addirittura crollano.

Le stazioni di monitoraggio elettronico, che misurano la temperatura del *permafrost* fino a profondità di poco superiori a 50 metri, hanno messo in luce che negli ultimi trent'anni il profilo termico del *permafrost* è cambiato. Prima le sonde rilevavano la temperatura più bassa in superficie e quella più elevata a circa 50 metri di profondità, dove si risente maggiormente l'influenza del flusso di calore proveniente dall'interno della Terra. Oggi invece la temperatura più elevata si trova sempre all'estremità inferiore, mentre quella più bassa non è in superficie, ma in un punto intermedio.

La parte più superficiale del terreno, che nelle aree con *permafrost* normalmente va incontro a una fase di disgelo stagionale, si chiama «strato attivo». Profondo da qualche centimetro a un metro circa, lo strato attivo supporta la vita delle specie vegetali che crescono a quelle latitudini. Quando le piante muoiono, per le basse temperature non si decompongono completamente, e su quei resti semidecomposti crescono le nuove generazioni vegetali. Man mano che si accumula, il materiale organico penetra in profondità nel *permafrost*, che è quindi divenuto un immenso deposito di carbonio.

Con l'aumento della temperatura c'è il rischio che questo processo di accumulo cominci a funzionare al contrario: il materiale organico che è rimasto congelato per millenni può iniziare a decomporsi, rilasciando anidride carbonica e metano.

D'altra parte, il *permafrost* nel quale si verifica la fusione potrebbe rendere lo strato attivo più ospitale per le piante, che potrebbero assorbire parte della CO_2 rilasciata dal *permafrost*. Calcolare come potrebbe cambiare l'equilibrio del carbonio nelle zone con *pemafrost* è difficile: non si sa esattamente quanto carbonio vi sia immagazzinato.

■ Per quanto si è compreso fino a oggi, il comportamento delle *correnti oceaniche* è dovuto sia ai venti, sia e soprattutto alla cosiddetta **circolazione termoalina**, uno dei «motori energetici» del clima terrestre. Come dice il nome stesso, la circolazione termoalina dipende dalla temperatura e dalla salinità. Se essa dovesse bloccarsi a causa del riscaldamento globale, si potrebbe avere una diminuzione della temperatura media di vaste zone in Europa (*retroazione negativa*).

L'acqua che arriva sulle coste della Groenlandia e della Norvegia dai tropici segue una diramazione della calda Corrente del Golfo, chiamata *North Atlantic Drift* [Figura 49]. Man mano che si avvicina alla regione polare, l'acqua in parte evapora. La

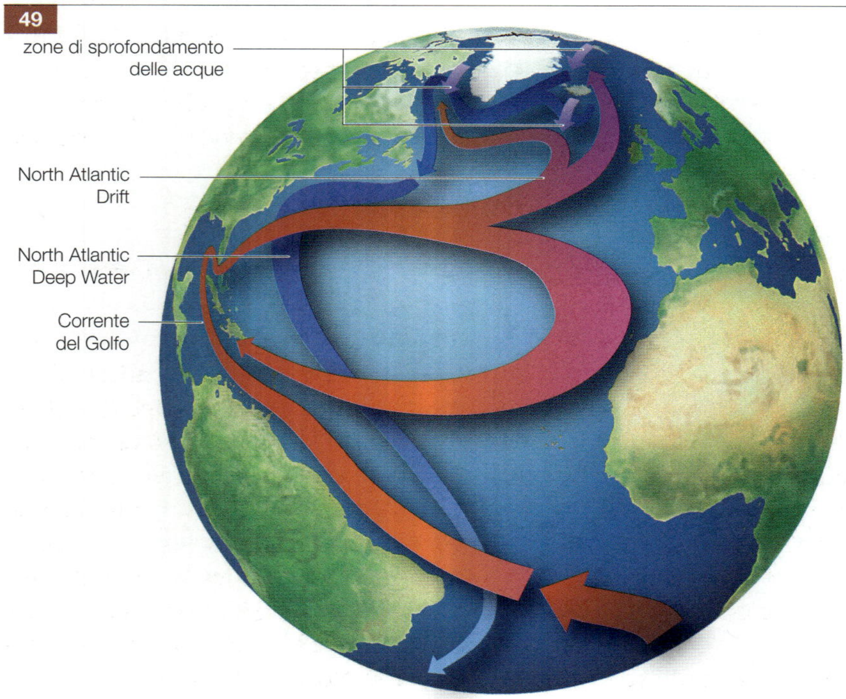

Figura 49
La circolazione termoalina nell'Oceano Atlantico. I grandi flussi delle masse d'acqua oceaniche avvengono per gli squilibri termici e di salinità esistenti tra le zone intertropicali e le zone polari. Il loro andamento è però influenzato dai venti e dall'effetto della rotazione terrestre (*forza di Coriolis*, che nell'emisfero boreale fa deviare verso destra i corpi in movimento), oltre che dalla conformazione delle coste e dei bacini oceanici.

50

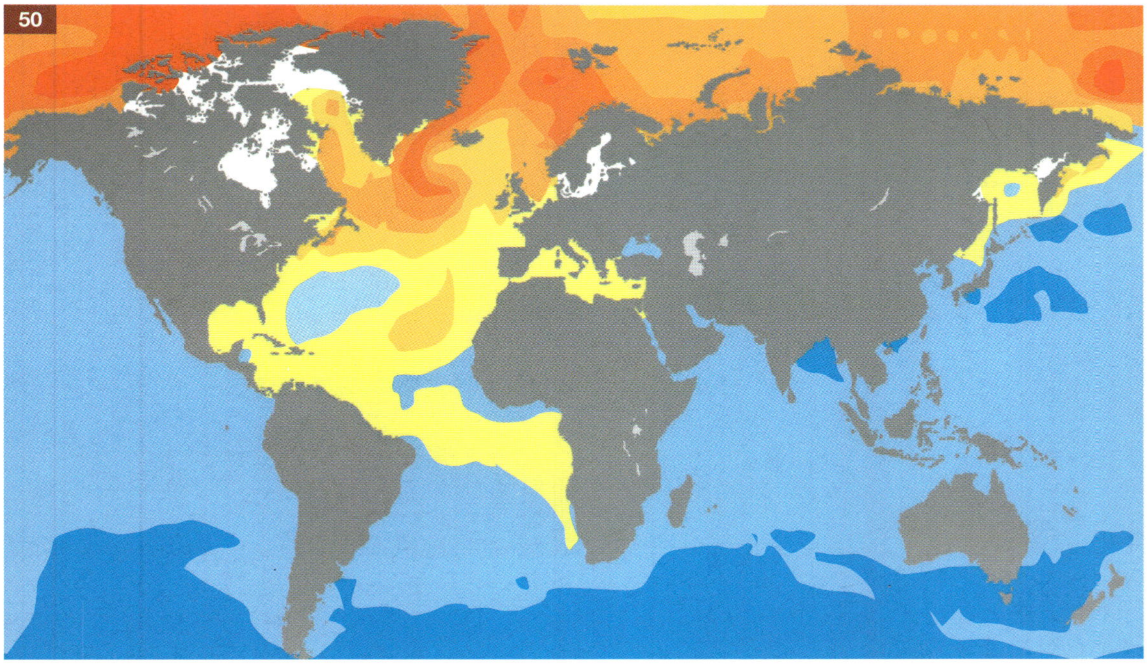

Figura 50
Previsione di variazione del livello del mare nel caso di cessazione della circolazione oceanica termoalina. Con queste variazioni possono combianarsi (o interferire) quelle connesse alla intensa fusione dei ghiacciai, che in tempi meno lunghi hanno un più elevato grado di probabilità di verificarsi.

maggiore concentrazione di sale la rende più densa dell'acqua sottostante e la fa quindi sprofondare verso i fondali. L'acqua scesa in profondità torna quindi verso Sud, formando un enorme e freddo «fiume sottomarino», chiamato *North Atlantic Deep Water*, che raggiunge l'Oceano Atlantico meridionale e dal quale riemergerà gradualmente in superficie, anche molto tempo dopo essersi inabissata.

A causa del riscaldamento atmosferico, sempre più acqua dolce (attribuita a un aumento delle piogge e alla fusione accelerata di ghiacciai della Groenlandia) si sta riversando nel Mar Glaciale Artico. L'acqua dolce diluisce la *North Atlantic Drift*, riducendone la densità e quindi mantenendola più «a galla». Alcuni modelli prevedono che se la velocità di immissione di acqua dolce raggiungesse un punto critico, l'acqua marina potrebbe smettere di inabissarsi; il ramo settentrionale della circolazione nell'Oceano Atlantico si arresterebbe e le correnti calde non scorrerebbero più lungo le coste occidentali dell'Europa.

Eliminata quella fonte di calore, i modelli previsionali suggeriscono che la temperatura della regione fra Scozia e Scandinavia potrebbe diminuire di 5-10 °C.

Alcuni studiosi hanno riscontrato in due rilevazioni dei valori della circolazione termoalina, eseguite nel 1998 e nel 2004, un rallentamento della corrente stimato al 30% del volume. Il numero di misurazioni è però troppo esiguo per trarre conclusioni. Climatologi e oceanografi concordano sul fatto che la circolazione termoalina rallenterà man mano che la temperatura atmosferica aumenterà, ma la maggior parte di essi ritiene che ciò avverrà piuttosto a lungo termine.

Fra gli scienziati non c'è comunque accordo su quelle che potrebbero essere le conseguenze se la corrente termoalina dovesse effettivamente bloccarsi. Per alcuni ciò potrebbe determinare un abbassamento della temperatura media dell'aria in tutta l'Europa occidentale, mentre per altri si limiterebbe a provocare un raffreddamento delle sole aree costiere di Scozia e Scandinavia. Inoltre, un eventuale blocco della circolazione termoalina nell'Atlantico potrebbe causare un aumento del livello del mare nelle regioni settentrionali lambite da questo oceano [Figura 50].

Attualmente le acque che sprofondano nell'Artico causano un abbassamento del livello del mare nella zona in cui si inabissano e un lieve innalzamento nelle altre zone toccate dalla corrente. Se lo sprofondamento si arrestasse, il livello del mare si abbasserebbe invece nella parte meridionale dell'Oceano Atlantico e si alzerebbe fino a un metro in più su alcune coste atlantiche settentrionali.

6.5 La tropicalizzazione del clima

In base a un'indagine effettuata su dati satellitari raccolti per più di 25 anni, il riscaldamento dell'atmosfera terrestre sembrerebbe avvenire con maggiore velocità nelle zone subtropicali, ossia attorno ai 30° di latitudine Nord e Sud. Considerando la circolazione dell'aria intertropicale – che porta precipitazioni all'Equatore e rende secco il clima subtropicale – negli ultimi decenni questa fascia climatica si sarebbe espansa di circa un grado di latitudine, tanto verso Nord che verso Sud.

51

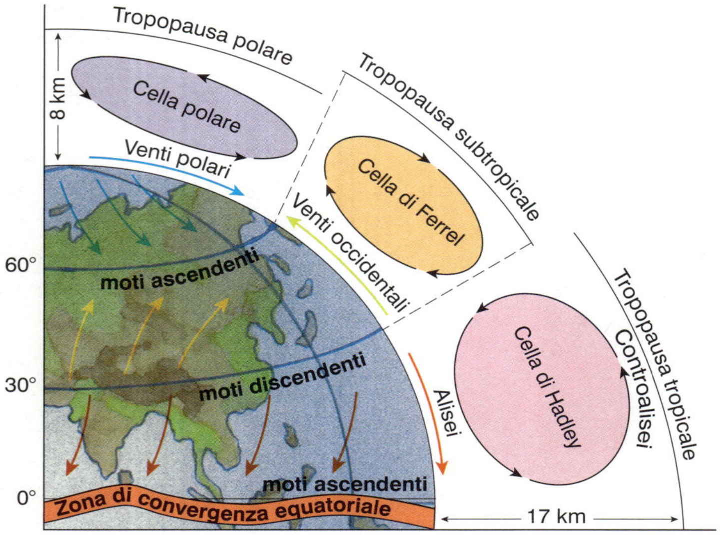

52

Figura 51
Il meccanismo genetico dei venti troposferici secondo la *teoria classica*. (Nella figura è rappresentata soltanto la circolazione nell'emisfero boreale; in quello australe la situazione è speculare). Questa teoria individua come causa principale della circolazione dei venti il forte riscaldamento della zona intertropicale.

Figura 52
L'uragano Katrina mentre si avvicina alle coste del Golfo del Messico, nell'agosto del 2005. (NASA/SPL)

La circolazione atmosferica intertropicale, che costituisce le cosiddette «celle di Hadley» nei due emisferi terrestri, inizia con una corrente di aria calda che si alza dall'Equatore fino a raggiungere la tropopausa, dove si raffredda e si estende verso entrambi i poli. Una volta raggiunte le latitudini subtropicali l'aria oramai raffreddata scende verso la superficie e quindi torna verso l'Equatore, chiudendo il circolo [Figura 51]. Le celle di Hadley determinano sia le precipitazioni equatoriali, sia la siccità subtropicale, poiché l'umidità dell'aria all'Equatore produce piogge intense, mentre l'aria che raggiunge la tropopausa è piuttosto secca e scendendo crea zone aride (come il Sahara).

È questa parte più secca delle celle di Hadley che si sta spostando verso i poli: verso Sud dall'Australia meridionale, dal Sud Africa e dal Sud America meridionale; verso Nord dalla parte meridionale degli Stati Uniti d'America, dalla Cina e dal Nord Africa. Conseguenza di tale spostamento potrebbe essere – ad esempio – il peggioramento della condizione di siccità, già presente, nei territori del bacino del Mediterraneo; e perciò si parla di «*desertificazione*». Secondo alcuni studiosi, questo fenomeno di **tropicalizzazione del clima** potrebbe essere in parte attribuibile al riscaldamento atmosferico globale, anche se sul tema non c'è pieno consenso nella comunità scientifica. La comprensione delle cause del processo di espansione della circolazione intertropicale richiede approfondimenti ulteriori.

Dal 1995 a oggi la frequenza e l'intensità degli **uragani**, in particolare nell'Oceano Atlantico, sono aumentate in modo percepibile. Stabilire se esiste una reale tendenza in questa direzione è, però, difficile. Recenti studi mettono in relazione la frequenza degli uragani con la temperatura media superficiale oceanica: la maggiore forza degli uragani recenti potrebbe dipendere dall'aumento della temperatura degli oceani dovuto al riscaldamento generale della troposfera [Figura 52].

6.6 Conseguenze del riscaldamento atmosferico sulla fauna e sulla vegetazione

Al riscaldamento del loro habitat, alcune specie animali sembrano adattarsi con strategie di vario genere: lo spostamento dell'«orologio degli eventi» più importanti della loro vita – come il letargo, la migrazione, l'accoppiamento – o la ricerca di ambienti più favorevoli.

Sono numerosi gli esempi di uccelli che hanno anticipato il momento dell'accoppiamento di qualche settimana rispetto a trent'anni fa, di marmotte che emergono dal letargo quasi un mese prima di quanto facessero negli anni Settanta del secolo scorso, o di rondini che si presentano già alla fine di febbraio invece che nella seconda metà di marzo. Delle numerose specie che hanno modificato la propria distribuzione geografica, la maggior parte si è spostata in direzione dei poli o in ambienti a maggiore altitudine; per esempio, lo storno, che fino a trent'anni fa in inverno non volava più a Nord di Roma, ora è stanziale nell'area del Lago di Ginevra.

Tra le specie che hanno spostato più a Nord il proprio areale distributivo vi sono molti pesci e molluschi che hanno raggiunto il Mar Mediterraneo provenendo dal Mar Rosso, attraverso il Canale di Suez. (Un'altra modalità d'ingresso è rappresentata dallo scarico delle acque di zavorra da parte delle navi cisterna.) Specie di acque calde, come il

53A
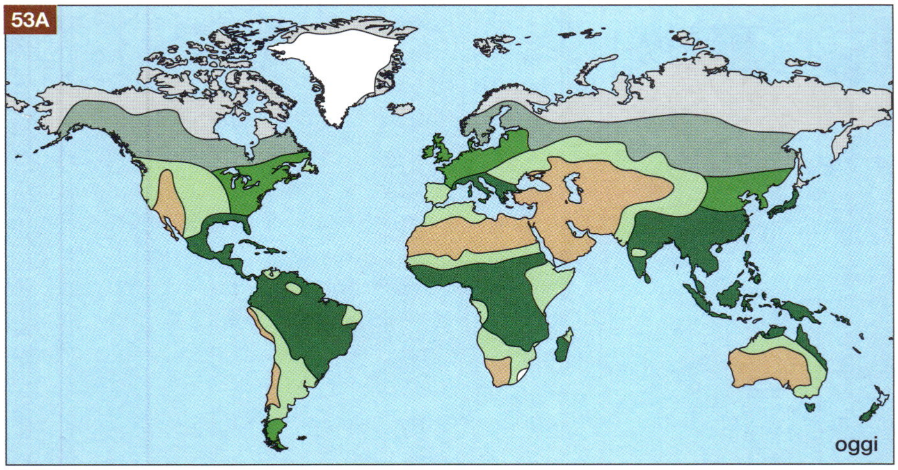

53B
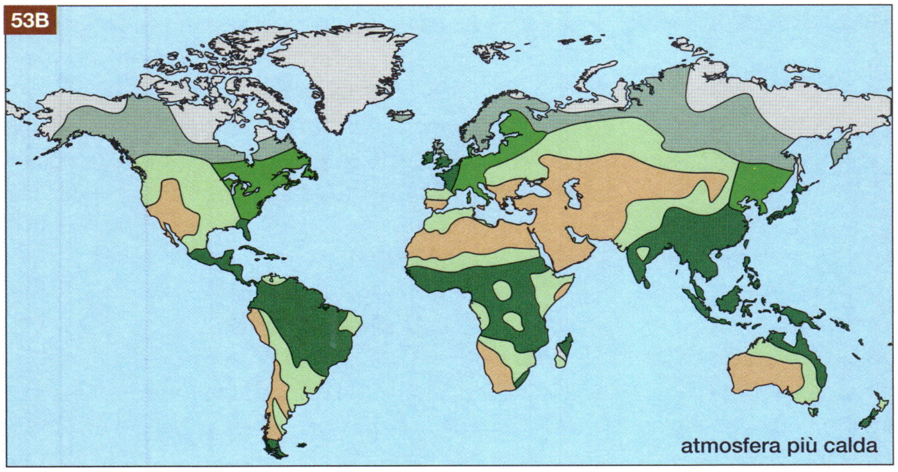

Tundra
Foresta di conifere
Vegetazione decidua
Vegetazione sempreverde e savana
Praterie e steppe
Predeserti e deserti

Figura 53
Una diversa distribuzione delle zone bioclimatiche, in funzione del clima. A. L'attuale distribuzione della vegetazione naturale. **B.** La distribuzione della vegetazione naturale ipotizzata nel caso che la temperatura media dell'atmosfera terrestre aumentasse di 2 °C.
Per semplicità, è rappresentata soltanto la prevalenza delle diverse essenze vegetali. Tra la vegetazione sempreverde è inclusa, oltre alla foresta pluviale, anche la macchia mediterranea. Da notare soprattutto l'ampliamento (in B) delle zone aride.

pesce palla, il pesce scorpione, il pesce balestra, alcuni tipi di barracuda, si sono ben adattate al nuovo ambiente e si sono riprodotte fino a soppiantare altre specie autoctone.

Il fenomeno non riguarda soltanto i pesci, ma anche le alghe. Ad esempio, la *Caulerpa taxifolia*, una specie tropicale, si è insediata con successo lungo le coste mediterranee (soprattutto quelle francesi) alterandone gli equilibri ecologici.

Non tutte le specie, però, possono spostarsi. L'orso polare, per esempio, non trova ambienti più freddi e l'assottigliamento del ghiaccio ha reso più difficile la sua attività di caccia. Un importante studio effettuato sui cambiamenti a lungo termine della popolazione di orsi polari che vivono fra la Baia di Hudson e il Manitoba, in Canada, indica che il peso degli animali è calato in media del 15% rispetto a trent'anni fa e che la popolazione nel complesso si è ridotta del 17% in dieci anni. Il calo demografico è frutto di una serie di cause concomitanti (per esempio, la caccia indiscriminata, la riduzione del numero di prede ecc.), tra le quali può essere certamente annoverata anche la perdita di habitat causata dalla fusione dei ghiacci.

Il riscaldamento atmosferico globale sembra avere effetti anche sulle formazioni e specie vegetali [Figura 53]. In molte parti d'Italia negli ultimi anni la fioritura di piante come la mimosa è spesso cominciata a fine gennaio anziché all'inizio di marzo. Inoltre, secondo uno studio condotto alla Purdue University, nell'Indiana, l'aumento della temperatura atmosferica potrebbe inaridire fino all'80% delle aree di coltivazione della vite negli Stati Uniti d'America, rendendo – per esempio – Napa Valley, con le sue 200 industrie vinicole, troppo calda per la viticoltura.

Per contro, gli stessi cambiamenti climatici potrebbero aprire nuove opportunità di produzione vinicola in aree più settentrionali, dove fino a oggi sarebbe stato impensabile insediare simili coltivazioni. Inoltre – problemi di riscaldamento a parte – molte specie vegetali potrebbero prosperare in presenza di maggiore anidride carbonica nell'atmosfera.

Ma ci sono altre conseguenze ecologiche che si possono mettere in relazione con il cambiamento del clima. In Siberia il recente riscaldamento è stato particolarmente pronunciato in inverno e ha prodotto un anticipo dell'inizio della primavera, misurato in un giorno all'anno a partire dal 1982, quando sono cominciate le osservazioni satellitari. Fra le conseguenze di questo anticipo sembrano esserci catene di eventi che modificano l'ecosistema della foresta boreale. Difatti, con la primavera anticipata si verificano infestazioni di larve di insetti che divorano gli aghi delle conifere di intere foreste nella sola stagione estiva. Gli alberi privati degli aghi muoiono e le foreste, diventate più secche, subiscono incendi enormi (nel 2003 sono andati persi per incendi 40 000 kilometri quadrati di foreste), che a loro volta distruggono la componente organica del suolo e accelerano la fusione del *permafrost*.

La progressiva riduzione areale dell'ecosistema delle foreste boreali (fenomeni simili a quelli siberiani sono stati evidenziati anche in Canada e in Alaska) ha inoltre conseguenze negative importanti – ad esempio – per il controllo delle inondazioni, per la purificazione dell'acqua e per il contenimento delle infestazioni di insetti da parte degli uccelli che abitano la foresta.

54

Figura 54
L'installazione *Ice Watch* dell'artista islandese Olafur Eliasson davanti al Pantheon di Parigi, in occasione della Conferenza sul clima del dicembre 2015.
Formata da 12 blocchi di ghiaccio provenienti dalla Groenlandia, *Ice Watch* simboleggia la fusione dei ghiacci artici a causa del riscaldamento globale.
(S. Gautier/Alamy/IPA)

6.7 L'impegno internazionale per la riduzione dei gas serra

Benché sia difficile interpretare i dati e fare previsioni, il rischio di un cospicuo riscaldamento atmosferico globale impone di adottare un **principio di precauzione**. Negli ultimi anni le grandi istituzioni mondiali hanno cercato di trovare *soluzioni politiche* al problema del riscaldamento atmosferico, che potessero essere condivise internazionalmente e dessero avvio a un'azione preventiva globale.

L'*anidride carbonica* è il gas serra sul quale è concentrata la maggiore attenzione, sia della comunità scientifica, sia dell'opinione pubblica, perché è considerata l'emissione antropica dominante e perché, una volta immessa nell'atmosfera, non è facilmente rimovibile (persiste per circa 100 anni).

Nonostante i dati e le relative previsioni sul riscaldamento atmosferico globale, alla «Conferenza mondiale su ambiente e sviluppo», dell'O.N.U., che si è svolta nel giugno 1992 a Rio de Janeiro, nessun accordo definitivo è stato preso per la riduzione delle emissioni di CO_2 e degli altri gas serra e per la limitazione dei diboscamenti. Qualche passo concreto è stato fatto soltanto con il conseguente Protocollo di Kyoto del 1997.

Il **Protocollo di Kyoto**, aperto alla firma nel 1998 e in vigore fino al 2012, prevedeva che nel periodo 2008-2012 i Paesi industrializzati riducessero le proprie emissioni di sei gas serra – anidride carbonica, metano, ossidi di azoto, idrofluorocarburi, perfluorocarburi ed esafluoruro di zolfo – in percentuali variabili a seconda di considerazioni storiche, economiche e politiche relative a ciascun Paese. Per l'Italia l'obiettivo era la riduzione del 6,5% delle emissioni (come media del quinquennio 2008-2012) rispetto ai livelli del 1990; e questo obiettivo è stato raggiunto, anche se con un certo ritardo. Per un secondo gruppo di stati, che includeva Paesi in via di sviluppo, come la Cina e l'India, Paesi produttori di petrolio, come l'Arabia Saudita e il Kuwait, e Paesi a economia di sussistenza, come il Sudan, non vi erano invece obblighi specifici di riduzione delle emissioni di gas serra.

Complessivamente, i risultati ottenuti dall'attuazione del Protocollo di Kyoto sono piuttosto limitati. Innanzitutto l'accordo non è stato ratificato dagli Stati Uniti d'America, malgrado il loro grande contributo alle emissioni globali di gas serra. E gran parte degli stati che si sono impegnati a raggiungere gli obiettivi di riduzione dei gas serra, sanciti dal Protocollo, ha ancora emissioni di carbonio ben al di sopra dei limiti stabiliti. Inoltre, gli Stati Uniti d'America, che non hanno applicato il Protocollo dichiarando che avrebbero comunque ridotto le emissioni senza l'impegno vincolante della sua ratifica, le hanno invece aumentate rispetto al 1990; e la Cina, che, anche senza un obiettivo quantificato vincolante, doveva contenere le emissioni, le ha invece triplicate.

Nel dicembre del 2015, alla *Conferenza sui cambiamenti climatici*, delle Nazioni Unite, i 196 Paesi partecipanti hanno siglato all'unanimità un patto globale, chiamato **Accordo di Parigi**, concordando di ridurre la loro produzione di anidride carbonica – come parte del metodo per la riduzione dei gas serra – «il più presto possibile» e di fare del loro meglio per mantenere il riscaldamento globale «ben al di sotto di 2 °C» [Figura 54]. L'accordo non diventerà vincolante fino a quando almeno 55 Paesi che producono oltre il 55% dei gas serra non lo avranno ratificato. Ogni Paese che ratifica l'accordo sarà tenuto a fissare un obiettivo di riduzione delle emissioni, ma il quantitativo sarà volontario. È previsto un meccanismo per forzare ogni Paese a impostare un obiettivo entro una data specifica, ma nessuna sanzione se l'obiettivo fissato non verrà soddisfatto: ci sarà soltanto una lista di «Paesi inadempienti», con l'intento di incoraggiarli ad attuare il piano.

Più di recente, nell'ottobre del 2016 è stato sottoscritto da 170 Paesi l'**Accordo di Kigali** (Ruanda) sulla riduzione progressiva dell'uso degli *idrofluorocarburi* (*HFC*), che hanno sostituito i clorofluorocarburi (CFC), responsabili del cosidetto «buco nell'ozonosfera», messi al bando dal Protocollo di Montreal del 1987 (vedi Capitolo 7, paragrafo 9). Gli HFC immessi nell'atmosfera (tramite frigoriferi, condizionatori d'aria ecc.) sono molto meno abbondanti della CO_2 antropogenica, ma sono potentissimi gas serra; e l'Accordo di Kigali, anche se più limitato, è molto più concreto e vincolante dell'Accordo di Parigi.

Geosistema (Geosystem) Il sistema Terra è un insieme di *sottosistemi*, aperti e interagenti, denominati *geosistemi*. Alcuni di essi operano a scala globale: la Geodinamo, il geosistema Tettonica delle placche, il geosistema Clima.

Ridurre le emissioni di gas serra, per cercare di contrastare il riscaldamento dell'atmosfera, significa rivedere drasticamente le fonti energetiche da sfruttare, e modificare anche gli stili di vita di tutti i cittadini (in particolare di quelli dei Paesi economicamente più avanzati). Sarebbero necessarie a livello globale politiche mirate a incentivare il passaggio all'uso di energia da fonti rinnovabili, insieme a forti tassazioni sulle emissioni di gas serra.

Ai provvedimenti politici per ridurre le emissioni, si affianca lo studio di alcune tecnologie nell'ambito della produzione di energia e del contenimento dei consumi di combustibili fossili (carbone, petrolio, gas naturale). Tali tecnologie dovrebbero produrre, tra l'altro, maggiore efficienza energetica negli edifici, nell'utilizzo del carburante per gli autoveicoli, nella generazione di energia eolica, solare e nucleare.

Si può osservare che la sempre presente crisi energetica potrà influenzare sensibilmente il consumo di combustibili fossili nei prossimi anni. Ma anche se tale consumo dovesse stabilizzarsi al livello odierno, grazie ad un grosso impegno politico per la conversione verso altre fonti energetiche, senza altre «strategie» a scala globale il raddoppio del contenuto di anidride carbonica nell'atmosfera si verificherebbe ugualmente – secondo molti studiosi – in un tempo che potrebbe aggirarsi intorno ai 200 anni; e ciò non eliminerebbe i rischi per le generazioni future.

C'è da dire, piuttosto, che nel trarre le conclusioni di cui ci stiamo occupando è stato trascurato un altro aspetto del consumo di combustibili fossili; cioè, la produzione di particelle di polvere e fumo che si vanno ad aggiungere a quelle di altra origine, umana (abbruciamento della vegetazione, sostanze emesse dalle industrie ecc.) o naturale (attività vulcaniche, trasporto eolico). Molti scienziati sono concordi nel ritenere che l'aumento di questi «aerosol atmosferici» provochi un raffreddamento della troposfera, cioè agisca in senso opposto all'anidride carbonica e agli altri gas serra. Ciò può in parte attenuare o ritardare l'enorme fusione dei ghiacciai e la conseguente variazione del livello del mare; ma anche con un innalzamento di soli 65 cm le acque marine invaderebbero o minaccerebbero parecchie zone costiere del globo, provocando danni notevoli per l'agricoltura, per il turismo e per diverse altre attività umane (basti pensare alle terre litoranee dei Paesi Bassi, alla città di Venezia, alle moltissime spiagge italiane che sono già interessate da vistosi fenomeni di erosione). E, comunque, l'aumento di questi aerosol non è certo confortante per la nostra salute.

A questo punto, dunque, il problema si complica notevolmente e mostra aspetti talora contrastanti, che non possono certo essere trattati in queste brevi note. Tuttavia, le considerazioni esposte dovrebbero già bastare per comprendere che alcuni tipi di inquinamento influiscono sull'intero «sistema Terra», e quindi possono agire in maniera incisiva sul *geosistema clima*, con conseguenze incalcolabili per gli ecosistemi dell'intero pianeta e per la già critica situazione mondiale della produzione di alimenti in rapporto alle necessità della popolazione umana.

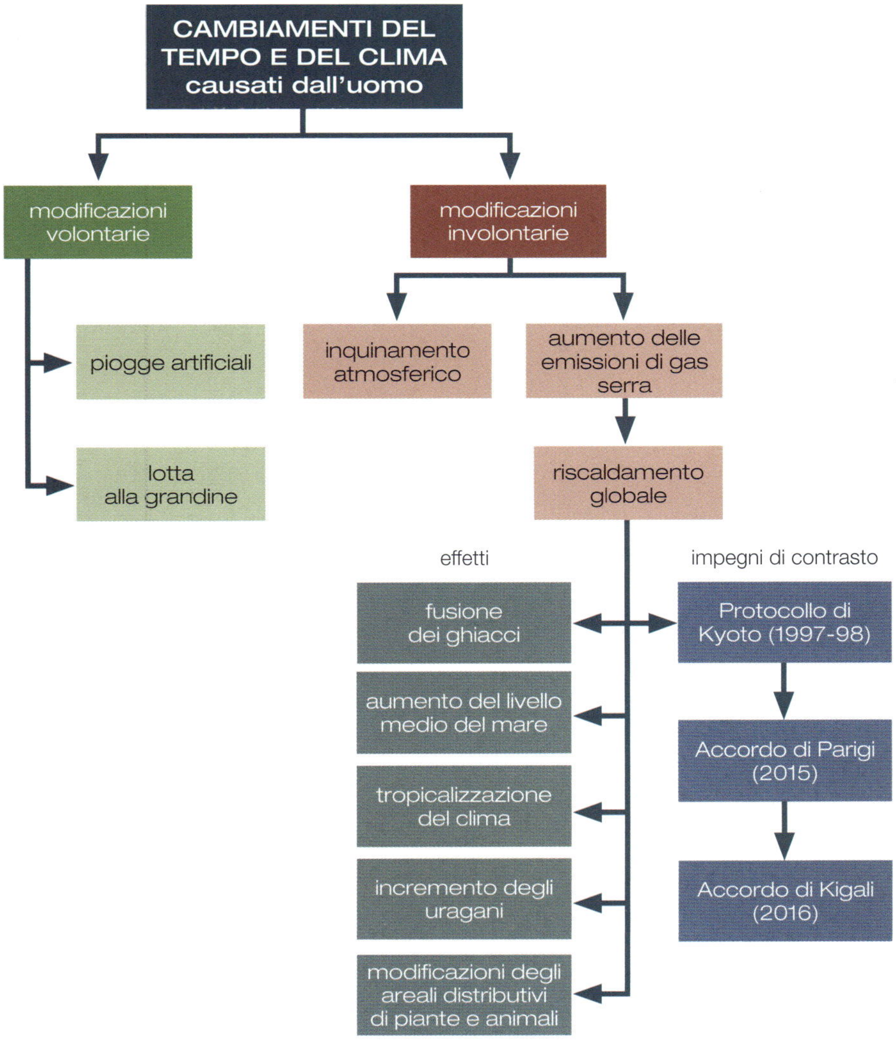

QUESITI

1. Scegli l'alternativa corretta.
   La progressiva desertificazione a cui si comincia ad assistere in alcune aree del bacino mediterraneo è una conseguenza dello spostamento verso **i poli/l'Equatore** della corrente **ascendente/discendente** di aria secca della cella di Hadley.
2. Come si ottengono le piogge artificiali?
3. Come è variata la temperatura del nostro pianeta negli ultimi cento anni?
4. Come è variata la concentrazione di gas serra nell'atmosfera negli ultimi 150 anni?
5. Che cosa prevedeva il Protocollo di Kyoto e quali sono stati i risultati ottenuti?

ampliamento delle conoscenze

Registrazione dei cambiamenti climatici nei ghiacci dell'Antartide

Le perforazioni in ghiaccio effettuate nel sito di Dome C [Figura 55], nel settore della Calotta antartica rivolto verso l'Oceano Pacifico, sono state condotte a partire dal 1996 nell'ambito del programma di ricerca EPICA (European Project for Ice Coring in Antarctica). A questa impresa hanno collaborato dieci Paesi europei tra i quali l'Italia, che, insieme alla Francia, ha svolto un ruolo logistico e scientifico di primo piano.

Il carotaggio del ghiaccio a Dome C – che alla massima profondità ha permesso di prelevare il ghiaccio più antico sinora mai raggiunto con una perforazione – è stato preceduto da una campagna di indagini geofisiche (condotte da ricercatori italiani) per la scelta del sito e per la valutazione dello spessore del ghiaccio. Una complessa strumentazione ha consentito di ottenere, durante le brevi estati antartiche, un migliaio di cilindri di ghiaccio del diametro di circa 10 centimetri e della lunghezza di oltre tre metri, fino alla profondità di 3270 metri. A questa profondità il ghiaccio ha un'età di circa 800 000 anni, doppia rispetto a quella delle carote più profonde prelevate in precedenza (nella stazione russa di Vostok, nell'Antartide orientale).

Dopo il prelievo, le carote di ghiaccio sono state liberate della parte esterna (che potrebbe essere stata contaminata durante le operazioni di estrazione), imballate e conservate a –30 °C. Al termine di ogni campagna di perforazione, i campioni sono stati inviati presso trenta laboratori scientifici europei per analisi chimiche dettagliate.

Gli studi sulla composizione isotopica dell'idrogeno nelle molecole di ghiaccio (che è correlata con le variazioni di temperatura) e sulla composizione chimica delle bolle d'aria – che si sono formate durante la trasformazione della neve in ghiaccio sotto il carico dei depositi nevosi sovrastanti – hanno permesso di documentare a Dome C l'alternanza di nove principali cicli glaciali/interglaciali, durante i quali la concentrazione di anidride carbonica nell'aria è variata in fase e in proporzione con le variazioni di temperatura dell'atmosfera [Figure 56 e 57]. I quattro cicli climatici più recenti erano già noti dagli studi delle carote di ghiaccio di Vostok, mentre i precedenti erano conosciuti solo attraverso studi sui sedimenti oceanici.

Le ricerche di EPICA hanno documentato un cambiamento nella variabilità climatica avvenuto circa 430 000 anni fa, quando si è passati da cicli con interglaciali meno caldi e di lunga durata a cicli con interglaciali molto caldi e brevi.

Inoltre, grazie ai dati raccolti a Dome C, è stato dimostrato che a ogni ciclo, che ha avuto una durata di circa 100 000 anni, si sono sovrapposte variazioni climatiche di più breve durata (circa un millennio), iniziate e terminate bruscamente. Queste variazioni sembrano essere più attenuate e quasi in opposizione di fase rispetto a quelle già note per l'emisfero settentrionale. E ciò fa pensare all'esistenza di una sorta di «altalena polare»: quando l'emisfero meridionale si raffreddava quello settentrionale si riscaldava, e viceversa, a causa di un trasferimento di calore da un emisfero all'altro tramite le correnti oceaniche.

55

Figura 55
La stazione scientifica di Dome C, in Antartide, a 3233 metri di quota. (G. Rowell/Corbis)

Figura 56
Le analisi sulle variazioni di temperatura. Le analisi condotte sul ghiaccio campionato a Dome C mostrano che la temperatura atmosferica media annua degli ultimi 750 000 anni è variata da condizioni più calde (dette *interglaciali*) a condizioni più fredde (dette *glaciali*). I tre cicli climatici più antichi hanno avuto interglaciali meno caldi e più lunghi; gli ultimi quattro hanno avuto interglaciali più caldi e di breve durata. Oggi viviamo in una età interglaciale che nell'emisfero australe dura da circa 12 000 anni ed è un po' meno calda delle precedenti.
La ricostruzione delle variazioni di temperatura sono rese possibili dal fatto che essa è correlata alla concentrazione nel ghiaccio di deuterio (δD, nel grafico), uno degli isotopi dell'idrogeno.

56

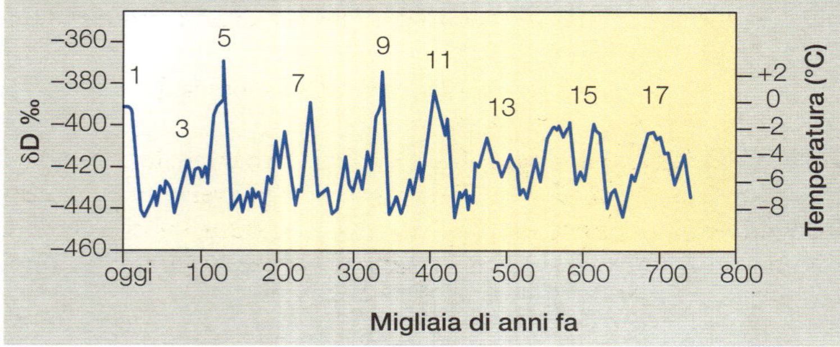

Figura 57
Le analisi sulle variazioni di CO_2. Il grafico mostra l'andamento delle concentrazioni (espresse in parti per milione) di anidride carbonica nell'atmosfera da 650 000 anni fa a oggi. I dati in rosso sono stati ottenuti dall'analisi del ghiaccio perforato a Dome C, quelli in verde si riferiscono ai campioni prelevati a Vostok. L'andamento della concentrazione di anidride carbonica è variato proporzionalmente alle variazioni di temperatura, con valori minimi durante le fasi glaciali più fredde e massimi durante gli interglaciali più caldi. Le linee orizzontali tratteggiate indicano il campo di variabilità naturale dell'anidride carbonica: negli ultimi due secoli la concentrazione di CO_2 è salita ben al di sopra del limite di variabilità naturale.

57

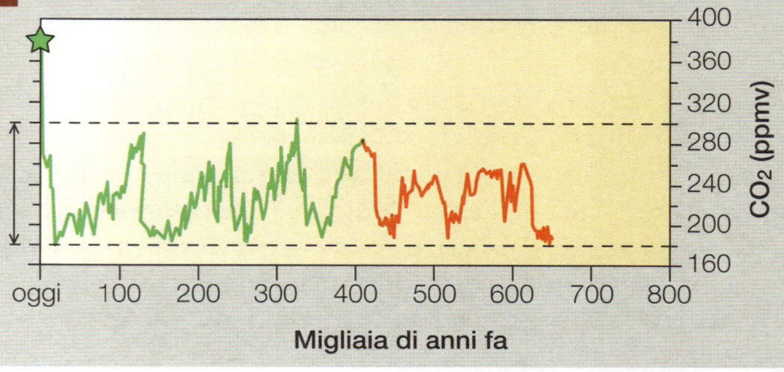

termini e concetti fondamentali

Il clima, il suolo e gli ecosistemi

■ Il **clima** può essere definito come l'insieme delle varietà quotidiane del **tempo atmosferico**, che si succedono abitualmente durante l'anno. Per conoscere il clima di un luogo bisogna registrare le condizioni meteorologiche per un lungo intervallo di tempo (almeno un trentennio). Gli **elementi** del tempo e del clima sono gli stessi: *temperatura, pressione* e *venti, umidità e precipitazioni*.

■ Gli elementi del clima sono influenzati da numerosi **fattori**: *latitudine, altitudine, distribuzione delle terre e dei mari, correnti marine, vegetazione, attività umane*.

■ La scienza che studia le caratteristiche e la distribuzione geografica dei vari climi esistenti sulla Terra è la **Climatologia**.

■ Il clima, insieme alla struttura geologica, ai processi della vita vegetale e animale e alle attività antropiche, concorre a determinare gli aspetti del *paesaggio* e caratterizza ogni ambiente della Terra.

■ Il clima è uno dei principali responsabili dell'alterazione e della disgregazione delle rocce, e quindi della formazione del *mantello detritico*, detto **regolite**, che concorre a formare il suolo.

■ Il **suolo** è la parte più esterna, sottile e discontinua della crosta terrestre, che è costituita sia da sostanze minerali, sia da residui organici (**humus**), oltre che da acqua e gas atmosferici.
Ogni suolo ha un **profilo pedologico** peculiare, suddiviso in *orizzonti*.

■ La *formazione del suolo* (**pedogenesi**) dipende da diversi fattori: la natura della *roccia madre*, la configurazione del *rilievo*, l'attività degli *organismi*, il *tempo* di esposizione ai processi pedogenetici e il *clima*. Gli elementi climatici più coinvolti nei processi pedogenetici sono le *precipitazioni* e le *temperature*.

■ Le condizioni climatiche (in particolare, gli intervalli di *temperatura*, le *precipitazioni* e i *venti*) influiscono sul tipo e sulla densità della *vegetazione* e sulla diffusione della *fauna*.
Esigenze ambientali simili determinano lo sviluppo di **formazioni vegetali** e l'esistenza di particolari **associazioni animali**.

■ L'insieme di una comunità biologica (*biocenosi*) e del supporto fisico circostante (*biotopo*) costituisce un **ecosistema**.
Più ecosistemi possono costituire grandi ambienti relativamente unitari, detti **biomi**. La distribuzione mondiale dei biomi dipende dalle condizioni climatiche.

La classificazione dei climi

■ Ogni zona climatica della Terra è caratterizzata da determinate condizioni di temperatura, umidità e pressione. Tra una zona e quella successiva non esiste un limite netto, ma si verifica un passaggio graduale da una combinazione di elementi climatici all'altra.

■ La **classificazione di Köppen** individua 5 grandi **gruppi climatici**. I diversi gruppi climatici vengono distinti in funzione delle formazioni vegetali presenti e di limiti di temperatura e di precipitazioni. Ciascuno dei grandi gruppi climatici comprende due o più **tipi climatici**. A partire dalle basse latitudini e procedendo verso i poli si incontrano i seguenti gruppi climatici.

■ **Climi megatermici umidi.** Le aree interessate da questi climi sono quelle della zona intertropicale. In questo gruppo si distinguono tre tipi:
- *clima equatoriale*;
- *clima della savana*;
- *clima monsonico*.

■ **Climi aridi.** Le precipitazioni sono molto scarse in rapporto alle temperature. Si distinguono due tipi climatici:
- *clima predesertico*;
- *clima desertico*.

■ **Climi mesotermici.** Climi delle medie latitudini. Si distinguono tre tipi, in funzione del regime pluviometrico:
- *clima sinico* (o monsonico cinese);
- *clima mediterraneo*;
- *clima temperato fresco* (varietà oceanica e varietà continentale).

■ **Climi microtermici.** Si distinguono due tipi climatici:
- *clima freddo a estate calda*;
- *clima freddo a inverno prolungato*.

■ **Climi nivali.** Si distinguono due principali tipi climatici:
- *clima della tundra*;
- *clima del gelo perenne*.

A questo gruppo climatico appartiene anche il *clima di alta montagna*.

I cambiamenti del clima

■ Il clima è mutevole nello spazio e nel tempo. Durante il Quaternario il clima della Terra ha subito diverse variazioni.

■ Grazie alla **Paleoclimatologia** (la scienza che studia le variazioni climatiche del passato) conosciamo, in particolare, le *oscillazioni climatiche* degli ultimi 10 000 anni.

■ I cambiamenti climatici possono dipendere da **fenomeni naturali**, quali i *moti millenari* della Terra, le grandi *eruzioni vulcaniche* esplosive e i periodi di diversa *attività solare*.

■ Negli ultimi 150 anni si è registrato un sensibile **aumento della temperatura media dell'atmosfera**, di cui sono responsabili anche gli esseri umani, che, con l'uso dei combustibili fossili, hanno prodotto un **aumento di gas serra** (specialmente *anidride carbonica*).

■ Tra gli **effetti** del riscaldamento atmosferico globale sono particolarmente preoccupanti:
- la consistente *fusione dei ghiacciai delle terre emerse*, che causerebbe un sensibile innalzamento del livello medio del mare;
- l'estensione della fascia di clima arido verso latitudini maggiori (*tropicalizzazione del clima*);
- l'intensificarsi della frequenza di uragani e di altri eventi meteorologici estremi;
- la *variazione degli areali distributivi* e della fisiologia di molte *specie animali e vegetali*.

■ Tra i provvedimenti intrapresi a livello internazionale per cercare di ridurre le emissioni globali di gas serra il più recente è l'**Accordo di Parigi**. Grossi sforzi sono necessari per ridurre il consumo di combustibili fossili e incentivare l'uso di risorse energetiche rinnovabili.

ESERCIZI
per il ripasso

ALTRI ESERCIZI SU ZTE ONLINE

1. Completa la mappa con i termini mancanti, scegliendoli tra i seguenti.

microtermici ■ clima mediterraneo ■ clima della tundra ■ clima della savana ■ aridi

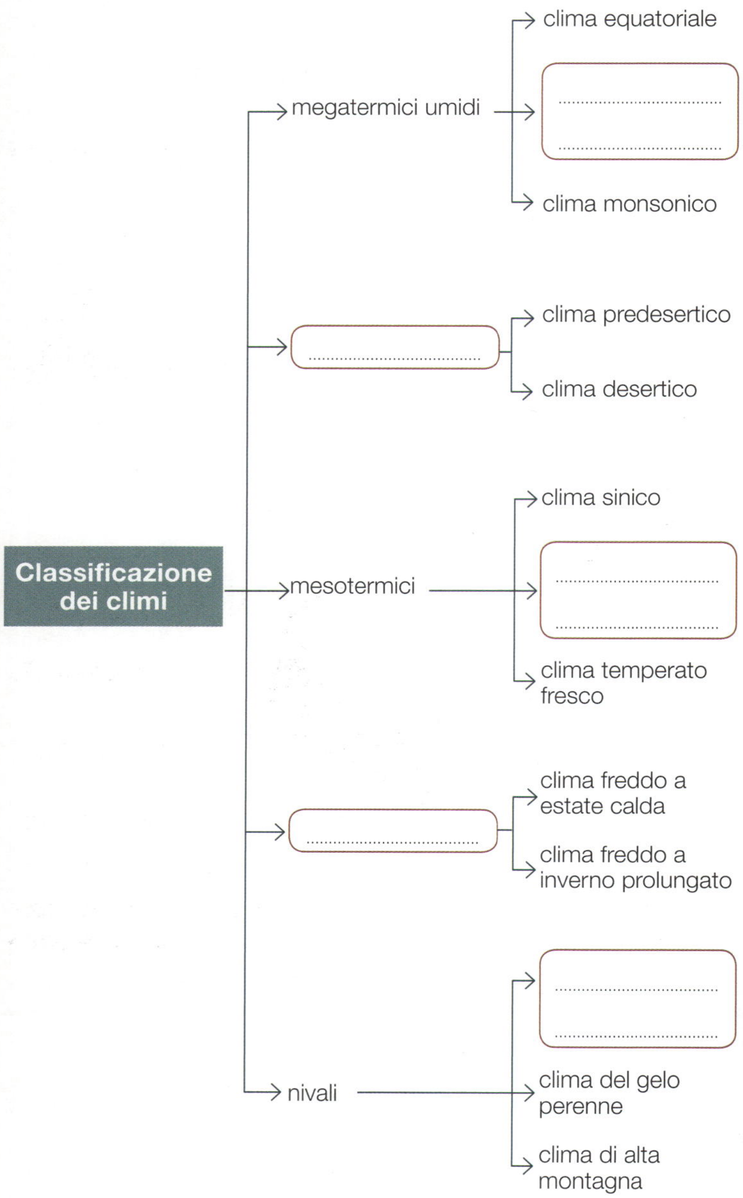

2. Scegli l'alternativa corretta.
Il processo di formazione del suolo è chiamato **pedologia/pedogenesi**.

3. Completa.
La .... è la copertura vegetale del Canada settentrionale e della fascia costiera della Groenlandia.

4. Nei deserti caldi le temperature minime giornaliere superano sempre gli 0 °C.
Vero o falso?
Motiva la risposta.
....
....

5. Scegli l'alternativa corretta.
La taiga è una **steppa/foresta di conifere** tipica della Siberia.

6. Completa.
I dati sul clima a partire dal 1860 sono conosciuti grazie a
....

7. Completa.
I climi delle piante .... sono di due tipi: clima freddo a estate calda e clima freddo a ....
....

8. Dalla metà del XVI secolo a oggi si è avuto un progressivo e regolare aumento della temperatura globale.
Vero o falso?
Motiva la risposta.
....
....

9. Associa a ogni fotografia la formazione vegetale e il tipo climatico corrispondente scegliendoli tra:

steppa asciutta ■ bosco di latifoglie ■ tundra ■ taiga ■ clima freddo a inverno prolungato ■ clima predesertico ■ clima subpolare ■ clima temperato fresco

A ....

B ....

C ....

D ....

10. Completa.

La temperatura, la pressione, i venti, l'umidità e le precipitazioni sono .... che costituiscono il .... e il ....

11. Completa.

La parte solida inorganica del suolo è prodotta dalla .... meteorica delle rocce. Il mantello detritico in cui si sviluppa il suolo si chiama ....
L'orizzonte del suolo più ricco di materia organica decomposta, cioè di .... , è l'orizzonte ....

12. Nella classificazione di Köppen i climi sono raggruppati in base (2 risposte corrette)

A alla distribuzione geografica delle formazioni vegetali.
B alla distribuzione delle terre e dei mari.
C alla latitudine.
D ai dati pluviometrici e termometrici.

13. Completa.

I fattori principali che influenzano la vita e la diffusione delle piante sono .... , il calore, l'acqua e .... ; tutti questi fattori variano nei diversi ....

14. Completa.

I climi megatermici umidi sono caratterizzati da temperature medie mensili mai inferiori a ....

15. La principale differenza tra il clima predesertico e quello del deserto consiste

A nella diversa escursione termica giornaliera.
B nel diverso grado di aridità.
C nella diversa escursione termica annua.
D nella diversa influenza dei venti occidentali.

16. Completa.

Nei deserti freddi si hanno forti escursioni termiche ....
Nei deserti caldi si hanno invece forti escursioni termiche ....

17. Completa.

Nel clima mediterraneo le estati sono .... e secche, gli inverni tiepidi e ....

18. La copertura vegetale spontanea delle zone con clima freddo a inverno prolungato è

A la foresta di latifoglie decidue.
B la brughiera.
C la foresta di conifere.
D la steppa-prateria.

19. Scegli le alternative corrette.

Nelle aree con clima del gelo perenne le precipitazioni sono **scarse/abbondanti** a causa della presenza di **alte/basse** pressioni permanenti.

20. Il clima della savana è caratterizzato da

A quattro stagioni simili alle nostre.
B due stagioni più calde e più umide e due stagioni meno calde e relativamente secche.
C un regime pluviometrico regolare.
D temperature stagionali molto diverse l'una dall'altra.

21. Completa.

Il clima .... è una varietà del clima monsonico, caratterizzata da un inverno .... e un'estate molto .... e ....

22. Scegli i due completamenti corretti.

La Piccola Età Glaciale

A si è verificata subito dopo la glaciazione würmiana.
B si è verificata in tempi storici.
C è testimoniata dai numerosi dati termici registrati alle stazioni di misura.
D fu connessa a un raffreddamento del semestre primavera-estate.
E fu innescata da un forte abbassamento delle temperature invernali.

23. Considerando le temperature mensili, le precipitazioni annue e il regime pluviometrico, individua la regione climatica italiana cui si riferisce questo grafico.

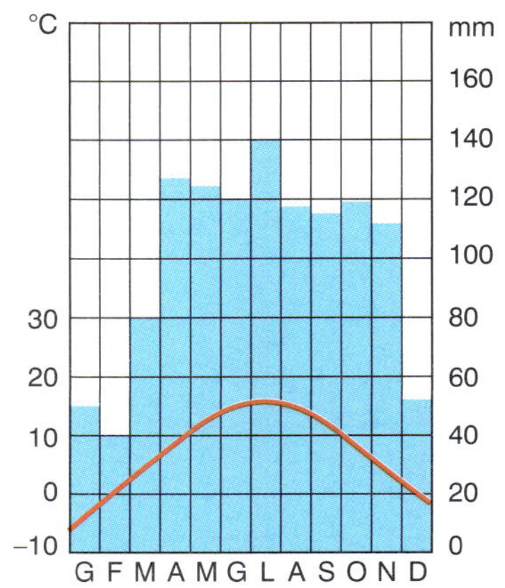

....

CLIL: Earth Science Highlights

Glossary

Match each word or expression with its definition.

1. ☐ Köppen climate type
2. ☐ Biome
3. ☐ Biotope
4. ☐ Climate
5. ☐ Climatology
6. ☐ Dry climate
7. ☐ Ecosystem
8. ☐ Global warming
9. ☐ Greenhouse gas
10. ☐ Mediterranean climate
11. ☐ Megathermal plant
12. ☐ Palaeoclimatology
13. ☐ Paris agreement
14. ☐ Pedogenesis
15. ☐ Regolith
16. ☐ Soil
17. ☐ Soil horizon
18. ☐ Tundra climate
19. ☐ Xerophyte

a. Science that studies the climates of the Earth, their origin, and their role as elements of the natural environment.

b. A system or group of interconnected elements, formed by the interaction of a community of organisms with their environment.

c. The study of past climates based on historical records or climate-dependent natural phenomena that leave traces in the geological and biological records.

d. The largest geographical biotic unit, a major community of plants and animals with similar life forms and environmental conditions.

e. Climate type of the subtropical zone, characterized by the alternation of very dry summers and mild, rainy winters.

f. The top layer of the Earth's crust in which plants can grow, consisting of solids (mineral and organic matter) liquids and gases.

g. A gradual increase in the overall temperature of the Earth's atmosphere. The increment in greenhouse effects, due to increasing levels of atmospheric carbon dioxide, is the major cause of present-day global warming.

h. The layer of loose, heterogeneous materials overlying bedrock produced by weathering.

i. Generalized statement of the prevailing weather condition at a given place, based on statistics of a long period of records of temperature, rainfall and atmospheric pressure.

j. One of the types of climate of the Polar climate group in the Köppen classification, characterized by sub-freezing mean annual temperatures, large annual temperature ranges and moderately low precipitation.

k. Any plant adapted to life in a dry or physiologically dry habitat (salt marsh, saline soil or acid bog) by means of mechanisms to prevent water loss or store available water.

l. Distinct layer of soil, approximately parallel with the land surface, whose properties develop from the combined actions of living organisms and percolating water. One or more horizons make up the soil profile, the vertical sequence of distinct layers that is unique to each type of soil.

m. A kind of climate belonging to one of the five Köppen climatic groups that is identified mainly by its pluviometric regime.

n. Agreement that sets out a global action plan to put the world on track to avoid dangerous climate change by limiting global warming to well below 2 °C.

o. The habitat or physical basis of a uniform community of animals and plants adapted to its environment.

p. A dry climate is a region of the world where there is little precipitation and the air is very dry. Climatologists divide dry climate into arid and semiarid climates.

q. The processes of soil genesis and development by soil forming factors: climate, living organisms, topography, time.

r. A plant that requires great heat combined with very abundant moisture to grow successfully.

s. A gas that absorbs and reradiates energy into the planet's atmosphere, thus contributing to the warming of the atmosphere.

Summing-up

Complete the following text with the right words from the Glossary

Climate, soils, ecosystems

■ It is possible to define .... as the set of variations in everyday weather. To determine the climate of a given place, long-term registrations of the meteorological conditions are necessary (for at least 30 years). The elements of weather and climate are the same: temperature, pressure and winds, humidity and rainfall.

■ Climatic elements vary as a function of several factors: latitude, altitude, the distribution of land and sea, ocean currents, vegetation and human activities.

■ The science that studies climate is ....

■ Climate contributes to the appearance of the landscape and characterises every environment on the Earth's surface, along with the geological structure, as well as the processes tied to plant and animal life and human activities.

■ Being one of the main causes of weathering, climate is also responsible for the origin of the debris mantle – named .... – on which soils develop.

■ .... is the most external, thinnest part of the Earth's crust, and is made up of both minerals and organic remains (humus). It also contains water and gases. Each type of soil has a particular profile, containing different ....

■ Soil formation, or ...., depends on several factors: the kind of parent rocks, the configuration of relief, the activity of organisms, the time of exposure to pedogenic processes and climate. The climatic elements most involved in pedogenesis are rainfall and temperature.

■ Climatic conditions influence the type and density of vegetation and the distribution of fauna. In fact, an optimal temperature range exists for the survival of individual plant species: based on thermal requirements, plants can be categorised into ...., mesotherms, microtherms and polar. Considering their water needs, plants are classified into hydrophytes, or water-tolerant, and ...., or drought-tolerant. Animals are less dependent on climatic conditions than plants; however, they are dependent on the availability of water and vegetation.

■ Similar environmental requirements determine the development of plant formations and certain animal communities, i.e. a biocoenosis.

■ A biocoenosis in conjunction with the non-living components of their environment – or .... – make up an .... Several ecosystems together can constitute large, uniform environments, called .... (for example, the rainforest, the pre-desert steppe, the Mediterranean maquis, the coniferous forest). The global distribution of biomes depends on climatic conditions.

Climate classification

■ Every climatic zone on Earth has its own particular temperature, humidity and air pressure. Between two adjacent zones, there is not a clear-cut boundary but rather a gradual change from one combination of climatic elements to another.

■ According to the Köppen climate classification, five main climate groups exist, which differ from one another based on the existing plant formations and the ranges of temperature and rainfall. Each of the major climate groups includes two or more ...., based on the particular pluviometric regime.

■ Starting from low latitudes and progressing toward the poles the following climate groups are encountered.

Megathermal humid climates. The areas affected by these climates are those of the intertropical zone. Three climate types belong to this group: equatorial climate, savannah climate, monsoon climate.

.... Rainfall is very scarce in relation to temperature. There are two types of dry climate: semiarid climate and arid climate (desert).

Mesothermal climates. Climates of the middle latitudes. This group includes three climatic types that differ in their pluviometric regimes: Chinese monsoonal climate, ..., Cool temperate climate (with oceanic and continental varieties).

Microthermal climates. There are two types of climate: cold climate with hot summers and cold climate with prolonged winters.

Polar climates. There are two main types of climate: .... and Ice cap climate. The high mountain climate also belongs to this group.

Climate changes

■ Climate is changing in space and time. During the Quaternary, the Earth's climate has undergone various oscillations.

■ .... is the science that studies the climate changes of the past. Palaeoclimatological studies have allowed us to reconstruct the climatic oscillations of the last 10,000 years.

■ Climate variations can be due to natural causes, like explosive volcanic eruptions; periods of intense solar activity; and the millennial cycles of variations in the Earth's orbit and axial tilt.

■ A steady increase in the average temperature of the globe has been recorded in recent decades. Human beings are also responsible for ...., as the wide use of fossil fuels causes an increase in .... in the atmosphere (particularly carbon dioxide CO_2).

■ Some of the most alarming effects of atmospheric global warming are:

- melting of polar and continental ice, which causes sea level to rise;
- the expansion of the dry climate belt towards higher latitudes (desertification);
- an increase in the frequency of storms and other extreme meteorological events;
- changes in the geographical distribution and physiology of many species of plants and animals.

■ The .... is the most recent measure undertaken on an international scale, which aims to reduce greenhouse gas emissions. Huge efforts are necessary to reduce the consumption of fossil fuels and promote the use of renewable energy sources.

Now listen and check your answer.

Video «Climate change in the recent past»

Watch the video and answer the questions.

1. When approximately did the Holocene Climatic Optimum end?
2. How much higher were mean annual temperatures compared to present values?
3. How long did the Little Ice Age last?
4. Was the period from 800 A.C. to 1200 A.C. warmer or cooler than the present?

QUESITI per l'applicazione delle conoscenze

1. Utilizzare strumenti online
Il modello GISS

Le previsioni sui cambiamenti climatici sono basate su complessi modelli matematici. Uno dei più importanti è il modello GISS, acronimo del Goddard Institute for Space Studies (l'Istituto della NASA che effettua questi studi).

Il modello del Goddard Institute è costruito a partire da algoritmi e calcoli computerizzati, ciascuno dei quali cerca di descrivere il comportamento di ognuno degli elementi e fattori coinvolti nel cambiamento del clima (l'atmosfera, gli oceani, la vegetazione, la tipologia delle nuvole ecc.). Quindi i singoli algoritmi sono integrati in un modello complessivo, che viene verificato perché i suoi risultati siano conformi a ciò che accade nel mondo reale.

Tutti i modelli climatici suddividono la superficie terrestre in una griglia simile a una scacchiera. Il modello GISS analizza la superficie del pianeta in 3312 caselle; inoltre, salendo nell'atmosfera, lo schema si ripete 20 volte, e quindi il numero totale di caselle supera le 66 000 unità. A ogni casella corrisponde una porzione di mondo reale, che ha un numero incalcolabile di caratteristiche (per esempio, catene montuose, laghi, foreste ecc.).

Nel modello GISS queste caratteristiche sono semplificate e ridotte a una serie di proprietà, espresse in forma numerica.

■ Collegati al sito del Goddard Institute: http://data.giss.nasa.gov/gistemp/maps/

■ Agendo sui diversi parametri riportati nella maschera (come quella che vedi qui sotto), crea una rappresentazione cartografica delle variazioni della temperatura in un periodo a tua scelta.

■ Scrivi un breve testo che descriva e commenti la carta da te prodotta.

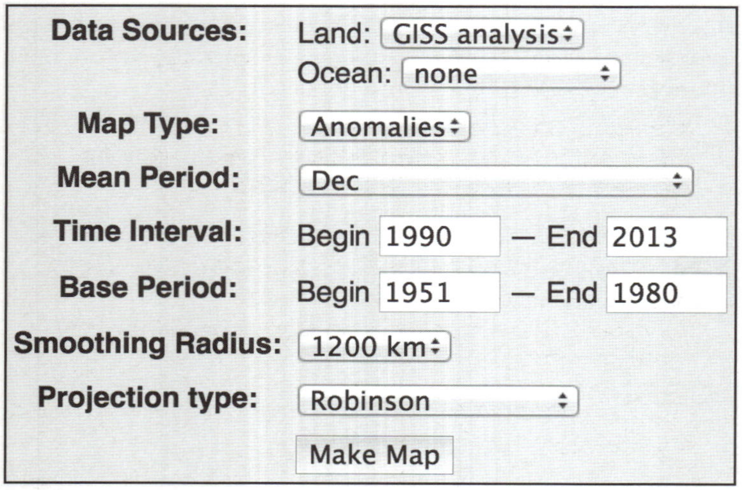

2. Leggere un grafico
Fattori del riscaldamento e del raffreddamento dell'atmosfera

Osserva il grafico qui sotto, relativo ai fattori che concorrono a determinare il riscaldamento o il raffreddamento dell'atmosfera (valutati in watt per metro quadrato), e rispondi.

a. Che effetto hanno i fattori che sono influenzati dalle attività umane?
b. Quale fattore contribuisce maggiormente al riscaldamento dell'atmosfera?
c. Perché sia la copertura nuvolosa, sia le emissioni di gas da parte dei vulcani causano un raffreddamento?

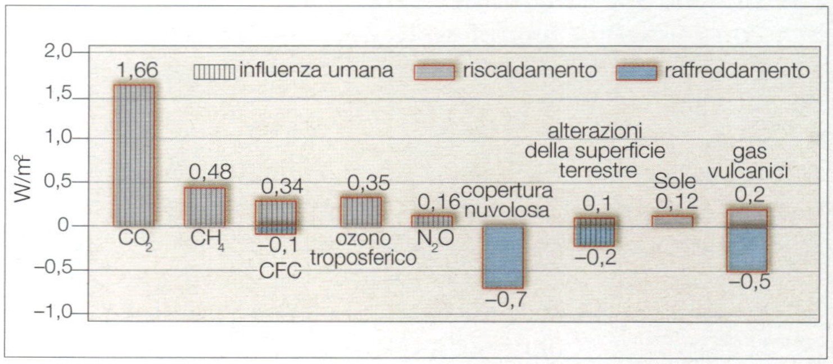

3. Ricercare e presentare informazioni
La Dendroclimatologia

Per lo studio dei cambiamenti della temperatura dell'atmosfera terrestre avvenuti prima del 1850 bisogna fare ricorso a dati indiretti; fra questi vi sono i dati desunti dall'analisi degli anelli di accrescimento del legno degli alberi. La scienza che si occupa di queste ricerche prende il nome di Dendroclimatologia.

■ Ricerca informazioni sulla Dendroclimatologia.

■ Prepara un PowerPoint (di 5 slide) per illustratare: cosa studia questa disciplina, quali informazioni è in grado di raccogliere e come le si possono interpretare.

4. Scrivere una relazione
Il «tuo» clima

Scrivi una relazione di minimo 200 parole che descriva le caratteristiche del clima del luogo in cui vivi.

Segui questa semplice traccia.

■ Come variano nel corso dell'anno le precipitazioni e le temperature?

■ Che cosa puoi dire dell'escursione termica giornaliera e di quella annua?

■ A quale zona climatica italiana appartiene la località in cui vivi (riguarda l'Approfondimento di pag. 374)?

9 Il modellamento del rilievo terrestre

Il Cerro Torre e il Fitz Roy, due importanti rilievi della Patagonia, svettano tra i ghiacciai che li hanno modellati con l'aiuto del gelo e disgelo, responsabile della frantumazione delle rocce in alta montagna. L'arco di materiali che delimita il lago (verso destra) testimonia una posizione più avanzata della fronte glaciale nel passato (C. Monteath/Hedgehog/Corbis)

Test d'ingresso

A. Il vento è un movimento di aria da un luogo a un altro della superficie terrestre.

Completa.
Il vento si genera per una differenza di pressione atmosferica: l'aria si muove da una zona di

.... pressione

a una di .... pressione.

B. La portata di un fiume è la quantità di acqua (in m^3) che passa attraverso una determinata sezione fluviale in un secondo (s).
In quale tratto un fiume ha maggior portata?

- A Nel tratto montano.
- B Nel tratto di pianura.
- C In prossimità della foce.

C. I calcàri sono rocce carbonatiche, organogene o di orgine chimica.

Scegli le alternative corrette.
Sono rocce **ignee**/**sedimentarie**/**metamorfiche** costituite essenzialmente da **calcite**/**quarzo**.

D. L'orogenesi è il processo di deformazione crostale che porta al sollevamento di una nuova catena montuosa.

Vero o falso?
L'orogenesi è una delle conseguenze della Tettonica delle placche.

E. Le onde del mare sono prodotte principalmente dai venti.

Completa

In alto mare si hanno onde di .... , che in prossimità delle coste con bassi fondali si trasformano in onde di traslazione.

1 Le forze geodinamiche

L'eruzione di un vulcano o le scosse di un terremoto rendono in parte manifesti i complessi fenomeni dinamici che si svolgono all'interno del nostro pianeta. Allo stesso modo, la rapida caduta di una frana o lo straripamento di un fiume torbido e impetuoso offrono immagini immediate dei molteplici processi evolutivi che si verificano direttamente sulla superficie terrestre, davanti ai nostri occhi.

Quelli citati sono soltanto alcuni episodi, i più violenti, fra i tanti che contribuiscono a modificare incessantemente il paesaggio e a renderlo differente da luogo a luogo della Terra.

Molti altri eventi sono meno percettibili, più lenti: da una parte ci sono i fenomeni orogenetici, responsabili della nascita delle catene montuose; dall'altra i continui processi di logorìo superficiale delle rocce che vengono a contatto con ambienti diversi da quelli in cui si sono formate. Anche questi ultimi processi sono molto efficaci nel produrre – col tempo – profondi cambiamenti di aspetti del rilievo terrestre.

La superficie della Terra presenta una grande varietà di forme: catene montuose, montagne isolate e colline; valli ampie a dolce inclinazione e gole strette e profonde; pianure più o meno vaste; coste alte rocciose e spiagge sabbiose o ciottolose, spesso fra loro molto differenti.

Tutte le forme appena elencate, e le tantissime altre ancora individuabili nel rilievo terrestre, possono essere sempre considerate come il prodotto dell'azione combinata di due grandi categorie di **forze geodinamiche**: le *forze endogene* e le *forze esogene* [Figura 1].

- Le **forze endogene** (o interne) sono quelle che fanno capo al calore e alla dinamica dell'interno della Terra. Esse provocano la mobilità della litosfera oceanica e della litosfera continentale (*Tettonica delle placche*), la formazione delle catene montuose, il vulcanismo, creando così strutture e forme che possono essere definite «*primarie*».
- Le **forze esogene** (o esterne) sono quelle che dipendono dall'energia che la Terra riceve dal Sole sotto forma di radiazioni. Esse si identificano con l'azione degli elementi atmosferici, delle acque correnti, dei ghiacciai, del mare, i quali elaborano continuamente le masse rocciose delle forme primarie fin dal momento della loro apparizione, con una triplice opera di *erosione, trasporto* e *deposizione*.

Figura 1
I multiformi aspetti fisici che caratterizzano i paesaggi terrestri sono il prodotto dell'azione combinata delle forze endogene – responsabili della formazione delle montagne – e di quelle esogene, che operano il modellamento esterno dei rilievi. Nella zona delle Alpi Occidentali qui raffigurata (Bousson, Piemonte) l'azione morfologica attuale viene svolta soprattutto dalla degradazione meteorica, dalle acque correnti superficiali e dagli esseri umani. Nelle forme del rilievo, però, sono impresse anche le testimonianze dell'opera di un altro agente morfogenetico attivo nel passato, in condizioni climatiche differenti: l'ampia valle in cui attualmente scorre un fiume conserva ancora alcune caratteristiche delle valli scavate da lingue glaciali durante il loro movimento.
(E. Lupia Palmieri)

Le forze esogene – o **agenti esogeni** – avviano la loro opera alterando e disgregando le rocce affioranti in superficie, e prelevandone frammenti di varia grandezza. Di seguito, trasportano il materiale risultante da questi fenomeni di degradazione ed erosione, sotto la spinta costante della forza di gravità. Infine depositano tale materiale detritico allorché diminuisce o si annulla la loro energia.

Ne risulta la creazione di nuove *forme del rilievo*, che saranno «di erosione» o «di deposito» a seconda che nell'area interessata prevalga l'uno o l'altro di questi due grandi gruppi di **processi morfogenetici**.

Ai suddetti agenti modellatori si aggiunge l'uomo, che, con la sua opera costruttiva o demolitrice, riesce a modificare, a volte anche profondamente, i paesaggi naturali: egli sbarra corsi d'acqua creando laghi artificiali, spiana o perfora rilievi per costruire strade e ferrovie, favorisce od ostacola con i suoi manufatti l'attacco del mare sulle coste, elimina o sostituisce la copertura vegetale naturale, influendo così anche sulle condizioni climatiche e spesso provocando una grave intensificazione dell'erosione del suolo.

La scienza che si occupa delle forme del rilievo terrestre (siano esse subaeree o subacquee), della loro genesi e della loro evoluzione è la **Geomorfologia**.

Questa branca della Geografia fisica non si identifica con lo studio della forma complessiva della Terra, la cui determinazione è compito della Geodesia; né con quello della sola configurazione generale delle masse continentali e dei bacini oceanici, che rientra più propriamente nei compiti della Geologia e della Geografia. La Geomorfologia si interessa piuttosto delle «*morfosculture*», ossia delle forme di dettaglio che si sono sviluppate su queste fattezze maggiori della superficie terrestre e che sono in continua trasformazione nel tempo. Come tutte le moderne scienze della natura, essa non si limita ad una pura e semplice descrizione, ma cerca piuttosto di interpretare le forme attuali del rilievo, di individuare i processi mediante i quali si sono originate e di prevederne anche, nei limiti del possibile, la futura evoluzione.

Sebbene l'interesse della Geomorfologia sia fondamentalmente diretto allo studio degli agenti esogeni, che possono essere considerati come i veri artefici delle forme del rilievo terrestre, questa scienza non può svolgere il suo compito interpretativo senza la conoscenza dei processi operati dagli agenti endogeni. Questi ultimi, in realtà, non solo producono le grandi unità strutturali («geotessiture») e gli elementi primari («morfostrutture») della fisionomia della superficie terrestre, ma contribuiscono indirettamente anche al modellamento di dettaglio del profilo verticale e dei tratti orizzontali di tale fisionomia (cioè alla creazione di morfosculture). Da una parte, infatti, le forze endogene possono interrompere o accelerare l'azione delle forze esogene, e dall'altra determinano quelle caratteristiche geologiche del territorio (natura, giacitura e tettonizzazione delle rocce) che, traducendosi in diversa resistenza all'attacco degli agenti esogeni, condizionano lo sviluppo dei processi geomorfologici.

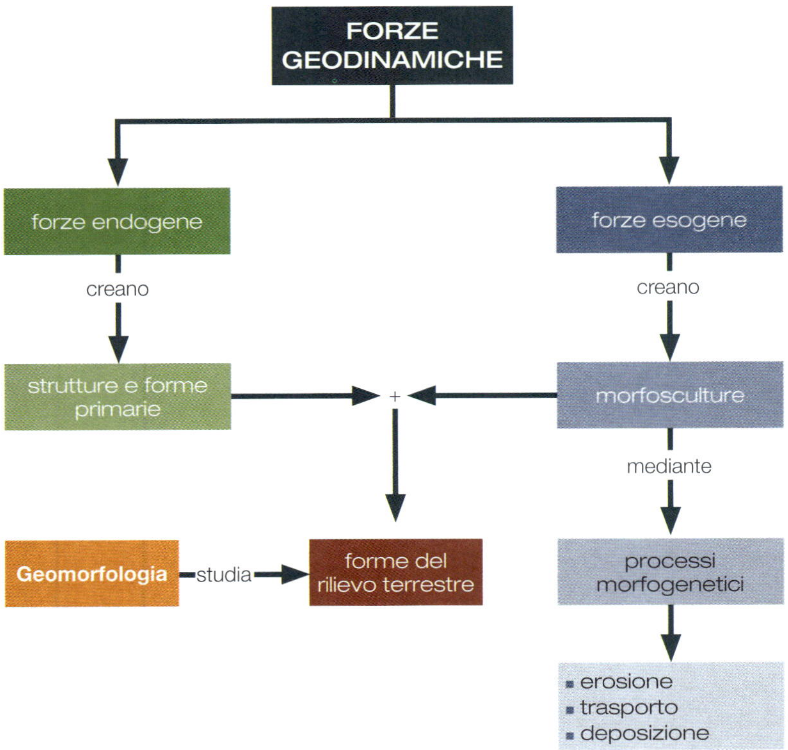

QUESITI

1. Le forze endogene sono
   - A le sole responsabili del modellamento superficiale della Terra solida.
   - B alimentate dalla radiazione solare.
   - C attivate dal motore interno del sistema Terra
2. Scegli le altenative corrette.
   I processi morfogenetici comprendono due grandi gruppi: i processi di **erosione/fratturazione** e i processi di **stratificazione/deposito**.
3. Vero o falso? Motiva la risposta.
   Le attività antropiche possono modificare le forme del rilievo accelerando od ostacolando l'azione degli altri agenti esogeni.
4. La Geomorfologia studia le ...., ossia le forme di dettaglio della fisionomia della superficie terrestre.
5. Quali sono le forze responsabili della costruzione delle forme primarie del rilievo terrestre?
6. Quali sono gli agenti esogeni che modellano il rilievo terrestre?
7. Che cosa sono i processi morfogenetici?

2 La degradazione meteorica delle rocce

Video
La disgregazione meteorica delle rocce

Se esaminiamo più volte e attentamente una grande parete in roccia, o anche un semplice masso litoide, a distanza di alcuni anni può capitarci di notare dei cambiamenti di aspetto della massa rocciosa [Figure 2 e 3].

Tali cambiamenti, che possono sembrare inspiegabili se si è sicuri che non sono stati prodotti dall'uomo né da fiumi o ghiacciai o altri agenti in moto (vento, onde marine), sono dovuti al lento ma continuo lavorìo degli agenti atmosferici. Questi ultimi attaccano fisicamente e chimicamente le rocce superficiali, disgregandole e decomponendole, e preparano così l'*erosione* (in senso stretto), cioè l'asporto dei materiali detritici per effetto della gravità o per l'intervento dei corsi d'acqua, dei ghiacciai, del vento, dei movimenti del mare.

Al complesso dei fenomeni che portano al disfacimento in posto delle rocce ad opera degli agenti atmosferici si dà il nome di **degradazione meteorica** (in inglese, *weathering*). Questa – a lungo andare – concorre a determinare mutamenti sensibili nelle forme del rilievo terrestre. In genere si distinguono:

- i processi di degradazione fisica, che provocano la *disgregazione* delle rocce;
- i processi di degradazione chimica, che consistono nella *alterazione allo stato solido* o nella *dissoluzione*.

In realtà, questi due gruppi di fenomeni si svolgono congiuntamente, influenzandosi e rafforzandosi a vicenda. I processi fisici prevalgono nelle regioni con clima arido o freddo, mentre quelli chimici dominano nelle regioni con clima umido e caldo.

2

Figura 2
Il gruppo dolomitico del Sella, visto dal Passo Pordoi. Le accentuate *escursioni termiche* ed il fenomeno del *gelo e disgelo* disgregano le rocce esposte, producendo con il tempo una notevole quantità di detriti; questi cadono ai piedi dei versanti, formando accumuli isolati o continui le cui forme e pendenze sono in relazione con la natura dei materiali rocciosi, i quali si dispongono secondo il loro naturale «angolo di riposo». Alla base delle pareti più ripide e in corrispondenza di marcate incisioni si distinguono chiaramente alcuni *coni di detrito*, costituiti di materiali precipitati per gravità.
(Emi Cristea/Shutterstock)

3

Figura 3
Rocce granitiche, in Australia. Il riscaldamento diurno e il raffreddamento notturno della superficie rocciosa producono tensioni tanto forti da dar luogo alla formazione di «scaglie» o «pellicole» che si dividono e si staccano; il processo provoca anche un «arrotondamento» dei blocchi rocciosi. La *desquamazione* si manifesta soprattutto nelle rocce eterogenee, con diversi coefficienti di dilatazione. Essa richiede la presenza di umidità per essere più efficace, e allora comporta anche azioni chimiche.
(Janelle Lugge/Shutterstock)

Figura 4
Degradazione fisica del terreno ad opera del gelo discontinuo: *suoli a gradini erbosi* su un pendio nell'Alpe di Siusi. Le rocce presentano un'abbondante frazione argillosa; nei periodi di gelo esse subiscono deformazioni e ripiegamenti e al disgelo si imbevono d'acqua divenendo plastiche. Di conseguenza, nei tratti in pendio il terreno argilloso è interessato da *lenti movimenti in massa* verso valle (qualche metro all'anno); in tale caso si parla di fenomeni di *soliflusso*. Questi possono coinvolgere interi versanti, ma per spessori generalmente non superiori ad un paio di metri. (C. Caputo, Roma)

2.1 La disgregazione delle rocce

I processi elementari di degradazione fisica sono essenzialmente dovuti alle *oscillazioni termiche* che si verificano tra il dì e la notte. Tali oscillazioni hanno reale efficacia disgregatrice soltanto in due condizioni: se sono molto forti o se comportano alternativamente congelamento e fusione delle acque meteoriche.

Le oscillazioni giornaliere della temperatura causano nelle rocce esposte all'aria e all'insolazione continue dilatazioni e contrazioni. A causa della scarsa capacità termica delle rocce, le parti più esterne della massa rocciosa si riscaldano e si raffreddano rapidamente, mentre le parti più interne partecipano in minor misura e con un certo ritardo al riscaldamento diurno e al raffreddamento notturno. Quando le escursioni di temperatura raggiungono valori di parecchi gradi centigradi (anche decine), nel tempo le rocce esposte in superficie sono soggette a un processo di frantumazione detto **termoclastismo**.

I maggiori effetti del termoclastismo si riscontrano nei luoghi dove le escursioni termiche sono più accentuate e rapide, in particolare nelle regioni desertiche o montuose (si riveda la figura 2). Inoltre, a parità di altre condizioni, il termoclastismo si verifica maggiormente nelle rocce scure, che assorbono più calore, e nelle rocce eterogenee, i cui vari componenti si riscaldano e si dilatano in misura diversa.

■ **Capacità termica** (Thermal capacity) Attitudine di un corpo a ricevere e trattenere calore.

I tipi di disgregazione sono determinati dalla natura delle masse rocciose.

■ Le rocce omogenee a grana minuta (per esempio, i calcàri microcristallini, le argille o le rocce ignee a grana fine) sono interessate soprattutto da una *disgregazione a blocchi o a scaglie*. Inoltre, se le masse rocciose sono stratificate o intensamente tettonizzate, a seguito della disgregazione possono subire una notevole scompaginazione.

■ Le rocce a grana grossa subiscono, oltre a una disgregazione a blocchi o a scaglie, anche una *disgregazione granulare*, conseguente all'alterna dilatazione e contrazione dei singoli minerali sulle superfici esposte. Spesso, inoltre, sono sottoposte a una *desquamazione*, cioè una disgregazione superficiale in foglietti spessi alcuni millimetri o qualche centimetro. La desquamazione è tipica delle rocce scistose (metamorfiche), ma si osserva con frequenza anche in quelle massive: graniti, basalti grossolani, arenarie ecc. (si riveda la figura 3).

Un altro agente importantissimo della degradazione fisica delle rocce è il fenomeno del *gelo e disgelo*, che è caratteristico delle regioni fredde subpolari e di alta montagna, ma interessa anche le regioni temperate. Quando congela, l'acqua presente negli interstizi e nelle fessure delle rocce aumenta di volume, esercitando sulle pareti delle cavità pressioni tanto elevate (fino a qualche migliaio di kg/cm^2) da allargare le fessure e fratturare la roccia.

La disgregazione legata all'aumento di volume che accompagna il passaggio di stato dell'acqua è detta **crioclastismo**. Essa è tanto più marcata quanto più spesso si alternano il gelo e il disgelo dell'acqua e quanto maggiore è la porosità o la fratturazione o la stratificazione delle rocce (si riveda la figura 2).

Il crioclastismo è attenuato dalla presenza di una copertura vegetale o di un mantello di detriti che proteggono la roccia sottostante, ma un inverno rigido può far risentire i suoi effetti anche al di sotto del suolo.

I tipi di disgregazione dipendono dalle caratteristiche delle masse rocciose sottoposte ai cicli di gelo e disgelo:

- le rocce porose mostrano una *disgregazione granulare*;
- le rocce fratturate si disgregano *in blocchi*;
- le rocce scistose o sottilmente stratificate subiscono il *fogliettamento*.

Altre forme consistono in rigonfiamenti, deformazioni e spostamenti del suolo detritico, soprattutto se argilloso, per opera del gelo: in questi casi si parla di *crioturbazioni* [Figura 4].

5

6

Figura 5
Effetti dello sviluppo delle radici delle piante in una roccia arenacea in Australia.
(Bill Bachman/Alamy)

Figura 6
Il Bryce Canyon, nello Utah (Stati Uniti d'America). Il colore rosso è dato dall'ossidazione dei minerali, contenenti ferro, che costituiscono queste rocce. (E. Völkel, 1997)

La disgregazione può essere operata anche da altri agenti, non atmosferici, come gli organismi viventi: in questo caso si parla di **bioclastismo**. In particolare, le piante con l'azione divaricatrice delle radici possono allargare e prolungare le fessure preesistenti, causando una limitata frantumazione di blocchi rocciosi [Figura 5]; ma in genere esse contribuiscono a rendere più coerenti, e perciò meno erodibili, i suoli.

2.2 L'alterazione chimica delle rocce e dei suoli

La degradazione chimica dei materiali rocciosi ad opera degli agenti atmosferici consiste in un insieme di fenomeni ai quali sono soggette tutte le rocce esposte e i componenti inorganici (oltre che i resti organici) dei suoli. Questi fenomeni sono dovuti principalmente all'ossigeno, all'acqua e all'anidride carbonica.

L'**ossidazione** è prodotta sia dall'ossigeno dell'aria, sia da quello disciolto nelle acque meteoriche. Essa si esplica in modo più marcato sulle sostanze carboniose, sui composti ferrosi [Figura 6], sullo zolfo e sui solfuri.

Le acque meteoriche provocano anche l'**idratazione** di alcuni minerali, come l'anidrite ($CaSO_4$) che si trasforma in gesso ($CaSO_4 \cdot 2\,H_2O$) e l'ematite (Fe_2O_3) che passa a limonite ($2\,Fe_2O_3 \cdot 3\,H_2O$). A questo processo si accompagna sempre un aumento di volume delle rocce alterate.

Ben più diffuso è però il fenomeno dell'**idrolisi**, dovuta al fatto che l'acqua è parzialmente dissociata in ioni H^+ e ioni OH^-. Benché tale dissociazione sia poco pronunciata, essa è in grado di competere con quella di acidi deboli come l'acido silicico e l'acido alluminosilicico; perciò l'acqua può scindere questi acidi e formare idrati con le basi ad essi prima legati.

Per il processo di idrolisi negli alluminosilicati (feldspati e feldspatoidi) si ha l'*argillificazione*, cioè vengono separati da un lato idrosilicati di alluminio, ossia minerali argillosi, e dall'altro le basi sotto forma di idrossidi, che in presenza di anidride carbonica si trasformano parzialmente in carbonati e bicarbonati. La reazione chimica che porta all'argillificazione può essere così schematizzata:

$$2\,KAlSi_3O_8 + 2\,H_2O + CO_2 \rightleftarrows$$
$$\rightleftarrows K_2CO_3 + 2\,AlHSiO_4 \cdot H_2O + 4\,SiO_2$$

dove l'alluminosilicato di partenza è l'ortoclasio ($KAlSi_3O_8$), un minerale molto diffuso nelle rocce ignee, e l'idrosilicato che si ottiene dalla reazione è la caolinite ($AlHSiO_4 \cdot H_2O$), appartenente alla famiglia dei minerali argillosi. Quando questo processo chimico è particolarmente spinto, gli idrosilicati si scindono in idrossidi di alluminio, idrossidi di ferro e silice idrata; l'acqua può dilavare e asportare

■ **Feldspati (Feldspars)** Alluminosilicati che rappresentano il gruppo più numeroso dei minerali della crosta terrestre.

■ **Feldspatoidi (Feldspathoids)** Minerali alluminosilicati relativamente rari rispetto ai feldspati e più poveri in silice (SiO_2).

Figura 7
***Suoli lateritici* nella parte meridionale dell'Altopiano Etiopico.** In tutte le regioni a clima megatermico umido l'alterazione chimica delle rocce è molto pronunciata. Qui le rocce ignee (basalti) ricche di minerali alluminosilicati sono state trasformate superficialmente in lateriti, nelle quali sono concentrati gli idrossidi di ferro e alluminio. Nel corso del processo di formazione le lateriti sono tenere e quando sono bagnate hanno proprietà plastiche, ma con l'esposizione prolungata all'atmosfera diventano molto dure. Perciò i suoli lateritici sono poco adatti all'agricoltura.
(A. Angelucci, Roma)

quest'ultima assieme alle basi solubili, e rimangono così gli idrossidi di ferro e quelli di alluminio, che danno origine alle *lateriti* [Figura 7] e alle *bauxiti*.

Pure molto importante, ai fini del modellamento del rilievo, è la **dissoluzione** che l'acqua può operare su alcuni componenti della crosta terrestre [Figura 8], specie con l'aiuto di altre sostanze come l'anidride carbonica. Ne riparleremo nel paragrafo 7, dedicato al fenomeno del carsismo.

Anche gli organismi viventi concorrono all'alterazione chimica delle rocce, sia direttamente, sia indirettamente: in questi casi si parla di **azioni biochimiche**.

Per esempio, le radici delle piante secernono acido carbonico e vari acidi organici la cui azione chimica accompagna e favorisce quella dell'acqua e dei gas atmosferici in essa disciolti.

Allo stesso modo si comportano le radichette dei muschi, che si impiantano frequentemente sulle superfici rocciose in via di alterazione.

Importantissima è poi l'attività dei batteri, alcuni dei quali secernono anidride carbonica, altri ammoniaca e quindi acido nitrico, altri ancora acido solfidrico o acido solforico ecc. Essi, inoltre, intervengono nel determinare la decomposizione dei residui organici, da cui si originano le sostanze humiche dei suoli.

2.3 I prodotti della degradazione meteorica

I materiali detritici formatisi dalla disgregazione e dall'alterazione chimica delle rocce sono estremamente importanti per la formazione del suolo e per la vita della copertura vegetale. Difatti, quando le superfici rocciose esposte all'attacco degli agenti atmosferici sono orizzontali o poco inclinate, i prodotti della degradazione meteorica rimangono sul posto e – in un tempo di decine, centinaia o migliaia d'anni, a seconda delle condizioni climatiche – finiscono per coprire le rocce madri sottostanti con un **mantello detritico**, detto **regolite**, di tale spessore (anche parecchi metri) da rendere via via più debole l'attacco ulteriore, fino ad annullarlo. Nella parte superiore di questo mantello detritico può

Figura 8
Forme di *alterazione chimica* nei gessi, molto solubili, della formazione delle «dolòmie con gessi» del Trias delle Alpi Marittime. Sulla ripida superficie esposta, l'azione delle acque cadenti e dilavanti ha prodotto una fitta serie di minuti solchi di dissoluzione, quasi paralleli fra loro. Nelle parti fessurate l'acqua riesce a infiltrarsi e ad esplicare la sua azione solvente ancora più intensamente, creando delle piccole cavità (come quella all'estremità destra, in basso) che si sviluppano verso l'interno della massa rocciosa. (B. Accordi, Roma)

9

10

Figura 9
Due *coni di detrito* al piede di un rilievo nel bacino idrografico del Bio Bio, in Cile. L'accumulo dei materiali, derivanti dalla disgregazione di rocce ignee, ha una pendenza elevata, ma inferiore a quella delle pendici da cui proviene. I detriti più grossolani prevalgono verso il basso; i più minuti si fermano presso l'apice. (E. Lupia Palmieri)

Figura 10
Una falda di detrito alle pendici delle Tre cime di Lavaredo, nelle Dolomiti. Qui i frammenti rocciosi provenienti dagli alti versanti del rilievo formano una fascia pressoché continua, derivando da più accumuli adiacenti che, accrescendosi, si sono saldati l'uno all'altro.

avvenire la formazione del suolo (pedogenesi). Se, però, le superfici rocciose sono inclinate, la gravità e gli altri agenti esogeni tendono ad allontanare i prodotti della degradazione meteorica via via che si formano, ed espongono così continuamente nuove superfici all'opera degli agenti atmosferici. Quando la pendenza delle superfici rocciose esposte è forte, come si verifica spesso nelle zone di montagna, i frammenti che se ne staccano per degradazione precipitano e si accumulano al piede delle pareti e dei versanti, formando dei pendii di detriti la cui inclinazione è variabile (da 10° a 40°) a seconda delle dimensioni dei singoli frammenti rocciosi e della loro natura. I frammenti che si accumulano alla base di un versante possono costituire:

- **coni di detrito** [Figura 9], che si espandono a ventaglio, partendo da un apice posto in corrispondenza di un canalone o di un solco che convoglia i materiali in caduta;
- **falde di detrito** [Figura 10], che sono delimitate in alto da una linea quasi orizzontale.

Queste due *forme di accumulo gravitativo*, fuse insieme o giustapposte, costituiscono complessivamente le cosiddette **fasce detritiche** (o **detrito di falda**, in generale).

■ **Pedogenesi (Pedogenesis)** Dal greco *pédon*, terreno, suolo e *génesis*, nascita. La formazione del suolo è legata a una serie di agenti e fattori che determinano o influenzano in vari modi i processi fisici, chimici e biologici localizzati nella parte superficiale della crosta terrestre. I principali sono: la *roccia madre*, che è il materiale di origine del suolo; il *rilievo*, ossia la configurazione del terreno; il *tempo* durante il quale si svolgono i processi pedogenetici; gli *organismi* che vivono sul terreno e dentro di esso; il *clima*, con i suoi diversi tipi.

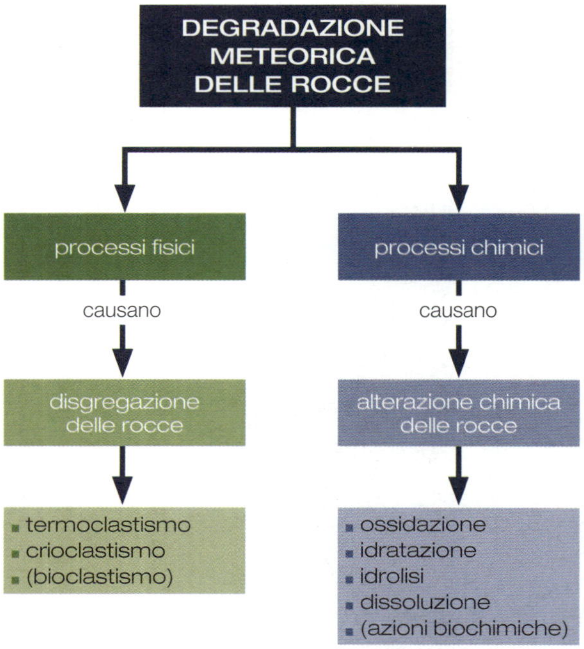

QUESITI

1. Completa.
   La disgregazione meteorica delle rocce è dovuta a processi di natura .... ; l'alterazione consiste in processi ....
2. Scegli le alternative corrette.
   I processi chimici prevalgono nelle regioni **fredde e aride/calde e umide**, quelli fisici nelle regioni **fredde/calde** o **umide/aride**.
3. Un accumulo di frammenti rocciosi che si espande a ventaglio alla base di un versante montuoso è detto
   A regolite.
   B cono di detrito.
   C falda di detrito.
   D mantello detritico.
4. Quali processi sono responsabili della degradazione fisica delle rocce?
5. In quali regioni è particolarmente attivo il termoclastismo?
6. In che cosa consiste il crioclastismo?
7. Quali sono i principali processi di alterazione chimica delle rocce?
8. Che cosa accade quando le superfici rocciose che subiscono la degradazione meteorica sono fortemente inclinate?

3 I fenomeni franosi

Video
I fenomeni franosi

I distacchi di materiale dai versanti dei rilievi – per effetto prevalente della forza di gravità – possono avvenire in condizioni particolari che danno luogo alla discesa, più o meno repentina e veloce, di grandi masse di rocce, coerenti o incoerenti: in questo caso si parla di *frane*.

Il franamento è preparato dalla degradazione meteorica delle rocce ed è sempre dovuto alle condizioni di equilibrio instabile in cui si vengono a trovare i pendii con angolo di inclinazione superiore a quello massimo «di riposo» dei materiali che li costituiscono.

Il franamento è connesso a tre fattori principali:

- il *tipo di materiale* che costituisce il versante e la sua eventuale stratificazione e/o fratturazione;
- l'*inclinazione del pendio* (l'elevata inclinazione dei versanti contribuisce alla tendenza dei materiali a crollare, scivolare o colare);
- la quantità d'*acqua* presente nei materiali rocciosi, che dipende dalla loro porosità e/o fessurazione, e dall'abbondanza delle precipitazioni meteoriche.

3.1 Tipi di frane

Esistono diversi meccanismi di discesa di masse rocciose (*movimenti in massa*), e quindi vari **tipi di frane** [Figura 11].

Nelle frane più tipiche si possono distinguere comunemente tre parti principali.

Figura 11
Principali *tipi di frane*.
I movimenti franosi sono spesso estremamente complessi; e per questo motivo è praticamente impossibile classificarli secondo schemi rigidi. Quelli qui rappresentati sono i tipi più semplici, ma si deve tener presente che ne esistono di molto più complicati, nei quali si combinano modalità di movimento tra loro differenti. Gli scivolamenti vengono denominati anche *scorrimenti traslativi*; gli scoscendimenti lungo superfici curve, frequentemente «multipli», prendono anche la denominazione di *scorrimenti rotazionali*.

11

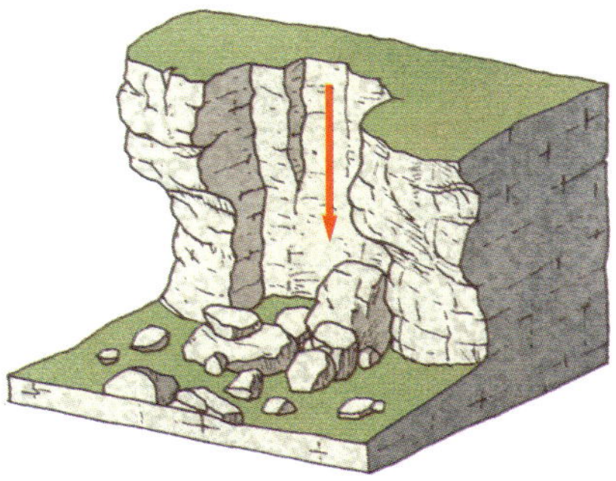

Le **frane di crollo** coinvolgono masse rocciose coerenti, fessurate o stratificate, a picco o sporgenti.

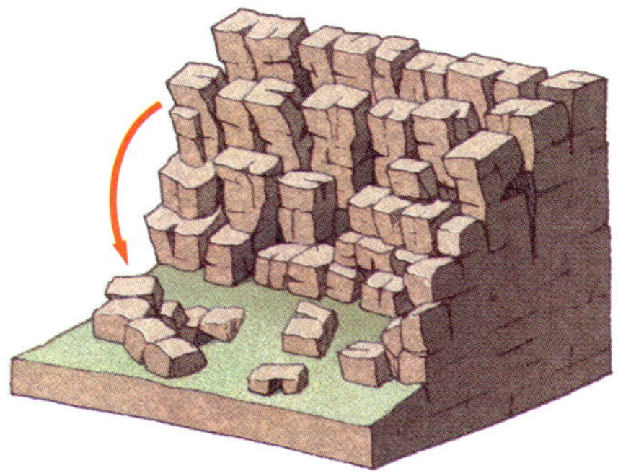

Masse rocciose coerenti con fessurazioni o stratificazioni verticali possono subire anche **ribaltamenti**.

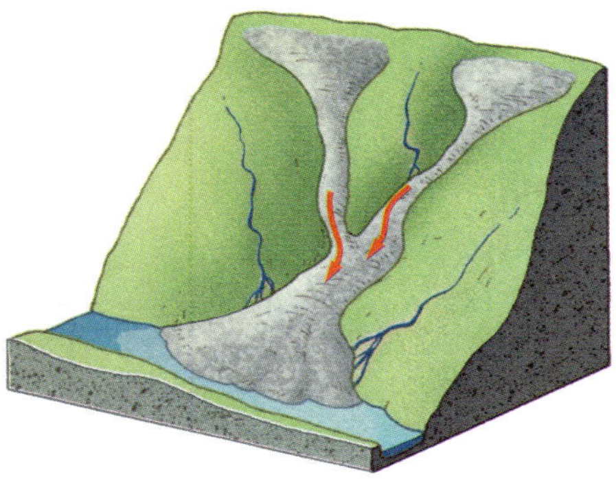

I **colamenti** (o **colate**) sono movimenti lenti che si sviluppano nei pendii in rocce argillose, a causa dell'ammollimento e dell'appesantimento di questi materiali ad opera dell'acqua.

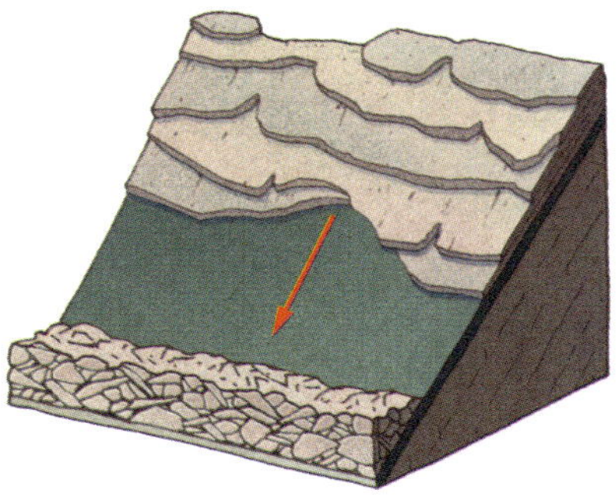

In litotipi poco coerenti il movimento viene agevolato dalle acque di infiltrazione che vi circolano e fanno diminuire l'attrito con le eventuali rocce impermeabili sottostanti, provocando il franamento delle masse sovrastanti.
Se queste si muovono su piani inclinati preesistenti (come superfici di strato) si parla di **scivolamenti** (o **scorrimenti traslativi**).

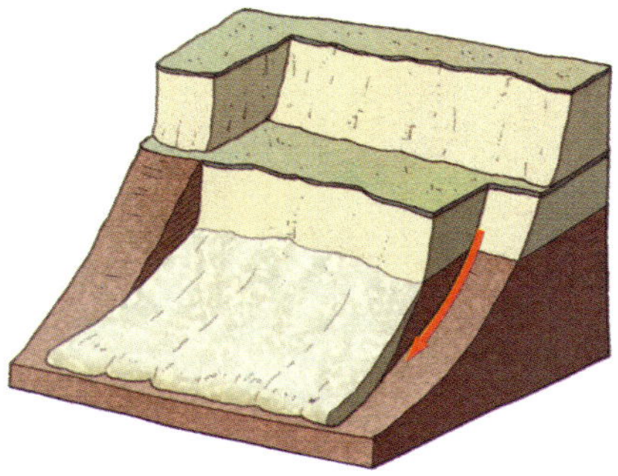

Gli **scoscendimenti** (o **scorrimenti rotazionali**) interessano litotipi poco coerenti nei quali circolano abbondanti acque di infiltrazione. Essi si verificano quando le masse si muovono lungo nuove superfici di distacco, che possono essere piane o, più spesso, curve.

Figura 12
Le profonde modificazioni che possono prodursi nel paesaggio a causa di un fenomeno franoso di vaste dimensioni (Valtellina).
A. L'aspetto della valle presso l'abitato di Sant'Antonio Morignone, prima che il distacco della frana gigantesca ne alterasse totalmente la morfologia.
B. L'aspetto dello stesso tratto di valle dopo l'evento franoso. Si è trattato di una frana assimilabile allo scivolamento, resa però più complessa da un movimento rotazionale lungo una superficie di discontinuità preesistente. Il movimento ha interessato rocce metamorfiche (gneiss e micascisti) poggianti su rocce intrusive (gabbri). Le conseguenze del fenomeno appaiono nelle immagini in tutta la loro drammaticità. Il versante destro, coperto di boschi nella prima fotografia, mostra nella seconda una vasta cicatrice che corrisponde alla *zona di distacco* e al *pendio* della frana. Anche il fondovalle appare completamente cambiato: i verdi prati hanno ceduto il posto all'*accumulo* di frana, un ammasso caotico di detriti che ha totalmente sepolto tre paesi (uno dei quali è quello della prima fotografia). (A. Vergani, 1987; A. Mascaro, Double's, Milano)

■ La **nicchia di distacco**, di forma assai varia secondo la causa particolare che provoca la frana e la natura delle rocce in cui questa si sviluppa, è quella intaccatura del pendio che segna il limite della porzione di versante rimasta in posto da quella franata.

■ Il **pendio di frana** è il tratto di versante sul quale si sono spostati i materiali franati, e che spesso assume una forma a solco.

■ L'**accumulo di frana** è quello formato dall'insieme dei materiali che, dopo avere percorso un tragitto più o meno lungo, si sono arrestati, ammucchiandosi in maniera spesso caotica.

I tre elementi morfologici descritti sono riconoscibili nella Figura 12.

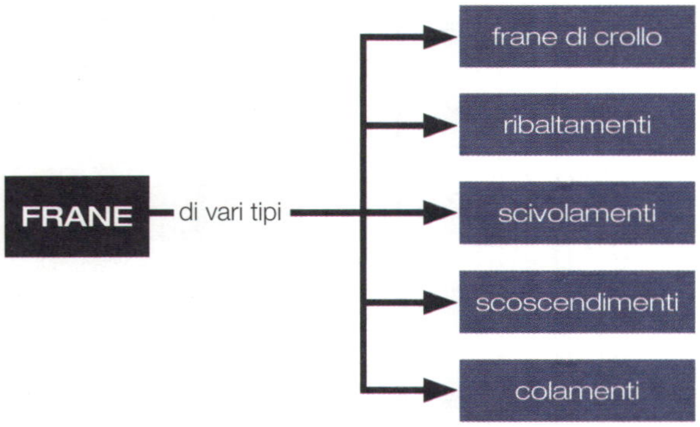

3.2 Le cause delle frane

Ogni frana ha un proprio comportamento, più o meno differente dalle altre, e può provocare danni di diversa entità a seconda della propria estensione e della zona in cui si sviluppa. Più che le classificazioni – numerose e differenti, basate su determinati parametri (tipo di movimento, natura del materiale roccioso ecc.) e compilate con finalità diverse – è importante comprendere i meccanismi dei singoli fenomeni franosi e individuare le **cause delle frane**, al fine di dedurre le tendenze evolutive dei rilievi che ne sono interessati e per poter scegliere i rimedi più adatti ed efficaci.

Nell'innesco delle frane, oltre alle cause già segnalate, svolge un ruolo determinante l'uomo, che altera il naturale *equilibrio dei versanti* creando cave, vie di comunicazione e canali artificiali, sovraccarica il terreno con le più varie costruzioni, modifica il corso dei fiumi con dighe e altri interventi, distrugge la copertura vegetale che spesso svolge una funzione protettrice nei riguardi della disgregazione delle rocce. È questo uno dei motivi per cui le frane sono particolarmente diffuse nelle zone temperate, dove non soltanto le condizioni climatiche sono più favorevoli alla degradazione meteorica e all'attacco delle acque, ma è anche più intenso il fenomeno dell'antropizzazione.

QUESITI

1. Scegli l'alternativa corretta.
   I colamenti, gli scivolamenti e gli scoscendimenti sono **favoriti/ostacolati** dalle precipitazioni meteoriche.
2. Che cos'è una frana?
3. Quali sono i principali tipi di frane?
4. Quali sono le parti principali che possono essere individuate generalmente in una frana?

ampliamento delle conoscenze

Il problema delle frane in Italia

Nel nostro Paese le frane vengono spesso considerate, assieme ai terremoti, come «calamità naturali». In realtà i terremoti sono davvero incontrollabili, almeno per ora, mentre i fenomeni franosi e le alluvioni fluviali sono determinate in gran parte dall'incuria o dall'imprevidenza umana e si può combatterli. In ogni caso, se ne possono ridurre gli effetti dannosi.

Il territorio italiano è indubbiamente predisposto a questi **dissesti geomorfologici** [Figura 13] per la sua natura prevalentemente montuosa, per la struttura geologica giovane e dinamica, per il suo clima con piogge spesso violente e concentrate in brevi periodi. Inoltre, il diffuso disboscamento, l'intensa e disordinata urbanizzazione, l'industrializzazione e il conseguente abbandono delle campagne hanno notevolmente aggravato questa situazione.

Secondo alcune indagini eseguite da varie Università, attualmente nel nostro Paese esistono non meno di 15 000 aree interessate da fenomeni franosi, ossia aree in cui sono presenti una o più frane contigue.

Oltre alle vittime umane, che nel solo periodo 1960-2011 hanno superato le 5000 unità (3417 morti, 15 dispersi, 1940 feriti), in Italia i danni prodotti dalle frane (alle abitazioni, alle vie di comunicazione, all'agricoltura ecc.) sono enormi; mediamente possono essere calcolati in 1-2 miliardi di euro all'anno. E i danni non accennano a diminuire, nonostante le ingenti spese sostenute dallo Stato e dagli enti pubblici e privati. Tutto ciò si deve collegare, almeno in parte, al fatto che gli interventi sono stati più spesso diretti a rimediare ai danni già provocati da frane e inondazioni piuttosto che a prevenire tali fenomeni con piani organici, basati su studi approfonditi.

Fronteggiare e risolvere il complesso problema, che ha radici storiche, non è facile. Discrete prospettive si sono aperte con la «Legge sulla difesa del suolo» del 1989; ma da allora, nonostante i notevoli progressi conseguiti nella conoscenza del **rischio da frane**, soprattutto ad opera dei ricercatori del Gruppo Nazionale per la Difesa dalle Catastrofi Idrogeologiche (del C.N.R.) e di vari geologi universitari, e nonostante il grande impegno della Protezione Civile, il problema della riduzione delle frane – o, per lo meno, dei danni da essere causati – è ancora lontano dall'essere risolto.

Comunque, prevenire movimenti in massa di modeste dimensioni o indotti dalle attività umane, o minimizzare i loro effetti, è possibile. Per ridurre il numero di vittime umane e i danni alle proprietà si devono adottare comportamenti opportuni, come quelli qui di seguito indicati:

- evitare di costruire in aree predisposte ai fenomeni franosi;
- edificare evitando di rendere instabili versanti naturalmente stabili;
- realizzare opere di ingegneria idraulica che assicurino il drenaggio delle acque piovane sui versanti.

Figura 13
***Stabilità geomorfologica* del territorio italiano.** Questa carta tiene conto soprattutto delle frane e della loro elevata presenza in determinate aree, ma mostra schematicamente anche le principali zone interessate da valanghe e le aree vulcaniche attive. Se si considera anche il fenomeno dell'erosione accelerata del suolo, che colpisce vaste aree spesso coincidenti con quelle a maggiore franosità, e si aggiungono le inondazioni fluviali e l'estesa erosione dei litorali, si ottiene un quadro globale dei «dissesti geomorfologici» che interessano larga parte del territorio italiano. In particolare, secondo dati approssimati per difetto, risulta che la maggiore densità di frane si ha in Basilicata con oltre 27 aree franose ogni 100 km^2, cui seguono il Molise con 12, l'Emilia-Romagna con 11, la Calabria con 9; la media nazionale è certamente superiore alle 5 aree franose ogni 100 km^2. (Rielaborata da: E: Lupia Palmieri, A. Biasini, L. D'Alessandro, R. De Marco, in *Relazione sullo stato dell'ambiente*, Ministero dell'Ambiente, Roma).

13

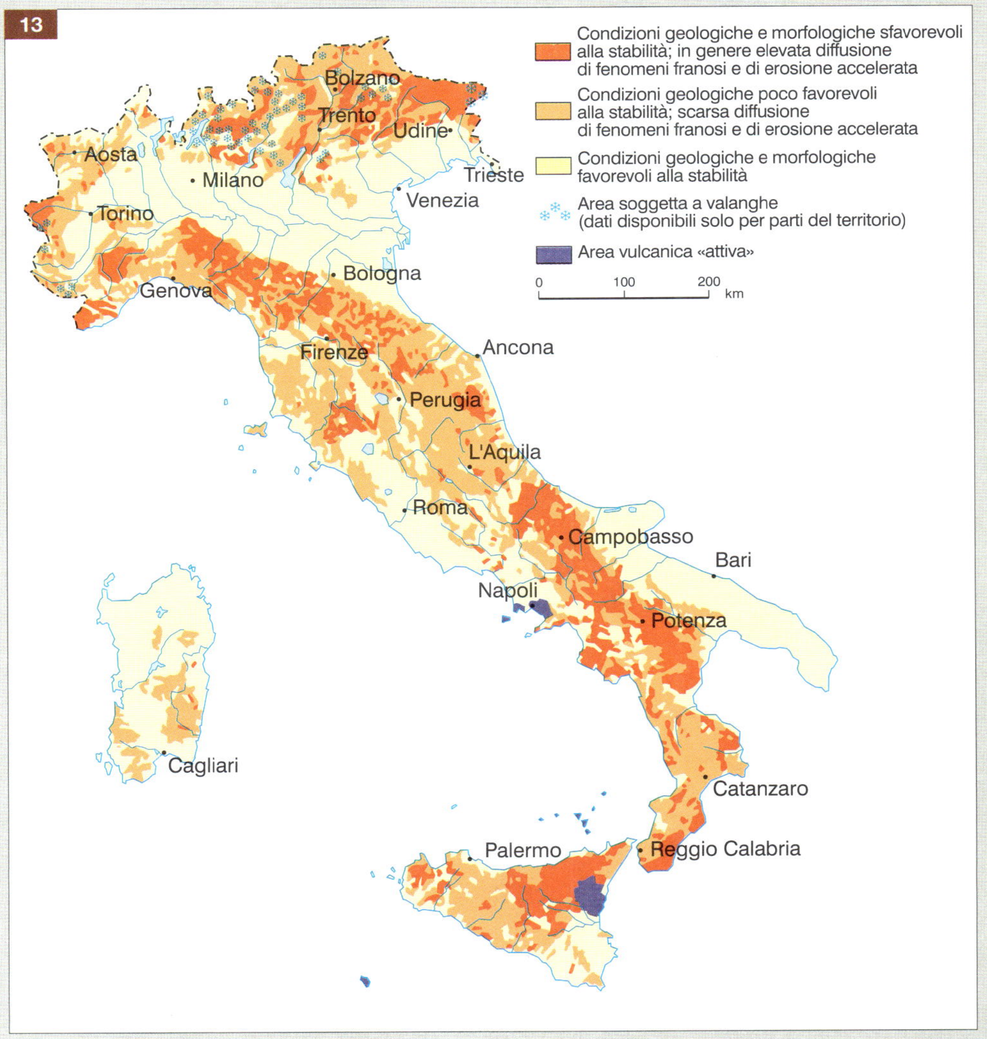

4 L'azione morfologica del vento

Se si eccettua l'umidità dell'aria, che partecipa direttamente o indirettamente a quasi tutti i processi di modellamento del rilievo terrestre, il principale agente atmosferico dell'erosione è il *vento*.

L'azione meccanica del vento consiste in una spinta che esso imprime a tutti gli oggetti che si oppongono al suo libero movimento, con una pressione che è direttamente proporzionale alla densità dell'aria e al quadrato della velocità del vento. Agendo sui frammenti rocciosi, il vento può prelevarli, trasportarli e depositarli, ed esercitare quindi un'azione di modellamento notevole.

Il vento ha la capacità di agire indipendentemente dalla gravità, e quindi non solo dall'alto verso il basso, come fanno le acque correnti superficiali, ma anche orizzontalmente e dal basso verso l'alto.

4.1 Il prelievo e il trasporto eolico di detriti

Benché l'azione eolica si eserciti in tutte le terre emerse, essa è particolarmente marcata nelle zone di alta montagna e soprattutto nelle regioni semiaride e aride, a copertura vegetale ridotta o assente, come nei deserti. Qui le correnti atmosferiche denudano i rilievi, sollevando e trasportando altrove i materiali detritici più fini derivanti dalla degradazione meteorica delle rocce e trascinando con lento logorìo i granuli più grossi, che non riescono a sollevare. Agendo in ogni direzione, il vento contribuisce a svuotare le nicchie di disfacimento – grandi o piccole e ovunque situate – asportandone i residui già disgregati e alterati dagli altri elementi atmosferici. Esso si insinua nelle fessure delle rocce, fra i blocchi ammassati, fra i ciottoli, ed asporta polveri e sabbie [Figura 14].

L'effetto generale del denudamento eolico, detto **deflazione**, consiste nell'attacco ininterrotto sulle rocce affioranti da parte degli agenti meteorici e la conseguente produzione di nuove particelle detritiche, che il vento continua a trasportare.

Residui tipici del denundamento eolico sono:

- i **deserti rocciosi**, o *hamada* (termine arabo originario del Sahara), enormi distese più o meno elevate, costituite da rocce nude dalle quali la deflazione asporta i detriti che si sono formati per effetto delle accentuate escursioni termiche;
- i **deserti ciottolosi**, o *serir* (termine usato nel Sahara centrale), grandi pianure aride ricoperte da antichi depositi alluvionali prodotti da fiumi in periodi più umidi, dalle quali il vento ha rimosso i granuli di sabbia e i materiali più fini.

Figura 14
Il «Deserto Dipinto» (*Painted Desert*) in Arizona (Stati Uniti d'America): degradazione meteorica, deflazione e corrasione eolica hanno prodotto un paesaggio singolare, scolpito in arenarie fratturate contenenti manganese e ferro, con strati di diversa resistenza all'attacco dei granuli di sabbia scagliati dal vento. È uno dei tanti esempi di deserti non sabbiosi ma rocciosi, esistenti in varie zone aride del mondo.
Non sempre i deserti sono senza acque correnti. Qui si vedono i letti di torrenti che talora hanno piene abbondanti; queste però si esauriscono presto per infiltrazione ed evaporazione. (Pubbli Aer Foto)

15

Figura 15
Un *arco naturale* nello Utah (Stati Uniti d'America), modellato in rocce arenacee dalla lenta e prolungata erosione eolica. Le pareti rocciose mostrano i segni dell'abrasione (*corrasione*) soprattutto in basso, dove il vento trasporta materiali detritici più grossolani e in maggiori quantità. L'attacco meccanico è favorito dall'alterazione chimica dovuta all'umidità atmosferica, che è in varia misura presente anche nelle zone aride.

L'azione erosiva del vento è dovuta essenzialmente all'attrito delle particelle solide che l'aria trascina nel suo movimento.

Sono i granuli di sabbia rotolati o portati in sospensione, soprattutto quelli di quarzo, più duri e meno alterabili, che costituiscono gli utensili per mezzo dei quali il vento esercita un'opera di smerigliatura e di scultura delle rocce con le quali viene a contatto. Questa azione abrasiva, che viene detta **corrasione**, è molto lenta e variabile a seconda del grado di durezza e di compattezza delle rocce, ma produce effetti evidenti quando si prolunga nel tempo.

- I granuli delle sabbie eoliche sono arrotondati e opachi in conseguenza dell'attrito prodotto dal moto di rotolamento cui sono assoggettati.
- I ciottoli sono sfaccettati o assumono forme allungate e aerodinamiche.
- Le rocce più dure presentano superfici levigate o smerigliate, oppure una minuta cesellatura con asportazione delle parti meno resistenti. In quest'ultimo caso il risultato è una scultura alveolare o bucherellata.
- Nelle rocce cristalline o arenacee sono caratteristiche le *cavità di corrasione eolica*, le nicchie in pareti verticali, le marmitte dovute a movimenti vorticosi del vento, gli archi naturali [Figura 15], i pilastri rocciosi ecc.

4.2 Le forme di deposito prodotte dal vento

Poiché i materiali sottoposti al trasporto eolico vengono via via abbandonati quando diminuisce o si annulla la forza delle correnti atmosferiche, il vento è responsabile della creazione di diverse forme di accumulo che si rinvengono in varie zone della superficie terrestre.

I *depositi eolici* sono formati tipicamente da sabbie e da polveri che possono essere state trasportate anche a grande distanza dal luogo di origine.

I granuli sono costituiti generalmente da minerali leggeri e duri, e si dispongono in straterelli o «lenti» con inclinazioni divergenti (per cui si parla di stratificazione «incrociata» o «a festoni»). Questa disposizione è dovuta alla continua cernita dei materiali operata dalle correnti atmosferiche e alle variazioni in direzione e velocità di queste ultime.

La massima parte dei depositi eolici si trova nei **deserti sabbiosi**, o *erg* (termine arabo), e nelle aree costiere. Essi coprono un'estensione che si calcola superiore ai due milioni e mezzo di km^2: quasi il 2% di tutte le terre emerse.

Nelle zone pianeggianti, sotto le pulsazioni di un vento forte, il materiale sabbioso rotolato e sol-

Figura 16
Il processo di accrescimento e migrazione delle dune più semplici, dette *barcane*.
A. Il vento fa rotolare i granelli di sabbia su per il fianco della duna, che si oppone al flusso dell'aria, e li spinge oltre la sommità.
B. La sabbia cade, per gravità, al di là della cresta della duna e si deposita alla sua base.
C. Il risultato finale è l'avanzata della duna, nello stesso senso del vento.

Figura 17
Esempi di estesi *depositi eolici*, con *dune* di vario tipo, in ambienti desertici.
A. Alcuni aspetti del deserto del Sahara nell'Erg Chebbi, in Marocco. Le dune visibili sullo sfondo della fotografia sono delle *barcane*; la loro forma è a mezzaluna con le punte allungate nella direzione prevalente del vento, che in questo caso proviene da destra. Ciò è indicato anche dalle «increspature» della sabbia (dette *ripple*) presenti in primo piano. (Vladimir Wrangel/ Shutterstock)
B. *Dune longitudinali* in un deserto dell'Australia. Questi tipi di dune mostrano andamenti quasi rettilinei e si dispongono parallelamente alla direzione di venti forti e costanti; le modeste ondulazioni o interruzioni talora osservabili nel loro tracciato sono dovute a piccole variazioni di tale direzione. (J.P. Ferrero/Aoscape)

levato viene spesso deposto contro gli ostacoli, oppure dietro di essi. Qui, infatti, la corrente d'aria si espande, diminuendo la propria velocità, e quindi perdendo energia. Il materiale può accumularsi a formare piatte distese sabbiose oppure piccoli rilievi dai caratteri particolari, che prendono il nome di **dune** [Figure 16 e 17].

Nelle grandi distese desertiche sono frequenti le «dune a ferro di cavallo» o *barcane*. Queste sono foggiate a mezzaluna e disposte con la convessità rivolta al vento; la loro altezza diminuisce dal centro verso le punte, che sono più o meno allungate. Spostamenti nella direzione del vento cambiano naturalmente la forma delle barcane, e possono arrivare ad invertirne l'orientamento.

Generalmente il profilo trasversale di queste dune non è regolare: la pendenza dei fianchi sopravento (cioè quelli esposti al vento) è minore, men-

Figura 18
Un *cordone dunare*, in prossimità della linea di riva, sull'isola scozzese di Islay. In molte regioni costiere sono diffuse le dune trasversali, allungate sulle spiagge in guisa di cordoni, con direzione perpendicolare o quasi rispetto a quella del vento dominante. In questo caso il deposito sabbioso è coperto dalla vegetazione, che limita o impedisce l'ulteriore trasporto eolico, ma è anche aggredito dalle forti mareggiate.
(K.R. Krieger)

tre i pendii sottovento (riparati) si presentano più acclivi. Nelle barcane si osserva inoltre, nel fianco sottovento, un aumento della pendenza a partire dalla base fino alla sommità (si riveda la figura 16).

In certe zone desertiche (come in molte parti del Sahara, in Arabia ecc.) prevalgono le *dune longitudinali*, allungate in direzione delle correnti atmosferiche [Figura 17B].

Si pensa che alcune dune longitudinali, non molto sviluppate in lunghezza, siano dovute alla deformazione di barcane sotto l'azione di venti forti e costanti che ne allungherebbero il corpo avvicinandone le ali.

Nelle regioni costiere sono diffuse le *dune trasversali* «allungate» in forme di **cordoni dunari** sulle spiagge, con direzione pressoché perpendicolare alla direzione del vento dominante [Figura 18].

Oltre alle sabbie, il vento può accumulare, dopo averle trasportate per grandissime distanze, anche polveri di varia natura. Un esempio tipico è il ***loess*** della Cina, che copre una superficie di oltre 600 000 km^2 con uno spessore sovente superiore ai 100 m; ad esso si debbono le torbide caratteristiche dello Huang He (il Fiume Giallo). Depositi del genere coprono anche vaste regioni dell'Iran e degli Stati Uniti d'America, nonché dell'Europa (Belgio, Germania, Russia meridionale) e della Pampa sudamericana.

L'origine del *loess*, che è stata ed è tuttora molto discussa, si fa risalire ai tempi delle glaciazioni quaternarie; il materiale che lo costituisce proverrebbe, almeno in parte, dal limo delle morene di fondo (vedi paragrafo 8), che il vento asportava durante le fasi di ritiro dei ghiacciai, prima che la vegetazione prendesse il sopravvento.

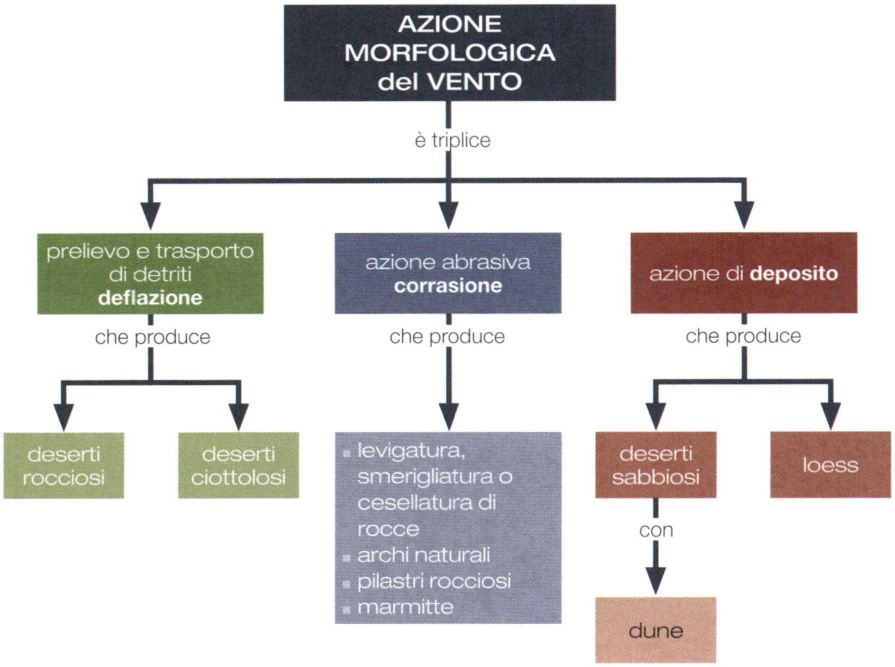

QUESITI

1. Vero o falso?
   Il vento può esplicare la sua azione geomorfologica in tutte le direzioni.
   Motiva la risposta.
2. Scegli l'alternativa corretta.
   La forma di una barcana è quella di una mezzaluna con la **convessità**/**concavità** rivolta verso la direzione di provenienza del vento.
3. Completa.
   Il .... è un deposito di polveri derivanti, almeno in parte, dal limo delle morene di ghiacciai formatisi durante le età glaciali.
4. In che cosa consiste la deflazione eolica?
5. Cosa si intende per corrasione eolica?
6. In quali regioni l'azione modellatrice del vento è particolarmente efficace?
7. Dove si trova la maggior parte dei depositi eolici?

5 L'azione morfologica delle acque correnti superficiali

Video
La formazione dei meandri

Si è valutato che durante un forte temporale le gocce d'acqua possono arrivare a terra con una velocità media di circa 5 m/s, e la velocità massima può essere anche molto più elevata; per cui ben si comprende come l'energia di una pioggia violenta vinca facilmente la coesione del terreno e delle rocce poco coerenti o in via di disgregazione, dando avvio al processo erosivo.

Nei casi in cui la pioggia è prolungata e cade su superfici inclinate, all'azione dell'acqua cadente si associa quella delle **acque dilavanti**, le quali non hanno un corso ben definito e tendono a scorrere in rivoli, secondo le linee di massima pendenza, formando a volte un velo quasi continuo che asporta i materiali detritici minuti.

Quando le acque dilavanti, scorrendo sui versanti dei rilievi, formano dapprima dei rivoli che si riuniscono successivamente in ruscelli, e questi concorrono a formare torrenti e fiumi, si determina un *reticolo idrografico*.

In esso le **acque incanalate** esercitano l'azione modellatrice in maniera diversa da quella delle acque dilavanti. L'opera dei corsi d'acqua nelle regioni temperate, in quelle a clima umido, e dovunque sulla superficie terrestre, quando il gelo perenne o un'assoluta aridità non rendano impossibile o molto limitato lo scorrimento superficiale, è predominante su quella di tutti gli altri agenti modellatori del passaggio.

5.1 Erosione areale ed erosione lineare

Un esempio dell'opera demolitrice delle *acque dilavanti* è rappresentato dalle **piramidi di terra**, tra le quali sono celebri in Italia quelle nei dintorni di Bolzano e di Trento, che raggiungono altezze fino a 20-30 metri [Figura 19].

L'azione delle acque dilavanti è molto intensa sulle rocce detritiche argillose, sulle quali scolpisce un insieme di solchi e di creste. Queste «sculture» costituiscono i **calanchi** emiliani, le *biancane* toscane, o le distese calanchive della Basilicata, della Calabria, dell'Abruzzo e – su più larga scala, negli Stati Uniti d'America – le *bad lands* del Nebraska, del Dakota, della California ecc. [Figura 20].

19

Figura 19
Esempio di *piramidi di terra* in depositi morenici (trasportati e accumulati da ghiacciai): gli «omeni di Segonzano» nel Trentino. Forme analoghe in Francia sono denominate *«demoiselles coiffées»*, signorine con la cuffia. Queste forme sono dovute all'azione delle acque cadenti e dilavanti che, agendo su materiali eterogenei e poco coerenti, hanno isolato le pile ben protette da blocchi sovrastanti. Nonostante l'erodibilità dei depositi che le costituiscono, soltanto le guglie prive di un cappello protettivo sono molto precarie e possono essere demolite in tempi relativamente brevi, mentre le altre riescono a mantenersi per varie decine o anche qualche centinaio di anni, subendo dei modesti assottigliamenti.
(A. Vergnani/Alamy)

Figura 20
Le acque dilavanti svolgono un'azione particolarmente efficace sulle rocce detritiche argillose, sulle quali danno origine a un insieme di solchi e creste (o dossi) che compongono i *calanchi* o le *biancane* delle nostre regioni.
In questa immagine fanno spicco le forme calanchive nelle argille del Pliocene affioranti nel bacino idrografico del Fiume Mignone (Lazio settentrionale). Sono ben distinguibili le creste e i solchi prodotti dall'azione delle acque dilavanti. I solchi si approfondiscono ad ogni pioggia – soprattutto se breve e intensa – senza dar tempo alla vegetazione di attecchire.
(Roberta Marini, Roma)

Le *acque incanalate* asportano materiali per via meccanica e per via chimica, trasportandoli nel primo caso in sospensione o per trascinamento, nel secondo caso in soluzione. Tale lavorìo erosivo si compie in modo diverso secondo la natura del terreno e delle rocce: nei suoli e nelle rocce clastiche non cementate il distacco richiede uno sforzo limitato e l'erosione si traduce in un semplice spostamento di materiali. Nelle rocce coerenti l'erosione procede più lentamente e può essere facilitata dall'usura che esercitano su di esse i materiali trasportati dalla corrente.

■ **Potenza di una corrente fluviale** (Stream power)
È espressa dalla formula $E = q \cdot v^2$, dove q è la portata del corso d'acqua (in m^3/s) e v la velocità delle acque.

Figura 21
***Marmitte d'erosione* nella Val di Canneto, nei Monti de La Meta (Abruzzo).**
Queste cavità, che spesso si presentano in serie, sono prodotte dal moto vorticoso delle acque, con l'aiuto dei ciottoli da queste trasportati, nei tratti a forte pendenza degli alvei torrentizi. Continuando l'escavazione, esse tendono a sfiancarsi, fondendosi l'una con l'altra e consentendo così all'erosione di procedere come attraverso una serie di trapanazioni successive.
(G.C. Avena, Roma)

A differenza di quanto avviene per le acque dilavanti, che operano un'*erosione areale*, le acque incanalate in letti (o **alvei**), esercitano prevalentemente una *erosione lineare*, producendo incisioni più o meno lunghe che prendono il nome di **solchi vallivi**.

Il potere erosivo di un corso d'acqua dipende dalla *potenza della corrente*, ossia dal lavoro che esso può compiere nell'unità di tempo.

La potenza totale di un corso d'acqua viene almeno in parte spesa per vincere gli attriti interni (viscosità) ed esterni (rugosità del letto, resistenza dell'aria) e per il trasporto dei materiali; l'eventuale eccedenza può essere impiegata per prelevare altro materiale dal letto fluviale, cioè per erodere.

L'acqua limpida dovrebbe avere quindi, a parità di velocità, un potere erosivo maggiore dell'acqua torbida; ma in realtà il materiale in sospensione e soprattutto quello che rotola o striscia sul fondo conferisce alla corrente un aumento del potere erosivo, specie quando è trascinato in moto vorticoso. In tal caso si possono avere cavità di erosione che si approfondiscono gradualmente, dando luogo alle **marmitte d'erosione** (o *marmitte dei giganti*), di cui vi sono molti esempi nelle Alpi e negli Appennini [Figura 21].

Nei corsi d'acqua che scorrono su pendii molto inclinati l'approfondimento dei solchi vallivi può essere notevole e dar luogo alla formazione di **forre**, incisioni strette e profonde con pareti a strapiombo, rese irregolari dalla presenza di marmitte d'erosione più o meno sfondate. Queste tracce dell'azione vorticosa dell'acqua tendono poi a scomparire e si formano così delle **gole**, le cui pareti sono ancora molto ripide e solo con il tempo si allargano nella parte superiore.

Figura 22
***Gole* del Fiume Alcàntara, scavate nei basalti colonnari dell'Etna (Sicilia).** L'impeto delle acque, abbondanti nella stagione piovosa, produce l'incisione profonda della roccia durissima, che si lascerebbe erodere molto meno facilmente se in questo tratto non fosse rotta da una frattura; di questa ha approfittato il fiume, incassandosi fra pareti ripidissime che in qualche punto conservano ancora alcuni segni (vedi le nicchie, ossia le *marmitte d'erosione*, nella parete di destra) dell'azione vorticosa mediante la quale in passato le acque sono riuscite a scavare progressivamente la roccia. (A. Angelucci, Roma)

La genesi di queste incisioni è spesso legata alla presenza di fratture, che costituiscono linee di minor resistenza delle quali approfittano i corsi d'acqua per intensificare la loro azione. La persistenza della forte inclinazione delle loro pareti dipende dai caratteri litologici delle masse in via di erosione: in più casi si osserva che le gole sono tanto più strette e profonde quanto più le rocce sono dure e compatte, come nel caso di porfidi, graniti o basalti [Figura 22]. Al loro posto si osservano invece incisioni svasate e poco profonde se le rocce sono tenere (argille, scisti, marne ecc.). Celebri forme del primo tipo tipo sono i *canyon* americani , ma se ne possono citare numerosissime anche in Italia: la gola della Val d'Ega (Bolzano), scavata in porfidi permiani; i «Serai di Sottoguda» (Belluno), incisi nel calcàre dolomitico; le strette «cave» che solcano i Monti Iblei (Sicilia) ecc.

5.2 Come agisce l'erosione fluviale

Il *profilo longitudinale di un corso d'acqua* presenta numerose irregolarità di dettaglio, ma nel suo insieme appare come una curva concava verso l'alto, la cui pendenza diminuisce dal corso superiore verso il corso inferiore. Tale pendenza diminuisce dapprima rapidamente, poi sempre più lentamente, fino al **livello di base** [Figura 23]. Quest'ultimo costituisce il livello più basso a cui può spingersi l'erosione dell'alveo; per i corsi d'acqua che sboccano in mare esso è rappresentato dal piano orizzontale corrispondente al livello marino.

Se il livello di base di un corso d'acqua si abbassa, per l'abbassarsi del livello del mare o per il sollevarsi della regione montuosa, la pendenza del corso d'acqua aumenta; esso perciò dovrà erodere il proprio alveo per adattarsi al nuovo livello di base. Inversamente, l'elevarsi del livello di base, per qualsiasi motivo, tende a favorire la deposizione dei materiali trasportati.

Oltre a quello marino, possono esistere altri livelli di base locali: ad esempio, un lago o una palude in cui sbocchi il corso d'acqua, o anche un gradino di roccia più resistente.

In tutti i punti del suo profilo longitudinale dove l'energia cinetica dell'acqua, e del carico che essa trasporta, è sufficiente per vincere la resistenza del fondo, un corso d'acqua approfondisce il suo letto. È dunque nel corso superiore o in corrispondenza di una rottura di pendio, dove la velocità e la turbolenza sono più grandi, che l'erosione è più attiva. Le rocce dure che danno origine alle rotture di pendio, o alla formazione di vere e proprie **cascate**, vengono scalzate alla base, tendono ad essere demolite e il salto corrispondente arretra verso monte, attenuandosi progressivamente; per questo

Figura 23
Il *profilo longitudinale* di un corso d'acqua, dalla sorgente alla foce, e le sue modificazioni per approfondimento e deposizione, con progressiva demolizione della regione montuosa. Tali processi portano, con il tempo, a una graduale regolarizzazione del profilo, che tende ad assumere la forma di una curva parabolica con la concavità rivolta verso l'alto: è questo il *profilo di equilibrio* del corso d'acqua.

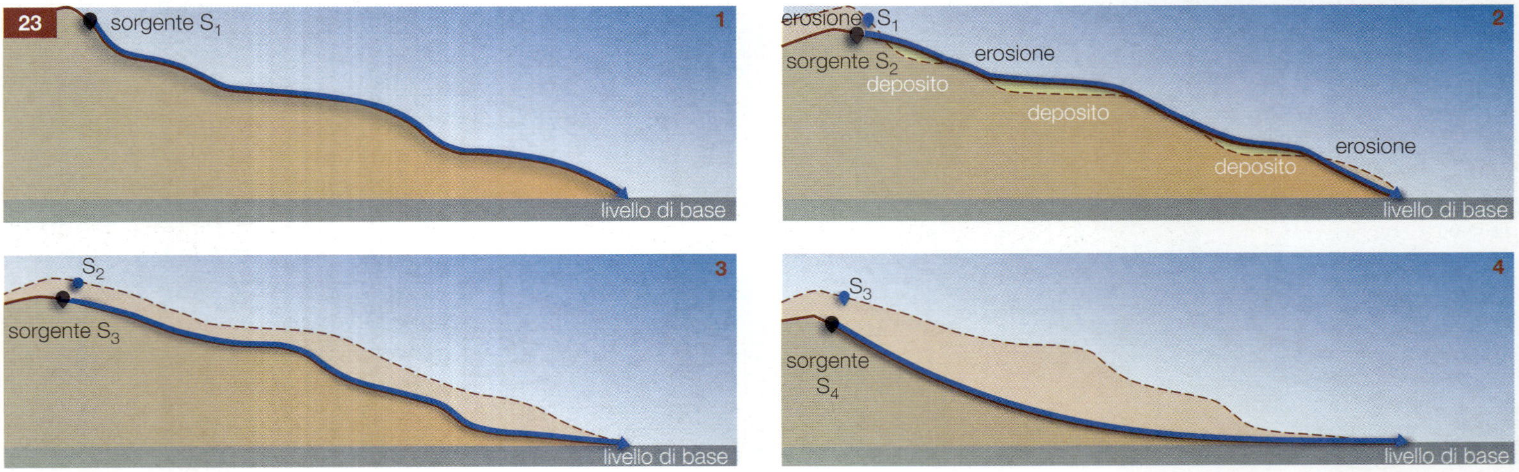

Figura 24
Le Cascate del Niagara, tra i laghi Erie ed Ontario (America Settentrionale). Queste cascate sono le maggiori del mondo per volume: da esse precipitano in media 5000 m^3 di acqua al secondo, con un salto che è però di soli 50 metri. Si sono formate per l'esistenza di banconi di calcari dolomitici tenaci, sovrastanti a scisti teneri e ad arenarie. Esse arretrano di circa un metro e mezzo all'anno, demolendo in media le rocce del gradino per un volume di 115000 m^3/anno. Le Cascate del Niagara sono un esempio tipico di *erosione regressiva* da parte di un fiume. (G.A. Rossi / Image Bank)

motivo si parla di **erosione regressiva** [Figura 24].

Ecco l'altezza di alcune delle maggiori cascate del mondo:

Angel (Venezuela)	972 m	Staubbach (Svizzera)	305 m
Tugela (Sudafrica)	948 m	Rjukan (Norvegia)	271 m
Sutherland (N. Zelanda)	579 m	Gersoppa (India)	253 m
Ribbon (California)	490 m	Kajeteur (Guyana)	247 m
Gavarnie (Pirenei)	417 m	Kalambo (Zambia)	215 m
Lofoi (Congo)	384 m	Marmore (Italia)	165 m

Fra le cascate italiane, oltre a quella delle Marmore (o del Fiume Velino) presso Terni, ricordiamo quella del Fiume Toce in Val Formazza e quella del Fiume Aniene a Tivoli.

Per effetto dell'erosione regressiva, il gradino di una cascata si trasforma gradualmente in un ripido pendio, o *rapida*, fino a che viene eliminato del tutto [Figura 25]. Quindi, il profilo longitudinale di un corso d'acqua lentamente si regolarizza e tende ad assumere la forma di una curva parabolica tangente al livello di base. Ogni tratto di questa curva si raccorda gradualmente con i tratti contigui: è questo il **profilo di equilibrio** (vedi nuovamente la figura 23), che presenta in ciascun punto una pendenza limite tale da consentire soltanto il flusso dell'acqua con i materiali detritici provenienti dalla denudazione dei versanti. In altre parole, quando un corso d'acqua ha raggiunto il suo profilo di equilibrio, in ogni suo tratto quasi non si verifica più l'erosione o la deposizione (salvo che alla foce).

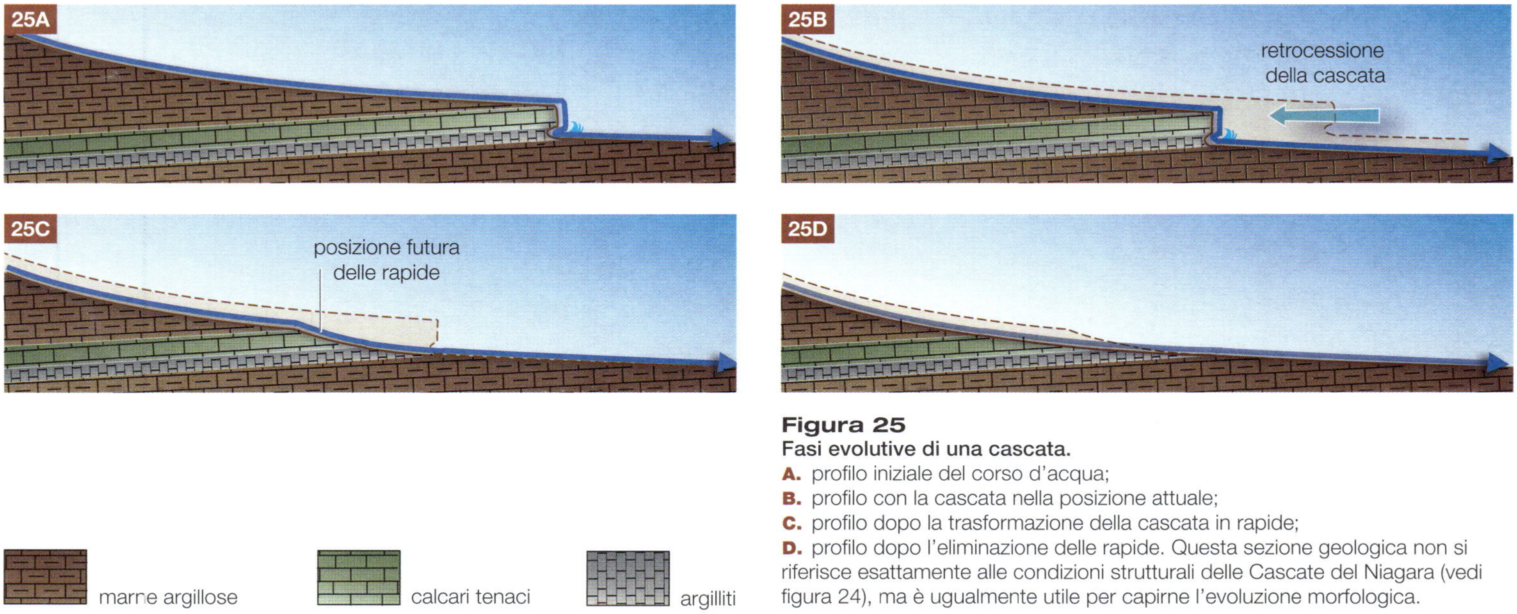

Figura 25
Fasi evolutive di una cascata.
A. profilo iniziale del corso d'acqua;
B. profilo con la cascata nella posizione attuale;
C. profilo dopo la trasformazione della cascata in rapide;
D. profilo dopo l'eliminazione delle rapide. Questa sezione geologica non si riferisce esattamente alle condizioni strutturali delle Cascate del Niagara (vedi figura 24), ma è ugualmente utile per capirne l'evoluzione morfologica.

Figura 26
La valle del Fosso di Valleremita, presso Fabriano. Da notare (soprattutto verso lo sfondo) la sezione trasversale a V, che è tipica anche delle valli fluviali più grandi. In questo caso essa è quasi simmetrica e regolare perché le rocce affioranti sui due fianchi vallivi sono omogenee ed ugualmente disposte (si tratta di strati calcàrei poco inclinati); in caso contrario la sezione può essere più o meno asimmetrica e irregolare, risultando più acclive e ridotto il versante intagliato nelle rocce dure o immergenti in senso contrario al pendio, più dolce ed esteso quello modellato in rocce tenere o inclinate nello stesso verso del pendio. (S. Ciccacci, Roma)

L'erosione regressiva è spesso responsabile anche di un altro fenomeno: quello delle **catture fluviali**, che è molto importante nell'evoluzione dei reticoli idrografici. Una cattura fluviale si verifica quando l'attività di un corso d'acqua – a causa della più forte pendenza, della maggiore portata o della più elevata erodibilità delle rocce del suo bacino – è superiore a quella di un corso d'acqua vicino. In tal caso il primo dei due, arretrando la propria testata, può riuscire ad aprire una breccia nello spartiacque che li separa e a raggiungere l'alveo del secondo. Questo viene allora *catturato*, cioè «depredato» di tutto il tratto a monte del punto in cui è stato raggiunto. Le acque di questo tratto sono condotte, così, a defluire nell'altro bacino.

5.3 Lo «svasamento» delle valli e la denudazione dei rilievi

L'erosione fluviale non agisce soltanto in profondità, ma anche lateralmente. L'*erosione laterale* è particolarmente attiva quando il filone della corrente subisce una deviazione o serpeggia attaccando ora l'una ora l'altra riva, ma in effetti tale opera erosiva si esercita in tutti i tratti del letto fluviale. Per erosione laterale un corso d'acqua scalza le sue sponde, cioè la base dei versanti montuosi fra i quali scorre, provocando l'allargamento del fondo vallivo e il frequente cedimento delle parti sovrastanti. D'altra parte, i fianchi vallivi evolvono secondo processi di modellamento loro propri: degradazione meteorica, denudazione da parte delle acque dilavanti, degradazione meteorica, frane, azioni eoliche ecc. La permanenza di questi processi e la riduzione, col tempo, dello scalzamento da parte del corso d'acqua provocano la progressiva estensione delle parti meno ripide dei versanti e, in definitiva, una diminuzione generale della loro pendenza.

Dall'azione combinata dell'erosione lineare in profondità, della erosione laterale sulle sponde e della denudazione dei versanti deriva la caratteristica **sezione trasversale a V** delle valli torrentizie e fluviali [Figura 26].

A tutti questi processi è collegato anche il progressivo ampliamento dei bacini fluviali e, di conseguenza, la demolizione del rilievo terrestre, che i corsi d'acqua tendono (almeno teoricamente) a spianare, erodendone i materiali litoidi e trasportandoli verso il mare.

Per farsi un'idea della spettacolare opera di denudazione compiuta dalle acque continentali, basti pensare all'enorme massa di materiali che i corsi d'acqua riescono a strappare alle terre emerse e a scaricare annualmente in mare: il solo Rio delle Amazzoni deposita nell'Atlantico circa un miliardo di m^3 di sedimenti all'anno, quasi 200 milioni di m^3 ne porta il Mississippi nel Golfo del Messico e quasi 500 000 m^3 il Tamigi nel Mare del Nord.

La quantità di materiali portati annualmente al mare da tutti i fiumi del globo è stata valutata intorno ai 30 miliardi di tonnellate, che corrispondono ad una perdita annua media di circa 201 tonnellate per km^2 di terra emersa. I corsi d'acqua italiani contribuiscono con un asporto non inferiore a 700 t/anno per km^2, ossia con una quantità che è circa tre volte e mezzo quella media mondiale; ciò significa, purtroppo, che l'erosione da parte dei fiumi e, più in generale, delle acque correnti superficiali nel territorio italiano è molto marcata (vedi Approfondimento delle conoscenze, *L'erosione differenziale e l'erosione accelerata del suolo*).

5.4 Le forme di deposito fluviale

Non sempre e non tutti i materiali che provengono dall'azione erosiva dei corsi d'acqua riescono a raggiungere il mare: in qualsiasi punto in cui la potenza della corrente decresce e non è più tale da permetterne il trasporto, essi vengono abbandonati sotto forma di **depositi alluvionali**, o **alluvioni**.

Gli elementi più grossi (ciottoli) sono smussati e in parte arrotondati a causa dello sfregamento subìto durante il trascinamento e il rotolamento, mentre quelli più fini (sabbie e fanghi), trasportati in sospensione, sono anche più elaborati e calibrati.

27

Figura 27
Un conoide di deiezione nella Valle della Morte (California). I *conoidi di deiezione* si originano dove la sensibile diminuzione di pendenza tra la parte montana e quella pedemontana provoca il rallentamento di un corso d'acqua, che è così costretto a depositare la gran parte dei materiali detritici trasportati. Tali forme appaiono simili ai *coni di detrito* (rivedi la figura 9), ma mentre quelli si originano per azione della gravità e hanno maggiore ripidità, i conoidi di deiezione sono dovuti al trasporto in massa e al deposito operati dalle acque torrentizie; perciò sono composti anche da materiali più fini. (M. Miller)

Quando un torrente sbocca repentinamente in una pianura, uscendo da una ripida valle montana, si ha una brusca diminuzione della velocità delle acque. Ciò provoca l'immediato deposito di una grande quantità di detriti, soprattutto di quelli più grossolani, che si accumulano in un breve tratto. Si crea così un **conoide alluvionale** o un **conoide di deiezione** [Figura 27], che hanno forma triangolare, con l'apice rivolto verso monte e con la base arcuata ed espansa a ventaglio. Essi vengono via via accresciuti da altri materiali nei periodi di piena e sono solcati nelle fasi di magra.

Vi sono molti conoidi alluvionali nelle regioni montuose, allo sbocco delle valli minori in quelle più grandi, dove ingombrano parte del fondovalle e obbligano il fiume principale a descrivere delle anse o ad eroderne la base. Ampi conoidi «fossilizzati», cioè non più attivi, abitati e in parte coltivati, si osservano in molte vallate considerevolmente larghe.

Torrenti e fiumi possono depositare *manti alluvionali* in ogni tratto del loro corso; questi sono in rapporto con la larghezza e il pendio della valle, e quindi con la diminuzione di velocità delle acque, con il regime fluviale e con la presenza di laghi o di zone di ristagno delle acque.

Il deposito dei detriti avviene più frequentemente nelle zone depresse di un bacino idrografico e in vicinanza del livello di base, dove l'accumulo dei materiali trasportati forma le ampie distese pianeggianti, talvolta di notevole spessore, delle **pianure alluvionali**.

I frammenti rocciosi che costituiscono questi depositi hanno dimensioni varie e composizione litologica eterogenea, in relazione alle rocce presenti nel bacino. Un classico esempio è la Pianura Padana, formata dai depositi del Po e dei suoi affluenti [Figura 28].

Nella deposizione dei materiali alluvionali si ha una selezione gravitativa, per cui si rinvengono – da monte a valle – prima gli elementi più grossi e poi quelli più sottili. L'alternarsi di livelli composti da materiali grossolani con altri di materiali fini in una stessa sezione verticale indica variazioni periodiche di portata del fiume in quel punto. In genere, i livelli dei depositi alluvionali sono allungati nel senso della corrente. L'accumulo dei materiali e il relativo innalzamento del letto obbligano le acque fluviali a divagare e a ramificarsi. Talora l'alveo s'innalza sulla campagna circostante e può dar luogo, in seguito ad una piena e per rottura degli argini, a **inondazioni** e **alluvioni** che provocano gravi danni: è il caso del Po, che nel tratto terminale ha ormai un letto «pensile», cioè sopraelevato di vari metri (vedi Ampliamento delle conoscenze, *Inondazioni fluviali e insediamenti urbani*).

28

Figura 28
Il Fiume Po alla confluenza con il Fiume Ticino. Qui i due corsi d'acqua scorrono nella vasta e fertile piana alluvionale (Pianura Padana) formata dai loro stessi depositi e da quelli degli altri affluenti del Po. Da notare la «barra di foce» allo sbocco del Ticino e le isole fluviali che si rinvengono più a valle, lungo il Po. Queste forme di deposito sono da collegare all'abbondante quantità di materiali portati in carico dai due fiumi, come risulta dalla stessa torbidità delle acque: l'energia del Po non è qui sufficiente a trasportarli tutti verso il mare.
(Pubbli/Aer/Foto, Milano)

Inondazioni fluviali e insediamenti urbani

Raramente trascorre un anno senza che si abbia notizia di una grave inondazione in qualche parte del mondo. La storia ne ha fatte registrare numerosissime.

Una delle più disastrose avvenute in epoca moderna fu la grande inondazione dello Huang He (Fiume Giallo) in Cina, che nel 1931 uccise 4 milioni di persone. Questo fiume – che in alcuni tratti del suo corso scorre, bordato da argini alti 9 m, quasi 5 m al di sopra della Grande Pianura della Cina settentrionale – è tracimato dagli argini almeno 1500 volte durante gli ultimi 3500 anni, tanto da meritare diversi appellativi, quali l'«ingovernabile» o «l'incubo della Cina».

In Italia sono tristemente note le inondazioni per rottura degli argini del Po, che nel tratto terminale ha ormai assunto un letto «pensile», cioè sopraelevato di vari metri sul piano di campagna. Nel novembre del 1951 in soli 5 giorni caddero nel bacino del Po più di 16 milioni di metri cubi d'acqua piovana; la rottura degli argini provocò l'inondazione del Polesine e in alcune zone i campi coltivati vennero coperti da uno strato di sabbia con spessore superiore ai 2 m.

Numerose altre gravi inondazioni si sono succedute nel tempo in molte regioni italiane, e purtroppo sono prevedibili anche per il futuro. Dal 1960 al 2012 esse hanno causato danni ingentissimi, non soltanto economici: gli sfollati e i senzatetto hanno superato rispettivamente le 200mila e le 45mila unità. E, cosa ancor più grave, nel solo 2012 si sono contate 10 vittime (nel 2011 addirittura 43).

Gli effetti delle inondazioni sono devastanti quando colpiscono pianure alluvionali sulle quali si sono sviluppate città di grandi dimensioni, con elevata densità di popolazione. D'altra parte, le pianure alluvionali hanno rappresentato siti naturali per gli insediamenti urbani già a partire da circa 4000 anni fa, quando i centri abitati cominciarono ad addensarsi a ridosso dei fiumi Nilo in Egitto, Tigri ed Eufrate in Mesopotamia, Indo in India, Huang He in Cina. I motivi di questi addensamenti sono semplici; vivere in prossimità dei fiumi offriva un duplice vantaggio: la facilità dei trasporti lungo le vie d'acqua e la disponibilità dei migliori terreni agricoli, data la fertilità dei suoli delle pianure alluvionali. Molte capitali dei Paesi europei sorgono sulle pianure alluvionali di importanti fiumi: Londra è costruita sulla pianura del Tamigi, Parigi su quella della Senna, Roma su quella del Tevere. In America Settentrionale St. Louis, Cincinnati e Montreal sono edificate rispettivamente sulle pianure alluvionali dei fiumi Mississippi, Ohio e San Lorenzo.

29

Figura 29
Una drammatica immagine di Ponte Vecchio testimonia la violenza dell'alluvione che colpì la città di Firenze nel novembre del 1966.

Le inondazioni hanno periodicamente distrutto o gravemente danneggiato alcune zone di queste città, e di altre ancora, antiche e moderne, edificate in prossimità di fiumi. Anche città italiane, quali Roma e Firenze, sono state vittime di violente inondazioni già da tempi lontani.

Molto ben documentata è l'inondazione che colpì Firenze nel novembre del 1966 [Figura 29]. La città venne improvvisamente allagata dalle acque dell'Arno, che ruppero gli argini a seguito di intense precipitazioni: in 48 ore piovve tanto quanto normalmente in sei mesi e 7000 m^3 d'acqua al secondo si riversarono nello stretto alveo del fiume. I morti furono 29 (e 5000 i senza tetto), i danni subìti da libri antichi, dipinti e sculture, di enorme valore artistico, incalcolabili.

Come è possibile difendersi da questi eventi? Entro certi limiti è possibile controllare le inondazioni per mezzo di dighe che regolino il deflusso delle acque, impedendone lo straripamento o riducendone l'entità, e anche la costruzione di argini artificiali che contengano le acque di piena possono rendere meno gravi alcune inondazioni. La maggior parte delle grandi città è protetta da argini artificiali che rafforzano e innalzano gli argini naturali dei fiumi e sistemi di dighe contribuiscono alla difesa di queste città dalle inondazioni, ma non possono eliminare completamente il rischio. Si tratta, infatti, di interventi efficaci in caso di eventi di entità limitata, ma che offrono una scarsa protezione contro quelli molto imponenti. Anzi, talora questi interventi possono essere non solo inefficaci, ma addirittura dannosi. Difatti, gli argini artificiali e le opere di ingegneria realizzate lungo un fiume possano confinare le acque in modo innaturale; e ciò impedisce al fiume di erodere le proprie sponde e di allargare il proprio alveo per accogliere una parte dell'acqua che fluisce durante i periodi di più alta portata, e contribuisce quindi al verificarsi di gravi inondazioni.

Per ridurre il numero delle vittime è molto importante che le popolazioni siano preavvertite della possibilità del verificarsi di una inondazione. La previsione delle inondazioni si basa su un'accurata sorveglianza delle condizioni meteorologiche. È prevedibile che piogge intense (in particolare quando il suolo è già saturo di acqua a causa di precedenti precipitazioni o della fusione delle nevi) facciano aumentare la portata dei corsi d'acqua oltre il limite di guardia, provocando inondazioni. Per determinare la probabilità che una inondazione si verifichi, in modo da poter dare tempestivamente l'allarme, è necessaria una conoscenza precisa delle velocità con le quali aumenta la portata di un certo fiume dopo le piogge.

Dunque, la presenza di dighe e di argini artificiali, assieme ad accurati studi sulla previsione delle inondazioni, possono rendere meno gravi gli effetti di queste cosidette «calamità». Per ridurne drasticamente i danni è però necessario modificare le modalità di sviluppo urbano nelle aree a rischio.

(Testo rielaborato da: J. P. Grotzinger e T. H. Jordan, Capire la Terra, edizione italiana a cura di E. Lupia Palmieri e M. Parotto, Zanichelli, 2016)

Figura 30
I *meandri* si formano nei tratti a debole pendenza, dove i corsi d'acqua hanno di solito un andamento sinuoso. Dove esiste una curva, il più delle volte senza nessuna causa apparente, la forza centrifuga fa sì che l'acqua eroda sempre di più la sponda esterna, mentre quella interna viene rivestita di materiale alluvionale. Pian piano le singole curve si accentuano per erosione (riva concava) e deposizione (riva convessa) e i meandri migrano verso valle, sviluppandosi in anse che si avvicinano sempre di più, fino a fondersi. Se si verifica una forte piena quando c'è solo una stretta fascia di terra fra un'ansa e l'altra, la forza viva del flusso temporaneamente aumentato farà passare la corrente attraverso il collo del meandro, per la via più breve. Dove il meandro viene tagliato rimane un alveo abbandonato; questo può divenire un lago («laghetto a corna di bue») che a poco a poco si interra, trasformandosi in una palude, e con il tempo si estingue. Molti «meandri fossili», non più distinguibili sul terreno, sono rilevabili dalle fotografie aeree.

30

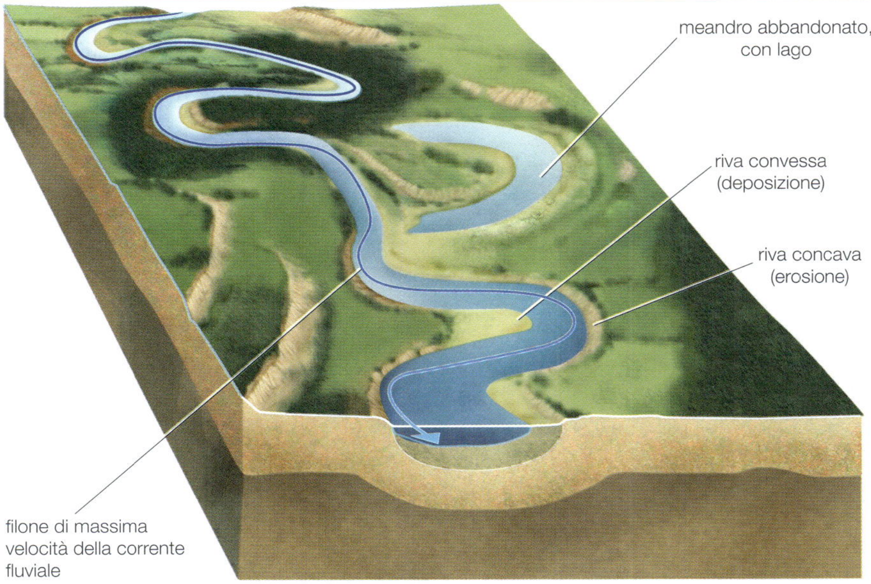

5.5 Meandri e terrazzi fluviali

Nel loro viaggio verso il mare i corsi d'acqua producono anche altre forme tipiche, in parte di erosione ed in parte di accumulo, che si rinvengono spesso nei fondovalle coperti da depositi alluvionali, ma non sono esclusive di queste zone: sono i *meandri* e i *terrazzi fluviali*.

I **meandri** [Figura 30] consistono in anse, a volte molto pronunciate, che derivano il loro nome dal tortuosissimo Fiume Meandro dell'Asia Minore. Le cause della formazione dei meandri non sono ancora ben accertate. Soltanto in alcuni casi queste sinuosità si possono attribuire ad ostacoli (come affioramenti di rocce più dure) che il fiume aggira nel suo cammino. La loro evoluzione è legata a uno stato di equilibrio fra la pendenza dell'alveo, la resistenza delle sponde e la portata. Per spiegare il fenomeno si può ricorrere, semplicisticamente, all'immagine di un treno in discesa: se la pendenza diminuisce i vagoni di testa rallentano per primi, mentre quelli di coda tendono a ondeggiare serpeggiando.

I meandri sono frequenti nei fiumi che scorrono in vaste pianure alluvionali, come il Mississippi, il Danubio, il Po. Ma esistono anche *meandri incassati* in gole o canyon profondi, come quelli del Colorado o del San Juan [Figura 31]: in questi casi si tratta di sinuosità approfonditesi progressivamente per un sollevamento della regione.

31

Figura 31
***Meandri incassati* lungo il corso del San Juan, Utah (Stati Uniti d'America).** Questo tipo di meandri si origina quando la regione su cui è impostato un corso d'acqua con decorso sinuoso subisce un lento e pronunciato sollevamento che si traduce, in definitiva, in un abbassamento relativo del livello di base del corso d'acqua. A causa degli aumentati dislivelli, il corso d'acqua acquista nuova capacità erosiva ed approfondisce gradualmente il proprio letto, mantenendo però inalterato il tracciato sinuoso che aveva in precedenza. In questo modo i meandri restano «incastrati» tra le pareti subverticali prodotte dall'erosione fluviale.
(Pubbli/Aer/Foto, Milano)

32

Figura 32
Formazione dei *terrazzi fluviali*. Il terrazzamento di una valle avviene per la rinnovata capacità erosiva del corso d'acqua, che scava un nuovo e più profondo solco in seguito a un aumento della sua pendenza. I materiali già deposti dal corso d'acqua (a sinistra) vengono reincisi, finché ai lati della valle rimangono due ripiani corrispondenti (a destra), a testimonianza della precedente fase di alluvionamento. Lungo i versanti di molte valli fluviali vi possono essere più ordini di terrazzi successivi, posti a quote diverse: i più alti sono i più antichi.

Le alterne fasi di erosione e di deposito che si possono verificare in un bacino fluviale, per variazioni del livello del mare o per movimenti tettonici, o per vicende climatiche, portano frequentemente al «*terrazzamento*» delle valli [Figura 32]. Difatti, mentre un innalzamento del livello di base provoca una diminuzione della velocità dell'acqua e quindi la interruzione dell'approfondimento dei solchi vallivi o addirittura il loro alluvionamento, un abbassamento del livello di base o un aumento delle precipitazioni producono una ripresa erosiva e quindi un approfondimento delle valli fluviali. In quest'ultimo caso si formano delle gradinate che incidono i fianchi vallivi a varia altezza, in relazione con la pendenza dei corsi d'acqua che ne sono artefici.

33

Figura 33
Il Delta del Nilo, nel Mar Mediterraneo.
L'apparato deltizio spicca per la presenza di vegetazione; i due piccoli lobi osservabili sulla destra e sulla sinistra dell'apparato deltizio rappresentano, rispettivamente, la foce dei *canali distributari* di Damietta e Rosetta, nei quali il Fiume Nilo si suddivide in prossimità della costa. Pur derivando dalla forma della foce del Nilo, il nome «delta» è attribuito anche agli apparati triangolari con base rivolta verso la terraferma (delta del Tevere, dell'Arno ecc.) e a quelli con digitazioni (delta del Po ecc.). (NASA)

I ripiani delimitati da scarpate incise nelle formazioni rocciose in posto prendono il nome di **terrazzi orografici** (o **terrazzi di erosione**), mentre quelli modellati entro i materiali che il fiume stesso ha depositato in precedenza sono denominati **terrazzi alluvionali**.

5.6 Le foci dei corsi d'acqua: i delta e gli estuari

Nell'ultimo tratto di un fiume, dove esso sbocca in mare o in un lago, si verifica il deposito di tutti i materiali che non sono stati abbandonati prima e che consistono per la gran parte nei detriti più minuti (oltre ai sali in soluzione nell'acqua).

Questi materiali si estendono su un territorio più o meno vasto, e presso la foce possono formare un *apparato deltizio* che può avere configurazioni molto varie, ma in vari casi riconducibili alla forma della lettera greca «delta» (Δ, maiuscola) [Figura 33].

Il **delta** si estende a mantello con una scarpata sommersa, più o meno ripida, e una forma pianeggiante emersa. Ghiaie, sabbie e limi argillosi si alternano in relazione alle variazioni di portata del fiume, e i detriti diminuiscono in generale di dimensioni procedendo verso l'alto mare. Costruendo l'apparato deltizio, è come se il fiume ingaggiasse una lotta con il mare per guadagnare terra a spese di quest'ultimo.

I sedimenti dei *delta marini* sono in parte rielaborati e ridepositi dalle onde e dalle correnti, mentre nei *delta lacustri* si depositano materiali quasi indisturbati per l'assenza di forti movimenti ondosi e di efficaci correnti superficiali o profonde.

Le foci a delta si formano laddove i movimenti delle acque marine sono troppo deboli per poter disperdere i sedimenti e per contrastare l'azione co-

Figura 34
Il Rio de la Plata, nell'Oceano Atlantico. Questa larga insenatura (300 km) costituisce l'estuario dei fiumi Paraná (che proviene da Nord-Ovest) e Uruguay (che, venendo da Nord, segna il confine tra Argentina e Uruguay). Qui l'ampiezza delle maree è particolarmente pronunciata e le correnti che ne derivano tengono sgombra la foce del fiume dai materiali detritici: durante il flusso l'acqua marina risale per un certo tratto il corso dell'acqua dolce, favorendo la deposizione, ma nel riflusso essa esce molto rinforzata e spazza via i detriti, portandoli al largo (verso destra nella fotografia). Questo processo si ripete ritmicamente e contribuisce anche ad erodere il litorale nel punto di sbocco del fiume, mantenendo così «aperta» la foce. (NASA)

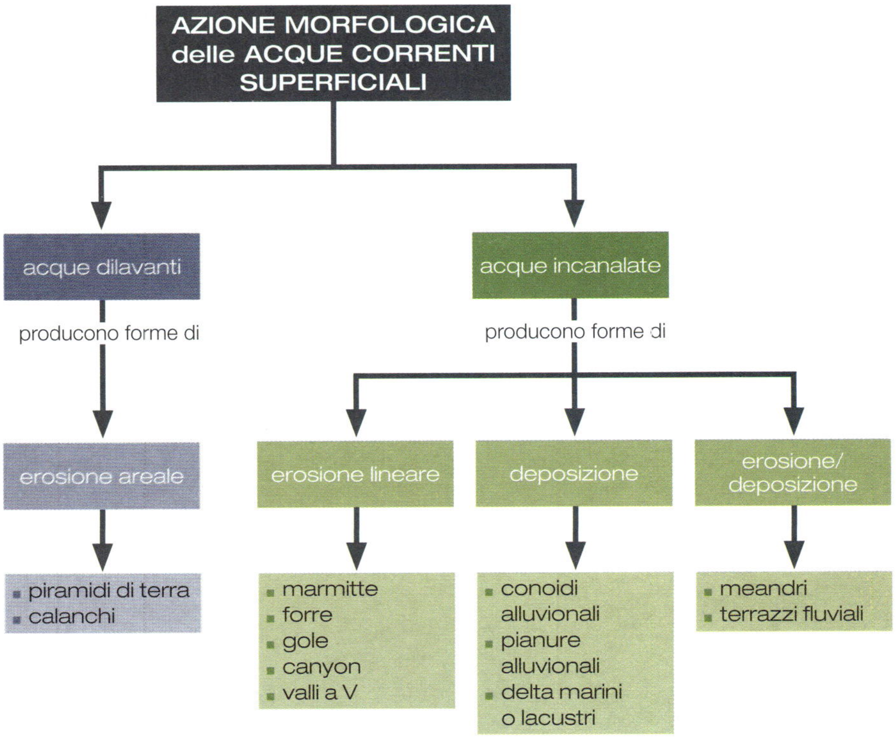

struttiva dei fiumi. Perciò, esse sono caratteristiche dei mari mediterranei.

Dove invece le differenze fra alta e bassa marea hanno sufficiente ampiezza per ostacolare l'azione costruttiva fluviale, i corsi d'acqua presentano foci larghe e ad imbuto, povere o del tutto sgombere di detriti, che prendono il nome di **estuari** [Figura 34]. La formazione degli estuari è frequente lungo le coste oceaniche e dei mari adiacenti.

Il più esteso delta attuale, quello del Fiume Mississippi, occupa un'area di oltre 30 000 km^2; le sue terminazioni «a zampa d'oca» guadagnano ogni anno alla terraferma un centinaio di metri.

Il delta del Po è avanzato in circa due millenni più di 35 km; difatti al tempo degli Antichi Romani l'abitato di Adria era sul mare. L'apporto fluviale annuo di materiali al delta padano si aggira intorno ai 25 milioni di m^3; al centro del delta i sedimenti del Quaternario, in parte marini e in parte continentali, superano i 3 km di spessore. Questi valori ci danno un'idea sia della massa di detriti apportati negli ultimi due milioni e seicentomila anni, sia della «subsidenza» (lento cedimento) alla quale andò soggetta, nello stesso tempo, l'area deltizia padana.

QUESITI

1. Completa.
   I calanchi si formano a causa dell'azione delle .... sulle rocce detritiche argillose.
2. I conoidi alluvionali sono
   - A forme di erosione delle parti montane dei corsi d'acqua.
   - B depositi di detriti dovuti a una forte riduzione di velocità di un corso d'acqua.
   - C depositi di detriti che costituiscono i delta fluviali.
3. Completa.
   La sponda esterna di un meandro è soggetta a .... ; quella interna a ....
4. Vero o falso?
   Lungo le coste oceaniche le foci dei fiumi sono prevalentemente a delta.
   Motiva la risposta.
5. Quali sono le principali forme di erosione prodotte dalle acque incanalate?
6. Che cosa si intende per livello di base di un corso d'acqua?
7. In che cosa consiste l'erosione regressiva di un corso d'acqua?
8. Dove si formano le foci a delta?

approfondimento delle conoscenze

L'erosione differenziale e l'erosione accelerata del suolo

L'erosione agisce sempre in maniera *selettiva*, o *differenziale*: procede, cioè, in modo non uniforme sia sulle diverse rocce, sia nelle varie parti di una stessa roccia. Le rotture di pendio che si possono osservare in molte forme del rilievo terrestre traducono spesso delle differenze di durezza delle rocce, con creste, scarpate o cornici che corrispondono a banchi duri sovrastanti o alternati a strati più teneri [Figura 35]. Tuttavia, queste rotture di pendio sono più o meno nette, o hanno un profilo addolcito, a seconda delle *condizioni climatiche locali*. Differenze notevoli si possono osservare in forme del rilievo modellate negli stessi tipi di rocce, ma sotto condizioni climatiche differenti. Basti citare per le rocce granitiche: le guglie e le cuspidi del massiccio del Monte Bianco, sottoposte alle alternanze di gelo e disgelo; i massi sforacchiati dalla corrosione chimica e dal vento, incavati in forme di nicchie (*tafoni*) nella regione delle Calanche in Corsica, o di arcate monolitiche come quella di Capo dell'Orso in Sardegna; i *piton* o *pani di zucchero* delle regioni tropicali, mammelloni rocciosi che si disgregano in scaglie concentriche parallele.

Con le sue caratteristiche variabili da una parte all'altra del globo, il clima può favorire l'opera di taluni agenti esogeni (ad esempio, le acque correnti) rispetto a quella di altri (ad esempio, i ghiacciai) e influisce, così, sul modo con il quale i vari processi di modellamento si combinano fra loro.

Le condizioni geologiche e climatiche concorrono anche a determinare la *velocità dei processi erosivi*. Gli agenti atmosferici operano la degradazione delle rocce, che è tanto più rapida quanto più queste sono tenere o fratturate, producendo vari materiali detritici, come ghiaie, sabbie, limi o argille. A questi prodotti della degradazione si aggiunge la materia organica derivante dalla decomposizione dei vegetali: nasce così il *suolo*. Ma, nel momento stesso in cui si forma, il suolo viene esposto all'azione degli agenti atmosferici dotati di potenza erosiva: il vento e l'acqua di precipitazione. Quest'ultima, in particolare, cadendo e scorrendo in superficie rimuove e allontana gli elementi terrosi. Quando il fenomeno è normale si stabilisce un equilibrio: la velocità di usura del suolo è assai lenta e la sua riformazione compensa le perdite subite; si ha, cioè, un'erosione lenta ed il suolo si mantiene. Ma quando si verifica una rottura dell'equilibrio in favore delle azioni erosive, il fenomeno prende una forma accelerata.

Figura 35
L'*erosione differenziale* dipende dalla natura e dalla disposizione delle rocce. Civita di Bagnoregio (Viterbo) sorge su una placca di piroclastiti sovrastanti argille plioceniche; le prime sono relativamente resistenti e vengono intaccate in pareti ripide, mentre le seconde sono più facilmente erose e danno luogo a *calanchi* (visibili in secondo piano, a destra). L'*erosione accelerata* delle argille produce lo scalzamento dei banconi di piroclastiti su cui sono costruite le case, facendoli crollare e riducendo così progressivamente le dimensioni dell'abitato, che è perciò soprannominato «la città che muore». (L. Gregori)

L'**erosione accelerata** si può avere già all'inizio della degradazione in rocce poco resistenti (come le argille, le marne, i micascisti) che si disgregano velocemente in elementi fini, facilmente trascinabili. Ma è soprattutto l'abbondanza di precipitazioni e la loro irregolare distribuzione che, insieme all'effetto della gravità in regioni di forti pendenze e al conseguente aumento della velocità del ruscellamento, possono provocare l'asporto rapido di elementi rocciosi anche di grandi dimensioni. L'erosione accelerata raggiunge poi la sua massima intensità se a queste cause e a questi fattori si aggiunge la mancanza della protezione vegetale o la difettosa utilizzazione agricola del suolo. In queste condizioni la velocità di usura supera quella di formazione e il suolo si assottiglia e scompare.

A questo fenomeno accelerato, la cui gravità è tanto più grande quanto più l'azione dei processi fisici e antropici è intensa, si deve la distruzione di enormi distese di suolo, oltreché la demolizione o il lesionamento di numerose opere umane. Alcune stime indicano che entro pochi decenni circa un terzo di tutte le terre coltivabili del mondo andrà perduto per la sempre più frequente erosione accelerata del suolo.

L'erosione accelerata è molto diffusa nelle regioni del bacino del Mediterraneo; in talune di queste aree essa può essere comparata ad una vera e propria *desertificazione*, ossia a un processo irreversibile che porta alla perdita di fertilità del suolo.

Numerosi sono i mezzi tecnici utilizzabili per combattere il fenomeno dell'erosione accelerata del suolo. Essi consistono essenzialmente in *opere intensive* discontinue ed in *opere estensive* o «di superficie». Tra le prime, importanti sono le *briglie*, costruite nei bacini montani in forte erosione per diminuire la velocità, la capacità di trasporto e il potere erosivo dei corsi d'acqua. Tra le seconde, ci sono le opere destinate al rimodellamento orografico del terreno per diminuirne la pendenza, come i *terrazzamenti*, oppure al frazionamento delle acque di circolazione superficiale, o a modificare la struttura fisica del suolo, nel senso di conferire a questo una maggiore permeabilità e stabilità, consentendo, nello stesso tempo, l'instaurarsi della struttura protettrice vivente (bosco, pascolo, colture agrarie), che rappresenta la tappa finale e più importante della necessaria opera di **difesa del suolo**.

Gli studi e le opere per la difesa del suolo dovrebbero essere adeguati alla grandiosità del fenomeno dell'erosione accelerata; ma in moltissimi Paesi del mondo, tra i quali in particolare l'Italia, essi sono stati finora indubbiamente inferiori alle necessità.

6 Il ciclo di erosione e le superfici di spianamento

Sappiamo che i rilievi terrestri sono dovuti alla *Tettonica delle placche*, la quale consiste in movimenti crostali che, tra l'altro, tendono a creare dislivelli; e sono soggetti al continuo attacco da parte delle degli *agenti esogeni* che – mediante i processi di erosione, di trasporto e di deposizione – tendono a demolire le zone sollevate e a colmare le depressioni [Figura 36].

Partendo da un rilievo montuoso appena sollevatosi, gli agenti esogeni modellano le forme del paesaggio attraverso fasi successive raggruppabili in tre *stadi*: giovinezza, maturità e vecchiaia. Il passaggio da uno stadio all'altro avviene in modo graduale e in tempi più o meno lunghi. Al termine dell'ultima fase il rilievo primitivo è ridotto a una superficie quasi pianeggiante: un *penepiano*.

36

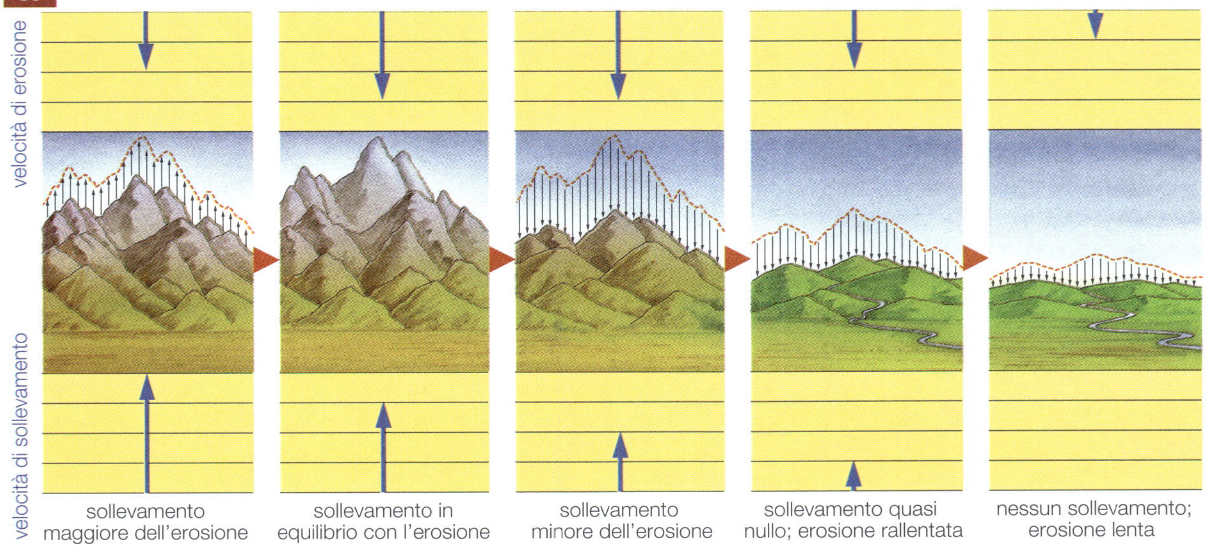

Figura 36
Rapporti tra morfologia e tettonica in una regione montuosa soggetta a sollevamento. I processi erosivi tendono a contrastare gli effetti dei movimenti tettonici responsabili della formazione delle catene montuose (*orogenesi*). L'aspetto del rilievo dipende, quindi, dai mutevoli rapporti che si stabiliscono – nel tempo – tra la velocità del sollevamento tettonico e l'intensità dell'erosione. Quando predominano i fenomeni di sollevamento le montagne sono alte e ripide (nella fotografia di sinistra, il Monte Bianco). Quando l'erosione è più veloce del sollevamento le altezze delle montagne si riducono e poi lentamente evolvono in forme collinari (nella fotografia di destra, Colline delle Ardenne), fino ad essere demolite del tutto se non si verifica una ripresa del sollevamento.

37

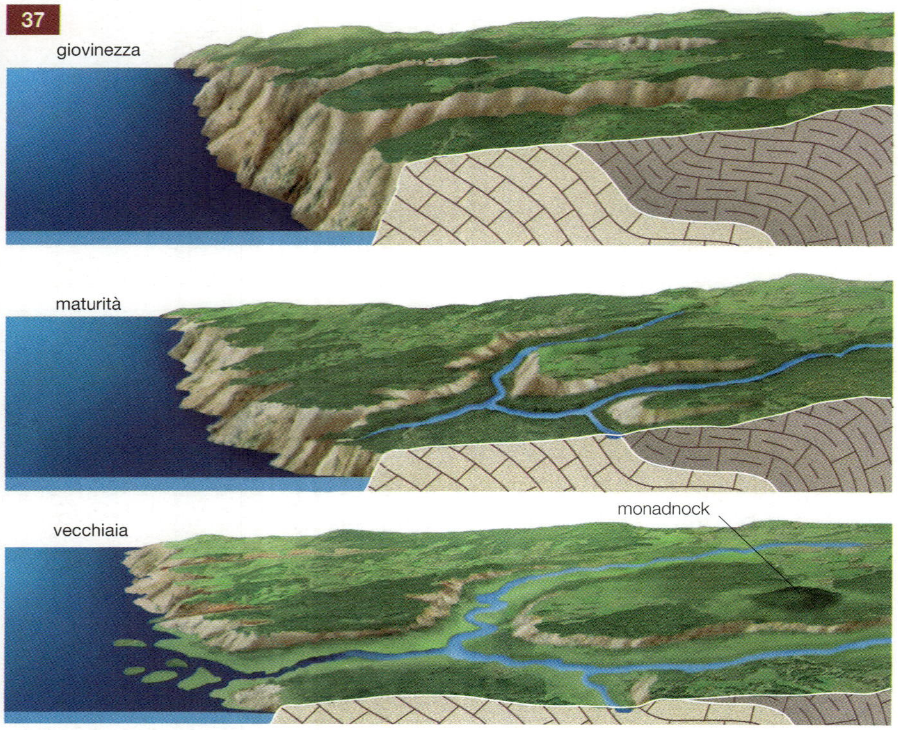

Figura 37
Stadi evolutivi di *un ciclo di erosione fluviale*. Una regione di nuovo sollevamento può essere soggetta a un processo evolutivo dovuto essenzialmente all'attività erosiva, di trasporto e di deposizione da parte dei corsi d'acqua. Se non si verificano variazioni del livello di base per la durata di un intero ciclo, i corsi d'acqua tendono progressivamente ad ampliare i loro bacini, ad estendere i versanti delle loro valli e, di conseguenza, ad abbassare l'altitudine media della regione, addolcendo e successivamente spianando il rilievo, fino a ridurlo ad una superficie limite teorica (*penepiano*) quando l'erosione raggiunge il proprio livello di base.

■ **Scudi** (Continental shields) Sono i più antichi elementi strutturali della crosta continentale; insieme ai *tavolati*, più recenti, costituiscono i *cratoni*. Appaiono come ampie pianure debolmente bombate verso l'alto e sono costituiti da affioramenti di rocce ignee e metamorfiche che non sono state più interessate da orogenesi né ricoperte dal mare, almeno nell'ultimo miliardo di anni.

L'insieme dei tre stadi evolutivi sopra indicati costituisce un **ciclo di erosione**: il ciclo teorico secondo cui tendono ad evolvere le terre emerse, per effetto delle azioni delle forze esogene, dal momento del loro sollevamento dal mare fino alla fase di penepiano.

Il ciclo si ripete attraverso fasi analoghe ogni qual volta l'attività delle forze endogene ricostituisce condizioni simili a quelle iniziali.

Tenendo conto dei molteplici agenti esogeni che intervengono nella demolizione del rilievo, si potrebbero considerare vari cicli di erosione distinti: un «ciclo eolico», un «ciclo fluviale», un «ciclo glaciale» ecc. Tuttavia, su gran parte della superficie terrestre il modellamento è operato principalmente dai corsi d'acqua; l'attività degli altri agenti esogeni, oltre che limitata ad aree relativamente ristrette, è spesso concomitante e meno intensa di quella dei corsi d'acqua. Si parla perciò soprattutto di un *ciclo di erosione fluviale* (o *erosione normale*), i cui stadi evolutivi sono caratterizzati da particolari aspetti del paesaggio [Figura 37].

■ Nello *stadio di giovinezza* i notevoli dislivelli danno luogo ad una intensa e disordinata attività erosiva: le valli sono strette e profonde, i corsi d'acqua presentano cascate e rapide; il reticolo idrografico è piuttosto disorganizzato. Gole, creste aguzze, pendii acclivi e forme contrastanti denotano la giovinezza del rilievo. Questo stadio è evidente nelle catene di recente sollevamento, come le Alpi, l'Himalaya e le Ande, nelle quali è ancora molto elevata l'altitudine media.

■ Nel successivo *stadio di maturità* le valli si sono estese a monte e il sistema idrografico è ormai bene organizzato; i corsi d'acqua principali hanno quasi raggiunto il loro profilo di equilibrio, per cui l'incisione del rilievo è più lenta e dovuta quasi esclusivamente all'attività degli affluenti più alti. La più lenta escavazione dei fondi vallivi porta al prevalere della degradazione meteorica, che addolcisce i versanti allargando le valli; le alluvioni colmano i tratti inferiori delle valli a fondo ampio. In questo stadio i rilievi presentano forme molli e arrotondate, quali si rinvengono nei Carpazi, nel Giura svizzero e nel Delfinato.

■ Nello *stadio di vecchiaia* i versanti hanno raggiunto la minima inclinazione, cosicché l'erosione e il trasporto sono molto ridotti. I prodotti dell'alterazione si accumulano in posto, formando coltri di terreni che addolciscono i dislivelli. I corsi d'acqua divagano entro valli estremamente svasate, trasportando soltanto materiali sottili in sospensione; l'alluvionamento invade anche il tronco medio e superiore delle valli. Lo stadio di vecchiaia è caratterizzato quindi da un certo livellamento dell'antico rilievo, ridotto a una pianura ondulata da cui si elevano rari dossi isolati (*rilievi residuali* o *monadnock*). Questo stadio è tipico di regioni geologicamente antiche, e stabili da tempo, come le Ardenne, il Massiccio Boemo e lo scudo canadese.

In natura sono molto rari i paesaggi che hanno raggiunto un completo stadio di vecchiaia, fino ad apparire come dei veri **penepiani**. Ciò non perché molte regioni non ne abbiano avuto il tempo, bensì per il fatto che spesso una ripresa delle attività endogene (per esempio, un sollevamento della regione) o una variazione climatica (con conseguente abbassamento del livello del mare) hanno prodotto l'interruzione del ciclo evolutivo e la modificazione dei processi di modellamento in atto. In simili casi inizia un nuovo ciclo, qualunque sia lo stadio già raggiunto: si verifica, cioè, un *ringiovanimento del rilievo*, che è spesso testimoniato dalla presenza di terrazzi fluviali (si riveda la figura 32).

Prescindendo dalle possibili complicazioni tettoniche o climatiche, secondo la «teoria del ciclo di erosione» il modellamento del rilievo avviene prevalentemente ad opera dei corsi d'acqua e si realizza mediante stadi successivi che comportano una graduale *diminuzione delle pendenze dei versanti* e un progressivo abbassamento degli spartiacque, fino alla formazione di una **superficie di spianamento** che è detta *penepiano* (si riveda la figura 37).

I moderni studi di Geomorfologia climatica, però, hanno sensibilmente ridimensionato il ruolo della cosiddetta «erosione normale» nell'evoluzione del rilievo. Infatti, altre superfici di spianamento – dette **pedepiani** – si originano con modalità differenti, in cui predominano i processi di disgrega-

38

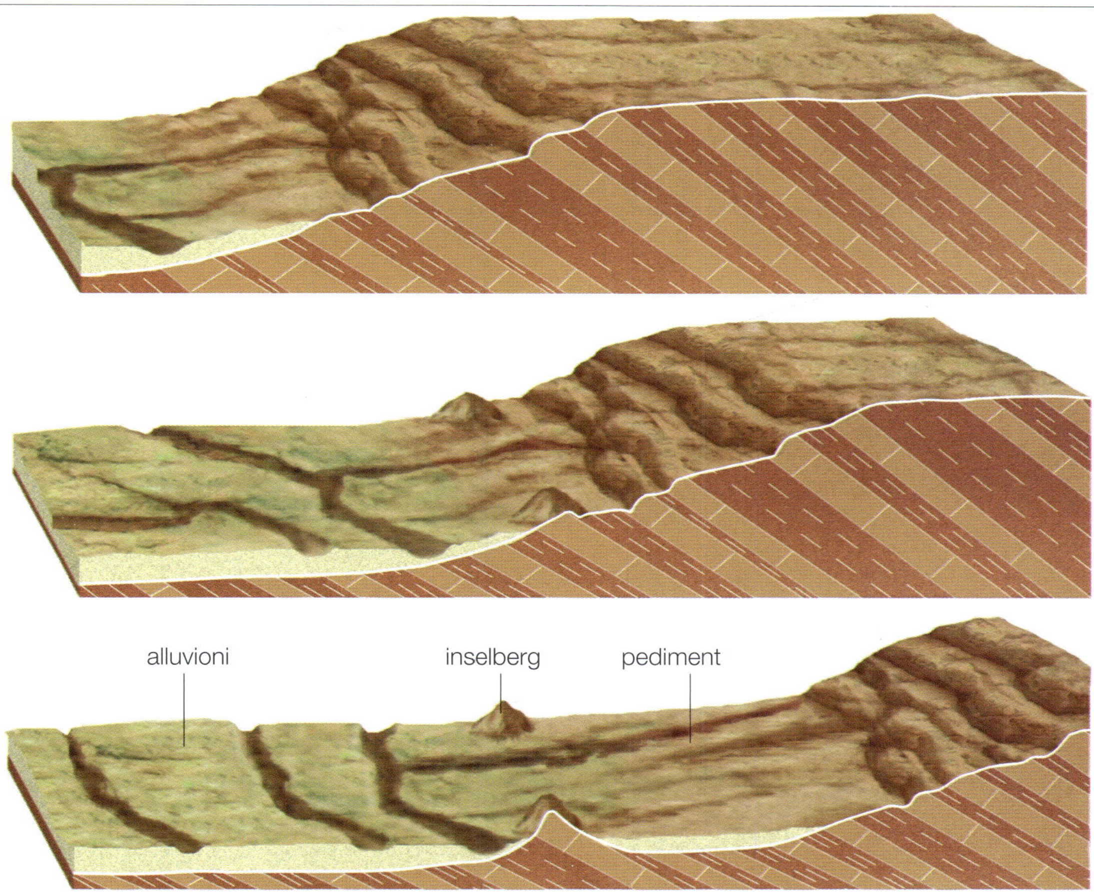

Figura 38
Stadi successivi della formazione di un *pediment*. Questo tipo di evoluzione del rilievo, detta *pedeplanazione*, non risponde allo schema tipico dell'erosione fluviale, nel quale lo smantellamento dei rilievi è accompagnato da una diminuzione delle pendenze dei versanti. Un *pediment*, infatti, si origina per un insieme di processi erosivi areali per cui i versanti arretrano parallelamente a se stessi, mantenendo inalterata la pendenza iniziale. Quando più pediment si fondono, si forma un *pedepiano* dal quale si innalzano pochi rilievi residuali, detti *inselberg*. Anche i pedepiani, come i penepiani, sono *superfici di spianamento*, dovute però a processi differenti: l'arretramento parallelo dei versanti e la pedeplanazione sono prodotti dalle acque dilavanti in regioni a clima subarido o a clima caldo subumido con stagioni asciutte molto marcate.

zione meteorica e quelli di erosione areale dovuti alle acque dilavanti, più che quelli di erosione lineare dovuti ai corsi d'acqua. Anche in questo caso il rilievo viene progressivamente demolito, ma i suoi versanti tendono a mantenere la loro inclinazione iniziale, ossia si verifica un *arretramento parallelo dei versanti* [Figura 38]. Ciò avviene, in particolare, nelle zone con forti escursioni termiche e marcate stagioni asciutte, a riprova del fatto che le condizioni climatiche svolgono un ruolo importante nella determinazione e nell'evoluzione delle forme del paesaggio.

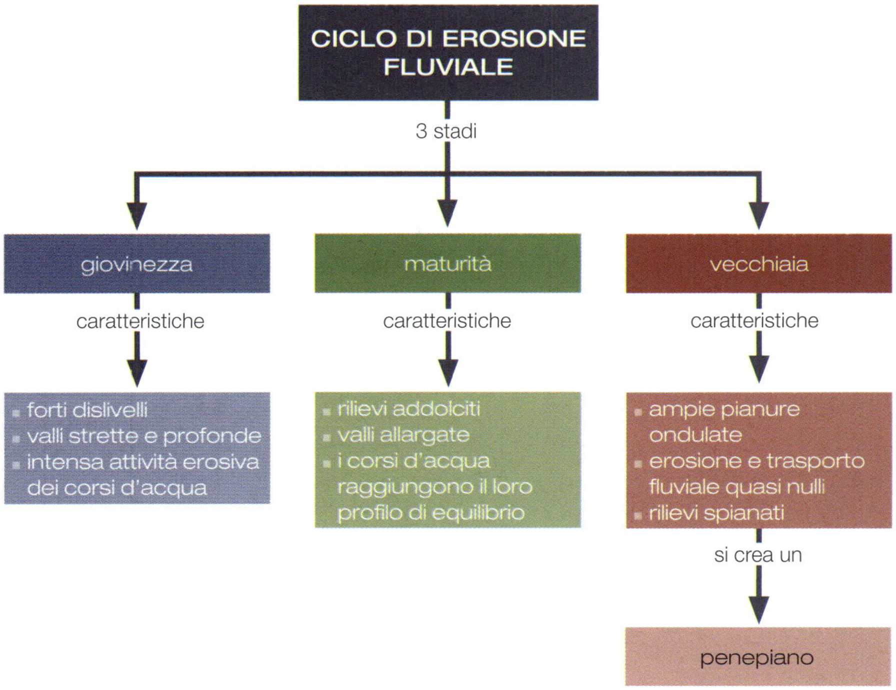

QUESITI

1. Associa a ogni stadio del ciclo di erosione il paesaggio corrispondente.

1 rilievi addolciti e valli ampie	A vecchiaia
2 rilievi aguzzi e valli strette e profonde	B maturità
3 rilievi spianati e pianure ondulate	C giovinezza

2. Scegli l'alternativa corretta.
Il ringiovanimento di un rilievo può avvenire a causa di un **innalzamento/abbassamento** del livello marino oppure per un **sollevamento/abbassamento** tettonico della regione.

3. Vero o falso?
In natura sono molto rari i paesaggi che hanno raggiunto un completo stadio di vecchiaia nel ciclo di erosione fluviale.
Motiva la risposta.

4. Che cos'è un penepiano?

5. Che cos'è un pedepiano?

7 L'azione solvente delle acque e il carsismo

Video
Le forme carsiche

Le acque meteoriche esercitano – accanto all'erosione meccanica – anche un'azione chimica, provocando la dissoluzione di alcune rocce. Pur verificandosi su diversi tipi di materiali, quali gesso, salgemma, dolomie (e ghiaccio), l'effetto morfologico più caratteristico dell'azione solvente delle acque meteoriche si osserva sui calcàri delle zone temperate: è il **fenomeno carsico**.

In realtà le rocce carbonatiche, di cui fanno parte i calcàri, possono essere disciolte dalle acque solo perché queste ultime sono rese leggermente acidule dalla reazione con l'anidride carbonica che prelevano dall'atmosfera e dal suolo:

$$H_2O + CO_2 \rightleftharpoons H_2CO_3$$

In presenza di acqua acidulata, il carbonato di calcio $CaCO_3$, principale componente dei calcàri, di per sé quasi insolubile, viene trasformato in bicarbonato $Ca(HCO_3)_2$, che viene asportato in soluzione. La reazione è la seguente, nel verso (a):

$$CaCO_3 + H_2O + CO_2 \underset{b}{\overset{a}{\rightleftharpoons}} Ca(HCO_3)_2$$

La reazione inversa (b), ossia la precipitazione del carbonato di calcio, è generalmente più lenta e avviene in condizioni ambientali particolari.

L'erosione carsica prende avvio da questo processo chimico, ma per la sua evoluzione è necessario che la roccia sia fessurata sino in profondità, in modo che l'acqua penetri all'interno delle masse calcaree. In superficie il risultato di questa azione erosiva si manifesta in forme diverse da quelle dovute ad altri agenti esogeni. Il paesaggio che ne deriva è detto «carsico» perché nel Carso (Venezia Giulia) queste forme presentano uno sviluppo imponente. È caratterizzato da estesi altopiani, a volte incisi da profonde forre, con conche tappezzate dai residui insolubili dei calcàri – le *terre rosse*, argillose e quindi impermeabili – e dalla quasi completa assenza di un reticolo idrografico superficiale permanente. Difatti, le acque si aprono un varco attraverso le fratture nelle masse calcaree e proseguono nell'interno la loro azione, operando anche lì un modellamento che col tempo può raggiungere dimensioni grandiose e dar luogo a enormi cavità sotterranee [Figura 39].

39

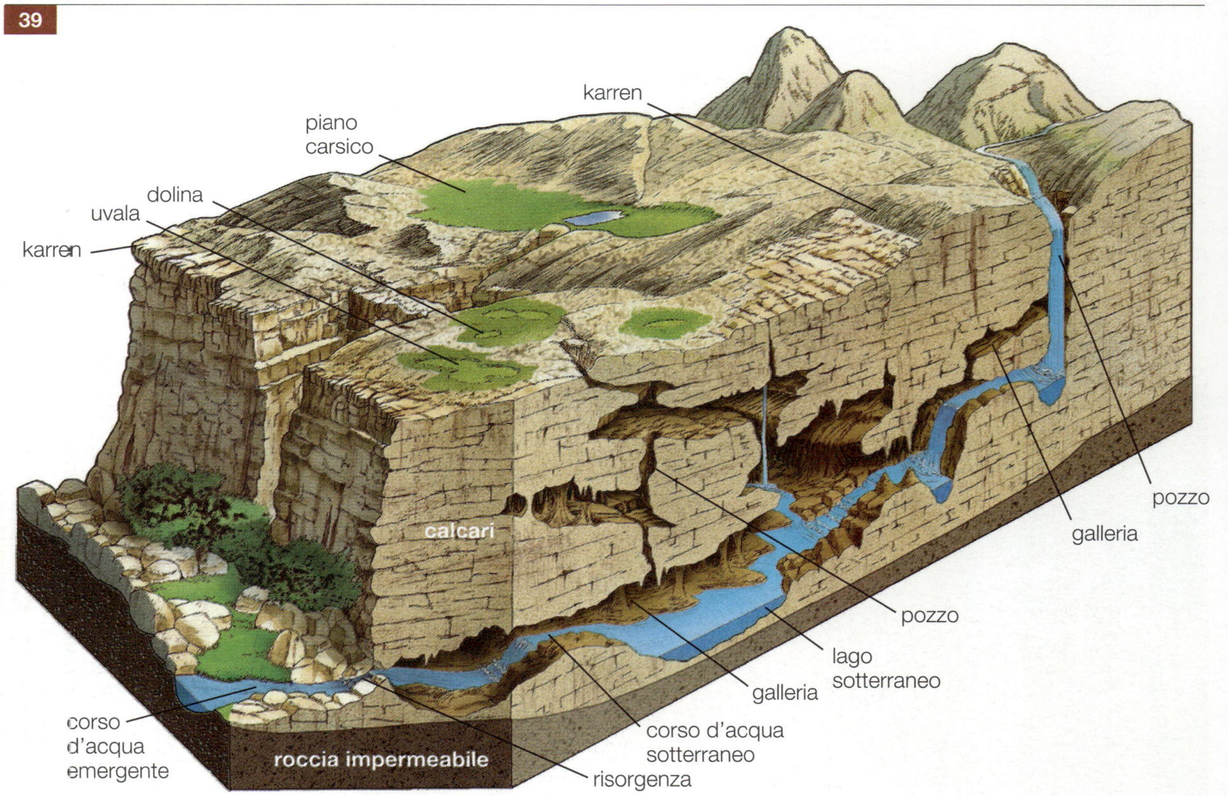

Figura 39
Le forme carsiche. Il disegno illustra quali sono le principali forme carsiche di superficie e quelle sotterranee note agli speleologi. Vi figurano anche alcuni dei più caratteristici depositi di grotta (stalattiti e stalagmiti).

Figura 40
Alcuni esempi di microforme carsiche.
A. *Scannellature carsiche* (con larghezza e profondità di pochi centimetri, lunghe qualche decina di centimetri), insieme a *vaschette di corrosione* (con diametro di 20-40 cm), presso Sistiana, nel Carso triestino. Le scannellature sono *solcature carsiche* che si sviluppano lungo linee di massimo pendio del rilievo, mentre le vaschette si formano in presenza di acqua stagnante.
B. *Solchi «a doccia»*, con larghezze e profondità di parecchi centimetri, lunghi alcuni metri, presso Konia, in Anatolia (Turchia). Queste *solcature carsiche* si sviluppano spesso su superfici molto inclinate lungo le linee di massima pendenza del rilievo, o su diaclasi. (E. Lupia Palmieri)

■ **Diaclasi** **(Joint)** Fratture minori, senza spostamento delle masse rocciose a contatto.

7.1 L'ambiente carsico superficiale

L'azione solvente delle acque di precipitazione si esercita in primo luogo sulle rocce esposte in superficie e qui produce una grande varietà di forme, piccole e grandi, che si differenziano notevolmente da quelle sotterranee. Nonostante ciò, fra i due gruppi di forme esistono strette relazioni funzionali.

Le **forme superficiali** (o **epigee**) più caratteristiche del paesaggio carsico sono i *karren* (detti anche *lapiès*), le *doline*, le *uvala* e i *polje* (o *piani carsici*).

■ Le forme superficiali più minute e frequenti nelle regioni calcaree sono costituite da solchi sub-paralleli, profondi da qualche centimetro a qualche metro, separati da creste piatte o arrotondate, o anche aguzze e talora taglienti. Essi si formano sulla superficie della roccia ad opera dello scorrimento e della dissoluzione da parte delle acque piovane e sono noti col termine di **karren** (dal tedesco), mentre in Italia le aree dove sono molto diffusi sono denominate *campi solcati* (o *campi carreggiati*), per la somiglianza che a volte hanno con i solchi lasciati sul terreno dal passaggio di un gran numero di carri. Esaminate singolarmente, queste «sculture» sono da considerare – per le loro dimensioni relativamente piccole – come *microforme carsiche* [Figura 40].

■ Le **doline** (termine di origine slava) sono depressioni ad imbuto, a calice, o a scodella, con pianta circolare o allungata, talvolta provviste di un *inghiottitoio* che raccoglie le acque meteoriche e le convoglia nelle cavità sotterranee [Figura 41]. Possono avere dimensioni variabilissime: il loro diametro può essere di qualche metro, ma in certi casi raggiunge anche i 500-600 metri.

Figura 41
Effetti del *carsismo epigeo* nei calcari degli Altopiani di Arcinazzo (Lazio).
A. Una piccola dolina a imbuto, in approfondimento. La presenza di fessure (non visibili) nei calcàri in cui la dolina si è formata permette alle acque, convogliate verso il centro della depressione, di penetrare nel sottosuolo (E. Lupia Palmieri).
B. Una dolina più ampia, a forma di scodella. In questo caso il fondo piatto della conca è tappezzato da abbondante «terra rossa» impermeabile, che impedisce l'ulteriore infiltrazione delle acque nei calcàri sottostanti e dà origine a una modesta pozza. (E. Lupia Palmieri)

42

43

Figura 42
Il *bacino carsico* di Campo Soriano, a Nord-Est di Terracina (Lazio). L'ampia depressione è – almeno in parte – di origine tettonica, ma è stata sottoposta per lungo tempo al fenomeno carsico, che l'ha approfondita e modificata corrodendo intensamente le rocce calcàree in cui è impostata. Oggi la sua parte centrale appare ricoperta da uno spesso tappeto di terra rossa, dal quale si elevano piccoli rilievi e guglie (*hum*) di calcàri e dolòmie più resistenti alla dissoluzione. (M. Parotto)

Figura 43
Le Grotte di Castellana nelle Murge (in provincia di Bari). Costituiscono uno dei complessi carsici più grande d'Italia. Dal pozzo d'entrata, detto La Grave, si raggiunge il fondo della cavità, modellato da un antico fiume sotterraneo. Le grotte si sviluppano per molti kilometri, dei quali oggi si possono visitare i primi tre. (D. Lo Presti/Shutterstock)

Nell'evoluzione di una dolina si osserva, con il procedere della dissoluzione della roccia, un progressivo allargamento; ciò è da mettere in relazione anche con la presenza della terra rossa che, essendo argillosa, in parte rallenta l'infiltrazione dell'acqua nel sottosuolo e ne favorisce invece l'azione erosiva sui fianchi della depressione, la quale perciò tende ad assumere una forma a scodella. Può accadere poi che col progressivo allargarsi di due o più doline si abbia la distruzione della parete di separazione e la formazione di conche composte, note col nome slavo di **uvala**.

■ Il progressivo ampliarsi e congiungersi di molte cavità carsiche superficiali limitrofe porta alla formazione di un **polje** (termine slavo), ampio *bacino carsico* dal fondo pianeggiante, su cui si può elevare qualche raro piccolo rilievo dai fianchi ripidi, detto *hum*, costituito da roccia per vari motivi (presenza di dolomite o di minerali delle argille, mancanza di fessurazione ecc.) più resistente all'azione chimica dell'acqua [Figura 42]. Il fondo del *polje* può ospitare un lago temporaneo o permanente (come il Lago di Scutari, fra il Montenegro e l'Albania).

7.2 L'ambiente carsico sotterraneo

Le **forme carsiche sotterranee** (o **ipogee**) più comuni sono quelle che usualmente chiamiamo *grotte*; possono essere più o meno ampie ed allungate e sono costituite da *pozzi* o da *gallerie*, oppure sono composte da entrambi questi due tipi di cavità. I **pozzi** sono cavità che si sviluppano in senso verticale, mentre le **gallerie** sono le cavità sviluppate in senso orizzontale (si riveda la figura 39).

Le cavità carsiche sotterranee hanno dimensioni e aspetti diversi, in buona parte dipendenti dalle modalità di circolazione dell'acqua. Essa si apre la strada nella massa calcàrea non solo con l'azione chimica, ma spesso anche con l'azione meccanica dovuta al suo stesso movimento. Vi è anche il concorso dei processi di crollo che si verificano nella volta delle cavità, quando queste si siano sufficientemente ampliate.

L'esplorazione delle cavità sotterranee è il campo di ricerca della *Speleologia* (dal greco *spélaion*, spelonca, caverna), che si avvale dell'opera di numerosi studiosi, come geologi, topografi, idrologi e – da quando si è riconosciuta la presenza nelle grotte di esseri viventi – anche di quella dei biologi.

Parecchie grotte carsiche – come quelle celebri di Postumia, oggi slovene, e quelle altrettanto belle e imponenti di Castellana (Puglia) [Figura 43] – sono state attrezzate in modo da permetterne l'accesso dei visitatori. In esse non si sa se ammirare di più gli sviluppi delle gallerie e delle *sale* o la magnificenza delle *concrezioni* simulanti gruppi statuari, fontane zampillanti, vere e proprie cascate pietrificate, festoni che pendono dalle volte, pi-

44

45

Figura 44
Un esempio di *stalattiti* in sviluppo. L'acqua infiltratasi attraverso le microfessure della roccia percola a stillicidio e così si produce la precipitazione del carbonato di calcio; occorre però – in media – una decina di anni perché queste concrezioni possano accrescersi di appena un paio di millimetri. (Grotta delle Piane, presso Pitignano, Umbria).

Figura 45
Una sala della Mammoth Cave. (Stati Uniti D'America). In questa grande sala fanno spicco numerose *stalagmiti*, *stalattiti* e altre varie forme concrezionali.
(Clint Farlinge/Alamy/IPA)

lastri immani dovuti alla fusione di **stalattiti** (che partono dal soffitto) e **stalagmiti** (che si elevano dal pavimento) [Figura 44].

Le splendide forme concrezionali che ornano le cavità sotterranee sono il prodotto del lento depositarsi del carbonato di calcio dalle acque percolanti a stillicidio o a sottilissimi veli nell'interno delle grotte. Infatti, quando l'anidride carbonica contenuta in quel composto un po' instabile che è il bicarbonato di calcio disciolto nell'acqua riesce a liberarsi, quest'ultimo ridiventa carbonato insolubile e viene abbandonato dall'acqua: il processo si svolge secondo la reazione (b) che abbiamo visto nell'introduzione di questo paragrafo. Ciò accade, in particolare, quando la superficie evaporante dell'acqua aumenta, cioè quando l'acqua esce a gocce dalle fessure (*stalattiti*) o si espande in veli ampi e di minimo spessore (*stalagmiti*).

Le concrezioni che derivano da questo processo costituiscono il riempimento più caratteristico delle grotte carsiche. Esse rispondono ad una precisa funzione, tendente a equilibrare i normali rapporti tra erosione e sedimentazione che intervengono in ogni ciclo evolutivo: al continuo asporto (per erosione chimica e meccanica) si contrappone questa azione di deposito all'interno delle cavità, che può portare anche al loro colmamento.

Tra le cavità carsiche ipogee conosciute ed esplorate, numerose sono quelle che raggiungono dimensioni impressionanti.

Fra quelle a prevalente sviluppo verticale possiamo citare, a titolo di esempio, la Spluga della Preta nei Monti Lessini, che, attraverso una serie di pozzi verticali frammezzati da esili sporgenze e stretti ripiani, scende fino ad 875 m dalla superficie. La massima profondità finora nota in Italia è quella dell'Abisso Paolo Roversi nelle Alpi Apuane, in provincia di Lucca, che raggiunge i 1249 metri. L'abisso più profondo del mondo è, per ora, quello di Krubera – Voronja nel Massiccio d'Arabika (Caucaso occidentale), dove si scende per oltre 2190 metri.

Dimensioni e sviluppo enormi presentano molte grotte a decorso orizzontale o quasi (come le Grotte di Postumia, già citate): il Complesso della Codula di Luna, in Sardegna, si estende per più di 34 km; la Höll Loch (o Buca dell'Inferno) nel Cantone di Schwyz (Svizzera) supera complessivamente i 200 km di lunghezza con un dislivello di appena 939 m; il sistema Flint Ridge - Mammoth Cave negli Stati Uniti d'America raggiunge quasi i 628 km, costituendo il complesso carsico ipogeo più lungo del mondo [Figura 45].

Contrariamente a quanto si potrebbe pensare, le grotte non sono luoghi completamente disabitati. In effetti, in esse vivono alcuni organismi vegetali presenti anche negli ambienti esterni della superficie terrestre. E vi sono rappresentati numerosi gruppi di animali: dai mammiferi, come i pipistrelli, ai pesci; agli anfibi esclusivamente cavernicoli,

46

Figura 46
Un esemplare di *Proteus anguineus*. Questo rappresentante europeo della famiglia dei Proteidi è lungo dai 20 ai 30 cm, vive nelle acque sotterranee delle grotte e respira per branchie. Si nutre di gamberetti, vermi ed altri invertebrati; può stare senza cibo anche per diversi anni e vive fino a 100 anni. (piranka/Istockphoto)

come il *proteo* [Figura 46]; agli artropodi, come crostacei e insetti. Molti di questi animali presentano degli adattamenti comuni all'ambiente in cui vivono: la depigmentazione della pelle, la riduzione degli occhi fino alla completa cecità, la riduzione delle ali, l'allungamento degli arti e delle altre appendici, lo sviluppo di particolari strutture sensoriali. Nelle grotte si trovano anche numerosissimi organismi più semplici, come i protozoi e le alghe unicellulari.

Lo studio delle forme di vita presenti in ambiente cavernicolo è di grande importanza, in quanto consente di chiarire molti problemi biologici ed ecologici di rilevanza generale, alcuni dei quali hanno stretta attinenza con l'ambiente esterno. Altrettanto interessanti sono le indagini che si vanno compiendo sulle possibilità di adattamento dell'uomo nell'ambiente sotterraneo, sulle reazioni del nostro organismo alla completa oscurità che vi regna e all'isolamento completo dal mondo esterno.

7.3 L'evoluzione del carsismo e le risorse idriche delle zone carsiche

■ **Falda idrica** (Ground water) Un corpo roccioso sufficientemente permeabile da lasciarsi attraversare dalle acque profonde, ma capace di trattenerne in quantità utile per alimentare sorgenti e pozzi, è detto *acquifero*. Se in superficie affiorano gli strati permeabili di un acquifero, l'acqua che penetra si muove verso il basso per gravità, finché non incontra un corpo roccioso impermeabile, l'*acquicludo*, che ne ostacola o ne impedisce il movimento. Di conseguenza, l'acqua va gradualmente accumulandosi nell'acquifero, dando origine a una *falda idrica*.

Come nell'erosione fluviale, anche nello svolgimento del processo carsico si possono riconoscere diversi stadi di sviluppo delle forme superficiali e sotterranee, che ne caratterizzano il **ciclo evolutivo** [Figura 47].

■ In un paesaggio carsico il cui modellamento superficiale si trovi in uno *stadio giovanile*, si osservano doline di dimensioni relativamente piccole (fino a 40-50 m di diametro) a forma di imbuto e generalmente provviste di inghiottitoio, scarsità di terra rossa, graduale sviluppo di piccole solcature di vario tipo (karren) sui versanti montuosi.

In queste condizioni i corsi d'acqua si impoveriscono per la crescente infiltrazione, mentre i loro alvei si trasformano in valloidi carsici con depressioni in cui l'acqua si perde.

■ Uno *stadio di maturità* del carsismo mostra doline più ampie e a forma di ciotola, con il fondo e spesso anche i fianchi rivestiti da terra rossa, insieme a diffusi solchi e creste sulla roccia scoperta. Con il procedere dell'evoluzione si sono formate le *uvala*, i valloidi carsici e altre depressioni nelle quali si raccoglie in sempre maggiore quantità la terra rossa; l'idrografia superficiale è scomparsa del tutto.

■ Quindi si giunge allo *stadio di vecchiaia*, con depressioni sprofondate che mettono allo scoperto tratti sempre maggiori di cavità sotterranee. Il rilievo, demolito fin quasi al livello della *falda idrica* sotterranea, presenta una superficie complessivamente concava, sulla quale si ristabilisce l'idrografia superficiale.

L'evoluzione delle cavità carsiche sotterranee, come quella delle forme superficiali, non segue in tutte le regioni uno schema fisso ed è condizionata da un gran numero di fattori, tra i quali:

- la composizione chimica delle rocce interessate;
- la frequenza delle fratture e le loro direzioni prevalenti;
- le condizioni climatiche esterne;
- il tempo che le acque hanno avuto a disposizione per esercitare la loro azione erosiva.

Nei massicci calcàrei dove questi fattori consentono uno sviluppo completo del fenomeno carsico, la fusione delle varie cavità ipogee è spesso provocata dalla notevole velocità e pressione che l'acqua acquista man mano che procede in profondità: le acque di infiltrazione tendono a raccogliersi e a creare gallerie e canali, in cui scorrono come in una condotta forzata, esercitando una notevole erosione meccanica. Con il tempo, mentre in superficie si assiste alla graduale scomparsa del reticolo idrografico, si crea una vera e propria circolazione idrica sotterranea di tipo speciale, con corsi d'acqua, cascate, laghetti e sifoni che agiscono secondo il principio dei vasi comunicanti e regolano il livello delle acque tra una cavità e l'altra.

La conoscenza dell'infiltrazione e della direzione delle acque sotterranee, della loro quantità e di tutti i fenomeni che riguardano la circolazione idrica nei massicci carsificati è utile anche ai fini pratici. La «cattura»artificiale delle acque sotterranee delle regioni carsiche ne può impedire la dispersione e permettere il convogliamento verso le zone più opportune, contribuendo al reperimento di nuove fonti di approvvigionamento idrico, sia per uso agricolo e industriale, sia per il rifornimento di agglomerati urbani.

47

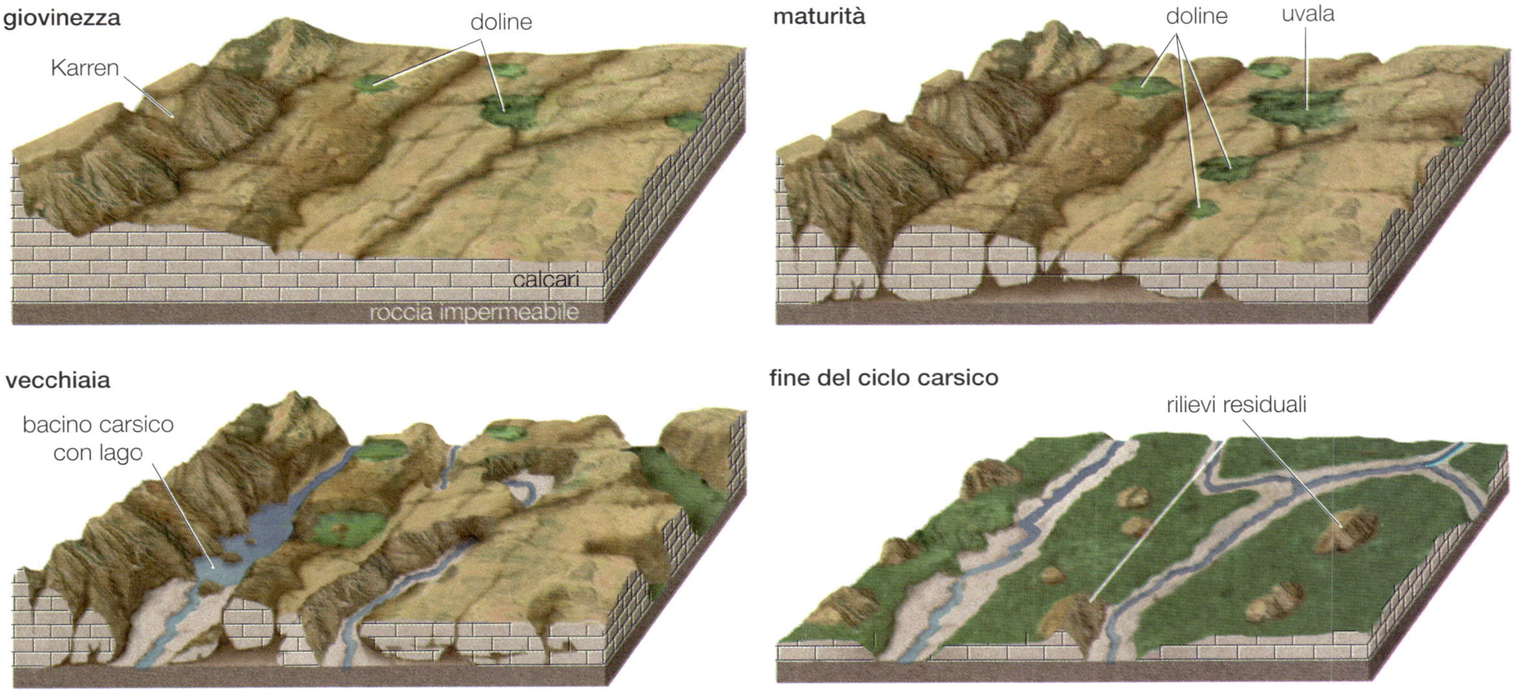

Figura 47
***Stadi evolutivi* di un *ciclo carsico*.** In un altopiano calcareo intensamente tettonizzato le acque, più che scorrere in superficie, tendono ad infiltrarsi nelle fratture della roccia; con la loro azione corrosiva, e con il concorso di processi di crollo, esse producono una serie di forme superficiali e sotterranee che evolvono attraverso stadi successivi, il cui passaggio è però graduale, con limiti non perfettamente definibili. Con la fine del ciclo carsico si ha la demolizione del primitivo massiccio calcareo fin quasi al livello della falda freatica (sostenuta dallo strato impermeabile sottostante), la quale funge da *livello di base locale*.

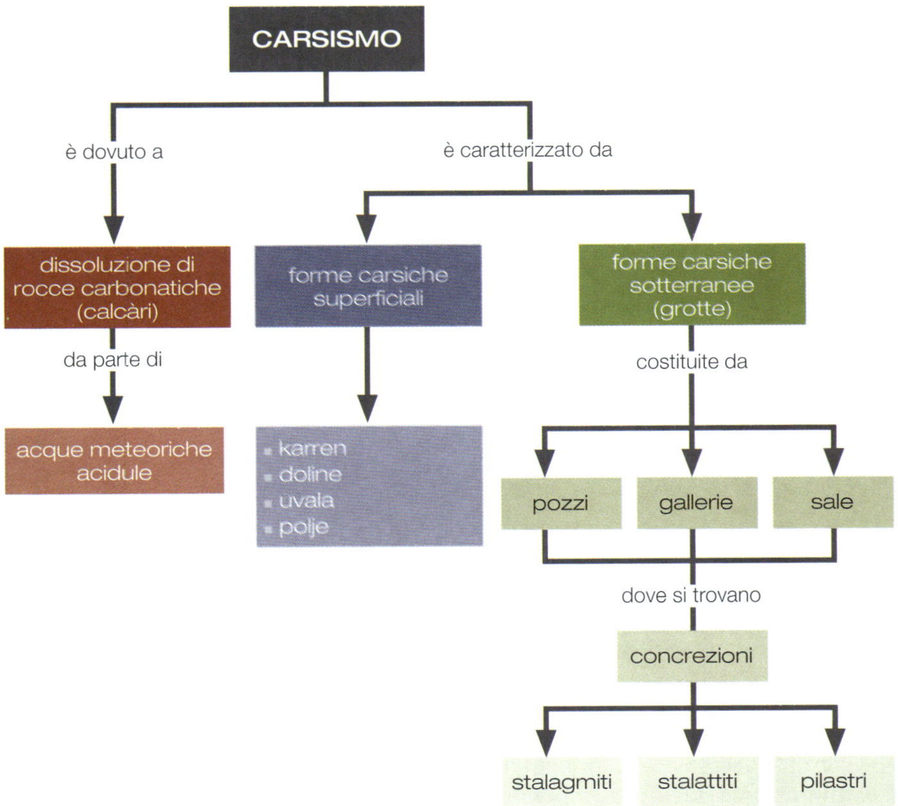

QUESITI

1. Le forme carsiche si possono sviluppare nelle rocce
   A ferrose. B carbonatiche.
   C silicatiche. D argillose.
2. Scegli le alternative corrette.
   Il carbonato di calcio è un componente **solubile/insolubile** dei calcari; in presenza di acqua acidulata esso si trasforma in bicarbonato di calcio, che è invece **solubile/insolubile**.
3. Vero o falso?
   Il paesaggio carsico è caratterizzato da un reticolo idrografico superficiale molto sviluppato.
   Motiva la risposta.
4. Quale di queste forme carsiche epigee ha dimensioni maggiori?
   A Karren. B Uvala.
   C Polje. D Doline.
5. Completa.
   La scienza che studia le grotte prende il nome di
   ....
6. Descrivi il processo di dissoluzione dei calcari operato dall'acqua.
7. Quali sono le più caratteristiche forme carsiche superficiali?
8. Come si formano le stalattiti e le stalagmiti?
9. Quali sono le caratteristiche dello stadio di vecchiaia di un paesaggio carsico?

8 L'azione morfologica dei ghiacciai

Video Il profilo longitudinale di un ghiacciaio

Video La formazione di una valle glaciale

Sebbene la neve e il ghiaccio attualmente ricoprano in permanenza una superficie complessiva solo di poco superiore al 10% delle terre emerse e siano limitati alle regioni polari o di alta montagna, l'azione erosiva e di deposito esplicata dai ghiacciai è di notevole importanza nel modellamento del rilievo terrestre.

Difatti, nelle epoche passate l'estensione dei ghiacciai è stata a volte molto maggiore: si calcola che nel Quaternario essi avrebbero coperto in certi «momenti» fino ad un terzo della superficie continentale. A quei tempi i ghiacciai hanno esercitato ampiamente la loro opera modellatrice, di cui numerose testimonianze sono rimaste impresse nei paesaggi attuali e si possono ritrovare anche in zone oggi prive di nevi permanenti e di ghiaccio (come negli Appennini, dove attualmente esiste un unico piccolissimo ghiacciaio sul Gran Sasso).

Un **ghiacciaio** è una grande massa di ghiaccio derivante dall'accumulo della neve che si compatta, fonde e ricristallizza in forma di piccoli granuli appiattiti dal peso degli strati sovrastanti. I ghiacciai occupano superfici a varia inclinazione e si muovono sotto la spinta del proprio peso.

48

Figura 48
Un «fungo dei ghiacciai» nell'Hindu Kush (Afghanistan). I blocchi rocciosi che cadono su un ghiacciaio, d'estate impediscono ai raggi solari di provocare la fusione di tutto il ghiaccio sottostante. Si formano così queste meravigliose tavole di roccia in difficile equilibrio su un gambo di ghiaccio che spesso riesce a superare il periodo caldo e viene sepolto sotto la nuova neve. (K. Diemberger, Salisburgo)

8.1 Modalità dell'erosione glaciale

Nonostante la sua apparente immobilità, il ghiaccio dei ghiacciai lentamente si sposta, rendendo evidente il suo «scorrimento» a una osservazione protratta per mesi o per anni.

I movimenti verso valle di un ghiacciaio dipendono da vari fattori. Anzitutto sono connessi alla plasticità del ghiaccio e alla facilità dei piccoli moti intergranulari. Vari granuli possono fondere, sotto forte pressione, facilitando così lo spostamento, grazie anche alla eventuale presenza sul fondo di un velo d'acqua che permette lo slittamento sulle rocce di base. Vi è poi la forza di gravità, che è l'agente principale: essa è tanto più efficace quanto maggiore è il pendio su cui poggia la massa glaciale e quanto più grande è lo spessore del ghiaccio. Ma l'entità dello spostamento dipende anche dalla rugosità del fondo, dalla presenza di ostacoli rocciosi che rallentano il moto, da tratti alterni in piano o in contropendenza; inoltre varia anche con la stagione.

La velocità varia da punto a punto di un medesimo ghiacciaio e a seconda dei vari tipi di ghiacciai (ghiacciai continentali, ghiacciai di montagna ecc.). È in virtù di questo movimento che i ghiacciai possono esercitare una loro azione erosiva, la quale si compie secondo due processi essenziali, che si svolgono contemporaneamente: l'*estrazione* e l'*esarazione*.

L'**estrazione** glaciale consiste nella fessurazione e nella frantumazione delle rocce per le continue alternanze di gelo e disgelo che si verificano ai margini e sul fondo del ghiacciaio, e nell'azione divaricatrice del ghiaccio che si insinua plasticamente nelle fenditure, completa la rottura ed allontana i materiali che ne derivano.

L'estrazione è particolarmente pronunciata alla fronte dei ghiacciai e sui loro bordi, dove cadono i detriti, a volte anche di notevoli dimensioni [Figura 48], provenienti dalla degradazione meteorica e dallo scalzamento dei versanti; ma si esercita con una certa intensità anche sul fondo. Essa favorisce il modellamento dei versanti, poiché impedi-

49A

49B

Figura 49
Effetti della *esarazione glaciale*.
A. Levigatura e striatura di rocce granitiche lungo la costa della Baia di St. John (Terranova, Canada). Le strie indicano la direzione di movimento della grande coltre glaciale che durante le glaciazioni quaternarie occupava gran parte dell'America Settentrionale. (P. Cresan)
B. Roccia a gobba levigata e arrotondata nelle Vedrette di Ries (Trentino-Alto Adige). Il senso di movimento del ghiacciaio che l'ha modellata andava da sinistra a destra. Si tratta di una *roccia montonata*: il nome deriva da una certa somiglianza fra la loro forma e quella delle «moutonnées», le parrucche a foggia di vello di pecora in voga nel XVIII secolo. (M. Del Monte, Roma)

sce la formazione di falde di detrito che ne proteggerebbero la base.

Il processo di **esarazione** consiste nell'erosione meccanica vera e propria della corrente glaciale e delle eventuali acque di fusione che scorrono sotto il ghiaccio, le quali escavano il fondo ed esercitano un'intensa azione abrasiva con l'aiuto dei materiali duri trasportati.

Per effetto del raschiamento che i blocchi inglobati nel ghiaccio esercitano contro la roccia in posto, sulle pareti laterali si creano delle scanalature larghe fino ad una cinquantina di centimetri e profonde fino a 10 centimetri, soprattutto dove il letto del ghiacciaio si restringe. Le rocce coerenti del fondo vengono incise da strie secondo la direzione di scorrimento del ghiacciaio, e tutte le loro sporgenze vengono progressivamente levigate ed arrotondate; le più resistenti assumono spesso una forma a dorso di cetaceo o mammellonare, costituendo le cosiddette *rocce montonate* [Figura 49].

8.2 I circhi e le valli glaciali

In conseguenza delle azioni di estrazione e di esarazione, una regione che è stata occupata da ghiacciai presenta **forme di erosione** caratteristiche. Tra queste spiccano – in particolare nelle aree modellate da ghiacciai di tipo alpino – i *circhi* e le *valli*.

I **circhi glaciali** sono depressioni semicircolari dominate da ripide pareti, raramente isolate, più spesso a gruppi [Figura 50]. Essi sono dovuti alle forti pressioni esercitate dalle masse glaciali nelle zone di accumulo delle *nevi permanenti* e alla concomitante azione del gelo e disgelo che si esercita in alta montagna. Perciò assumono la forma di una poltrona con braccioli: lo schienale è ripido, mentre dalla parte opposta può esserci una soglia più o meno rilevata, che il ghiaccio modella e supera quando raggiunge uno spessore tale da dare origine ad una lingua che scende nella valle sottostante.

Nevi permanenti (**Permanent snow**) Sono le nevi che, cadute nelle stagioni fredde, non fondono del tutto durante le stagioni calde, e lentamente si trasformano in ghiaccio.

50

Figura 50
Circhi glaciali nell'Appennino marchigiano. La presenza di tali forme di erosione nel nostro Appennino è testimonianza della lunga e complessa storia climatica della Terra, con età glaciali succedutesi per lungo tempo a quelle interglaciali (come l'attuale).

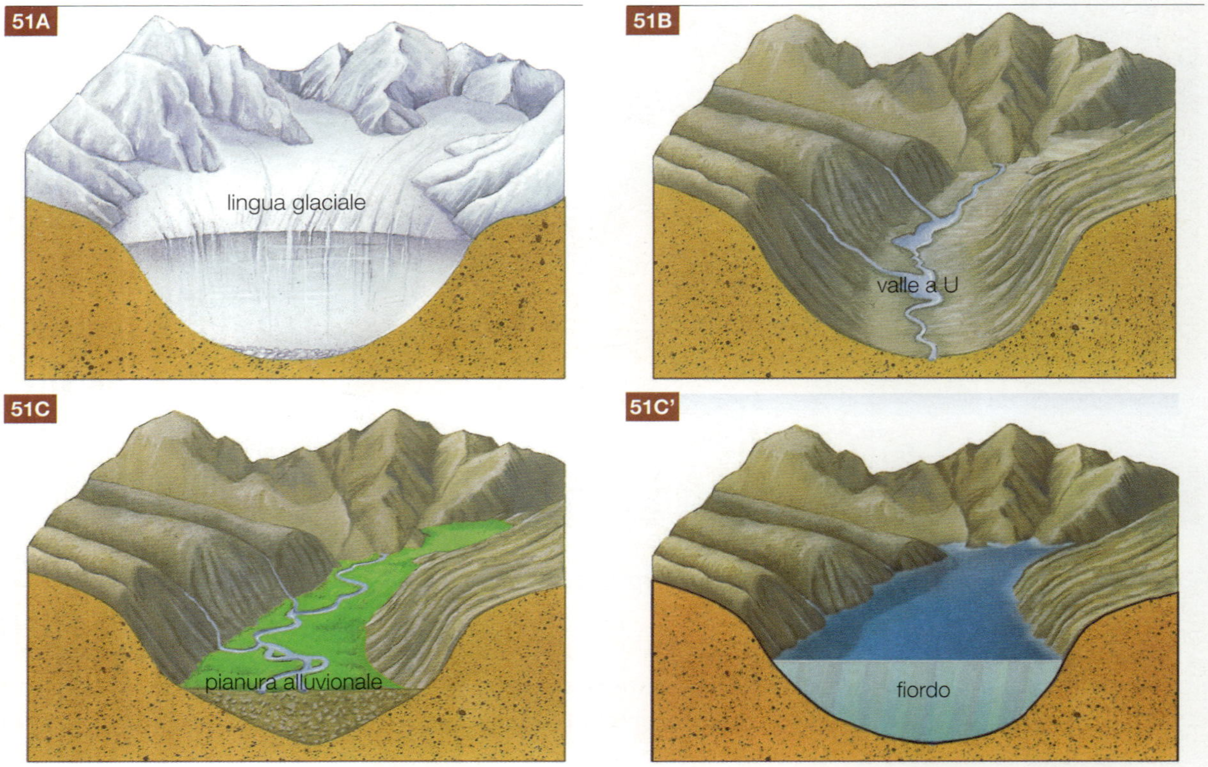

Figura 51
Schemi dello *sviluppo di un paesaggio glaciale*.
A. Durante la massima glaciazione una valle principale, dalla caratteristica sezione ad U, è colma di ghiaccio fino al livello dei suoi tributari più piccoli.
B. Dopo la glaciazione, scomparso il ghiaccio, il fondovalle può essere occupato da un fiume e da laghi. Dalle valli secondarie, meno incise perché modellate da lingue minori, e quindi pensili sulla valle principale, scendono con cascate gli affluenti.
C. Se il carico di materiali trasportati dai corsi d'acqua è notevole, con il tempo il fondovalle viene riempito da alluvioni. Ciò può accadere anche dopo che il fiume abbia inciso profondamente la vecchia valle glaciale e le abbia eventualmente conferito una sezione trasversale a V.
C'. Se la valle glaciale era stata sovraescavata fin sotto il livello marino e si trovava vicino alla costa, può anche succedere che alla fusione dei ghiacci essa ospiti un braccio di mare, costituendo così un *fiordo*.

Le **valli glaciali** sono molto diverse da quelle di origine fluviale. A differenza dei corsi d'acqua, i quali concentrano la loro azione erosiva lungo una linea che viene sempre più approfondita dalla corrente, il ghiaccio erode per tutta la sua ampiezza la depressione nella quale scorre [Figura 51A]; data la sua caratteristica di massa molto viscosa in movimento, il ghiaccio di un ghiacciaio tende a dare alla sezione del suo letto la forma che determina il minimo attrito, cioè quella di un semicerchio.

La valle glaciale ha quindi una **sezione trasversale a U** ed è chiamata *valle a doccia* o *truogolo glaciale*. Tale forma compete solo alla parte inferiore della sezione trasversale, cioè a quella parte in cui si è esercitata l'azione diretta del ghiacciaio, mentre la parte superiore, modellata dalla degradazione meteorica e dalle acque correnti, presenta i due fianchi divergenti [Figure 51B e 52].

Il *profilo longitudinale di una valle glaciale* presenta spesso dei tratti in contropendenza ed è costituito da una successione di porzioni escavate, dette *ombelichi*, e di parti in rilievo, chiamate *soglie* [Figura 53]: le prime si trovano in corrispondenza di rocce tenere o di zone di massimo spessore del ghiaccio;

Figura 52
La Oxnadalur, un magnifico esempio di *valle glaciale*, in Islanda. Pur non essendo più percorsa dal ghiaccio, essa mostra chiaramente la sua origine: il fondo ampio e i bassi versanti ripidi le conferiscono la tipica sezione trasversale ad U dei *truogoli glaciali*; solo verso l'alto, dove non arrivava la lingua di ghiaccio, i versanti divergono come nelle valli fluviali (rivedi la figura 26). Simili valli sono frequenti nelle Alpi, dove spesso indicano il percorso di lingue glaciali che si sono ritirate; ma se ne rinvengono anche negli Appennini, dove i ghiacciai vallivi sono ormai scomparsi. (R. Biscaretti, Bologna)

53

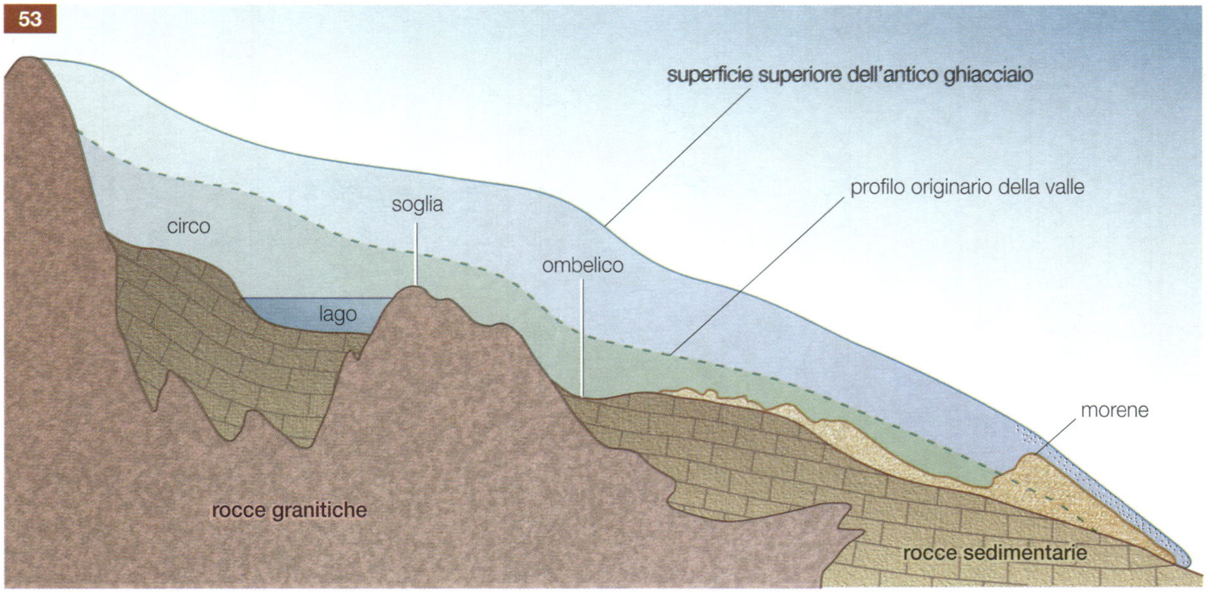

Figura 53
Il *profilo longitudinale* di un ghiacciaio di tipo alpino. Nelle valli glaciali non si osserva la progressiva diminuzione di pendenza riscontrabile in quelle di erosione fluviale (rivedi la figura 23). A differenza dell'acqua dei fiumi, che è costretta sempre a scendere o a ristagnare nelle depressioni preesistenti (colmandole di detriti), il ghiaccio dei ghiacciai si comporta come una massa plastica e può quindi superare le contropendenze ed approfondire sempre di più le depressioni, il cui fondo può essere scavato anche al di sotto del livello del mare (*criptodepressioni*). Alla scomparsa del ghiaccio, nelle depressioni si possono originare dei laghi. I materiali erosi (*morene*) vengono abbandonati generalmente più in basso, verso la fronte del ghiacciaio, mano a mano che questo si ritira per fusione; anch'essi possono sostenere dei laghi.

le seconde sono spesso modellate in rocce più resistenti, oppure si rinvengono laddove il ghiaccio ha potuto esercitare in minor misura la sua azione, per il ridotto spessore o la debole velocità.

L'erosione glaciale non è limitata da un «livello di base», come quella fluviale; difatti, l'avanzamento di una massa di ghiaccio non è regolato soltanto dalla forza di gravità che agisce su di essa, ma è anche sollecitato dalla spinta, talvolta enorme, esercitata dalle masse retrostanti. Pertanto, il ghiaccio dei ghiacciai può anche superare dei tratti in salita e spingere la «sovraescavazione» a profondità al di sotto del livello del mare, dando origine in tal caso a delle *criptodepressioni*.

54

Figura 54
Un esempio, particolarmente significativo, di *valle glaciale sospesa* (Yosemite National Park, California). Un tempo la piccola valle pensile era percorsa da una lingua di modesto spessore che confluiva in un'altra molto più potente, la quale ha scavato la grande valle (Yosemite Valley) dove ora scorre il fiume visibile in primo piano; mentre il ghiaccio delle due lingue si raccordava regolarmente in superficie, il fondo della valle principale era ovviamente molto più scavato di quello della valle secondaria. Scomparsi i ghiacciai, oggi il processo di modellamento avvenuto è testimoniato dalla presenza della cascata; questa con il tempo verrà progressivamente eliminata dal corso d'acqua affluente, il cui profilo longitudinale tende a raccordarsi con il proprio livello di base, rappresentato dal fiume principale (vedi figura 51B e C).

Le valli glaciali secondarie che confluiscono in una valle principale sono anch'esse modellate ad U ma, essendo percorse da lingue di minor potenza, vengono scavate meno profondamente e perciò hanno il fondo più elevato rispetto a quello della valle principale collettrice. Al ritiro del ghiacciaio che le occupa, esse appaiono come *valli pensili* o *sospese* [Figura 54] e i corsi d'acqua che vi si impostano sono costretti a superare il dislivello con delle cascate; con il tempo l'erosione fluviale vi incide delle gole e quindi le fa scomparire con la sua azione regressiva.

8.3 Le forme di deposito glaciali

Con il suo movimento, il ghiaccio non solo erode il fondo e i fianchi rocciosi delle valli, asportandone i detriti, ma ingloba anche tutti i materiali grossi o minuti che cadono casualmente sul ghiacciaio, trasportandoli verso valle. Questi detriti si raccolgono gradualmente – per effetto della gravità e dei movimenti differenziali del ghiaccio – verso i fianchi, sul fondo e alla fronte del ghiacciaio, dove formano ammassi più o meno caotici, detti **morene**.

Le *morene laterali* sono in genere abbondanti, a causa dei detriti che cadono dai versanti montuosi e bordano il ghiacciaio per tutta la sua lunghezza, ingrossandosi gradualmente verso valle. Se due lin-

55

56

Figura 55
Morene laterali e morena mediana sul Ghiacciaio del Bernina (Svizzera). Si tratta di *morene mobili*, costituite da grandi quantità di detriti di varie dimensioni che derivano prevalentemente dalla disgregazione meteorica delle rocce dei versanti e cadono sulla superfice del ghiacciaio, il quale li trasporta.

Figura 56
La fronte del Ghiacciaio della Lex Blanche, nel Gruppo del Monte Bianco. Oltre alle varie morene in movimento assieme al ghiaccio (*morene mobili*) è ben visibile in primo piano parte della *morena frontale deposta*. La morena frontale è solcata da un piccolo torrente che si origina dalle acque di fusione della lingua glaciale. Queste acque, assieme a quelle derivanti da altri ghiacciai che scendono anch'essi dal versante italiano del Monte Bianco, vanno ad alimentare poi il Fiume Dora di Venì. (C. Caputo, Roma)

gue glaciali confluiscono in una, le rispettive morene laterali che vengono a contatto si congiungono e, dopo la confluenza, costituiscono una *morena mediana* [Figura 55].

I materiali detritici che rimangono fra la base del ghiacciaio e il letto roccioso formano le *morene di fondo*. I materiali che giungono alla fronte (e che derivano dal trasporto delle morene già citate e di quelle *interne* alla massa glaciale) formano le *morene frontali*.

Le *morene deposte* [Figura 56] sono distinguibili da quelle in movimento perché il loro materiale, tutto detritico, è dato da massi e ciottoli di ogni dimensione immersi in un fango (limo glaciale) formato dalle parti più minute. Naturalmente, la deposizione dei materiali è particolarmente accentuata allorché un ghiacciaio si ritira, e produce forme di accumulo diverse a seconda dei tipi di ghiacciai e di morene mobili, del luogo in cui queste vengono abbandonate e anche delle caratteristiche delle rocce di provenienza.

Le forme più imponenti sono gli **anfiteatri morenici**, costituiti da una serie di grandi argini frontali ad archi grossolanamente concentrici, corrispondenti ai depositi lasciati da una potente lingua glaciale in lento ritiro, durante diverse fasi di sosta. Ne sono rimasti esempi grandiosi allo sbocco in pianura di numerose vallate alpine, come l'anfiteatro morenico di Ivrea (Piemonte) e quelli davanti ai laghi Maggiore, di Como e di Garda, formati da colline arcuate che si elevano sulle pianure circostanti.

Un altro effetto caratteristico del trasporto e della deposizione dei ghiacciai è rappresentato dai *massi erratici*, blocchi rocciosi di enormi dimensioni, abbandonati anche a centinaia di km dal luogo di origine. Tali massi si riconoscono spesso per la loro natura litologica diversa da quella delle rocce su cui giacciono.

8.4 Il modellamento del paesaggio al ritiro dei ghiacciai

I depositi glaciali sono frequentemente ripresi e rimaneggiati dalle acque di fusione e dai torrenti glaciali che da queste si originano.

Tali corsi d'acqua asportano una porzione considerevole dei detriti che i ghiacciai vanno abbandonando, ed erodono anche le morene frontali già accumulate; trasportano questi materiali verso valle e, dopo averli rielaborati, li depongono nuovamente nelle zone più basse e pianeggianti, formando i **depositi fluvioglaciali**. Anche questi depositi hanno forma, costituzione ed estensione assai variabili, a seconda dei diversi tipi di ghiacciai da cui provengono, della loro natura litologica e del tipo di trasporto che hanno subìto ad opera delle acque correnti.

Le maggiori estensioni di depositi fluvioglaciali si rinvengono ai margini delle grandi coltri glaciali in lento ritiro. Qui essi formano vaste pianure in cui il deflusso delle acque è ostacolato dai materiali morenici abbandonati e la superficie è cosparsa di canali e pozze d'acqua temporanee. Dopo la scomparsa del ghiaccio alcune delle depressioni ostruite da morene contengono ancora dei laghi.

Figura 57
Un fiordo presso Geiranger, nella Norvegia meridionale. Sono ben visibili le pareti quasi verticali dell'antica valle glaciale, nella quale il mare è entrato dopo la fusione dei ghiacci e il ritiro del ghiacciaio.
(D.J. Heaton / Marka)

Pur avendo modellato vaste regioni delle terre emerse, i ghiacciai quaternari non hanno potuto produrre delle vere «superfici di spianamento», a causa della limitata durata geologica delle glaciazioni. Per esempio, i grandi *scudi*, che hanno subìto l'azione delle potenti calotte glaciali e che oggi appaiono quasi spianati, in realtà erano stati già ampiamente erosi da altri agenti esogeni.

■ **Calotte glaciali (Ice sheet)** Sono i *ghiacciai continentali* che, in forma di enormi lenti biconvesse con spessori chilometrici, coprono oggi circa il 98% dell'Antartide e l'80% della Groenlandia. Nelle età glaciali ghiacciai di questo tipo si estendevano anche sull'Europa settentrionale e su buona parte del Nord America.

È difficile quindi individuare un *ciclo di erosione glaciale*, sia perché il paesaggio glaciale assume forme diverse a seconda dei vari tipi di ghiacciai, sia perché il suo aspetto è complicato dall'influenza di altri agenti modellatori. Difatti, le forme di erosione e di deposito glaciali vengono cancellate in un tempo relativamente breve ad opera delle acque fluviali che scorrono nelle valli abbandonate dai ghiacciai e tendono a modificarne l'aspetto in relazione al proprio meccanismo erosivo.

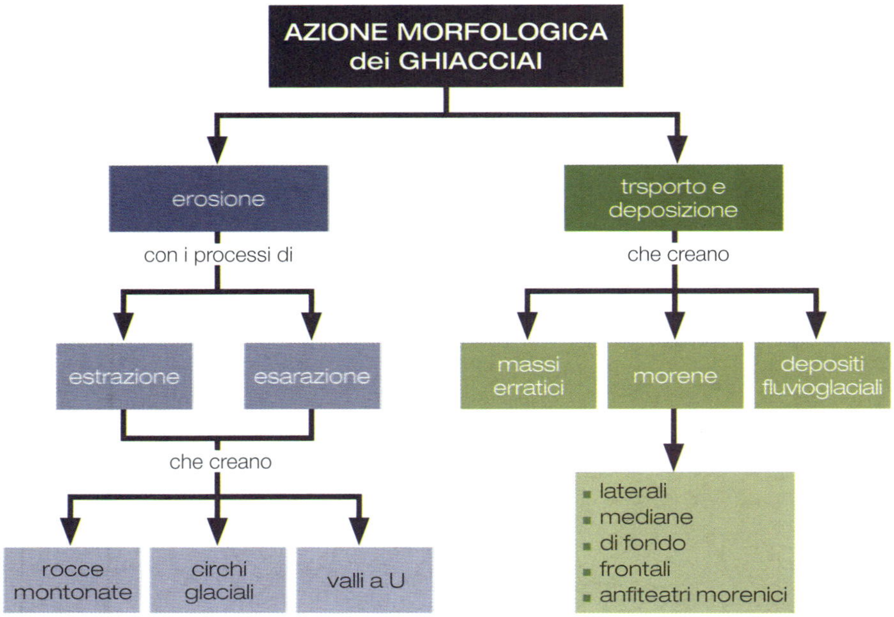

Inoltre, le regioni glacializzate possono essere in parte invase dal mare alla fusione dei ghiacci e sono così sottoposte a un'azione diversa, che tende anch'essa a cancellare le tracce del modellamento precedente: è il caso, per esempio, della formazione dei *fiordi* [**Figure 51C' e 57**].

QUESITI

1. Scegli l'alternativa corretta.
Il processo di erosione glaciale che consiste nell'abrasione delle rocce da parte del ghiaccio e dei materiali rocciosi in esso trasportati è detto **estrazione/esarazione**.

2. Le gobbe rocciose, in parte levigate e arrotondate, solcate dalle caratteristiche strie lasciate dall'azione erosiva del ghiaccio dei ghiacciai, sono dette
A massi erratici. **B** funghi dei ghiacciai.
C rocce montonate. **D** morene.

3. Scegli l'alternativa corretta.
I circhi glaciali/Gli anfiteatri morenici sono forme di erosione glaciale.

4. Le morene mobili di fondo si trovano
A attorno ai circhi glaciali.
B a valle del ghiacciaio.
C tra la base del ghiaccio e il letto roccioso.

5. Completa.
Quando una valle glaciale vicina alla costa viene invasa dal mare si forma un ....

6. Con quali modalità principali si compie l'azione erosiva di un ghiacciaio?

7. Quali sono le principali caratteristiche di una valle glaciale?

8. Che cos'è una morena?

9. Come si forma una morena mediana?

10. Dove si rinvengono le maggiori estensioni di depositi fluvioglaciali?

9 L'azione morfologica del mare sulle coste

Video
L'azione del mare e l'erosione delle coste

Anche il mare, con i suoi movimenti, svolge una triplice azione – di erosione, di trasporto e di deposizione – che si esercita lungo i *litorali*, cioè nelle zone di contatto, più o meno ampie a seconda dell'ampiezza delle maree, fra le parti emerse e quelle sommerse della superficie terrestre. Quest'opera modellatrice può portare o all'arretramento della linea di costa, quando prevalgono i suoi effetti distruttivi, o ad un avanzamento nel caso che siano preponderanti i processi costruttivi.

L'attività erosiva del mare, che prende il nome di **abrasione marina**, si esplica per opera delle maree, delle correnti e soprattutto delle onde, che sono il massimo agente modificatore dei litorali. Tale attività è però largamente preparata e agevolata da diversi fenomeni che possono interessare le zone costiere; essi comprendono l'alterazione chimica delle rocce a contatto con l'acqua salata, la disgregazione meccanica operata dagli altri agenti esogeni e l'azione degli organismi perforatori (ad esempio, certi molluschi).

■ **Onde di oscillazione/Onde di traslazione (Waves of oscillation/Waves of translation)** Le *onde di oscillazione* si generano in mare aperto, dove non si risente l'influenza dei fondali; in esse le particelle d'acqua sono soggette a soli movimenti circolari e non si ha trasporto d'acqua. Le *onde di traslazione* comportano un vero e proprio trasporto d'acqua; esse sono caratteristiche di acque poco profonde. Quando un'onda si avvicina alla costa, l'attrito con il fondo marino provoca il rallentamento della sua parte inferiore e le particelle d'acqua descrivono orbite sempre più ellittiche finché, lungo il fondale, si muovono con moto rettilineo alternato; la parte inferiore dell'onda risulta perciò ritardata rispetto a quella superiore, che si rovescia in avanti (*frangente*).

9.1 Le onde come agenti abrasivi delle coste

L'azione del moto ondoso è particolarmente efficace lungo le coste con acque poco profonde, laddove le *onde di oscillazione* per attrito col fondo si trasformano in *onde di traslazione* e si originano così i **frangenti**. Questi sono in genere tre volte più alti dell'onda in mare aperto e possono arrivare, nel caso di tempeste violente o di tsunami, fino ad altezze di una cinquantina di metri. Con il loro moto di trasporto della massa d'acqua, essi riescono a demolire le rocce non solo per l'enorme pressione (fino a 30000 kg/cm^2), ma anche con l'aiuto dei materiali che lanciano contro la costa, dando luogo ad incisioni, nicchie, caverne, arcate, guglie o scogli (come i *faraglioni* dell'Isola di Capri), le cui caratteristiche dipendono in larga misura dalla resistenza che le rocce possono opporre a quest'opera distruttiva [Figura 58].

58

Figura 58
Effetti dell'*abrasione marina* su una costa alta a Etretat, in Normandia. L'azione delle onde su rocce stratificate e fessurate ha provocato, in zone di minor resistenza, la formazione di *archi naturali* (la cui volta è destinata a crollare) e l'isolamento di scogli. L'abrasione è particolarmente pronunciata in corrispondenza del livello medio del mare, ossia della *linea di battigia*, ed è agevolata dai materiali erosi e crollati, che vengono ulteriormente scagliati contro la costa.

Figura 59
Un tratto di *costa alta* nel Golfo di Orosei (Sardegna). Una ripa calcàrea alla cui base si intravvede il *solco di battigia*, dovuto in parte all'attacco chimico delle acque marine e in parte all'erosione meccanica operata dalle onde. Le cavità, aperte e approfondite in corrispondenza del solco, immettono nella bellissima Grotta del Bue Marino, così detta perché è stata per lungo tempo rifugio di foche ormai rarissime nel Mediterraneo.

59

La notevole forza d'urto dei frangenti agisce con particolare potenza sulle fessure, sui giunti di stratificazione, sui punti di debolezza delle rocce rappresentati da cambiamenti litologici, aprendo varchi e fratture che si allargano progressivamente. L'acqua, spinta violentemente in queste aperture, comprime le masse d'aria in esse contenute e ritirandosi determina la loro rapida espansione. Le rocce, subendo questa ripetuta azione di compressione e decompressione, vengono dapprima fratturate, quindi separate e divelte in blocchi e frammenti di tutte le dimensioni. L'allargamento della cavità è relativamente rapido e col tempo può portare alla formazione di vere e proprie **grotte di abrasione marina**. Spesso capita che due o più grotte entrino in coalescenza per eliminazione dei setti di separazione, dando luogo ad enormi antri con aperture molto ampie ma, di solito, poco estesi in lunghezza.

In Italia abbiamo numerosissimi esempi di grotte costiere, alcune delle quali di incomparabile bellezza ed importanza. Possiamo citare, ad esempio, quelle dell'Adriatico,di notevole interesse speleologico, geologico e preistorico; fra esse, la celebre Grotta Romanelli e la vicina Grotta Zinzulusa sul Canale di Otranto in Puglia, accessibili tanto per via di terra che dal mare, abitate dall'uomo paleolitico. Altrettanto belle e a volte veramente imponenti sono le numerose cavità che si aprono sul mare lungo le coste della Sardegna, scavate nei più diversi tipi di rocce. C'è da osservare, però, che molte delle più note grotte costiere italiane – come la Grotta del Bue Marino in Sardegna [Figura 59] o la Grotta Azzurra di Capri – si sono formate essenzialmente per fenomeni carsici in rocce carbonatiche; se oggi esse si trovano a diretto contatto con il mare e ne subiscono in parte l'azione modellatrice, ciò è dovuto a successivi innalzamenti relativi del livello marino.

Quando l'abrasione marina può agire in maniera relativamente uniforme lungo un tratto di costa alta e rocciosa, in corrispondenza del livello medio del mare si origina una specie di scanalatura (**solco di battigia**) che si approfondisce sempre di più; la parete rocciosa sovrastante (*ripa*) viene così scalzata alla base e, mancando di sostegno, subisce dei crolli successivi che la fanno arretrare. È questo il fenomeno che provoca l'evoluzione delle **falesie**, coste alte e in forte pendenza (a volte anche strapiombanti sul mare) che si mantengono più o meno ripide e arretrano progressivamente. La velocità di questo arretramento in genere varia da qualche millimetro ad alcuni centimetri all'anno, ma può essere anche molto superiore quando l'attacco marino è particolarmente violento e l'erodibilità delle rocce lo consente. Ad esempio, nel Norfolk, in Inghilterra, raggiunge 1 m/anno.

La gran parte dei materiali che deriva dalla demolizione delle ripe si accumula ai piedi di queste e, se il livello del mare non muta, con il tempo forma una **piattaforma di abrasione marina** – un piano leggermente inclinato verso il mare – che può in parte emergere durante le basse maree. Con il procedere dell'erosione e dell'arretramento della costa, questa piattaforma tende ad allargarsi e ad ispessirsi sempre di più, fino a che finisce col frenare a poco a poco le onde e a proteg-

60

Figura 60
Una falesia intagliata nelle arenarie, con la antistante *piattaforma di abrasione marina*, in parte emersa durante la bassa marea. Questa piattaforma, coperta da alghe, è ormai talmente estesa da smorzare l'energia delle onde anche durante l'alta marea, proteggendo così dall'ulteriore arretramento la parete rocciosa, che si avvia a diventare una «falesia morta». (S. Stammers/ Science Photo Library)

gere così la ripa dall'ulteriore attacco, facendo cessare il suo arretramento e producendo perciò una *falesia morta* [Figura 60].

Sulle coste basse l'abrasione marina si esercita in maniera ugualmente efficace; qui essa agisce soprattutto sui materiali detritici scaricati dai fiumi o strappati dal mare alle terre emerse. Le onde rimaneggiano continuamente questi materiali, frantumandoli e levigandoli: i massi più grandi vengono ridotti in ciottoli e ghiaie di forma appiattita, i frammenti più piccoli in sabbie a grana sempre più fine.

Questa azione e il trasporto dei detriti, verso il largo o verso altri tratti costieri, producono un'incessante modificazione anche delle coste a dolce declivio.

9.2 L'azione costruttiva del mare

Il mare non esplica soltanto azioni distruttive, ma anche costruttive: in minor parte per l'effetto dei depositi chimici e delle incrostazioni ($NaCl$, $CaCO_3$) lungo certi tratti di costa e per l'opera degli organismi costruttori (come nel caso delle barriere coralline); in maggior parte per i suoi stessi movimenti.

Dovunque la velocità delle onde e delle correnti diminuisce, i materiali detritici di diversa provenienza che esse trasportano vengono depositati. La deposizione si verifica soprattutto nelle insenature con acque poco profonde, riparate da promontori; qui le onde che raggiungono il litorale abbandonano ghiaie e sabbie. Tali detriti, insieme a quelli più minuti portati dalle correnti, formano le **spiagge**, le quali scendono in mare con dolce pendio.

Talvolta i materiali vengono depositati in mare ad una certa distanza dalla riva, formandovi un accumulo che si estende lungo la linea dove si incontrano e si annullano l'onda diretta verso la costa e il flusso d'acqua di ritorno (*risacca*): si origina così un **cordone litoraneo** sottomarino che col tempo può emergere e costituire un *lido*. I lidi si formano di frequente all'ingresso di insenature, allungandosi dalle punte dei promontori che le delimitano e contribuendo così ad isolare specchi d'acqua più o meno ampi, ossia **lagune** con ristrette comunicazioni col mare aperto; questi varchi naturali a poco a poco si restringono fino a chiudersi completamente e formare così dei **laghi costieri**. Con il passare del tempo, se non intervengono variazioni del livello del mare o movimenti della regione costiera, si verifica un completo colmamento di detriti portati dai corsi d'acqua, dal vento e dalle forti

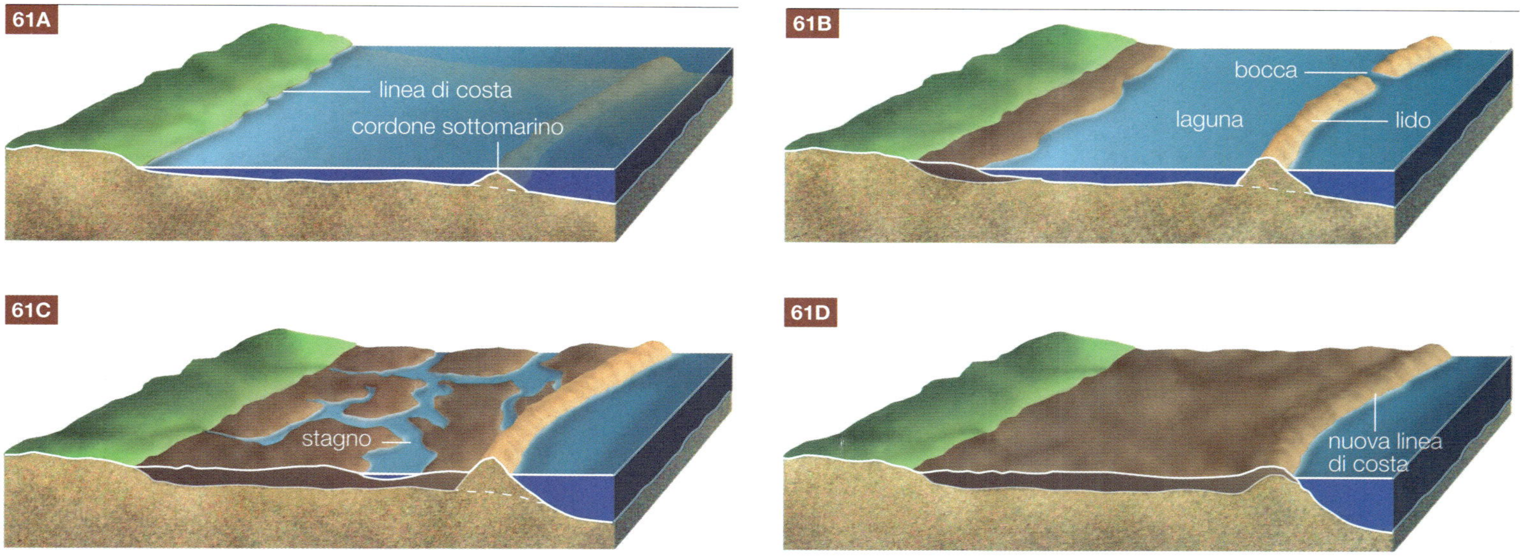

Figura 61
Formazione ed evoluzione di un *cordone litoraneo* e di una *laguna*. In seguito alla chiusura della comunicazione con il mare aperto, la zona retrostante al cordone si trasforma dapprima in una laguna e quindi in uno stagno costiero, che in seguito può venire colmato dall'apporto di detriti.

Figura 62
Veduta aerea della penisola dell'Argentario. Sono riconoscibili i due tomboli sabbiosi (della Giannella a sinistra e della Feniglia a destra) e la lingua mediana di terra, che racchiudono lo Stagno di Orbetello. (Stefano Politi Markovina/Alamy/IPA)

burrasche, assieme a depositi organici in gran parte vegetali. Cosicché, alla fine del processo costruttivo la terraferma guadagna spazio e si estende: si stabilisce così una nuova linea di costa, avanzata rispetto alla precedente [Figura 61].

Fra le lagune, ricordiamo quella di Venezia, lunga una cinquantina di kilometri e delimitata da un cordone litoraneo con tre aperture (*bocche lagunari* o *porti*) attraverso le quali le acque marine entrano ed escono con l'alternarsi del flusso e del riflusso di marea. Oltreché al meccanismo già descritto, la formazione e la persistenza di questa laguna sembra da collegare anche ad un lento abbassamento dell'intera area. Per rinforzare l'esile lido che difende la Laguna Veneta dal mare, si sono dovute costruire dighe lunghe 5 km (i «murazzi», che risalgono in buona parte ai tempi della Repubblica di Venezia). Anch'essa è minacciata dal pericolo di colmamento che deriva dalla sedimentazione fluviale e perciò il Fiume Brenta, che prima vi sboccava, alla fine del XIX secolo è stato deviato artificialmente e portato a sfociare direttamente in mare. Ma i problemi della Laguna di Venezia sono ancora lontani dall'essere risolti.

Molto noto è anche lo Stagno di Orbetello, una laguna racchiusa da due *tomboli* che collegano l'antica isola di Monte Argentario alla Toscana, interrotti da due ristrette bocche di scarico (una per ogni tombolo) [Figura 62]. Qui esiste anche una lingua di terraferma mediana, che divide in due la laguna e sulla quale sorge Orbetello; pare che sia stata la prima a formarsi e con la sua presenza abbia poi favorito lo sviluppo dei due tomboli esterni. Il termine «tombolo», originario di questa zona, inizialmente era riservato soltanto alle dune costruite dal vento sulle spiagge o su cordoni litoranei.

9.3 L'evoluzione delle zone costiere e i terrazzi marini

Anche per l'opera modellatrice del mare si può parlare di un **ciclo evolutivo** che si svolge attraverso fasi successive, raggruppabili in tre stadi:

- nello *stadio giovanile* si assiste a una graduale articolazione della costa, a causa del vario e progressivo addentrarsi dell'attacco da parte del mare;
- nello *stadio di maturità* i promontori vengono sempre più demoliti e le insenature colmate di detriti di spiaggia, con formazione di cordoni litoranei e lingue di sabbia che tendono a racchiuderle;
- nello *stadio di vecchiaia* la costa dall'originario andamento frastagliato diventa una costa rettilinea la cui direzione è perpendicolare a quella delle onde e delle correnti che, per erosione e deposizione, l'hanno modificata.

63A

fase iniziale

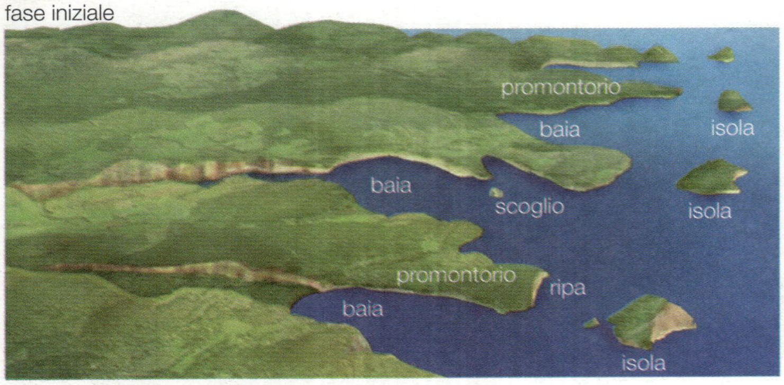

fase di avanzata giovinezza, di passaggio alla maturità

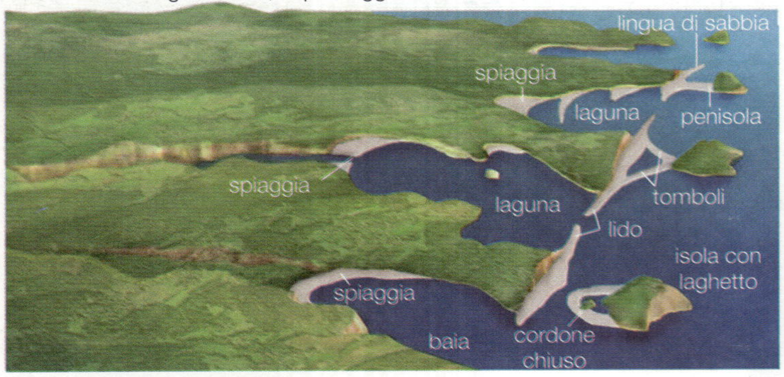

fase di piena maturità, prossima alla vecchiaia

Figura 63

***Evoluzione di una costa frastagliata in una costa rettilinea*, per erosione delle sporgenze e deposizione nelle rientranze.**

A. Un tale sviluppo si osserva soprattutto nelle coste dovute a sommersione marina: parti di valli subaeree diventano insenature o golfi, mentre i rilievi danno luogo a promontori e ad isole. Nelle coste dovute ad arretramento del mare l'emersione della piattaforma produce spesso un andamento più uniforme e senza isole. Tuttavia anche in quel caso l'articolazione della costa può essere prodotta dall'attacco del mare che agisce in modo differenziale nelle diverse parti. In seguito il processo di regolarizzazione può svolgersi secondo lo schema raffigurato. Per avere una vera *peneplanazione marina* (lo spianamento da parte del mare di vaste aree precedentemente emerse) occorre che il ciclo si ripeta più volte, così che la piattaforma di abrasione si estenda a più riprese e sempre più uniformemente.

B. Nella fotografia è visibile un lungo tratto di costa alta e rettilinea, a Sud-Ovest di Christchurch nell'Isola del Sud, in Nuova Zelanda. Una costa di questo tipo rappresenta, in genere, la fase avanzata di un lungo processo di erosione dei promontori e di deposizione nelle insenature, che porta alla rettificazione delle coste frastagliate, come indicato nel disegno. L'esistenza delle insenature nel passato e il processo evolutivo della costa sono testimoniati dalla netta troncatura (probabilmente favorita da una faglia) delle incisioni prodotte dai corsi d'acqua; gli interfluvi fra un corso d'acqua e l'altro si prolungavano nel mare a costituire, un tempo, altrettanti promontori.

63B

■ **Movimenti isostatici (Isostatic movements)** Movimenti verticali con cui la crosta terrestre reagisce alle modificazione dell'equilibrio statico, per raggiungere – con il «galleggiamento» – una nuova posizione di equilibrio gravitativo. Per esempio, se un settore di crosta aumenta di spessore per processi orogenetici, esso tenderà a sprofondare nel mantello finché la spinta di galleggiamento non ne compenserà il maggior peso.

■ **Movimenti eustatici (Eustatic movements)** Innalzamenti o abbassamenti del livello del mare a scala mondiale, connessi a effettivo aumento o diminuzione della quantità dell'acqua marina. Le più cospicue variazioni di questo tipo sono dovute al rilascio o alla sottrazione d'acqua dovuti, rispettivamente, allo scioglimento o all'accrescimento delle calotte glaciali (*glacio-eustatismo*).

L'evoluzione di una costa frastagliata tende a produrre, dunque, una **rettificazione della linea di costa** [Figura 63].

Raramente però il livello del mare rimane invariato per tempi tanto lunghi da permettere uno sviluppo così regolare del ciclo descritto. Quindi, analogamente a quanto accade nel «ciclo fluviale» (vedi paragrafo 6), anche nel «ciclo costiero» si hanno effetti geomorfologici diversi nei vari litorali.

Se la regione costiera si solleva, o il livello del mare si abbassa, la piattaforma di abrasione emerge e forma un **terrazzo marino** [Figura 64], mentre più in basso, lungo la linea di battigia, si instaura un nuovo ciclo, indipendente da quello interrotto.

Se invece la regione costiera si abbassa, o il livello del mare si innalza, il nuovo ciclo può fondersi col precedente, rinforzando l'attacco e prolungando verso l'interno la piattaforma di abrasione. Testimonianze di tali fenomeni si osservano in molte zone del mondo (in Italia ne abbiamo vari esempi lungo le coste adriatiche) e sono da collegare all'innalzamento del livello del mare conseguente alla fusione dei ghiacciai quaternari.

Risulta quindi evidente che la configurazione e l'evoluzione delle coste sono solo in parte dovute all'azione del mare. Esse dipendono anche dall'andamento del rilievo subaereo delle regioni costiere e dalle vicende geologiche che hanno coinvolto tali regioni.

Per rendersi conto dei legami esistenti fra i contorni delle coste e il rilievo continentale, basta osservare una carta topografica o una fotografia aerea di una regione che si affaccia sul mare: si noterà come frequentemente le sporgenze della costa siano la continuazione di crinali montuosi e le rientranze si trovino in corrispondenza di depressioni vallive o di pianure alluvionali dell'entroterra. Inoltre, è chiaro che i *movimenti isostatici* e i *movimenti eustatici* verifi-

Figura 64
Un *terrazzo marino* in un tratto di *costa frastagliata*, lungo il litorale tirrenico della Calabria (Capo Vaticano). Il ripiano che costituisce la sommità del piccolo promontorio è stato modellato dall'abrasione marina e successivamente è emerso per un sollevamento della regione. Alle spalle della stretta fascia litoranea incombe la catena montuosa, sulla quale si possono osservare spesso fino a quattro o addirittura cinque ordini di terrazzi marini disposti a gradinata, il più alto e più antico dei quali si trova a quote intorno ai 700 metri. Essi testimoniano altrettanti spostamenti della linea di costa avvenuti nel corso del Quaternario, essendo attribuiti a ripetute fasi di sollevamento della regione. Nella fotografia si possono notare anche le piccole spiagge sabbiose formatesi nelle insenature, a ridosso dei promontori che le proteggono dalle onde ed in parte le riforniscono di materiali. (Regione Calabria)

Figura 65
Una *ria* (fiume Dart, in Gran Bretagna). L'antica valle fluviale, poco profonda, è stata parzialmente invasa dal mare. I detriti del fiume che vi giunge formano accumuli che possono sbarrarne parzialmente lo sbocco, specie in bassa marea, ostacolandone la navigabilità. (Aerofilms, Borehamwood)

catisi nel corso dei tempi geologici, specie durante il Quaternario, hanno fatto sentire la loro influenza soprattutto nelle zone di contatto fra le parti emerse e quelle sommerse della superficie terrestre.

9.4 Una notevole varietà di coste

Accanto alla comune divisione morfologica fra *coste basse* e *coste alte*, le quali possono avere andamento rettilineo (*unite*) o articolato (*frastagliate*), è opportuno distinguere anche le *coste di sommersione* dalle *coste di emersione*.

Sono **coste basse** le *spiagge* in genere, i *lidi*, le *lagune*, gli *stagni costieri*, i *delta*, le *coste di accumulo glaciale*. Tra tutte queste, soltanto le ultime sono sempre dovute ad un fenomeno di invasione da parte del mare, mentre le altre possono essere legate tanto a sommersioni che a emersioni.

Fra le **coste alte**, oltre alle *falesie*, possiamo ricordare: i *fiordi* (vedi nuovamente la figura 57), caratteristici della Norvegia e presenti in varie altre zone delle alte latitudini; le *rias* [Figura 65], tipiche della Galizia spagnola, delle quali si hanno chiari esempi anche in Bretagna, nella Cina meridionale e in Sardegna; i *valloni* e i *canali* della Dalmazia. Eccettuate le falesie, le altre sono sempre più o meno frastagliate e derivano dalla sommersione di aree precedentemente modellate da ghiacciai (fiordi) o da corsi d'acqua (rias, valloni).

A conclusione, è bene notare che se si osservano estese zone costiere, raramente si nota la presenza di uno solo dei tipi di litorali descritti; più spesso si può riscontrare l'esistenza di *coste miste*, nelle quali due o più di questi tipi si alternano o si fondono, producendo configurazioni più varie e complesse.

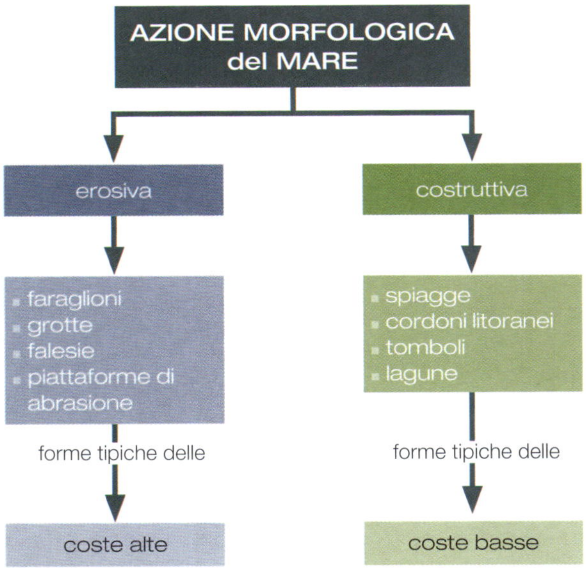

QUESITI

1. Completa.
   L'azione erosiva del mare è detta .... ed è particolarmente efficace lungo le coste con acque .... profonde.
2. Vero o falso?
   Lo sviluppo di un lido può determinare la formazione di una laguna.
3. Che cos'è una falesia?
4. Come si modifica nel tempo una costa con insenature e promontori?
5. Come si forma un terrazzo marino?

10 La dinamica dei litorali

Figura 66
Due esempi di fenomeni erosivi che negli ultimi decenni hanno colpito numerosi tratti dei litorali italiani.
A. L'attacco del mare ha fatto scomparire la già ristretta spiaggia (di cui rimane soltanto un piccolo lembo verso lo sfondo), minacciando la ferrovia lungo il litorale adriatico a Sud di Ortona (Chieti). La gettata di massi protegge la linea ferroviaria, ma non può essere considerata un rimedio sicuro e duraturo.
B. Gli effetti di violente mareggiate che, non trovando più ostacoli naturali, hanno aggredito un manufatto, inopportunamente costruito sull'arenile, demolendone una parte, a Gizzeria Lido nel Golfo di Sant'Eufemia (litorale tirrenico della Calabria). (E. Lupia Palmieri).

I litorali, come ogni altro elemento del paesaggio, non sono stabili nel tempo, ma costituiscono entità fisiche in continua evoluzione.

Per rendersi conto dei notevoli cambiamenti che essi hanno subìto nei tempi geologici, è sufficiente riflettere sul fatto che circa i 3 / 4 delle terre emerse sono coperti da rocce sedimentarie di origine marina, a testimonianza che certe parti degli attuali continenti rappresentavano, in epoche più o meno lontane, il fondale di mari poco profondi, simili a quelli che oggi ricoprono le piattaforme litoranee. Anche su una collina o su un monte può capitarci di trovare rocce che contengono fossili di organismi marini, come alghe o coralli, i quali indicano che un tempo la riva del mare non era lontana, anche se quest'ultimo può essere ora distante molti kilometri.

Ma i litorali sono sottoposti anche a mutamenti rapidi, e più o meno preoccupanti.

10.1 Modificazioni recenti e attuali

Sentiamo spesso parlare di fenomeni erosivi che producono la riduzione o la scomparsa di lunghi tratti di spiaggia. Possiamo anche osservarne gli effetti in molti settori costieri italiani che hanno subìto notevoli danni, con distruzione di stabilimenti balneari, abitazioni, strade e altre opere umane [Figura 66]; ce ne rendiamo conto ancora meglio se confrontiamo l'aspetto che qualche zona litorale aveva in documenti cartografici antichi e in vecchie fotografie o cartoline, con quello che oggi vediamo nelle stesse zone.

Esistono quindi cambiamenti dei litorali «a lungo termine», che si protraggono nei tempi geologici e sono ascrivibili esclusivamente a processi naturali. Ed esistono anche variazioni «a bre-

66A

66B

ve termine», che si manifestano in brevi periodi (tempi storici, annuali, stagionali e perfino giornalieri); esse hanno soltanto in parte cause naturali: spesso in misura determinante sono dovute alla manomissione da parte dell'uomo.

Anche queste modificazioni, come le precedenti, possono essere «positive» o «negative», cioè possono tradursi in *ampliamenti* o in *riduzioni* dei litorali; purtroppo assumono di frequente il secondo aspetto e, data la loro rapidità, si presentano come «**dissesti geomorfologici**» che pongono problemi in parte analoghi a quelli delle frane.

L'erosione dei litorali interessa molti Paesi con territori costieri intensamente antropizzati, come la Francia, l'Olanda, la Gran Bretagna, gli Stati Uniti d'America e l'Italia (vedi Approfondimento *L'erosione dei litorali italiani*). I danni sono a volte notevoli, non solo dal punto di vista naturalistico, ma anche dal punto di vista economico, poiché molte spiagge oggi colpite da vistosi fenomeni di riduzione sono da tempo sfruttate (o potrebbero esserlo in futuro) per un turismo molto attivo.

Da queste osservazioni si può comprendere quanto sia importante determinare le tendenze evolutive dei tratti costieri, sia nei lunghi periodi che nel breve termine, per poter procedere ad una efficace **conservazione dei litorali**.

Anche se l'interesse dell'uomo per le coste risale a tempi antichissimi, la necessità di conoscere i fenomeni che presiedono all'evoluzione dei litorali – sia per esigenze scientifiche, sia per la progettazione di eventuali *opere di difesa* – è stata posta in evidenza soltanto negli ultimi decenni.

Difatti, le zone costiere hanno esercitato un richiamo per gli uomini delle più antiche culture, i quali vi hanno edificato importanti città, interessati alle favorevoli condizioni climatiche e alle buone possibilità di procacciarsi alimenti (si pensi alle risorse della pesca o al sale marino). In seguito, l'attrattiva dello scenario naturale ha assunto un'importanza sempre maggiore; e così i litorali – che offrono migliori condizioni per lo sviluppo edilizio, industriale e delle vie di comunicazione (presenza di ampie pianure, disponibilità di acqua per certe industrie, traffici marittimi ecc.), rispetto alle zone interne – hanno dovuto sopportare un flusso demografico crescente. In tempi recenti gli insediamenti umani lungo le coste si sono moltiplicati in tutto il mondo, e specialmente nei Paesi più industrializzati; lo sviluppo del turismo ha comportato un massiccio incremento di costruzioni, che sorgono in prossimità del mare. Da un lato si è profondamente alterato l'ambiente naturale, creando situazioni spesso insostenibili di elevata concentrazione urbana e moltiplicando gli interventi dannosi sulle zone costiere; d'altro canto, l'immenso valore acquisito dai litorali ha fatto comprendere meglio che l'erosione delle spiagge (le quali rappresentano uno degli elementi paesaggistici di maggiore attrazione turistica) deve essere contrastata.

Anche se molto ancora resta da fare, si sta imponendo una sempre maggiore attenzione ai problemi relativi alla conservazione dei litorali e alla protezione delle opere che su di essi sorgono. Questi problemi vedono impegnati parecchi Paesi, come gli Stati Uniti d'America, la Francia, l'Olanda, la Gran Bretagna e tanti altri.

Le *ricerche coordinate sulla dinamica dei litorali* hanno avuto notevole impulso anche in Italia, grazie alle iniziative da tempo avviate da gruppi di studiosi e al più recente intervento da parte dello Stato, che per vari anni ha promosso «progetti finalizzati» di ricerca su diversi ed importanti problemi riguardanti l'assetto fisico e socio-economico del territorio nazionale. Fra tali progetti, quello della «Conservazione del Suolo» si è interessato – oltre che della «Dinamica fluviale», della «Stabilità dei versanti» e delle «Frane» – anche della «Dinamica dei litorali». Anche se questi «progetti finalizzati» si sono conclusi ormai da diversi anni, e purtroppo le relative ricerche sono proseguite con scarsi finanziamenti, essi hanno consentito di ottenere una gran messe di dati che permettono di affrontare il problema con maggior competenza.

10.2 Cause naturali e cause antropiche della dinamica dei litorali

Fra le **cause naturali** responsabili della dinamica dei litorali, accanto ai fenomeni orogenetici (nascita di nuove catene montuose, e quindi ampliamento delle terre emerse) e ai fenomeni isostatici, figurano le oscillazioni eustatiche del livello marino, la subsidenza delle aree costiere, le oscillazioni del suolo legate a fenomeni vulcanici.

L'*innalzamento del livello marino* dovuto alla fusione dei ghiacci, che ha fatto seguito all'ultima glaciazione (Würm), è stato valutato intorno ai 110-120 metri. Esso ha determinato una generale ingressione del mare sulle terre emerse, con arretramento delle linee di riva; ma le riduzioni delle spiagge riferibili a questo fenomeno sono state molto lente, variabili da zona a zona e ampiamente compensate dall'accumulo dei materiali solidi scaricati in mare dai fiumi.

Nell'ambito delle modificazioni che si verificano in tempi brevi hanno un peso maggiore gli abbassamenti delle zone costiere dovuti a *subsiden-*

Figura 67
Due immagini delle rovine romane del «Serapeo» di Pozzuoli, riprese a distanza di alcuni anni l'una dall'altra. Il piazzale di questo antico mercato attualmente comunica con il mare; inoltre, le colonne presentano a varie altezze fori di Litodomi (molluschi che perforano le rocce). Tutto ciò testimonia che nel corso dei secoli la zona è stata soggetta, a più riprese, a bradisismi positivi e negativi. (D. Insolera, C. Capello, Bologna)

za dei bacini sedimentari o ad *oscillazioni del suolo legate a fenomeni vulcanici*. Fra i primi, si può citare l'esempio del litorale adriatico settentrionale: nell'area orientale padana il costipamento dei materiali deposti dal Po ha prodotto abbassamenti di diverse decine di centimetri in meno di un secolo (30 cm a Rimini, 80 cm a Ravenna, 170 cm ad Ariano Polesine). I secondi sono meno frequenti ma a volte di notevole entità, come i *bradisismi* di Pozzuoli [Figura 67] e, più in generale, dell'area flegrea (Napoli), dove a più riprese si sono verificati sensibili abbassamenti e innalzamenti rispetto al livello del mare, in certi periodi anche superiori ai 2 mm al giorno.

In merito alle oscillazioni eustatiche del livello marino, si deve osservare che esse sono state discontinue nel tempo e di entità variabile. Diverse prove (fra cui le testimonianze archeologiche) dimostrano che negli ultimi 7000 anni la media dell'innalzamento del livello del mare deve essersi aggirata intorno agli 11 cm/secolo, ossia 1,1 mm/anno. Nel nostro Mediterraneo attualmente si misura un innalzamento di circa 1,6 mm/anno; ma tale valore, più elevato della media di tutti i mari della Terra, è dovuto al fatto che alcune zone costiere italiane sono in fase di abbassamento.

Nelle modificazioni dei litorali sono importanti anche altri *fattori naturali*, come le caratteristiche geomorfologiche dei diversi settori costieri e dei territori ad essi retrostanti, le condizioni climatiche, le portate liquide e solide dei corsi d'acqua, il trasporto dei materiali lungo la riva ad opera del mare. Difatti, tutti i fattori menzionati regolano i processi di sedimentazione ed erosione che si svolgono nelle zone di contatto fra le parti emerse e le parti sommerse della superficie terrestre, e quindi condizionano l'evoluzione dei litorali.

Consideriamo, a titolo esemplificativo, gli effetti provocati dalle variazioni climatiche. Queste possono influire sull'equilibrio dei litorali, sia con le modificazioni della quantità e del regime delle piogge, sia con il mutamento delle caratteristiche anemometriche: ad esempio, un sensibile aumento delle precipitazioni produce una intensificazione dei processi erosivi e un maggiore apporto di materiali da parte dei fiumi, a cui corrisponde un ampliamento delle spiagge; venti che assumono direzioni e velocità tali da provocare mareggiate più frequenti e intense su un settore costiero causano l'accentuazione dell'abrasione marina e la riduzione delle spiagge.

La dinamica dei litorali è certamente influenzata anche da **cause antropiche**. Difatti, gli interventi umani possono alterare profondamente le tendenze evolutive dei litorali modificando le condizioni di equilibrio naturale delle spiagge e accelerandone o invertendone i processi di accrescimento o di riduzione [Figura 68].

Le *opere marittime* producono gli effetti più diretti ed immediati sul trasporto dei materiali detritici da parte delle onde e delle correnti litoranee, delle quali modificano od ostacolano l'andamento naturale. I manufatti realizzati per l'uso urbano, industriale e turistico delle aree costiere (moli e porti) e quelli predisposti per la difesa di zone litorali minacciate o già aggredite dall'attacco del mare (frangiflutti, pennelli e scogliere artificiali) funzionano molto spesso come veri e propri «sbarramenti» a ridosso dei quali vanno ad accumularsi i sedimenti; quindi, da un lato producono l'ampliamento di tratti di spiagge e dall'altro limitano o impediscono il rifornimento di materiali in tratti adiacenti, che così possono subire fenomeni di riduzione delle spiagge. Inoltre, la costruzione di queste opere implica spesso la distruzione della vegetazione e lo sbancamento delle dune costiere; in tal modo si elimina una barrie-

Figura 68
Effetti dell'antropizzazione e di alcune opere di difesa su due tratti dei litorali emiliano-romagnoli.
A. L'eccessivo insediamento umano lungo il litorale di Viserba (Rimini), con grandi edifici costruiti anche sull'arenile, ha reso necessaria la protezione della spiaggia e ha comportato una ulteriore deturpazione del paesaggio: una successione di scogliere parallele produce l'accumulo delle sabbie, che vanno a formare «tomboli artificiali».
B. Il Lido degli Estensi (Ferrara), la cui spiaggia si è accresciuta per effetto dei moli di Porto Garibaldi, che bloccano i materiali provenienti dal Fiume Reno e da corsi d'acqua minori: qui il trasporto dei sedimenti si realizza prevalentemente da Sud verso Nord (dal basso in alto nella fotografia) e quindi nelle zone situate più a Nord il bilancio fra il materiale che arriva e quello che viene allontanato dal mare è negativo, cioè produce una riduzione della spiaggia. Effetti simili si realizzano con i *pennelli* (difese trasversali). (Pubbli/Aer/Foto, Milano)

ra capace di catturare il materiale trasportato dal vento e viene a mancare una riserva di sabbia utile per la ricostruzione naturale delle spiagge colpite da violente mareggiate.

Per tutti questi motivi attualmente si preferisce ricorrere, per le spiagge in forte erosione, al cosiddetto *ripascimento artificiale*, ossia al versamento di sabbie laddove queste sono state asportate dall'attacco del mare. Ma il reperimento di grandi quantitativi di materiale sabbioso idoneo (ossia di granulometria uguale o molto simile a quella delle sabbie erose) non è facile; esso comporta l'apertura di cave in terraferma, che spesso provocano altre forme di degrado, o il prelievo (anche massiccio) dai fondali marini la cui modifica può alterare l'andamento del moto ondoso e quindi l'azione del mare sulla costa (il comportamento delle onde presso le coste dipende in gran misura dalla batimetria dei fondali).

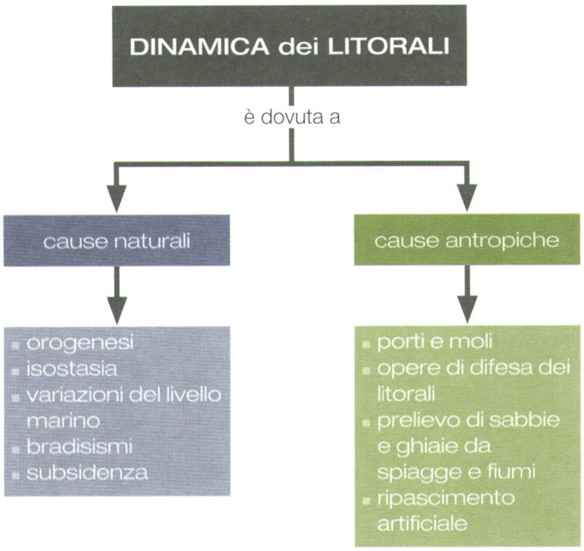

Fra gli interventi antropici più deleteri per l'equilibrio dei litorali si inseriscono i *prelievi di materiale sabbioso e ghiaioso*, sia direttamente dalle spiagge, sia dagli alvei dei fiumi. Tali estrazioni, che vengono effettuate per scopi edilizi e per la costruzione di strade e ferrovie, un tempo erano relativamente limitate; poi sono divenute più incisive con l'accrescersi delle necessità dello sviluppo urbano ed industriale e con il potenziamento dei mezzi di prelievo. Cosicché in certi periodi e in alcuni Paesi hanno assunto dimensioni molto preoccupanti. Gli effetti più immediati ed evidenti si osservano nel caso degli asporti di materiali lapidei dalle spiagge; perciò negli Stati più evoluti e ormai anche nelle varie regioni italiane queste estrazioni non sono più permesse, almeno legalmente.

Ma anche i prelievi di ghiaie e sabbie dagli alvei dei corsi d'acqua possono provocare danni gravissimi, perché il più delle volte si traducono nella perdita di ingenti quantità di sedimenti che col tempo raggiungerebbero il mare e andrebbero a costituire il naturale «ripascimento» di determinati tratti di spiagge. È da segnalare, purtroppo, il fatto che nel nostro Paese tali estrazioni sono state consentite in misura eccessiva, almeno in alcune regioni, e frequentemente sono state effettuate in quantità maggiori (anche il doppio) rispetto a quelle regolarmente concesse.

QUESITI

1. Che cosa si intende per «dinamica dei litorali»?
2. Quali sono i fenomeni naturali responsabili della dinamica dei litorali?
3. Quali sono le cause antropiche che influenzano la dinamica dei litorali?

ampliamento delle conoscenze

L'erosione dei litorali italiani

La casistica dei litorali italiani che hanno subìto recenti modificazioni a causa di interventi come quelli finora descritti è abbondantissima: molte delle *spiagge in erosione*, indicate schematicamente nella Figura 69, sono il risultato di qualcuna di queste cause; anzi di alcune o molte di esse, spesso concomitanti e aggravate da altre opere che esamineremo fra poco.

Possiamo fare solo qualche esempio: all'ingente estrazione di materiali dall'alveo del Fiume Magra e all'ampliamento del porto di Carrara sono in buona parte ascrivibili gli intensi processi erosivi che hanno distrutto in pochi anni diversi tratti della spiaggia di Marina di Massa (Versilia); a motivi analoghi, oltre che alla subsidenza di territori litoranei e alle variazioni delle caratteristiche meteomarine, sono da riferire molti fenomeni di riduzione che si registrano lungo le spiagge emiliano-romagnole; alla indiscriminata asportazione di ghiaie e sabbie lungo i litorali e lungo le aste fluviali ed alle numerose opere di regimazione e di sbarramento eseguite sui corsi d'acqua sono per la gran parte dovuti i molti casi di arretramento della linea di riva riscontrabili nelle spiagge del Golfo di Taranto, del Golfo di Policastro, del Golfo di Sant'Eufemia e di tante altre zone dell'Italia meridionale e insulare.

Modificazioni delle naturali tendenze evolutive dei litorali possono essere prodotte da numerosi altri interventi, eseguiti sui corsi d'acqua e nei loro bacini imbriferi. Ne sono esempi le *opere di regimazione* dei torrenti e dei fiumi (briglie, arginature ecc.) e le *sistemazioni idraulico-forestali* in genere, che mirano a proteggere le montagne dall'erosione, e gli *sbarramenti fluviali* costruiti per scopi idroelettrici o irrigui.

Queste opere si traducono in una diminuzione del trasporto solido dei corsi d'acqua o in un accumulo di sedimenti prima che questi possano raggiungere il mare; quando tali fenomeni sono particolarmente accentuati, il risultato indiretto consiste nella riduzione delle spiagge o addirittura nella loro scomparsa totale, se esse già si trovano in equilibrio instabile o in erosione.

Effetti contrari, cioè ampliamenti delle spiagge, si possono verificare a seguito di *diboscamenti* o di altre opere e comportamenti umani (come l'*abbandono delle montagne*) che producono l'intensificazione dei processi erosivi sui versanti montuosi e

69

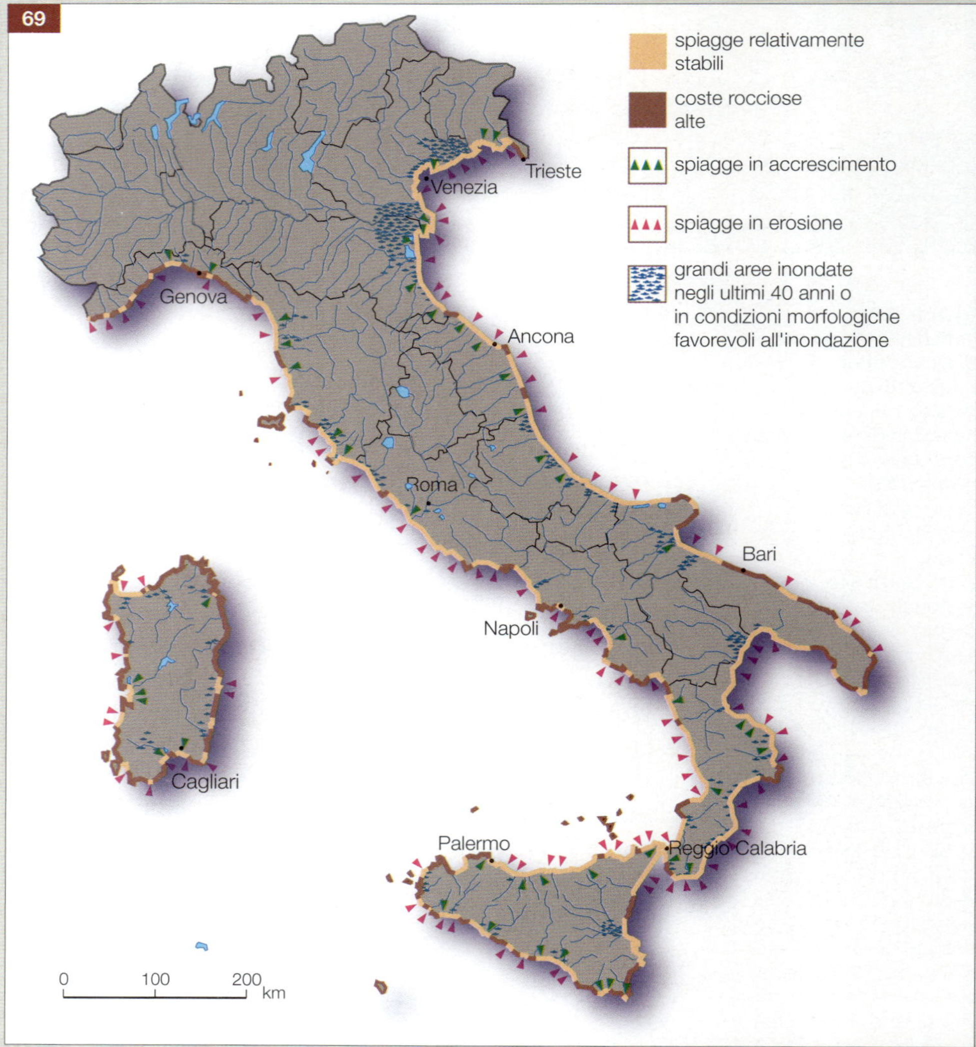

Figura 69
***Dinamica dei litorali e rischio di inondazioni* in Italia. Questa carta offre un quadro sintetico dello «*stato di dissesto geomorfologico*» del nostro territorio (vedi anche la figura 13 e l'Approfondimento, *L'erosione differenziale e l'erosione accelerata del suolo*).**
I litorali italiani, con il loro sviluppo lineare complessivo di circa 7500 km, presentano una morfologia estremamente varia, sia nei caratteri di insieme che in quelli di dettaglio. Buona parte di essi è costituita da coste rocciose (per oltre 3500 km) più o meno alte (nella carta sono indicati i tratti decisamente alti), ma maggiore è l'estensione delle coste basse (circa 4000 km), che comprendono le vere e proprie spiagge, soprattutto sabbiose. Ugualmente varie e complesse sono le loro tendenze evolutive, condizionate da diverse cause naturali e generali e da una vasta gamma di fattori locali, il più delle volte legati ad intensi processi di antropizzazione. Le variazioni più marcate e preoccupanti si registrano lungo le spiagge: la loro *erosione* produce frequentemente danni notevoli a strade, ferrovie e altre opere umane; inoltre essa comporta la depauperazione o addirittura la perdita di un grosso capitale per il turismo, che è uno dei pochi settori economici «attivi» del nostro Paese. Ma anche gli eccessivi *accrescimenti* possono creare situazioni di crisi, come l'interrimento di porti, l'ostruzione di foci fluviali per il formarsi di barre, l'eccessivo allontanamento verso mare della linea di battigia. Le inondazioni fluviali interessano soprattutto zone di pianura, spesso intensamente coltivate e popolate; quindi risultano ugualmente dannose e anche più devastanti (con perdite di vite umane). Per esse valgono considerazioni analoghe a quelle fatte per le frane.
(Rielaborata da: E. Lupia Palmieri, A. Biasini, L. D'Alessandro e R. De Marco, in *Relazione sullo stato dell'ambiente*, Ministero dell'Ambiente, Roma, 1992; aggiornamenti Dipartimento Scienze della Terra, Università «La Sapienza», Roma)

quindi l'incremento dei materiali solidi trasportati dai corsi d'acqua che vanno a rifornire le spiagge.

Tra i fattori umani corresponsabili di arretramenti delle linee di riva, meritano un cenno anche le attività che inducono una accentuazione dei fenomeni naturali di subsidenza: sono tali gli eccessivi *emungimenti di acqua* per usi potabili, agricoli e industriali, i *sovraccarichi* derivanti dalle esagerate dimensioni e dal gran numero di costruzioni, le *estrazioni metanifere*. Fra i settori litoranei che ne sono stati colpiti, per l'Italia citiamo l'area veneziana e quella ravennate, dove la subsidenza si è accresciuta a seguito dell'emungimento d'acqua e del peso dei manufatti, e la zona del Polesine, che ha subìto un notevole abbassamento (oltre 2 metri nel solo periodo 1951-1960) del piano di campagna per l'intenso sfruttamento del metano.

Effetti dello stesso tipo si sono registrati in moltissime aree dove sono state eseguite opere di *bonifica idraulica* per recuperare all'agricoltura zone litoranee un tempo paludose: l'abbassamento delle falde acquifere ha prodotto rapidi costipamenti dei terreni superficiali, che talvolta sono stati invasi dal mare. Inoltre, fenomeni di riduzione delle spiagge sono ascrivibili anche alle *bonifiche per colmata*, effettuate tramite massicce sottrazioni di sedimenti ai corsi d'acqua.

Questa rassegna dei fenomeni naturali e degli interventi antropici che concorrono alla dinamica dei litorali ci ha consentito di delineare le cause principali dei numerosi dissesti che si riscontrano nelle aree costiere, ed in particolare in moltissime spiagge italiane [Tabella 1].

Risultano evidenti da un lato la complessità e molteplicità degli aspetti (geologici, geomorfologici, climatici, oceanografici, economici ecc.) che si devono affrontare nello studio dei litorali, e dall'altro i rischi che si corrono quando tali problemi vengono trascurati o sottovalutati. Sono troppi gli esempi di effetti negativi prodotti dall'imprevidenza umana applicata alle zone costiere ed al loro retroterra. Con ciò non si vuole concludere che bisogna rinunciare alla utilizzazione dei litorali, e del territorio in generale, ma soltanto che è necessaria una loro più corretta destinazione: nello sviluppo urbano, industriale o turistico occorre tener conto dello stato di equilibrio dinamico in cui si trovano i vari settori litoranei, e servono adeguati strumenti legislativi per uno *sviluppo compatibile con l'ambiente*.

Tabella 1 ↓
Lo stato attuale dei litorali italiani.

Regione	Lunghezza totale del litorale	Coste alte	Coste basse		
			totale	in erosione	
	(km)	(km)	(km)	(km)	(%)
Veneto	140	0	140	25	17,9
Friuli-Venezia Giulia	111	35	76	10	13,2
Liguria	350	256	94	31	30,0
Emilia Romagna	130	0	130	32	24,6
Toscana	442	243	199	77	38,7
Marche	172	28	144	78	54,2
Lazio	290	74	216	117	54,2
Abruzzo	125	26	99	60	60,6
Molise	36	14	22	20	90,9
Campania	480	256	224	95	42,4
Puglia	865	563	302	195	64,6
Basilicata	68	32	36	28	77,8
Calabria	736	44	692	300	43,4
Sicilia	1623	506	1117	438	39,2
Sardegna	1897	1438	459	165	35,9
Italia	**7465**	**3515**	**3950**	**1671**	**42,3***

* Al valore relativo alle coste basse in erosione occorre aggiungere un ulteriore 8% circa, per quelle spiagge che sono state rese stabili mediante opere di protezione. Pertanto le spiagge che hanno subito fenomeni recenti di erosione costituiscono non meno del 50% del totale delle coste basse. (Fonti: *Atlante delle spiagge italiane*, C.N.R.-M.U.R.S.T., 1985-1997; *Studi costieri. Dinamica e difesa dei litorali - Gestione integrata della fascia costiera*, n. 10, 2006, Nuova Grafica Fiorentina)

RICERCA
con Google Earth

I ghiacciai costituiscono gli aspetti più visibili della criosfera terrestre. Muovendosi, essi erodono il loro substrato roccioso, trasportano enormi quantità di materiali detritici e quindi producono estesi depositi. Nel recente passato geologico il modellamento glaciale ha dato origine ad alcune spettacolari forme del rilievo terrestre, che sono facilmente osservabili utilizzando Google Earth.

Ubicazione Il Ghiacciaio dei Forni, Gruppo dell'Ortles-Cevedale (Alpi Retiche meridionali, Lombardia)

Obiettivo Evidenziare i principali aspetti morfologici del più grande ghiacciaio vallivo delle Alpi italiane, e delle aree a esso immediatamente adiacenti. Il Ghiacciaio dei Forni è ritenuto un importante geomorfosito della Regione Lombardia. Un **geomorfosito** è una forma del paesaggio con particolari e significativi attributi geomorfologici, che la qualificano come componente del patrimonio geologico e culturale (in senso lato) di un territorio. I geomorfositi devono essere considerati come elementi di grande importanza nella pianificazione territoriale e nella protezione dell'ambiente.

Link Figure 51 (A,B,C), 52, 54, 55, 56

Dopo esserti assicurato di aver selezionato in "Livelli" l'opzione "Rilievo", digita *Ghiacciaio dei Forni* nella finestra di ricerca.

Utilizzando il "dispositivo di scorrimento dello zoom", portati a un'altitudine di circa 20 km. Ti apparirà l'immagine di un'area in cui sono presenti dei ghiacciai nelle parti più elevate dei rilievi. Usando il "joystick di esplorazione" (in alto a destra della schermata) ruota l'immagine di 180°, in modo che il Nord sia diretto verso il basso dello schermo e il Sud verso l'alto. Dopo esserti assicurato di aver selezionato in "Livelli" l'opzione "Rilievo" (barra laterale), inclina l'immagine tenendo premuta la rotellina centrale del mouse e muovilo in avanti o all'indietro per vedere "colline e montagne" (Se il tuo mouse non possiede la rotellina, per ottenere lo stesso effetto premi MAIUSC, fai clic e tieni premuto il pulsante sinistro del mouse, e trascina l'immagine nella direzione che vuoi).
Se hai seguito le istruzioni, dovresti trovarti di fronte a un'immagine come quella qui di seguito raffigurata in formato ridotto [**Figura A**]. Dopo averla attentamente osservata, scegli la risposta corretta alle seguenti domande.

1. I ghiacci sono presenti soprattutto sui versanti che guardano verso Nord (ricorda che hai ruotato l'immagine di 180°). Sai dire perché?

A Perché su questo versante le nevi permanenti si trovano a quote più alte.

B Perché su questo versante le nevi permanenti si trovano a quote più basse.

C Perché sul versante esposto a Sud le precipitazioni meteoriche sono liquide e non solide.

D Perché sul versante esposto a Sud si registrano temperature molto basse.

2. Utilizzando il "dispositivo di scorrimento dello zoom", portati ora a un'altitudine di circa 8 km. Vedrai il Ghiacciaio dei Forni proprio di fronte a te [**Figura B**]. Quali delle seguenti osservazioni sono corrette?

A Il ghiacciaio è costituito da più bacini di alimentazione.

B Il ghiacciaio non presenta la lingua.

C Il ghiacciaio presenta più lingue che confluiscono in una lingua principale.

D Il ghiacciaio presenta un'unica lingua.

3. Osserva ora il ghiacciaio più in dettaglio, da un'altitudine di circa 4 km [**Figura C**]. Vedrai che la superficie del ghiaccio presenta evidenti nastri scuri. Di cosa si tratta?

A Sono morene deposte.

B Sono morene mobili.

C Sono depositi fluvioglaciali.

D Sono anfiteatri morenici.

A

Immagine ripresa da un'altitudine di 20 km (ridotta)

B

Immagine ripresa da un'altitudine di 8 km (ridotta)

C

Immagine ripresa da un'altitudine di 4 km (ridotta)

D

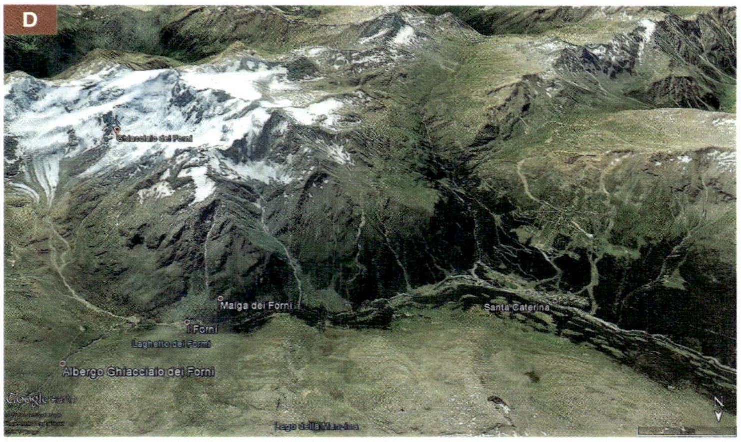

Altra immagine ripresa da un'altitudine di circa 8 km (ridotta)

4. Esaminando attentamente l'area, noterai che sono presenti abbondanti materiali detritici. Quale altro processo, oltre all'erosione glaciale, è il principale responsabile della loro produzione?

A Il termoclastismo.
B La deflazione eolica.
C Il crioclastismo.
D L'alterazione chimica delle rocce.

Dopo aver eseguito queste osservazioni generali, soffermati ancora sull' immagine ripresa da un'altitudine di circa 4 km, per eseguire alcuni esercizi utilizzando gli strumenti che ti offre Google Earth. (Se necessario, puoi aumentare lo zoom per avere una visione più chiara).

5. Utilizzando lo strumento "Righello" presente nella "Sbarra degli strumenti" misura la larghezza della lingua glaciale tra i due punti di coordinate: 46°24'03" N e 10°35'17" E e 46°24'00" N e 10°35'57" E. Quale dei seguenti valori è quello corretto? (Nota che i valori delle coordinate geografiche ti appaiono in continuo sulla parte bassa della schermata mentre sposti il cursore sull'immagine.)

A 300 km
C 39 cm
B 304 m
D 700 m

6. Alla fronte del ghiacciaio, dove finisce la lingua, è possibile individuare due torrenti glaciali. A quale quota (praticamente identica) hanno inizio questi corsi d'acqua?

A 850 m
C 2597 m
B 4235 m
D 3421 m

Diminuisci ora lo zoom e torna a guardare l'area da un'altitudine di circa 8 km. Spostando il cursore, muoviti verso Ovest (ricorda che il Nord è rivolto verso il basso dell'immagine). Ti apparirà un paesaggio diverso, nel quale il ghiaccio è presente solo subordinatamente [Figura D]. Esaminalo con attenzione e poi rispondi alle domande.

7. Puoi osservare in primo piano una valle nella quale scorre un corso d'acqua. Che profilo trasversale presenta?

A Un profilo a U.
B Un profilo a V.
C Un profilo convesso.
D Un profilo discontinuo.

8. Digita ora in "Livelli" la funzione "Etichette". Ti appariranno i nomi di due località: il "Laghetto dei Forni" e l'abitato di Santa Cristina. Calcola la distanza (in km) che le separa.
(Per eseguire l'esercizio seleziona, nella "Barra degli strumenti", "Righello", e quindi "Percorso" che ti permette di calcolare una distanza lungo un percorso articolato.) Che risultato hai ottenuto?

A 9,70 km
C 8,90 km
B 5,27 km
D 300 km

9. Osserva ora la valle che scende da Sud verso Nord e sbocca nella valle principale all'inizio dell'abitato di Santa Caterina, o quella che confluisce nella stessa valle subito a Ovest della Malga dei Forni. Entrambe si raccordano alla valle principale mediante una scarpata (se necessario, puoi aumentare lo zoom per avere una visione di maggior dettaglio). Che interpretazione dai di queste valli?

A Sono normali valli modellate esclusivamente dai ghiacciai.
B Sono valli sospese.
C Sono fiordi.
D Sono valli modellate esclusivamente dai corsi d'acqua.

Domande finali

Sulla base delle osservazioni fatte e di tutto quanto hai appreso sul modellamento del rilievo terrestre e sui cambiamenti climatici, dovresti essere in grado di rispondere a queste domande conclusive.

10. Quali altri importanti processi o agenti morfogenetici, assieme ai ghiacciai, contribuiscono oggi efficacemente al modellamento dell'intera area studiata?

A Il vento.
B Il carsismo.
C I corsi d'acqua.
D Non opera alcun altro agente efficace.
E Il crioclastismo.

11. Come evolveranno, secondo te, le scarpate che raccordano le valli laterali con la valle principale dove è ubicato l'abitato di Santa Cristina?

12. Quale può essere stata l'evoluzione geomorfologica dell'intera area studiata, a partire dall'età interglaciale che ha preceduto la glaciazione würmiana e fino ai tempi attuali?

IN SINTESI

termini e concetti fondamentali

Le forze geodinamiche

■ La **Geomorfologia** studia la genesi e l'evoluzione delle *forme del rilievo terrestre*.
Esse sono il prodotto di due grandi categorie di forze geodinamiche:
- le **forze endogene** provocano il sollevamento delle montagne, gli innalzamenti e gli abbassamenti delle aree continentali e marine, l'attività sismica e vulcanica;
- **le forze esogene** si identificano con l'azione degli elementi atmosferici, delle acque correnti, dei ghiacciai, del mare.

Gli *agenti esogeni* esplicano un'azione di **erosione**, **trasporto** e **deposizione**.

L'azione dell'atmosfera sulle rocce

■ La **degradazione meteorica** è un insieme di fenomeni che porta al disfacimento delle rocce a opera degli **agenti atmosferici**.
I processi di **degradazione fisica**, che consistono nella *disgregazione* delle rocce, sono dovuti a:
- forti escursioni termiche (*termoclastismo*);
- gelo e disgelo (*crioclastismo*);
- organismi viventi (*bioclastismo*).

I processi di **degradazione chimica**, che consistono nell'*alterazione allo stato solido* e nella *dissoluzione*, sono dovuti a:
- acqua (*idratazione*, *idrolisi*);
- ossigeno (*ossidazione*);
- acqua e anidride carbonica (*dissoluzione*).

I materiali che derivano dalla degradazione meteorica delle rocce possono rimanere in posto se le superfici rocciose sono poco inclinate, e formano un **mantello detritico** detto **regolite**; oppure, se le superfici rocciose sono molto inclinate, cadono e si accumulano alla base dei versanti, formando **coni di detrito** e **falde di detrito**.
■ Il **fenomeno carsico** consiste nella *dissoluzione* delle rocce carbonatiche intensamente fessurate, operata dalle acque meteoriche leggermente acidulate dalla presenza di anidride carbonica.
In superficie l'azione solvente delle acque sui calcàri origina forme denominate **karren**, **doline**, **uvala**, **polje**.
Le forme carsiche sotterranee sono cavità semplici o complesse (comunemente chiamate **grotte**), formate da **pozzi** e **gallerie**, al cui interno possono essere presenti *stalattiti* e *stalagmiti*.

■ Il **vento** è il principale agente atmosferico del modellamento del rilievo; la sua azione morfologica si esplica mediante:
- la **deflazione**, che consiste nel prelievo e nel trasporto di detriti e produce la formazione di *deserti rocciosi* o di *deserti ciottolosi*;
- la **corrasione**, cioè l'abrasione delle rocce operata dai granuli trasportati dal vento;
- la **deposizione**, con la formazione di *depositi eolici* costituiti da sabbie e polveri (*dune, deserti sabbiosi, loess*).

L'azione morfologica delle acque correnti, dei ghiacciai e del mare

■ Le **acque correnti superficiali** svolgono un'azione morfologica che è prevalente nella gran parte delle terre emerse. Si distinguono in:
- **acque dilavanti**, se non hanno un corso ben definito e scorrono a velo o in rivoli; esse operano un'**erosione areale** che è responsabile, tra l'altro, della formazione delle *piramidi di terra* e dei *calanchi*;
- **acque incanalate** in *alvei* (o letti), che esercitano sopratutto un'**erosione lineare** e scavano nel terreno e nelle rocce *solchi vallivi*.

Il **profilo longitudinale di un corso d'acqua** è una curva a concavità verso l'alto e pendenza variabile che diminuisce dalla sorgente fino al **livello di base** e, tramite l'*erosione regressiva*, tende ad assumere la forma di una parabola (**profilo di equilibrio**).
Dall'azione combinata dell'erosione lineare lungo gli alvei dei corsi

d'acqua e della denudazione dei versanti ad opera delle acque dilavanti deriva la **sezione trasversale a V** delle **valli fluviali**.
Quando la velocità di una corrente fluviale diminuisce tanto da non permettere più il trasporto dei materiali, questi vengono abbandonati sotto forma di **depositi alluvionali** (*conoidi di deiezione, pianure alluvionali, delta*).
Il modellamento del rilievo a opera dei corsi d'acqua avviene attraverso tre stadi successivi (*giovinezza, maturità* e *vecchiaia*) che costituiscono un **ciclo di erosione**, caratterizzato da una progressiva diminuzione della pendenza dei versanti e dalla graduale demolizione del rilievo. Al termine dell'ultimo stadio il rilievo primitivo è ridotto a una *superficie di spiananamento*, detta **penepiano**.

■ I **ghiacciai** esercitano un'azione erosiva mediante due processi:
- l'**estrazione** consiste nella frantumazione delle rocce ai margini e sul fondo del ghiacciaio e nell'azione divaricatrice del ghiaccio che completa la rottura e, con il suo movimento, allontana i materiali che ne derivano;
- l'**esarazione** consiste nell'erosione meccanica della corrente glaciale che, grazie ai materiali trasportati, opera un'*azione abrasiva* sulle pareti e sul fondo e genera solchi e striature sulle rocce in sito (*rocce montonate*).

Queste azioni erosive producono varie forme tipiche, tra le quali:
- *rocce montonate*,
- *circhi glaciali*,
- *valli glaciali* con **sezione trasversale a U**.

Le forme di **deposito glaciale** sono le *morene*, ammassi di detriti di diversa provenienza che si raccolgono gradualmente verso i fianchi, il fondo e alla fronte del ghiacciaio.

■ Il **mare** esercita la sua opera di erosione, trasporto e deposizione lungo i **litorali** (zone di contatto fra le terre emerse e i fondali marini).
L'erosione dovuta ai movimenti del mare è detta **abrasione marina**. Essa viene attuata soprattutto dalle onde.
Quando l'abrasione marina agisce in modo uniforme lungo un tratto di costa alta e rocciosa, si possono produrre e sviluppare *falesie* e *piattaforme di abrasione marina*.

L'**azione costruttiva del mare** porta alla formazione delle **spiagge**, in zone con acque poco profonde e più o meno riparate; a breve distanza dalla riva si possono formare *cordoni sabbiosi* e *lidi*. I lidi possono isolare *lagune* e *laghi costieri*, facendo avanzare la linea di costa.
Anche l'evoluzione delle coste si svolge secondo un *ciclo di erosione*, che nelle coste frastagliate si conclude con la **rettificazione della linea di costa**.
In base alla loro morfologia, le coste vengono suddivise in **coste basse** (spiagge, lidi, lagune, delta ecc.) e **coste alte** (falesie, fiordi, rias, valloni, canali).

Dissesti geomorfologici: cause naturali e cause antropiche

■ I movimenti di cospicue masse rocciose – coerenti o incoerenti – generati dalla forza di gravità sono detti **frane**. Esse possono essere di vari tipi (*frane di crollo, frane di ribaltamento, scoscendimenti, scivolamenti* e *colamenti*).
Le cause naturali delle frane sono da ricercare nel *tipo di materiale* che costituisce il versante, nell'*inclinazione del pendio* e nella quantità di *acqua* presente nelle rocce.
Nell'innesco delle frane svolgono un ruolo determinante tutte quelle attività umane che alterano l'*equilibrio naturale dei versanti* (cave, dighe, diboscamenti, costruzioni di strade ecc.).

■ Anche l'**erosione accelerata del suolo**, che consiste nell'eccessivo aumento di velocità di un processo naturale operato dalle acque dilavanti o dal vento, è spesso conseguenza di interventi antropici, quali il diboscamento o la difettosa utilizzazione agricola del terreno.

■ I cambiamenti morfologici che interessano i **litorali** possono essere sia a lungo, sia a breve termine.
I cambiamenti a lungo termine, che si protraggono per tempi geologici, sono dovuti esclusivamente a cause naturali (fenomeni orogenetici, fenomeni isostatici, oscillazioni eustatiche del livello marino, subsidenza delle aree costiere, bradisismi).
I cambiamenti a breve termine sono dovuti sia a cause naturali (come le variazioni climatiche), sia a cause antropiche che alterano i naturali processi di erosione e deposizione: per esempio, le opere marittime (come moli, porti o scogliere), i prelievi di materiali sabbiosi e ghiaiosi dagli arenili, le dighe fluviali. Tali attività umane sono spesso responsabili della marcata **erosione delle spiagge**.

ESERCIZI

per il ripasso

ALTRI ESERCIZI SU ZTE ONLINE

1. ■□□ **Completa la mappa con i termini mancanti, scegliendoli tra i seguenti:**

stalagmiti ■ doline ■ superficiali ■ gallerie ■ uvala

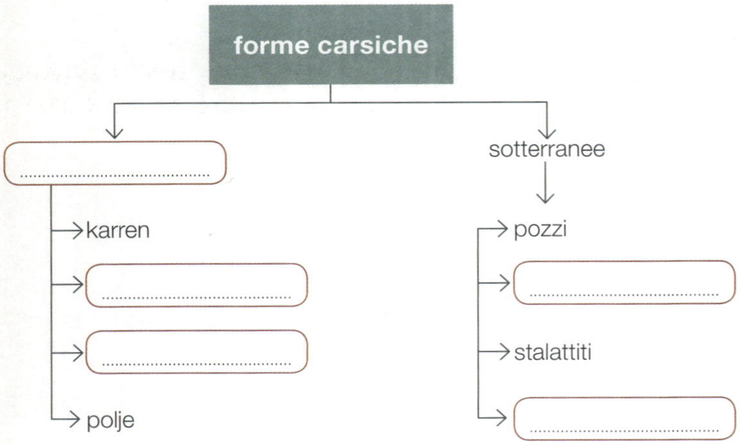

2. ■□□ **Completa la mappa con i termini mancanti, scegliendoli tra i seguenti:**

anfiteatri morenici ■ rocce montonate ■ morene ■ circhi glaciali ■ valli a U ■ massi erratici

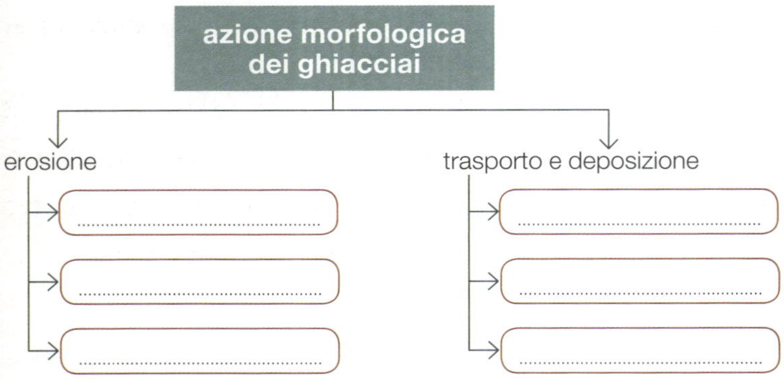

3. ■□□ **Inserisci negli spazi con i puntini i termini corretti, scegliendoli tra i seguenti:**

pendio di frana ■ nicchia di distacco ■ accumulo di frana

4. ■□□ **Quali tra i seguenti prodotti dell'azione morfologica delle acque correnti superficiali sono dovuti all'erosione delle acque dilavanti?**

A Piramidi di terra.
B Gole.
C Marmitte d'erosione.
D Calanchi.
E Valli fluviali.

5. ■□□ **Quali tra i seguenti prodotti dell'azione delle acque superficiali sono forme di deposito fluviale?**

A Conoidi di deiezione.
B Canyon.
C Calanchi.
D Forre.
E Cascate.
F Piane alluvionali.

6. ■□□ **La parziale dissociazione dell'acqua in ioni H^+ e OH^- è alla base del processo di**

A ossidazione.
B idratazione.
C idrolisi.
D dissoluzione.

7. ■□□ **L'attività erosiva del mare prende il nome di**

A abrasione.
B esarazione.
C corrasione.
D deflazione.

8. ■□□ **Quale tra i seguenti prodotti dell'azione del mare sulle coste può derivare da un processo di erosione?**

A Spiaggia.
B Grotta.
C Cordone litoraneo.
D Lido.
E Laguna.
F Lago costiero.

9. ■■□ **Quale tra i seguenti processi di degradazione meteorica non è un processo chimico?**

A Crioclastismo.
B Idratazione.
C Dissoluzione.
D Ossidazione.
E Idrolisi.

10. ■■□ **Scegli l'alternativa corretta.**

Quando il modellamento del rilievo avviene soprattutto ad opera dei corsi d'acqua, si verifica **una diminuizione della pendenza/un arretramento parallelo** dei versanti, fino alla formazione di una superficie di spianamento detta **penepiano/pedepiano**.

Quando invece prevalgono i processi di disgregazione meteorica e di erosione areale dovuta alle acque dilavanti, si verifica **una diminuizione della pendenza/un arretramento parallelo** dei versanti, con la formazione di una superficie di spianamento detta **penepiano/pedepiano**.

11. **Completa il testo scegliendo tra i termini seguenti:**

umide ■ degradazione ■ aride ■ dissoluzione ■ disgregazione

La .... meteorica è un insieme di fenomeni, prodotti da agenti atmosferici, che conducono al progressivo disfacimento in posto delle rocce. I processi fisici ne provocano la .... , mentre quelli chimici consistono nell'ossidazione, nell'alterazione allo stato solido e nella .... I primi prevalgono nelle regioni .... o fredde, mentre i secondi in quelle .... e calde.

12. **Quali tra i seguenti tipi di litorali sono da considerarsi «coste alte»?**

A Spiagge.
B Lidi.
C Falesie.
D Lagune.
E Laghi costieri.
F Fiordi.
G Rias.
H Delta.

13. **Nell'immagine è rappresentata la fronte del Ghiacciaio di Lex Blanche, nel Gruppo del Monte Bianco. Attribuisci a ogni elemento il nome corretto, scegliendo tra**

torrente glaciale ■ morena laterale ■ morena mediana ■ morena deposta ■ morena frontale

1 ....
2 ....
3 ....
4 ....
5 ....

14. **Scegli l'alternativa corretta**

L'azione di **erosione/deposizione** del vento si effettua sia tramite **corrasione/deflazione**, ossia prelievo e trasporto di detriti, sia tramite **corrasione/deflazione**, cioè abrasione delle rocce a opera dei granuli trasportati. Residui tipici del denudamento eolico sono i deserti **ciottolosi/rocciosi**, o *hamada*, enormi distese di rocce nude, e i deserti **ciottolosi/rocciosi**, o *serir*, ossia grandi pianure ricoperte da antichi depositi alluvionali.

15. **Quale tipo di forza geodinamica (endogena o esogena) è responsabile delle strutture e delle forme del rilievo indicate?**

A Catena montuosa: ....
B Delta fluviale: ....
C Vulcano a scudo: ....
D Cono di detrito: ....
E Dolina: ....
F Scarpata di faglia: ....
G Cordone litoraneo: ....

16. **Completa il testo scegliendo tra le seguenti proposte:**

ripidi e aguzzi ■ spianati ■ profilo di equilibrio ■ ampie ■ penepiano ■ arrotondati ■ strette e profonde

Un ciclo di erosione fluviale si instaura quando una regione di recente sollevamento viene attaccata dagli agenti esogeni, che modellano le forme del rilievo attraverso tre stadi successivi: nello stadio di giovinezza le valli sono .... e i rilievi sono .... ; nello stadio di maturità le valli sono .... , i corsi d'acqua principali hanno quasi raggiunto un .... e i rilievi sono .... ; al termine dello stadio di vecchiaia i rilievi risultano .... , ossia ridotti a un ....

17. **Scegli le alternative corrette.**

Il processo di **deposizione/erosione** dei ghiacciai avviene mediante due processi congiunti: l'**esarazione/estrazione**, che consiste nella fessurazione e frantumazione delle rocce per le continue alternanze di gelo e disgelo ai margini e sul fondo del ghiacciaio, e l'**esarazione/estrazione**, che consiste in un'erosione meccanica vera e propria esercitata dalla corrente glaciale e dalle acque di fusione sotto il ghiaccio. I risultati sono la formazione di **circhi/anfiteatri morenici** e di valli con la tipica forma a **U/V**.

CLIL: Earth Science Highlights

Glossary

Match each word or expression with its definition.

1. ☐ Alluvial deposits
2. ☐ Beach
3. ☐ Cave
4. ☐ Chemical weathering
5. ☐ Cycle of erosion
6. ☐ Deflation
7. ☐ Delta
8. ☐ Dune
9. ☐ Erosion
10. ☐ Exogenous forces
11. ☐ Frost wedging
12. ☐ Geomorphology
13. ☐ Glacial valley
14. ☐ Karst
15. ☐ Landslide scar
16. ☐ Longitudinal profile
17. ☐ Marine abrasion
18. ☐ Meander
19. ☐ Moraine
20. ☐ Peneplain
21. ☐ Regolith
22. ☐ River valley
23. ☐ Runoff
24. ☐ Sea cliff
25. ☐ Quarrying

a. The entire area between the tops of slopes on both sides of a stream. It is usually V-shaped.
b. U-shaped valley eroded by a glacier with steep walls and a flat floor.
c. Accumulation of sediment deposited by streams.
d. A bare or relatively bare surface or niche on the side of a mountain left by the removal of material where a landslide started.
e. The study of landscapes and their evolution.
f. A physical weathering process in which the expansion of freezing water in a crack breaks a rock.
g. Gently undulating, almost featureless plane produced by fluvial erosion.
h. A natural underground open space formed by dissolution and consisting of a network of interconnected vertical and horizontal cavities.
i. The smooth, concave upward curve that represents a longitudinal-sectional view of a stream.
j. The sum of all rainwater that flows over the surface of relief.
k. The layer of loose, heterogeneous material overlying bedrock produced by weathering.
l. Erosion caused by the impact of waves on a rocky coast.
m. Shoreline made up of sand and pebbles.
n. A cliff shaped by wave erosion, situated at the seaward edge of a coast.
o. A curve or bend in a stream that develops as the stream erodes the outer bank and deposits sediment against the inner bank of a bend.
p. The weathering that occurs when the minerals in a rock are chemically altered or dissolved.
q. Forces fed by solar energy that shape the Earth's surface.
r. A type of topography that forms on limestone, gypsum and other rocks by dissolution.
s. An accumulation of rocky, sandy and clayey material carried by glacial ice or deposited as till.
t. The removal of dust, silt and sand by strong winds.
u. The process of glacial erosion by which sizable rock fragments are loosened, detached and borne away from bedrock by the freezing of water.
v. A depositional platform built of sediments deposited at the mouth of a stream.
w. An elongated ridge of sand commonly formed through deposition by wind.
x. Theory of the development of landforms that classifies and systematically describes them.
y. The grinding away and removal of the Earth's surface material by moving water, air or ice.

Summing-up

Complete the following text with the right words from the Glossary

Geodynamic forces

■ All landforms on Earth are the product of two broad categories of geodynamic forces:
- endogenous forces that cause the building of mountains, the uplifting and lowering of oceanic and continental areas, and volcanism;
- .... that are identified by the action of atmospheric elements, running water, glaciers, and the sea. Exogenous agents erode, transport and deposit material.

■ The science that studies landforms on Earth, their genesis and evolution is termed ....

Weathering

■ Weathering is a group of phenomena that leads to the decay of rocks by means of atmospheric agents. Physical weathering processes cause the breakdown of rocks. .... processes are oxidation, alteration of the solid state, and dissolution of rocks. These two groups of phenomena occur simultaneously and are mutually supporting.

■ The principal agents responsible for the breakdown of rocks are thermal excursion (insolation weathering) and freeze-thaw (....................................). The alteration of rocks is mainly due to oxygen (oxidation) and water (hydration, hydrolysis, and dissolution).

■ Fragments resulting from the breakdown and chemical alteration of rocks undergo different fates depending on the steepness of slope. If the rock surfaces are horizontal or slightly sloping, the degradation products remain in place and form a mantle of debris, called .... If the rock surfaces are steep, fragments fall and accumulate at the base of the slopes to form debris cones or debris slopes.

Landslides

■ The coherent or incoherent movement of large masses of rock generated by gravity are called landslides.

■ The following features are distinguishable in landslides:

- the ...., the niche on the slope that marks the boundary between the bedrock and the dislodged landslide material;
- the landslide slope, affected by downward transport;
- the landslide body, a chaotic deposit made up of the displaced rocky debris.

Erosion and deposition by wind

■ Wind exerts its morphological action through .... i.e. the lifting and transportation of debris; sandblasting, the abrasion of rocks by the impact of transported grains of sand; and deposition. Aeolian deposits are made of sand and dust that can create large expanses of sand or small hills: ....

The morphological action of surface running water

■ Surface running water consists of ...., which flows in rills or sheets, along the lines of maximum slope (without following a well-defined path) and channeled waters, which flow in beds or channels. Runoff produces areal erosion. Channeled waters produce linear erosion and carve out valley gorges.

■ The .... of a stream is a curve with variable slope, but which tends to decrease from the upper to the lower reaches down to a base level. Streams also produce lateral erosion that results in the undermining of their banks.

■ The combined action of linear erosion, lateral erosion and denudation of slopes results in a V-shaped cross-section of the ....

■ When the speed of the river current decreases so that it can no longer transport materials, these are released in the form of ....

■ Streams also create landforms that derive from the combined action of erosion and deposition: .... and alluvial terraces.

■ At the mouth of a river, transported debris can form a .... that extends in a blanket with a submerged slope and a level part that emerges above the water line. Where the sediment is dispersed by tides, estuaries are formed.

The cycle of erosion and planation surfaces

■ The shaping of relief by streams is accomplished through the stages of the .... In youth, the valleys are narrow and deep, the streams have waterfalls and rapids, and the river network is disorganized. In maturity, the valleys have extended headwards, the hydrographic network is well organized, and the main rivers have almost reached their equilibrium profile. In old age, the slopes have reached their minimum inclination, erosion and transport are strongly reduced, and alluvial deposits also fill the middle and upper parts of the valleys. At the end of the cycle, the original raised landscape is reduced to a planation surface, called ....

■ Where stream action is limited and weathering and runoff prevails, other types of planation surface are formed, called pediplains.

The dissolution of carbonate rocks and karst landforms

■ .... consists of the dissolution of carbonate rock by the action of rainwater that has been made slightly acidic by carbon dioxide, which rain collects from the atmosphere and the soil. Dissolution can also occur without the help of carbon dioxide, but this happens on other rock types (rock salt, gypsum). For the development of karst, the rocks must be extensively jointed.

■ On land, the solvent action of water generates landforms called karren, dolines, uvalas and poljes. Underground karst forms are .... formed by a simple or complex network of interconnected vertical and horizontal cavities, where stalactites and stalagmites may be present.

■ Carbonate reliefs shaped by dissolution evolve according to a karst cycle that has several different stages (youth, maturity and old age).

The morphological action of glaciers

■ Glaciers exert erosive action through two processes. .... is the breakdown of rocks from the continuous alternation of freezing and thawing (occurring at the margins and base of a glacier) and frost wedging that completes rock breakdown and carries away the dislodged material. Abrasion is mechanical erosion by the movement of ice and any melt waters that flow underneath the glacier.

■ Glaciers excavate the rocky bottom and exert intense abrasive action due to transported debris. These erosive actions produce glacial cirques and .... with U-shaped cross-sections.

■ Forms of glacial deposits are ...., piles of debris of different origin that are gradually gathered at the sides, base, and front of the glacier.

The morphological action of the sea on the coast

■ Erosion due to sea movements is called .... and is carried out predominantly by waves. When marine abrasion acts uniformly along a stretch of high, rocky coast, corresponding to the mean sea level, a shoreline groove or notch is formed that continues to deepen until it causes the collapse of the overhanging rocks. In this way a .... is formed.

■ The constructive action of the sea leads to the formation of .... made up of sand and pebbles, that originate in more or less sheltered zones with shallow waters.

■ Coastal evolution also develops according to a ...., which tends to rectify the coastline.

Now listen and check your answer.

Video «The formation of glacial valleys»

Watch the video and answer the questions.

1. What is the main agent of glacier movements?
2. How does quarrying occur?
3. How does a hanging valley originate?
4. Which is the typical shape of the cross profile of a glacial valley? Do you remember which is the typical shape of the cross profile of a fluvial valley?

QUESITI

per l'applicazione delle conoscenze

1. **Confrontare fenomeni somiglianti**
Evoluzione dei meandri e dinamica costiera
Osserva i due disegni che schematizzano l'opera modellatrice di un fiume in corrispondenza dei meandri e quella del mare su una costa frastagliata.
- Quali analogie osservi?
- Quali sono invece le differenze più rilevanti?
- Come le puoi spiegare?

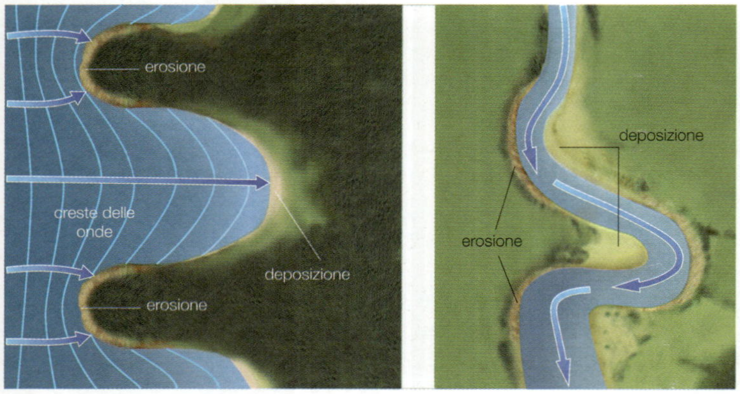

2. **Lavorare in gruppo**
I litorali italiani
Dividete la classe in tre gruppi che studieranno la situazione delle coste dell'Adriatico, del Tirreno e dello Ionio.

- **Ricerca**

Ciascun gruppo immagini di costituire una équipe di geomorfologi che individui, per il mare che gli è stato assegnato, due esempi di litorali in erosione.
- Quanto è grave il fenomeno in atto?
- Quali interventi sono stati predisposti?
- Quali sono, a vostro avviso, i provvedimenti che dovrebbero essere adottati?

Ogni gruppo presenti alla classe i due casi studiati, con 4 slide di PowerPoint.

- **Confronto**

Ora immaginate di essere membri di una commissione alla quale è stato dato il compito di scegliere gli interventi da fare sul territorio.
Fra tutti gli esempi presentati alla classe fate una votazione per scegliere il caso che presenta maggiore urgenza di intervento e quello per il quale è stato progettato il miglior intervento di protezione della costa (come progetto considerate sia quello eventualmente predisposto nella realtà, sia quello ideato dal gruppo).

3. **Leggere la morfologia del territorio**
Il paesaggio glaciale
Osserva la fotografia scattata in Patagonia (Argentina) e individua tutti gli elementi che conosci del paesaggio glaciale.
- Quali parti del ghiacciaio sono visibili?
- Quali effetti della sua azione erosiva riconosci?

Photononstop/Tips

4. **Ricercare informazioni**
Le frane
La carta di pagina 411 mostra, in modo succinto, le aree del territorio italiano con elevata diffusione di fenomeni franosi, quelle meno predisposte a tali dissesti geomorfologici e quelle i cui versanti si possono considerare relativamente stabili.
Fai una ricerca sulle frane avvenute nel Comune della tua scuola (o di un altro vicino, a scelta), partendo dalle informazioni presenti nella carta e procurandotene dal Comune.
Cerca su Internet i dati relativi al rischio di frane, oppure recandoti direttamente in un ufficio competente.
Quando avrai raccolto dati a sufficienza, scrivi una breve relazione. Illustrala con una carta dettagliata del Comune, nella quale avrai indicato le frane avvenute nel passato e le zone ritenute a rischio.

Glossario

Termini propedeutici allo studio delle Scienze della Terra

Angiosperme Dal greco *angèion*, vaso, ricettacolo, e *spérma*, seme: «dal seme (contenuto) in un ricettacolo». Piante con ovuli contenuti in un ovario, e semi racchiusi in un frutto.

Anno sidereo Il periodo effettivo della rivoluzione terrestre, che corrisponde all'intervallo di tempo fra due ritorni consecutivi del Sole nella stessa posizione fra le stelle ed ha una durata di $365^d6^h9^m10^s$.

Anno solare (anno tropico) Il tempo che intercorre fra due passaggi successivi del Sole allo Zenit dello stesso tropico, cioè fra due solstizi dello stesso nome (o anche fra due equinozi dello stesso nome). La sua durata è di $365^d5^h48^m46^s$, circa 20 minuti più breve di quella dell'anno sidereo.

Argilliti Rocce sedimentarie clastiche, derivate dalla diagenesi delle comuni argille, più compatte e assai meno plastiche.

Astenosfera Dal greco *asthenḗs*, debole e *sphâira*, sfera. Parte superiore dell'involucro terrestre (detto *mantello*, sottostante la *crosta*) che si presenta come una fascia meno rigida del restante mantello e che si ritiene composta di materiale parzialmente fuso.

Bacino idrografico Area, delimitata da una linea spartiacque, che raccoglie le acque di precipitazione meteorica e le convoglia – per via superficiale – in corsi d'acqua che confluiscono poi in un torrente maggiore o in un fiume, sino alla foce di quest'ultimo.

Barile (di petrolio) Unità di misura della capacità (usata per gli idrocarburi), pari a circa 159 litri.

Batolite Dal greco *bathýs*, profondo e *líthos*, roccia. Indica i giganteschi ammassi di rocce magmatiche intrusive, lunghi anche migliaia di kilometri e larghi centinaia di kilometri, che si estendono a grandi profondità entro la crosta continentale.

Bitume Idrocarburi solidi, in natura spesso mescolati con idrocarburi semifluidi; in genere impregnano rocce calcaree fessurate o sbriciolate dalle deformazioni tettoniche e costituiscono giacimenti di *asfalto* (dal greco *àsphaltos*, nome del bitume estratto in Giudea). Importanti giacimenti sono quelli lungo le rive del Mar Morto; in Italia se ne trovano nell'Appennino centrale e in Sicilia. L'asfalto viene usato per la pavimentazione stradale e per rivestimenti impermeabili.

Calore latente Quantità di calore che occorre fornire o sottrarre a una unità di massa di una determinata sostanza perché essa subisca un cambiamento di stato, senza che abbia luogo alcuna variazione di temperatura. Per l'evaporazione dell'acqua, ad esempio, occorre calore. Nel processo inverso (condensazione del vapore) si libera la stessa quantità di calore che, alla stessa temperatura, è stata assorbita nell'evaporazione.

Campo magnetico terrestre (o campo geomagnetico) I *magneti*, naturali o artificiali, sono corpi (in genere ricchi di ferro, nichel e cobalto) in grado di attirare particelle metalliche; possono attirare o respingere altri magneti. Lo spazio entro cui si risente la «forza» di un magnete diminuisce con la distanza. La Terra nel suo insieme si comporta come un gigantesco magnete, il cui «campo d'azione», conosciuto come *magnetosfera*, si estende nello spazio fino a una distanza pari a molte volte il diametro del pianeta. Il funzionamento della bussola è dovuto alla presenza del campo geomagnetico. L'asse ideale di tale campo incontra la superficie terrestre in due punti che costituiscono i *poli magnetici*.

Caratteristiche meccaniche Sono le caratteristiche che contraddistinguono un materiale da un altro quando venga sollecitato da uno sforzo. Tipici esempi sono: la *resistenza* alla *compressione e la resistenza al taglio*. Da queste caratteristiche dipende la velocità con cui si propagano le onde sismiche nelle rocce.

Carsismo Dalla radice indoeuropea *kar*, pietra o roccia, dalla quale ha preso il nome la regione del Carso (Italia-Slovenia). Fenomeno di dissoluzione chimica operato dall'acqua meteorica, grazie alla presenza dell'anidride carbonica. Si sviluppa nelle rocce calcaree e produce caratteristiche forme superficiali (doline, polje ecc.) e sotterranee (pozzi, gallerie).

Cenozoico Dal greco *koinós*, recente e *zôikos*, di animale. Il cenozoico (o Era Cenozoica) è iniziato 66 milioni di anni fa (con la fine del Mesozoico) e significa «della vita recente», per le forme viventi che si rinnovano profondamente rispetto all'era precedente e che assumono aspetti simili a quelli delle forme attuali. Il Cenozoico comprende anche il tempo attuale.

Ciclo dell'acqua È l'insieme ininterrotto dei processi mediante i quali l'acqua lascia gli oceani e i mari, si immette nell'atmosfera, raggiunge le terre emerse e quindi ritorna agli oceani e ai mari. Nell'ambito di questo ciclo, fondamentale per l'equilibrio del *sistema Terra*, si svolge la «circolazione idrica» superficiale e sotterranea sulle terre emerse e l'acqua compie anche un «ciclo biologico», costituito essenzialmente dai processi di fotosintesi e di respirazione.

Climatologia Dal greco *klíma* e *lógos*, studio. È la scienza che – avvalendosi della Meteorologia – studia la distribuzione nello spazio e nel tempo degli elementi climatici (temperatura, precipitazioni, venti) ed i fattori (latitudine, altitudine ecc.) che determinano il clima, le variazioni di questo e le leggi da cui tali variazioni dipendono.

Correnti di torbida Rapida discesa lungo la scarpata continentale di ammassi di sedimenti costieri, accumulatisi su pendii troppo ripidi per rimanere in quiete. Le correnti di torbida hanno elevata capacità di abrasione ed escavazione e producono vistosi solchi disposti secondo linee di massima pendenza, in prossimità della piattaforma e lungo la scarpata continentale.

Cratone Dal greco *kràtos*, forza. Il termine si riferisce condizione di «area di forza», cioè da molto tempo resistente alle deformazioni, in contrapposizione alle aree soggette a orogenesi.

Crosta terrestre È la parte solida esterna del nostro pianeta, del quale costituisce una specie di involucro di modesto spessore (da alcuni km a poche decine di km), che ricopre in modo continuo il resto dell'interno della Terra.

Datazioni radiometriche La datazione radiometrica si basa sul ben noto processo fisico di disintegrazione degli *isotopi radioattivi* di certi elementi che entrano a far parte del reticolo cristallino di molti minerali all'atto della loro formazione. Questi particolari isotopi si trasformano spontaneamente («decadono»), con il tempo, in elementi stabili, ognuno secondo un ritmo ben preciso, non alterabile da fattori esterni (quali temperatura, pressione, presenza o assenza di acqua ecc.), per cui è possibile risalire al momento della formazione del minerale che li contiene.

Depositi varvati (o varve) Dallo svedese *varv*, deposito, giro. Sottili sedimenti argillosi comuni in Scandinavia, costituiti da alternanze di bande chiare e scure deposte durante l'estate e durante l'inverno. La maggior parte delle varve risale al Pleistocene; i limiti dei depositi possono essere correlati con il ritiro annuale dei ghiacciai. Ma in alcuni luoghi le varve si stanno formando tuttora.

Deriva dei continenti Spostamento delle masse continentali, l'una rispetto all'altra, di qualche cm/anno. L'esistenza del fenomeno fu prospettata (per gli ultimi 200 milioni di anni della storia della Terra) principalmente da Alfred Wegener, che formulò la «teoria della deriva dei continenti» nel 1915; è stata poi definitivamente accertata e correlata all'espansione dei fondi oceanici, con la «teoria della Tettonica delle placche», negli anni Sessanta del XX secolo.

Diatomee Dal greco *diatémnein*, tagliare di traverso. Minuscole alghe unicellulari, rivestite da una specie di involucro siliceo (opale), formato da due parti che si incastrano come una scatoletta (con varie forme: rettangolare, a fuso, circolare, ovoidale ecc.), sempre finemente decorate e con minutissimi fori. Sono note a partire da meno di 200 Ma fa e hanno formato spesso tipiche rocce, di origine sia lacustre, sia marina.

Differenziazione Nello studio delle rocce magmatiche viene così indicato il processo chimico-fisico attraverso il quale da un magma in origine *basico* (cioè povero di silice e ricco in ferro, magnesio e calcio) si può arrivare a un prodotto solido (roccia intrusiva o effusiva) con una composizione *neutra* o anche *acida* (cioè relativamente arricchita in silice e impoverita negli altri elementi).

Discontinuità (sismica) Viene così definita la superficie che separa due materiali nettamente diversi per le caratteristiche fisiche che influenzano la propagazione delle onde elastiche: densità, resistenza alla compressione e allo sforzo di taglio. Le onde sismiche, raggiungendo una superficie di questo tipo, subiscono una brusca variazione di velocità (aumento o diminuzione), cui corrisponde un brusco cambiamento di direzione della loro traiettoria. Se la superficie di discontinuità segna il passaggio a materiale liquido (come il magma), le onde di taglio smettono di propagarsi, mentre quelle di compressione proseguono, ma molto più lentamente.

Dorsali oceaniche Le dorsali oceaniche corrispondono a settori di fondo oceanico nettamente rilevati (anche 2-3000 metri) rispetto alle circostanti piane abissali. Le dorsali formano in pratica una fascia continua larga un migliaio di kilometri e lunga in totale oltre 60000 km, che dal Mar Glaciale Artico serpeggia attraverso l'Atlantico e l'Indiano e percorre tutto il Pacifico meridionale e orientale, con alcune diramazioni, come quella che dall'Oceano Indiano si dirige verso Nord e prosegue lungo il Mar Rosso. Il sistema di dorsali oceaniche non è una catena montuosa sommersa, ma corrisponde a un inarcamento del fondo oceanico, lungo la cui sommità corre un ampio solco, sede di intensa attività vulcanica sottomarina.

Eccentricità dell'orbita È il rapporto tra la distanza di uno dei fuochi dal centro dell'orbita e la lunghezza del semiasse maggiore di quest'ultima. Se l'orbita avesse la forma di una circonferenza, la sua eccentricità sarebbe uguale a zero. Il valore attuale dell'eccentricità dell'orbita terrestre è circa 0,017. Il valore attuale dell'eccentricità dell'orbita lunare è circa 0,055.

Effetto serra Una serra è un ambiente chiuso da pareti e tetto trasparenti, attraverso i quali la radiazione solare, a *onde corte*, passa e viene assorbita dai corpi presenti; questi si riscaldano e a loro volta restituiscono energia, ma come radiazioni *infrarosse*, nei confronti delle quali le pareti della serra sono quasi opache. Di conseguenza, il calore rimane «intrappolato» e la temperatura nella serra rimane alta (anche perché l'aria interna, riscaldata, non può mescolarsi con quella esterna, più fredda). Come una serra si comporta l'atmosfera terrestre.

Eòne Dal greco *aión*, lungo tempo, eternità. Termine variamente impiegato in filosofia e nelle religioni misteriche, ma il cui significato originale indicava un periodo di tempo molto esteso.

Esacoralli Tipi di coralli dal corpo cilindrico circondato all'apice da una corona di tentacoli; sono rivestiti da uno scheletro esterno, dal quale sporgono, verso l'interno, numerosi setti, che compaiono via via con lo sviluppo dell'organismo in gruppi di sei, così da presentare, nello stadio adulto, simmetria radiale. Gli esacoralli comprendono tutti i coralli viventi e si contrappongono ai *tetracoralli*, che sono vissuti solo nell'Era paleozoica.

Facies Dal latino *facies*, aspetto, volto. Insieme di caratteri litologici (e paleontologici, se sono presenti resti fossili) di una roccia. La facies dipende dall'ambiente in cui la roccia si è formata: riconoscere una determinata facies significa identificare l'ambiente fisico in cui una roccia si è formata. Nel caso delle rocce metamorfiche, sono fondamentali i valori di temperatura e pressione cui una roccia è stata sottoposta.

Falda idrica Un corpo roccioso sufficientemente permeabile da lasciarsi attraversare dalle acque profonde, ma capace di trattenerne in quantità utile per alimentare sorgenti e pozzi, è detto *acquifero*. Se in superficie affiorano gli strati permeabili di un acquifero, l'acqua che vi penetra si muove verso il basso per gravità, finché non incontra un corpo roccioso impermeabile, l'*acquicludo*, che ne ostacola o ne impedisce il movimento. Di conseguenza, l'acqua va gradualmente accumulandosi nell'acquifero, dando origine a una *falda idrica*.

Filone Dal latino, *filum*, allungato. Corpo roccioso tabulare (*a forma di tavola*), che si forma per intrusione di una porzione di magma lungo fessure nelle rocce che circondano la massa di magma principale. I filoni si trovano perciò alla periferia degli ammassi di rocce magmatiche intrusive, ma anche intorno a un edificio vulcanico (filoni vulcanici). Forma tabulare analoga possono assumere anche riempimenti di fessure nelle rocce da parte di sedimenti non ancora consolidati (filoni sedimentari).

Foraminiferi Dal latino *foraāmen*, forame e *fero*, porto. Protozoi con corpo unicellulare racchiuso in un guscio (calcareo o arenario o chitinoso) di svariate forme, dal quale fuoriescono, attraverso minuscole aperture, filamenti di protoplasma con funzioni di nutrizione e movimento. Vivono in grandissima parte in ambiente marino e sono comparsi oltre 500 Ma fa. Numerose rocce organogene sono formate da accumuli di gusci di foraminiferi.

Forza di Coriolis È la forza deviante che agisce sui corpi in moto sulla superficie terrestre, per effetto della rotazione del nostro pianeta. La sua entità può essere espressa dalla formula: $F_d = 2\ m\ V\ \omega$ sen φ, nella quale F_d è la forza deviante, m la massa del corpo in moto, V la velocità di trasferimento del corpo, ω la velocità angolare (costante) della Terra, e φ la latitudine. Bisogna osservare però che lo spostamento del corpo è soltanto relativo, perché ciò che realmente si sposta, al di sotto del corpo in moto, è la stessa Terra che ruota con velocità lineare maggiore o minore a seconda della latitudine; quindi la forza di Coriolis è una *forza apparente*, che serve per spiegare ed esprimere quantitativamente il fenomeno.

Fosse abissali Depressioni dei fondi oceanici lunghe anche migliaia di kilometri e relativamente strette, che scendono anche a più di 10 000 metri di profondità.

Fossili Dal latino *fòssilis*, «che si ottiene scavando». Indicava, in origine, rocce, minerali, gemme e tutte quelle forme, presenti nelle rocce, che assomigliavano a organismi viventi. In senso moderno indica i resti di organismi viventi, animali o vegetali, che via via hanno popolato i mari e le terre emerse e che sono stati inglobati e conservati entro le rocce sedimentarie.

Frequenza di una vibrazione Indica quante volte quella vibrazione si ripete nell'unità di tempo e si misura in hertz: 1 Hz = 1 oscillazione al secondo. Per le onde elastiche va da una volta a milioni di volte al secondo, ma le *onde acustiche*, quelle cioè che possono essere percepite dal nostro orecchio come suono, hanno frequenze comprese fra 16 e 20 000 Hz. Al di fuori di questo intervallo si parla di *infrasuoni* (meno di 16 Hz) e *ultrasuoni* (oltre i 20 000 Hz).

Geofisica Dal greco *gê*, Terra e *phýsis*, natura. Scienza che studia gli involucri della Terra avvalendosi dei metodi della Fisica applicata. Suoi compiti sono la rilevazione dei fenomeni fisici che si manifestano nell'atmosfera, nell'idrosfera, nella litosfera e nell'interno della Terra. I metodi e i risultati della Geofisica sono applicati in Geodesia e nella prospezione geologica.

Geografia fisica Studio dell'ambiente fisico e dei rapporti fra l'ambiente fisico e le attività umane.

Geomorfologia Dal greco *gê*, Terra, *morfê*, forma e *lógos*, studio. Scienza che si occupa delle forme del rilievo terrestre, della loro genesi e della loro evoluzione.

Giacimentologia Dal latino *iacēre*, essere steso o trovarsi accumulato [tra altre rocce] e dal greco *lógos*, studio. Lo studio e la ricerca delle masse rocciose contenenti minerali sfruttabili, o idrocarburi, o pietre da costruzione e ornamentali.

Gimnosperme Dal greco *gymnós*, nudo, e *spérma*, seme: «dal seme nudo (non protetto)». Piante con *ovuli* (e successivamente *semi*), non racchiusi da un ovario (come è invece nelle angiosperme, in cui l'ovario diviene il frutto).

Granitoide Il termine indica genericamente rocce a composizione simile a quella delle rocce magmatiche acide (tipicamente rappresentate dalla «famiglia dei graniti»). Sono comunque rocce la cui composizione è notevolmente arricchita in silice rispetto alle rocce «basaltiche».

Gravitazione universale Due corpi si attirano in modo direttamente proporzionale alla loro massa e in ragione inversa al quadrato della loro distanza. La forza d'attrazione gravitazionale è espressa dalla seguente formula:

$$F = G_0 \frac{M \cdot m}{d^2}$$

dove G_0 è la costante di gravitazione universale (pari a $6{,}67 \cdot 10^{-11}$ N m^2 kg^{-2}). M ed m sono le masse dei corpi e d è la distanza fra i loro centri.

Great Rift Valley Viene così chiamato il grande sistema di profonde depressioni che percorre l'Africa orientale, dal Fiume Zambesi, a Sud, fino a incontrare il Mar Rosso, a Nord, lungo 3500 km. Le depressioni, larghe alcune decine di kilometri, sono limitate da alte e ripide scarpate, prodotte da grandi faglie dirette; esse ospitano i grandi laghi africani, alcuni dei quali hanno il fondo a centinaia di metri sotto il livello del mare. La *Great Rift Valley* corrisponde a una gigantesca fossa tettonica.

Infrarosso L'infrarosso comprende le radiazioni elettromagnetiche di lunghezza d'onda (λ) maggiore di quella delle radiazioni elettromagnetiche percepibili dall'occhio umano, fino a λ di circa 10 milioni di ångström (1Å = 10^{-10} m); le *onde radio* hanno $\alpha\alpha$ ancora più grande. Alcuni strumenti analizzatori utilizzano sensori elettromagnetici capaci di captare la «radiazione dell'infrarosso termico», che viene emessa dai vari corpi in funzione della loro temperatura, e così costruiscono immagini in cui i corpi a temperatura diversa presentano tonalità differenti.

Isostasia Dal greco *ísos*, uguale e *stásis*, stare. I materiali della crosta terrestre (che ha uno spessore di alcune decine di kilometri) «galleggiano» al di sopra dei materiali del mantello, più densi. Il termine isostasia indica la tendenza della crosta a raggiungere una posizione di equilibrio, affondando più o meno nel mantello a seconda del suo spessore. Un settore di crosta può, nel tempo, assottigliarsi e, quindi, farsi più leggero, o aumentare di spessore e, quindi, divenire più pesante. Come conseguenza, quel settore di crosta sarà soggetto a lentissimi movimenti verso l'alto o verso il basso (*aggiustamenti isostatici*), per ritrovare l'equilibrio. Questo comportamento vale non solo in grande per l'intero pianeta, ma ogni volta che, all'interno della Terra, si trovino sovrapposti ammassi rocciosi di densità diversa: sia pure con moti lentissimi, i materiali meno densi tendono a muoversi verso l'alto, quelli più densi verso il basso; il movimento è facilitato dalla presenza di materiali plastici o addirittura fusi.

Isotopi L'atomo di un elemento è formato da un *nucleo*, costituito da *protoni* e *neutroni* attorno ai quali ruotano gli *elettroni*. Ogni elemento è caratterizzato da un numero fisso di protoni (*numero atomico*), che è uguale al numero di elettroni, ma può avere un diverso numero di neutroni, per cui atomi di uno stesso elemento possono avere diverso *numero di massa* (pari alla somma di protoni e neutroni). Vengono detti *isotopi* gli atomi di un dato elemento che, pur avendo lo stesso numero di protoni, differiscono tra loro per il numero di neutroni. Gli elementi che si trovano in natura sono, in realtà, miscele di isotopi, cioè atomi leggermente diversi ma con uguale comportamento chimico: per esempio, l'idrogeno, con un protone, può avere 0 neutroni, oppure 1 neutrone (nel *deuterio*, D) o 2 neutroni (nel *trizio*, T), per cui il numero atomico è sempre 1, mentre il numero di massa è, rispettivamente, 1, 2, 3. Nell'acqua (H_2O) sono presenti tracce di *acqua pesante* (D_2O), nelle cui molecole, al posto dei due atomi di idrogeno, sono presenti due atomi di deuterio. Gli isotopi di un medesimo elemento hanno tutti lo stesso comportamento chimico.

Isotopi radioattivi In natura, oltre a circa 270 isotopi stabili, se ne conoscono circa 50 *instabili*. Questi ultimi sono gli *isotopi radioattivi* o *radionuclidi*, i cui nuclei si modificano spontaneamente nel tempo («decadono») con emissione di particelle e di radiazioni elettromagnetiche. Poiché con il decadimento cambia il numero di particelle del nucleo, l'isotopo di partenza si trasforma in un altro isotopo dello stesso elemento (se varia solo il numero di neutroni) o di un elemento diverso (se varia il numero di protoni): per esempio, l'isotopo ^{238}U, il più comune tra quelli dell'uranio, instabile, attraverso numerose trasformazioni intermedie giunge a un prodotto finale stabile, che è un isotopo del piombo (^{206}Pb).

Kelvin (K) Nella scala di temperatura Kelvin, introdotta dal fisico W. Thomson (Lord Kelvin), viene attribuito il valore 273,15 alla temperatura del ghiaccio fondente in equilibrio con l'acqua (a pressione atmosferica), e il valore 373,15 alla temperatura di ebollizione dell'acqua distillata (a pressione atmosferica). L'intervallo tra i due punti fissi è diviso in cento parti uguali, ciascuna denominata *kelvin* (K). Le stesse divisioni vengono riportate al di sopra e al di sotto dei due punti fissi. Lo zero di tale scala coincide con lo *zero assoluto*, cioè la più bassa temperatura che un corpo potrebbe teoricamente raggiungere. Indicando con t_C la temperatura nella scala Celsius e con t_K la temperatura nella scala Kelvin si ha: $t_C = t_K - 273{,}15$ oppure $t_K = t_C + 273{,}15$.

Kilobar (kbar) Un *kilobar* equivale a 1000 *bar* e corrisponde a circa 1000 volte la pressione atmosferica (1 bar = 10^5 pascal).

Lahar Con questo termine vengono chiamati, nell'Isola di Giava, i torrenti di fango che ciclicamente scendono lungo i fianchi del Vulcano Kelut, con effetti disastrosi. Il fenomeno è noto da tempo ai vulcanologi, che hanno perciò adottato ufficialmente il termine indonesiano per indicare fenomeni analoghi.

Lega Materiale composto da due o più elementi chimici, di cui quello presente in maggiore quantità deve essere un metallo. Una lega ha proprietà meccaniche diverse da quelle degli elementi che la costituiscono.

Leggi di Keplero **I legge.** *I pianeti descrivono orbite ellittiche, quasi complanari, aventi tutte un fuoco comune in cui si trova il Sole.* **II legge.** *Il raggio* (raggio vettore) *che unisce il centro del Sole al centro di un pianeta descrive superfici con aree uguali in intervalli di tempo uguali.* **III legge.** *I quadrati dei tempi che i pianeti impiegano a percorrere le loro orbite* (periodi di rivoluzione) *sono proporzionali ai cubi delle loro distanze medie dal Sole.* (Le distanze sono misurate in Unità astronomiche, i periodi in anni.)

Limo Dal latino *limum*, fango. Roccia sedimentaria clastica, incoerente, formata di particelle di dimensioni intermedie tra quelle dei granuli di sabbia e quelle di un'argilla. Il passaggio da un tipo all'altro di tali rocce è graduale, per cui si distinguono *limi sabbiosi* e *limi argillosi*.

Litificato Dal greco *líthos*, roccia, e dal latino *fàcere*, fare. Si dice di un deposito di sedimenti che, in origine «incoerenti» (cioè fatti di granuli liberi di muoversi, come in una sabbia), diventano rocce attraverso processi di *compattazione* (riduzione degli spazi vuoti tra i granuli) e *cementazione* (deposito chimico di sostanze dalle soluzioni acquose che circolano negli spazi vuoti).

Litosfera Il termine (dal greco *líthos*, pietra e *sphâira*, sfera) è stato a lungo impiegato per indicare la parte solida del pianeta, e come tale viene ancora genericamente usato, ma le moderne scoperte della Geologia hanno indotto a riservare l'uso di litosfera per la parte esterna del pianeta «solido», per uno spessore variabile tra 70 km (sotto gli oceani) e 120 km (sotto i continenti). Infatti, le rocce della litosfera si comportano nel loro insieme in modo più «rigido», cioè più resistente agli sforzi, delle rocce sottostanti, che appaiono invece più «plastiche», almeno fino a 250 km di profondità, dove tornano a comportarsi in modo rigido.

Loess Da un termine dialettale tedesco, *loes*, *lo/s*, *losch*, terreno instabile. Coltre di sedimenti costituita da particelle a granulometria fine. Si forma in seguito al trasporto e alla deposizione ad opera del vento, anche per notevolissime distanze, di materiali di origine glaciale o fluvioglaciale. Si rinviene in banchi privi di stratificazione interna.

Mantello È la parte interna del nostro pianeta, su cui poggia la crosta terrestre. Si estende fino a 2900 km di profondità e avvolge completamente il nucleo. È formato da rocce di alta densità (nella parte meno profonda sono peridotiti, cioè rocce ultrafemiche ricche del minerale olivina).

Materiali refrattari Materiali che resistono, senza fondere o alterarsi, a elevate temperature. Da ricordare che ogni sostanza ha un suo specifico *punto di fusione*, che indica il valore della temperatura necessario per farla passare dallo stato solido allo stato liquido, e che il punto di fusione varia, per ogni sostanza, con il variare della pressione o in presenza di fluidi.

Matrice e cemento Dal latino, *māter*, madre; dal latino *caĕmentum*, pietra rozza da tagliare. Nelle rocce clastiche (detritiche), come sono quelle che costituiscono le morene, gli spazi tra i frammenti più grossi possono essere occupati da materiale molto più fino, che costituisce la *matrice*, mentre il *cemento* è una sostanza che precipita chimicamente dalle acque in circolo e riempie i pori più minuti, «legando» insieme clasti e matrice.

Mesozoico Dal greco *mésos*, medio e *zôikos*, di animale. Il Mesozoico (o Era mesozoica) è iniziato 252 milioni di anni fa (con la fine del Paleozoico) e significa «della vita di mezzo», per le forme viventi non più primitive, ma non ancora di tipo recente, come saranno quelle dell'era successiva. Il Mesozoico si è concluso 66 milioni di anni fa.

Microfossili Resti fossili di organismi di piccolissime dimensioni, in genere unicellulari.

Minerali idrati Composti chimici che contengono molecole d'acqua nella loro struttura cristallina, sotto varie forme. Esempi: il gesso $CaSo_4 \cdot 2H_2O$ (solfato di calcio biidrato) e i minerali argillosi, in cui le molecole di acqua sono racchiuse tra gli «strati» che formano il reticolo cristallino.

Mineralogia Dal francese *mineral*, minerale e dal greco *lógos*, studio. Lo studio dei minerali.

Modo di vibrazione Ogni corpo, da un barattolo a una campana a un grattacielo, ha, come conseguenza della sua forma e delle sue dimensioni, un proprio modo caratteristico di vibrare se viene sollecitato da qualche forza; ogni corpo, cioè, è capace di oscillare con un proprio periodo ben preciso.

Morena Con il loro movimento, i ghiacciai erodono il fondo e i fianchi rocciosi delle valli, asportandone i detriti, e inglobano anche tutti i materiali grossi o minuti che cadono sul ghiaccio, trasportandoli verso valle. Tali detriti di diversa provenienza si raccolgono gradualmente – per effetto della gravità e dei movimenti differenziali del ghiaccio – verso i fianchi, sul fondo ed alla fronte del ghiacciaio, ove formano ammassi detti «*morene*».

Movimenti convettivi La convezione è una forma di propagazione del calore all'interno di un corpo che avviene mediante *trasferimento di materia* tra punti che siano a diverse temperature. I movimenti convettivi si possono manifestare solo nei fluidi: un tipico esempio è quello di un circuito di riscaldamento, in cui l'acqua calda sale verso l'alto mentre quella fredda scende a sostituirla. Tuttavia nei solidi, come l'interno della Terra, *correnti convettive* possono verificarsi in tempi molto lunghi, con velocità dell'ordine di qualche cm/anno.

Movimenti eustatici Innalzamenti o abbassamenti del livello del mare a scala mondiale, connessi a effettivo aumento o diminuzione della quantità dell'acqua marina. Le più cospicue variazioni di questo tipo sono dovute al rilascio o alla sottrazione di acqua dovuti, rispettivamente, alla fusione o all'accrescimento delle calotte glaciali (*glacio-eustatismo*).

Movimenti isostatici Movimenti verticali (verso l'alto o verso il basso) con cui la crosta terrestre reagisce alle modificazione dell'equilibrio statico rispetto alla gravità, per raggiungere – con il galleggiamento – una nuova posizione di equilibrio. Ad esempio, se un settore di crosta aumenta di spessore per processi orogenetici, esso tenderà a sprofondare nel mantello finché la spinta di galleggiamento non ne compenserà il maggior peso.

Nicchia ecologica Luogo principale di sviluppo di una specie animale o vegetale. Comprende l'insieme dei rapporti che quella specie instaura con l'ambiente circostante.

Numero atomico È il numero dei protoni contenuti nel nucleo di un atomo. Il numero atomico è uguale al numero degli elettroni che ruotano intorno al nucleo in un atomo neutro. Il suo simbolo è Z.

Oceanografia Dal latino *Ocĕanus* e dal greco *gráphein*, scrivere. Scienza che studia gli oceani e i mari, la loro morfologia, la loro origine ed evoluzione, i sedimenti e le rocce dei fondali, le caratteristiche fisiche, chimiche e i movimenti delle acque, le interazioni con l'atmosfera, gli ecosistemi marini.

Ofioliti e successioni ofiolitifere Le *ofioliti* sono ammassi di rocce particolari, magmatiche basiche (cioè povere in silice), a volte metamorfosate, di colore complessivamente verde scuro (cui fa riferimento il nome, «roccia [dal colore] del serpente», cioè simile al colore di alcuni serpenti che si incontravano spesso nelle zone in cui vennero per la prima volta studiate). Le *successioni ofiolitifere* sono formate da basalti, gabbri e peridotiti, associati a sedimenti oceanici, e ricalcano, nel complesso, la struttura a strati della crosta oceanica.

Olivina Silicato di ferro e magnesio, il cui reticolo cristallino è formato da tetraedri di silicio isolati, in cui, cioè, gli ossigeni si legano solo a cationi diversi dal silicio (non ci sono ossigeni-ponte). La densità dell'olivina ricca in magnesio (come dovrebbe essere quella del mantello) è pari a 3,2 g/cm^3.

Omotermìa (od omeotermìa) Caratteristica propria di alcuni animali, detti «a sangue caldo» (uccelli e mammiferi), che mantengono costante la temperatura del corpo, indipendentemente dalle variazioni esterne, per mezzo di sistemi biologici automatici di termoregolazione.

Onde di oscillazione e onde di traslazione Le *onde di oscillazione* si generano in mare aperto, dove non si risente l'influenza dei fondali; in esse le particelle d'acqua sono soggette a soli movimenti circolari e non si ha trasporto d'acqua. Le *onde di traslazione* comportano un vero e proprio trasporto d'acqua; esse sono caratteristiche di acque poco profonde. Quando un'onda si avvicina alla costa, l'attrito con il fondo marino provoca il rallentamento della sua parte inferiore e le particelle d'acqua descrivono orbite sempre più ellittiche finché, lungo il fondale, si muovono con moto rettilineo alternato; la parte inferiore dell'onda risulta perciò ritardata rispetto a quella superiore, che si rovescia in avanti (*frangente*).

Orogenesi Dal greco *òros*, montagna e *gènesis*, origine. Indica l'insieme dei processi geologici che portano alla formazione di una catena montuosa.

Ozono La molecola dell'ossigeno è formata di 2 atomi, ma esiste una forma *allotropica* dell'ossigeno con le molecole triatomiche, O_3, detta *ozono*. È un gas bluastro, di odore pungente, instabile (tende lentamente a trasformarsi in ossigeno biatomico). Si forma nell'atmosfera, dall'ossigeno (per scariche elettriche) e dagli ossidi di azoto prodotti dai motori a combustione interna (per reazioni fotochimiche); è dannoso per i vegetali e per molte sostanze e può provocare attacchi di asma e bronchiti: è tossico quando supera la concentrazione di 0,2 mg/m^3. Sotto attento controllo, trova impiego come ossidante e sbiancante, come pure nella purificazione delle acque e nel trattamento dei rifiuti. Nella stratosfera (tra 15 e 60 km di quota) si forma invece continuamente per azione delle radiazioni solari sull'ossigeno molecolare (biatomico) e agisce da efficace schermo nei confronti delle radiazioni ultraviolette che, se raggiungessero la superficie terrestre, potrebbero provocare seri danni biologici.

Paleoclimatologia Disciplina che studia le variazioni del clima durante la storia della Terra. Si avvale dell'apporto di numerose altre discipline in grado di fornire informazioni che divengono tanto più precise quanto più ci si avvicina ai tempi attuali. In particolare, la Paleoclimatologia dei tempi geologici fa ricorso principalmente all'ausilio delle Scienze della Terra (Geologia, Paleontologia, Geochimica, Geomorfologia), mentre alla Paleoclimatologia dei tempi preistorici e storici contribuiscono anche le Scienze biologiche e quelle umane (Zoogeografia, Paleobotanica, Palinologia, Dendrologia, Archeologia, Storia, Geografia antropica).

Paleozoico Dal greco *palaiós*, antico e *zôikos*, di animale. Il Paleozoico (o Era paleozoica) è iniziato 541 milioni di anni fa e significa «della vita antica», per le forme viventi ben diverse da quelle attual. È terminato 252 Ma fa.

Pangèa Dal greco *pan*, tutto, con il significato di totalità, e *gê*, terra: la totalità delle terre (emerse).

Pantàlassa Dal greco *pan*, tutto, con il significato di totalità, e *thálassa*, mare: la totalità degli oceani e dei mari.

Pedogenesi Dal greco *pédon*, terreno suolo e *génesis*, nascita. La «formazione del suolo» è legata a una serie di agenti e fattori che determinano o influenzano in vari modi i processi fisici, chimici e biologici localizzati nella parte superficiale della crosta terrestre. I principali sono: la *roccia madre*, che è il materiale di origine del suolo; il *rilievo*, ossia la configurazione del terreno; il *tempo* durante il quale si svolgono i processi pedogenetici; gli *organismi* che vivono sul terreno e dentro di esso; il *clima*, con i suoi diversi tipi.

Pegmatite Dal greco *pêgma*, concrezione. Roccia intrusiva, a grana grossolana, costituita essenzialmente da quarzo, feldspato potassico o sodico e mica muscovite. È più ricca in silice rispetto ai graniti, di cui costituisce una «differenziazione», poiché il fuso pegmatitico è molto fluido per la presenza di gas; nel corso del raffreddamento si formano con facilità grossi cristalli (da alcuni centimetri fino a metri).

Periodo di oscillazione Indica l'intervallo di tempo che dura un'oscillazione completa; è l'inverso della frequenza.

Petrografia Dal greco *pétra*, pietra e *-graphía*, descrizione. Descrizione approfondita delle varie masse rocciose.

Petrologia Dal greco *pétra*, pietra e *lógos*, studio. Indica lo studio della genesi delle rocce, cioè lo studio degli ambienti in cui i complessi lapidei si sono formati e delle trasformazioni che essi hanno subìto nel tempo.

Piroclastiti Le piroclastiti si presentano come depositi, anche estesi e potenti, di materiali di varie dimensioni (da ceneri a lapilli) emessi da esplosioni vulcaniche. I frammenti hanno seguito in aria o lungo le pendici del vulcano traiettorie e percorsi più o meno lunghi prima di «sedimentare» su rocce qualunque o in mare; perciò le rocce piroclastiche vengono considerate come sedimentarie, anche se i materiali che le costituiscono sono di origine ignea.

Placca Indica un pezzo di qualunque materiale largo e piatto, cioè di modesto spessore rispetto alla superficie: è la corretta traduzione del termine inglese *plate*, introdotto dai geologi che hanno elaborato la teoria nota come *Plate Tectonics*, «Tettonica [caratterizzata dal movimento] delle placche». Il termine *zolla*, usato a volte in alternativa, non rende l'idea, in quanto in italiano indica solo un blocco compatto di suolo (che si stacca dal terreno sodo quando si lavora con strumenti agricoli), ma non certo di forma piatta e con spessore modesto rispetto alle altre dimensioni, come avviene nelle placche della litosfera.

Plancton Insieme degli organismi viventi di piccole dimensioni, vegetali (*fitoplancton*) e animali (*zooplancton*), che galleggiano a varie profondità, senza moto proprio, nelle acque marine o lacustri. Il galleggiamento è favorito dalla presenza di liquidi o gas nei loro tessuti, che rendono il loro peso specifico quasi identico a quello dell'acqua.

Plasticità La *plasticità* è l'attitudine di materiali solidi a subire deformazioni permanenti quando sono sottoposti a sollecitazioni esterne. Se ci si riferisce a sostanze che si possono allungare o ridurre in fili sottili senza rompersi (come molti metalli) si parla più precisamente di *duttilità*; per le rocce che reagiscono in modo plastico, però, si usa ugualmente l'espressione *comportamento duttile*.

Potenza di una corrente fluviale È espressa dalla formula $E = q \cdot v^2$, dove q è la portata del corso d'acqua (in m^3/s) e v la velocità delle acque.

Pressione atmosferica Dal latino *prĕssus*, premuto e dal greco *atmòs*, vapore e *sphâira*, sfera. Pressione esercitata dall'atmosfera sulla superficie terrestre. È il rapporto tra il peso dell'aria e la superficie su cui essa agisce.

Pressione orientata All'interno della crosta terrestre sono in atto movimenti di masse rocciose che esercitano «spinte» contro altre rocce, secondo varie possibili direzioni, in genere diverse dalla verticale (che è la direzione della *pressione di carico*).

Principio di Archimede «Un corpo immerso in un fluido riceve una *spinta* dal basso verso l'alto pari al peso del liquido spostato».

Prismi sedimentari Vengono così chiamati gli imponenti accumuli di sedimenti marini lungo i margini dei continenti. Sono formati da materiali detritici (essenzialmente sabbie e argille) portati dai fiumi e distribuiti lungo le coste dai movimenti delle acque del mare (onde, correnti costiere), cui si aggiungono altri depositi marini, come rocce organogene calcaree. Le superfici che delimitano l'accumulo dei sedimenti corrispondono alla piattaforma continentale e alla scarpata continentale.

Radiolari Dal latino *radiolus*, piccolo raggio. Protozoi unicellulari con guscio siliceo (opale), in genere di forma sferica e traforato come una trina. Sono di ambiente marino e sono comparsi oltre 600 Ma fa.

Radon È un elemento radioattivo gassoso che si libera lentamente da alcuni minerali contenuti nelle rocce della crosta e che tende a sfuggire: il brusco aumento della sua concentrazione è imputato a una sua più ampia «fuga», favorita dalle microfessure che fanno aumentare enormemente la superficie di roccia a contatto con l'aria.

Refrattario Materiale adatto a resistere ad alte temperature senza subire alterazioni. Tra i minerali, notevolmente refrattaria è l'olivina (silicato di ferro e magnesio), che, soprattutto quando è ricca in magnesio, fonde solo ben oltre i 1500 °C. Le rocce del mantello sono ricche di olivina, accanto ad altri minerali (pirosseni) che fondono a temperature molto meno elevate.

Regolite Dal greco *régos*, coperta e *líthos*, roccia. È il manto di materiale incoerente, eterogeneo, che deriva soprattutto dall'azione fisica e chimica degli agenti atmosferici (escursioni termiche, gelo e disgelo, acqua, ossigeno, anidride carbonica) sulla roccia in posto. Può rimanere a contatto con la roccia di origine o spostarsi per gravità o essere rimosso dalle acque dilavanti e da altri agenti di trasporto (vento, ghiacciai ecc.). Con lo stesso nome si indica anche la «polvere» lunare.

Riflessione Quando un'onda elastica raggiunge la superficie di separazione tra due materiali con diverse caratteristiche, una parte della sua energia «rimbalza» su tale superficie e torna a propagarsi nello stesso materiale, ma con diversa direzione. In particolari condizioni, tutta l'energia viene riflessa (*riflessione totale*) e l'onda non si propaga oltre la superficie che separa i due tipi di materiali.

Rifrazione Quando un'onda elastica che si propaga all'interno di un materiale raggiunge la superficie di separazione con un materiale diverso, nell'attraversare tale superficie subisce una *rifrazione*, cioè cambia velocità e direzione di propagazione.

Rigidezza o rigidità È la *rigidezza* è l'attitudine di materiali solidi a resistere a sollecitazioni esterne (compressione, torsione) con minime deformazioni, fino eventualmente a rompersi bruscamente. Per le rocce rigide (come il granito) si parla di *comportamento fragile*.

Risonanza È il fenomeno per cui un corpo viene posto in vibrazione (oppure la sua vibrazione viene fortemente amplificata) da oscillazioni esterne di periodo uguale o multiplo di quello caratteristico del corpo.

Saturazione Dal latino *saturāre*, saziare, ossia sciogliere sostanze in un solvente fino alla massima concentrazione possibile.

Scale della Magnitudo Scale per misurare la «grandezza», cioè la forza di un terremoto, basate sul confronto tra l'ampiezza massima fatta registrare sul sismogramma dalle onde di un terremoto e l'ampiezza delle medesime onde in un *terremoto standard* (Magnitudo di Richter). A seconda del tipo di onde utilizzate si distinguono vari tipi di magnitudo. *Magnitudo locale*: $\mathbf{ML} = \log_{10} A - \log_{10} A_0$ (dove A = ampiezza massima delle onde registrate; A_0 = ampiezza massima per il terremoto standard); *Magnitudo basata sulle onde di volume*: $\mathbf{mb} = \log_{10}(A/T) + Q(D,h)$ (A = ampiezza delle onde *P*; T = corrispondente periodo; Q(D,h) = fattore di correzione per la distanza e la profondità); *Magnitudo basata sulle onde superficiali*: $\mathbf{MS} = \log_{10}(A/T) + 1{,}66\log_{10}(D)$. In seguito si è introdotta una scala che tiene conto dell'area della superficie della faglia che ha generato il terremoto, con la definizione della *Magnitudo di momento*: $\mathbf{Mw} = 2/3 \log_{10}(MO) - 10{,}7$; il *momento sismico* (MO) tiene conto dell'*area* della faglia attivatasi, dello *spostamento* lungo la faglia e della *resistenza alla rottura* (per sforzo di taglio) delle rocce coinvolte.

Scale di intensità sismica Scale per valutare la «forza» di un terremoto in base alle osservazione degli effetti prodotti da un sisma sulle persone, sugli edifici e sul terreno. La scala attualmente più usata in Europa e in America è la **MCS** (*Mercalli, Càncani, Sieberg*) che considera 12 gradi di *intensità*, espressi in numeri romani, dal I (effetti registrati solo da strumenti) al XII (scossa catastrofica, con distruzione di ogni manufatto). Nei paesi dell'Est europeo è impiegata la scala **MSK** (*Medvedev, Sponheuer, Karnik*).

Scarpata continentale Pendio sottomarino che raccorda il bordo esterno della piattaforma continentale (area che si estende in mare sino a una profondità di 200 m e che inizia immediatamente al di là della linea che costituisce il confine delle terre emerse) con il fondale oceanico (−4000 m). Solitamente inclinata di 2-4°, è incisa da ripidi solchi scavati dalle correnti sottomarine, cariche di detriti, e dalle frane sottomarine.

Scisti bituminosi Il termine «scisti» è improprio: in realtà sono rocce sedimentarie, *argilliti* di colore nerastro, contenenti alte percentuali di *kerogene*, materia organica allo stato solido derivata da sostanze vegetali o animali attraverso processi non completamente chiariti. Per distillazione, si possono ottenere, da una tonnellata di tali rocce, fino a quasi 600 litri di petrolio (ma in media molto meno, tra 100 e 200 l/t); costituiscono grandi riserve ancora poco sfruttate. Esistono anche *sabbie bituminose*, dalle quali si può ricavare un liquido simile al petrolio; corrisponderebbero ad antichi accumuli di sabbie mescolatesi fin dalla loro origine con petrolio derivato da perdite da giacimenti precedenti. In Athabasca (nell'Alberta, Canada) è iniziato lo sfruttamento di depositi giganteschi, dai quali, secondo i calcoli, si potranno ricavare centinaia di miliardi di barili di petrolio.

Scorie nucleari (o radioattive) Materiale di scarto derivante dal decadimento radioattivo del materiale impiegato nei processi di fissione nucleare (di cui rappresenta il 99,9% della massa di partenza) durante il funzionamento di un reattore. Vanno compresi tra le scorie i materiali usati all'interno del reattore, come moderatori, refrigeranti ecc. I problemi più gravi derivano dai prodotti di decadimento con vita media più lunga e più facilmente metabolizzabili da organismi viventi, come il cesio 137 (33 anni). I metodi di trattamento delle scorie prevedono il loro totale isolamento per tempi lunghi, inglobandole in masse vetrose o bituminose che vengono raccolte in contenitori di acciaio e calcestruzzo, interrati a loro volta in aree geologicamente stabili sotto forti spessori di rocce impermeabili (per evitare contatti con falde acquifere).

Scudi Sono i più antichi elementi strutturali della crosta continentale; insieme ai *tavolati*, più recenti, costituiscono i *cratoni*. Appaiono come ampie pianure debolmente bombate verso l'alto e sono costituiti da affioramenti di rocce ignee e metamorfiche che non sono state più interessate da orogenesi né ricoperte dal mare, almeno nell'ultimo miliardo di anni.

Sedimentologia Dal latino *sedimēntum*, sedimento (dal verbo *sedēre*, nel significato di scendere, depositarsi) e dal greco *lógos*, studio. Lo studio dei processi e degli ambienti di sedimentazione e di diagenesi che portano alla formazione delle rocce sedimentarie.

Smescolamento Processo attraverso cui le sostanze che fanno parte di un *miscuglio* si separano. Si ricordi che un miscuglio è una miscela eterogenea le cui singole sostanze componenti rimangono separate anche se vengono accuratamente mescolate; tra gli altri, esistono anche miscugli liquido-liquido (*emulsioni*), come acqua e olio, e di questo tipo sarebbero alcuni magmi, formati in realtà da due fluidi non miscibili.

Silt Sedimento sciolto i cui granuli hanno dimensioni comprese tra 0,062 mm e 0,004 mm. Se il sedimento sciolto è stato trasformato in roccia coerente dalla diagenesi, si parla di «siltite». Con dimensioni dei granuli maggiori di 0,062 mm e fino a 2 mm il sedimento sciolto è detto *sabbia* (la roccia corrispondente è l'«arenaria»). Con dimensioni dei granuli minori di 0,004 mm il sedimento sciolto è detto *argilla* (la roccia corrispondente è l'«argillite»).

Sisma Dal greco *seismòs*, scossa. Sinonimo di *terremoto*.

Sismografo I sismografi sono strumenti che raccolgono e registrano le oscillazioni del terreno durante i terremoti. Il loro funzionamento si basa sull'inerzia di una massa sospesa, che tende a rimanere immobile anche quando il suo supporto oscilla insieme al terreno; tale massa è collegata a un sistema scrivente che lascia una traccia su un rullo di carta ruotante, solidale con il terreno.

Smorzamento È la diminuzione progressiva nel tempo dell'ampiezza di un'oscillazione, per trasformazione dell'energia a causa delle resistenze di attrito, che variano con i tipi di materiali attraversati.

Solubilità Dal latino tardo *solubilitate(m)*, dissolvibile. Indica la concentrazione massima di una sostanza (*soluto*) che si scioglie in un solvente quando forma una soluzione.

Sospensione Un tipo di *miscuglio*, cioè di miscela eterogenea, in cui le singole sostanze componenti rimangono separate anche se vengono mescolate. La sospensione indica una dispersione di particelle solide entro un liquido o un gas.

Spettrometro di massa Strumento che separa e analizza atomi e molecole di sostanze allo stato gassoso. Le particelle del gas vengono ionizzate da una scarica elettrica e costrette a muoversi velocemente come un unico fascio lungo un tubo a vuoto, fino a un campo magnetico, che fa modificare più o meno la traiettoria di particelle con massa diversa. Le particelle così separate finiscono in un analizzatore che le identifica.

Stratigrafia Dal latino *stratum*, strato, combinato con il greco *graphìa*, da *gràpho*, scrivere, che vale «descrizione». Branca della Geologia che fornisce gli strumenti per risalire alle *giaciture* delle rocce a all'ordine in cui si sono formate nel tempo.

Strato Dal latino *stratum*, da *stèrnere*, distendere. Indica, quindi, materiale «disteso» a coprire una grande superficie con spessore molto limitato rispetto all'estensione.

Stratosfera Dal latino *strātum*, disteso e dal greco *sphâira*, sfera. Parte dell'atmosfera compresa tra i 10-12 km e i 50-60 km di altezza. L'aria è molto rarefatta, ma è ancora agitata da intensa circolazione, con venti che possono raggiungere velocità molto elevate.

Sublimazione Una sostanza può presentarsi in tre diversi «stati di aggregazione»: solido, liquido o gassoso, e può cambiare stato assorbendo o liberando energia sotto forma di calore. Così, il passaggio da solido a liquido si chiama *fusione*, quello da liquido a gas si chiama *evaporazione* (in entrambi i casi viene assorbito calore). Ma si può anche avere il passaggio diretto da solido a gas e, in tal caso, si parla di *sublimazione*.

Taglio (sforzo o sollecitazione di taglio) Lo sforzo di taglio su di un blocco di materiale è quello che si manifesta quando la sollecitazione avviene lungo un tratto della superficie del blocco. Si pensi, ad esempio, a un pacco di fogli su un tavolo: se si appoggia il palmo della mano sul foglio in cima al pacco e la si muove in direzione orizzontale, il foglio viene trascinato nella direzione del movimento e a sua volta trascina il foglio sottostante, e così via. In un pacco di fogli lo sforzo di taglio provoca lo scivolamento dei fogli l'uno rispetto all'altro; se lo stesso esperimento si fa con un blocco compatto (come un mattone), lo sforzo, superato il limite di rottura del materiale, provoca una serie di superfici di taglio nel mattone.

Temperatura critica dell'acqua In condizioni ambientali «normali» (per esempio, a 20 °C e a pressione atmosferica) l'acqua è presente in due fasi: liquida e gassosa (vapore acqueo). Se aumenta la temperatura, sempre più molecole di acqua passano dalla fase liquida a quella gassosa; giunti a 100 °C, tutta la fase liquida passa tumultuosamente alla fase gassosa (*ebollizione*). Se però, pur mantenendo la temperatura a 100 °C, si aumenta la pressione, ricompare la fase liquida. Il fenomeno si verifica anche per temperature più elevate. Se, per esempio, vapore acqueo a 350 °C viene gradualmente compresso, quando la pressione arriva a 166 bar ricompare la fase liquida. Ma se l'esperienza viene ripetuta con vapore a temperatura superiore a 374,4 °C, qualunque pressione si eserciti non porterà mai a formare la fase liquida. Il valore 374,4°C è *la temperatura critica* dell'acqua, che a valori più alti esiste solo come fase gassosa (*fluido supercritico*).

Tètide Nome originale di quell'antico oceano, proposto dal geologo austriaco E. Suess verso la fine dell'800. Deriva da quello della dea greca figlia di Urano e Gea, sposa di Oceano e madre dei fiumi.

Tetrapodi Dal greco *tetrápus*, a quattro piedi. Designazione generale dei vertebrati provvisti di quattro arti: anfibi, rettili e mammiferi (per questi ultimi si usa più spesso *quadrupedi*).

Tettonica Dal greco *tektonikós*, che riguarda l'arte del costruire. Branca della Geologia che studia le *deformazioni* delle masse rocciose nel tempo.

Trascorrente Viene così definito il movimento lungo una faglia verticale quando i due settori a contatto si spostano in direzioni opposte ma rimanendo sul piano orizzontale, cioè senza sollevarsi né sprofondare l'uno rispetto all'altro.

Vibrazione Una vibrazione è un movimento periodico, che si può immaginare come un'oscillazione intorno a un punto di equilibrio. Tale oscillazione ha una *frequenza* elevata, cioè si ripete più volte in un secondo, mentre il corpo che vibra trasmette l'oscillazione ai corpi che lo circondano: prende origine, così, una *perturbazione* che si propaga via via nel materiale circostante e che dura finché continua la vibrazione nel punto d'origine. La perturbazione si propaga in ogni direzione, per cui viene descritta come il propagarsi di onde sferiche dette onde *meccaniche* o *elastiche*, perché il materiale in cui si propagano si comporta in modo elastico. (Si ricordi che quello che si propaga non è la materia, che compie solo piccole oscillazioni, ma il movimento, cioè l'energia che si «libera» nel punto in cui inizia la vibrazione.)

Viscosità Dal latino *vĭscum*, vischio. La viscosità (l'inverso della fluidità) è la misura della resistenza interna di un liquido a scorrere e dipende da vari fattori: natura chimica del liquido, temperatura, pressione. I magmi acidi sono 10000 volte più viscosi di quelli basici.

Vulcani a scudo Edifici vulcanici di forma appiattita, con diametro alla base di centinaia di kilometri. Sono dovuti all'emissione di lave molto fluide, che possono scorrere per molti kilometri in larghe colate, prima di raffreddarsi e solidificarsi. Sulla Terra, tipici vulcani a scudo sono quelli dell'Isola di Hawaii.

Xenoliti (o inclusi) Dal greco *ksénos*, straniero, e *líthos*, pietra. Brandelli di rocce inclusi in un ammasso magmatico (intrusivo o effusivo). Vengono strappati alle rocce circostanti dal magma in risalita e rimangono «inglobati» nelle rocce che si formano con la solidificazione.

Zircone $Zr(SiO_4)$, silicato di zirconio. È un minerale durissimo, di alta densità, che si trova in minuscoli cristalli in rocce magmatiche acide (come, tipicamente, i graniti) e nelle rocce metamorfiche che ne derivano. Alcune varietà, limpide, sono usate come gemme.

Indice analitico

Q

R

S

T

U

V

Z